ZHONGGUO HAIDAO
DIANXING DIZHI ZAIHAI LEIXING JI TEZHENG

中国海岛
典型地质灾害类型及特征

刘乐军　徐元芹　高　伟
李　萍　李培英　　等　著

海洋出版社
2015年·北京

图书在版编目(CIP)数据

中国海岛典型地质灾害类型及特征/刘乐军等著.
—北京：海洋出版社，2015.1
ISBN 978-7-5027-9035-6

Ⅰ.①中… Ⅱ.①刘… Ⅲ.①岛-地质-自然灾害-研究-中国 Ⅳ.①P736

中国版本图书馆 CIP 数据核字(2014)第 297705 号

责任编辑：赵 娟 冷旭东
责任印制：赵麟苏

海洋出版社 **出版发行**

http://www.oceanpress.com.cn
北京市海淀区大慧寺路 8 号 邮编：100081
北京旺都印务有限公司印刷 新华书店经销
2015 年 1 月第 1 版 2015 年 1 月北京第 1 次印刷
开本：787 mm×1092 mm 1/16 印张：35.25
字数：800 千字 定价：280.00 元
发行部：62132549 邮购部：68038093 总编室：62114335

编委会

（按姓氏拼音排序）

编 写 组： 蔡廷禄　陈本清　陈东景　杜　军
丰爱平　付元宾　傅命佐　高　珊
高　伟　黄海军　李培英　李　萍
刘乐军　马立杰　时连强　王东亮
王伟伟　夏小明　徐元芹　杨庆乐
张晓龙　赵江艳　周根元

图件编制： 傅命佐　高　珊　高　伟
杨庆乐　周庆杰

序

海岛是我国领土的组成部分，作为对外开放的桥头堡和前沿基地，海岛及其周边海域的海洋经济开发潜力巨大。此外，海岛在海防及维护我国海洋权益方面，也起着重要作用。

海岛与其邻近陆地地质特征相似，同时，它又是陆架和洋盆地壳性质与构造的“出露点”，在地学研究上具有较重要的科学意义。

海岛及其周边海域(以下简称海岛)生态独特，资源丰富。但由于自然地理条件不同于陆地，环境与生态较为脆弱。减少海岛及周边海域自然的人为的海洋灾害，确定海岛功能定位和环境承载力，保护、整治、修复海岛环境和资源，是当前发展海洋经济的重要任务。地质灾害是众多海洋灾害之一，陆地地质灾害类型几乎都在海岛存在，特别是较大岛屿。近一二十年，我国开始重视海岛地质灾害调研工作，不但在人力、物力上逐步加大投入，在立法方面也给予了保障。2010 年颁布实施了《中华人民共和国海岛保护法》，使海岛保护工作走向法制化、规范化轨道。在该法的某些条款中，直接或间接地提到了与地质灾害有关的问题，如保护海岛海岸；禁止海滩挖沙、采石；促进海岛淡水资源的涵养；严禁改变海岛自然地貌；保护海岛自然景观，等等。2012 年《全国海岛保护规划》由国家海洋局正式公布实施。这是继《海岛保护法》之后，在我国推进海岛事业发展的又一大举措。在该规划中，以各海区为单元，对海岛地质灾害进一步具体化，包括：海岸保护(侵蚀、淤积、炸岛、炸礁等)；海滩保护(挖沙、采石、旅游等)；填海、连岛坝、码头修建引起的地质效应；砂土液化对海底输油、输水、电缆的影响；河流径流量对河口泥沙堆积岛的影响；地下水资源环境保护(过量开采引起的海水入侵致使井水半咸化、咸化)；为预防较大有居民岛屿的泥石流、滑坡、塌方，建立社区避难场所；地面沉降与海面上升；海岛水土流失与土地荒漠化；珊瑚礁岛的保护，等等。

我国还组织实施了一系列重大海岛调研工作。2003—2012 年国家海洋局组织实施了“我国近海海洋综合调查与评价”专项(简称 908 专项)。该专项中海岛作为子课题，各省对辖区内所属海岛(礁)进行了调查，编写了报告及图件，单独成册。在海洋灾害章节中，对地质灾害进行了论述。在即将出版的各省海岛志中，海洋灾害作为一篇，均有地质灾害内容。2011 年国家海洋行业公益项目中，设立了“我国典型海岛地质灾害课题”。2014 年开始的第二次全国海岛调查，对海岛的调查规模和强度达到空前。海岛地质灾害工作必将进入一个新阶段。

我国是世界上海洋灾害严重的少数国家之一，海洋灾害类型多，分布广，防灾减灾的理论和实践工作任重而道远。目前，我国公开出版的海洋地质灾害专著屈指可数，许多工作都是开创性的，可参考的资料不多。本书作者为多年从事海洋地质工作的年轻人，他们精力充沛，创新意识强，对新理论与新方法掌握快、运用得法；他们敬业尽职，无私奉献，不负时代赋予的重任，这种精神值得赞许和尊重。本书作者曾经编著了《中国海岸带灾害地质特征与评价》一书(2007 年)，本书应该算是该著作的姐妹篇，也是我国第一本专门论述海岛地质灾害的著作，是探索，也具有开创意义。

海岛环境与生态是一个大的系统工程，海洋灾害在系统中影响巨大，各灾害要素包括海洋地质灾害互相影响，互相制约。其实，海岛本身在全球生态中具有重要地位。中国的汉字象形又有内涵，“岛”字不就是鸟落在山上吗？鸟群四季迁移时，海岛是它们停留休息之处，是生命的“驿站”。让我们在建设美丽海岛过程中，以实际行动关注海岛地质灾害，为实现海岛小康社会做出贡献，海岛的明天更美好。

中国工程院院士

2014 年 12 月 26 日

前 言

中国是一个海洋大国，但还不是一个海洋强国。党的十六大将“实施海洋开发”作为新世纪中国经济和社会发展的一项重要战略部署。国务院为确保这一战略部署的实施，主持制订了《全国海洋经济发展规划纲要》，并提出了“建设海洋强国”的战略目标。在《国家“十一五”国民经济和社会发展规划纲要》和《国家中长期科学技术发展规划》中，均将发展海洋经济和海洋科学技术作为重要内容之一；党的十八大做出了建设海洋强国的重大部署；习近平总书记主持中央政治局就建设海洋强国进行第八次集中学习时强调，“要进一步关心海洋、认识海洋、经略海洋，推动我国海洋强国建设不断取得新成就”。因此，实施海洋开发、发展海洋经济、提高海洋科学技术，已经成为我国经济和社会可持续发展的必由之路。

海岛是连接我国内陆与海洋的“桥头堡”，既具有军事区位优势，又具有港口、养殖、景观旅游、油气、矿物、风力等资源优势，是海洋开发和环境保护的服务保障基地。海岛作为海上陆地国土和人类开发海洋的远涉基地及前进支点，正日益成为促进未来经济社会与生态环境和谐发展的主要载体，并在国家权益和国防安全等方面占有举足轻重的地位。

改革开放之前，我国海岛开发活动很少，绝大多数保持着原始生态环境，海岛经济在全国经济中的比重极低。但是，改革开放之后特别是近十几年来，随着我国社会经济的快速发展，人口和各类产业向海岸和海岛位移，海岛开发活动增强，海岛工程建设迅猛，因而海岛经济对国民经济的贡献率也快速提升。例如，2007 年全国海岛地区生产总值达到 2 238 亿元，2008 年超过 2 500 亿元，年均增长率达到 11.7%，远高于我国同年国内生产总值(GDP)的年增长率。

相对内陆而言，海岛面积较小，四面环海，远离陆地，地形地貌和风浪流等条件复杂，工程地质条件差，自我调节与恢复能力低，海岛环境脆弱。近年来随着沿海社会经济的快速发展，内地人口和各类产业逐渐向海岸带和海岛迁移，海岛的开发活动异常迅猛，工程建设增多，使原本就脆弱的海岛生态环境受到严重威胁，发生地质灾害的几率提高，既破坏了海岛的生态环境和地貌景观，又给海岛人民的生命财产带来严重威胁。

当前发展趋势显示，海岛开发活动及一些大型海岛工程越来越多地上马，海岛地质条件恶化的趋势不断加剧。很多填海工程、环岛公路和土地开发工程等，爆破山体采石，开挖坡脚，改变岛坡体原始平衡状态，不断发生崩塌和滑坡等地质灾害；填海工程、港口和连岛工程等极易改变海洋动力条件，发生淤积灾害，如舟山岛西渔港码头防波堤阻碍了水流运动，致使该潮汐通道严重淤积。

《中华人民共和国海岛保护法》于 2009 年 12 月发布，明确规定“国家实行海岛保护规划制度”。科学制定和实施海岛保护规划，防止和减轻地质灾害对海岛经济社会和生态环境的影响，须对海岛的地质灾害进行监测、风险评估和预警示范研究，为列入全国海洋环境监测与预报年度计划做好准备，为建立海岛地质灾害业务监测与预警体系奠定基础。国家海洋局和沿海省、市、区海洋行政主管部门需要根据海岛的自然属性及动态变化，制定相应的海岛保护规划，在一些主要海岛设立重要地质灾害监测站点，纳入海洋灾害业务监测预警体系。

由于开发活动日益增强，工程建设增多，海岛地质灾害日趋显著，开始影响海岛人民的生活和生存环境。珍贵地貌景观的破坏或退化，也影响着海岛的生态系统和经济社会和谐发展。需要开展此项研究，为海岛人民防灾减灾提供预警信息，以维护良好的生存环境。

要在开发海岛的同时，保护好海岛的生态环境和珍贵的地貌景观，并确保海岛工程选址和建成后的安全，以及海岛居民的生命财产安全。因此，开展沿海省市的海岛地质灾害调查，非常必要，也十分紧迫。在海洋行业公益专项课题“我国典型海岛地质灾害监测及预警示范研究(201005010)”的资助下，由国家海洋局第一海洋研究所牵头，国家海洋局第二海洋研究所、国家海洋局第三海洋研究所、国家海洋环境监测中心、中国科学院海洋研究所、上海市海洋环境预报台、广东省海洋与渔业环境监测中心、烟台市海洋环境监测预报中心、大连海事大学 9 家单位共同承担，开展了我国首次海岛地质灾害调查。

系统收集整理海岛已有历史资料和遥感影像，并进行综合分析，以此为基础，依据海岛所处气候带、区域位置、行政归属和海岛类型(基岩岛、冲积岛)等的代表性，在全国沿海近岸海岛中，选取 82 个海岛，进行海岛地质灾害现场调查和遥感地质灾害解译。在各承担单位和地方单位的大力支持和配合下，以及项目组全体人员的努力下，历经 3 年按计划执行，完成了原定任务，达到了预期目标，取得了许多成果，综合反映在本书中。获取了丰富的普查海岛的地质灾害现状数据和资料，经过室内资料整理和初步分析，基本摸清了我国海岛的主要地质灾害类型及其分布情况，并结合海岛历史调查资料，对海岛不同灾害的控制因素、孕灾条件和成灾潜力进行了分析和初步判识。为进一步开展海岛地质灾害监测、防治和海岛开发与保护规划提供了坚实的数据资料基础；为全国海岛地质灾害监测预警业务工作的开展提供基础理论方法，做好技术准备和示范；以维护海岛生态环境，保障海岛人民生命财产免遭或减少损失，推动我国沿海经济社会可持续的和谐发展和海岛生态文明建设。

到现在为止，项目研究报告已完稿，所有的工作内容和成果都反映其中，即将印刷、装帧，准备验收，可以说已经完成了研究任务。但是，还觉得有些话没有说完，有些想法和体会没有也难以在各章节中表达出来。鉴于此，再谈谈我们的几点认识和体会，权当“前面的话”抑或作为“结束语”，但愿能对同类研究的同行们有所裨益，对青年海洋研究者有所激励，对后续研究工作有所启发。

其一，通过本项目工作，更深刻地理解了海岛海岸带地质灾害研究的内涵，尤其是海岛地质灾害研究的特殊性和差异性。海洋地质灾害学，既是地球科学中一个新的应用分支学科和边缘学科，又是对海洋经济建设和海洋工程具有直接支撑作用的综合性应用学科。它不仅涉及海洋地质学、海岸动力学和地球物理学等诸多学科，而且也涉及海岸环境学的有关学科，更直接与海岛海岸带环境调查高技术息息相关。因此，既要研究地质灾害类型本身，更要研究影响它们的各种环境条件和地质背景，特别是相互间的联系和内在规律。这就需要一个庞大的资料支持系统，包括海岸动力学、海洋沉积学、地形与地貌学、新构造学、地震学和地球物理学等方面的资料来支撑，才可能深入地进行系统性研究，才可能揭示海岛海岸带地质灾害特征，才可能获得对海岛海岸带灾害地质规律的客观认识。然而，要做到这些又很困难，绝非一两个项目甚至一两个计划能实现，而需要一个长期的过程才有可能达到。本项目是在国家有关专项 863 计划和 973 计划的连续支持下，如国家 973 计划“中国海岸带灾害地质特征及其评价和趋势预测研究(2002CCA04800)”、国家高技术应用部门发展项目“秦皇岛旅游海岸环境退化监测与修复技术(国家计委〔2001〕977 号)”、国家重大专项课题“海洋地质灾害调查与研究(908－01－ZH2)”和“海底地质灾害及其对沿海地区社会经济发展影响评价(908－02－03－03)”、国家公益性海洋专项“我国海岸带主要地质灾害监测预警系统研究(200705021)”，全面系统地开展了海洋地质灾害调查、监测、评价和预警的理论与技术研究的基础上，将其应用于我国海岛地质灾害的调查与研究的一次探索。虽然是在全国海岛中挑选了 82 个海岛进行遥感和现场调查，其内容涉及众多学科，虽按计划甚至超计划内容完成，但尚无法全面代表全国海岛的所有类型，对地质灾害类型的调查与描述以岛岸和岛陆为主，岛滩和岛周围海域认识不够充分或者尚未揭示出来，对地质灾害的发育规律及其与环境的关系，探讨不够深入，都有待于今后的大量工作和艰苦努力来解决。我们相信，本项研究作为我国海岛地质灾害系统性研究的起步和开端，所取得的成果、经验和教训很快就会被全国海岛地质灾害调查工作所利用、借鉴和吸收，必将把我国海洋地质灾害研究推向一个新的发展阶段。

其二，通过本项目的执行，我们切身体会到，只有取得多方支持，经过广泛合作，特别是项目内几个专题组的成员之间的良好合作与配合，才能获得这类综合性的研究成果。分别承担不同任务的8个专题组及其几个合作单位，始终保持着相互之间的沟通理解和精诚合作，经常互通情况，交换资料，切磋问题，从未发生过扯皮、推诿现象。对具有共性的内容，统一考虑、组织实施。如现场调查海岛的选择、调查记录系列表格的设计、海岛自然环境背景资料收集、已有调查成果的分析整理、海岛地质灾害类型划分方案及其图件编制等，都是在项目组的统一组织下，经过多次地反复研讨与合作而共同完成的。因此，本项成果是各专题组成员共同努力工作的结晶。

其三，特别值得提及的还是在经费有限的情况下，项目组同志们不计报酬、刻苦钻研、拼命工作的宝贵精神。完成了数十次的踏勘、调研、岛陆与海上调查，他们不畏酷暑暴晒、蚊虫叮咬，在杂草丛生山路险峻的岛上进行地质灾害测绘和调访，乘小船顶风破浪环岛和登岛拍摄地质灾害和描述。当然，他们通过这些艰苦、复杂而综合性强的繁重劳动，并分别独立完成了各专题内容与报告章节，不仅扩大了学科知识面，提高了综合研究能力，而且巩固了所学知识，掌握了实用的计算机编辑技能和动手能力，这也可以看作是本项目的成果之一。

最后，借此之机，向那些对本项目给予支持、指导和帮助的部门、单位及其有关领导、专家、同行和同事们，表示最诚挚的谢意。首先，秦蕴山院士、金翔龙院士在项目立项和实施方案设计中给予了高屋建瓴的指导和建议，金翔龙院士还亲自登岛讲解烟台长岛的地质构造和地质历史；在立项和执行过程中，得到国家海洋局科技司的支持，特别是周庆海司长、辛红梅处长、冯磊副处长和减灾司虞建处长给予了关键性的指导和帮助；国家海洋局第一海洋研究所、国家海洋局第二海洋研究所、国家海洋局第三海洋研究所、国家海洋环境监测中心、中国科学院海洋研究所、上海市海洋环境预报台、广东省海洋与渔业环境监测中心、烟台市海洋环境监测预报中心和大连海事大学等单位，对本项目在资料、人力、物力和实验研究条件等方面给予支持，保障了项目的顺利执行；上海市海洋环境预报台、广东省海洋与渔业环境监测中心、烟台市海洋环境监测预报中心等单位及其领导，在外业调查中提供了许多便利条件和支持。尤其需要感谢的是王永吉研究员、吴桑云研究员、陈东景教授、陈志华研究员等，在本书编撰过程中给予了无私帮助。此外，高珊、杨庆乐、周庆杰、陈本清等在专著图件编制和文本校正中投入了大量的精力。还有许多参加外业调查的同事以及给予不同程度帮助的专家们，在这里难以一一列举，谨此一并致谢。

刘乐军、李培英

目　次

第1章　概　述

1.1　海岛与地质灾害

1.1.1　海岛

人们向来以格陵兰岛为界，比该岛面积大的定义为洲或大陆，而把比该岛面积小的定义为岛。但是，海岛的具体定义并未统一，只是1982年颁布的《联合国海洋法公约》第八部分“岛屿制度”中提出的岛屿内涵，“岛屿是四面环水并在高潮时高于水面的自然形成的陆地区域”，被很多国家所接受。2010年3月1日，我国实施的《海岛保护法》中所称，海岛“是指四面环海水并在高潮时高于水面的自然形成的陆地区域，包括有居民海岛和无居民海岛”。我国一向以“岛”为通名，并依次将屿、礁、山、沙、甸、沱等为通名，而将成群分布的海岛主要称之为“群岛”“岛群”或“列岛”。

1.1.2　地质灾害

地质灾害是自然灾害的一种，目前比较典型的地质灾害的定义有以下几种。

① 地质灾害是指由于自然的、人为的或综合的地质作用，使地质环境产生突发的或渐进的变化，并对人类生命财产造成危害的地质作用或事件[1]。

地质灾害是指在地球的发展演化过程中，由各种自然地质作用和人类活动所形成的“灾害性地质事件”[2]。

② 所谓地质灾害，就是在自然和人为因素的作用或影响下形成的，对人类生命财产、环境造成损失的地质作用（现象）。按致灾速度可分为突变性和缓变性两大类：前者如崩塌、滑坡、泥石流等，习惯上的狭义地质灾害；后者如水土流失、土地沙漠化等，又称环境地质灾害[3]。

③ 直接或间接恶化环境、降低环境质量，危害人类和生物圈发展的地质作用，都属于地质灾害。如：地震、地裂缝、崩塌、滑坡、泥石流、地面塌陷、地面沉降等[4]。

④ 地质灾害是指地质运动、自然地质环境变化和人类活动的影响引起的自然灾害。地质灾害常造成人类生命财产损失或导致人类赖以生存与发展的资源、环境发生严重破坏。常见的地质灾害主要包括：地震、火山、崩塌、滑坡、泥石流、岩溶塌陷、地面沉

降、地裂缝、矿井突水、瓦斯突出、水土流失、土地荒漠化、土地盐渍化、海水入侵等[5,6]。

⑤ 地质灾害就是指那些对人类生命财产安全造成危害或潜在威胁的自然或人为地质作用[7]。

⑥ 地质灾害是地质环境的一种变异现象[8]。

总体来说，地质灾害是指以地质动力活动或地质环境异常变化为主要成因的自然灾害，即在内动力、外动力和人为地质动力作用下，地球发生异常能量释放、物质运动、岩土体变形位移以及环境异常等变化，从而破坏人类生命财产或危害人类赖以生存与发展的资源环境的现象或过程。这里明确了致灾因子（即地质作用）和承灾体（即人类生命和社会财产），它表述了受灾单元遭受到致灾因子的作用，从而构成地质灾害这样一个完整的概念。

1.1.3 海岛地质灾害

海岛地质灾害是指对海岛人民生命财产造成直接损失，或对海岛生态环境和地貌景观造成严重破坏，并影响海岛经济社会发展和间接造成损失的岛陆与岛岸的地质现象和地质作用。

陆地上各种地质灾害都有可能在海岛上发生。相对内陆而言，海岛面积较小，四面环海，地形地貌和风浪流等条件复杂，工程地质条件差，自我调节与恢复能力低，生态环境脆弱，地质条件的改变将引发生态环境的恶化。我国多数海岛自身存在多种地质风险因素，加之人类活动，海岛岸线后退、沙滩退化、岛岸崩塌、陡坡失稳、岛陆滑坡、海水侵染等地质灾害时有发生。很多海岛，由于开山采石和填海工程，形成陡岩坡或陡崖，或产生大型倒石堆，或发生滑坡、泥石流。山东庙岛群岛的砂砾滩、江苏连云港东西连岛的沙滩、厦门岛的部分旅游沙滩，以及广东阳江海陵岛的旅游沙滩和珠海的琪澳岛沙滩等，都明显地在退化——砂质粗化，岸线后退，滩面下蚀。浙江洞头岛上火山碎屑岩构成的陡山坡，容易发生泥石流和崩塌、滑坡，属于地质灾害易发区。恰恰在这山坡下，有一些居民和重要建筑物，这显然存在着巨大的潜在威胁。

1.2 岛屿在国家中的作用

岛屿位于陆海交界、大陆边缘，地理位置和区域辐射带极为重要，不仅是战略要地，在国家经济建设中的作用也是举足轻重的，是国家现代化建设的重要组成部分，对维护国家权益和民族利益意义重大。海岛的作用体现在以下几方面。

① 国防。在军事上，沿我国海岸线分布的众多海岛，成为国家安全的海上第一道防线，是国家安全的重要天然屏障，是捍卫祖国的门户。很多海岛是我国的领海基点，海岛

所起的军事作用主要由海岛的位置、大小、形态以及在国家政治、经济、军事活动中的地位决定。以岛屿为据点屯兵驻守，控制其周围的海上交通线及其附近海域，成为不沉的航空母舰；而岛群间交叉防御，互为犄角之势；岛屿与大陆共同组成海洋防御的纵深。

② 领土。根据《联合国海洋法公约》，岛屿是划分国家内水、领海和200 n mile专属经济区等管辖海域的重要标记。一个岛屿可以像陆地一样拥有自己的领海、毗连区、专属经济区和大陆架，其领海、毗连区、专属经济区和大陆架可以按照《公约》适用于其他陆地领土的规定加以确定。一个海岛按领海范围12 n mile计算，其海域面积有1 550 km^2，按200 n mile专属经济区计算，则有43×10^4 km^2海域。据此，海岛成为国家海洋管辖权和海洋权益的标志和象征，孤悬海外小岛的存在和归属，可能决定一大片海域管辖权和海洋权益的得失。

③ 资源。在海岛及其周围海域中，有着丰富的海洋空间资源、物产、港口、旅游以及油气、矿产、海洋能与风能等新能源。这些资源是发展海岛经济的前提条件，也是实现海岛可持续发展的基础。

④ 区位。海岛是海洋国土的组成部分，海陆结合部、大陆的前沿、连接海陆的“岛桥”，对外交流的窗口和通商要地。有些海岛还是国家重力点、天文点、水准点、地震观测台站和全球卫星定位控制点所在地。

1.3 海岛的特殊性

海岛作为一个独特区域有着自身的特征，具体表现在以下几方面。

① 独立性。海岛四周被海水包围，往往远离大陆，面积狭小，地域结构简单，物种区域交流受限制，相对成为一个独立的生态环境地理单元，具有特殊的生物群落，保存了一批独特的珍稀物种，形成了独特的生态系统和社会经济条件。同时，海岛封闭性较强、对外开放的程度低，形成了以岛屿为单元的、相对独立的生产和生活体系。

② 完整性。海岛与其周围海域构成一个既独立又完整的生态环境系统，特别是面积大的海岛这种完整性更为明显。海岛具有海域、海陆过渡带和陆域三大地貌单元。海域有浅海、深海，海陆过渡带有海岸带、岛架和岛坡，陆域又可根据其海拔高度分为平原、丘陵、低山、中山和高山等。由于地貌单元的多样性和分带性，又出现生物物种的多样性、分带性，从而形成生物资源从海到陆的完整性和不可分割的整体性。同时，海岛是一个多种资源并存的经济综合体，又是一个具有多种功能、多方面开发利用价值的自然综合体。大的海岛还是一个独立完整的社会单元，各种经济全面发展，不仅有农业，也有工业和服务业，不仅发展海洋经济，也要发展岛陆经济；不仅要保护海洋环境和生态，还要保护岛屿陆上的环境和生态。

③ 脆弱性。面积狭小，地域结构简单，土层较薄且贫瘠，肥力低，陆域植被种类贫

乏、组成单一，生物多样性较少，优势种相对明显，稳定性差，生态环境十分脆弱，易受破坏，且破坏后很难恢复；由于海岛陆域地形坡度相对较大，水土流失严重，裸露岩石砾地增加，生态环境恶化，加剧荒漠化的形成和发展；海岛的集水面积小，拦蓄条件差，地表水往往大部分流失，缺水程度较为严重；海岛面积较小，往往人口密度过大，人们生产和生活的空间异常紧张，加之海岛本身资源有限，若开发强度过大，生态景观和生物多样性易受破坏，资源量急剧下降，甚至濒临绝迹。

④ 特殊的生态系统。海岛集大自然的岩石圈、大气圈、水圈、生物圈于一身。所以，海岛不仅有其自身特有的地理位置、气候、土壤、水文等不同的自然环境条件，而且还有其岛陆、岛滩、岛基和周围海域中生存的各种生物群落，形成了各具特色的、相对独立的生态系统。

⑤ 易受干扰。海岛四面环海，易受台风、风暴潮、赤潮、巨浪、海啸、海平面上升、海水入侵、地震等灾害的侵袭，受灾频度大、种类多、面积大、危害大，且救灾措施也很难开展；不仅给岛区工农业生产、海上作业、航运、通信、供水等方面带来很大影响，而且还严重威胁着人民生命财产的安全。全球气候变化，海平面上升使高程较低的海岛面临存在的威胁；海平面上升使海水入侵，影响灌溉用水和饮用水，改变岛陆和岛滩的生态环境，严重地区已使某些生态系统遭到毁灭性破坏。随着人类活动的加剧，海岛遭受的破坏日趋严重，因而，海岛承担的减灾、防灾任务特别重。

1.4 海岛地质灾害研究内容

1.4.1 研究内容

海岛地质灾害研究的内容包括：岛陆、岛岸及岛周边海域中存在的地质灾害类型、灾害分布与发育规律、成灾过程、孕灾背景、触发环境条件、灾害演化趋势、地质灾害环境评价和地质灾害预测与预防等。

1.4.2 海岛地质灾害调查的目标、内容和技术方法

(1) 调查目标

摸清典型海岛赋存的地质灾害类型、危害对象和程度，初步了解地质灾害的孕灾环境和触发机制。

(2) 调查内容

系统收集各典型海岛已有与地质灾害相关的历史资料，现场调查海岛赋存的地质灾害，进行初级测绘，并对遥感解译进行现场验证；调访海岛地质灾害的危害；分析海岛各

类地质灾害的孕灾环境与触发机制，初步确定分析海岛地质灾害的成因。

（3）技术路线

系统收集现有海岛及其邻近海域调查资料和高分辨率遥感影像资料，进行整理和综合分析，初步判识海岛及其近岸海域的地质灾害，划分地质灾害类型。

进行地质灾害现场调查和卫星影像解译结果现场校正，了解岛陆、岛岸和环岛近岸的地质灾害类型、分布、危害性和孕灾环境等。

海岛地质灾害现场调查的同时进行调访，设法找到知情人，详细询问地质灾害发生的时间、过程、背景、前兆特征、形成原因、成灾状况、处理措施等，填写调访登记表。

综合分析卫星影像解译和现场调查结果，对海岛地质灾害特征和危害性进行分类统计，初步查明典型海岛的地质灾害类型、分布位置、特征和灾害危害对象，分析海岛地质灾害成因机制和触发机制。

第 2 章　海岛调查研究现状

2.1　史料文献中海岛记录

我国海岛有人居住的历史最早可追溯到旧石器时代。如 20 世纪 70 年代发现的山东庙岛群岛的大黑山乡北庄遗址，是我国海岛形成时期最早、埋藏最丰富的古遗址；该遗址最下层距今 6 500 年，最上层也有 3 900 年左右，在 6 500 年时就有人类活动，比传说中的三皇五帝还要早几百年。

中国几千年的各种史料中散布了海岛相关的记录。中国自五代、宋直至明清两代，就留下了完全、系统、翔实的各种官方文书，海防文书和海道针经。明清两代册封使所留下的《使琉球录》，对中国海疆及周边各海岛的情况及与周边国家的自然分界，都有具体的表述和描绘[9]。

另外，历代地方志、地理文献、各朝各代官方文书和从客诗文中都能够搜集海岛相关资料。明代、清代和民国等的地方志，如《崇明县志》《舟山志》《平潭厅乡土志略》《平潭县志》《鹭江志》《金门县志》《琼台志》《琼台府志》《海岛图说》《海国闻见录》等文献都有相关海岛地理、水利、海道和社会经济等方面的记载[10-17]。另外，在地方志中的大事记或相应章节，能够找到海岛所受灾害的记录，主要记录的是地震、水灾、旱灾和虫灾等。

2.2　新中国成立后海岛相关调查

2.2.1　区域地质、水文地质和矿产资源调查涵盖海岛

20 世纪六七十年代以来，与国民经济建设息息相关的矿产普查、勘查工作系统展开，先后由地质、冶金、煤炭、石油、水利等部门，在全国各地开展了1:20万、1:5 万等不同比例尺的区域地质、水文地质、工程地质、环境地质、矿产资源普查以及航磁与重力测量等工作，积累了大量而丰富的数据和资料。

从沿海省市自治区的这些调查报告、成果图和研究论文等资料中能够收集到工作图范围内的部分海岛相关的岛屿地层、地质构造、新构造、水文地质、工程地质、地质矿产、

第四纪地质等信息。这些资料主要涉及海南岛、崇明岛、东海岛、东山岛、厦门岛、大长海岛、涠洲岛等有居民岛和近岸大岛。这些资料既是海岛生产建设的保证，也为后续开展海岛相关调查与研究奠定基础。

1961年，广东省湛江专署地质局综合队，开展了涠洲岛水文地质踏勘；1963年，广东省地质局水文地质工程地质大队，对涠洲岛、斜阳岛进行1∶5万地质、水文地质测绘、地面物探等调查。同年，广东省茂名油页岩公司63—1 483队，在涠洲岛钻探石油普查井；1966—1967年间，广东省地质局综合研究大队，自广东省沿海向内陆（包括沿海各岛屿）20 km范围内，进行了1∶20万区域地质调查工作。

到20世纪80年代，新一轮水文地质—工程地质—环境地质调查的开展，采用遥感、现场物探/化探等新手段，对图幅范围内部分海岛地质环境背景有了进一步认识。1986—1989年，福建省第一水文地质工程地质队开展闽南三角开发区环境地质图系编制，提交文字报告与相应图件。1988年福建省第一水文地质工程地质队完成了"1∶5万福建省东山县区域水文地质工程地质调查报告"；1997年4月至1999年5月，福建省水文地质工程地质勘察研究院开展了东山湾工程地质调查，提交相应图件。

1982年，广西水文地质工程地质队开展的1∶20万水文地质调查，完成了《1∶20万钦州幅、合浦幅区域水文地质普查报告》；广东省地矿局海南地质大队在1983—1986年完成了"海南岛岸带1∶20万水文地质、工程地质调查"；以及上海市开展的1∶20万区域水文地质普查、1∶20万环境水文地质普查、1∶20万农田潜水资源调查、1∶10万工程地质普查等工作。

表2.1和表2.2分别是上海崇明岛和福建所辖有人岛开展的地质相关调查一览表。

表2.1 崇明岛及其临区地质调查资料一览表[18]

类型	调查时间	成果名称	调查单位	出版方式/时间
区域地质	1958—1960	上海地区矿产地质普查工作总结报告	上海市地质勘察局	内部出版/1961
	1958—1961	上海市石油、天然气普查总结报告	上海市地质勘察局	内部出版/1962
	1980—1984	上海第四纪地层研究	上海市环境地质站	内部出版/1988
	1983—1986	上海市区域地质志	上海市地质矿产局	地质出版社/1988
	1990—1991	上海地区地貌第四纪地质遥感调查报告	上海市环境地质站	内部出版/1991
	1994—1995	上海市地震地质背景分析	上海市环境地质站	内部出版/1995
水、工、环境地质	1963—1965	上海市1∶10万综合性地质—水文地质测绘总结报告	上海市第二水文大队	内部出版/1966
	1976—1978	上海市地面沉降勘察研究报告（1962—1976年）	上海市地质处	内部出版/1979
	1981—1985	长江三角洲地区水文地质工程地质综合评价报告（1∶50万）	江、浙、沪地质矿产局、海洋地质调查局	内部出版/1987
	1982—1984	1∶20万区域水文地质普查报告（上海幅、启东幅）	上海市水文地质队	内部出版/1984

续表

类型	调查时间	成果名称	调查单位	出版方式/时间
水、工、环境地质	1984—1985	上海市工程地质远景区划报告	上海市水文工程地质队	内部出版/1985
	1982—1985	1:20万上海市环境水文地质普查总结报告	上海市环境地质站	内部出版/1985
	1984—1986	长江河口地区工程地质勘察报告	上海市水文地质工程地质队	内部出版/1987
	1985—1988	上海市区及邻近郊区地面沉降勘察研究总结报告（1977—1985 年）	上海市环境地质站	内部出版/1989
	1981—1989	1:10万上海市区域工程地质普查报告	上海市环境地质站	内部出版/1989
	1993—1994	上海地面沉降预测与对策研究	上海市环境地质站	内部出版/1994
	1995—1999	上海市县（区）水文地质调查	上海市城市地质研究院	内部出版/1998
	1996—1999	1:20万上海市环境地质调查	上海市地质调查研究院	内部出版/1999
	1987—1998	上海市区域水文地质调查	上海市地质调查研究院	内部出版/1999
物/化探、遥感	1957—1958	1:20万上海地区地面重磁普查	石油部华东石油勘探大队	内部出版/1958
	1958—1960	1:5 万上海地区重磁普查	石油部华东石油勘察局 361 队	内部出版/1960
	1970—1990	1:5 万上海市重力普查总结报告	上海市地质局物探队	内部出版/1990
	1990	1:10万上海市航磁调查	地质矿产部航遥中心	内部出版/1991

表 2.2　福建沿海地区以往工作程度中涉及海岛工作一览表[19]

分类	比例尺	工作内容	图幅	时间/工作单位	备注
基础地质工作	1:50万	福建省水文地质图、工程地质图、地质图		20 世纪 80 年代	区域地质基础资料
		区域地质福建省地质图（三版和 1998 版）		20 世纪 60—80 年代及 1998 年	系统总结各时期地质成果、1998 版地层时代划分更清楚
	1:20万	区域地质、矿产资源	东山幅、漳州幅、泉州幅、厦门幅、南日岛幅	1974—1979 年/福建省区域地质调查队	区域地质基础资料
		区域地质矿产调查	福州、三沙、南日岛、浮鹰岛、泉州	20 世纪 60—70 年代	区域地质基础资料
		地球化学	东山幅、漳州幅、泉州幅、厦门幅、南日岛幅	1986—1989 年/福建省物化探地质队	基础资料
	1:5 万	区域地质、矿产资源	惠安幅、莆栖幅	1987 年/福建省闽东南地质大队	区域地质基础资料
		区域地质、矿产资源	集美幅、厦门幅	1988 年/福建省区域地质调查队	区域地质基础资料
		地球物理、化学	集美幅、厦门幅	1988 年/福建省物化探地质队	地球物理、化学基础资料

续表

分类	比例尺	工作内容	图幅	时间/工作单位	备注
		区域地质	漳州幅、长泰幅、龙海幅	1987 年/福建省区域地质调查大队	区域地质基础资料
		区域地质调查	福州、闽侯、长乐、官头等 12 幅	20 世纪 80—90 年代	区域地质基础
水文、工程、环境地质工作	1:20万	水文地质、工程地质调查	福州、福安、福清、三沙、南日岛、浮鹰岛、泉州	20 世纪 60—70 年代	总结区域水文、工程特征
		水文地质	东山幅、漳州幅、泉州幅	1974—1979 年/福建省水文地质队	系统进行第四系的划分、总结区域水文地质特征
	1:5 万	水文地质、工程地质	同安幅、集美幅、厦门幅	1984 年/福建省厦门市水文地质工程地质队	系统总结水文、工程地质特征，并对地下水质与量进行评价
			惠安幅、莆栖幅	1986 年/福建省第一水文工程地质队	系统总结水文、工程地质特征，进行地下水质与量评价
		水文地质、工程地质	福鼎、前屿、漳湾、罗源、枫亭、笏石、莆栖、惠安	1988—1992 年	区域水文地质、工程地质基础资料
		区域水工环地质调查	福州、闽侯、长乐、官头、平潭、福鼎	1985—1990 年	区域水工环地质基础
		区域水文地质调查	平潭县	1999—2000 年	基本查明平潭岛水文地质特性
		区域水文地质调查	泉州幅、崇武幅	1987 年/福建省闽东南地质大队	系统总结水文、工程地质特征
			漳州幅、程溪幅、长泰幅、龙海幅	1988 年/福建省第一水文工程地质队	系统总结水文、工程地质特征，对地下水质与量进行评价
			东山岛（非图幅）	1988 年/福建省第一水文工程地质队	系统总结水文、工程地质特征，对地下水质与量进行评价
			东山湾区域（非图幅）面积 806 km^2	1998 年/福建省水文工程地质勘察研究院	系统总结水文、工程、环境地质特征，提出供水源地并评价
	1:2.5 万	福建省福州市琅岐岛水工环调查	琅岐岛	1991—1992 年	反映了琅岐岛水工环地质特征
其他类工作	1:20万	重力物探	漳州幅、东山幅	1986 年/福建省物化探地质队	基础物资
		重力物探	泉州幅、东山幅	1989 年/地矿部应用地球物理勘察研究所	基础资料

2.2.2 20世纪80年代部分海岛调查

海岛的系统调查工作始于20世纪80年代，此前仅是对各海岛地名、人口等情况进行初步了解。随着国民经济的发展，特别是在改革开放新形势下，海岛的作用日益显著，海岛与大陆的联系日趋紧密。在国家“加快海岛开发建设，全面振兴海岛经济”的指导方针下，各沿海省市选择代表性海岛开展了开发可行性调查研究，在初步查明海岛（礁）数量、面积、地理位置等基本数据的同时，对海岛资源和开发利用进行了初步分析，提出了相关建议。如1985年，山东省科学技术委员会组织了相关科研院所对青岛市灵山岛、竹岔岛和马儿岛进行试点调查。1987—1988年，山东省发展计划委员会基于加速海岛开发、振兴海岛经济的需要，率先从全省268个无居民海岛中选出分属于烟台市、威海市、青岛市和日照市的18个有代表性的无居民海岛进行开发可行性调查研究。

2.2.3 大型的海岛综合调查

自1949年中华人民共和国成立以来，我国对海岛的综合调查、研究、保护和管理工作不断深化。

1958—1960年，由国家科学技术委员会组织开展的“全国海洋综合调查”，初步了解了我国海岛周边海域的自然环境，取得了较完整的海岛邻近海域潮汐和海流状况的资料。1974—1976年开展的“沿海主要岛屿调查”，初步查明了我国沿海主要海岛的基本状况。1980年中国人民解放军海军航海保证部利用已有海岛测量和普查资料编辑了《中国海洋岛屿简介》[20]，分上、下册出版，供驻沿海部队军以上指挥机关和有关单位研究海岛一般情况时参考。

1980—1988年开展的全国海岸带与滩涂资源综合调查，均涉及各省海岛情况，对不同区域的海岛分布情况和资源环境概况进行了简要的叙述，但并未单独作为专题进行深入调查。

20世纪80—90年代全国海岛资源综合调查开展之前，国家海洋局为此次开展的全国海岛综合调查摸索经验，选定了山东省的南长山岛和北长山岛作为调查试点。1986年11月至1987年8月，国家海洋局第一海洋研究所完成了试点海岛陆域地质、地貌、土壤、植被、气候、航空遥感、海域底质、海域浅地层结构、海洋水文、海水化学、海洋生物等的调查，编制了成果报告和图件；1989年年底，出版了《长山岛自然环境与资源》[21]。

1988—1995年国家海洋局组织开展了“全国海岛资源综合调查”（以下简称“第一次全国海岛调查”），调查工作以沿海省（直辖市、自治区）为行政单元，以查清500 m^{2}以上海岛的数量、位置、面积、自然环境和自然资源为重点，调查内容包括海洋气候、水文、海水化学、地质、地貌、土壤、植被、海洋生物、环境质量、土地利用和社会经济等；编制出版了各省和部分市的海岛资源综合调查研究专业报告、综合报告和系列成果图件，部分省份编制出版了“海岛志”和海岛图集，如山东省编纂出版了《山东海岛研究》

《山东省海岛志》《青岛海岛研究》《青岛海岛志》等重要成果；国家海洋局组织国内专家编制出版了《全国海岛资源综合调查报告》《全国海岛名录》《全国海岛资源综合开发试验报告》《中国海岛》。此次多学科、综合性基础调查，基本摸清了全国 500 m^2 以上海岛的数量和资源底数，为制定海岛开发建设以及海岛管理的方针、政策提供了基础依据。

2002—2003 年，为贯彻实施《全国海洋经济发展纲要》，实现全面建设小康社会，加快推进社会主义现代化的目标，国家海洋局针对我国近海海域综合调查程度较低的情况，适时提出了“我国近海海洋综合调查与评价”专项计划，于 2003 年 9 月国务院批准立项（简称 908 专项），这也是中国有史以来投入最大、调查范围最广、调查技术最先进的近海海洋调查项目，其对实现海洋经济可持续发展，加强我国海洋管理和建设海洋强国具有重要意义。统一部署下，2006 年开始在全国沿海省市自治区（除台湾）全面开展了海岛（礁）的综合调查工作。

此次调查，首次以 2.5 m 分辨率的卫星遥感影像为基础，结合大比例尺的 DLG、DEM、海图等基础数据以及航空影像、地面调查资料和历史调查资料，对我国海岸带（沿岸线向陆 5 km）和 500 m^2 以上岛屿进行了遥感调查研究[22]。还通过资料收集、野外踏勘、取样和室内分析等，对各省市自治区所辖全部有人岛和 10% 的无人岛进行了登岛现场综合调查；部分省份针对 20 世纪 90 年代第一次海岛调查未涉及的数量众多，但资料匮乏的岛礁，还启动了各省海岛（礁）补充调查任务。具体调查要素包括海岛岸线、潮间带底质、海岛地貌与第四纪地质、海岛地质、海岛植被、海岛湿地、海岛土地利用、潮间带底栖生物、潮间带沉积化学等，全面更新了我国海岛海岸带基础数据，获得了海岛大量宝贵的第一手资料。历经 5 ~ 6 年的辛苦攻关，比较全面地掌握了我国海岛自然地理和自然环境状况，查明海岛资源的种类、储量、质量和分布以及海岛环境承载能力，为全面更新我国海岛资源环境基础信息，建立高精度、大比例尺、实用可靠的“数字海岛”系统等方面做积极的准备。

为充分发掘和系统整理我国海岛的历史资料和数据，全面利用 908 专项获得的海岛调查数据和资料，结合沿海省（直辖市、自治区）以及有关部门的海岛工作成果，国家海洋局决定于 2008 年启动了《中国海岛志》编纂工作。目前，完成了《中国海岛志》第一期启动 8 册（卷），即辽宁卷第一册（辽宁长山群岛）、山东卷第一册（山东北部沿岸）、江苏和上海卷（江苏、上海沿岸）、浙江卷第一册（舟山群岛北部）、浙江卷第二册（舟山群岛南部）、福建卷第三册（福建南部沿岸）、广东卷第一册（广东东部沿岸）和广西卷（广西沿岸）。

2.2.4 海岛相关研究现状

（1）海岛遥感技术应用研究

除上文所述的综合和专题性调查外，一些学者还进行了大量海岛遥感技术和应用方面的研究。樊斌等于1999年利用美国Landsat卫星TM数据，对海岛位置、形态、面积、岸线长度等进行了计算机识别与量算，并对临界岛判别与面积量算、岛礁的区别等技术难题作了讨论[23]。然而，由于在图像上多选择Landsat卫星数据，对海岛成图比例尺有限，海岛研究成果有限。

（2）海岛生态系统评价研究

我国的海岛生态系统研究起步较晚，研究工作与国外相比存在着一定的差距，比较系统的海岛研究主要集中在国家组织的几次全国性海岛海岸带调查。恽才兴和胡嘉敏阐述了遥感技术在冲积岛、基岩岛和珊瑚礁岛资源与生态环境调查中的作用[24]，肖佳媚等利用P-S-R（压力—状态—响应）指标体系模型对海岛生态系统进行评价[25]，陈彬从海岛生态状态及生态服务功能两个方面，探讨了海岛生态综合评价的指标和方法[26]。任海和李萍探讨了在不同海岛干扰和限制性因子的情况下海岛生态系统的恢复[27]。Zhao和Kreutur等分析和探讨了中国崇明岛土地利用变化所引起的生态系统服务价值的改变[28]，Huang和Tang对海南岛三亚湾的生态环境特征及保护策略进行了研究[29]。陈小勇和焦静等把生态学中最有影响力的理论之一的MacArthur-Wilson的平衡理论进一步拓展，提出了一个更为通用的岛屿生物地理学模型，对岛屿物种多样性评估提供了一个新方法[30]。

（3）海岛资源和旅游开发研究

李植斌分析了舟山群岛的资源特征、优势及资源开发的限制因素，指出海滩是海岛旅游的重要资源[31]。李占海选择80个评价因子建立了海滩质量评价模式[32]。陈可馨，陈家刚探讨了我国海岛资源的可持续利用，及对我国发展海洋经济的重大现实意义和战略意义[33]。李宜革在“旅游海岛水资源承载力模型及应用研究”一文，总结了水资源承载力研究的历史和现状，在此基础上建立了旅游海岛水资源承载力多目标决策分析模型[34]。卢昆分析了海岛旅游开发的特殊性提出了海岛旅游开发的基本策略，在此基础上评价了山东省海岛旅游资源及其开发的条件和前景，采用个案分析的方法，提出了海岛开发的具体的思路和措施[35]。

近年部分海岛地区已经出现环境破坏、水污染、砂质退化和旅游超载等问题，这些问题得到国内许多学者的关注。吴宇华分析了北海银滩西区环境问题，指出应在查清环境的基础上制定新的总体规划，加强环境景观保护[36]。张灵杰以玉环大鹿岛为例，探讨了影响旅游环境容量的因素和原则，运用数量最终环境界值法对大鹿岛的旅游环境容量进行了计算[37]。孔海燕研究了旅游对海岛生态环境的影响，认为海岛旅游发展前景广阔，但在旅游发展迅速的同时，由于海岛是环境敏感地区生态脆弱，因此海岛环境也受到极大的影响[38]。

海岛可持续旅游是目前国内海岛旅游研究的热点之一，白洁探讨了发展海岛旅游业在资金、生态、体制等方面的制约因素，并针对此给出了相应的开发策略，探索了海岛可持续发展的战略思想[39]。凌申以刘公岛为例探讨了海岛旅游村镇建设，指出海岛村镇的建设要以海岛旅游的可持续发展为目的[40]。陈丹红从历史的角度分析了我国海岛开发的起源、过程及落后的原因，说明了开发海岛的历史必然性，分析了目前我国海岛开发利用的现状，总结了目前存在的一系列问题，文章借鉴美国、日本、印度尼西亚等国的开发经验，针对目前存在的问题提出了我国海岛可持续开发的意见和措施[41]。

2.3　地质灾害调查研究

2.3.1　岛陆地质灾害调查与研究进展

随着《全国地质灾害防治工作规划纲要》的颁布，并在《国土资源大调查纲要》的指导下，自 1999 年实施了国土资源大调查，在全国范围内全面推进了 700 个重点县（市）地质灾害调查与区划，至 2002 年完成了全国 20 多个省（区、市）的 427 个县（市）突发性地质灾害隐患严重区的专项调查与防治区划工作，一一查明地质灾害隐患，划分易发区，陆地面积达 108×10^4 km^2。查明灾害隐患点 5.4 万处，建立群测群防监测点 4 万多处，对 1 100 余处隐患点制订了应急避让方案，初步构建我国群测群防、群专结合的监测预警体系[42]。2004 年完成了全国1∶50万环境地质调查，编制了各省的系列图件——1∶50万环境地质图、1∶50万地质灾害分布图、1∶50万地质灾害发育强度分区评价图、1∶50万地质灾害危险程度分区预测图和1∶50万环境水文地质评价预测图（部分图件比例尺有变化）。这些成果资料是开展环境地质研究、地质灾害防治、地质环境保护的基础资料，是各级政府部门宏观决策的重要依据；部分地市开展了以地质灾害为主要内容的环境地质调查（1∶10万或1∶20万）[43]。现在，我国内陆已建立起比较完善的地质灾害实时监视监测预警系统（包括系列监测站），并开展了全国汛期地质灾害气象预报工作，有效地减少了地质灾害引发的人员伤亡和财产损失。

上述专项调查与研究重点关注我国陆地的地质灾害的同时，部分涉及了沿海有居民海岛的岛陆地质灾害与环境地质。如 1982—1986 年进行的“上海市环境水文地质普查”（1∶20万）对崇明岛的地质灾害类型与主要灾种以及其他环境地质问题进行了初步定位和特征描述。浙江省 2000 年以后陆续颁布的“浙江省地质灾害防治规划”、“舟山市地质灾害防治规划”、“温州市地质灾害防治规划”等，对浙江部分海岛岛陆地质灾害的主要类型、分布规律和形成条件进行了初步的论述。2004 年广东省地质环境监测总站和广东省地质勘查局水文工程地质一大队联合实施的“广东省湛江市区地质灾害调查与区划（1∶10万）”工作，初步摸清了东海岛的滑坡/崩塌、海岸侵蚀和海水入侵等地质灾害的分布位置和特征（图 2.1）。

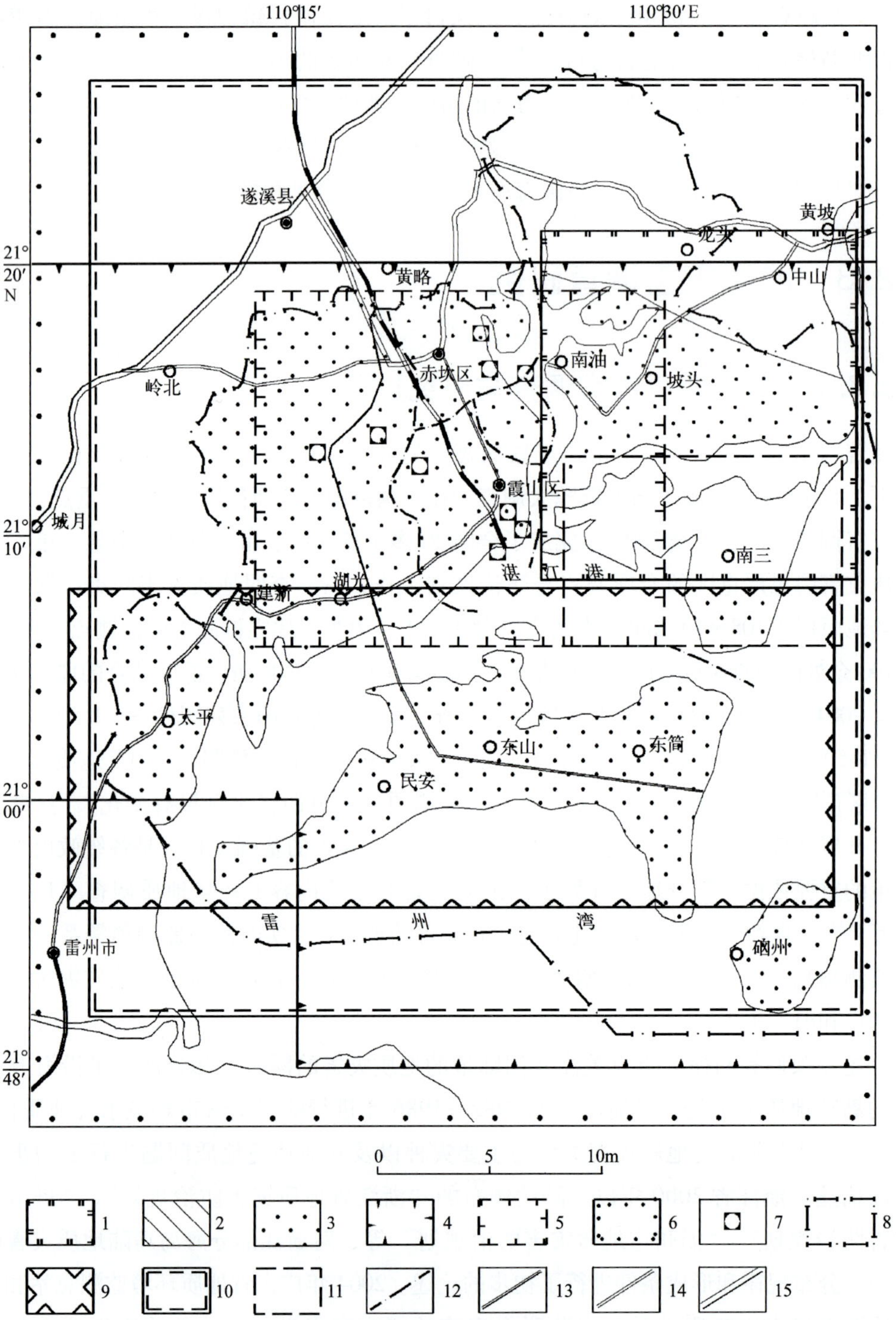

图 2.1　湛江市历史研究程度图[44]

注：1. 1∶5 万湛江坡头地区农田供水水文地质勘探报告；2. 湛江市地面沉降测量；3. 湛江市区地下水长期动态观测；4. 1∶5万湛江综合区域地质调查；5. 1∶5 万湛江市城市供水水文地质勘察；6. 全湛江市区均开展过1∶20万水文地质、区域地质、海岸带和滩涂资源、区域水文地质调查；7. 建设用地地质灾害评估位置；8. 湛江市地质灾害调查报告；9. 1∶5 万东海—太平地区农田供水地质勘察报告书；10. 湛江市 1∶5 万及1∶10万地质系列图；11. 南三岛农田供水地质详查普查报告；12. 区界线；13. 县道；14. 省道；15. 国道

近期开展的1∶10万县市级地质灾害专项调查研究中也对部分县级海岛的岛陆地质灾害进行了专业调查与评价。如 2005 年广西壮族自治区地质勘查总院完成的防城港市地质灾害调查。2011 年福建省地质环境监测中心完成了“福建省东山县地质灾害调查”和“福建省东山县房前屋后陡边坡调查”，并编制“福建省东山县地质灾害防治规划”。

这些调查研究主要关注陆地的主要地质灾害，如滑坡、地裂缝、崩塌、软土地基变形、土地沙化、地面沉降，较少涉及了海岸侵蚀、港湾及水库淤积、风暴潮（诱发）和水土流失等。

2.3.2　海洋地质灾害调查与研究进展

我国自 1958 年以来开展了多次海洋调查和海岸带调查，这些调查既为我国积累了大量的自然条件和资源方面的资料，也为我国海岸灾害地质研究提供了非常丰富的资料。20 世纪 80 年代，伴随我国近海光缆路由调查和浅海油气田的勘探与开发，中国科学院、中国地质调查局（原地质矿产部）、国家海洋局、高等学校，以及水利和港口工程部门，开展了多项与油气远景区的区域工程地质调查以及平台、管道等工程场址调查。其中，主要调查研究工作有：1983 年，南海西部石油公司与中国科学院海洋研究所等单位，率先开展了北部湾涠 11 - 1 海区平台场址工程地质调查[45]。1985—1989 年，南海西部石油公司和中国科学院海洋研究所等单位，在北部湾及南海西北部陆架进行了 20 km ×40 km 网距的区域性灾害地质调查以及涠 11 - 4 海区，涠 10 - 3 海区等的平台场址及管线区灾害地质调查。1985 年，上海海洋地质调查局在东海陆架油气勘探区进行了 1∶20 万区域工程地质调查[45]。1986—1987 年间，中国科学院海洋研究所和中国科学院力学研究所根据黄海石油公司的要求，对南黄海 123 °E 以西的浅海及苏北浅滩外缘进行了区域工程地质调查与评价工作，1989 年又与渤海石油公司合作，对辽东湾石油开发区进行了1∶20万的区域工程地质调查[45]。1986—1990 年在联合国开发计划署援助下，地矿部第二海洋地质调查大队（广州海洋地质调查局的前身），在南海珠江口盆地开展了1∶20万海洋工程地质调查，共完成 9 个1∶20万国际标准图幅[45,46]。1995 年国家海洋局第一海洋研究所完成的“莺西、涠洲海域工程地质区域性综合调查”和 APCN2、C2C 等多条国际、国内光缆路由调查[47]。这些调查成果有些以专著的形式出版，如根据 1987—1995 年多次调查而编著的《辽河油田浅海油气区海洋环境》[48]，根据中美黄河口调查出版的《海岸河口区重力再沉积和底坡的不稳性》[49]。其中以冯志强等著的《南海北部地质灾害及海底工程地质条件评价》具有代表性[46]，而李凡等编辑的《黄海埋藏古河道及灾害地图集》也为浅海灾害地质的研究增添了形象的内容[50]。

20 世纪 90 年代以来，国际社会和各国政府对全球环境问题予以极大关注。中国政府积极响应国际社会号召，在“联合国国际减灾十年”的推动下，把减灾纳入国家经济和社会发展规划，为我国海洋灾害地质的研究提供机会。1992 年，中国灾害防御协会在烟台组织召开了“全国沿海地区减灾与发展研讨会”，我国沿海省市的政府机关、防灾部门及有关科研单位的专家参加了这次会议。在这次会议上，各省（市）有关部门对其所在省（市）的自然灾害的基本情况及灾害规律作了报告，其中相当部分是关于海岸带地质灾害的，如地震、海水入侵、海平面变化、地面沉降、海岸侵蚀等。该次会议虽未专门提出海岸带灾害地质议题，但它促进了以后的海岸带灾害地质的研究工作。与会论文集结在《论沿海地区减灾与发展》一书中。

1996 年和 2003 年分别出版了詹文欢等的《华南沿海地质灾害》和谢先德等的《广东沿海地质环境与地质灾害》等书，从地球系统动力学的理论和方法出发，以丰富的数据、图表阐述了研究区的沿海地质环境背景与环境地质、地质灾害特征（包括海陆灾害类型、时空分布、危害与区划）、地质灾害综合评价和地质灾害成因系统分析[51,52]。

叶银灿等首次探讨了岛屿海域水下滑坡的成因机制与形态特征，对在波浪和重力共同作用下的边坡稳定性以及波浪底压引起的砂土液化进行了定量分析[53]。《中国近海地质》一书中，专列有“中国近海环境地质与灾害地质”一章，其中涉及海岸带的许多内容，对地质灾害进行了分类，阐述了各类地质灾害的基本特征，分析了中国近海环境地质的稳定性，并进行了地质灾害区划，提出防治地质灾害的对策[54]。

“九五”期间开展的“我国专属经济区和大陆架勘测”（1997—2001 年）中的灾害地质调查与评价工作，对南黄海、东海陆架、莺歌海、北部湾 4 个区块进行了全覆盖多波束测量和全面的地震剖面探测，为相关的研究特别是海洋灾害地质研究积累了宝贵而精确的实测资料，并为今后的深入研究奠定了雄厚的甚至是空前的资料基础[46]。并对涵盖整个黄海、东海、南海及其相应海岸带和周边海域，进行了系统的灾害地质研究和综合评价，编制了1∶200 万的黄东海和南海的灾害地质图以及1∶100 万的各油气资源开发区的海底灾害地质图[55,56]。2001 年，国家海洋局第一海洋研究所在该专项之专题报告《黄、东海灾害地质图编及灾害地质环境评价研究》中提出了“海岸带灾害地质”这一概念，同时进行了海岸带灾害地质的分类和中国海岸带灾害地质的分区[57]。在此基础上，出版了《中国近海及邻近海域海洋环境》（第四篇　灾害地质环境），论述了灾害地质类型及分布特征，提出了灾害地质分区及海底稳定性综合评价方法[58]。

2007 年出版的《中国海岸带灾害地质特征及评价》较为全面系统地总结了我国海岸带灾害地质以往的研究成果，提出了海岸带灾害地质类型划分及地质灾害分类分级方案，阐述了海岸带灾害地质制图、风险评价及区划方法，并列出了我国海岸带灾害地质研究的典型案例[59]。

2006—2011 年开展的“我国近海海洋调查与评价”（908 专项）中，设立了“海洋地质灾害调查与研究课题”，首次系统性地开展了海岸侵蚀、海水入侵、滨海湿地退化及其他海洋地质灾害地质的调查与研究，为海洋环境综合评价、海洋防灾减灾、海洋工程建设、数字海洋信息基础框架构建等提供科学依据；其研究成果被不同程度上进行了应用，有的吸纳进国家的行业规范中；有的被列入已发布的海洋灾害公报中[60]。

在国家 908 专项中，在个别海岛实施了海岸侵蚀、海水入侵和滨海湿地退化等地质灾害的调查与监测，如 2007—2009 年对崇明岛海水入侵进行了多次调查与监测；2007—2011 年“我国海岸带主要地质灾害调查研究”“海南省海岛（岛礁）综合调查（908 专项）”“海南省海岛资源综合调查”等项目中，研究重点主要是针对海南岛特别是本岛及南海的区域地质环境、气候环境及生态条件的变化等，对于周边海岛的地质灾害情况进行的调查和研究相对较少。

2.4　海岛地质灾害调查研究

海岛地质灾害的研究集中在海南岛、台湾岛、平潭岛等几个有居民的典型大海岛上。孙叶等就以琼北地区为例，分析了海南岛存在的地质灾害类型[61]。羊天柱、应仁方对浙江沿海海岛风暴潮及其灾害和原因进行了较系统的分析和研究[62]。詹文欢（1998）对华南沿海地质环境与灾害较集中和类型较齐全的海陵岛、南澎列岛进行了研究，简要地分析了岛上存在的各种地质灾害[63,64]。林明太等利用 GIS 和 RS 等技术研究了湄洲岛水土流失，对灾害原因进行了分析[65]；陈金华、秦耀辰等分析了平潭岛地质灾害的类型、发生的时空规律及其原因，提出地质灾害对该岛旅游安全的影响[66]。施文永和林泗彬等探究了东山岛地下水资源开发利用过程中引发的地质灾害问题[67,68]；王元领等通过历史图件对比和现场调查，调查了东山岛东部沙滩侵蚀速率，初步探讨了海岸侵蚀的原因[69]。陈吉余主编的《中国海岸侵蚀概要》中概要叙述了福建部分海岛海岸侵蚀的现状特征[70]；杨克红和赵建如等通过资料收集和野外踏勘，统计分析了海南岛海岸带发育的各种地质灾害，在此基础上编制了海南岛海岸带地质灾害分布图，分析了各种地质灾害发生的空间特征及形成灾害的主要因素[71]。覃仁（2010）对涠洲岛的火山地质公园的危岩点进行了调查并提出防治建议[72]。整体来说，对海岛地质灾害关注的相对较少，随着海岛开发强度和规模逐渐加大和加快，对海岛地质环境的影响和可能引发地质灾害风险将随之增加。

2.5　海岛灾害评价

目前国内的海岛风险评价模型都是以多学科调查数据为基础的，要想将这些已有的方法用于海岛的自然灾害风险评价，那么就必须具有大量研究区域的现场观测资料，对于我国这样一个多海岛大部分都是无人岛国家来说无疑是一个挑战。2006 年王小龙等对长山列岛中的大黑山岛、北长山岛和南长山岛进行了多次现场调查收集有关资料，应用 Gheorghe 等提出的风险源—生境—受体的概率性风险评价方法对长岛进行了风险评价[73]。杜军等对海岛地质灾害风险评价指标体系进行了初建，初步构建了以孕灾体类、致灾体类和承灾体类这三类评价指标为主体的海岛地质灾害风险评价指标体系，但未给出评价指标分级与量化方法[74]。于淼等综合考虑台风对有居民海岛的各方面影响因素，基于自然灾害风险理论从致灾因素、承灾体脆弱性和防灾减灾能力3个方面选取对台风灾害的评价指标做了详细的研究[75]。辛红梅等提出了基于景观格局的海岛自然灾害风险评价方法，并建立了海岛自然灾害风险评价模型[76]。

第 3 章　中国海岛概况

我国是世界上海岛数量最多的国家之一。我国海岛分布在沿海 12 个省（自治区、直辖市）的 49 个副省级或地级市的 168 个县（市、区），它们分属渤海、黄海、东海、南海 4 个海区，南北跨越 38 个纬度，东西跨越 17 个经度。

3.1　我国海岛类型

我国数以万计的海岛大小不一，形态各异，包含了世界海岛分类的所有类型。根据我国海岛的区位条件、自然环境和自然资源状况，从其形成原因、分布形态、物质组成、离岸距离、面积大小、所处位置和有无人居住等方面，对海岛进行分类，对于海岛地质灾害成因机制分析、开发利用海岛资源方式、制定海岛开发与保护规划和防灾减灾策略，都起到一定的作用。

（1）按海岛的成因可分为大陆岛、海洋岛和冲积岛

大陆岛是大陆地块延伸到海底并出露海面而形成的岛屿。它原是大陆的一部分，后因地壳沉降或海面上升与大陆分隔，所以其地质构造、岩性与地貌等与邻近大陆基本相似。该类型海岛约占全国海岛数的 93%[77]。全国十大海岛除崇明岛外，都是大陆岛。从某种意义上说，海岛开发的核心是大陆岛的开发[78]。它在我国海岛的开发利用中占有极其重要的地位和作用。

海洋岛包括火山岛与珊瑚岛。火山岛是由海底火山喷发后，岩浆或火山灰等喷发物堆积形成的岛屿，通常面积不大，既有单个的火山岛，也有群岛式的火山岛。火山岛按其属性分为两种，一种是大洋火山岛，它与大陆地质构造没有联系，另一种是大陆架或大陆坡海域的火山岛，它与大陆地质构造有联系，但又与大陆岛不尽相同，是大陆岛屿和大洋岛之间的过渡类型[79]。我国该类型岛屿很少，总共不过百十个左右，占全国海岛数的约 0.1%[77]，均分布于台湾省海域。这些岛屿在海洋划界中的地位很重要，而且这些岛屿附近海域中蕴藏着丰富的海洋油气资源。

珊瑚岛是由海洋中造礁珊瑚虫遗骸堆筑的岛屿，往往是海底火山或岩石基底。珊瑚岛一般地势低平，多珊瑚砂，面积均不大。它的形成一般与大陆的构造、岩性和地质历史演

化没有联系。我国的珊瑚岛只分布在海南、台湾和广东三省。在南海海域，约占全国海岛数的1.6%[77]。我国最大的珊瑚岛为台湾省的澎湖岛，面积约82 km^2；海南省最大的珊瑚岛为西沙群岛的永兴岛，面积2.0 km^2；南沙群岛的珊瑚岛面积较小，露出海面的高程也较低，最大的太平岛仅0.43 km^2，高7.6 m。南沙群岛的岛礁控制着广阔的海域，海底油气资源量约1.6×10^{11} t，海洋渔业资源蕴藏量约1.80×10^{6} t，年可捕量约（50 ~60） $\times10^{4}$ t[80]。又因为它位于新加坡、马尼拉和香港之间的航路上，是沟通印度洋和太平洋的重要通道，因此，在政治、军事、交通运输和经济上都具有极其重要的作用。

冲积岛是陆地的河流夹带泥沙堆积形成的海上陆地。多发育在江河入海口处，地势低平，形态多变化，形成和消亡过程比较迅速。如河北省的蛤坨岛在10年内缩小了近1/3的面积，并已分裂为4个岛[81]。因多由沙与黏土等碎屑物质组成，亦称为沙岛。冲积岛的土质肥沃，可以开辟为良田，也可以发展海岛旅游业、海水养殖业和工业。该类型岛屿仅占全国海岛数的约6%。崇明岛即是中国最大的冲积岛，面积为1 111 km^2，海岸线长210 km，也是中国第三大岛。

（2）按海岛分布的形状与构成的状态，可分为群岛、列岛和岛

群岛系指彼此距离相距较近的许多岛屿的合称。我国的主要群岛有长山群岛（又称长山列岛）、庙岛群岛、舟山群岛、洞头群岛、南日群岛、万山群岛以及南海海域中的东沙群岛、西沙群岛、中沙群岛和南沙群岛等，其中舟山群岛最大，由大小1 390个岛屿组成。

群岛既是岛屿构成的核心，也是岛屿组成的最高级别，往往包括若干个列岛，例如，万山群岛由万山列岛、担杆列岛、佳蓬列岛、三门列岛、隘州列岛和蜘洲列岛等组成。每个列岛又包括若干岛屿。有些大的群岛还包括次一级的群岛和列岛。群岛的本岛往往形成岛屿开发的中心，也成为该区政治、经济、文化和行政建制的中心。

列岛是群岛的一种，一般指呈线（链）形或弧形排列的岛群。我国共有45个列岛，其中辽宁省3个，浙江省14个，福建省8个，台湾省1个，广东省18个，海南省1个。其中以广东省居多，珠江口的担杆列岛由担杆、二洲、直湾、细担等岛屿组成，东北—西南向长23 km，而宽还不足4 km，长宽之比约为6∶1，呈线形分布。佳蓬列岛由北尖岛、庙湾岛、杉洲、湾洲和黄茅洲等18个岛屿组成，长约40 km，宽约8 km，长宽之比为5∶1，也呈线形分布。

岛是海岛组成的最基本单元，其可以组成列岛、群岛或岛群，亦可单个或数个在一起组成相对独立的孤岛。

（3）按海岛的物质组成可分为基岩岛、泥沙岛和珊瑚岛

基岩岛是由固结的沉积岩、变质岩与火山岩组成的岛屿。该类型占全国海岛数的约

93%[82]。基岩岛分布范围广，除河北省和天津市无基岩岛外，其他各省市自治区均有分布[83]。基岩岛由于港湾交错，深水岸线长，是建设港口和发展海洋运输业的理想场所。由于岩石与沙滩交替发育，是发展渔业和旅游业的好地方。

泥沙岛是由沙、粉砂与黏土等碎屑物质经长期堆积作用形成的岛屿。在各省均有分布，以河北省为最多。

珊瑚岛如前所述，它是由珊瑚遗骸堆积并露出海面而形成的岛屿，主要分布在海南、台湾和广东三省。

（4）按海岛离大陆海岸线距离远近分为陆连岛、沿岸岛、近岸岛和远岸岛四类[84]

陆连岛是指原系独立的海岛，后经自然或人工作用，使其与大陆连接。烟台的芝罘岛和汕头的达濠岛为典型的自然作用形成的陆连岛；而连云港的东西连岛是人工筑成的海堤与陆地相连形成的连岛。第一次海岛调查时，该类型岛屿仅占全国海岛数的约 1%[84]，然而随着近些年连岛跨海大桥和连岛大坝等工程的上马和竣工，越来越多的海岛转变为陆连岛（图 3.1 至图 3.3）。

图 3.1　河北省曹妃甸卫星遥感信息图

图 3.2　广东省湛江市东海岛与湛江市相连的大堤

图 3.3　陆连岛类型的浙江省玉环岛卫星遥感信息图

沿岸岛是指岛屿分布的位置位于我国大陆不足 10 km 的距离内。该类型岛屿占全国海岛总数的66%以上。由于沿岸岛离大陆较近，交通便利，开发利用程度一般较高，地质灾害风险也相对较高。

近岸岛是指岛屿分布位置位于距离我国大陆大于10 km，且小于100 km 的海岛。该类型岛屿约占全国海岛总数的约27%以上。

远岸岛是指岛屿分布位置位于距离我国大陆大于100 km 的海岛。该类型岛屿约占全国海岛总数的5%。该类海岛由于远离大陆，给开发利用带来不便，但它们在我国与相邻或相向国家海上划界时，具有特殊的意义。远岸岛约占我国岛屿总数的5%以上。这类海岛主要分布在海南省东部、西部和南部，广东省的东沙岛及台湾省的海岛。

（5）按海岛面积大小可分为特大岛、大岛、中岛、小岛和微型岛[84]

特大岛系指面积大于2 500 km^2的海岛，在我国该类海岛仅有台湾岛与海南岛。台湾岛是中国第一大海岛，面积35 759 km^2；海南岛为中国第二大海岛，面积33 918 km^2。

大岛系指面积介于100～2 500 km^2的海岛，在我国这类海岛共有15个。由大到小为崇明岛、舟山岛、东海岛、海坛岛、长兴岛、东山岛、玉环岛、大屿岛、金门岛（台湾省）、上川岛、南三岛、厦门岛、南澳岛、海陵岛和岱山岛。这些海岛的80%都修建了跨海大桥或连岛海堤（图3.4至图3.6）。

图3.4　连接崇明岛和上海市的上海长江大桥

图 3.5　广东省湛江市东海岛跨海大桥

图 3.6　舟山岛跨海大桥的金侯门大桥（虞岸 摄影）

中岛系指面积介于 5 ~ 99 km^2的海岛，在我国该类海岛共有 133 个[77]。它们绝大多数都是乡级海岛，在海岛开发与保护中具有重要的作用。

小岛系指面积介于 0.05 ~4.9 km^2 的海岛。我国这类海岛最多，约占全国海岛总数的 98%。这类海岛绝大多数都是无人常住岛，岛上淡水资源缺乏，开发条件较差。但有些海岛则是我国的领海基点，在确定内海、领海和海域划界中均有重要作用。有些海岛，如蛇岛、大洲岛、南麂山列岛和东岛等，则是重要物种的海洋自然保护区。

微型岛系指面积小于 500 m^2 的海岛（图 3.7）。我国该类型岛屿则数以万计。

图 3.7 微型岛

（6）按海岛所处位置可分为河口岛、湾内岛、海内岛和海外岛[84]

河口岛系指位于河流入海口附近的岛屿，多为冲积岛。该类型岛屿约占全国海岛总数的 3%。

湾内岛是系指分布在海湾以内的岛屿。该类型岛屿约占全国海岛总数的 17%。由于海湾蕴藏着丰富的资源，有着优越的地理位置和独特的自然环境，所以湾内岛在发展海洋交通运输和海洋渔业等方面都起着重要的作用。

海内岛是指分布在海湾以外，离大陆海岸的距离在 45 km 以内的海岛。我国海内岛约占全国海岛总数的 68.9%，其中浙江省最多，依次为福建、广西、广东、山东、河北、辽宁、海南、江苏、上海。

海外岛是指分布在海内岛以外，离大陆海岸的距离超过 45 km 以上的岛屿。我国海外岛约占我国海岛总数的 8.6%，其中浙江省最多，380 个，其他依次为海南、广东、辽宁、山东、江苏、福建、广西、上海。

（7）按有无人常住可分为有居民岛和无居民岛[84]

有居民岛系指常年有人居住并有户籍管理登记的海岛（图 3.8）。该类型岛屿约占全国海岛总数的 6.2% 左右，是我国海岛开发活动最重要的区域。

无居民岛系指按照中华人民共和国海岛保护法第六章附则第五十七条规定：无居民岛是指不属于居民户籍管理的地址登记常年无人居住的海岛（图 3.9）。它既包括无人常住的岛屿，也包括季节性有人暂住的岛屿[85]。我国该类型岛屿约占全国海岛数的 93% 以上。

图 3.8　有人岛类型的山东省养马岛卫星遥感信息图

图 3.9　无居民海岛——海南省万宁市大洲岛

(8) 按有无淡水资源可分为有淡水岛和无淡水岛[84]

有淡水岛系指岛上有淡水资源分布的海岛，我国该类型岛屿约占全国海岛数的9%。有淡水岛绝大多数都是有人居住的岛屿（图3.10）。

图3.10 有淡水岛类型的福建省大嵛山岛卫星遥感信息图

无淡水岛系指岛上无淡水资源分布的海岛（图3.11），我国该类型岛屿约占全国海岛数的91%。这些岛屿面积较小，一般都是无人居住的岛屿。

图3.11 无淡水海岛——福建省漳州市林进屿火山岛

3.2 海岛分区

根据全国海岛的区位条件、自然环境状况、行政管辖关系以及海岛在以大陆为主体的区域经济体系中的地位等因素，可按自然海域、气候带、行政管辖和海岛经济带4个方面进行分区。

(1) 自然海域分区

我国的海岛，按其所分布的海域可以分为渤海岛屿区、黄海岛屿区、东海岛屿区和南海岛屿区四个区域（图3.12至图3.15）。

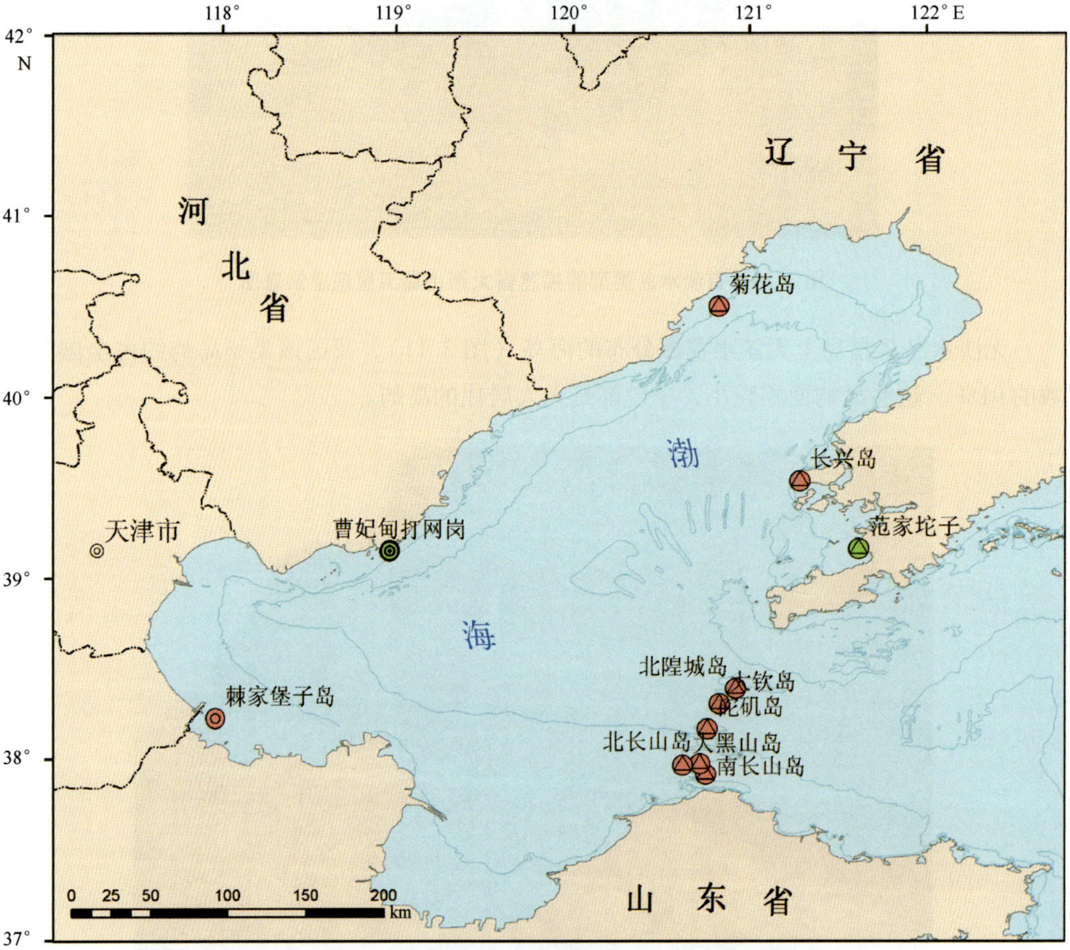

图3.12 渤海海区地质灾害调查海岛分布位置图

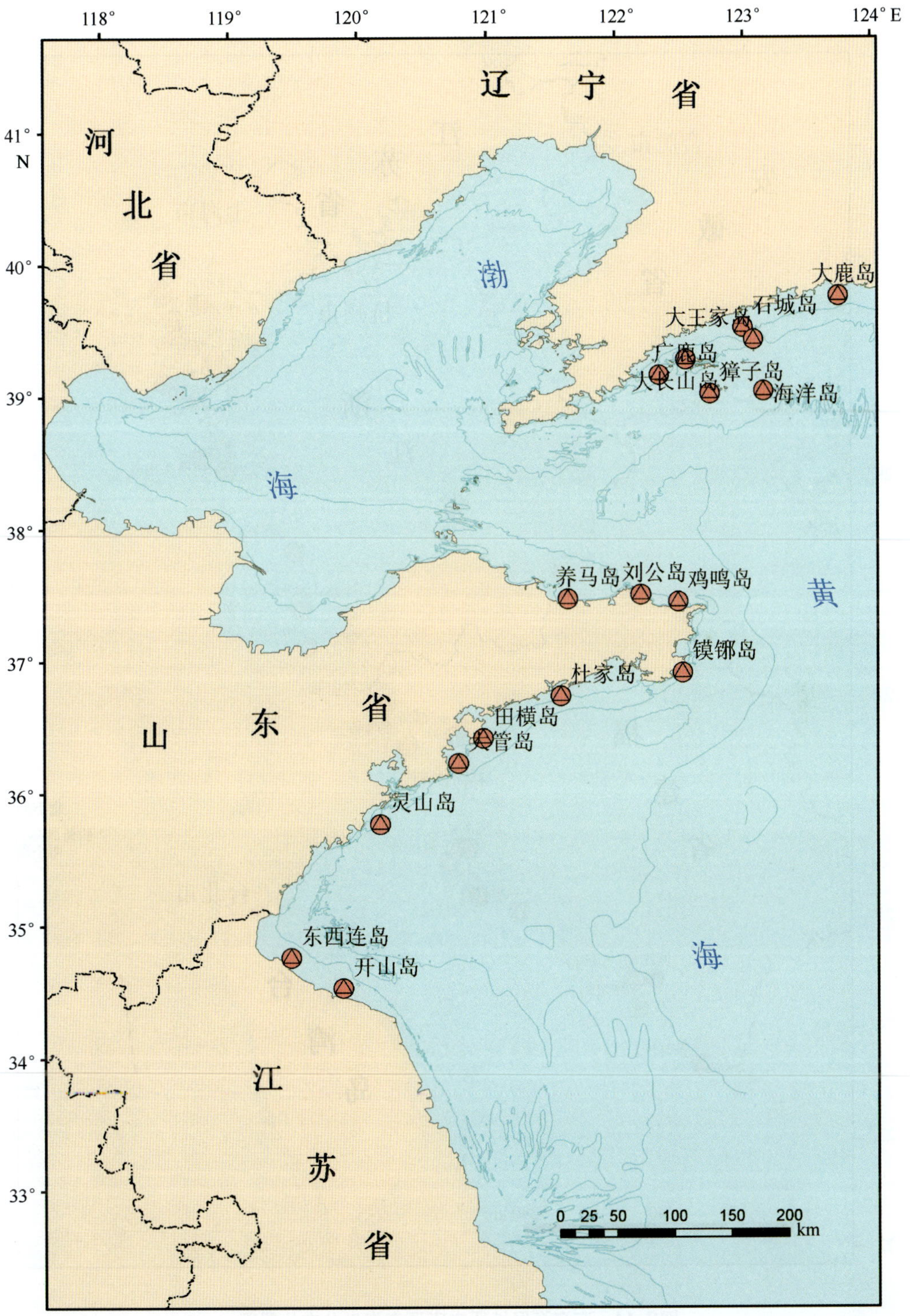

图 3.13　黄海海区地质灾害调查海岛分布位置图

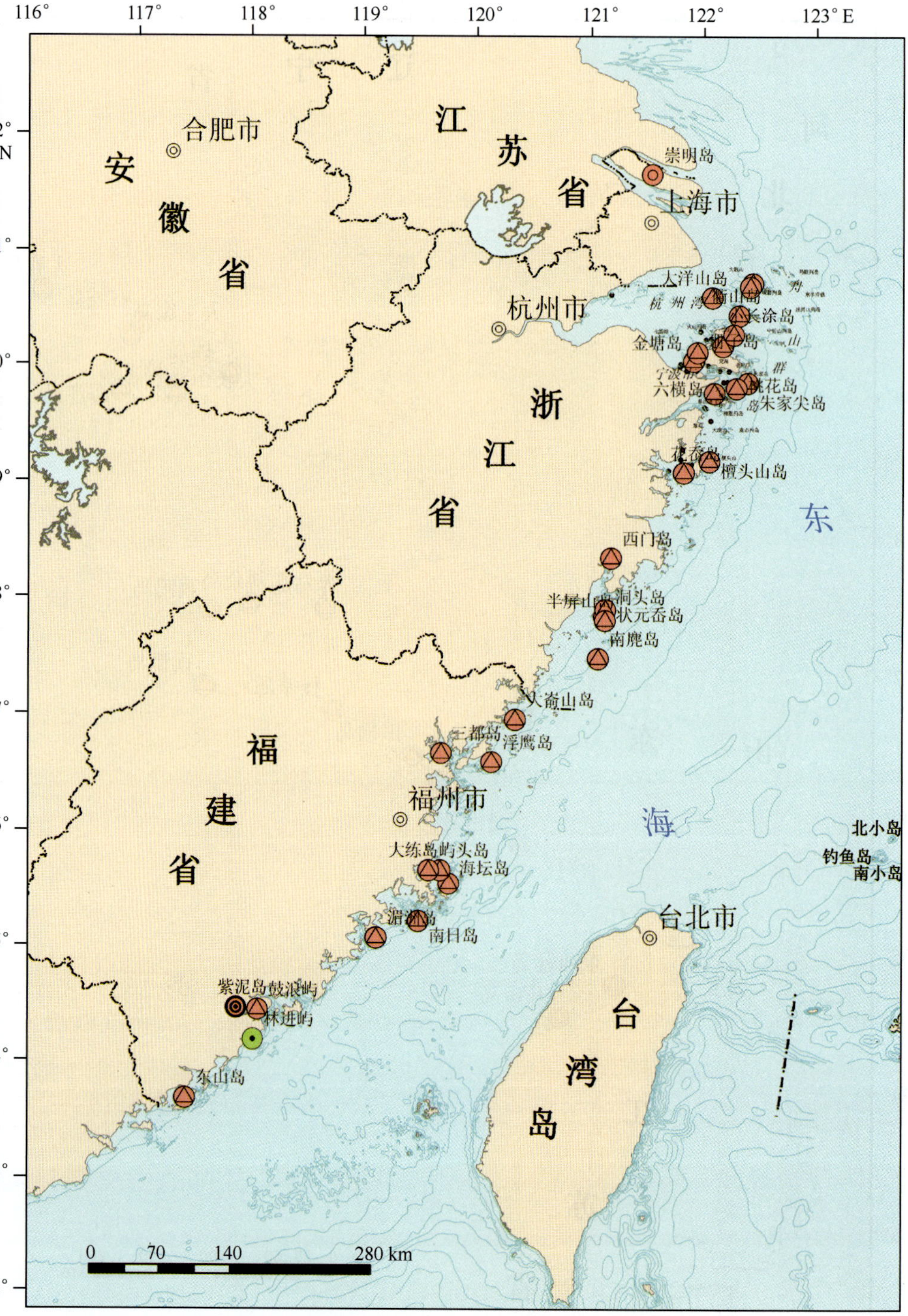

图 3.14　东海海区地质灾害调查海岛分布位置图

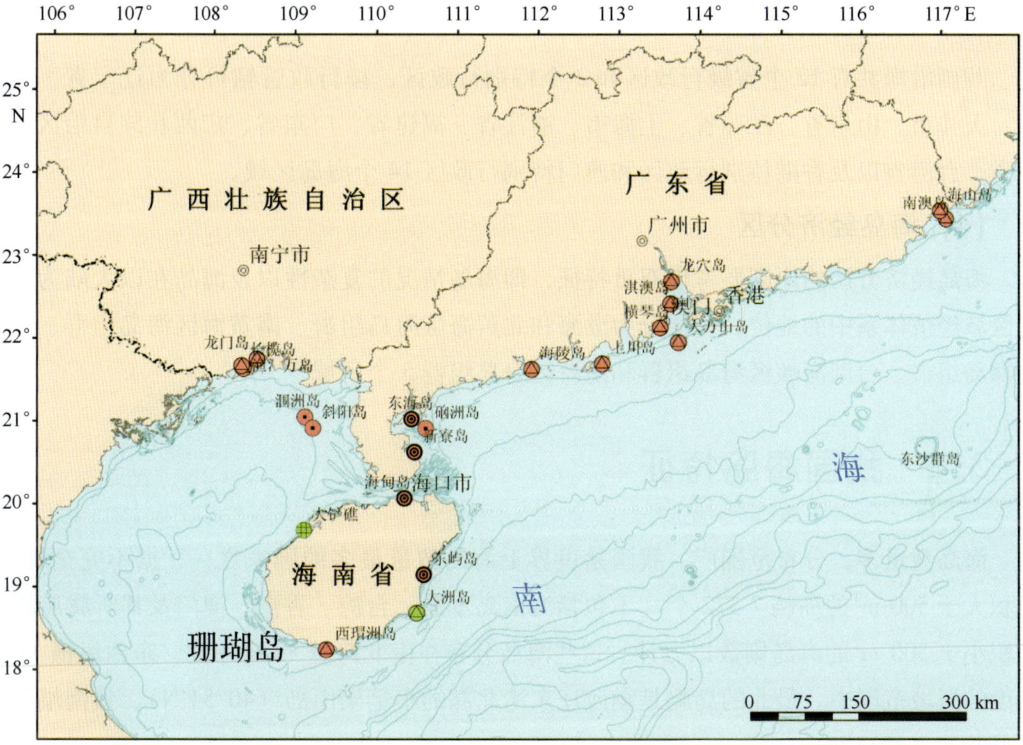

⊕ 珊瑚岛，无居民海岛；◉ 火山岛，有居民海岛；◉ 火山岛，无居民海岛；◎ 堆积岛，有居民海岛；
◎ 堆积岛，无居民海岛；△ 基岩岛，有居民海岛；△ 基岩岛，无居民海岛；◎ 冲积岛，有居民海岛

图 3.15　南海海区地质灾害调查海岛分布位置图

(2) 气候地带分区

根据我国气候区划，我国的海岛南北跨越温带、亚热带和热带三个气候带，因此岛屿也相应地分为三个区域。

温带岛屿区是指暖温带，包括辽宁、河北、天津、山东等省市的全部岛屿和江苏省34°N（苏北灌溉总渠）以北的全部海岛。亚热带岛屿区包括江苏省的两个岛屿以及上海市、浙江省、福建省、广东省、台湾省和广西壮族自治区的全部岛屿，约占全国海岛总数的87.3%。由于该区南北跨度大，岛屿又多，因此可进一步分为三个亚区。①北亚热带岛屿亚区：该亚区包括江苏省的两个海岛、上海市的全部海岛和浙江省29°30′N（象山港）以北的全部海岛。②中亚热带岛屿亚区：该亚区包括浙江省29°30′N以南的全部海岛和福建省26°N（闽江口）以北的全部海岛。③南亚热带岛屿亚区：该亚区包括台湾省、福建省26°N以南的全部岛屿和广东省、广西壮族自治区的全部岛屿。热带岛屿区包括海南省全部海岛。该区还可进一步分为三个亚区。北热带岛屿亚区：该亚区包括19°N以北海南岛北部和中部的全部岛屿。中热带岛屿亚区：该亚区包括19°N以南海南岛南部沿岸岛屿和西沙群岛、中沙群岛及东沙群岛的全部岛屿。南热带岛屿亚区：该亚区包括南沙群岛的所有岛屿。

（3）行政管辖分区

我国沿海共有12个省级行政区和2个特别行政区，按行政管辖可分为辽宁省、河北省、天津市、山东省、江苏省、上海市、浙江省、福建省、广东省、广西壮族自治区、海南省、台湾省以及香港特别行政区和澳门特别行政区14个海岛区域。

（4）海岛经济分区

海岛经济分区的原则要考虑双重特征，即海岛情况的复杂性以及海岛在以大陆为主体的区域经济体系中的地位，全国分为渤海和北黄海区海岛组群、南黄海区海岛组群、东海区海岛组群、台湾海峡区海岛组群和南海区海岛组群5个区域[84]。

3.3 我国海岛特征

海岛数量多，分布范围广。我国是世界上海岛数量最多的国家之一，据不完全统计，面积大于500 m^2的岛屿7 372个（不包括海南岛本岛、台湾、香港、澳门及其所属岛屿），面积小于500 m^2的海岛则数以万计。这些海岛分布在南北跨越38个纬度，东西纵横17个经度的海域范围中。最北的岛屿是渤海辽东湾北部的小笔架山岛（40°54′N），最南端的是曾母暗沙（3°37′N）。

我国海岛分布受大陆地质地貌体系控制，大部分海岛是陆地向海的延伸，分布在沿岸海域，呈明显的链状或群状分布。距离大陆小于10 km的海岛约占海岛总数的67%以上，大多数以列岛或群岛的形式呈北东向出现。

海岛大小不一，且小岛多、大岛少。面积大的达数万平方千米，小的仅数平方米，而面积小于5 km^2的小岛数量最多，约占我国海岛总数的98%。

我国海岛种类多样，形态各异。每个海岛的成因、形态各不相同，气候、水文、生物、地质、地貌等条件各有差异，形成各自独特的自然环境。其中以大陆基岩岛的数量最多，占全国海岛总数的93%左右；其次是泥沙岛，占6%左右，珊瑚岛数量最少，仅占1.6%。我国海岛广布温带、亚热带和热带海域，生物种类繁多，不同区域海岛的岛体、岸线、沙滩、植被、淡水和周边海域的各种生物群落和非生物群落共同形成了各具特色、相对独立的海岛生态系统，一些海岛还具有红树林、珊瑚礁等特殊生境。

我国海岛气候主要是受季风控制。我国海岛地处全球最大大陆性气候和海洋性气候交汇地带，也是地貌高差气候变化最大的地区。冬季盛行偏北风，冷高压气团向南扩散的过程中，冷空气强度不断减弱；夏季盛行偏南风，形成全年降水量最多的季节。春、秋两季是陆上气候向海上气候转变或海上气候向陆上气候转变的过渡期。海岛及其周围海域受台风、大风和风暴潮等的侵袭，危害大，尤其在夏、秋季。

3.4　海岛环境背景特征

3.4.1　水文气候

(1) 温带岛屿区

主要指南温带，包括辽宁、河北、天津、山东省市的全部岛屿和江苏省 34°N（苏北灌溉总渠）以北的全部海岛。

温带岛屿区一年四季分明。冬季严寒、少雨雪；春季，冷暖多变，风多雨少；夏季，温差高，湿度大，降水多；秋季，天高云淡，风和日丽。

雨热同季，气温最高的 6 月、7 月、8 月的降水量占全年的 60%。本区域海岛年平均气温最低，各岛年平均气温均低于 15.0℃，并且本区各海岛的年平均气温一般随纬度降低而升高。山东半岛东端诸海岛气温偏低，主要表现在雾季（4—7 月）。

本区位于中国年降水量 1 000 mm 等值线以北，各海岛年降水量一般在 497.4 mm 至 860 mm 之间，属半湿润气候。降雨区域分布不均，其中山东半岛东部和东南部的海岛为多雨区，年降水量多在 800 ~ 860 mm 之间。本区降水主要集中在 6—9 月，平均约占全年降水量的 74%。由于夏季风对南北各海岛影响时间长短不同，故各海岛雨量集中程度也不同，一般越往北夏季风时间影响越短，降水量也越集中。本区最长连续降水日数一般为 7 ~ 15 d，多出现在 7—8 月；最长连续无降水日数为 7 ~ 90 d，多出现在 11 月至翌年 1 月。本区海岛年平均降水强度一般 8 ~ 9 mm/d，一般以 7 月降水强度最大，为 13 ~ 18 mm/d；春、秋季（4 月、10 月）多为 5 ~ 8 mm/d；1 月最小，为 2 mm/d 左右。

冬季，渤海海岛以西西北—北风为主，黄海盛行西北—北风。夏季，渤海以东南风为主；黄海盛行南东南风。春季是偏北风向偏南风过渡的季节，渤海以偏南风为主，其中西南风多于东南风；黄海盛行南东南—东东南风。秋季是偏南风向偏北风过渡的季节，渤海以偏南风最多，偏北风次之；黄海以偏北风为主。渤海内各海岛年平均风速一般不大，在 3.5 ~ 4.5 m/s 之间；黄海海岛风速略大于渤海，其中以山东半岛东端的诸海岛年平均风速最大，达 6.7 m/s，其次是山东半岛南部海岛，均为 5.5 m/s。本区年平均风速最小的是辽东半岛东部的海岛，仅为 2.7 m/s，各岛年平均风速在 3.7 ~ 7.4 m/s 之间，其季节变化比较复杂。渤海各岛年平均风速以春季最大，秋季最小，春季平均风速在 5.6 ~ 6.5 m/s，其中 4 月份平均风速达到全年最大。黄海各岛中，成山头两侧的养马岛、刘公岛和镆铘岛，春季平均风速最大，在 4.4 ~ 5.2 m/s 之间，其他岛冬季平均风速最大，平均风速都在 5.5 m/s以上。各岛风速最小出现在夏季，在 3.3 ~ 6.0 m/s 之间，以近陆岛最小，约在 4.0 m/s 以内。且海上各岛风速明显大于近陆岛和湾内岛。各岛最大风速多出现于强冷空气和气旋频繁活动的秋、冬、春三季，多年最大风速在 25.0 ~ 40.0 m/s 之间。

渤海各岛海域和黄海的刘公岛、镆铘岛、大榭岛为不正规半日潮区，黄海其余各岛海域均为正规半日潮区。本区潮差相对较小，渤海各岛海域平均潮差在 220 cm 以内，最大潮差不超过 390 cm，以岔尖堡岛群和菊花岛海域潮差最大。黄海各岛海域平均潮差在 300 cm以内，最大潮差不超过 400 cm，以大鹿岛海域潮差最大。

灾害性天气比较少，以大风、暴雨、大雾和干旱为主。

(2) 亚热带岛屿区

亚热带岛屿区，包括江苏省 34°N（苏北灌溉总渠）以南（2 个岛屿）以及上海市、浙江省、福建省、广东省、台湾省和广西壮族自治区的全部岛屿。该岛屿区可进一步分为三个亚区：北亚热带岛屿亚区、中亚热带岛屿亚区和南亚热带岛屿亚区。

该区域的北亚热带和中亚热带气候与南温带气候区基本相似，四季分明，气温比较高。冬季无严寒，夏季少酷暑。本区诸海岛的平均气温以 7 月、8 月最高，均为 27.4℃，1 月最低，为 6.9℃；各岛年平均气温在 15.0℃以上，光照充足，年太阳总辐射多在5 000 MJ/m^2以下。南亚热带季风气候明显，光照充足，热量丰富，终年气温较高，各岛年平均气温都在 21.0℃以上，长夏无冬，基本无霜冻，降水充沛，干湿季分明，降水集中在湿季，多灾害性天气。

本区域降水充沛，但分配不均，春季多雨、夏有伏旱，年降水量在 900 ~ 2 000 mm 之间。北亚热带和中亚热带气候域各岛年平均降水量，除长江北支岛群的永隆沙为 923.7 mm外，其他各岛都在 1 000 mm 以上。南亚热带气候区各岛年平均降水量最多，一般在 1 200 mm 以上。降雨都集中在湿季 4—9 月份，12 月至翌年的 2 月份各海区降水量最少。

本区域属东亚季风区，风向表现出明显季节更替。冬季受蒙古高压影响，以北风为主，东北风次之；夏季，受副热带高压作用，盛行东南风，西南风次之；春、秋季为季风的转换期，风向多变，其中春季东—东北风较多，而秋季则北风较多。中亚热带气候区各岛年平均风速 2.5 ~ 9.1 m/s，南亚热带气候区海岛年平均风速 2.0 ~ 6.0 m/s。由于锋面和热带气旋的影响，平均风速的季节变化更加复杂，各岛月平均风速最大和最小出现的月份相差较大。最大风速一般出现在夏、秋之交的热带气旋和台风期。北亚热带和中亚热带气候域各岛年最大风速在 19.0 ~ 46.0 m/s 之间，长江口各岛风速较小，在 20.0 m/s 左右；南亚热带气候区各岛，年最大风速在 29.3 ~ 44.0 m/s 之间。

北亚热带和中亚热带气候区除东山岛海域为不正规半日潮外，其余各岛海域均为正规半日潮区。南亚热带气候区各岛海域潮汐类型比较齐全：广西沿岸海岛主要为不正规半日潮，而涠洲岛和斜阳岛为正规全日潮；其他海岛为正规半日潮。北亚热带和中亚热带气候区海域潮差最大，各岛平均潮差在 350 cm 以上，最大潮差不超过 500 cm。潮差总的分布趋势是由东向西、由北向南、由湾口向湾顶逐渐增大，最大潮差区在浙南的乐清湾和福建北部海域。南亚热带气候区各岛海域潮差比较小，平均潮差在 250 cm 以内，位于北部湾顶部的白龙尾岛区最大潮差不超过 570 cm。潮差总的分布趋势是由东向西、由南向北逐渐增大。

灾害性天气比较严重，主要是台风和热带气旋。

(3) 热带岛屿区

热带岛屿区包括海南省全部海岛。可分为三个亚区：①北热带岛屿亚区包括 19°N 以北海南岛北部和中部的全部岛屿；②中热带岛屿亚区包括 19°N 以南海南岛南部沿岸岛屿和西沙群岛、中沙群岛及东沙群岛的全部岛屿；③南热带岛屿亚区包括南沙群岛的所有岛屿。

该区地处热带北部，东亚季风区南缘。受热带海洋性季风气候影响呈现显著的季风性气候，干季与湿季明显。热带北缘区域有亚热带至热带过渡性气候特征。光照充足，热量丰富，终年气温较高，长夏无冬，基本无霜冻；灾害性天气发生频繁，夏、秋多热带气旋、暴雨，冬、春干燥常发生旱灾，在海南岛北部诸海岛，多低温阴雨天气。

年平均气温在 23.0～25.5℃之间，最低月平均气温在 15.4～22.0℃之间。不小于 10℃的积温为 8 000～9 000℃，为中国海岛之最。最高温出现在 7 月，多在 28.4～28.9℃之间；最低在 1 月，多在 15.6～20.9℃之间。年较差北高南低。但当冬季风强盛时，冷空气仍可侵袭本区海岛，造成低温冷害。

降水充沛，降水量在 1 254.7～2 159.0 mm 之间；由于五指山地形影响使海南岛东岸迎风面的海岛年降水量在 2 000 mm 以上，高达 2 159.0 mm，为本区年降水最多的海岛；海南岛西岸和南岸海岛成为少雨区。干湿季分明，降水集中在湿季。湿季从 4 月下旬到 10 月，雨量占全年的 80% 以上，夏季从 4 月上旬到 11 月中旬，雨热同季长达 7 个月。

该区由于海陆配置和地形影响，风向变化十分复杂，但季风特征仍很明显；东南、南和西南风兼而有之，各海岛有所不同；春、秋季为过渡季节，一般 4 月开始以偏南风为主，9 月开始冬季风，10 月东北季风盛行。本区海岛年平均风速仅 3.1 m/s，平均风速年变化十分明显，最高值在 2 月，全区平均为 3.5 m/s，最低值在 8—9 月，平均为 2.7 m/s。

该区域海岛是中国受热带气旋影响最严重的地区。据 1949—1980 年资料统计，影响和登陆海南岛岸段的热带气旋共 275 个，平均每年 8.6 个，其中登陆的 79 个，平均每年 2.5 个。每年 6—10 月为热带气旋活动季节，以 8—9 月最为集中。约占全年登陆台风总数的 54%，12 月至翌年 3 月无台风登陆。热带气旋还带来暴雨灾害。

海南的感恩角以北至后海各岛海域为正规全日潮区。各岛海域潮差比较小，平均潮差在 250 cm 以内。潮差总的分布趋势是由东向西、由南向北逐渐增大。因该区海岛离岸皆较近，故海岛附近的海流一般为往复流形式。波浪受风影响明显，在偏南向和偏北向出现频率较大；波高最大值除台风季节外，也出现在秋、冬季的东北季风和夏季的西南季风期间，月平均波高在 1 m 以内。

3.4.2 地质环境

我国现今海岛是千万年以来，地球内部构造运动（内应力）和海面升降、河流塑造、海洋侵蚀、大气作用、人为活动（外应力）综合影响的结果。地质构造运动是形成海岛的内营力。我国的海岛绝大多数为大陆岛，其形成原因、年代、构造性质和资源等都与大陆相近。

（1）地质构造

在大地构造上，我国大部分大陆海岸皆属东亚大陆构造域的一部分，由北而南，分别属于华北、扬子、华南三个块体。印支运动以前，由三个块体构成的大陆，处于被中间大洋分隔的状态。中生代的印支运动期，地壳运动强烈，大洋闭合，三个块体拼合形成统一的东亚大陆，形成了一系列北东向的隆起和坳陷带。与此同时，由于印度板块与亚欧板块的相互作用，使原来属于华南地块的海南岛和南海诸岛陆块解体张裂，与海南岛分离并下沉，形成南海诸岛。海南岛却不断上升。

更新世的喜马拉雅运动产生了东西向断裂，燕山运动早期，大规模的酸性岩浆侵入活动，形成了较多由花岗岩体构成的隆起。喜马拉雅运动产生了一系列东西向断裂，把东北向隆起带分裂成若干个孤立的山地，这时琼州海峡断陷，使海南岛与大陆分离。海南岛中部的穹隆断块急剧抬升，逐渐形成了现今海拔高度大于1 000 m的山地。

第四纪的冰后期，海平面逐渐上升，使原来与我国大陆连为一体的较低陆地变为浅海大陆架，而当时较高的山地、丘陵则露出海面变成海岛。我国大陆入海河流带来的沉积物堆积形成了冲积岛；同时各基岩大岛上发育的河流，在局部改变海岛地貌，冲刷的物质又在山丘的坡麓形成洪积扇，较大的河流则在河口处形成冲积岛。

此外，一系列中小型X断裂构造（北东向和北西向两组断裂交叉）形成棋盘格形式，使不少岛屿、半岛和海湾具有定向排列的特点，如长山列岛和舟山群岛总体沿北东向展布，而单个岛屿的长轴则呈东西向延伸；在平面上呈现出东西成行，南北成带的特点。

（2）地层

我国海岛的地层与沿海大陆地层密切相关。辽宁省和山东省所属黄海、渤海的岛屿由华北地层组成；江苏省和上海市所属的黄海、长江口一带岛屿由扬子地层组成；浙江、福建、广东、广西、台湾和海南所属东海、南海的岛屿由华南地层组成（图3.16）。

渤海和北黄海沿岸位于华北块体（亦称华北准地台）上。北黄海沿岸海岛处于新华夏构造隆起区，海岛多以太古代—元古代结晶变质岩系（太古界鞍山群，下元古界辽河群）为主，大部分海岛有印支期和燕山期的酸性和中酸性侵入岩；除菊花岛和广鹿岛有较大侵入岩体分布外，其余多为脉岩，出露面积较小。新生代以来，受胶辽台隆影响，以长山群岛为主体呈持续隆起之势，缺失第三系。分布在海积平原、潟湖、冲洪积台地或扇裙表面的上更新统和全新统松散地层厚2～10 m。

位于渤海海区渤海湾和辽东湾附近的海岛受渤西坳陷、渤中坳陷、渤东坳陷、辽东湾坳陷、莱州湾坳陷以及郯庐断裂带控制，位于渤西凹陷的打网岗和曹妃甸海岛，其物质组成由入海泥沙组成；位于渤海其他低洼沉陷区边缘带的海岛以沉积岩为主，并有大面积燕山期花岗岩分布。

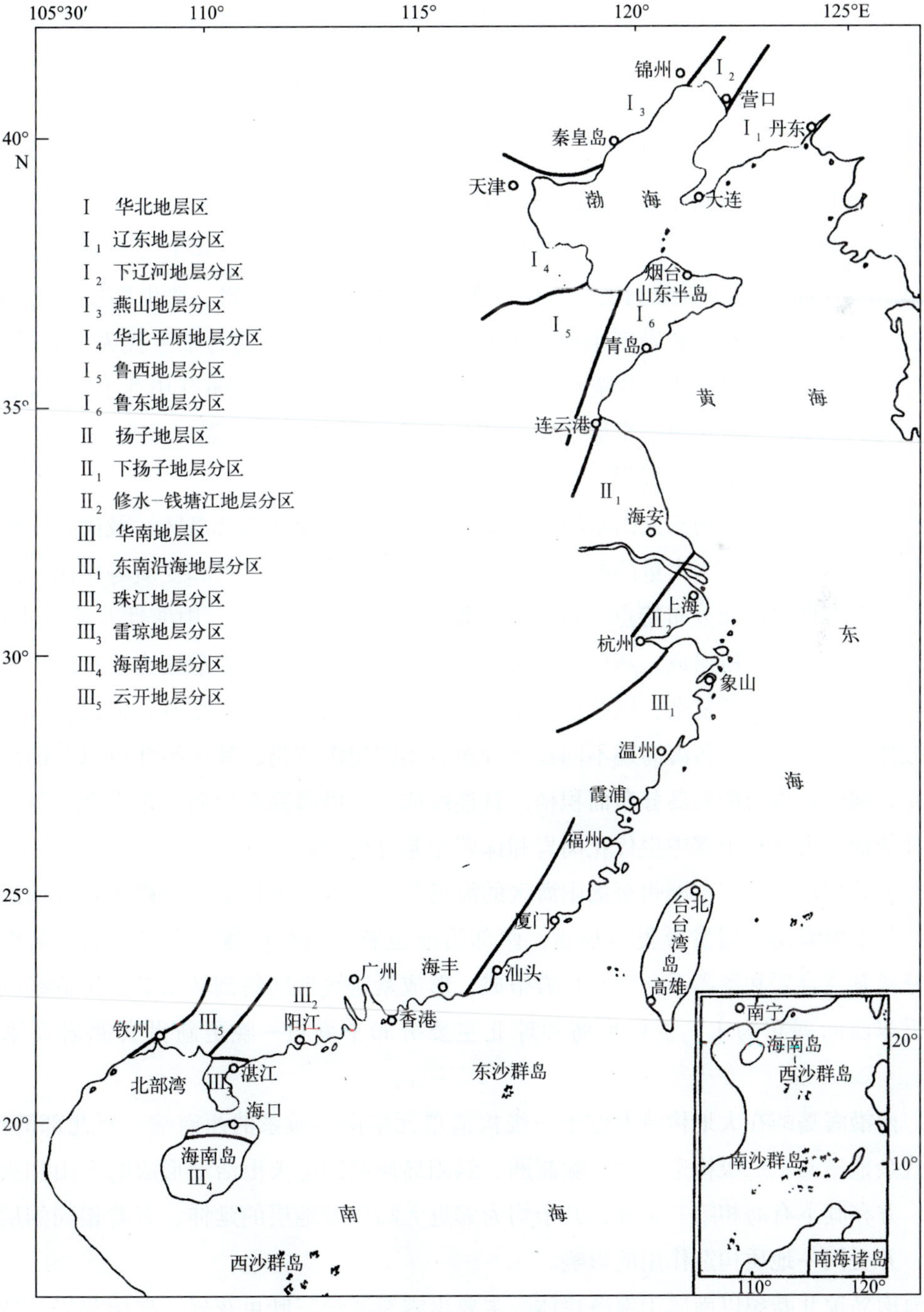

图 3.16　中国海岸地层分区图（中国）[86]

庙岛以东和以南的山东海岛，均处于新华夏系第二隆起带的胶北隆起、胶南隆起和胶莱坳陷上，以缓慢上升为主，伴有多次岩浆活动。区内海岛以丘陵为主，基岩裸露，坡度陡，其中绝大多数海岛由太古—元古界变质岩组成，其余海岛由侏罗—白垩系地层或由中生代和第三纪岩浆岩组成。

苏北海岸位于扬子块体上，大部分被第四系东台群海陆交互相—海相沉积覆盖，江苏连云港云台山出露太古界变质岩。

长江口9个冲积沙岛位于安亭—崇明凹陷的东部与川沙凹陷东延的汇合处。冲积沙岛的基岩埋深350～400 m，基岩由上侏罗系、上第三系地层及燕山晚期早白垩世花岗岩组成。其上为中、新生界陆相及海陆交互相的巨厚松散沉积物所覆盖。

浙江以南，包括福建、广东、广西和海南北部，皆位于华南块体上（亦称为华南褶皱系）。以基岩组成的低山丘陵为主，广泛分布火山碎屑岩、潜火岩、燕山期侵入岩和晚期变质岩。沉积碎屑岩和玄武岩则小面积零星分布。大部分海岛均为中生代火山岩系覆盖，浙江沿海主要出露侏罗纪、白垩纪紫红色和红色砂砾岩，局部有中生代花岗岩。杭（州）—嘉（兴）—湖（州）平原、绍（兴）—宁（波）平原、温（州）—黄（岩）平原等，发育第四纪海陆交互沉积。

福建海岛处于福建闽东火山断坳带的福鼎—云霄断陷带（北部岛区）及闽东南沿海变质带内。中生代以来发生大量的酸性、中酸性及基性岩喷溢、侵入和变质等作用，造就了福建海岛的岩性组成和分布特点。各海岛岩性几乎全部是由酸性、中酸性及基性火山岩、侵入岩及动力变质岩所组成。燕山早期第三阶段侵入岩以酸性、中酸性为主；燕山晚期第一阶段侵入岩岩石类型复杂，以基性—中性—中酸性—酸性—碱性都有，但以中性、中酸性、酸性为主。此外，各海岛还不同程度分布着第四纪沉积物，其中闽江口以北的海岛零星分布，闽江口以南的海岛分布面积稍广且连续成片。沿海除金门岛、东山岛出露变质岩外，其他地方大面积出露中生代花岗岩和侏罗纪紫红色砂砾岩。

在地质构造上，广东潮州至揭阳海区的海岛位于中国大地构造华南褶皱系的南缘，珠江口东部沿海海岛地层发育类似福建，西部沿海也有大面积出露；广东中部海岛由震旦系、寒武系混合岩和奥陶系含笔石页岩组成，形成紧密线形同斜倒转褶皱，构造线以东北向和近东西向展布为主。雷州半岛和琼北主要分布上新世—晚更新世玄武岩及第四纪沉积。

广西沿海岛屿在大地构造上位于一级构造单元华南褶皱系的西南端，属北部湾坳陷、钦州残余地槽两个二级构造单元。除涠洲、斜阳岛属第四纪火山活动形成的火山和火山沉积岩，并在其下有海相第三系外，其余均为邻近大陆岸带地层的延伸，有着相同的层序和岩性，并受同一地质构造作用的影响。

海南岛琼北断裂以南属于南海块体，主要出露寒武纪三叶虫灰岩、硅质灰岩、砂页岩夹灰岩，白垩纪红色砂砾岩，印支期、燕山期花岗岩和第四系砂砾岩。而本次普查的海南省海岛除大铲礁为珊瑚海岛外，都是印支期或燕山期侵入岩为主体。

3.4.3　地貌特征

我国海岛地貌类型齐全，虽不如大陆地貌典型，然而几乎大陆有的地貌类型海岛上均有。根据我国海岛的特点，将地貌划分为 3 种基本类型，即海岛陆上地貌、海岛潮间带地貌和海岛近海海底地貌，以下再分二级、三级、四级类型（表 3.1）。

表 3.1　全国海岛陆上地貌分类[84]

二级地貌	三级地貌	四级地貌
火山地貌	火山 熔岩台地	火山锥、火口湖 岗地、岗间谷地
地震地貌	地震正地貌 地震负地貌	地震沙锥、地震裂缝 地震沙垅、地震陷坑
侵蚀剥蚀地貌	侵蚀剥蚀高山 侵蚀剥蚀中山 侵蚀剥蚀低山 侵蚀剥蚀高丘 侵蚀剥蚀低丘 侵蚀剥蚀台地 侵蚀剥蚀平原	峡谷、嶂谷、宽谷、阶地 峡谷、嶂谷、宽谷、阶地 河谷、坳谷、冲沟、阶地 河谷、坳谷、冲沟、阶地 河谷、坳谷、冲沟、阶地 岗地、岗间谷地、阶地 残丘、河床、阶地、冲沟
洪积地貌	洪积台地 洪积平原（洪积扇裙） 坡积洪积平原（坡洪积锥、裙）	岗地、岗间谷地 冲沟、谷地 冲沟、岗地
冲积地貌	洪积冲积台地 洪积冲积平原（冲积扇） 冲积平原（河道带）	岗地、岗间谷地、阶地河床、古河道 决口扇、自然堤、点坝、心滩河床、古河道 决口扇、自然堤、心滩、边滩、点坝、泛滥洼地
海成地貌	冲积海积台地 冲积海积平原 三角洲平原 潟湖平原 海积平原	岗地、岗间谷地、海蚀阶地、海积阶地 古河道、河床、滨海沼泽、贝壳堤 古河道、河床、滨海沼泽、贝壳堤 潟湖盆、潟湖滩 滨海沼泽（温地）、贝壳堤
湖成地貌	冲积湖积平原 湖积平原	湖泊三角洲 湖盆、湖滩
风成地貌	风成沙地 风成沙丘	沙平地、沙洼地 链状沙丘、新月型沙丘、丘间洼地
黄土地貌	黄土台地	岗地、冲沟、海蚀阶地
重力地貌	重力正地貌 重力负地貌	山麓堆积坡、滑坡、倒石堆 滑坡坑
冰川地貌（古）	冰川正地貌 冰川负地貌	角峰、冰碛垅 冰斗、冰川谷地
人为地貌	人为正地貌 人为负地貌	丁坝、码头、海堤 养殖场、盐田、港池

北黄海海岛（辽宁）处于新构造运动上升区，岛屿以丘陵山地为主。地面坡度大，第四系地层厚度小。地貌格局总体上比较简单，基本格局呈丘陵区→台地（坡洪积扇裙、阶地等）→冲海积→平原→海湾的阶梯状分布。一般较小岛（小于1 km^2）在地貌组合上更为单一。

渤海湾海岛位于黄河下游平原、渤海之滨的新、老黄河三角洲之间的洼地前缘一带，以缓慢持续下沉为主，普遍发育具有贝壳沙堤、三角洲残体外部特征的堆积沙岛。在滨州近岸岛群砂质岛上，主要发育有洲间洼地、潮滩、贝壳堤、风成沙丘、潟湖和潮沟等。

在庙岛以东和以南的山东基岩岛岛陆地貌主要有低丘、基岩坡、黄土台地、冲沟、倒石堆、洪积和海积平原等类型。在南、北长山岛和砣矶岛等，都有发育较好的黄土台地和黄土坡；海岸地貌主要有海蚀平台、海蚀崖、海蚀洞穴、砾石滩、砾石嘴等类型；海底地貌主要有水下侵蚀平台、水下堆积斜坡、水下堆积平原、水下侵蚀洼地和水下侵蚀槽等类型。

上海长江口河口冲积沙岛属三角洲平原地貌类型，海岛地势平坦，地面平均高程一般为2.4～3.1 m。有些沙岛被围垦，也有些未被围垦保持原始状况。

浙江海岛在地质构造上是大山脉的延伸部分，均呈丘陵地貌，而且离海岸越远海岛山体的高度越低，海岛宛如露出海面的山峰。其海岛地貌中，丘陵面积占总面积的64.7%，一般海拔高度为50～200 m，200～500 m的丘陵山地仅见于较大的洞头和舟山岛屿。大部分丘陵均为中生代火山岩系覆盖，但经风化侵蚀，土层薄、砂性重、保水能力差。在山麓的谷地和较大海岛边缘，由于水动力作用加人工围垦等，形成分散的小片平原。

福建海岛由于受地质构造的控制，造成了闽江口以北和以南的海岛地貌某些特征有较大差异。闽江口以北的海岛基本上都是单个基岩岛，地貌类型多数只有高丘、低丘和残丘。而闽江口以南的海岛多数是由岛连岛构成，它们是沙洲把几个基岩岛连接起来而组成的，面积较大的海岛其地貌类型有高丘、低丘和红土台地，还有大小不一的海积平原，风成沙地等。

广东海岛大部分由基岩丘陵组成，基岩为燕山期花岗岩类。第四系沉积物有陆相、海陆交互相和海相，但面积不大，面积较大的淤泥质海滩分布在已连陆的海山岛。地貌类型有低山、丘陵、台地（阶地）、沟谷地、滨海平原、风成沙地、潮间带滩地、水下浅滩，其中以低丘陵最多，低山最少。

广西海岛地貌，有火山地貌、侵蚀地貌、构造地貌、河流冲积地貌、三角洲地貌、海蚀地貌、海积地貌、风成地貌、水下地貌、生物海岸地貌、人工地貌11种。海岛海岸类型主要有火山侵蚀堆积岸、砂质海岸、三角洲海岸、溺谷湾海岸、红树林海岸、珊瑚礁海岸。

海南岛周围海岛陆域地貌类型丰富多样，主要为侵蚀剥蚀丘陵，大洲岛的南岭海拔超过200 m，属高丘陵，其余皆为侵蚀剥蚀低丘陵；滨海冲积海积平原，地势低平，台风时易被淹没；海积阶地，阶面较平坦，微向海倾斜，阶地前缘常有 1.5 ~ 3.0 m 的陡坎；现代沙堤沙地，由中砂、细砂、砾石构成或分布有风暴潮作用形成的砾垒堤；火山岩台地，岩面多裸露。海岛潮间带地貌主要为基岩砾石滩，一般近岸石块大，多为漂石，向海石块渐小，逐渐过渡到卵石和砾石；沙滩，呈带状沿岸分布，向海倾斜；泥滩，由淤泥、淤泥质黏土构成，含少量贝壳和有机质，表面平缓，微向海倾斜；礁盘，沿岸分布，由珊瑚礁构成，起到防浪护岸作用；红树林滩，在岛屿河口常见。

3.4.4 构造特征

(1) 新构造活动性

我国海岛新构造运动明显，主要表现在沿古老深大断裂发生承袭性活动，形成与大陆海岸带彼此一致的差异升降运动，从而出现地形反差明显的山地丘陵海岛和低平堆积砂岛的差异升降运动，并具有明显的间歇性和频繁的突发性。

我国海岛大多受东北、北东北向的断裂带、坳陷和隆起的控制。在分布走向上和运动方式上基本上与这些在中生代燕山运动时形成的构造保持一致。辽东半岛东南侧的长山群岛、山东半岛北侧的庙岛群岛以及我国东南沿海的许多群岛都呈东北向展布。在运动方式上它们自上新世以来一直处于缓慢上升状态，而且目前仍在持续下去，体现了我国海岛新构造运动的持续继承性。据报道，辽东半岛和山东半岛各岛屿平均每年上升速率为 1 ~ 2 mm/a 至 4.7 mm/a。

中生代时，中沙、西沙、东沙、南沙等群岛与海南岛同属华南陆块，由于西面的印度板块与欧亚板块碰撞，而太平洋板块又向北西推移，造成南海诸岛所属的陆块解体张裂，与海南岛分离，并且发生沉降，而海南岛却隆起，呈现了强烈的新构造运动反差。此外，如渤海湾冲积岛地区的下沉，渤海海峡庙岛群岛地区的上升，也表现出了这种反差性。

明显的间歇性是我国海岛新构造运动的另一特征。在全国大多数基岩岛上都有高度不同的地形面，其中包括海岸阶地、台地、剥蚀面等，它们都是新构造运动间歇上升的产物。辽宁省各岛广泛分布多级海岸阶地，一般可分出 5 级，高度分别为 9 ~ 13 m、17 ~ 22 m、45 ~ 54 m、59 ~ 62 m、100 ~ 122 m。海南岛台地和阶地面积占全岛 49.3%，可见间歇性新构造运动的普遍性。另外，从澎湖列岛第四纪玄武岩中夹有多层砂岩层也可看出，火山喷发活动的间歇性。

我国海岛地处大陆边缘，是欧亚大陆板块、太平洋板块和印度洋板块的接触带，通过这些大板块以及较小的菲律宾板块等的碰撞、斜插、扭转、挤压，频繁地突发性释放大量能量，造成了第四纪活跃的火山爆发和地震活动。

(2) 区域稳定性

辽东半岛和山东半岛各岛屿新构造运动表现为缓慢上升；并且老构造在近期仍有活动

迹象，出现不同级别的地震活动，表明海岛新构造活动有一定强度。

浙江省海岛的区域稳定性主要表现为地壳升降、岩浆活动及地震等方面，但多微弱，特别是全新世以来，海岛基本稳定。从活动性断裂构造分布来看，起支配作用的是镇海、温州大断裂，近期有一定活动。据历史地震分析本区曾发生多处地震，最大震级达 4.75 ~ 5.50 级，多数与断裂有关。镇海—定海一带海岛也有多次地震，其中 4 级地震 4 次，表明地震强度相对较大，但震级小，强度弱。

福建省海岛处于稳定区之东海亚区，基本稳定区之福州亚区及次稳定区之南日岛海域亚区，历史有强烈破坏性地震，但频率低，主要发生在滨海构造沉陷处。

广东省海岛新构造活动明显，有活动性断裂、断块升降运动，近代海岸线变迁，地震和温泉等。这种活动具有明显的继承性、差异性和间歇性。近代海岸线以上升为主，其幅度和速率在不同断块上存有差异，南澳岛、海陵岛部分岸线表现为沉降。

广西海岛自第三系以来新构造运动比较强烈，地壳运动和水平变形、断裂继承复活、褶皱变动等迹象明显。它处于中国东南沿海构造地震带西南部分，地震活动较频繁。

海南省第四纪海岛以上升为主。海南省北部王五—文教深大断裂仍在继续活动，该断裂以北地震强度较大，历史上发生多次地震。1605 年琼州大地震震级 5.3 级。

与上述新构造运动缓慢、持续上升的山地丘陵海岛迥然不同的苏南永隆、兴隆两沙岛及崇明、长兴、水兴三沙岛，处于以沉降为主的构造区。新生界地层厚，反映新生代至今持久的构造沉降作用。

（3）地震环境

我国地处东亚板块的东南部，受环西太平洋地震带和喜马拉雅—地中海地震带地震活动的影响，是个多地震的国家。海岛又处在多地震带上，灾情严重。

影响我国近海区域稳定性因素很多，新构造运动是主要因素之一，也是产生地震的构造背景。该区的活动断裂主要为北北东向。郯庐地震带、华北地震带、燕山地震带在渤海中部相交，使地震活动性强化，表现为震级大、频度高。东南沿海在长乐—诏安发育的北东向活动断裂与北西向断裂交汇处，形成东南沿海地震带，强度虽比华北地区弱，但对福建近海影响较大，基本烈度 7 ~ 9 度。琼北具有地震构造背景，历史上震级较大，1994 年 12 月至 1995 年 1 月发生两次 6 级以上地震，是值得引起注意的地震活动区。

3.4.5 海岛资源

我国海岛繁多，不同区域海岛的岛体、海岸线、沙滩、植被、淡水和周边海域的各种生物群落和非生物环境共同形成了各具特色、相对独立的海岛生态系统。我国海岛及其周围海域蕴藏着丰富的港口、渔业、旅游、油气、生物、水产、海水、森林、矿产、土地、海洋能、波浪能等优势资源和潜在资源，极具开发潜力，它们构成了海岛开发和保护的基础[87]。散布于我国东部沿海区域上的众多海岛已逐渐成为实施海洋开发战略、推动海洋经济发展的重要支点。

海岛资源包括：空间资源、森林资源、港口资源、矿产资源、生物资源、淡水资源、水产资源、海洋能资源、海水资源等。资源种类和资源的总量十分丰富[84]。

（1）空间资源

海岛空间资源包括港湾、岛陆土地，海涂和紧邻水域等。港湾是一项宝贵的海岛空间资源，是海岛开发的重要基础。大部分岛陆的土地资源十分有限，但部分海岛邻近海域的浅海滩涂可为海岛开发提供丰富的后备土地资源。

我国海岛空间资源的利用率不高，主要有海洋灾害频繁、淡水缺乏、交通不便、资金不足、对海岛重要性认识不够等诸多原因。海岛岛陆土地资源未利用部分占 15.38%，而海岛滩涂未被利用的部分高达 82.75%[79]，同时一些河口岛和珊瑚礁岛正在继续增大，如果我们注意保护，海岛土地资源将会逐渐增加，对海岛土地资源开发利用的潜力是巨大的。

（2）水产资源

我国海岛大部分紧靠大陆，适宜增养殖的浅海滩涂面积广阔，可供开发利用的大约有 900 km^2。这些浅海滩涂极适宜不同种类的鱼、虾、蟹、贝、藻和海珍品的增养殖[88]。根据全国海岛资源综合调查的结果，海岛周围海域中的游泳生物共记录有鱼类 1 126 种、大型无脊椎动物 291 种。渔业是我国海岛的传统产业和重点产业，我国 10 余个海岛县都是全国渔业重点县，191 个海岛乡镇中，绝大部分以渔业为主导产业[89]。

水产资源主要有：①鱼类资源。我国近岛海域鱼的种类较多，组成复杂，资源相当丰富[90]。②海珍品资源。近岛海域的海珍品种类繁多，资源相当丰富，仅海参类就有 22 种，鲍类 5 种，龙虾类 5 种，还有马蹄螺、砗磲类、扇贝类等。③虾、蟹、贝类资源。此外还有经济藻类和药用水产资源，如紫菜、海带、石花菜、鹿角菜、鹧鸪菜和章鱼等[33]。

（3）港口资源

我国海岛多数为基岩岛，岸线漫长曲折，深水水域广阔，多数港口终年不冻，岬角和海湾相间形成许多避风条件良好的港湾，为建设港口提供了有利条件。这些海岛又多分布在大陆附近，利于开发港口资源。现已建成的大型港口主要有：舟山群岛上的舟山港和老塘山港，厦门岛上的厦门港，海南岛上的八所港、海口港、三亚港[89]。舟山港是全国 48 个主要港口之一，这里有万吨级以上码头泊位 47 个，2011 年货物吞吐量为 2.61 亿吨；厦门港 2013 年货物吞吐量为 1.91 亿吨；海南岛的海口港 2011 年货物吞吐量为 4 524 万吨。

（4）旅游资源

海岛既有着适宜旅游的气温，还有海市蜃楼的奇观、洁净的滨海沙滩、奇特的山石形胜、珍稀动物和植物资源，以及远古先民的文物，历代名人的踪迹，抵御外夷的故址，宗教文化的观、庙、阁建筑和佛像雕塑等人文旅游资源，使海岛成为旅游者休闲观赏、度假疗养的胜地[33]。按旅游景观特色，旅游海岛可分为生物景观岛、自然风光岛和人文景观岛三大类型。

①生物景观岛 因岛屿特殊的地理条件在漫长的自然演化中形成适于动植物繁衍的生态环境，从而形成了以动植物景观为特色具有较高旅游开发价值的海岛资源。例如，辽宁的蛇岛、菊花岛，山东长岛诸岛中的车由岛、长门岩，海南的南湾猴岛等。

②自然风光岛 这是一种在地质构造作用影响下，经风浪长期侵蚀以及其他外营力的长期作用，形成以自然风光为旅游景观主体，或者附有一定人文景观的岛屿类型。例如，辽宁的长山列岛中的大长山岛和海王九岛，山东的庙岛群岛、芝罘岛、大管岛、竹岔岛和灵山岛，浙江的朱家尖岛、嵊泗列岛、大鹿岛、南麂岛，福建的海坛岛、东山岛，广东的妈屿岛、硇洲岛、海陵岛，海南的放鸡岛、燕窝岛、上川岛等。

③人文景观岛 在数千年的历史发展中，经历代的开发建设和各种形式的社会实践，在岛上留下了丰富多彩的历史文化遗迹，从而形成了以人文景观为主的、兼有优美自然风光的岛屿类型。例如，山东的养马岛、刘公岛、田横岛，浙江的普陀山、岱山，福建的湄洲岛、鼓浪屿等。

近十几年来，海岛旅游业日益被各级政府所重视，纷纷投资开发旅游业，改建并扩建了大批旅游景点和设施，吸引了大量国内外游客参观游览。从南到北，由海南岛国际旅游岛、舟山群岛开发，到长山群岛旅游避暑度假区的建设，我国海岛旅游开发热潮正在兴起[91]。近年来海岛旅游业为区域经济的增长做出了巨大贡献，如2013年，舟山群岛接待境内外游客3 067.47万人次，旅游收入300.12亿元。2013年海南省接待旅游过夜人数3 672万人次，实现旅游总收入428亿元。

(5) 生物资源

生物资源主要有：①植物资源：主要包括红树林、药用植物及珍稀濒危和保护植物。我国海岛共有红树和半红树植物27种，占地面积约2 440 hm^2，分布在海南、广西、广东、福建、浙江和台湾等省（区）。海岛药用植物共有1 000多种，其中数量较多，并被普遍应用的有200种左右，广泛分布于海岛上。在我国海岛植物中，已被列入国家级保护的珍稀濒危植物共有29种，其中属国家一级保护的植物有2种，即桫椤树和金花茶，均分布在广西；属国家二级保护的植物有9种，其中有浙江普陀山的普陀鹅耳枥，目前仅存一株；属国家三级保护的植物至少有18种[89]。②动物资源：主要包括珊瑚类、两栖类与爬行类、海鸟类、哺乳类、珍稀濒危和保护动物。海岛上的动物以鸟类最多，估计约有400种，个体数量也较多，其中80%以上为候鸟和旅鸟，留鸟较少[92]。此外，海岛的两栖、爬行动物和哺乳动物都较少。珊瑚种类就有400多种，大部分是造礁石珊瑚。珊瑚可做成供摆饰的工艺品，还可分离提取有天然活性物质的药物[33]。

(6) 森林资源

我国海岛森林总面积为39.4万km^2。海岛森林有自然林和人工林，森林覆盖率21%，

活立木蓄积量约有 $3.5\times10^6\ m^2$。森林类型主要有黑松林、油松林、刺槐林、栎树林、水杉林、榆树林、香樟林、马尾松林、相思树林、桉树林和椰子林等[33]。在我国海岛林地中，有 90% 以上是新中国成立以后营造的。总的看来，海岛森林基本上是以防护林为主，这也比较适应海岛这种特殊的生态环境。许多海岛先后建立了一批国有林场或集体林场，引种了木麻黄、桉树、台外相思等树种，为海岛植物树林积累了丰富的经验。例如，浙江省在海岛上兴建国有林场和集体林场 43 个，经营有林地面积 4 300 多 hm^2。广东省在海岛上兴建了东海、东简、南三等多个规模较大的林场，其中东海林场面积 1 382 hm^2，有林地 1 220 hm^2，林木蓄积量 $4.96\times10^4\ m^3$，该林场结合实际，改造低产林，营造丰产林，已成为以林为主，多种经营的综合性林业基地。在广东省南澳岛的黄花山林场有世界珍稀的竹铂林和国内外珍贵的红枫、杜鹃、瑞香、黄杨等各种野生盆景植物，该岛于 1992 年被国家林业部门批准建立为国家森林公园[79,88]。

（7）矿产资源

海岛金属矿产资源较为贫乏，非金属矿产资源则相对丰富，尤其是建筑材料矿产分布广且储量大。据初步调查，海岛较有优势的矿产主要是石油、天然气、煤、钛铁矿、铁矿、标准砂、玻璃沙、花岗岩、黏土、建筑砂等[33]。现已探明储量的矿产资源有 32 种，矿床 46 个，其中大型矿床 10 个，中型矿床 6 个，小型矿床 30 个[79]。

（8）海水资源

海水资源是指人类利用的海水及其中所含的元素和化合物。500 m^2 以上的海岛，有着广阔的海涂，利于海盐生产，海岛周围海水一般盐度在 30 左右，在季风气候影响下，风速大、蒸发量高，利于海盐生产。海水中还有大量镁盐、溴、钾盐、碘、铀、重氢、锂等 90 多种元素，可弥补陆地上有些元素短缺，来满足国民经济建设的需要[33]。利用海水淡化水，由于大多数海岛淡水资源有限，属于资源性缺水，因此海水淡化水是海岛非常重要的水源之一。在政策环境和技术进步的综合作用下，我国的海水淡化技术和产业在 21 世纪得到了快速发展。在低温多效蒸馏海水淡化方面，2004 年 9 月攻克了千吨级低温多效蒸馏海水淡化技术，自主设计、制造完成了山东青岛黄岛电厂（3 000 m^3/d）低温多效蒸馏海水淡化装置并投入运行，实现我国蒸馏法海水淡化工程“零”的突破，每吨水成本接近国际先进水平[93]。海水淡化作为重要的水资源开发利用方式已逐渐被海岛和沿海地区所广泛接受[94]。

（9）可再生资源

海岛能源包括太阳能、风能和海洋能［包括潮汐能、波浪能、海洋（潮流）能、温差能和盐差能］。我国海岛能源非常丰富，开发潜力很大。但是，我国海岛对太阳能和海洋能的开发利用都比较薄弱，只对海岛风能进行了开发利用。目前，我国除了拥有 12 万台户用微型风电机外，有些海岛还建设了较大的风电场，如辽宁长兴岛、山东荣成、浙江嵊泗和下大陈、福建海坛、广东南澳等岛。这些风电场的单机容量一般为 1～100 kW，有的达到 200 kW[88,95]。

3.5 我国海岛开发建设的主要成绩

经过半个多世纪以来的艰苦努力，我国海岛开发建设取得了很大的成就，综合来看，主要表现为[96]：

3.5.1 海岛渔业

我国海岛渔业的发展虽然经历过起伏，但从总的来看发展还是比较快的。过去，我国海岛渔业是以海洋捕捞渔业为主，生产结构比较单一。改革开放以后，我国海岛渔业认真贯彻“以养为主，捕养加工并举”的方针，使海岛渔业的生产结构发生了巨大变化。具体表现在以下三个方面：第一，增加了海水养殖的比重，扭转了海岛渔业生产单一化的局面。第二，以近海捕捞为基础，发展了外海和远洋渔业。渔船的技术装备有所提高，深海和远洋的捕捞能力得以加强，远洋船队可以到达菲律宾、东非索马里和西非等海域进行捕捞，采取多种作业方式，拓宽了鱼类品种，捕捞产量稳步提高，近岸和近海资源得到了保护。第三，利用海岛港湾和滩涂资源丰富的特点，开展品种多样的海水养殖。经过多年的建设，海岛已经成为我国重要的渔业生产基地。

我国海岛的海洋渔业由于大范围地推广了渔船机械化等应用技术，大大提高了海洋捕捞能力和生产效率。特别是进入 20 世纪 80 年代以后，相应地调整了海岛渔业的产业结构和生产重点，主要表现在以下三个方面：第一，改造和更新了大批渔船。第二，大力发展增养殖业，选育优良品种，提高了养殖技术和设备。第三，加强渔港建设，使渔业服务的配套设施得到了较大改善，提高水产品深加工能力。上述措施，使海岛渔业生产继续保持了较大的增长势头。

3.5.2 海岛港口建设

从大型港口看，海岛上已建成万吨级以上的大型港口不多，主要有舟山群岛、厦门岛、海南岛。舟山港是全国 48 个主要港口之一，这里有万吨级以上码头泊位，2002 年货物吞吐量为 4 068 万吨；厦门港位于厦门岛，北起集美，西起海沧，东至白石头，长约 30 km，有深水锚地，避风条件好，有万吨级泊位 10 多个，2002 年货物吞吐量为 2 735 万吨；海南岛的海口港 2002 年货物吞吐量为 1 073 万吨、海口新港为 676 万吨、八所港为 343 万吨、三亚港为 49 万吨、洋浦港为 91 万吨。随着改革开放的发展，大型海岛港口蓬勃发展，以舟山港为例，1990 年港口货物吞吐量为 192.2 万吨，港口旅客吞吐量 41.5 万人次；2002 年货物吞吐量为 4 068 万吨，港口旅客吞吐量 738 万人次；分别比 20 世纪 90

年代增加了20.16倍和16.78倍。

对中小型港口，目前大长山岛建有四块石港、蚧巴坨子港、菜园子湾港、鸳鸯坨子港和于家沟港；南长山岛西侧建有长岛港；崇明岛建有南门港码头，此外，还有堡镇港码头、新河港码头、牛棚港码头、北堡镇码头和北鸽龙港码头等；泗礁山岛建有嵊泗中心渔港等；岱山岛建有岱山港；舟山岛除舟山港外，还建有老塘山港、西码头港；玉环岛建有坎门港、大麦屿港和漩门港；洞头岛的北侧建有三盘港，南侧建有洞头港，东部建有东沙滩湾港；海坛岛建有多处码头；东山岛建有东山港；南澳岛建有隆澳前江湾和后江湾港；等等。

3.5.3 海岛旅游

发展海岛旅游业可以繁荣国家经济，振兴海岛经济的发展，扩大就业范围。近十几年来，海岛旅游业日益被各级政府所重视，纷纷投资开发旅游业，改建并扩建了大批旅游景点和设施，如蛇岛、猴岛、舟山群岛、海南岛都以其独特的自然和人文景观吸引了大量国内外游客参观游览。海岛旅游收入、接待游客数量都大幅度提高。舟山群岛2004年接待国外游客116 513人次，外汇收入5 976万美元；海南省1990年接待国际游客18万人次，创汇6 195万美元，2004年接待国际游客24.8万人次，创汇7 074万美元，分别增加了31.2%和14.2%。2006年浙江省舟山市共接待国内外游客1 152.84万人次，其中，接待国际游客16.65万人次，国内游客1 136.19万人次，实现旅游收入73亿元。

考虑到福建省琅岐区和广东省万山区历史数据资料不齐全，仅对其他12个海岛县（区）进行分析。由表3.2可以看出，2005年12个海岛县（区）GDP总量为625.33亿元，占全国GDP总量的0.34%。12个海岛县（区）旅游总收入为71.76亿元，接待游客总人数为1 331.88万人，旅游业已经成为海岛县的支柱产业。旅游收入增长迅速，增幅最大的地区为长岛县，增幅达58.73%。其他海岛县（区）旅游收入和接待游客数量也大幅提高，2005年玉环县旅游收入13.64亿元，同比增长49.3%，旅游人数同比也增长了47.55%，接待游客总数达169.68万人。

表3.2 2005年海岛县旅游经济情况表[97-104]

海岛县（区）	GDP（亿元）	旅游收入（亿元）	同比增长（%）	接待游客数（万人）	同比增长（%）
长海	21.9	1.8	16.7	60.4	13.6
长岛	20.9	3	58.73	115	9.5
崇明	95.7	1.9	27.3	79.2	2.6
嵊泗	33.5	5.2	30	89	31.5
岱山	43.9	4.4	46.3	77.5	33.1
普陀	84.0	26.4	19.3	109	18.1
定海	78.4	8.5	42.7	134.8	33.7

续表

海岛县（区）	GDP（亿元）	旅游收入（亿元）	同比增长（%）	接待游客数（万人）	同比增长（%）
玉环	148.5	13.6	49.3	169.7	47.6
洞头	19.3	1.4	4.9	35	4.9
平潭	39.7	0.9		20	
东山	31.5	2.9	17	87.5	14.98
南澳	4.9	1.71	12	54.8	0.8
合计	625.3	71.76		1331.9	

资料来源：2005 年各海岛县国民经济社会发展统计公报。

3.5.4 海岛工业

党的十一届三中全会以前，各地海岛工业虽起步时间不同，但相同特点是基础薄弱，门类单一，规模小，设施简陋。党的十一届三中全会以后，海岛工业加快了发展的步伐，生产门类增加，规模扩大，设施也有所改善。从以海盐业为主的单一小规模工业向以造船、水产品加工、矿产开发、制盐业、港口运输等大规模综合产业发展。

3.5.5 海岛经济

改革开放以来，国家给予海岛很多优惠政策，海岛经济飞速发展，人民生活水平逐步提高。以辽宁长海县为例，长海县渔/农民人均纯收入从 1989 年的 1 959 元上升到 1999 年的 5 183 元，高于城镇居民平均水平（4 148 元）；贫困人口占总人口比例从 1989 年的 3% 降低到 1999 年的 1.9%。

3.5.6 基础设施建设

一是海岛交通。通过新建、扩建海岛港口码头，增加公路通车里程，提高公路等级，在陆连岛和近陆岛修建与大陆连接的人工海堤的基础上修建公路、铁路，在一些大岛上开辟汽车轮渡交通，新建、扩建海岛机场等，显著地改善了海岛的交通条件。

二是海岛通信。我国海岛的邮电通信事业是 20 世纪 80 年代以后才发展起来的，现已有一定规模。大岛邮电通信事业现代化水平较高，社会、经济效益显著，而常住人小岛邮电通信事业仍较落后。乡级海岛都建起了邮电支局或邮电所，较大的非乡级岛设有代办所。全国海岛基本建立起以市、县（区）为中心的连接乡（镇）、村的邮电通信网络。

三是海岛淡水资源开发。通过采取拦蓄地表水、开采地下水、岛外引水工程和岛内供水工程及利用蓄水池、运水船等方式极大地缓解了海岛淡水资源紧缺的状况，在保障生活用水的前提下，海岛的农田灌溉条件已有了很大的改善，有的海岛耕地有效灌溉率超过70%，有的通过筑堤造渠引大陆淡水进岛，增加了农田灌溉面积，把单造田改为双造田。

四是海岛供电。一些较大海岛主要以火力发电为主，有条件的海岛已开发利用风力发电，特别是依赖于外区供电的方式，取得很大进步。全国有海岛的省（区、市）几乎都敷设有海底电缆，由大陆向海岛供电，这是全国海岛供电的主要形式。目前，全国电力供应基本上能满足居民生活用电，而工业用电缺乏。

3.5.7 海岛社会事业建设

改革开放以来，海岛社会事业蓬勃发展，人口数量大幅增加；兴建了一批中小学校，并在一些大岛成立了少量的大中专院校和科研院所，基本普及了9年义务教育，除个别年份，海岛入学率基本达到100%，扫除青壮年文盲；贯彻以预防为主的方针，极大地改善了卫生医疗机构、卫生设施和医疗条件；兴建了少年宫、老年活动中心、剧院、电视、广播图书馆及室内体育场等一批文化、体育设施、加强乡镇文化中心建设改善人民群众的业余生活。

3.6 海岛资源的开发模式

中国海岛地域分布广阔，资源禀赋各不相同，再加上海岛发展历史、秉承文化、风土人情、经济政策、经济基础和社会发展程度不同等因素，都形成了我国海岛发展模式的差异性。基于海岛不同的开发主体和开发方式以及海岛拥有资源的不同的角度将海岛开发模式分为基于不同开发主体的开发模式、基于资源利用的开发模式[105]。

3.6.1 基于不同开发主体的开发模式

海岛开发主体随着时代和社会的发展以及各地环境的不同而有所差异，海岛开发的模式因为主体不同而各有特点，一般可以划分为政府主导型、企业主导型、民间投资主导型和外资开发型等[105]。

（1）政府主导型

政府主导型是政府在海岛开发过程中作为直接出资人，或者主要参与主体对海岛开发和经济发展起主导性作用。在海岛开发的具体规划制定、实施、管理调控过程中全程参与，对海岛基础设施建设，较大规模项目工程的实施起着重要作用。对于一些自然资源贫乏，短期看不到收益，以逐利性为目的的企业个人不愿投资的海岛，只能由政府出资，行政部门主导进行开发。海岛基础设施建设和一些规模较大的开发项目，需要投入大量资金，回收期长，并且资金收益率难以确定，风险较大，且各主体之间权利、责任及利益分配关系复杂。如不同区域间的交通设施建设，能源开发项目，大型项目等的建设，这些基础设施建设是海岛开发的前提条件和保证，而又难以通过市场方式进行，因此需要政府出资主导进行协调治理。世界范围内一些国家对海岛的开发利用也采用了政府主导的模式，如美国、韩国及日本等国家[106]。

（2）企业资本主导型

企业资本主导型是指海岛所在地的政府及相关管理部门将海岛资源、项目的开发权及利用权通过招标方式有偿转让给企业法人主体。这种做法将海岛开发的自主经营权转给企业，对岛内外有实力的企业进入岛内投资很有吸引力，这种开发模式在海岛开发尤其是旅游资源开发中的应用越来越广泛。与上述政府主导模式不同，当地政府和行政部门对海岛开发主体进行监管的同时，只在宏观层面上对其进行指导和调控。企业资本主导型模式打破了以政府主导开发模式的垄断地位，在海岛开发的初期，当地政府往往采取招拍挂的形式，将海岛资源的开发权与经营权进行市场化拍卖，选择一些实力强、资质好、美誉度高的企业参与海岛开发。企业资本主导型开发模式不仅为地方政府节约了海岛开发建设资金，同时又增加了地方税收收入，而参与海岛开发的企业则获得了稳定的事业和长期收益。

（3）民间投资主导型

海岛开发过程中民间投资出现的频率越来越高，这得益于政府对海岛开发宽松的政策和商业化的收益分配原则。海岛开发民间投资主导型是指在海岛开发过程中，民间资本可以参与进来，根据商业化原则按投资比例进行收益分配，正是由于这种开发模式吸引大量民间资本进入海岛开发。通常情况下，民营企业或者个人在中小型海岛开发过程中出资，开办商业活动，投资一些较小项目，比如开办旅馆、餐饮、特产、纪念品等第三产业，或者以集资方式单独承揽海岛开发项目等。这些形式的共同特点是投资少、见效快、风险小，适用于民间投资。海岛开发民间投资，虽然资本投入量不大，投入面较窄，但却是海岛开发尤其是中小型岛屿开发的主要形式，对海岛开发具有重要意义。

（4）外资开发型

我国沿海地区作为经济发展的前沿，其开放政策实行已久。但属于海洋经济一部分的海岛发展在开放方面则有些落后。我国特殊的国情决定了海岛开发对外开放只能是偶尔的，不能成为常态化项目。纵观之前海岛对外开发的历程，几乎都是零星似的，开放范围十分有限，且投资方式几乎都以合资为主。伴随国家海洋战略的实施及建设海南国际旅游岛战略的进一步推进，海岛开发建设对外开放的可能性大大增加，尤其是在引进外资方面。海岛作为领土的一部分，其政策与国家整体保持协调一致，基于海岛特殊的地理位置和区位优势可将海岛开发作为利用外资的先行兵进行试点。但在具体实施过程中要制定健全的法律、法规，对引进外资开发海岛进行针对性的规范和管理。

3.6.2 基于资源利用的开发模式

我国岛屿众多蕴含资源丰富，种类繁多，资源优势成为海岛开发与经济发展的内在动力，基于海岛资源利用的不同将海岛开发模式分为渔业开发模式，港口工业模式和旅游开发模式。

（1）渔业开发模式

我国海岛鱼类资源丰富，种类繁多，为渔业成为海岛支柱产业提供了天然条件。当前，传统的渔业发展方式已经不能满足当今海岛经济可持续发展的需要，调整捕捞养殖方式对海岛开发及海岛渔业健康发展具有重要意义。

首先立足海岛所拥有的资源和自然条件优先发展技术含量高、环境污染小、经济效益高的休闲渔业、生态渔业和创汇渔业[107]。将渔业发展引向生态化，根据岛内资源大力发展生态养鱼方式方法，推进渔业创新和科技服务。其次，调整渔业捕捞业的结构，发展近海及远洋渔业捕捞业。《中日渔业协定》《中韩渔业协定》签署后，我国可捕捞区域大幅缩小，因此海岛发展近海养殖渔业就显得尤为必要。同时借鉴发达国家发展远洋渔业捕捞的经验，大力拓展外海及远洋捕捞渔业。近海养殖与远洋捕捞结合，在此基础上带动水产品加工业、渔具制造及造船业的发展，从而形成合理的产业结构，实现渔业持续健康发展。

（2）港口工业模式

全国海岛共有 337 处适合建港[108]。海岛的主要构成成分是基岩的特点决定了我国海岛冬天不结冻，岛岸线蜿蜒漫长，且深水岸线占据多数的优点，形成了海岛港口池水开阔且避风的特点，这些都是建立港口的天然条件。再加上这些海岛大多分布在离陆地较近的海域，有利于开发港口资源。经过几十年的快速发展，陆地资源已十分紧缺。中国经济发展的先行区，沿海地带更是如此，迫切寻找新的经济增长点和发展区域成了当务之急。海岛作为人口密度小、资源丰富，且自然条件良好的区域成为沿海省份和地区争抢开发的热土。以经济飞速发展的上海为例，在前期发展耗费大量资源和空间的情况下其面临的资源储备和可利用空间不足的问题十分突出。尤其是交通运输业的发展受到严重抑制，每年超过 2 亿吨的货物吞吐量及高达 400 亿元的营运收入使上海运输业面临巨大挑战。利用港口条件发展生态工业。生态工业主要是发展区域联动模式，是全面的综合性的发展，主要包括陆地和岛屿区域联动发展、产业联动发展。实行区域内资源共享并保持各自特色，发展核心龙头产业的基础上带动其他相关产业发展。利用港口的优越的资源条件，通过联动发展，形成石化、物流、旅游等相关海岛产业链。

（3）旅游开发模式

海岛相对与世隔绝的地理位置和独特的自然风光构成了海岛丰富的自然旅游资源[109]。

海岛由于很少受到陆地的三废污染，再加上森林覆盖率较高，一般水质清澈，形成一片天然净土，是游客观赏休闲、疗养度假的首选之地。优良而又独特的自然资源条件，成了各种陆生动植物、海洋生物以及许多陆地少有的珍稀物种的天堂，因此吸引了大批动物爱好者、学者纷纷去参观考察，海岛也是科学考察、教学研究的第二课堂。大多数海岛既有清新的空气、宜人的气候、洁净的沙滩，又有奇特的山石、变幻的海市蜃楼奇观，还有古代先人生活的痕迹、数朝数代名人的游记、抵御外夷入侵的遗址以及宗教庙宇建筑和佛神雕像等，这些都构成了海岛旅游开发的宝贵资源，海岛旅游开发潜力巨大。

3.7 海岛开发的不良后果

国家海洋局的《全国海岛基本情况》，以专门章节阐述了我国海岛面临的若干问题，并指出“无度、无序、无偿开发严重破坏了海岛生态环境资源”[110]。我国海岛保护和开发利用存在如下主要问题。

① 自然灾害加剧。海岛地区大规模的开发建设，使得地质灾害日渐突出。很多工程开挖坡脚、采石、爆破等活动改变坡体原始平衡状态，会导致崩塌等自然灾害的突然发生。挖掘后废弃的采石场等未经治理可能导致水土流失加剧，易形成风沙灾害。过度开采地下水也将引起海水倒灌等灾害的发生。另外，炸岛、炸礁、炸山取石等改变海岛地貌和形态的事件时有发生，极可能改变我国领海基点位置，从而使我国丧失大片主权和管辖海域。

② 海岛生物多样性丧失。我国海岛生态系统具有丰富的生物多样性。近年来人类对海岛生物资源掠夺式的开发利用以及外来物种的引入等原因，海岛生物资源正面临着比以往任何时期都严重的威胁。投资商为了牟取暴利，肆意开山炸岛、炸岛炸礁、填海连礁、填海连岛、乱砍滥伐海岛森林、乱采岛礁生物。随意改变海岛海岸线，破坏了海岛及其周围海域的生态；由于不合理砍伐森林，地表植被遭到破坏，致使水土流失加剧，裸露岩石砾地增加，生态系统脆弱，生态环境恶化；由于捕鱼方式的增多和海岛旅游业的发展，非法采挖珊瑚礁，使海岛珊瑚礁生态系统受到破坏，湿地等生态系统衰退，导致生物多样性的减少；海岛围海造地、建港等开发活动使海洋生物最为丰富的潮间带不断萎缩，一些地方滥捕、滥采海岛上的生物资源，致使许多海岛的珍稀生物资源破坏严重，有些物种消失，生物多样性受到威胁。海岛的粗放开发导致海岛利用效率低下，污染和损害海岛生态环境的事件频发，海岛周围海域赤潮增多，部分海岛的资源环境已遭破坏。

③ 海岛垃圾污水问题严重。由于沿海大中城市重工业的不断兴起和发展，沿海居住人口快速增加，工业及居民生活垃圾和污水急剧增加，处理措施相对滞后，使得垃圾污水问题日益严重，致使近海污染日益加剧，赤潮频发，近海渔业资源严重衰退。一些单位未经任何处理就随意在海岛上堆放倾倒垃圾和有毒有害废物，把海岛变成了垃圾场，产生大

量的甲烷、氨气等污染物质，污染空气环境。同时掩埋的垃圾可以造成地下水和周围海水的污染以及病原微生物的传播，严重破坏了海岛的自然景观。入海生活污水和工业废水的增加，使营养物质和有机质过多地排放入海，大部分岛区海域呈富营养化。一些海岸、海洋工程建设缺乏生态保护措施，不少岛屿观光者人满为患，大大超过了实际接待能力，船舶排污、建房、捕抓动物等人为活动对生态资源造成了极大的负面影响，造成了对海洋生态环境的破坏。

④ 开发利用秩序混乱，资源破坏严重。与陆地相比，海岛地理环境独特，生态系统脆弱，淡水资源短缺，大部分海岛都以大气降水为淡水主要来源，海岛溪流短少，蓄水能力差，很多地下水源已枯竭或因海水倒灌已无法取用，有的地表水也因为污染而急需更换水源点；工业废水和生活污水的排放，化肥和农药的使用，以及淡水养殖等因素导致水质恶化，加剧了海岛淡水资源的紧缺。一些地方随意在海岛上开采石料，砍伐植被，破坏了海洋自然景观和海上天然屏障，甚至使一些海岛生态资源不复存在。

⑤ 无序开发海岛损害了国家权益，威胁国防安全。一个世纪以来，炸岛、炸礁、采石、砍伐、挖砂等严重改变海岛地貌和地形的事件时有发生，极有可能改变我国一些领海的基点位置，从而损害我国的国家主权和领海安全。

⑥ 特殊用途海岛保护力度不足。我国在一些海岛上设有各种等级的基线点、重力点、天文点、水准点、全球卫星定位控制点等设施和标志；有的海岛具有典型性、代表性的生态系统；有的海岛拥有重要的历史遗迹和自然景观。对这些岛屿的保护和管理事关国家利益，但国家对特殊用途海岛保护方面的投入不够，保护力度不够。

⑦ 海岛经济与沿海经济差距逐渐拉大。我国海岛都地处海防前线，大部分海岛至今尚未对外开放，导致我国海岛县市区发展相对比较落后，与隔海相望的我国陆地沿海地区相比，可以说是我国“东部的西部”。海岛与周边陆地县市区在发展环境、区位、政策等方面不在一条起跑线上，经济发展差距越拉越大。

3.8 海岛地质灾害调查

3.8.1 调查海岛

此次“我国典型海岛地质灾害监测及预警示范研究”——普查海岛地质灾害调查，依据海岛类型（基岩岛、堆积岛）、海岛的地理纬度、气候带、行政区和海洋权益等的代表性、海岛已有的工作基础以及已报道的海岛地质灾害，在渤海、黄海、东海和南海 4 个海区共选择 82 个海岛开展了地质灾害调查（表 3.3 至表 3.6），其中渤海区 12 个，黄海区 17 个，东海区 32 个，南海区 21 个。

表 3.3　渤海区海岛基本信息表

序号	岛名	类型		岸线类型	岛周长（km）	岛面积（km^2）	最高点高程（m）	人口（人）	行政隶属
		成因	社会属性						
1	菊花岛	基岩岛	有居民岛	基岩、砂质和人工岸线	24.7	11.25	198.2	3 000	辽宁省兴城市
2	长兴岛	基岩岛	有居民岛	基岩和砂质岸线	100.14	219.11	327.6	40 102	辽宁省瓦房店市
3	范家坨子	基岩岛	无居民岛	基岩和砂质岸线	1.94	0.19	39.2	—	辽宁省大连市
4	曹妃甸	堆积岛	有居民岛	人工岸线	52.99	76.14	—	26.87 万	河北省滦南县
5	打网岗	堆积岛	无居民岛	人工、砂质岸线	42.6	7.84	2.4	—	河北省乐亭县
6	北隍城岛	基岩岛	有居民岛	砂质、基岩和人工海岸	9.94	2.67	155.4	2 286	山东省长岛县
7	大钦岛	基岩岛	有居民岛	基岩、砂质、砾石和人工岸线	15.29	6.45	202.4	4 580	山东省长岛县
8	棘家堡子岛	冲积岛	有居民岛	贝壳堤	5.63	0.4	1.9	100	山东省
9	砣矶岛	基岩岛	有居民岛	基岩、人工和砂质岸线	20.94	7.08	198.9	8 400	山东省长岛县
10	北长山岛	基岩岛	有居民岛	人工、砂质岸线	15.4	7.98	195.7	2 614	山东省长岛县
11	大黑山岛	基岩岛	有居民岛	基岩、砂质和人工岸线	13.6	7.47	189	1 359	山东省长岛县
12	南长山岛	基岩岛	有居民岛	基岩、砂质和人工岸线	25.45	13.21	155.9	6 470	山东省长岛县

数据来源：国家 908 专项中海岛调查的结果。

表 3.4　黄海区海岛基本信息表

序号	岛名	类型		岸线类型	岛周长（km）	岛面积（km^2）	最高点高程（m）	人口（人）	行政隶属
		成因	社会属性						
1	大鹿岛	基岩岛	有居民岛	人工、基岩岸线	11.09	3.5	190.6	4 000	辽宁省东港市
2	石城岛	基岩岛	有居民岛	基岩、砂质和人工岸线	33.91	26.35	219	9 747	辽宁省庄河市
3	大王家岛	基岩岛	有居民岛	基岩、砂质和人工岸线	15.48	5.06	149.2	4 375	辽宁省庄河市
4	大长山岛	基岩岛	有居民岛	基岩、砂质和人工岸线	60.07	24.89	125.9	28 126	辽宁省长海县
5	广鹿岛	基岩岛	有居民岛	基岩、砂质和人工岸线	40.24	26.39	251.6	9 902	辽宁省长海县
6	海洋岛	基岩岛	有居民岛	基岩、砂质人工岸线	33.75	18.19	372.5	5 353	辽宁省长海县

续表

序号	岛名	类型		岸线类型	岛周长（km）	岛面积（km^2）	最高点高程（m）	人口（人）	行政隶属
		成因	社会属性						
7	獐子岛	基岩岛	有居民岛	基岩、砂质和人工岸线	25.32	8.81	154	13 222	辽宁省长海县
8	刘公岛	基岩岛	有居民岛	人工、砂质、基岩岸线	13.37	3.04	153.5	156	山东省威海市
9	养马岛	基岩岛	有居民岛	人工、砂质、基岩岸线	19.86	8.39	104.8	7 600	山东省烟台市
10	鸡鸣岛	基岩岛	有居民岛	人工、基岩岸线	2.91	0.3	72.7	198	山东省威海市
11	镆铘岛	基岩岛	有居民岛	人工、砂质、基岩岸线	19.96	4.62	31	3 960	山东省乳山市
12	杜家岛	基岩岛	有居民岛	人工、砂质、基岩岸线	9.48	2.36	128.6	1 090	山东省乳山市
13	田横岛	基岩岛	有居民岛	人工、砂质、砾石、基岩岸线	9.55	1.32	54.5	1 067	山东省即墨市
14	大管岛	基岩岛	有居民岛	砾石、基岩岸线	4.22	0.51	100	110	山东省即墨市
15	灵山岛	基岩岛	有居民岛	砾石、基岩岸线	14.29	7.82	513.6	2 248	山东省胶南市
16	东西连岛	基岩岛	有居民岛	人工、砂质、基岩岸线	17.16	7.57	174	—	江苏省连云港市
17	开山岛	基岩岛	无居民岛	基岩、人工岸线	0.67	0.02	36.4	—	江苏省连云港市

表 3.5　东海区海岛基本信息表

序号	岛名	类型		岸线类型	岛周长（km）	岛面积（km^2）	最高点高程（m）	人口（人）	行政隶属
		成因	社会属性						
1	崇明岛	冲积岛	有居民岛	人工岸线、自然岸线	216.43	1 311.26	—	69.98 万	上海市
2	泗礁山岛	基岩岛	有居民岛	—	55.14	22.66	217.9	—	浙江省舟山市
3	马迹山岛	基岩岛	有居民岛	基岩、人工岸线	8.73	2.13	113.1	—	浙江省舟山市
4	大洋山岛	基岩岛	有居民岛	基岩、人工岸线	13.56	4.86	200.7	1 万	浙江省舟山市
5	衢山岛	基岩岛	有居民岛	基岩、人工、砂质岸线	90.45	62.85	319	6.5 万	浙江省舟山市
6	小长涂岛	基岩岛	有居民岛	基岩、人工岸线	19.38	13.18	299.6	10 822	浙江省舟山市
7	秀山岛	基岩岛	有居民岛	基岩、人工、砂质岸线	36.96	22.66	207.5	8 600	浙江省舟山市

续表

序号	岛名	类型 成因	类型 社会属性	岸线类型	岛周长 (km)	岛面积 (km^2)	最高点高程 (m)	人口 (人)	行政隶属
8	册子岛	基岩岛	有居民岛	—	23.15	14.06	252.7	4 029	浙江省舟山市
9	金塘岛	基岩岛	有居民岛	基岩、人工岸线	48.71	77.34	455.7	4.1 万	浙江省
10	朱家尖岛	基岩岛	有居民岛	基岩、人工、砂砾质海岸	79.23	62.21	376.6	26 406	浙江省舟山市
11	桃花岛	基岩岛	有居民岛	基岩、人工、砂砾质海岸	54.33	40.41	544.7	1.15 万	浙江省舟山市
12	六横岛	基岩岛	有居民岛	人工、基岩、砂质岸线	79.47	97.9	300.1	10 万	浙江省舟山市
13	檀头山岛	基岩岛	有居民岛	基岩、砂质岸线	46.43	11.38	224.9	—	浙江省宁波市
14	花岙岛	基岩岛	有居民岛	基岩海岸、人工、砂质岸线	26.81	13.21	308.6	1 000	浙江省宁波市
15	西门岛	基岩岛	有居民岛	—	10.99	6.93	398.8	—	浙江省温州市
16	状元岙岛	基岩岛	有居民岛	基岩、砂砾质、人工海岸	28.84	9.98	231.9	9 277	浙江省温州市
17	洞头岛	基岩岛	有居民岛	基岩、人工、砂砾质和粉砂淤泥质海岸	55.35	28.34	205.3	—	浙江省温州市
18	半屏岛	基岩岛	有居民岛	基岩、人工、砂砾质海岸	13.22	2.47	146.4	—	浙江省温州市
19	南麂岛	基岩岛	有居民岛	基岩、人工、砂质岸线	30.6	7.81	229.1	2 000	浙江省温州市
20	大嵛山岛	基岩岛	有居民岛	—	37.91	21.39	541.4	5 600	福建省宁德市
21	三都岛	基岩岛	有居民岛	人工、基岩、红土岸线	37.41	26.73	460.6	10 780	福建省宁德市
22	浮鹰岛	基岩岛	有居民岛	人工、基岩、砂质海岸	29.54	11.59	366	1 800	福建省宁德市
23	粗芦岛	基岩岛	有居民岛	基岩、砂质、人工、生物岸线	24.41	13.7	236	17 519	福建省福州市
24	琅岐岛	基岩岛	有居民岛	基岩、砂质、人工、生物岸线	46.55	56.08	275	7 万	福建省福州市
25	大练岛	基岩岛	有居民岛	基岩、砂质岸线	20.86	10.46	238.5	5 951	福建省福州市
26	海坛岛	基岩岛	有居民岛	人工、基岩、砂质和红土岸线	213.5	249.68	438.2	42 万	福建省福州市
27	南日岛	基岩岛	有居民岛	基岩、人工、砂砾质海岸	71.22	42.16	165	55 165	福建省莆田市

续表

序号	岛名	类型		岸线类型	岛周长（km）	岛面积（km^2）	最高点高程（m）	人口（人）	行政隶属
		成因	社会属性						
28	湄洲岛	基岩岛	有居民岛	粉砂淤泥质、砂质、基岩、人工岸线	36.59	13.63	95.2	3.8 万	福建省莆田市
29	紫泥岛	堆积岛	有居民岛	人工、生物岸线	36.08	28.56	2	5.8 万	福建省漳州市
30	鼓浪屿	基岩岛	有居民岛	基岩、人工、砂质岸线	7.45	1.84	92.6	2 万	福建省厦门市
31	林进屿	火山岛	无居民岛	人工、基岩岸线	1.14	0.08	72.7	—	福建省漳州市
32	东山岛	基岩岛	有居民岛	人工、基岩、砂质和红土岸线	158.12	172.53	274.3	21.3 万	福建省漳州市

表 3.6　南海区海岛基本信息表

序号	岛名	类型		岸线类型	岛周长（km）	岛面积（km^2）	最高点高程（m）	人口（人）	行政隶属
		成因	社会属性						
1	海山岛	基岩岛	有居民岛	人工、砂质和基岩岸线	32.22	49.6	146.5	80 510	广东省潮州市
2	南澳岛	基岩岛	有居民岛	基岩、人工和砂质岸线	84.3	106.39	587.1	7 万多	广东省汕头市
3	龙穴岛	基岩岛	有居民岛	人工岸线	36.18	42.86	61.2	—	广东省番禺市
4	淇澳岛	基岩岛	有居民岛	砂质、人工、基岩和生物岸线	18.34	23.81	—	1 900	广东省珠海市
5	横琴岛	基岩岛	有居民岛	人工、基岩和砂质岸线	53.3	75.18	—	7 585	广东省珠海市
6	大万山岛	基岩岛	有居民岛	基岩、砂质岸线	14.46	8.25	432.5	1 068	广东省珠海市
7	龙门岛	基岩岛	有居民岛	人工、生物和基岩岸线	34.86	11.33	—	约 9 000	广西钦州市
8	上川岛	基岩岛	有居民岛	基岩、人工、砂质和生物岸线	143.99	137.42	494.1	—	广东省台山市
9	长榄岛	基岩岛	有居民岛	人工岸线	5.12	0.39	5	—	广西防城港市
10	渔沥岛	基岩岛	有居民岛	人工、基岩、生物、砂质和砾石岸线	50.55	26.2	103.6	—	广西防城港市
11	海陵岛	基岩岛	有居民岛	砂质、人工、基岩、生物和生态岸线	81.37	103.07	371.8	9.5 万	广东省阳江市
12	涠洲岛	火山岛	有居民岛	基岩和砂质岸线	24.67	24.72	79.6	1.6 万多	广西北海市
13	东海岛	火山岛	有居民岛	粉砂淤泥质、人工、砂质和生物岸线	139.66	248.85	10.8	20.2 万	广东省湛江市

续表

序号	岛名	类型		岸线类型	岛周长（km）	岛面积（km^2）	最高点高程（m）	人口（人）	行政隶属
		成因	社会属性						
14	斜阳岛	火山岛	有居民岛	基岩岸线	5.98	1.83	140.9	约290	广西北海市
15	硇洲岛	火山岛	有居民岛	基岩、人工、砂质生物岸线	44.11	49.77	81.6	—	广东省湛江市
16	新寮岛	堆积岛	有居民岛	人工岸线	40.77	46.6	—	2.3万多	广东省湛江市
17	海甸岛	堆积岛	有居民岛	人工、砂质岸线	16.59	13.16	—	10万	海南省海口市
18	大铲礁	珊瑚岛	无居民岛	砂质岸线	13.1	0.34	—	—	海南省儋州市
19	东屿岛	堆积岛	无居民岛	人工岸线	6.33	1.8	3.5	—	海南省琼海市
20	大洲岛	基岩岛	无居民岛	基岩、砂质岸线	12.87	4.03	290	—	海南省万宁市
21	西瑁洲岛、牛王岛	基岩岛	有居民岛	基岩、砂质、人工岸线	6.01	1.94	123	3 000多人	海南省三亚市

所有调查海岛中面积最大的是崇明岛（面积约1 311.26 km^2），其次是东海岛和东山岛，面积最小的是林进屿（0.08 km^2）。就海岛类型而言，有基岩岛68个，占总数的83%，冲积岛8个，火山岛5个，珊瑚礁岛1个（图3.17）。其中，绝大多数是有居民海岛（77个），只有5个为无人岛。

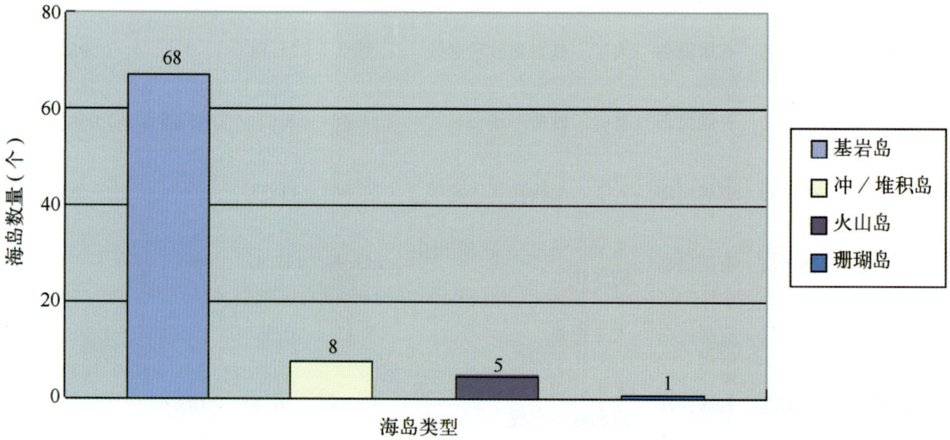

图3.17　普查海岛类型统计图

3.8.2　海岛地质灾害调查的实施

（1）资料收集

为更好地完成此次海岛地质灾害调查，承担普查任务的各项目组系统收集了有关本区域的调查研究资料，整理分析了海岛县志、遥感影像和已有调查研究报告等相关资料，并对数据进行整合，从而了解各普查海岛的基本状况。

①收集海岛不同时期的高分辨率卫星遥感和航空遥感资料。

②已有调查剖面及相关资料；潮间带及其邻近海区水动力、沉积、人为活动资料等；地方志、地区地质灾害调查与区划以及土地利用情况等。

③908海岛调查成果，包括海岛的岸线类型、长度和分布；海岛陆域、潮间带和邻近海域区域地形地貌特征、类型和分布；海岛陆域、潮间带和邻近海域的区域地层、岩性、地质构造等，区域水文地质与工程地质特征及地下水、地表水资源分布状况；海岛岸滩地貌与冲淤动态；海岛湿地类型、面积和分布变化；海岛区域气候特征与时空分布，尤其是气候资料统计和灾害性天气统计分析资料等。

将收集资料填写资料收集卡。

（2）遥感影像解译

利用多种渠道收集调查海岛的SPOT5、ALOS、TM等不同格式或分辨率的卫星遥感影像，在经过处理后，解译海岛岸线、植被覆盖、土地利用、湿地、潮间带和地质地貌等基本信息后，重点识别和解译出海岛采石场、疑似崩塌、海蚀崖和水土流失等地质灾害点（图3.18）。自此基础上，通过现场验证和调访，确定海岛主要地质灾害的类型、分布位置、规模和危害对象。

图3.18 粗芦岛遥感解译疑似地质灾害分布影像图

（3）海岛现场调查

课题组于2011年3月11日至14日在广州召开内部工作会，确定普查海岛和承担单位的分工。

在2011年4月18日至4月25日，由海洋一所组织各承担单位，在山东长山群岛的南长山岛、北长山岛和大黑山岛开展了试点调查和现场培训与经验交流，课题负责人李培英研究员亲自现场示范海岛地质灾害的调查要点和调查方法（图3.19），课题顾问金翔龙院士讲解长岛地质构造和地质历史。各承担单位人员现场交流调查表格的填写内容、各调查表格之间的相互关系和填制内容等事宜。随后，海洋所开始长岛普查工作。

图3.19　金翔龙院士和李培英研究员现场示范海岛地质灾害调查

海洋一所分4次开展普查海岛现场调查工作（图3.20）。2011年1月开展了崇明岛和东西连岛的普查，历时5天。同年5月14日至22日，开展广西境内涠洲岛、斜阳岛、渔沥岛、长榄岛和龙门岛5个普查海岛的现场调查。7月3日至7月13日，完成海南省境内海甸岛、大铲礁、西瑁洲岛、大洲岛和东屿岛5个普查海岛的现场调查。8月20日至9月14日，完成福建东山岛、塔屿、紫泥岛、林进屿、浮鹰岛、湄洲岛等9个普查海岛的现场调查工作。外业工作共计49天。

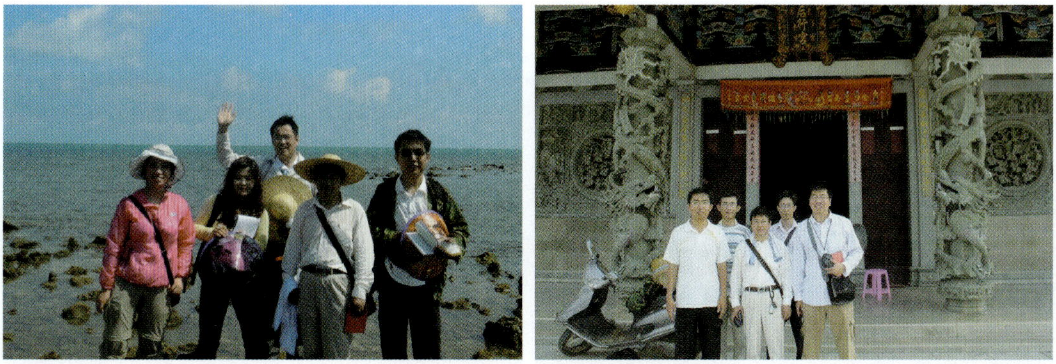

图 3.20 国家海洋局第一海洋研究所调查队

海洋二所分 2 次开展普查海岛现场调查工作（图 3.21）。2011 年 11 月至 2012 年 5 月间，第一次开展浙江所辖的泗礁山岛、马迹山岛、大洋山岛、衢山岛、金塘岛、册子岛、秀山岛、小长涂岛、桃花岛、朱家尖岛、六横岛、花岙岛、檀头山岛、西门岛、半屏岛、洞头岛、状元岙岛、南麂岛等 18 个普查海岛的现场调查，共计 15 天；第二次完成了福建所辖的海坛岛、屿头岛和大练岛等 3 个普查海岛的现场调查工作。

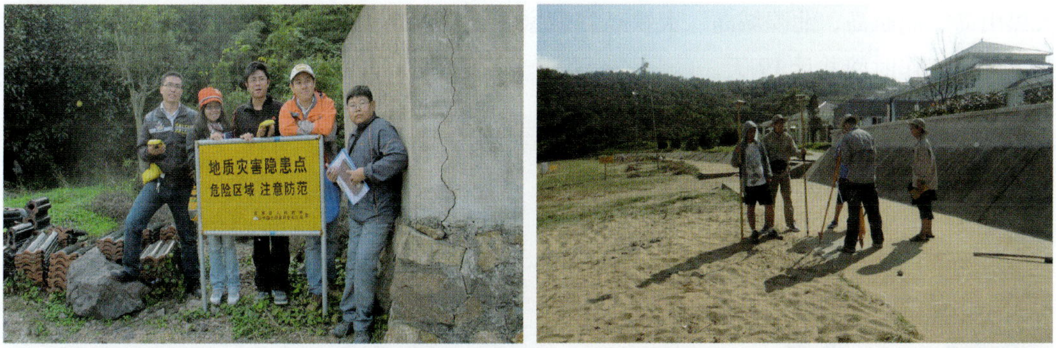

图 3.21 国家海洋局第二海洋研究所调查队

监测中心普查海岛包括辽宁省和山东省部分海岛（图 3.22）。其中，辽宁海岛地质灾害野外现场工作于 2011 年 10 月 5 日正式启动，至 2011 年 11 月 15 日结束，共计 22 天；选定的 10 个主要普查岛屿，包括：大鹿岛、石城岛、大王家岛、大长山岛、海洋岛、獐子岛、广鹿岛、范家坨子、长兴岛和菊花岛。山东省海岛地质灾害野外普查工作于 2011 年 11 月 8 日正式启动，至 2011 年 11 月 13 日结束，共计 6 天；选定的 8 个主要普查岛屿，包括：养马岛、刘公岛、鸡鸣岛、镆铘岛、杜家岛、田横岛、大管岛和灵山岛。外业工作时间共计 13 天。

图 3.22　国家海洋环境监测中心调查队

海洋所分 3 次开展普查海岛调查工作（图 3.23）。2011 年 8 月 25 日至 26 日，开展江苏省所辖的开山岛和东西连岛 2 个普查海岛的现场调查，共计 2 天。2011 年 4 月和 2011 年 9 月先后两次，开展广东省所辖的上川岛、大万山岛、东海岛、龙穴岛、南澳岛、海山岛、海陵岛、淇澳岛、硇洲岛、新寮岛和横琴岛等 10 个普查海岛的现场调查，共计 10 天。2011 年 4 月 19 日至 2011 年 4 月 25 日间，开展山东省所辖的北长山岛、南长山岛、大黑山岛、砣矶岛、北隍城岛、大钦岛和棘家堡子岛等 7 个海岛的现场普查工作，共计 7 天。外业工作时间共计 19 天。

图 3.23　中国科学院海洋研究所调查队

通过现场调查，系统收集了当地区域地质、环境背景和地质灾害等相关数据资料，现场踏勘校准遥感解译地质灾害点，对发现的地质灾害点进行定位，初步测量范围和外部形态，并进行照相和摄像，填写现场调查表，现场调访当地群众，了解已发生的地质灾害情况。

（4）数据整理与资料分析

将收集和现场调查的数据和资料，按照地质灾害类型、空间范围、时间频次、成因和信息来源等进行分类管理。将各类基础图、成果图数字化，同时录入各类图形要素的属性数据。将地质灾害资料登记卡、汇总统计表和现场调查记录表分别输入 Excel 表格中。

经过 4 个承担单位和地方单位的大力支持和配合，顺利完成本次海岛地质灾害调查与研究（表 3.7）。共完成普查海岛 82 个，获取了大量海岛地质灾害现状的第一手数据和资料。经过室内资料整理和初步分析，基本摸清了这些海岛的灾害分布情况，并结合海岛历史调查资料，对海岛不同灾害的控制因素、孕灾条件和成灾潜力进行了阐述。为进一步开展海岛地质灾害监测提供了坚实的数据资料基础。

表 3.7　海岛地质灾害调查现场完成情况汇总

	辽宁	河北	山东	江苏	上海	浙江	福建	广东	广西	海南
普查海岛数量（个）	10	2	15	2	1	18	12	11	5	6
地质灾害点现场调查表数（张）	60	1	102	10		57	66	65	79	48
资料收集卡数（张）	6	6	2				12	4	7	34
照片（张）	99	6	98			459	1 840		288	682
摄像数（段）	53						354		7	86
影像数（幅）	10	1	8				9		5	6
工作时间（天）	7	3	13	2		15	25	10	9	10
采样数（个）							8			6

第 4 章　海岛地质灾害类型及其基本特征

4.1　海岛地质灾害类型

在海岛调查中发现的地质灾害有 10 余种，其中滑坡、海岸侵蚀、海水入侵、湿地退化等灾害出现频率较高，其他类型为零星出现（表 4.1）。

表 4.1　海岛地质灾害类型汇总表

序号	灾害类型	赋存灾害岛屿	赋存灾害岛屿个数	占总岛屿%	灾害点个数	备注
1	滑坡	北隍城岛、北长山岛、大黑山岛、大钦岛、大万山岛、东西连岛、海陵岛、海山岛、横琴岛、开山岛、龙穴岛、南澳岛、南长山岛、上川岛、硇矶岛、大鹿岛、石城岛、大王家岛、大长山岛、海洋岛、獐子岛、广鹿岛、范家坨子、长兴岛、菊花岛、养马岛、刘公岛、鸡鸣岛、镆铘岛、杜家岛、田横岛、大管岛、灵山岛、西瑁洲岛、牛王岛、大洲岛、泗礁山岛、马迹山岛、大洋山岛、衢山岛、金塘岛、册子岛、秀山岛、小长涂岛、桃花岛、朱家尖岛、六横岛、花岙岛、檀头山岛、西门岛、半屏岛、洞头岛、状元岙岛、南麂岛、渔沥岛、龙门岛、涠洲岛、斜阳岛、鼓浪屿、湄洲岛、南日岛、大嵛山岛、浮鹰岛、三都岛、林进屿、东山岛	66	80.5	365	含崩塌、滑坡
2	海岸侵蚀	大鹿岛、大长山岛、广鹿岛、范家坨子、长兴岛、菊花岛、打网岗、棘家堡子、北隍城岛、北长山岛、硇矶岛、大黑山岛、大钦岛、刘公岛、镆铘岛、田横岛、东西连岛、崇明岛、东山岛、紫泥岛、湄洲岛、南日岛、大嵛山岛、浮鹰岛、三都岛、林进屿、东海岛、硇洲岛、淇澳岛、涠洲岛、斜阳岛、龙门岛、海甸岛、西瑁洲岛、东屿岛	35	42.7	138	
3	海水入侵	范家坨子、大王家岛、北长山岛、南长山岛、大钦岛、棘家堡子、崇明岛、东海岛、硇洲岛、涠洲岛、海陵岛、西瑁洲岛、大洲岛、东山岛、湄洲岛	15	18.3	15	含咸潮入侵
4	湿地退化	东海岛、棘家堡子、渔沥岛、紫泥岛、三都岛	5	6.1	12	
5	滩面冲蚀	刘公岛、灵山岛、东山岛、鼓浪屿、大嵛山岛	5	6.1	11	

续表

序号	灾害类型	赋存灾害岛屿	赋存灾害岛屿个数	占总岛屿%	灾害点个数	备注
6	地面沉降	横琴岛、硇矶岛、崇明岛	3	3.7	7	
7	风成沙丘	东海岛、南日岛	2	2.4	2	
8	断层	刘公岛、灵山岛	2	3.7	2	
9	港湾淤积	东屿岛、三都岛、东西连岛	3	3.7	3	
10	沙滩泥化	朱家尖岛	1	1.2	1	
11	海底滑坡	大洋山岛、秀山岛、册子岛、金塘岛、朱家尖岛、桃花岛、六横岛、花岙岛	8	9.8	16	
12	浅层气	涠洲岛、大万山岛	2	2.4	2	

注：海底滑坡引自《中国海洋灾害地质学》。

由表 4.1 可知，滑坡灾害不仅分布的岛屿多，灾害点也是最多的，达 365 个，占全部地质灾害的 63.6%，其次是海岸侵蚀灾害，占全部地质灾害的 24.0%。另外，我国海岛处于世界三大地震带的环西太平洋地震带的影响范围内，历史记录显示，海岛地震灾害严重。而水土流失灾害在几乎所有岛都有发生，或与滑坡、海岸侵蚀相伴，或因人为工程——修路、建坟、盖房等，砍伐树木植被，造成表土裸露，在雨水作用下，发生水土流失。所以，地震与水土流失灾害没有统计在上表中。

按照地质灾害分布位置可将其分为岛陆地质灾害、岛岸地质灾害和近岸海底地质灾害。整体看，以岛岸地质灾害类型最多，且岛岸也是受灾害影响最严重区域。岛陆地质灾害主要是滑坡（含崩塌），一般分布在采石场和岛陆公路两旁，也有滑坡与海岸侵蚀相伴。近岸海底地质灾害主要为海底滑坡、浅层气、易液化砂层。

4.2　岛陆与岛岸地质灾害基本特征

4.2.1　滑坡

滑坡，有广义滑坡和狭义滑坡之分。广义滑坡（landslide）是指构成斜坡的物质（岩石、土、人工填土）或这些物质的结合体向下和向外移动的现象。广义滑坡包括崩塌、滑坡、泥石流和碎屑流等一切引起斜坡坡面及沟谷重力侵蚀的现象。欧美各国及日本广泛使用广义滑坡定义[111]。狭义滑坡是指斜坡岩土体沿着贯通的剪切破坏面所发生的滑移地质现象，其机制是某一滑移面上剪应力超过了该面的抗剪强度所致。这种滑坡定义中不包括崩塌或泥石流。我国地质灾害勘察规范中规定的滑坡即属此类。本书所谓“滑坡”按照“广义滑坡”的范畴，指一种或多种地质灾害类型，或者一种或多种斜坡位移方式。

此次调查发现的海岛地质灾害中，滑坡灾害是最多的。在 66 个岛上共发现了 365 处滑坡，全部分布在基岩岛上。由于海岛本身规模的制约，海岛滑坡灾害规模都相对较小，属于滑坡体积小于 10×10^4 m^3 的小型滑坡。但海岛滑坡体的物质组成和滑坡类型较为多样，既有土质滑移，也有岩石滑塌；既有自然侵蚀风化所致，也有人工削坡和强降雨引发。这些滑坡或威胁环岛公路或威胁其周边的人工建筑物，如养殖育苗场房、风电机组，甚者民居；或破坏自然景观，造成水土流失等次生灾害。

根据调查结果，海岛滑坡地质灾害主要有第四纪碎屑岩滑塌、黄土陡崖滑塌、红土陡崖滑塌、基岩海岸崩塌、人工边坡滑塌或滑移等形式。

(1) 第四纪碎屑岩滑塌

第四纪碎屑岩滑塌主要发生在由第四纪软质砂岩或页岩组成的山体陡坡上，往往在坡上分布有不稳定的岩体或碎石块，有的还会存在裂隙和断层，加剧了坡体的不稳定性；在坡脚一般有滑塌形成的倒石堆。这种灾害的形成常与人类的活动有关，特别是开山采石，采挖面易形成直立陡崖，遇雨水侵润，即形成滑塌，对行人及来往车辆的安全构成威胁。在广西渔沥岛内渔沥大岭的调查中即遇到这种状况（图4.1）。

当坡体距海岸较近时，常受海浪与潮水的侵袭，特别是受到风暴潮的巨大冲击时，组成倒石堆的碎石就可能被冲走，坡脚有可能被掏空，从而影响坡体的稳定性，容易导致其上岩体和覆盖物下移、塌落，形成滑塌。在山东烟台南长山岛东南端的“三六九”台阶景区就存在这种情形（图4.2）。

图4.1 广西防城港市渔沥大岭碎屑岩崩塌

a. 修路形成近直立碎屑岩陡崖；b. 陡崖上散落碎石；c. 调查时发生碎石滑落形成倒石堆

大雨是时常触发滑坡灾害的主要因素，而且滑坡体易与雨水混合，进而形成泥石流，造成更大的危害。如发生在大钦岛边防派出所营地东侧后山坡的滑坡（图4.3）。发生滑坡的地方原为岛民晒海带的碎石坡，2009年7月17日，遭

图 4.2　南长山岛叶台山东侧倒石堆

a. 冲沟；b. 冲沟中的碎石堆

图 4.3　山东大钦岛边防站后滑坡（图片由大钦岛边防站提供）

a. 2009 年 7 月，大钦岛边防派出所营地后滑坡前；b. 2009 年 7 月，山体开始裂缝并滑坡；c. 2010 年 8 月 7 日，最高处滑坡断裂处山体滑坡；d. 2010 年 8 月 12 日，滑坡导致营地后院墙倒塌；e. 为滑坡前树所在位置，滑坡后向下平移10 m；f. 2011 年 4 月 27 日，对营区积土清除后发生滑坡（裂缝线上方土壤相对下方土壤向外滑出 15 cm）

遇百年一遇大雨，营区东北角后侧院墙外山坡出现10处滑坡。2010年7月20日至9月中旬，由于受连日大雨冲刷，导致东北角院墙外山体滑坡，形成的泥石流将2009年修建的15 m长、1 m宽、3 m高的石头护坡冲垮，山坡底基整体向营区推进近10 m，并将部分院墙推倒，大约500 m^3泥石流入院内。

(2) 黄土陡崖坍塌

山东省长山群岛内的大钦岛、大黑山岛和砣矶岛等岛上有第四纪黄土崖发育。黄土自身的湿陷性和柱状节理等特征，使其在大雨或冰雪融化时，地表水下渗易引发滑崩（图4.4至图4.6）。形成的滑坡会掩埋植被、堵塞道路、冲毁民房等，甚至会直接威胁人们的人身安全。

图4.4　山东烟台大黑山岛黄土崖

图4.5　山东烟台砣矶岛黄土滑坡

图 4.6　砣矶岛公路旁滑坡

(3) 红土陡崖滑塌

南方有些海岛存在红土台地海岸，因红土台地海岸节理裂隙发育，又长期经受海浪侵蚀和雨水淋滤，节理裂隙间的黏聚力减弱，造成土块在台风巨浪冲击及重力作用下发生崩塌，进而海岸后退，威胁其后的土地及建筑物。如湄洲岛在台风“南玛都”的影响下导致 17 m 高的红土崖垮塌（图 4.7）。

图 4.7　湄洲岛红土崖坍塌

(4) 基岩海岸崩塌

基岩海岸崩塌指海岸基岩受海浪的长期侵蚀与海水溶蚀作用，沿地质结构薄弱处发生崩塌所致。多见于基岩岬角或海岛的迎风浪一侧。其形成原因系海浪长期侵蚀、冲刷和重力共同作用。发生在未开发或开发程度较低海岛上的海岸崩塌相对只破坏生态环境，而对开辟成旅游景点内的崩塌则不仅破坏旅游景观还可能威胁观光游人的安全。

山东烟台大黑山岛岸边海蚀崖众多，开发了龙爪湾等风景点。海蚀崖岩体节理与层理垂直发育，受长期风化和海浪侵蚀冲击，岩体易破碎，发生滑崩，形成倒石堆，如龙爪山旅游景区内，相距 150 m 范围内就有 3 处倒石堆出现。这些倒石堆存在重大安全隐患（图 4. 8）。

图 4. 8　大黑山岛海蚀崖处崩塌

(5) 人工边坡坍塌与滑坡

人工边坡均为岩质边坡，边坡坡度 50°～90°不等。因采石、建房或者修建公路等人类工程活动而开挖坡脚，改变了该坡体原有的应力平衡状态，上部岩土缺乏支撑，以及岩体内部应力释放，在岩体节理发育和抗风化弱的部位，发生顺层和切层崩落；或在雨水渗透和风化作用下，在软弱处块体失稳。调查海岛中因人工采石、修环岛公路而形成的边坡坍塌与滑坡现象最为普遍。其规模大小不一，有的为范围较小的块体碰落，易于处理，危害程度较低，并且有些已进行了治理，而有些未进行相关整治，其状况有进一步恶化的危险（图 4.9 至图 4.15）。

图 4.9 山东省北长山岛采石场陡坡

图 4.10 福建省东山岛筑路造成的陡坡

图 4.11 辽宁省长兴岛采石场陡坡

图 4.12 辽宁省长兴岛采石场陡坡

图 4.13 广东省上川岛筑路形成的陡坡

图 4.14 广西壮族自治区龙门岛采石形成的陡坡

图 4.15　大洋山岛滑坡地质灾害

在北长山岛因跨海大桥和环岛公路建设，在海岛的东南部、东部和北部开辟 3 处采石场（调访时采石正在进行）。采石导致基岩海岸的岩体破碎，人为开挖导致坡脚变陡，上部岩体失去支撑而垮塌或崩滑。该岛最北的鸥翅湾景区以东连续 500 多米的海岸陡崖有多处采石场，采石后高约 40 m 的山体坡度达 70°，有多处滑崩发生（图 4.16 至图 4.19）。北长山岛东南处的采石场现场调查时仍在施工，采用挖掘机挖坡脚，破坏了山体中岩土原来的平衡状态，而且该处石英岩中夹杂有千枚岩，千枚岩中的绢云母属于滑石类，并且岩层坡度较大，在开挖坡脚后，易顺千枚岩发生顺层崩滑，现已造成山体发生大面积滑移，威胁山脚下的育苗场和山顶的风电机组。

图 4.16　九丈崖滑坡体

图 4.17　月亮湾滑坡体

图 4.18　北长山岛东南侧山后村采石场

图 4.19　大黑山岛采石场

福建大嵛山岛被称为最美十大海岛之一。因修建环岛旅游公路，造成多处滑坡发生。调查时发现该岛最大滑坡高近 70 m，切断环岛公路（图 4.20）。据当地岛民介绍，2009 年台风过境，大暴雨引发该处滑坡造成 3 人死亡，目前尚未进行防护和治理。

图 4.20　福建大嵛山岛路边滑塌展示图

在广东海陵岛草王山南侧山体滑坡，从山腰约200 m开始，宽20 m，滑至山腰，滑坡呈舌形，整体滑下来，东侧可见滑坡后壁（图4.21）。

图4.21　海陵岛滑坡体

4.2.2　海岸侵蚀

海岸侵蚀主要指海岛的砂质海岸在自然力（包括风、浪、流、潮）的作用下，海洋泥沙输出大于输入，沉积物净损失的过程，地貌形态上表现为海岸线的后退和海滩的下蚀。海岸侵蚀不仅使土地大量失去、海岸构筑物破坏、海滨浴场退化、海滩生态环境恶化、海岸防护压力增大，侵蚀下来的泥沙又搬运到港湾淤积而使航道受损。而局部形成的海岸陡崖，因海岸侵蚀引发海岸崩塌等次生地质灾害。

海岸侵蚀是海岛地质灾害中仅次于滑坡的灾害类型。调查海岛中的35个海岛上发现138处灾害点。海岸侵蚀在基岩岛、冲积岛和火山岛都有发生。由于海岸组成物质及状态不同，侵蚀形成的特点也各有不同。

（1）冲积岛泥质海岸侵蚀

全国第三大岛崇明岛为典型的冲积岛，地处长江入海口，水动力条件充分，泥沙运动活跃。受长江三峡、长江口综合整治工程的作用，环岛海岸滩地存在侵蚀、稳定、淤涨的态势。海岸侵蚀以团结沙南岸和新建东三坝工程护岸处为代表。团结沙南岸遭受波浪和潮流冲刷，坍江严重。高滩线以崩坍方式形成高达1.7 m的直立陡坎（图4.22b）。冲刷陡坎绵延数千米且向陆不断推进，造成滩地面积减少、人工种植树木倒伏（图4.22c）。新建东三坝新桥水道上口微弯的凹岸，受强流冲击，高潮滩侵蚀剖面呈现 1.5 m 高陡坎式。此外，崇头附近岸线侵蚀亦较为严重，崇头位于长江主流南支与北支分界处，由于长江主槽为南支，因此崇明岛西端点特别是南侧海岸受长江径流冲刷严重，滩地外侧形成高约 50 cm的冲刷陡坎，树木倒伏、根系出露，人工修筑的堤坝路已部分被冲毁（图 4.22d），部分树木根部甚至被强水动力推到滩地上部。崇明岛侵蚀岸段超过 20 km，其中以沪崇大桥为中心两侧附近共 8 km 的岸线侵蚀最为典型。

图 4.22　崇明岛海岸侵蚀照片

a. 沪崇大桥侵蚀岸段；b. 沪崇大桥附近侵蚀陡坎；c. 岸线冲刷造成树木倒伏；d. 崇头附近岸线冲刷树木倒伏

(2) 基岩岛砂质海岸侵蚀

广东东海岛是全国第六大岛，其东侧的 28 km 长的砂质岸线，素有“中国第一长滩”的美誉。然而其长滩中部海岸侵蚀严重，岸线后退，海滩上的灯塔底部因侵蚀毁坏（图 4.23）。东海岛的海岸侵蚀还表现为海岸沙丘的破坏，如东北侧被防风林固化的海岸沙丘，被侵蚀后形成侵蚀陡崖，陡崖宽度 124 ~ 225.5 m、高度 10 ~ 16 m，几近直立，平均坡度大于 40°，最大坡度 80°；上部防风林倒伏（图 4.24）。

图 4.23　东海岛东北侧海岸冲蚀严重

图 4.24　广东东海岛东北侧海岸沙丘侵蚀陡崖

（3）基岩岛黄土海岸侵蚀

烟台大钦岛西口湾长期遭受海岸侵蚀，南北两侧都有 20 世纪 60 年代苏联帮助修建的地堡，被侵蚀后仅有顶板在低潮时露出水面（图 4.25）。据当地岛民介绍，因海岸侵蚀，岸滩后退，造成多处民居被毁，岸边的道路后退了近 20 m。2010 年投入大量经费修建高达 7 m、长 220 m 的防护堤，但南侧无防护处黄土海蚀崖发育，崖高 2 ~ 10 m，坡度约 85°（图 4.26）。

图 4.25　大钦岛西口湾海岸侵蚀

图 4.26　西口湾西侧附近海蚀黄土崖

（4）基岩岛红土海岸侵蚀

南方红土海岸的侵蚀表现也很严重，如福建南日岛北侧红土崖海岸侵蚀后退十分严重，形成长约 1.5 km、高达 5 m 的侵蚀陡崖（图 4.27）。据调访资料，2008 年至 2011 年，该处岸线后退约 15 m，年后退速率达到 5 m/a，主要原因为台风等极端天气引起的风暴潮所致。

图 4.27　福建南日岛北侧海蚀红土崖

a. 南日岛侵蚀后退的岸线；b. 南日岛侵蚀形成的危房

（5）基岩海岸基岩侵蚀

基岩海岸在风和海浪等作用下，发生侵蚀现象在基岩岛比较普遍，如果没有人为影响，速率非常缓慢，形成海蚀景观或滚石（图 4.28），危害相对较小。

图 4.28　广西涠洲岛基岩海岸侵蚀形成独特景观和滚石

当附加人为作用，可能造成人工建筑物的破坏。烟台大黑山岛东海岸的北村码头，受海岸侵蚀而损毁，并且侵蚀损毁的趋势在加剧——2011 年码头侵蚀程度比 2007 年严重很多（图 4. 29）。

图 4. 29　烟台大黑山岛受海岸侵蚀的码头

（左图为 2007 年拍摄，右图为 2011 年拍摄）

4. 2. 3　海水入侵（含咸潮入侵）

海水入侵是由于滨海地区地下水动力条件变化，引起海水或高矿化咸水向陆地淡水含水层运移而发生的水体侵入的过程和现象。海岛淡水资源主要依靠大气降雨，基岩岛地下水以基岩裂隙水为主，冲积岛地下水与临近陆地地下水网相连。近年来海岛开发和海岛经济快速发展，对淡水资源的过度需求导致超量开采，地下水水位持续大幅度下降，造成咸、淡水界面发生变化，海水向淡水含水层侵入，地下水矿化度增高，水质恶化。

一般海岛滨海含水层中，地下水的水力坡度是朝向海洋的，海洋成为接受大陆含水层淡水剩余量（补给量减去抽水量）的场所。由于海底含水层中赋存着海水，在流向大海的比重较低的淡水与其下游比重较大的海水之间必然形成一个接触带。淡水和海水实际上都是可混溶的流体，它们之间的接触带是动力弥散所形成的过渡带，在这个过渡带中，混合水的密度从淡水变化到海水密度。然而，在某些条件下，过渡带的宽度与含水层厚度相比，相对较小，所以往往被认为是突变界面。这是研究海水入侵的最基本概念。在天然状态下，滨海含水层中的咸—淡界面维持着一个平衡状态。

目前，人们对海水入侵的定义还没有取得一致的意见，甚至对这一现象的称谓及其涵盖的范围都存在着不同的认识。国外文献一般称之为盐水入侵（salinity intrusion），国内文献除称其为海水入侵外，还有海水浸染、海水内浸、海水地下入侵、咸水入侵、咸水侵染、卤水侵染和咸潮入侵等名词，但相对而言，接受“海水入侵”这一名词的人更多[112]。海水入侵可定义为：由于自然因素或人为活动的影响，滨海地区地下水含水层水动力条件发生改变，使淡水与海水之间的平衡状态遭受破坏，结果导致海水或与海水有直接动力联系的高矿化度地下水沿含水层向陆地方向侵入、咸淡水界面不断向陆地方向移动，从而使淡水资源遭到破坏的过程和现象。

海水入侵又可分为狭义的海水入侵和咸潮入侵。狭义的海水入侵是指滨海地带地下淡水水位下降后，海水向地下淡水含水层扩侵，使地下淡水资源遭到破坏的现象。咸潮入侵是指滨海地带地下淡水水位下降后，海咸水涨落侵入地表水，进而使地下淡水资源遭到破坏的现象。

在调查海岛中有15个发现海水入侵现象，是排在第三位的海岛地质灾害。海岛主要淡水补给源依靠大气降雨，而受自然环境影响，海岛降雨普遍比周边陆地少。并且基岩岛和冲积岛储存降雨的能力普遍较弱。这就造成海岛水文地质条件非常脆弱，如人类对淡水的年开采量超过年降雨量，就容易造成海水入侵。此外，受海潮上溯影响和海水养殖活动造成海水入渗影响也会造成水质咸化。调查中有海水入侵的基岩岛居多。海水入侵造成海岛地下淡水水质恶化、加剧海岛水资源供需矛盾、影响工农业生产、破坏沿海地区的自然生态环境。

（1）冲积岛海水入侵

崇明岛和福建紫泥镇的乌礁州和浒茂州都是冲积岛，分别位于长江和九龙江口，都有海水入侵和咸潮入侵等灾害发生。

崇明岛，地势低平，地下水位偏高，并受海潮上溯影响，水质偏咸，尤以2月、3月长江枯水期为甚。海水入侵强度为北部高于南部并呈现由北向南递减的趋势，这种由南向北岛域浅层地下水由淡变咸，氯度、矿化度含量从低到高的演变规律，体现了长江淡水条件为主的区域在向海咸水条件逐渐过渡的一个过程，而低、高值区的存在范围与长江淡水和海水的进退途径及影响范围较为一致。

崇明岛地处长江河口，三面环水一面向海，咸潮水严重入侵屡有发生。历史上崇明岛曾被海咸水包围时间长达5个月之久。入侵期，吴淞水厂氯化物最高值达3 950 mg/L，氯化物超过250 mg/L的持续时间近3个月。因此造成了工农业生产的严重损失。同时咸潮水入侵对区域居民身体健康影响很大。饮用含高氯化物的水，不少人会产生腹泻现象，尤其对患心脏病和肾脏病的人危害更为严重。另据上海自来水公司在20世纪90年代初的调查，基本不受咸潮水影响的闵行区，循环系统疾病死亡率占第二位，而受咸潮水影响较严重的吴淞区，其循环系统疾病死亡率占第一位[113]。

（2）基岩岛海水入侵

在北方大多数基岩海岛都有海水入侵发生。南方海岛主要以咸潮入侵或因高位海水养殖，海水入侵侵染地下水。

烟台北长山岛地下海水入侵始于20世纪70年代，至90年代有明显扩大。海水入侵范围展布于北长山乡至月牙湾一带，以及店子以东地区，其中重入侵区集中分布于北长山乡与月牙湾南岸和西岸（图4.30）[114]。

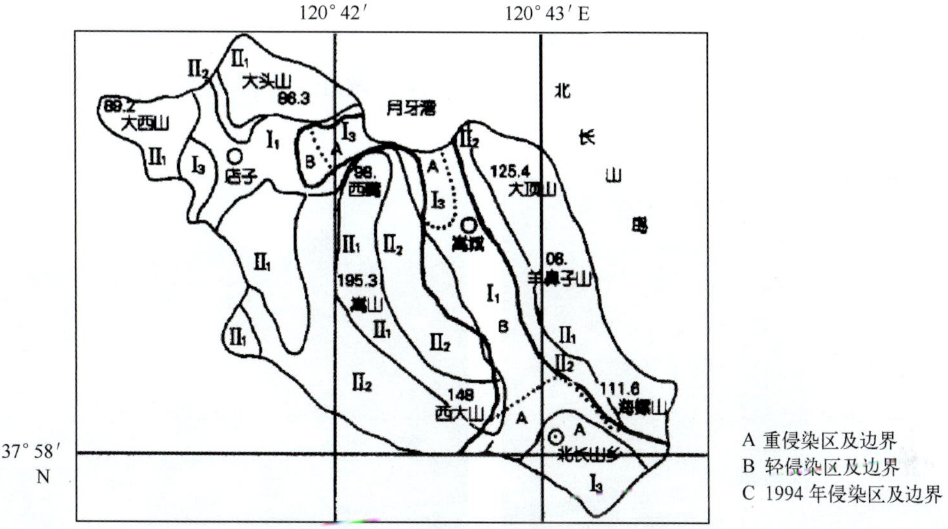

图 4.30　北长山岛海水入侵分布[114]

南长山岛地下海水入侵同样始于 20 世纪 70 年代，至 90 年代有明显扩大。在南长山岛西部，海水入侵范围展布于信号山、前口至长山镇一带，以及零星分布于王沟、越王、南长山岛南端及山前等地，海水入侵严重的地区分布于长岛镇至获沟海岸、信号山至长岛县城，以及王由一带（图 4.31）。目前，随着海水淡化和南水北调工程的实施，可能缓解南北长山岛用水压力，尤其是旅游旺季（5—10 月）的用水高峰。

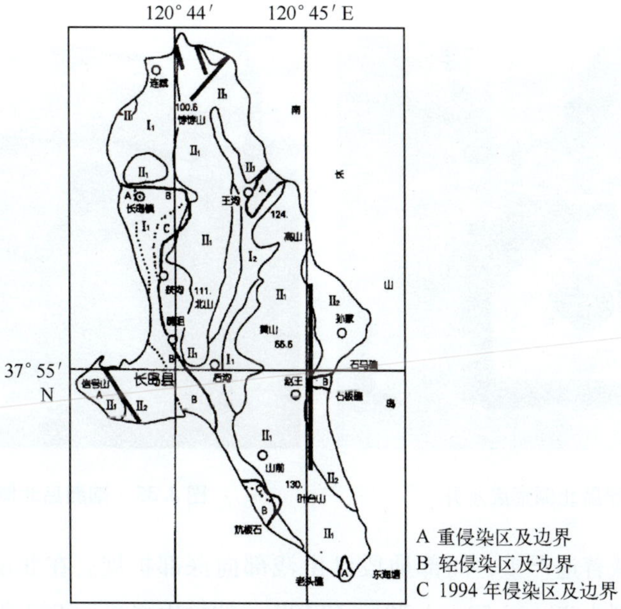

图 4.31　南长山岛海水入侵分布[114]

广东东海岛由于大面积修建高位养虾池，从海里抽海水，因防护不好而渗到地下，导致大片耕地咸化荒废（图 4.32、图 4.33）。因在岛陆进行海水养殖造成地下水咸化的在福建东山岛、范家坨子等多个岛屿出现，如果保护做好，并降雨充沛，咸化现象可以好转。

图 4.32　东海岛北寮村 1965 年建荒废水井图

图 4.33　东海岛东南侧海水侵染造成荒废农田

近年来，东海岛南侧的硇洲岛由于当地发展经济使灌溉用水大幅度增加，导致了地下水严重超采，加上最近两年降雨量减少等原因，使其沿海地带的浅层地下水和部分中层水发生了水质变咸（即海水入侵）现象，并造成 19 个自然村 1 万多群众无淡水可饮，部分村民因饮用苦咸水出现了体质下降和疾病增加的情况（图 4.34、图 4.35）。

图 4.34　硇洲岛北侧荒废水井

图 4.35　硇洲岛北侧第一个水塔

岛上浅层水变咸普遍严重，局部地段已由浅部向深部扩展。在北部的烟楼村及其附近，有 4 口深度分别为 30 m、50 m、70 m 和 120 m 的村用水井，2003 年到 2005 年由浅及深逐个变咸，其中有一口 120 m 深的井水口感与海水相差无几，经取样分析，氯离子含量大于 10 000 mg/L。

面临大海一侧严重，靠向大陆一侧较轻。如北部烟楼和东北部潭井村一带面临外海，其中，深层地下水开采量虽不及靠向大陆一侧的硇洲镇多（后者有 1.7 万人的集中供水和周边灌溉用水，总量约占全岛的 1/4），但仍发生了较大范围的海水入侵现象。目前硇洲镇的中层水水质尚好。

涠洲岛上降雨量偏少，年降水量为 1 385.5 mm，约为北海陆地的 75%，降雨分布不均，冬、春季降雨少，是主要干旱季节，岛内无境外水注入。同样因为旅游业的大发展，每年上岛旅游人数大幅增加，岛上用水大幅增加。据调访资料显示，涠洲岛为了解决岛上生活、生产及军防用水问题，自 1962 年起先后在岛上打了多眼开采井。其中岛上的几个用水大户涠洲中学、南海石油公司和驻岛部队都有自己独立的供水井，开采地下水。由于开采井布置不合理，过于集中及开采量过大，已经引起局部明显的海水入侵。

4.2.4　滨海湿地退化

湿地（wetland）是地球表面的一种重要的生存环境和生态系统。它界于陆地生态系统与水生生态系统之间，具有稳定地球环境、保护物种及提供资源等多种功能，是重要的生物基因库和生命的摇篮。人们也常把森林誉为“地球之肺”，而将湿地誉为“地球之肾”。由于湿地具有水陆过渡性、结构复杂性、功能多样性和生态系统的脆弱性，所以，只要自然条件、人类活动中某一因素的改变或干扰，都会引起湿地的巨大变化，如湿地变性甚至完全消失，从而使湿地的功能减小甚至完全消失，引起重大的生态系统或气候系统的变化，引起环境灾害。

海岛与紧邻海域共同组成了海岛湿地系统，并且在福建漳州以南海岛还有红树林湿地和珊瑚礁湿地。

海岛滨海湿地广泛存在于调查海岛中，由于不同的自然与社会环境特征，形成了不同的湿地类型，但都不同程度地受到各种影响，遭受破坏或出现退化。湿地退化的形式有：自然湿地被人类开发为盐田和养殖池，丧失自然湿地属性，外来物种的入侵，如米草的蔓延，使红树林湿地退化，人类开采或挖掘造成珊瑚礁湿地、红树林湿地和贝壳堤湿地的破坏和面积缩小，污染物输入造成湿地生态环境破坏，引发湿地退化。表现较为突出的是南方海域的珊瑚礁湿地和红树林湿地。

（1）红树林湿地退化

广西渔沥岛东侧鱼洲坪岸段发育有浓密的红树林滩，南北向跨度约 100 m。滩中间发现一片已死亡的红树林带（图 4.36），据当地居民所述疑是病虫害所致。调查过程中在红树林岸段中发现一排污口（图 4.37），废水直接排入红树林湿地中，这些污染物很可能对湿地生物多样性造成严重危害，同时也给湿地生态环境带来许多负面影响。

图 4.36　红树林湿地

图 4.37　排污口

福建紫泥镇的冲积岛——乌礁州和浒茂州的东南岸原有大片红树林湿地分布，近年来因互花米草入侵，红树林生存空间恶化，在竞争中被逐渐淘汰，生态系统也遭到破坏。紫泥镇锦田村沿岸有 0.2 km 的岸线出现红树林退化，紫泥镇世甲村沿岸有 0.3 km 的岸线红树林遭到破坏，颜色发黄甚至枯死，红树林湿地面积大为减少（图 4.38、图 4.39）。

图 4.38　红树林退化

图 4.39　红树林遭到人为的破坏

（2）围垦工程造成湿地退化

广东东海岛正处于大规模开发中，整个北部被钢铁和石化项目所占据，各种工程进行中，包括红树林在内的沿岸所有湿地类型均受威胁，有的生存环境受到极大挤压，有的已大片死亡，有的已不复存在。长榄岛全岛冲积—海积平原均开辟为海水养殖场，不仅会造成近海湿地水体富营养化，给周边红树林滩涂的生态环境也带来负面影响。

福建东山岛分布有 9 种湿地类型，因大面积的围垦工程，而使大片粉砂淤泥质滩涂、砂质海岸等天然湿地退化为养殖池塘、水稻田和盐田等人工湿地。1983 年竣工的西埔湾围垦工程，围垦面积 3.26 km^2，其中 1.89 km^2已开发为种植 0.3 km^2、养殖池塘 0.85 km^2和盐田 0.743 km^2等。

（3）贝壳堤湿地退化

山东棘家堡子岛有丰富的贝壳沙资源，2002 年被山东省人民政府列为省级贝壳堤岛与湿地系统自然保护区，2006 年成为国家级自然保护区。大量挖掘贝壳沙导致该岛高程降低，加剧风暴潮灾害，造成贝壳堤岛湿地退化严重。图 4.40 中石碑背后为贝壳沙形成的小沙丘，较自然情况下已减少许多。

图 4.40　棘家堡子岛贝壳沙丘（38°13′50″N、117°56′13″E）

4.2.5　地面沉降

地面沉降指在自然因素和人为因素影响下形成的地表垂直下降现象。地面沉降灾害在全球各地均有发生。由于工农业生产的发展、人口的剧增以及生产规模的扩大，大量抽取地下水引起了强烈的地面沉降，特别是在大型沉积盆地和沿海平原地区，地面沉降灾害更加严重。我国的主要沉降区在长江下游三角洲平原、河北平原、环渤海、东南沿海平原、河谷平原和山间盆地，年均损失 1 亿元以上。

海岛地面沉降灾害相对较轻，并且以冲积岛和海岛周边围填海为多发区。分别以崇明岛和广东横琴岛为代表。

崇明岛内水准点的设立始于 1973 年。由水准测量资料统计而知，1973—1980 年崇明岛地区地面有所沉降，平均累积量为 38 mm，平均沉降速率为每年 5.43 mm；1980—1995 年，地面沉降平均累计量为 59.6 mm，平均沉降速率为每年 4.0 mm；1996—2001 年，崇明岛上绝大部分地区平均地面沉降为小于 10 mm，只在新近成陆的滩涂区域（东滩最东部和西部绿华区域）年均地面沉降量大于 20 mm。崇明地面沉降主要发生在中部的长江农场、东风农场、前进农场、东南部的裕安乡灯塔和汲浜以北区域，以及崇明西北部的新细农场。统计年中 1973—1980 年间在长江农场最大地面沉降量达 64 mm，裕安乡灯塔达 60 mm，而崇明西南区域地面沉降幅度相对较小，沉降量为 11～39 mm。崇明岛为冲积岛，一方面地层的自身沉降，另一方面人类开采地下水加速地层沉降，再叠加上近些年的海面上升影响，使崇明岛地面沉降的灾害有逐渐扩大的趋势。

广东横琴岛周边采用吹填方式大面积围海造地，并且在尚未完全稳定固结的地层上进行工程建设，使地层荷载增加，导致地面沉降发生。随着上部荷载的固定，地面沉降会随着减缓，但如果荷载增加的速率超过地层沉降的速率，就易引发工程灾害和地基失稳等事故发生。如建设中的横琴与澳门海底隧道的地基失稳就是排水过量所引起的。

4.2.6 滩面冲蚀

滩面冲蚀与海岸侵蚀略有不同，主要是指废水、污水或雨水等直接排放到沙滩上造成滩面冲沟发育、滩面下蚀和景观资源破碎的地质灾害现象，往往出现在海水养殖业或工业发达的地区。海岛滩面冲蚀以养殖排水冲蚀为主，灾害程度取决于养殖规模、养殖种类和经济效益等。调查结果显示绝大部分养殖场排水没有进行有效的监管与规划，采用粗放式生产方式直接排放到沙滩上，对沙滩资源和海水水质造成了严重的影响。滩面冲蚀地质灾害以福建省东山岛和广东省东海岛最为典型。

福建省漳州市东山岛是我国最大鲍鱼养殖基地，出产全国60%的鲍鱼苗和20%的成品鲍鱼，年产值达20亿元。乌礁湾是当地特别保护渔湾，以自然美著称，但是巨大的经济效益促使岸边鲍鱼育苗场林立，数百根排水管道布满整个乌礁湾海滩（图4.41、图4.42），长期抽取海水，然后随意排到海滩上，造成海滩大面积冲刷，甚至基岩裸露出来。排水造成的滩面冲蚀为线形伸展的槽形凹地。暂时性流水形成的侵蚀地貌，切沟已有了明

图4.41 乌礁湾海滩密集的育苗场与排水管道

显的沟缘，沟口形成小陡坎，深度可达 1 ~2 m。切沟再进一步下蚀，形成了冲沟（图 4.43、图 4.44）。较大的排水冲蚀沟就达 30 余处，深 1 ~2 m，宽度可达 10 m，冲沟的沟头有了明显的陡坎，沟边经常发生崩塌、滑坡，使沟槽不断加宽，宽达十几米，长约几百米。冲沟发育造成沙滩资源被零散分割，景观资源破碎。乌礁湾白沙如月的景观已不复存在。

图 4.42　东山岛沙滩排水沟渠

图 4.43　乌礁湾排水管与冲沟

图 4.44　东山岛乌礁湾滩面冲沟局部特写

东海岛面临着大规模海水养殖（图 4.45）造成沙滩资源破坏的困境。东海岛以高位池为主的集约式海水养殖方式，养殖废水浓度高，进出水频次高。以养殖池水面面积 2.5 亩[①]、水深 2 m、年养殖周期 3 次计算，单个养殖池年排水量就达 10 000 t（图 4.46）。大量的废水对海滩造成了严重的冲蚀，仅在东北侧 4 km 的沙滩上就出现了 15 处较大规模的冲沟，深 1 ~ 1.5 m，最宽可达 20 m（图 4.47）。

图 4.45　东海岛密集的养殖池和滩面冲沟

图 4.46　养殖排水水质污染严重

① 亩为非法定计量单位，1 亩≈667 m^2。

图 4.47　东海岛养殖排水对沙滩影响严重

此外，养殖排水不仅对近岸景观资源造成破坏，而且造成了近岸土壤沙化盐碱化、海水环境恶化、近海水体富营养化、生物栖息地被侵占、近岸生物资源受破坏、近岸底泥受污染等众多灾害现象。

4.2.7　风沙灾害

风沙灾害是指风沙过程及其所形成的地质体可能致灾的地质现象和地质过程，这里的地质体主要指沙化土地、沙丘，有时还包括作为风沙过程的物质源地的海滩和沿岸堤。海岸风沙活动与砂质海岸的稳定密切关联，表现在海岸沙丘和沙坪形成的同时大量风沙吹向陆地，减少了沙滩沙量并破坏了沙滩沙的收支平衡。

在中国沿海各中小型海岛中，风沙沉积、风沙地貌以及风沙的侵蚀—搬运—堆积作用都十分典型。在福建东部沿海的平潭岛（183.61 km^2）、东山岛（4 000 km^2）、南日岛等地均分布有大面积海岛风沙。这些沙丘和沙地不但面积大，风沙爬高也大，可达 60 ~ 70 m。该区风沙灾害也较严重，在平潭岛芦洋铺平原上曾出现“一夜风沙竟埋没了 18 个村庄和大片良田”的现象[115]。在湛江东海岛沙丘高度多在 17 m 以下，最高达 32.7 m。这些沙丘多数为人工林覆盖，个别仍然裸露，风起时仍有风沙活动，有的潟湖被风沙填死。

福建省莆田市南日岛风成沙丘分布于海岛西侧和南侧，主要分布地点位于东马利和山塘头，危害日益严重。在东马利，风吹动沙丘越过 2.5 m 高的防浪堤向内陆移动，掩埋掉了沿岸的道路、田地和鱼塘，沙丘面积达 4 km^2（图 4.48）；山塘头存在高达 20 m 的鱼脊状沙丘，沙丘坡度近 60°，沙子均为细沙，对当地的防护林造成了严重的影响（图 4.49）。因此，需要加大力度治理风沙、开展海岸沙滩防护工程研究与建设，并对沙滩及泥沙动态进行长期观测，适时维护海岸沙滩的稳定，防沙固沙，减缓海滩砂流失。

图 4.48　南日岛被沙丘埋没的岸堤

图 4.49　南日岛岸边风成沙脊

广东省湛江市东海岛风成沙丘主要分布于海岛东侧，以东南侧最为典型。沙丘长 28 km，高度近 20 m。沙丘上防护林发育，对沙丘起到了良好的保护作用。但是随着海平面上涨的大背景和不合理的工程建设，东海岛风成沙丘日渐破坏，表现为防护林退化、沙丘后退和大风扬沙的现象（图 4.50）。

图 4.50　东海岛风成沙丘及后退现象

4.2.8　地面塌陷

地面塌陷是指地表岩、土体在自然或人为因素作用下，向下陷落，并在地面形成塌陷坑（洞）的一种地质现象。

地面塌陷只在山东烟台的砣矶岛发现。原为一条乡村小路，由于地面塌陷，小路中断（图 4.51）。推测是黄土地层在雨水淋滤作用下，发生局部湿陷而形成的。

图 4.51　砣矶岛地面塌陷

4.2.9　港湾淤积

港湾淤积地质灾害主要出现于福建省三都岛、海南省东屿岛和江苏省东西连岛，主要是由于自然条件或人类活动导致周围水动力条件改变而产生的。

福建省宁德市三都岛周围被众海岛包围，水动力环境较弱，特别是其南侧岸段，大量泥沙沿岸沉积，导致岛屿东南部发生较大规模的淤积（图 4.52）。南侧海岸淤积宽数百米，长千余米。退潮时淤泥显露，靠近岛侧伴有大量互花米草生长。靠海侧被开发成养殖区，布满大量养殖筏，进一步加剧了淤积程度。

图 4.52　三都岛海岸淤积

海南省万宁市东屿岛周围水动力条件较弱，潮流波浪影响较小，因此东屿岛南侧万泉河河道淤积严重（图 4.53），河道中心滩发育，部分小型分汊河道河床抬高导致断流，岸边生长红树等乔本植被，进一步加大了河道的淤积速度[116]。

图 4.53　河道淤积

江苏省连云港市东西连岛由于修建连岛公路，导致港口淤积严重。由于淤积，使连岛路中部新淤积潮滩，滩涂生有芦苇和碱蓬。

4.2.10　滩面泥化

滩面泥化仅见于浙江朱家尖岛。朱家尖岛沙滩由于人工修建堤坝，沙滩物质来源被阻断，沙滩表现为泥化现象。

4.3　岛屿周边海底地质灾害特征

4.3.1　浅层气

海底浅层气通常是指在海底面以下 1 000 m 之内的沉积物中所聚集的气体[117]。因这种气体常具有高压性质，会造成井喷，引起火灾甚至导致整个平台烧毁，其具有潜在危害性。此外，浅层气在海底沉积层中形成后，时刻都在运移与聚集，特别在浮力、地层静压力和动压力等作用下，易向上运移[118]，从而降低沉积层的抗剪切强度，影响工程的基础稳定。浅层气在我国近海都有发现，渤海黄河水下三角洲、南黄海老黄河水下三角洲及周围也有浅层气分布。东海舟山群岛的近岸台地泥质沉积区也有大量浅层气，以及相伴的“麻坑”（图 4.54）。在珠江口近岸大万山岛外、北尖岛外均发现较大范围的分布区，在涠洲岛附近海域也有浅层气分布[59]。

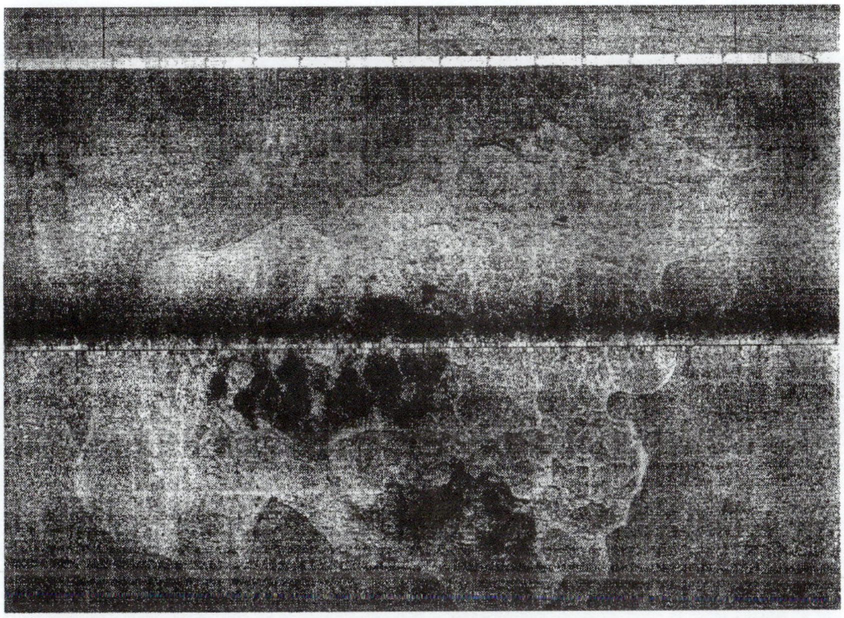

图 4.54　舟山海域侧扫声呐探测图像揭示海底浅层气形成的海底“麻坑”[119]

通常浅层气以下列 4 种形态赋存于海底沉积地层中[118]。

层状浅层气：主要发育于海底埋藏古湖泊、古河道、古三角洲沉积中，沉积环境比较稳定，沉积物中的有机质丰富，分解生成的气体与沉积物相伴生，呈埋藏深度不一的大面积的层状分布（图 4.55）。

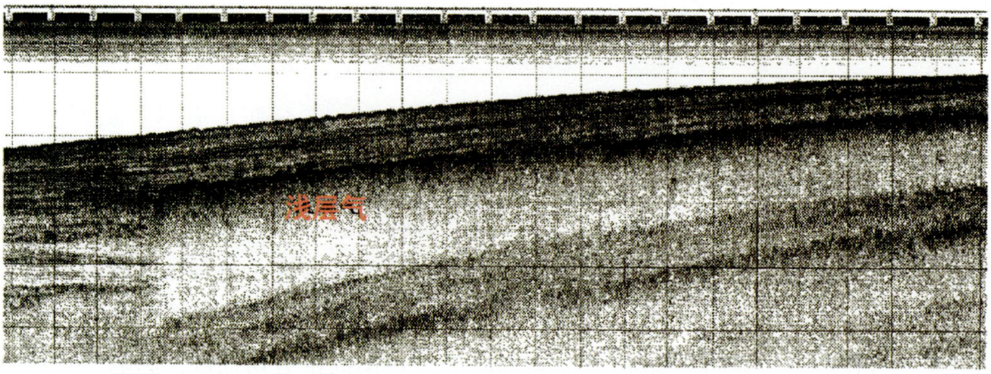

图 4.55　舟山群岛西部浅地层剖面揭示海底浅层气的层状分布

团块状浅层气：由于海底沉积层中富集的有机质的含量不同和沉积物孔隙率的大小不同，浅层气在地层中不是均匀分布，而是成团（块）地相对富集于某一区块或某几个区块（图 4.56）。

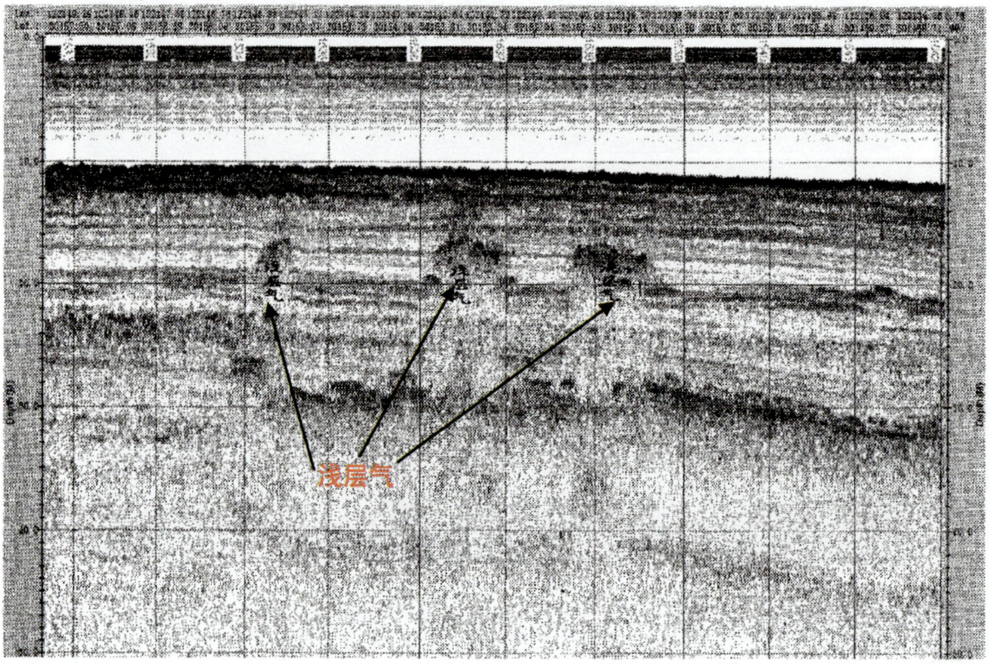

图 4.56　舟山海域浅地层剖面揭示浅层气喷逸处的声反射特征和海底洼坑[120]

4.3.2　海底滑坡

我国近岸岛屿海域是发生海底滑坡较集中的区域。以浙江近海岛屿港湾区的海底滑坡研究较为深入[120]。

在舟山群岛及其邻近岛屿共有 38 处明显土体失稳现象，其分布位置见图 4.57。该区的土体失稳现象分为两大类：崩塌和滑坡。在统计的 38 处失稳现象中，崩塌有 5 处，占 13%；其余为滑坡，有 33 处，占 87%。依据稳态理论可将滑坡划分为破碎性滑坡和整体性滑坡两大类。破碎性滑坡因为滑坡体破碎，呈黏性流动或液化，结构形态难以辨认；而整体性滑坡因为滑动体变形小，滑距短，若无海流的侵蚀作用，滑坡体会完好保存（图 4.58）。

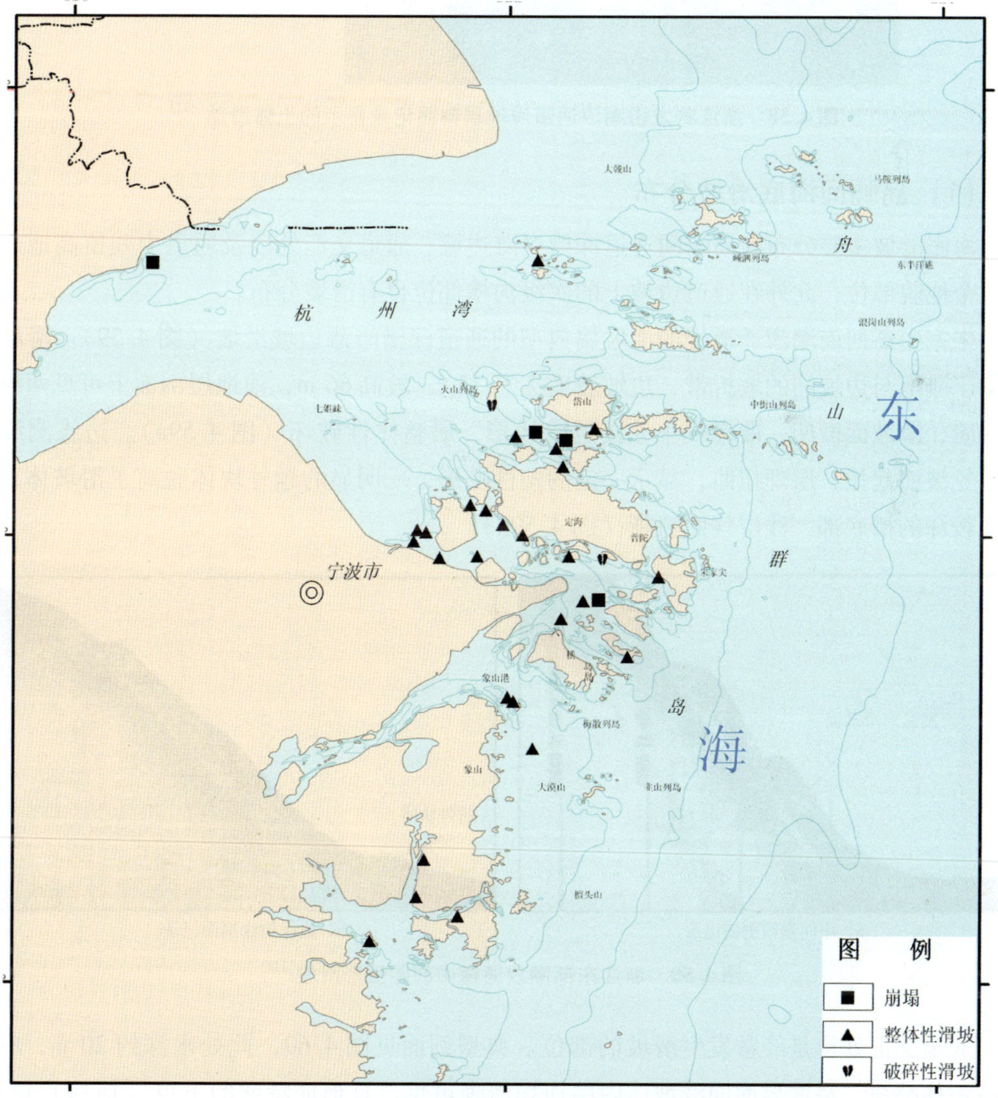

图 4.57　浙江东部潮汐通道地区海底地形及失稳分布[121]

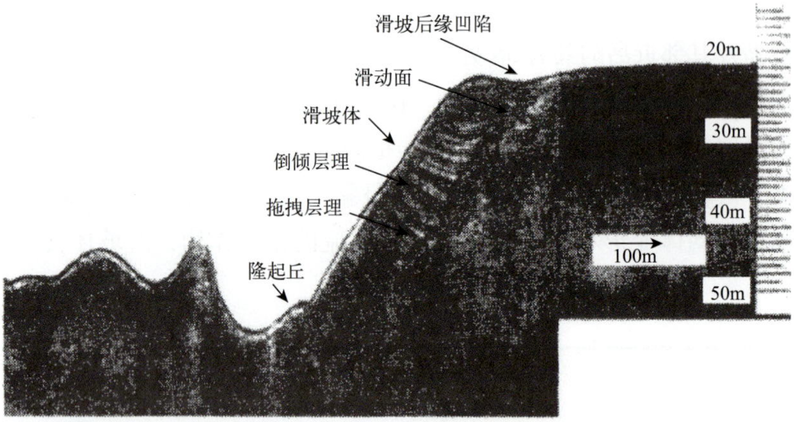

图 4.58　浙江野龙山潮汐通道浅地层剖面记录显示的土体滑动[122]

(1) 岛屿间海底滑坡分布

海底滑坡主要分布在岛屿间通道深槽岸滩边坡、通道交汇处以及通道中残留高地边坡等三个地貌部位，此外在通道边坡上的次级沟槽部位也有滑坡分布。

朱家尖岛西南潮汐通道处的滑坡属典型的通道深槽暗滩边坡滑坡（图 4. 59）。滑坡上部位于滩地与边坡间的坡折带，边坡坡度 7 °～12 °，坡高 66 m，浅地层剖面上可见两级滑动台阶，滑坡面微凹，曲率较小，接近直线形，属整体性破坏（图 4. 59a）。边缘测线剖面上见坡面起伏，层理扭曲，显示一定的塑性变形，一明显的越外块体脱离了滑坡体，停留在较深的槽底部，浅层气面清晰（图 4. 59b）。

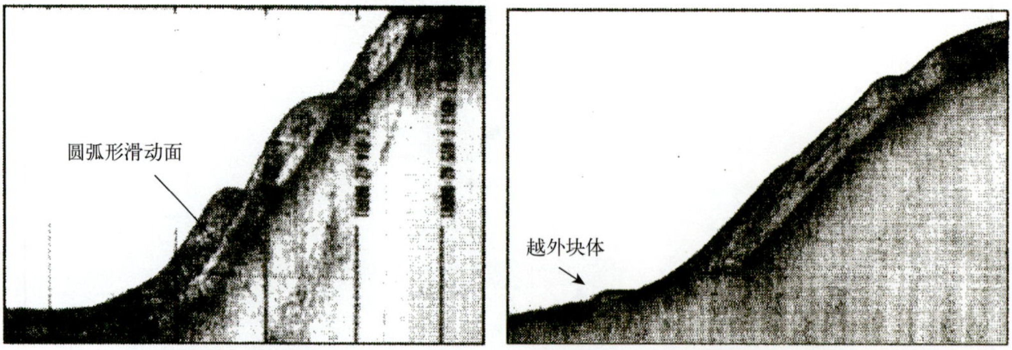

a. 中间测线剖面记录　　b. 边缘测线剖面记录

图 4.59　浙江东部潮汐通道中的圆弧形滑坡[122]

通道交汇处也是经常发生滑坡的部位。典型剖面见图 4. 60，此处水深约 20 m，有四次滑坡体叠覆，滑坡界面同滑坡体内层理均清晰可见，且形成特殊的下曳（拖拽）层理。滑坡体底界水深 40 m，厚 25 m。槽底老地层硬泥出露，表明该深槽处于侵蚀状态，底部有浅层气干扰。

舟山群岛的潮汐通道中多见有高地，晚更新世海水入侵以来一直遭受侵蚀，只是近期以

图 4.60　石浦水道中界山南端滑坡[121]

来开始接受沉积。此种高地一般为残留成因，也是滑坡经常发生的区域（图 4.61）。由浅地层剖面中可见，底部地形起伏的晚更新世沉积遭受切割，其上沉积了一层薄的具有平行层理的全新统顺坡沉积，坡脚发育有小规模的滑坡。此部位滑坡通常以规模大、多级性为主。

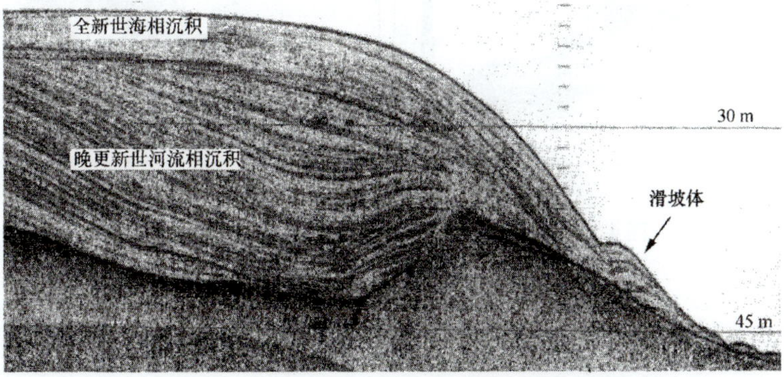

图 4.61　西白莲岛北水道中高地中的滑坡[121]

次级沟槽区水深较浅，水动力作用强，遭受强烈切割作用，整个地形显得支离破碎。底质一般较粗或为晚更新世老地层，部分地区为中细砂。此地貌部位的滑坡以小规模的直线型滑坡和崩塌为特征，且滑坡多由一级滑坡体构成，规模小。

由上述分析可见，失稳多发生于潮汐通道深槽边坡、通道凹岸、通道中高地边缘、通道交汇部及通道边坡次级沟槽等处，与这些地貌部位毗临的边滩地区往往接受沉积，且面积相对较大。它们的下部相对于水道的其他部位来讲水动力作用较强，是水道发生纵向和横向调整的部位，属冲刷侵蚀地段，往往形成较陡的边坡，增大了下滑力。

（2）岛屿间海底滑坡特征

发现的海底滑坡多具多级性，可分为溯源型和前进型两类。所谓溯源型即滑坡向源头方向依次发生多次滑坡，前进型即滑坡体沿着滑坡的方向在前已形成的滑坡体中继续发生滑坡（图 4.62）。图 4.62a 明显发生三次滑坡，沿着滑坡的方向滑动面一次比一次清晰，可能是整体性滑坡产生后，滑坡体的前缘遭受侵蚀，平衡遭到破坏，再次发生滑坡。图4.62b的溯源型滑坡可能是由于滑坡产生后，弹性卸载使得其后的土体强度降低，再次产生滑坡，此种类型在海底峡谷的边坡上较常见。

就滑动面的形态来说有直线型和凹线型两种。滑坡面为凹型的滑坡规模最大，且多为多级滑坡，滑坡面的上端部坡度较陡，下端部趋于平缓且常交汇于一起（图4.62）。滑动面为直线型的滑坡在本区内为数不多，均在遭受强烈切割侵蚀的地区，以断滑的形式发生（图4.63）。

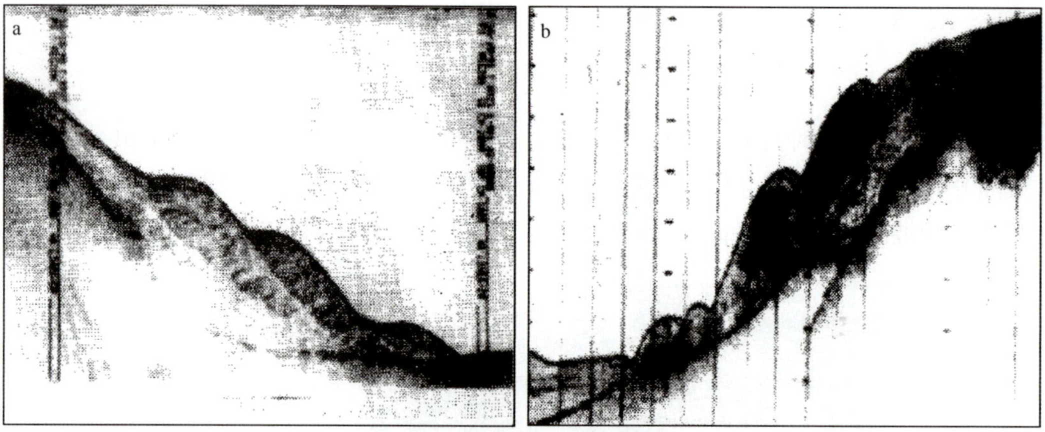

图4.62 浅地层剖面仪所探测到的多级滑坡[122]

a. 前进型滑坡；b. 溯源型滑坡

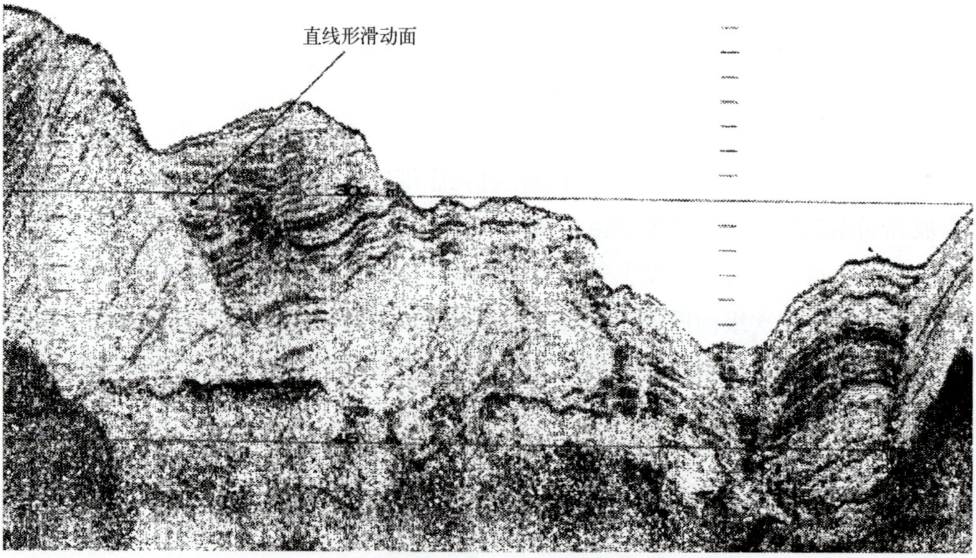

图4.63 浙江东部近海潮汐通道中滑动面为直线型的海底滑坡[122]

滑坡体的规模通常较小，已有的数据表明最大的一个滑坡的体积为 $29\times10^4\ m^3$，最小的滑坡则只有几个立方米，其原因主要是受潮汐通道地形的控制，滑坡发展的空间有限（图 4.64），但是足以引起严重的灾害。

此外，就滑坡的年代而言，研究区内统计的 38 处失稳均发生在现代。此外，研究区还发现一处老滑坡，即青龙门水道部分裸露的滑坡（图 4.65）。滑坡体变形较大，前端鼓丘尚可辨认，其余特征模糊。滑坡形成后受后期环境改造，部分已被上层沉积物覆盖，部分仍直接出露于海底。

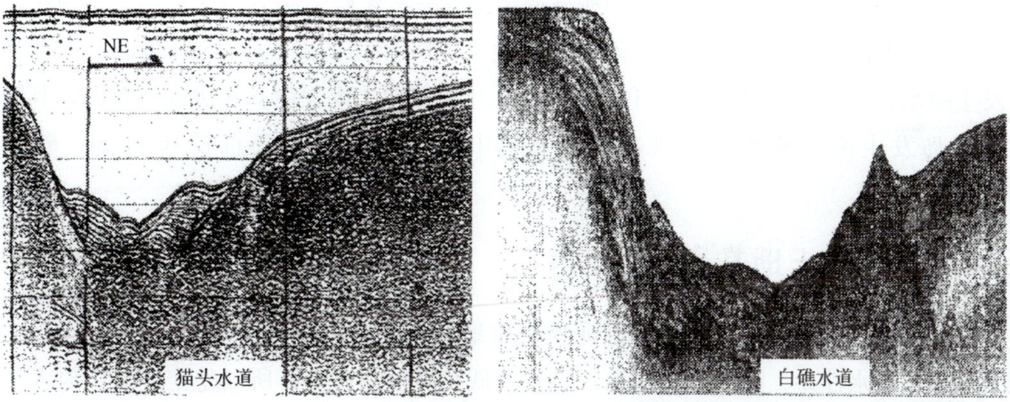

图 4.64　受到空间限制规模较小的滑坡[122]

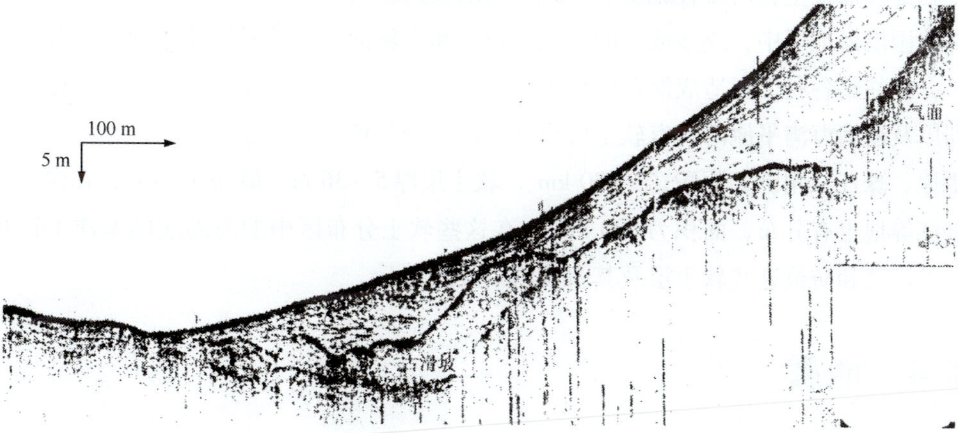

图 4.65　浅地层剖面仪探测到的古滑坡及浅层气面[122]

4.3.3　易液化砂土层

易液化砂土层是指在一定条件下容易液化的海底砂质地层，通常为海底饱和性砂土。海底饱和性砂土在地震、波浪等作用下发生振动，砂粒趋于紧密，砂粒间的孔隙水受到压力，但水是不可压缩的，因而表现为孔隙水压力增大，同时孔隙水压力与上覆土垂直应力差值不断减小，当孔隙水压力增大到等于或大于上覆土垂直应力时，砂土呈液体状态，即液化。砂土液化可使砂土层丧失承载能力，底床面下沉，导致海底构筑物倒塌。因此，易液化砂层是海岛海岸工程建设中不可忽视的致灾因子。砂土液化常常是地震诱发的灾害地质类型。

我国近海细砂沉积物分布广泛，如辽东浅滩、海州湾中部以及北黄海东部与南黄海东北部、苏北浅滩的细砂沉积物，其细砂含量50% ~70%，中值粒径2.5 ~3.0ϕ，处于最易于液化的粒级范围内，在一定的动荷条件下，较易发生液化。此外，黄河、长江、舟山群岛、珠江等大中型河流三角洲平原的海岛周边都有易液化砂土层分布区。历史记录中，广东南澳岛和海陵岛都有砂土液化喷砂灾害发生。1918 年南澳发生 7.25 级地震时，在南澳岛发生喷水冒砂现象，喷出水热可炙人；1969 年阳江洋边海发生 6.4 级地震时，在其附近的海陵岛发生液化喷水冒砂现象，岛上稻田中喷出砂堆（底直径 0.44 m，砂堆高 0.15 m）[59]。

4.3.4 软土地基（软土层）

软土地基主要指含水量很高的淤泥质土质地层，其特性是天然含水量高，孔隙比大，压缩性高，透水性差，处于流塑状态，承载力低，易触动流变，所以稳定性差，对各类工程建设极为不利。软土层主要分布在沿海和浅海一带。软土层触变所造成的灾害，常常伴随着工程建设而发生，对工程施工和建筑物造成较大影响。

在我国沿海地层中，或多或少的有晚更新世和全新世形成的淤泥质土地层，各处厚薄也不等，往往给各种工程造成潜在的危害。在辽河三角洲滨海平原、天津滨海平原、长江三角洲以及浙闽海湾平原内均有软土层出现。广东分布较广，且危害较大，其主要分布在潮汕平原、珠江三角洲，面积达9 300 km^2，软土层厚5 ~36 m，最深达55 m；在深圳、汕尾、湛江等地也有分布，面积为800 km^2。在这些软土分布区中的海岛实施海洋工程开发建设，需注意和防范这些软土层及其引发的工程危害。

4.4 地震

地震是一种地壳运动的表现，虽然产生的原因还没有完全搞清楚，但大部分地震还是与活动断层密切相关。20 世纪初有人就提出了“弹性回跳说”，认为断层两盘首先以弹性剪切位移形式积累应变能，当变形达到一定程度时，断层某一点发生突然断裂错动，能量突然释放，于是发生地震。因地震发生突然，造成建筑物、道路、管线破坏，引发崩塌、滑坡、泥石流，还往往诱发地裂缝、沙土液化及海底滑坡、浊流等地质灾害，可能造成巨大的人口伤亡、财产和经济损失。我国地处东亚板块的东南部，受环西太平洋地震带和喜马拉雅—地中海地震带地震活动的影响，是个多地震的国家。海岛又处在多地震带上，震灾严重。

收集海岛县的海岛县志发现崇明岛、岱山岛、嵊泗岛、玉环岛、南澳岛等及其邻近都有地震记载，只有部分岛屿有震级的记录。从地震震级来看，海岛地震震级不高，这可能是地震台网无海岛地震记录的结果，也是历史时期无地震的原因。具体各岛记录如下（表4.2、表4.3）所示。

表 4.2 岱山岛地震记录[123]

发震时间（年－月－日－时－分－秒）	震中位置（北纬 东经）	震级	震情
1976－10－13－00－07－55	30°18′ 122°54′	1.4	浙江地震台网测得
1977－02－09－00－22－08	30°12′ 122°36′ 长涂岛东沿海	1.2	浙江地震台网测得
1977－09－12－00－17－48	30°24′ 122°36′ 衢山岛东南海中	1.2	浙江地震台网测得
1985－09－11－00－21－10	30°24′ 122°21′ 衢山岛东南沿海	3.9	衢山岛有感明显，岱山次之
1985－11－10－12－53－14	30°24′ 122°21′ 衢山岛东南海中	1.6	3.9 级余震
1985－12－15－03－44－13	30°23′ 122°36′	2.1	余震
1986－01－08－16－18－28	30°18′ 122°36′	1.7	余震

自 1501 年（明弘治十四年）到 1984 年，崇明有史料可查的有感地震共发生 27 次。

表 4.3 崇明岛地震一览表[124]

发震时间			震中位置			震级	震情	烈度
年	月	日	北纬	东经	地名			
1501	11	27	31°2′	120°7′	苏州东南	$4\frac{1}{2}$	崇明地震	Ⅳ
1600	10	31	32°2′	120°9′	吴江东	$4\frac{1}{4}$	崇明戌时地震，自西北至东南，庐舍动摇飒然有声	Ⅳ
1624	2	10	32°3′	119°5′	扬州	$6\frac{1}{4}$	民家什器俱动，屋宇如簸	Ⅴ
1658	9	19	31°3′	120°9′	昆山西南	$4\frac{1}{2}$	崇明未时地震	Ⅴ
1666	12	26	31°5′	121°0′	昆山西北	4	崇明地震，八日复震	Ⅳ
1667	1	2	31°4′	121°0′	昆山南	$4\frac{1}{4}$	崇明复震	Ⅳ
1668	3	19			崇明	3	夜地震	Ⅳ
1668	7	25			山东莒县	$8\frac{1}{2}$	崇明地震，房宇摇动，地面崩裂	Ⅵ

续表

发震时间			震中位置			震级	震情	烈度
年	月	日	北纬	东经	地名			
1672	10	11	31°3′	121°1′	昆山南	4	崇明12日夜地震	Ⅳ
1678	5	24	31°3′	121°0′	昆山南	$4\frac{1}{4}$	崇明地震	Ⅳ
1678	9	4			崇明	3	方雨，又地震	Ⅳ
1727	9				崇明	$2\frac{3}{4}$	地震	Ⅳ
1764	6	27	33°5′	121°5′	黄海	6	崇明未刻地震	Ⅳ
1789	10		33°5′	122°0′	黄海	6	崇明地震	Ⅳ
1845	12	17			崇明	3	夜地震，空中有声	Ⅳ
1846	8	4	33°4′	121°9′	黄海	$6\frac{3}{4}$	崇明寅时地震	Ⅳ
1847	11	12	31°5′	122°5′	长江口	5	崇明地震	Ⅳ
1852	12	16	33°3′	121°8′	黄海	$6\frac{3}{4}$	崇明戌刻地震	Ⅴ
1853	4	14	33°8′	121°5′	黄海	$6\frac{3}{4}$	地大震，河水翻激，屋宇器物俱掀动有声，10日后连日微震，至25日方止	Ⅴ
1855	3	17	30°7′	122°5′	长江口	$3\frac{3}{4}$	崇明申刻地震	
1855	11	21	31°4′	122°4′	长江口	5	崇明27日戌刻地震	Ⅳ
1872	9	21	32°2′	119°4′	镇江	5	崇明辰刻地震	
1907	5	1	31°5′	122°5′	长江口	4	崇明有感	Ⅳ
1967	10	3	31°7′	121°3′	崇明	3		
1979	7	9	31°27′	119°15′	溧阳	6	崇明有感，房屋摇晃，家具作响，吊灯摆动，绿华奶牛场175头奶牛18时30分惊慌起立欲跑	
1982	4	22	32°45′02″	120°49′50″	琼港	4.8	房屋摇动，较多人有感	Ⅲ－Ⅳ
1984	5	21	32°7′	121°6′	黄海	6.2	崇明感觉强烈，居民从睡梦中惊醒，并奔出屋外，城、堡两镇有少量房屋出现裂缝。奶牛场奶牛于震前半分钟左右起立，狗狂叫，鸡飞出笼，鸽子惊飞	Ⅴ

1977年2月，大洋山发生2级地震。1971年12月30日，嵊泗岛北部海域鸡骨岛（礁）附近（31°5′N、122°3′E），发生4.7级地震；1982年3月23日，嵊泗岛东北海域

（31°17′N、123°19′E）发生2.6级地震[125]。

玉环岛，弘治十年（1497年），发生地震；嘉庆四年（1799年）七月，地震；道光四年（1824年）七月，地震[126]。

南澳岛地震及异常现象[127]：

宋治平四年（1067年）秋九月，潮属地震，泉涌地裂，压覆舟室，死者不计其数。震级6.75级，震中烈度9度。

明万历十九年（1591年）七月乙丑（8月20日），南澳地震。

万历二十八年八月二十二日（9月29日），南澳7级大地震，有声如雷，城垣、街坊民舍倾圮殆尽，人民压死无数，是夜连震3~4次，是月地上冒气。

万历二十九年，南澳地震。

万历三十年正月辛亥寅时（2月29日），南澳地震，声如雷，从东北起，经西南去，旋地大震有声，居民惶惑。

民国七年（1918年）2月13日（正月初三）下午2时，南澎附近海域7.25级地震，历时20分钟，有声如雷，城垣、街坊民舍倾圮殆尽，南澳死者200余人，受震面积达50余万平方千米。是夜连震3~4次，续震百余日，是月地上冒气，居民皆架木构屋，旷野而居。

民国八年11月1日（九月初七）南澳地震，震级6级。

民国十年3月19日（二月初十）南澳地震，震级6.25级。

1962年3月19日，在河源发生6.1级地震，南澳受波及有感。

1962年4月24日发生4.7级地震，大部分人有感，房屋震动，门窗发响。

4.5　普查海岛地质灾害特征总结

基岩岛以低山丘陵为主，整体状况较好，山体稳定。但随着海岛逐渐开发，地质灾害不断出现，主要有海蚀陡崖、高陡边坡、崩塌、滑坡和碎石流滑。尤其因人工采石修路等开挖的高陡边坡而引起崩塌、滑坡等地质灾害的现象呈上升趋势。部分岛屿还有海水入侵等地质灾害。冲积岛主要有海岸侵蚀、小范围的地面沉降和海水（咸潮）入侵等。

总体而言，海岛岛陆地质灾害现象规模较小，并且以人为作用为主要成因。虽部分地质灾害点进行了防护，但是随着旅游开发、港口建设以及将海岛作为第二海洋经济带战略的实施，人工开挖边坡从而引起崩塌、滑坡等地质灾害的现象呈上升趋势。同时由于海岛沙滩缺乏粗颗粒沉积物供应，海岸侵蚀、泥化现象严重。

第 5 章　温带海岛地质灾害

主要指南温带，包括辽宁、河北、天津、山东省市和江苏省 34°N（苏北灌溉总渠）以北的海岛。此次海岛地质灾害调查涉及了该气候带的 29 个海岛。

5.1　菊花岛

5.1.1　概况

菊花岛位于渤海西北部，辽东湾西部，连山湾与长山寺湾之间，辽宁兴城曹庄镇对面（图 5.1），距大陆最近点距离（曹庄镇五城子村）6.7 km。受山海关隆起控制，整体呈 NE—SW 走向，状似长葫芦，长约 6 km，宽约 4 km，海岛面积 11.2 km^2。海岛岸线长 24.50 km，主要有基岩岸线、砂质岸线、粉砂—淤泥质岸线和人工岸线四种类型，是辽东湾内最大的岛屿。岛上最高点为大架山，海拔 198.2 m。

图 5.1　菊花岛遥感影像图

海岛表层为第四纪风化土层，基岩为太古代的混合岩、中侏罗世花岗闪长岩，基岩岬湾分布中粗砂质沉积物。海岛周边分布少量微型岛屿，各海岛均为圆顶剥蚀型成因，岛上地层和岩性与大陆一致。菊花岛西侧与大陆之间发育著名的兴城平滩，滩面平整，坡度小于1/2 000。菊花岛东部和西部为陡峭的丘陵，易发生崩塌和滑坡，海岸附近，海蚀崖、海蚀裂隙等地貌较为常见，易发生崩塌，在海岛中部和北部的砂质海岸地区，易发生海岸侵蚀。

5.1.2　自然环境概述

(1) 潮间带特征

菊花岛潮间带底质沉积物主要有砾石质砂（GS）、粉砂质砂（TS）、细砂（FS）和粗砂（CS）等类型，沉积物颗粒较粗，低潮滩附近含少量黏土。

菊花岛主要发育岩滩，砂质或砂砾质海滩在湾顶等水动力较弱的岸段发育。图 5.2 为菊花岛典型的砂砾质海滩，砂质或砂砾质海滩较宽，缓滩面宽度 1 000 m 以上。组成物质上部为灰黄色中砂，下部为中细砂细砂层，表面有波痕与蟹穴分布。

图 5.2　菊花岛典型岸滩形貌图

(2) 植被

菊花岛自然植被覆盖面积 671.3 hm^2，覆盖率为 59.7%，植被类型有常绿针叶林、落叶阔叶林、落叶灌丛和草丛，针叶林和阔叶林覆盖率最高，分别为 23.8% 和 21.5%；人工植被覆盖面积 321.9 hm^2，覆盖率为 28.6%（图 5.3）。整体而言，菊花岛森林覆盖率较高，针阔叶林林相整齐，分布连续，群落结构较稳定。

常绿针叶林主要是油松林、油松刺槐林，以油松纯林为主，总面积 268.0 hm^2。群落总盖度可达 4 ~5 级。林下灌草不发达，仅稀疏草本生长，如黄背草、野古草等。

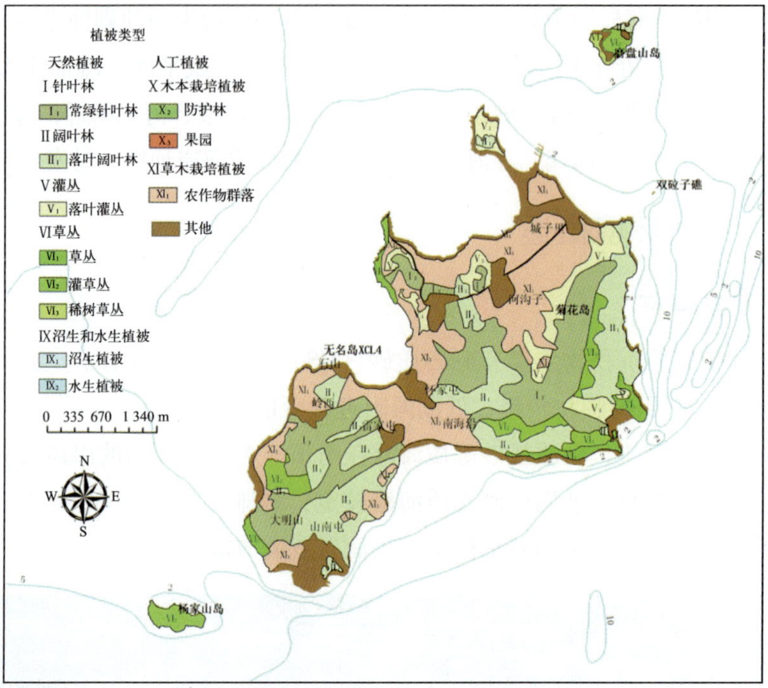

图 5.3　菊花岛植被分布图

落叶阔叶林为刺槐林，总面积 241.7 hm^2，分布在平缓低地（图 5.4）。灌木层不发达，草本层发达，群落总盖度可达 5 级。

落叶灌丛包括崖椒灌丛、荆条灌丛，以荆条灌丛为主，面积 77.4 hm^2，在林缘坡地和海边山坡处分布。草丛包括草丛和灌草丛两种，分布面积较小。其中，草丛分布在海岸坡地，面积 79.8 hm^2，灌草丛多分布在林缘，面积 52.2 hm^2。

菊花岛的人工植被类型为农作物群落。主要的农作物种为玉米，分布在海岛居民区附近的平地（图 5.5）。

图 5.4　刺槐林

图 5.5　农田

(3) 土地利用

土地利用类型有 7 大类，图 5.6 为菊花岛土地利用类型面积分布图。其中耕地和林地面积分布较大，其中林地面积 7.176 km^2，占菊花岛岛陆面积的 63.8%，耕地面积 2.914 km^2，占 25.9%；其次为住宅用地、草地、交通运输用地，分别占 5.92%、2.17% 和 1.64%。公共服务与公共管理用地及特殊用地面积最小，分别只占 0.52% 和 0.05%。菊花岛的耕地主要为旱地，分布在海岛北部和中部，坡度小于 15°的缓坡上和海积平原上，一般环绕着居民点。林地主要分布在南部两个山峰的四周，其中南坡分布面积较大；丘顶处一般为常绿针叶林，丘坡上一般为以槐树为主的落叶阔叶林，在南部靠近海岸的丘坡上以落叶灌丛为主。草地主要分布在近岸处，面积不大。住宅用地主要是农村宅基地，分布在海岛北部和中部的海积平原上。公共管理与公共服务用地主要为菊花岛乡行政机关用地、唐王洞等风景名胜用地。特殊用地仅仅在海岛南部一处气象观测站用地。交通运输用地包括海岛北部的交通码头和环岛公路。

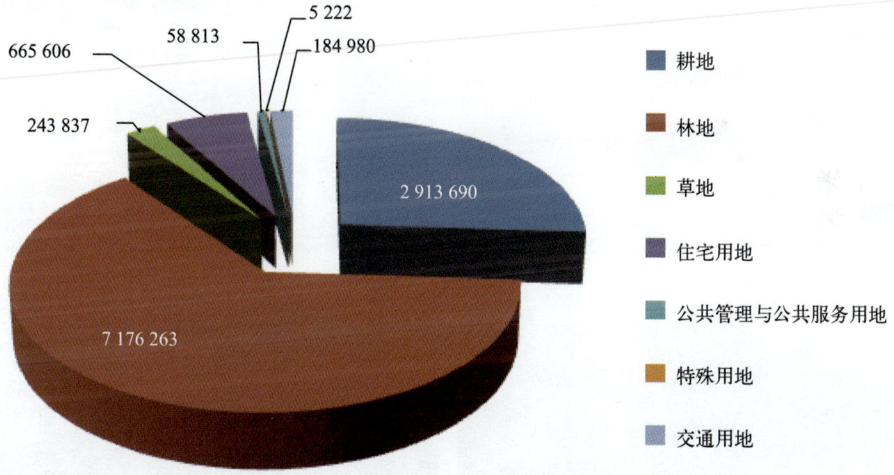

图 5.6 菊花岛土地利用类型面积（m^2）分布

5.1.3 主要地质灾害

调查现场踏勘点 6 个（表 5.1），结合 908 专项辽宁海岛海岸带调查的成果资料，发现岛上发育海岸侵蚀、滑坡、崩塌三种灾害类型（图 5.7），滑坡和崩塌灾害主要分布在海岛的东部和南部的基岩海岸，海岸侵蚀分布在菊花岛北部的岬湾砂质海岸，顺岸发育约 800 m，其中位于东北角的海岸发育侵蚀陡坎，陡坎顺岸长度约 300 m，陡坎高度 0.5 ~ 2.5 m，岸滩坡度大于 10°。

表 5.1　菊花岛地质灾害统计表

编号	纬度（N）	经度（E）	灾害类型	灾害等级	备注
JH01	40°29′34.93″	120°49′39.06″	滑坡	小型	崩塌
JH02	40°31′06.46″	120°48′39.97″	滑坡	小型	
JH03	40°28′31.72″	120°46′39.96″	滑坡	小型	修路开挖
JH04	40°29′04.00″	120°49′04.00″	滑坡	小型	崩塌
JH05	40°30′50.73″	120°49′01.86″	海岸侵蚀	小型	
JH06	40°29′16.98″	120°47′36.16″	海岸侵蚀	小型	

图 5.7　菊花岛地质灾害类型

需要指出的是，菊花岛已有较多的滑坡、崩塌和海岸侵蚀等地质灾害发生区域，虽未造成明显和直接的损失，但却不能忽略其持续的破坏力。海岛具备充分的孕灾环境，如直立的海岸、陡峭的山峰、强劲的海洋动力环境、松散的岩层等。因此，需要充分评价菊花岛地质灾害环境，尤其是潜在灾害区域和破坏程度。

5.2　大鹿岛

5.2.1　概况

大鹿岛，位于辽宁省大洋河口东南海域，隶属辽宁省东港市，是丹东市最大的岛屿，面积约 3.50 km^2，现有居民 4 000 人（图 5.8），北与大孤山隔海相望，东与獐岛唇齿相依。

大鹿岛呈弧形状，E—W 走向，岛体长 3.9 km，宽 1.3 km，岸线总长 11.09 km，有基岩岸线和人工岸线两种类型。基岩海岸主要分布在海岛的北侧，人工岸线主要分布在海岛的南侧。海岛地势东、北、西三面较高，均为陡峭的山崖，最高点高程为 190.6 m。岛的南部较低，有松软细沙发育。

图 5.8　大鹿岛遥感影像图

5.2.2　自然环境概述

（1）潮间带特征

大鹿岛位于大洋河入海口以南，大洋河口外滨海浅水区内，沙滩高潮滩表层沉积物主要为细砂，呈灰褐色，分选较好，含少量贝壳碎屑，较密实；中潮滩主要为粉砂，呈灰黑色，分选较好，含少量贝壳碎屑；低潮滩表层沉积物为淤泥质粉砂，呈灰黑色，分选较好，流塑。

大鹿岛北部潮间带（岸滩）主要发育海蚀地貌，形成以海蚀崖、海蚀洞和海蚀平台等为主的地貌类型，仅在少数几个湾凹岸段发育砂砾滩。大鹿岛南部发育海积阶地等淤积型地貌类型。

(2) 植被分布

大鹿岛面积350.0 hm^2，植被覆盖面积277.0 hm^2，覆盖率为79.2%，主要植被类型有常绿针叶林、落叶阔叶林、草丛和农作物群落，以针叶林和阔叶林为主，两者覆盖率分别为43.0%和35.2%。整体而言，大鹿岛森林覆盖率高，针阔叶林林相整齐，分布连续，群落结构稳定（图5.9）。

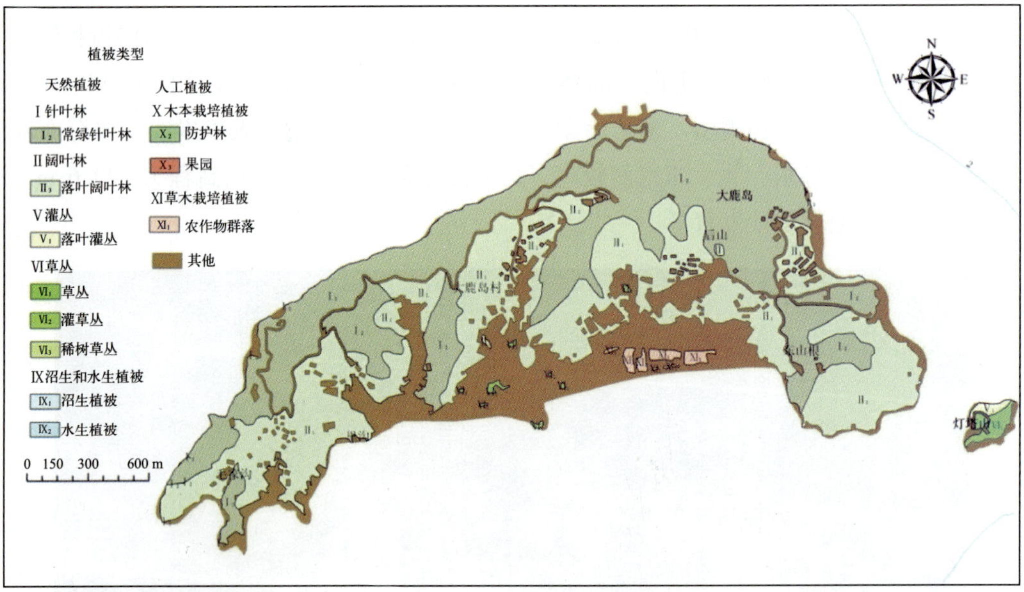

图5.9 大鹿岛植被分布图

常绿针叶林主要是黑松—麻栎混交林，面积150.6 hm^2，群落总盖度可达5级，主要分布在海岛北部和东部，山脊处黑松比例较高，高程越低，麻栎比例越高（图5.10）。林下灌木层不发达，草本层繁盛，主要是杂草草丛，草本植物优势不明显。

图5.10 大鹿岛针阔叶混交林（左）和阔叶林（右）林相

落叶阔叶林主要是麻栎林和刺槐林，以麻栎林为主，总面积为 123.1 hm^2。麻栎林与黑松—麻栎混交林相接，分布在高程较低处，群落总盖度可达 5 级。麻栎林林下灌木层较发达，主要为胡枝子灌丛和麻栎萌发的幼树层，有黄榆、胡枝子等灌木种。刺槐林小片斑块状分布，多位于居民区附近。

草丛面积较小，在林缘和居住区周围零散分布。

农作物群落面积仅 2.6 hm^2，以玉米田为主，分布在海岛中南侧居住区内。

（3）土地利用

大鹿岛土地利用类型主要有耕地、林地、草地、住宅用地、交通运输用地和其他用地（表 5.2）。耕地主要分布在坡度小于 15°以下的坡洪积扇裙和坡洪积台地等地貌地区，林地主要分布在坡洪积扇裙、坡洪积台地、剥蚀低丘、剥蚀高丘及较高的丘顶。草地一般分布比较零散，在耕地、林地和住宅用地之间零星分布。住宅用地多分布在坡度小于 15°的缓坡上。

表 5.2　大鹿岛土地利用类型不同坡度分布面积比统计表

土地利用类型	坡度					合计
	<5°	5°~15°	15°~25°	25°~35°	>35°	
耕地	0.74	0.2	0	0	0	0.94
林地	5.87	5.93	30.61	22.15	10.21	74.78
草地	0.14	0.05	0.01	0.01	0	0.21
住宅用地	8.04	6.84	3.14	0.61	0.19	18.82
交通运输用地	0.68	0.28	1.01	0.5	0.22	2.71
其他用地	0.26	0.46	0.57	0.52	0.95	2.75
合计	15.73	13.56	35.34	23.79	11.58	100

5.2.3　主要地质灾害

本次调查现场踏勘点（线）7 处，发现大鹿岛共发育海岸侵蚀、崩塌、滑坡三种灾害类型（图 5.11）。海岛潜在灾害点 7 处，其中，潜在海岸侵蚀 2 处，潜在崩塌点 2 处、潜在滑坡点 3 处（表 5.3）。

（1）海岸侵蚀

海岸侵蚀主要分布在海岛的东侧，顺岛岸发育长度约 120 m，其中，位于大鹿岛东南角的海岸侵蚀顺岛岸发育长度约 30 m，侵蚀陡坎高约 6 m，最大海岸侵蚀距离 4 m，破坏海岛公路约 6 m。针对于海岸侵蚀，建有碎石护岸，顺岛岸长度约 320 m。

（2）崩塌

崩塌主要分布在本岛陆域的北侧和南侧，单一崩塌体多呈扇形，顺岛体的分布长度在

120～400 m，坡度多大于 70°，崩塌石块块径大小不一，最大为 2 m×1 m×1 m。崩塌主要由于不规范的人为采石所致，仅在崩塌处有“危险”警示标语，并无防护措施。以前发生过因崩塌致海岛居民死亡的情况。

（3）滑坡

滑坡分布在海岛的西侧和南侧，滑坡体多呈扇形，长度最大约 180 m，滑坡体多由大小不一的碎石组成，最大直径达 4 m。其中位于北山沟北侧的滑坡体侵占环岛公路 30 m，最大进深 3 m，且无任何的防护措施。

图 5.11 大鹿岛地质灾害类型

表 5.3　大鹿岛地质灾害统计表

编号	纬度（N）	经度（E）	灾害类型	灾害等级	备注
DL01	39°44′49.45″	123°42′54.52″	滑坡	小型	
DL02	39°45′01.01″	123°44′32.04″	滑坡	小型	崩塌
DL03	39°45′35.07″	123°43′43.59″	滑坡	小型	
DL04	39°45′40.07″	123°43′44.70″	滑坡	小型	崩塌
DL05	39°45′23.64″	123°43′02.64″	滑坡	小型	
DL06	39°45′05.95″	123°45′01.35″	海岸侵蚀	小型	
DL07	39°45′01.06″	123°45′09.92″	海岸侵蚀	小型	

5.3　长兴岛

5.3.1　概况

长兴岛，位于渤海南部、辽东半岛西南、瓦房店市西部，地处复州湾与葫芦山湾之间海域（图 5.12），距陆地最近点距离（辽宁省瓦房店市井口屯）232 m，是本次调查中与大陆相隔最近的岛屿。现有居民 40 102 人（1985 年）。面积 219.11 km^2，近 NE—SW 走向，长约 28.57 km，宽约 11.52 km，海岛岸线长 100.14 m，是我国第五大岛，为江北第

图 5.12　长兴岛遥感影像图

一大岛。该岛属于人工陆连岛，通过人工修筑的大桥与大陆相通。主要有基岩海岸、砂质海岸和人工海岸三种类型。海岛南部多山，峰峦叠嶂，沟谷交错，有海拔 100 m 以上的山峰 40 余座，最高点横山高程 327.6 m。

北部和西部多为基岩和砂质岸线，海岸多近乎直立陡峻，发育多级海蚀阶地，西部水下地形坡度较大，以粗砂、砾石沉积物为主。西北部海岸发育规模较大的风成砂质堆积地貌体，近岸低矮处多发育沙坝—潟湖。南部和东部多为淤泥质岸线，现在大多被围海筑坝，已为人工岸线。

5.3.2 自然环境概述

(1) 潮间带特征

长兴岛潮间带底质沉积物主要有砾石（G）、砂质砾石（SG）和砂（S）三种类型，沉积物颗粒较粗（图 5.13）。长兴岛第四纪松散沉积物分布广泛，以残坡积和坡洪积为主，东部南北两侧沿海发育海积沉积物。沉积物以亚砂土为主，海积成因沉积物主要为中细砂和砂砾石。长兴岛地貌类型以剥蚀侵蚀型为主，主要有尖圆顶状剥蚀高丘、圆顶状剥蚀低丘和剥蚀平原（台地）。中部北侧山谷中分布有剥蚀—堆积型坡洪积平原。另外，东北部沿海和西南部沿海分布有堆积型海积平原。

图 5.13 长兴岛典型岸滩形貌特征图

(2) 植被

长兴岛自然植被覆盖面积 9 045.3 hm^2，覆盖率为 41.3%，主要植被类型有常绿针叶林、落叶阔叶林和草丛，覆盖率分别为 11.4%、10.5% 和 11.2%。人工植被覆盖面积

10 098.8 hm^2，覆盖率为 46.1%。整体而言，长兴岛以农田景观为主，森林覆盖率不高（图 5.14）。

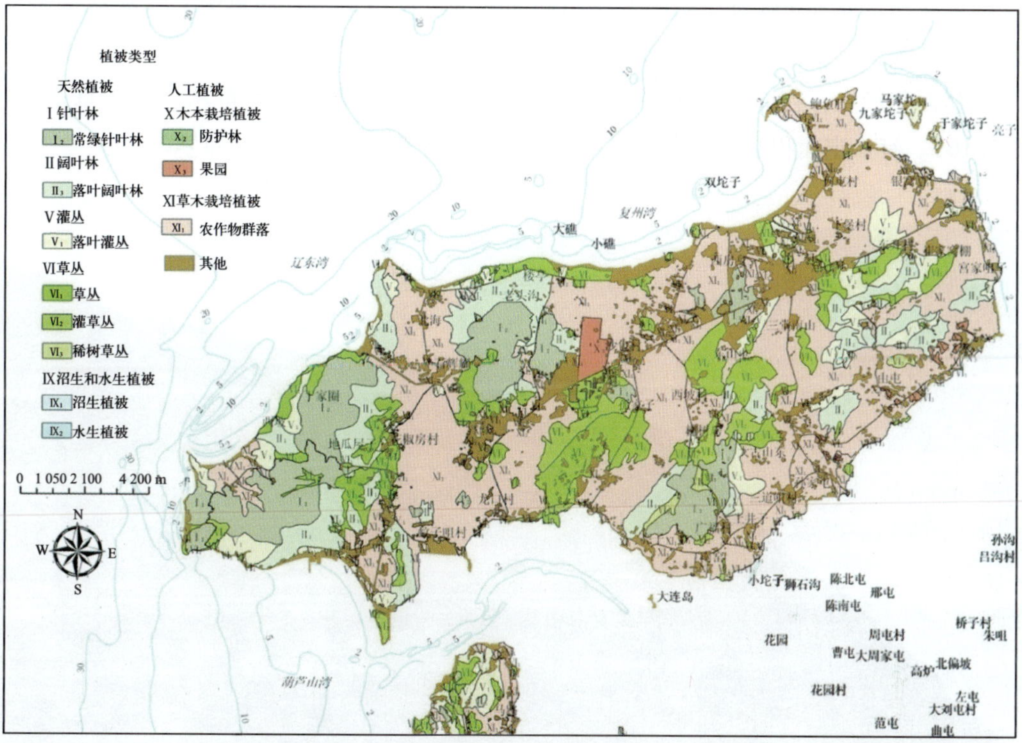

图 5.14 长兴岛植被分布图

常绿针叶林主要是油松林和油松刺槐混交林，以混交林为主，面积 2 507.6 hm^2，群落总盖度 3 ~ 5 级，主要分布在海岛西侧的横山一带（图 5.15）。林下草本层较繁盛，主要是隐子草和禾草草丛。

图 5.15 长兴岛针阔叶混交林林相

落叶阔叶林以刺槐林为主，总面积为 2 310. 7 hm^2，分布在横山、老马山及田间，伴生有杨树、柞树、榆树和柳树等。

落叶灌丛主要分布在海岛东部老马山和西部的滨岸山坡，有酸枣灌丛、胡枝子灌丛、紫穗槐灌丛等，总面积 1 268. 8 hm^2。

草丛面积较大，在向阳坡地、多石砾山坡均为草丛，有百里香草丛、隐子草草丛等（图 5. 16）。有一定面积灌草丛和稀树草丛，如酸枣灌草丛、栎树稀树草丛等。

图 5. 16　长兴岛草丛

长兴岛是辽宁省第一大岛，岛上有多种果树栽培，如山楂、枣、樱桃、桃、梨、栗、无花果等，果园面积约 217. 7 hm^2。农作物有玉米、小麦、红薯等，面积 9 981. 1 hm^2，是海岛面积最大的植被类型。

(3) 土地利用

长兴岛土地利用总面积 219. 11 km^2，其中耕地面积最大，达到 98. 4 km^2，占土地利用总面积的 44. 91%（表 5. 4）。海岛园地面积较小，一般镶嵌在耕地里，离居民点较近，园地面积 2. 17 km^2，占 0. 99%。林地面积 62. 21 km^2，占 28. 39%，草地面积 29. 23 km^2，占 13. 34%，工矿用地面积 0. 86 km^2，占 0. 39%，住宅用地面积 18. 49 km^2，占 8. 44%，公共用地 0. 5 km^2，占 0. 23%，交通用地 1. 75 km^2，占 0. 8%，水域用地 2. 3 km^2，占 1. 05%，其他用地面积 3. 22 km^2，占 1. 47%。

表 5.4　长兴岛的土地类型面积比例

土地利用类型	耕地	园地	林地	草地	工矿	住宅用地	公共用地	交通用地	水域用地	其他用地	合计
面积（km^2）	98.40	2.17	62.21	29.23	0.86	18.49	0.50	1.75	2.30	3.22	219.11
比例（%）	44.91	0.99	28.39	13.34	0.39	8.44	0.23	0.8	1.05	1.47	100

5.3.3　主要地质灾害

长兴岛发育海岸侵蚀和滑坡两种灾害类型（图 5.17），灾害易发点 10 处（表 5.5）。

①滑坡　滑坡灾害主要分布在海岛西部的基岩海岸和岛陆。

岛陆潜在的滑坡灾害共分布 8 处（遥感影像解译 5 处，现场踏勘 3 处），发育长度约 3 km，主要位于岛上大型采石场。土石方开挖后，相关部门没有及时地进行山体修复，发生崩塌灾害的风险较高。

海岸潜在崩塌 7 处，其中，位于长兴岛北端老鹞窝附近的海岸崩塌点极为典型，山体崩塌沿岸长度约 170 m，陡崖坡度大于 80°，岩石垂向裂隙极为发育，易发生崩塌。崖下有房屋，房屋距离崩塌最大距离 10 m，最近处仅距离 2 m，但房屋前 1 m 左右仅有一简易护墙，缺少其他防护措施，危险级别较高。

②海岸侵蚀　海岸侵蚀主要分布在长兴岛西部和北部的岬湾砂质海岸。

海岸侵蚀累计顺岸发育长度约 500 m。长兴岛西北部砂质海岸普遍发育侵蚀陡坎，顺岸长度约 300 m。海岸侵蚀持续后退，海岸物质存在粗化现象，海滩迎浪面物质组成以中细砂为主，夹杂大量细砾；老鹞窝附近海岸原有的海岸防护工程已被波浪破坏殆尽，滩肩之上的人工构筑物距离平均高潮线不足 50 m，其正常的生产受到威胁。

表 5.5　长兴岛地质灾害统计表

编号	纬度（N）	经度（E）	灾害类型	灾害等级	备注
CX01	39°37′14.68″	121°30′31.86″	滑坡	小型	采石场
CX02	39°33′29.23″	121°30′15.47″	滑坡	小型	采石场
CX03	39°36′31.12″	121°30′19.92″	滑坡	小型	采石场
CX04	39°39′04.98″	121°27′07.40″	滑坡	小型	崩塌
CX05	39°36′50.52″	121°24′55.30″	滑坡	小型	崩塌
CX06	39°36′18.04″	121°24′21.32″	滑坡	小型	崩塌
CX07	39°33′10.89″	121°15′26.49″	滑坡	小型	崩塌
CX08	39°34′18.74″	121°25′18.29″	滑坡	小型	采石场
CX09	39°39′06.74″	121°27′03.61″	海岸侵蚀	小型	
CX10	39°36′05.42″	121°22′28.61″	海岸侵蚀	小型	

图 5.17　长兴岛地质灾害的现场照片

5.4　石城岛

5.4.1　概况

石城岛位于辽东半岛东部的北黄海，隶属辽宁省庄河市，是黄海北部海域最大的海岛，面积约 26.35 km^2，距大陆最近约 6 km，现有居民 9 747 人（2000 年）（图 5.18）。海岛呈“V”字形，近 E—W 走向，凹口向北，东西长约 7.9 km，南北宽约 6.6 km。地势为东南高西北低，中间偏北是开阔平地，山丘主要分布在东、南、西三面，东南和西南沿海地势高峻，最高峰城山海拔 219 m。海岛岸线长 33.9 km，海岸类型主要包括基岩海岸、砂质海岸及人工海岸三种类型。基岩海岸主要分布在海岛的东侧、北侧及南侧，砂质海岸主要分布在海岛的西侧沿岸，人工海岸主要分布在海岛西北端，主要包括人工码头及养殖池堤坝。

图 5.18　石城岛遥感影像图

5.4.2　自然环境概述

（1）潮间带特征

石城岛具有丰富的海蚀、海积地貌类型。被誉为“海上石林”的石城岛东北部海岸即为其中的典型代表，其长超过 700 m。该段海岸是经过数万年海蚀浪涤而形成的海蚀地貌群，有矗立的海蚀柱、幽邃的海蚀洞、海蚀桥、海蚀平台等，各具形态，有的宛如蛟龙戏水，有的酷似神龟上岸，神态各异、栩栩如生。

岩滩环石城岛分布，为潮间带主要地貌类型，分布于潮间海滩中，除海湾内、岛后波影区等水动力较弱的区域外，其余部分均为岩礁所环绕，为海岛构筑形成一天然屏障。石城岛潮间带以小型交错层理为主，粒度主要为细砂至粗砂；潮上带主要为水平层理，粒度主要为中细砂，抗冲刷能力低，潮间带上多发育波痕，潮间带和潮上带间有侵蚀陡坎。总体来看，石城岛环岛主要发育以侵蚀作用为主的岩礁海岸，仅在旦头和卧龙等湾内发育小面积的海积地貌类型，进而形成沙滩。图 5.19 和图 5.20 分别为石城岛卧龙滩和旦头两典型岸段实拍影像图，由图可明显看出，卧龙滩为典型的砂质岸滩，而旦头滩为典型的粉砂淤泥质海岸。

图 5.19　石城岛卧龙滩

图 5.20　石城岛旦头滩面

（2）植被分布

石城岛自然植被覆盖面积 599.1 hm^2，覆盖率为 22.7%，主要植被类型有常绿针叶林、落叶阔叶林和草丛，常绿针叶林覆盖率最大为 14.1%；人工植被覆盖面积 1 594.5 hm^2，覆盖率为 60.5%（图 5.21）。农作物群落是石城岛面积最大的植被类型。总体来看，石城岛森林覆盖率较低，是典型的农田景观海岛。

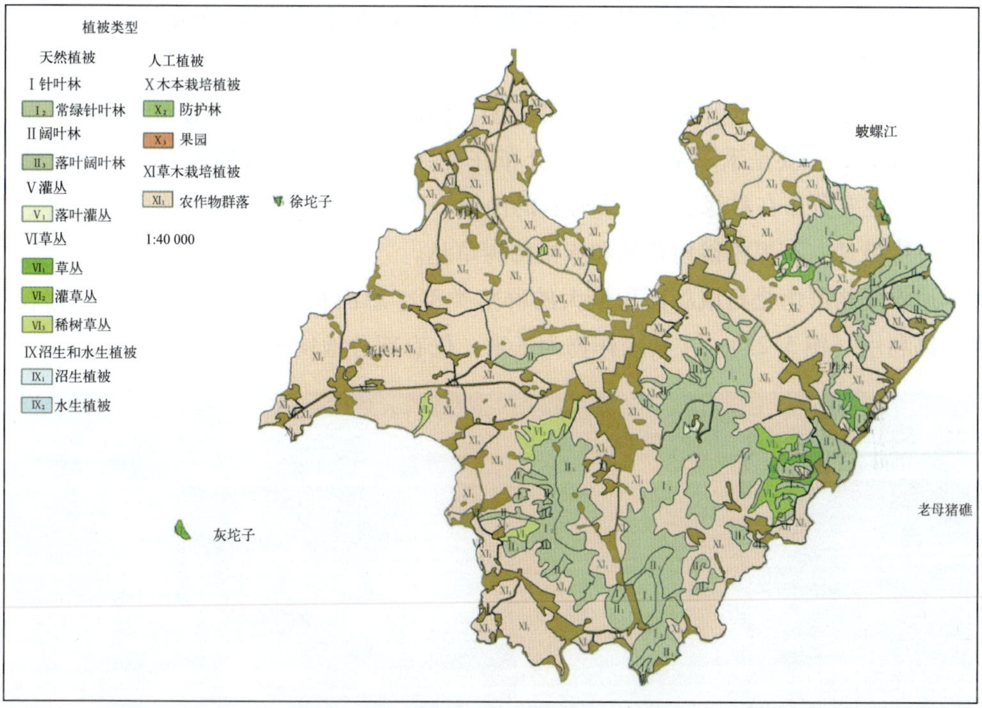

图 5.21　石城岛植被分布图

常绿针叶林主要是黑松林、黑松赤松混林、黑松—麻栎林等，总面积 372.8 hm^2，群落总盖度可达 4 级，主要分布在石城山高程 50 m 以上的坡地处（图 5.22）。与上一次海岛调查结果相比，石城岛赤松分布面积减少，黑松林、黑松—麻栎林面积扩大。

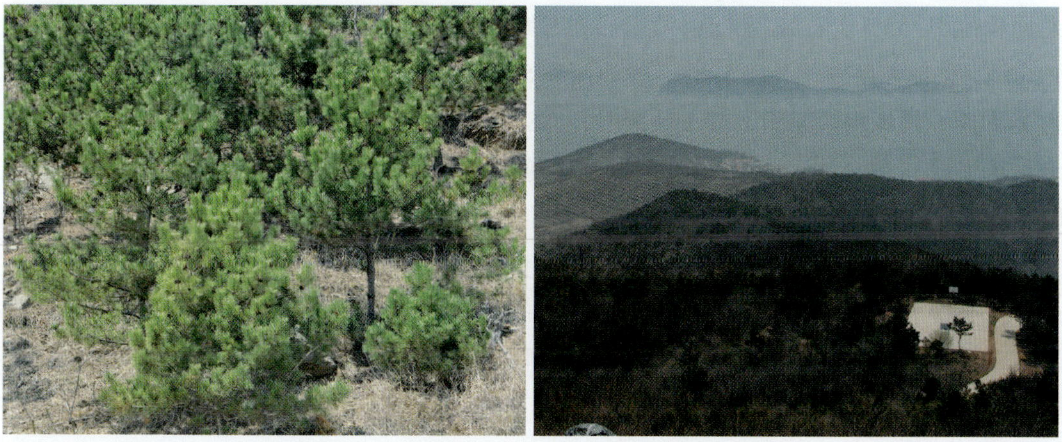

图 5.22　石城岛黑松针叶林（左）和针阔叶混林

落叶阔叶林主要是麻栎林和刺槐林，总面积 159.4 hm^2，群落总盖度可达 4 级，主要分布在较针叶林低的坡地，与针叶林、针阔叶混交林相接。刺槐林在农田中、村边有小片分布。落叶灌丛主要有崖椒灌丛、紫荆灌丛，分布在山脊向阳坡或林边，总面积为 1.6 hm^2，分布面积小。

草丛有草丛、灌草丛和稀树草丛三种类型，但面积均很小，零星分布。其中，草丛面积约 21.7 hm^2，主要是禾草杂草草丛，分布在林缘、居民地和农田附近；灌草丛面积约 19.9 hm^2，主要分布在林缘、林间多砾石的山坡；稀树草丛面积最大，约 23.7 hm^2，主要分布在林缘坡地，有黑松稀树草丛和赤松稀树草丛。

旱地农作物群落是石城岛面积最大的群落类型，总面积 1 594.5 hm^2，全岛宜农土地基本全部利用（图 5.23）。主要农作物为玉米，仅有部分地块种植蔬菜和板栗。

图 5.23　石城岛农田

（3）土地利用

石城岛土地利用总面积 26.35 km^2，其中耕地面积最大，达到 16.24 km^2，占土地利用总面积的 61.63%。石城岛耕地主要分布在石城山四周的剥蚀侵蚀低丘和近岸地带的侵蚀剥蚀台地，整体坡度较缓（表 5.6）。林地面积 5.38 km^2，占 20.42%；草地面积 0.59 km^2，占 2.24%；住宅用地面积 3.42 km^2，占 12.98%；公共服务用地 0.02 km^2，占 0.08%；交通运输用地 0.61 km^2，占 2.31%；水利设施用地 0.08 km^2，占 0.3%；其他用地面积 0.01 km^2，占 0.04%。

表 5.6　石城岛土地利用统计表

土地利用类型	耕地	林地	草地	住宅用地	公共服务用地	交通运输用地	水利设施用地	其他	合计
面积（km^2）	16.24	5.38	0.59	3.42	0.02	0.61	0.08	0.01	26.35
百分比（%）	61.63	20.42	2.24	12.98	0.08	2.31	0.30	0.04	100

（4）湿地分布

石城岛的北部和东部有淤泥质海岸湿地分布（图 5.24），潮滩滩面平缓，高中低潮滩分界不明显，物质组成从高潮滩到低潮滩逐渐变细，滩顶砾石较多，坡度稍陡，中低潮滩平缓，发育小型的潮水沟，积水较多。高潮滩由于砾石较多，短滨螺、紫贻贝、东方小藤壶为主要底栖生物。在中低潮淤泥质滩底栖生物有角管虫、泥螺、四索沙蚕、多皱无吻螠、广大扁玉螺等。

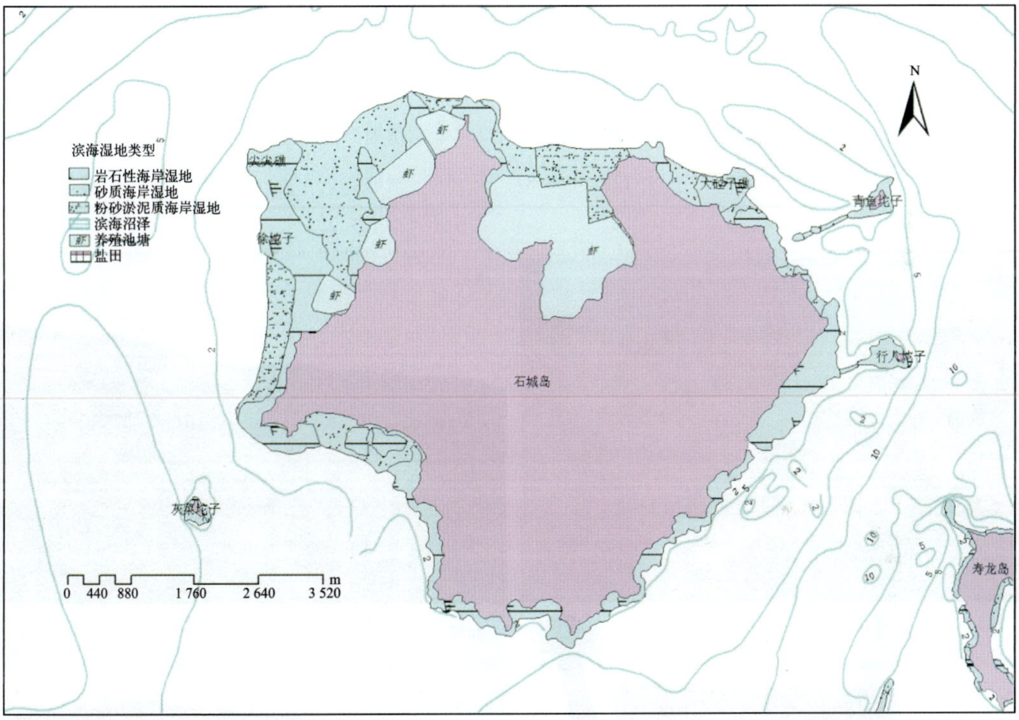

图 5.24 石城岛湿地类型分布图

5.4.3 主要地质灾害

(1) 滑坡

潜在的滑坡体主要分布在海岸边（表 5.7），4 处滑坡顺岛岸连续发育，发育长度在 15 ~ 140 m 不等，其中位于神佛沟山坡处的滑坡极为典型。滑坡体呈扇形，高度约 20 m，扇裙展布长度约 140 m，坡度约 50°。滑坡体上植被稀少，岩石为云母含量较高的片麻岩，风化程度较高，易发生滑坡。据当地居民介绍此处曾经出现过几次滑坡灾害（图 5.25）。

海岛灾害管理部门针对滑坡灾害的防治措施基本处于空白，只有两处较为严重的灾害点设置了灾害警示标牌。

(2) 崩塌

崩塌灾害仅在石城岛东侧的蛤蟆沟分布（图 5.25），崩塌灾害体高约 50 m，坡度约 70°，崩塌落石最大直径约 2 m，主要是由山体顶部不规范的采石活动引起，采石场堆积的石头比较松散，易引发崩塌，崩塌处下方有 2 处居民住所，易造成生命财产损失。

表 5.7　石城岛地质灾害统计表

编号	纬度（N）	经度（E）	灾害类型	灾害等级	备注
SC01	39°30′53.17″	123°00′59.44″	滑坡	小型	
SC02	39°30′36.38″	123°00′42.04″	滑坡	小型	自然滑坡
SC03	39°29′52.78″	122°59′17.54″	滑坡	小型	人工采石
SC04	39°32′09.71″	123°10′37.95″	滑坡	小型	
SC05	39°31′17.11″	123°10′08.87″	滑坡	小型	修路造成

图 5.25　石城岛地质灾害类型

5.5　大王家岛

5.5.1　概况

大王家岛位于辽东半岛东部的北黄海，隶属辽宁省庄河市，面积 4.88 km²，现有居民 4 375 人（2000 年）（图 5.26），距大陆最近点（辽宁省庄河市昌盛街道达拉腰屯）距离约19 km。大王家岛形似马鞍，呈东西走向，长约 4.4 km，宽约 1.11 km。海岸线 16.1 km，有基岩岸线、砂质岸线和人工岸线三种类型。基岩岸线主要分布在海岛的四个岬角处，主要为片麻岩，发育海蚀崖，部分海蚀崖下发育砾石滩；砂质岸线主要分布在海岛东南的南海浴场，西马路港和猪南山南岬角海湾处，物质组成为砂砾；人工岸线分布较广，海岛南北两岸都有所分布，主要为养殖池堤坝、交通运输码头和人工堤坝。

大王家岛地势东部和西部高，中部丘陵起伏，北部较平坦。海岸曲折，湾澳分布较多。植被覆盖率低。

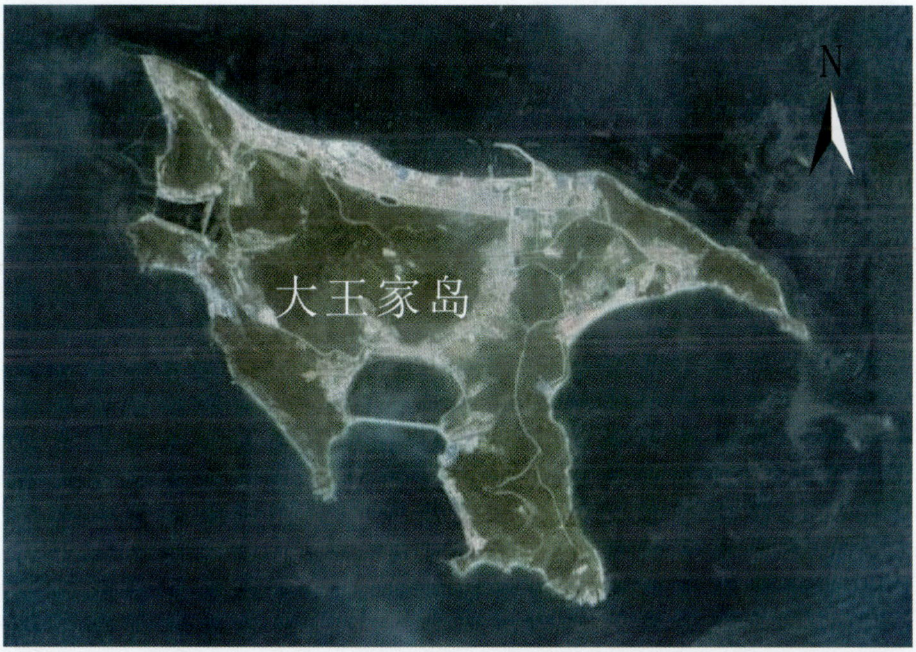

图 5.26　大王家岛遥感影像图

5.5.2　自然环境概述

(1) 潮间带特征

大王家岛北部海滩发育较差，基本都为砾石滩，分选、磨圆均很差，富含贝壳碎屑，滩面窄且坡度较大。该岛南部为一砾石滩浴场，滩面较陡，磨圆分选好（图 5.27）。

大王家岛基岩主要由片麻岩构成。大王家岛形似马鞍，东部和西部高，中部丘陵起伏，北部较平坦，最高点海拔 149.2 m。大王家岛北部海滩发育较差，基本为砾石滩，分选、磨圆均很差，且富含贝壳碎屑，滩面窄且坡度较大。南部浴场为一砾石滩浴场，滩面较陡，砾石分选好，磨圆好，滩面也较窄（图 5.28）。

图 5.27　大王家岛砾石滩（南海浴场）

图 5.28　大王家岛砾石滩（北部砾石滩）

(2) 植被分布

大王家岛植被覆盖面积 323.2 hm^2，覆盖率为 63.9%，主要植被类型为常绿针叶林和落叶阔叶林，常绿针叶林覆盖率最大，为 30.6%（图 5.29）。

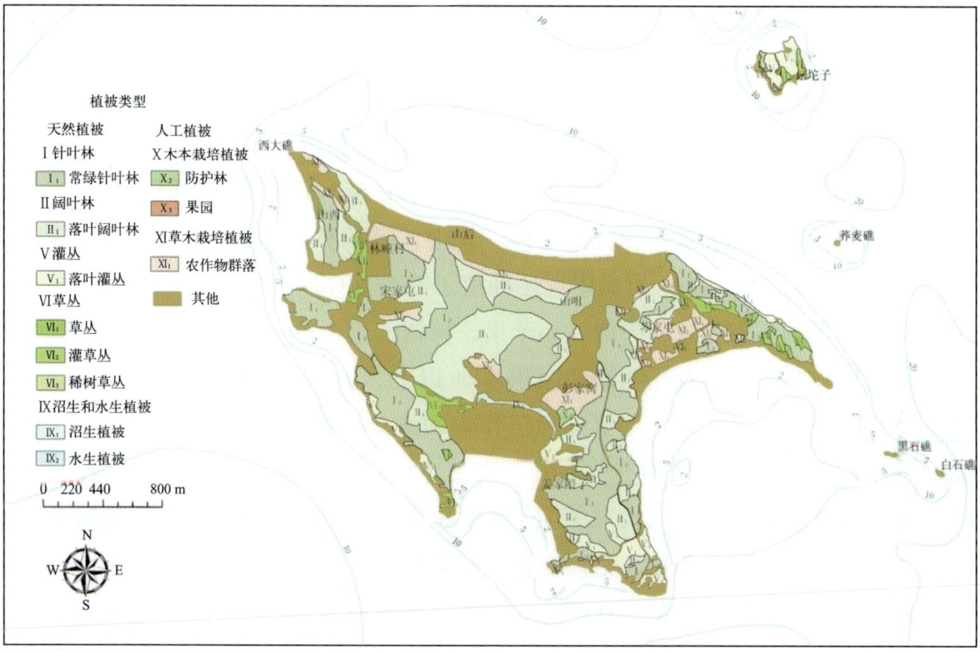

图 5.29　大王家岛植被分布图

常绿针叶林主要是黑松林、赤松黑松混林、黑松—刺槐混交林和黑松麻栎林，总面积 154.7 hm^2，群落总盖度可达 5 级，主要分布南大山和望海楼山。其中，黑松林和赤松黑松混林分布海拔相对较高（图 5.30 左）。黑松刺槐林和黑松麻栎林多分布在针叶纯林和阔叶林过渡的山腰地带（图 5.30 右）。林下灌丛以黑松幼树、槲树幼树为主，稀疏。草本层盖度高，多杂草草丛。

图 5.30　大王家岛黑松林（左）和针阔叶混交林（右）

落叶阔叶林主要是刺槐林、麻栎林和刺槐麻栎混林，总面积 99.7 hm^2，群落总盖度可达 5 级。刺槐林分布在山脚平地，近居民区缓坡处。刺槐麻栎林分布在南大山、望海楼山的山坡处。麻栎林分布面积相对较小，仅在部分坡地可见。还可见盐肤木、槲树、蒙古栎等乔木种混于落叶阔叶林中。

落叶灌丛分布在南大山中部东向山坡和沿海峭壁，总面积为17.8 hm^2，群落总盖度3级，灌木高度1.5 m。

草丛仅有草丛一种类型，面积较小，约12.1 hm^2，主要分布在居民区附近和林隙。有大油芒草丛、羊草草丛、豆茶决明草丛以及杂草草丛等。

在海岛南部沿海有芦苇沼生植被沿海湾呈条带状分布，面积约2.2 hm^2。

人工植被包括防护林和农作物群落两种。其中，防护林为杨树林，面积1.2 hm^2（图5.31左）。在居民区、道路旁、农田附近还种植了银杏（Ginkgo biloba）、合欢、旱柳、柏树、梧桐等园林树种。有少量的果树，如苹果、柿树、桃树等。农作物群落以旱地农田为主，玉米是大宗作物，占粮食作物播种面积80%以上。另外还种植了土豆、花生、菠菜、胡萝卜、辣椒、茄子、西红柿、芸豆等经济作物和蔬菜。农作物群落总面积约35.6 hm^2，占海岛总面积的7%（图5.31右）。

大王家岛森林覆盖率较高（53.8%），植被群落分布连续，结构稳定，植被总体情况较好。与大王家岛历史资料相比，植被变化有两个趋势：一是，赤松分布面积减少，逐渐被黑松和阔叶树种所取代；二是，针阔叶混交林分布面积增大，针叶纯林仅在高程较高处和山脊处可见。

图5.31 大王家岛杨树防护林（左）和农田（右）

（3）土地利用

大王家岛土地利用总面积5.063 km^2。其中耕地面积0.29 km^2，占土地利用总面积的5.72%；林地面积最大，为2.78 km^2，占54.91%；草地面积0.35 km^2，占6.91%；商服用地面积 0.003 km^2，占 0.06%；住宅用地面积 0.95 km^2，占 18.76%；公共服务用地 0.08 km^2，占 1.58%；交通运输用地 0.11 km^2，占 2.17%；水利设施用地 0.23 km^2，占 4.54%；其他用地面积 0.27 km^2，占 5.33%（表 5.8）。

表 5.8　大王家岛土地利用统计表

土地利用类型	耕地	林地	草地	商服用地	住宅用地	公共服务用地	交通运输用地	水利设施用地	其他	合计
面积（km^2）	0.29	2.78	0.35	0.003	0.95	0.08	0.11	0.23	0.27	5.063
百分比（%）	5.72	54.91	6.91	0.06	18.76	1.58	2.17	4.54	5.33	100

5.5.3　主要地质灾害

经过踏勘发现大王家岛共发育海水入侵、崩塌、滑坡三种灾害类型。海岛潜在灾害点 7 处，其中，潜在海水入侵 1 处，潜在滑塌点 2 处，潜在滑坡点 4 处（表 5.9）。

（1）滑坡

滑坡是大王家岛主要的地质灾害（图 5.32），在海岛的东侧、南侧和北侧皆有发育。滑坡体多呈半圆锥形，底部最大长度约 200 m，滑坡体的土石方量大于 100 m^3，石块的估计尺寸3 m×2 m×1 m，滑坡体的坡度大于 80°。滑坡的诱因多是人工采石，当地管理部门针对滑坡灾害的防护工程处于空白。

（2）崩塌

崩塌仅在海岛的东侧发育，崩塌体高约 28 m，长约 70 m，坡度 60°，崩塌石块估计尺寸 4 m×4 m×3 m，崩塌土石方量介于 150～200 m^2。崩塌的诱因是人工采石，崩塌处无植被覆盖，且当地管理部门没有对崩塌灾害实施防护工程。

（3）海水入侵

海水入侵位于彭家窝附近，该处历史上曾发生过海水入侵，井水变咸，不能再用，后来建坝后，海水入侵情况有了很大改善。

表 5.9　大王家岛地质灾害统计表

编号	纬度（N）	经度（E）	灾害类型	灾害等级	备注
DWJ01	39°26′32.05″	123°05′27.10″	滑坡	小型	
DWJ02	39°26′08.23″	123°04′43.79″	滑坡	小型	
DWJ03	39°26′10.94″	123°04′21.10″	滑坡	小型	
DWJ05	39°26′12.40″	123°04′24.78″	滑坡	小型	
DWJ06	39°26′05.85″	123°03′53.75″	滑坡	小型	滑塌
DWJ07	39°26′55.48″	123°03′04.93″	滑坡	小型	滑塌
DWJ04	39°26′12.95″	123°04′23.91″	海水入侵	小型	

图 5.32　大王家岛地质灾害类型——滑坡

5.6　大长山岛

5.6.1　概况

大长山岛位于辽东半岛东部的北黄海海域，里长山列岛北部，隶属辽宁省长海县，距大陆最近点（辽宁省普兰店市皮口镇）距离约 15 km（图 5.33）现有居民 28 126 人（2000 年）。大长山岛近 NW—SE 走向，狭长形，长约 17 km，宽约 2.77 km，面积 24.89 km^2。海岛岸线长约 60.07 km，海岸类型有基岩海岸、砂质海岸和人工海岸三类。砂质海岸主要分布在大长山岛中东部海岸，西部、南部部分海岸，人工海岸主要分布在大长山岛的鸳鸯港、金蟾港和金盆港三个交通运输码头，海岛的其他海岸是基岩海岸。

海岛地势可分东、西两个自然区域。西部山峦重叠，沟谷交错，岸线曲折，海湾多，尤以南岸较为陡峭，西有莲花泡潟湖，东南岸海蚀地貌发育。东部地势北陡南缓，散布小块平地，南岸畔为开阔滩涂。最高点位于大顶山，海拔 125.9 m。

该岛属于岛连岛、人工岛连岛，与干岛、东草坨子岛、北坨子岛通过海底发育的沙坝、砾石堤坝相连通，高潮时淹没，低潮时露出滩面，人可通行。与蚧巴坨子岛通过人工修筑的水泥质堤坝相连，堤坝上可通行人。

图 5.33 大长山岛遥感影像图

5.6.2 自然环境概述

(1) 潮间带特征

潮间带底质沉积物主要有砾石（G）、砂质砾石（SG）和砂（S）三种类型，沉积物颗粒较粗。南崴子剖面岸滩走向东西，宽度约 60 m，坡度较缓，沉积物主要为砾石，高中低潮滩砾石粒径依次减小（图 5.34）。由于扇贝养殖致使该滩面分布较多贝壳碎屑。滩西部岸滩线状发育大片礁石，沉积物粒径自东向西逐渐变细，至礁石区有局部沙滩分布（图 5.35）。

图 5.34 大长山岛南崴子剖面岸滩形貌

图 5.35　大长山岛南崴子剖面形貌特征图

大长山岛海蚀地貌发育，峭壁险峻，礁石多姿多彩。岛西侧南部海岸原为莲花泡潟湖，现已与外海隔离封闭，潟湖顶部山麓部发育海积平原，现多人工改造成为耕地。

大长山岛莲花泡潟湖海岸线附近发育坡、洪积物堆积体，沉积物较厚，分选很差，含大量碎石，多为山体风化破碎，坡积物较薄，上部覆盖有薄层土壤，一般上部颗粒较细小，土壤物质丰富，下部含有少量碎石，分选较差。

大长山岛前后沙山子西侧海岸，阶地上主要堆积和发育海积物。剖面底部未见基岩，厚 1.1 m，主要因为人工取土而出露（图 5.36）。

图 5.36　大长山岛南崴子剖面西侧发育的礁石

(2) 植被分布

大长山岛自然植被覆盖面积 1 395. 7 hm^2，覆盖率为 56. 1%，植被类型多样，有常绿针叶林、落叶阔叶林、落叶灌丛、草丛和水生植被，针叶林覆盖率最高，达 48. 3%；人工植被覆盖面积 326. 8 hm^2，覆盖率为 13. 1%（图 5. 37）。整体而言，大长山岛森林覆盖率较高，针阔叶林林相整齐，分布连续，群落结构较稳定。

常绿针叶林主要是黑松林、黑松—麻栎林混交林、黑松—刺槐混交林、黑松—栓皮栎林等，总面积 1 201. 2 hm^2。群落总盖度可达 4 ~ 5 级，主要分布在海岛西部及东部山区，山脊处黑松比例较高，高程越低，阔叶林比例越高。黑松林林下灌木层不发达，多为黑松幼树，草本层较繁盛，主要是禾草杂草草丛，草本植物优势不明显（图 5. 38 左）。黑松麻栎林分布最广，且面积较大，林下有灌木层发育，草本视不同地势盖度有所区别（图 5. 38 右）。黑松栓皮栎林仅在海岛最西端大顶子山有分布，林间杂有麻栎林。黑松刺槐林分布高程较低，主要分布在海岛中东部的高丽城山、西海屯北部山坡及居民区附近山坡，林下多为杂草草丛。

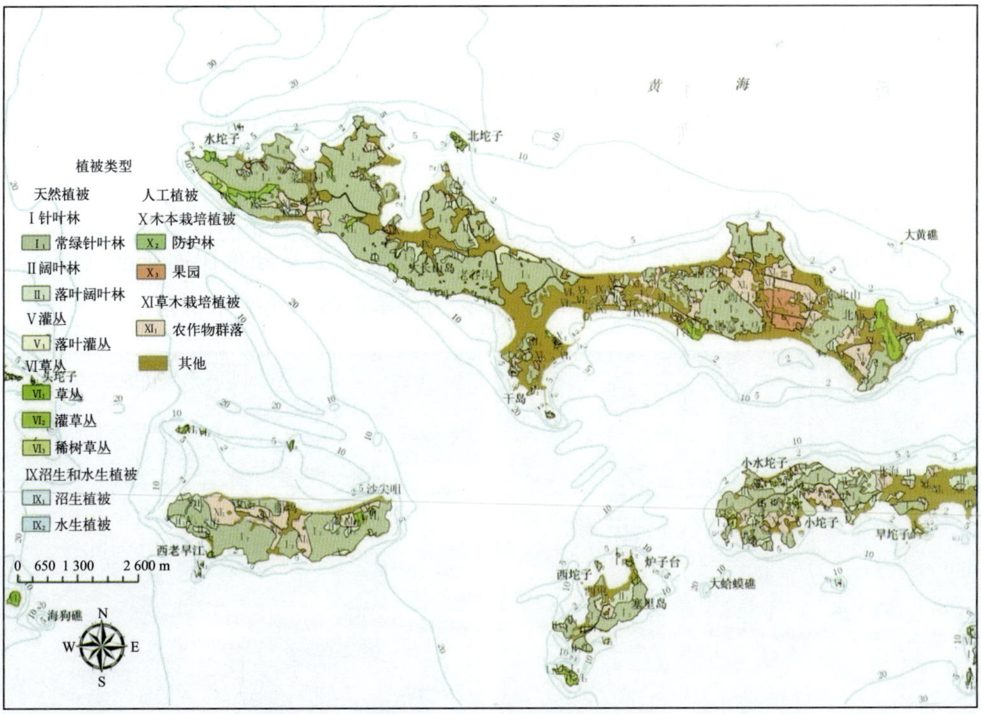

图 5. 37　大长山岛、哈仙岛和塞里岛植被分布图

图 5.38　大长山岛黑松林（左）和黑松—麻栎混交林（右）林相

落叶阔叶林为麻栎林、刺槐林，槲树林和杂木林，总面积 67.7 hm^2。麻栎林与黑松—麻栎林相接，分布在高程较低处，群落总盖度可达 5 级。槲树林小片分布在山谷坡地。刺槐林在海岛中部和东部有大片分布，位于居民区附近或山谷冲沟处。

落叶灌丛分布较少，仅在林间、海边陡坡处可见，面积 22.2 hm^2，主要有崖椒灌丛。

草丛有草丛和稀树草丛两种类型，草丛面积 79.8 hm^2，分布在林缘、田边等，有茵陈蒿草丛、禾草杂草草丛等；稀树草丛为黑松稀树草丛和刺槐稀树草丛，面积 10.2 hm^2，分布海岸附近的山坡或居民区附近的平地。

大长山岛的水库、池塘多形成水生植被和沼生植被，主要分布在莲花泡（图 5.39）、小泡子旁边。水生和沼生植被总面积 14.6 hm^2，为芦苇群落和鸡头米群落。

图 5.39　大长山岛连花泡水塘的芦苇群落

大长山岛的人工植被类型有农作物群落、果园和防护林。农作物群落面积仅 266.6 hm^2，主要的农作物种为玉米，分布在海岛中南侧居住区内。果园面积约 57.0 hm^2，果树有桃、梨、板栗等。防护林面积2.8 hm^2。

(3) 土地利用

大长山岛土地利用类型主要有耕地、园地、林地、草地、住宅用地、公共服务用地、特殊用地、交通运输用地、水利设施用地和其他用地（表5.10）。大长山岛的耕地主要分布海岛的东部，在海岛的西部山丘坡麓地带有小块零星分布。园地分布比较集中，分布在三官庙村附近，与耕地分布坡度一样。大长山岛的林地分布较广，海岛的东西两端分布面积较大，中部分布较小，林地面积占海岛总面积的55.79%。草地分布面积都较小，并且比较零散，分布在坡度小于15°区域，以丘顶和临岸地带为两个主要分布区域。住宅用地多分布在坡度小于15°的缓坡上。公共管理与公共服务用地分布面积较小，主要是风景名胜设施、广场等用地。特殊用地同样分布面积较小。交通运输用地在大长山岛镇类型有机场、港口码头和道路交通，其中机场用地是所有海岛中唯一的一个机场，大长山岛机场。水域及水利设施用地在大长山岛上主要为坑塘水面和养殖池塘。其他用地主要分布在沿海地带的岩石裸地和渔业的农业设施用地。

表5.10 大长山岛土地利用面积占比（%）

土地利用类型	坡度					合计
	<5	5°~15°	15°~25°	25°~35°	>35°	
耕地	5.9	3.24	0.56	0.07	0.05	9.83
园地	2.12	0.41	0.07	0	0	2.6
林地	8.22	20.68	19.27	4.94	2.67	55.79
草地	1.47	0.5	0.09	0.04	0.05	2.16
住宅用地	13.8	6.22	0.95	0.22	0.09	21.29
公共服务用地	0.53	0.22	0.01	0	0	0.75
特殊用地	0.29	0.15	0.01	0.01	0	0.46
交通运输用地	1.89	0.75	0.31	0.06	0.03	3.04
水利设施用地	1.54	0.14	0.05	0.02	0	1.75
其他用地	1.03	0.82	0.29	0.09	0.11	2.34
合计	36.79	33.14	21.61	5.45	3.01	100

5.6.3 主要地质灾害

现场调查踏勘点5处（表5.11），初步发现大长山岛发育海岸侵蚀和崩塌两种灾害类型（图5.40），其中，崩塌灾害点3处，海岸侵蚀2处。

(1) 崩塌

崩塌主要分布在大长山北侧和西侧的基岩岬角处，其中，位于前炉屯的海岸已发生明显的海岸崩塌，崩塌体基本呈半圆锥形。

(2) 海岸侵蚀

海岸侵蚀主要发生在南部和西部的岬湾砂质海岸，且发育明显的侵蚀陡坎，其中，位于小泡子村的砂质海岸侵蚀较为严重，顺岸发育距离大于500 m，侵蚀陡坎高度为0.5 ~ 1.5 m，海岸侵蚀进深在2 ~4 m不等。环岛路距离现在的平均海岸线小于10 m，海岸防护工程基本处于空白。

表5.11　大长山岛地质灾害统计表

编号	纬度（N）	经度（E）	灾害类型	灾害等级	备注
DCS01	39°18′03.26″	122°29′50.69″	滑坡	小型	崩塌
DCS02	39°17′15.35″	122°34′00.87″	滑坡	小型	崩塌
DCS03	39°17′01.81″	122°38′26.02″	滑坡	小型	崩塌
DCS04	39°16′12.46″	122°35′58.77″	海岸侵蚀	小型	
DCS05	39°18′02.44″	122°29′57.21″	海岸侵蚀	小型	

图5.40　大长山岛地质灾害类型

5.7　范家坨子

5.7.1　概况

范家坨子，隶属辽宁省大连市，位于渤海东岸、辽东半岛西岸金州湾北部海域（图

5.41），距大陆最近点距离（辽宁省大连市金州区大魏家镇唐家屯沿岸）1.0 km，面积约 0.19 km^2，呈 NW—SE 走向，长约 0.67 km，宽约 0.37 km，岸线长 1.90 km。范家坨子属于大陆基岩岛，近圆顶状剥蚀型岛屿。海岸物质组成以基岩和砂质为主，形成基岩岸线和砂质岸线两种类型。基岩海岸多发育海蚀崖、海蚀柱等海蚀成因地貌体；砂质海岸分布在海岛东侧，在海岛东侧与大陆之间发育有一条长约 2 km 的水下连岛沙坝，大潮低潮时出露，徒步可从大陆登岛。海岛最高点高程 39.2 m。

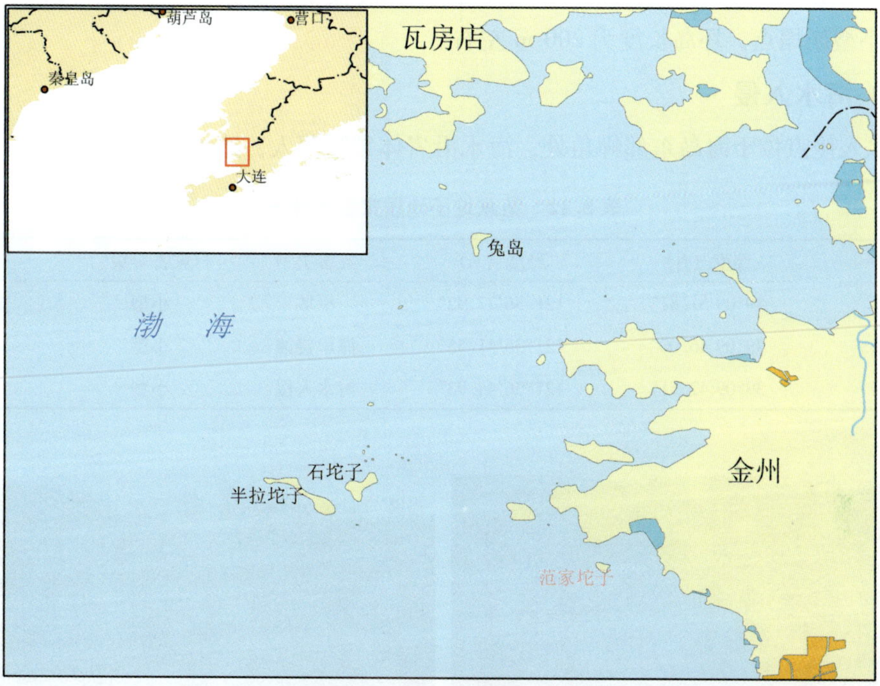

图 5.41　范家坨子地理位置

5.7.2　自然环境概述

（1）植被

范家坨子植被覆盖率达到 88.6%，主要是落叶灌丛和灌草丛，覆盖率占比分别为 40.6% 和 44.2%。

（2）土地利用

范家坨子岛以前是有居民海岛，近几年居民都搬出到大陆或附近较大的海岛上，海岛上原有的耕地，都已经荒芜，耕地上生长着茂密的杂草。

5.7.3　主要地质灾害

范家坨子岛发育海岸侵蚀、崩塌、海水入侵三种灾害类型（表 5.12，图 5.42）。

(1) 海岸侵蚀

海岸侵蚀主要在海岛的东侧发育，顺岛岸发育长度约 340 m，海岛原有的人工护坡、人工码头已被波浪破坏，海岸侵蚀最大后退距离约 2 m。海滩组成物质较粗，以片状贝壳和 1 ~ 3 cm 的细砾为主，海滩坡度大于 10°。

(2) 崩塌

海岸崩塌在海岛北侧的基岩海岸发育，但规模较小，多呈扇形，扇底长 5 m 左右，3 ~ 5 处小型崩塌点，环岛长度为 200 m 左右。

(3) 海水入侵

海水入侵点位于海岛东部岬角处，海水沿岩体裂隙深入，造成局部海水入侵。

表 5.12　范家坨子地质灾害统计表

编号	纬度（N）	经度（E）	灾害类型	灾害等级	备注
FJ01	39°09′51.81″	121°36′27.92″	滑坡	小型	崩塌
FJ02	39°09′46.00″	121°36′41.55″	海岸侵蚀	小型	
FJ03	39°09′42.51″	121°36′44.93″	海水入侵	小型	

图 5.42　范家坨子地质灾害类型

5.8　广鹿岛

5.8.1　概况

广鹿岛，隶属于辽宁省长海县，位于里长山列岛西部海域，现有居民 9 902 人（2007 年），距陆地最近点距离（辽宁省大连市金州区杏树屯）12.4 km。面积 26.39 km^2，整体呈 NE—SW 走向的马鞍形（图 5.43），长约 10.10 km，宽 2.17 km。海岸线约 40.24 km，主要有基岩海岸、砂质海岸和人工海岸三种类型。基岩海岸主要分布在广鹿岛东南海岸以及瓜皮岛、格仙岛、洪子东岛和葫芦岛沿岸，砂质海岸主要分布在广鹿岛西南海岸，以及在葫芦岛沙嘴、广鹿岛多落母和广鹿岛柳条沟湾等海岸，人工海岸主要分布在海岛的东端多落母海岸、庙东港湾及柳条沟湾顶部东北沿岸。地势自南向北逐渐和缓，西南部地势陡峭、沟谷交错，西北部低凹，有旱沙带向海伸入，最高点南台山高程为 251.7 m。广鹿岛是长海县境内的第一大岛，素有“大连门户”之称。

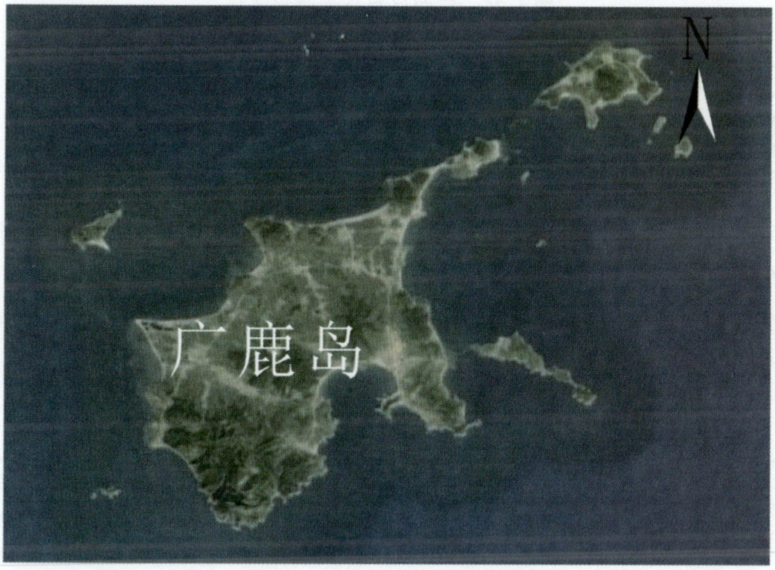

图 5.43　广鹿岛遥感影像图

5.8.2　自然环境概述

(1) 潮间带特征

广鹿岛有潮间带面积近千公顷，其中岩礁质超过 600 hm^2、砾石质有 20 hm^2、泥砂质 80 hm^2，北部、东部及柳条湾潮间带较宽、岛南相对较窄，其中北部和西部潮间带以砂砾质和砂质为主，葫芦岛、西部大礁、瓜皮岛西部水口一带潮间带以岩礁为主。岛上的小三官庙、张家屯、柳条等处潮间带岸线绵长、滩面坡度平缓、砂质细软，形成了彩虹滩、金沙滩、月亮湾浴场。砂质潮间带还形成了沙嘴、连岛沙坝，该岛西北部的张家屯发育了西北—东南走向的沙嘴，沙体长约 500 m、宽约 300 m，物质组成以砾石、粗砂和中砂为主。岛东北部的拉脖子与多落母之间由于早期两岬角毗连沙咀连结形成了连岛沙坝。该沙坝长 300 m、宽 80 m；南坡由中砂组成，北坡由碎石、粗砂和中砂组成（图 5.44）。

图 5.44　广鹿岛月亮湾海水浴场

(2) 土壤

广鹿岛及周围的格仙岛、瓜皮岛、洪子东岛、葫芦岛各类土壤是在地势、母质、河流等多种因素和生物的长期作用下，由坚硬岩石发生质变而逐渐形成的。由于广鹿岛山势陡峻，地表起伏大，母岩差异性强、河沟发育、海湾多，故土壤类型较多且垂直分布显著，存在依地势而环岛分布趋势。广鹿岛共发育 4 个土类、6 个亚类、13 个土属，在 6 个土壤亚类中，棕壤（亚类）面积为 624.39 hm^2、棕壤性土为 1 598.26 hm^2、草甸土（亚类）74.71 hm^2、海滨风沙土 43.07 hm^2（表 5.13）。

表 5.13　广鹿岛上的土壤类型及面积

土类	亚类	土属	面积（hm^2）
棕壤	棕壤	耕型坡积棕壤	523.69
		耕型片岩棕壤	100.70
	棕壤性土	酸性岩类棕壤性土	172.48
		片岩类棕壤性土	495.24
		耕型片岩类棕壤性土	370.11
		石英岩类棕壤性土	560.43
		耕型石英岩类棕壤性土	
	草甸棕壤	耕型坡洪积草甸棕壤	188.19
		耕型淤积草甸棕壤	256.80
草甸土	草甸土	耕型壤质草甸土	74.71
风沙土	海滨风沙土	耕型滨海风沙土	43.07

续表

土类	亚类	土属	面积（hm^2）
滨海盐土	潮滩盐土	砂砾质潮滩盐土	
		砂质潮滩盐土	

（3）植被

广鹿岛植物区系成分、种类绝大部分属于华北植物区系，其植被区划同于大长山岛群，主要植物名录详见大长山岛群。主要代表植物有赤松、黑松、麻栎、崖椒、酸枣、白羊草等。各类群落中建群种有 20 余种，以分布于 100～300 m 丘陵的松属种类最多，壳斗科居次，此外，尚有一些豆科、禾本科、无患子科等种类的植物。

广鹿岛植被可分为针叶林、阔叶林、灌丛、草丛、木本栽培植被和草本栽培植被 6 个植被型、20 个群系（图 5.45）。

图 5.45　广鹿岛上的阔叶树木

（4）土地利用

2008 年，广鹿乡土地面积总计 59 150 亩，其中林地 12 933 亩，占 21.9%；疏林地 847 亩，占 1.4%；果树地 933 亩，占 1.6%；草地 4 809 亩，占 8.1%；居民用地 3 694 亩，占 6.2%；工矿用地 17 亩，交通用地 688 亩，共占 1.2%；水域占地 12 465 亩，占 21.1%；特殊用地 365 亩，占 0.6%；未利用地 5 600 亩，占 9.5%；耕地 16 799 亩，占 28.4%，其中平坦土地 6 989 亩，坡地 9 529 亩，菜地 235 亩，水田 46 亩。

在土地利用类型结构中，耕地所占比例最高，其次为林地，而工矿、交通用地相对较少。

5.8.3 主要地质灾害

经过现场调查踏勘，初步发现广鹿岛发育海岸侵蚀和崩塌两种灾害类型（表 5.14、图 5.46）。目前，海岸侵蚀和崩塌的防护措施基本处于空白。

（1）崩塌

该岛有崩塌灾害点 5 处，主要发生在岛屿东侧、南侧和西侧的基岩岬角，位于小南头子的海岸崩塌点较为典型，顶部岩石裸露，基本没有植被覆盖，岩体垂向裂隙发育，坡脚散落碎裂的岩石块体。

（2）海岸侵蚀

海岸侵蚀 1 处，位于柳条沟湾。该处海滩滩面物质严重粗化，潮间带表层沉积物主要由 2 ~4 cm 的砾石组成，滩面多为粗砂和细砾。

表 5.14 广鹿岛地质灾害统计表

编号	纬度（N）	经度（E）	灾害类型	灾害等级	备注
GL01	39°08′40.30″	122°19′52.90″	滑坡	小型	崩塌
GL02	39°09′49.10″	122°23′53.78″	滑坡	小型	崩塌
GL03	39°10′09.07″	122°23′46.77″	滑坡	小型	崩塌
GL04	39°10′07.07″	122°18′51.16″	滑坡	小型	崩塌
GL05	39°10′11.10″	122°18′49.02″	滑坡	小型	崩塌
GL06	39°10′29.38″	122°22′17.06″	海岸侵蚀	小型	

图 5.46 广鹿岛海岛灾害类型分布

5.9 曹妃甸

5.9.1 概况

曹妃甸，隶属河北省滦南县，位于滦南东南浅海区域，为长条状岛屿（图 5.47），陆域总面积为 76.14 km^2。由于人为开发活动，曹妃甸岛变成了一个海岛工业园区，原来岛上的基岩和砂质岸线都变成了钢筋混凝土的人工岸线，岛岸线总长度为 52.994 km。其中，码头岸线长度为 1 550.25 m，堤坝岸线长度为 51 445.50 m。物质组成为贝壳砂。岛上基本无植被（仅东北部吹淤造陆工地北侧残留自然沙丘，以芦苇群落为主体，伴生有零星砂引草、马唐），人类活动遍布全岛。岛屿西侧岸段为淤积海岸、滩涂平缓；岛屿东侧岸段为侵蚀海岸，滩涂窄小、坡度较大；外侧水深岸陡，具有建设大型港口的地貌和海洋水文条件。

图 5.47　曹妃甸遥感影像图

5.9.2　自然环境概述

(1) 地貌

曹妃甸海区位于河北省滦南县境内，由三个地貌单元构成，由北向南跨滨海浅滩，浅水潟湖，南接曹妃甸沙岛。在大地构造上位于黄骅坳陷东北端与渤海中隆起交汇地带。曹妃甸一带为滦河三角洲平原海岸，具有双重岸线特征，其中内侧大陆岸线为沿滦河古三角洲前沿发育的冲积平原，沿岸多盐田，潮滩发育，外侧岛屿与大陆岸线走向基本一致，由哈坨、腰坨和曹妃甸沙岛沙群构成砂质海滩，其南端的曹妃甸沙岛由 12 个小沙岛组成，西南端最大，地面高程 3 m 左右，最高处有少量沙生植物，内外岸线间为宽阔的浅水海滩，低潮时大片出露，且地形平坦。东西两侧潮沟最大水深分别为 10 ~ 15 m 和 2 ~5 m。

（2）土地利用

土地利用现状类型共有三大类，交通运输用地面积 661.32 hm^2，占陆域总面积的 26.97%；工矿仓储用地面积 1 058.08 hm^2，占陆域总面积的 43.14%；未利用土地面积为 299.22 hm^2，占陆域总面积的 12.20%；其他土地面积为 433.87 hm^2，占陆域总面积的 17.69%。

5.9.3 主要地质灾害

目前，曹妃甸人工岸线较为稳定，在短时间内，海岸侵蚀发生的概率较低，其他地质灾害发生的可能性也不大（图 5.48）。

图 5.48 曹妃甸人工构筑物

5.10 打网岗

5.10.1 概况

打网岗，隶属河北省乐亭县，位于京唐港与北港之间的沿海地带（图 5.49），呈 NEE—SWW 向长条状延伸，陆域总面积为 783.53 hm^2，岛屿宽度约 1 700 m。物质组成为中细砂，土壤类型以砂质潮滩盐土为主，中央有间断的砂质滨海新积土分布。在砂质滨海盐土上有零星沙生植被，如砂钻苔草、砂引草等；草本植物有沙蓬。

打网岗外侧砂质潮滩较窄，坡度较陡，海水清澈，是天然的海滨浴场，内侧潮滩发育，与陆地海岸之间有浅海、潮沟，属于内海，这里潮平浪静，水温适宜，水质污染较轻，为多种海洋和潮间带生物的栖息提供了良好的场所，可开发为海水综合养殖区。

图 5.49　打网岗遥感影像图

5.10.2　自然环境概述

（1）地貌

该岛为砂质海岛，地势平坦，滩涂广阔。最高处为一处泥沙堆积成的小丘，高 3 m。西侧为广阔的泥滩，东南侧有较大的沙坝分布。

沙丘的物质组成为浅黄色、黄棕色中细砂［平均粒径（2～2.2）ϕ］，极细砂、粉砂、细砂，分选系数为 0.3 左右，具有良好的分选性，偏态为 -0.01～0.1，磨圆度 0.52～0.58，频率曲线近于对称，峰态 1～1.2，频率曲线中等尖锐，重矿物含量为 4.7%～6.6%，是较典型的风成沿岸沙丘沉积。沙丘上一般有草、灌木、乔木生长，基本固定。

（2）植被

打网岗岛为砂质海岛，岛上仅有少量乔木，分布面积较大为沼生植被，如碱蓬、芦苇等（图 5.50）。

图 5.50　打网岗岛植被类型

(3) 土地利用

土地利用现状类型共有四大类（图 5.51），草地面积 1.71 hm^2，占陆域总面积的 0.22%；商服用地面积 55.19 hm^2，占陆域总面积的 7.04%，主要分布于打网岗南部和西南部；交通运输用地面积 80.27 hm^2，占陆域总面积的 10.25%，河港码头用地分布于打网岗东北部和西南部；未利用土地面积 603.82 hm^2，占陆域总面积的 77.06%；其他土地面积为 42.54 hm^2，占陆域总面积的 5.43%（表 5.15）。

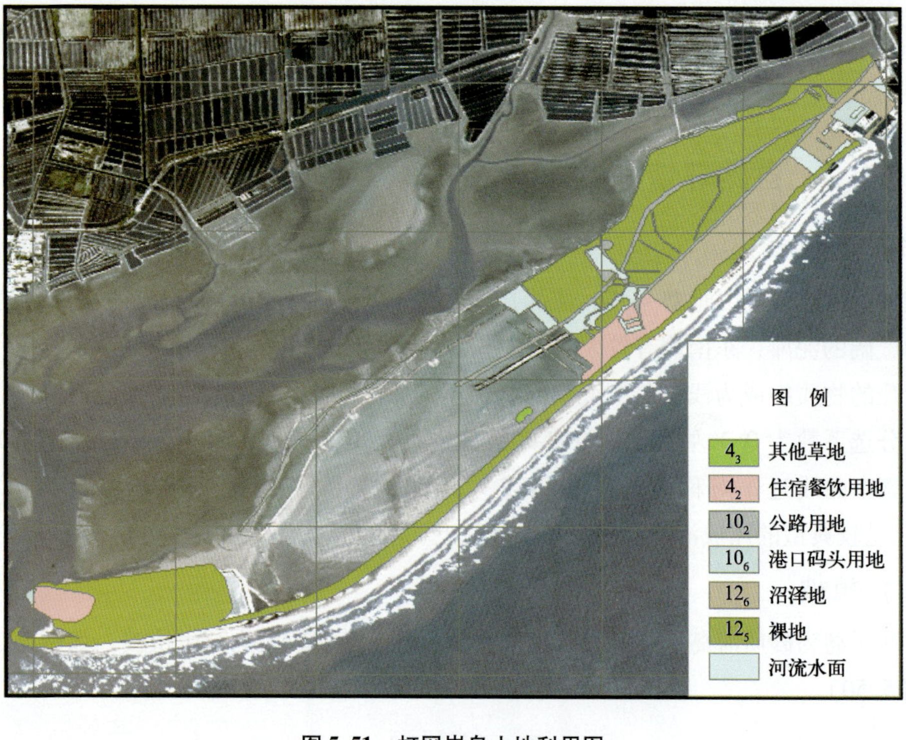

图 5.51　打网岗岛土地利用图

表 5.15 海岛土地利用类型面积及分布

土地利用类型	草地	商服用地	交通运输用地	未利用土地	其他	合计
面积（hm^2）	1.71	55.19	80.27	603.82	42.54	783.53
百分比（%）	0.22	7.04	10.25	77.06	5.43	100

5.10.3 主要地质灾害

调查现场踏勘距离约3.5 km。调查发现，打网岗岛主要的地质灾害是海岸侵蚀，发育在海岛南部向海一侧，且侵蚀较为严重。顺岛岸普遍发育侵蚀陡坎，发育长度约4.0 km，岛岸侵蚀陡坎高度介于1～3 m之间。

目前，针对海岛南部遭受的侵蚀灾害，当地政府基本没有采取任何的防护与治理工程。岛岸侵蚀导致铺设在岸滩上的海底光缆、电缆裸露，易遭受破坏，且部分光缆（电缆）登陆点的标示桩已不稳定，随着侵蚀的进一步加剧，极易倒塌、灭失（图5.52）。

图 5.52 打网岗岛地质灾害类型

5.11 海洋岛

5.11.1 概况

海洋岛位于辽东半岛东部的北黄海海域，隶属辽宁省长海县，地处黄海北部海上交通要冲，是大连长海县距离陆地最远的有居民海岛，也是我国有人居住最东边的海岛，素有“黄海前哨”“蓝色国门”之称（图5.53），现有居民5 353人（2010年），距大陆最近点（辽宁省庄河市皮口镇）距离约60 km。海洋岛岸线总长33.8 km，有基岩岸线、砂质岸线及人工岸线三种类型。基岩海岸分布最广，主要分布在东南沿岸；砂质海岸主要分布在岭后村东侧沿岸；人工海岸主要分布在太平湾顶部。此外，在岭前村沿岸亦有人工岸线分布，主要是码头堤坝和人工护岸。

岛上山峰崇峻，山脊呈C形分布，地势四周高崇，中间形成一个半封闭海湾——太平湾，岛体海拔一般在200 m以上，一般坡度高于40°，最大可达60°以上，最高点海拔372.5 m。

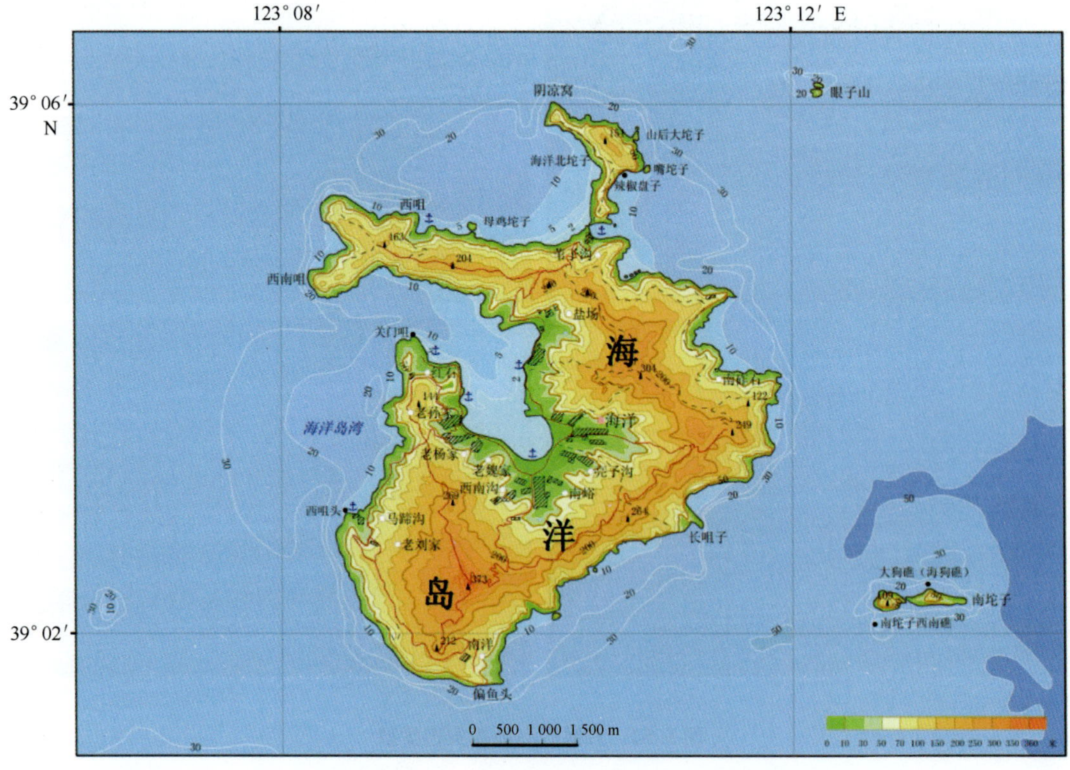

图5.53 海洋岛地理位置图

该岛属于岛连岛，通过海底发育的沙坝与北侧的母鸡坨子岛、北坨子岛相连通，高潮时沙坝淹没，低潮时露出。

5.11.2　自然环境概述

(1) 潮间带特征

①海蚀崖　岛周边普遍存在海蚀崖，该类基岩海岸，常年受到海蚀及重力崩落作用，常沿节理面、断裂面、断层面或冻裂面形成陡壁悬崖。海蚀崖是海洋岛海岸重要的地貌类型，分布于全岛的各个海湾与岬角（图 5.54）。

图 5.54　海洋岛海蚀陡崖

②海蚀平台　海蚀平台是海蚀崖前形成的基岩平坦台地，是几千年来在海浪的侵蚀作用下，海蚀崖不断发育、后退，在海蚀崖向海一侧的前缘岸坡上，便塑造出一个微微向海倾斜的平坦岩礁面，即为海蚀平台（图 5.55）。前面所述的岩滩在地貌上也属于海蚀平台。海蚀平台可以不断地展宽，直到波浪通过平台将能量全消耗于对平台的摩擦以及对碎屑物质的搬移上、海蚀崖停止后退为止。在海洋岛的海蚀平台和海蚀崖上通常发育有浪蚀沟、锅穴、洼地、海蚀洞（图 5.56）、海蚀井、海蚀沟等微地貌，以及由海蚀崖崩坠堆积成的锥形岩体。

图 5.55　海洋岛上较为宽阔的海蚀平台

图 5.56　发育于海洋岛海蚀崖上的海蚀洞

③海湾

a. 太平湾　又名海洋岛港湾，曾用名大滩湾，位于海洋岛腹地，湾口北起玄楼，南至关门嘴，因四周高山环绕，无论岛外如何风狂浪猛，湾内都风平浪静，常年不封冻。海湾海岸线长 5.5 km，入口处为片麻岩、白云母片岩组成的基岩海岸。湾口小而内宽，口宽 0.5 km，湾内最大宽 1.6 km，纵深 3.0 km，水域面积约为 5 km^2。湾内水深自南向北逐渐加深，最深处可达 21.5 m。海湾内底质类型以泥、沙、角砾为主，海底多为海草和海带覆盖。湾内还是重要的水产基地，素以刺参、鲍鱼、扇贝而盛名。湾内年平均水温 10.5℃，透明度达 10 m，潮差 3 m，属于规则半日潮。

b. 北套湾　海洋岛上又一重要的港湾，位于海洋岛北端瑞城与北坨子之间，湾内底质为较小的角砾、粗砂和泥，入海处为片麻岩、白云母片岩。口敞内阔，湾口宽约为

2 km，纵深 3 km，水域面积约为 4 km^2。湾口水深达 19.2 m，湾内水深约为 10 m。海湾沿岸石坡陡峭，少沙滩分布，湾顶处有一沙坝，连接海洋岛与北坨子，低潮时出露（图 5.57）。北套湾位于大连长山列岛珍贵海洋生物自然保护范围内，是重要的人工养殖海珍品区域。

图 5.57　俯瞰北套湾

（2）土壤

海洋岛土壤分布面积较小，主要为棕色森林土。该类土壤是发育在温带湿润气候下的阔叶落叶林地带，也是针阔叶混交林带的土壤，呈中性至微酸性反应。随着风化的进行，A_0层为枯枝落叶层，A 层有黏粒生成和积聚，与此同时由于有蚯蚓等土壤动物与腐殖质充分混合而形成的复合体，因此土色较暗；其下的 B 层，因有氧化铁存在而呈棕色（图 5.58、图 5.59）。

图 5.58　海洋岛棕色森林土剖面之一

图 5.59　海洋岛棕色森林土剖面之二

(3) 植被

海洋岛自然植被面积 1 515.8 hm^2，覆盖率为 84.6%，植被类型有常绿针叶林、落叶阔叶林、落叶灌丛和草丛等（表 5.16），以常绿针叶林为主，覆盖率为 65.9%。人工植被面积为 22.8 hm^2，覆盖率 1.3%。整体而言，海洋岛森林覆盖率高，针阔叶林林相整齐，分布连续，群落结构稳定。

表 5.16　海洋岛植被覆盖率

自然植被							人工植被		
常绿针叶林	落叶阔叶林	落叶灌丛	草丛	灌草丛	稀树草丛	水生植被	防护林	果园	农作物群落
65.9%	10.3%	0.7%	5.7%	0.3%	0.4%	—	—	—	1.3%

常绿针叶林主要是黑松林、黑松—麻栎林和黑松刺槐林（图 5.60），总面积 1 197.9 hm^2，群落总盖度 4～5 级。下灌木层不发达，草本层繁盛，主要是杂草草丛，草本植物优势不明显。落叶阔叶林有麻栎林、刺槐林和杂木林，总面积为 188.2 hm^2。灌丛有胡枝子灌丛、崖椒灌丛和紫穗槐灌丛，总面积 12.8 hm^2。草丛类有草丛、灌草丛和稀树草丛三类，总面积 116.7 hm^2，草丛有黄背草草丛、茵陈蒿草丛、禾草杂草草丛和杂草草丛；灌草丛为崖椒灌草丛；稀树草丛为黑松稀树草丛。农作物群落面积仅 22.8 hm^2，分布在海岛居民区附近。

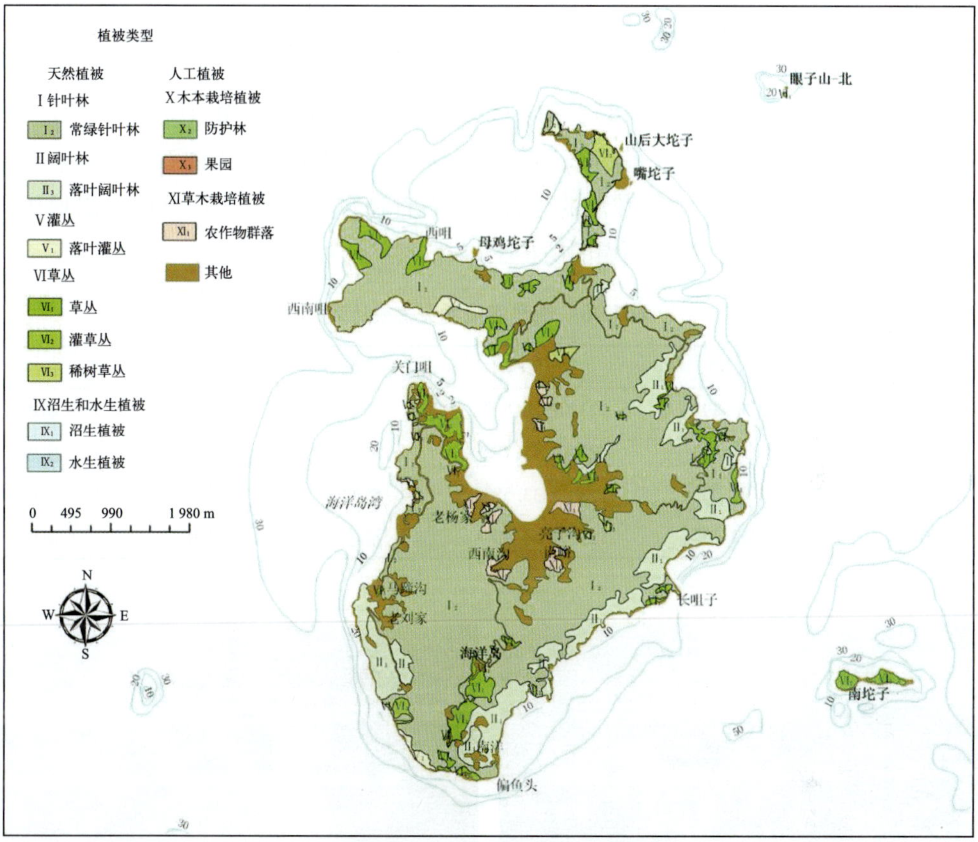

图 5.60　海洋岛植被分布图

(4) 土地利用

海洋岛总面积 18.20 km²，其中坡度大于 15°的地区占到总面积的 73.56%，地形决定了该岛土地利用类型以林地为主。海洋岛土地利用类型有 7 大类，其中主要以林地和住宅用地为主，林地占到总面积的 81.51%，分布广泛，住宅用地占总面积的 11.01%，主要分布在太平湾周围。耕地面积比较少，分布在海岛居民点与林地之间。草地分布较零散，一般分布在林地中间土层较薄、岩石裸露的地方。特殊用地分布在山的顶部。交通运输用地主要是港口码头和道路。其他用地一般分布在岛四周近岸条带，是农用设施用地和岩石裸地。

海洋岛各类型用地占土地总面积的比例见表 5.17。

表 5.17　海洋岛土地类型面积比例

土地类型	耕地	林地	草地	住宅用地	特殊用地	交通运输用地	其他用地
面积（km^2）	0.23	14.83	0.49	2.00	0.04	0.37	0.24
百分比（%）	1.28	81.51	2.67	11.01	0.2	2.03	1.31

5.11.3 主要地质灾害

现场调查踏勘点4处（表5.18），初步发现海洋岛主要发育崩塌地质灾害（图5.61）。崩塌主要分布在西嘴、马蹄沟、南砟石附近的基岩海岸，其中位于南砟石的崩塌点较为典型，崩塌体的坡脚处堆积了大量散落的碎石，碎石直径多在0.5~2 m之间，崩塌体向海侧的坡度大于80°。目前，海岸崩塌的防护工程基本处于空白。

表5.18 海洋岛地质灾害统计表

编号	纬度（N）	经度（E）	灾害类型	灾害等级	备注
HY01	39°02′56.89″	123°08′29.46″	滑坡	小型	崩塌
HY02	39°05′19.48″	123°08′41.29″	滑坡	小型	崩塌
HY03	39°04′01.03″	123°11′33.58″	滑坡	小型	崩塌
HY04	39°03′59.59″	123°11′54.68″	滑坡	小型	崩塌

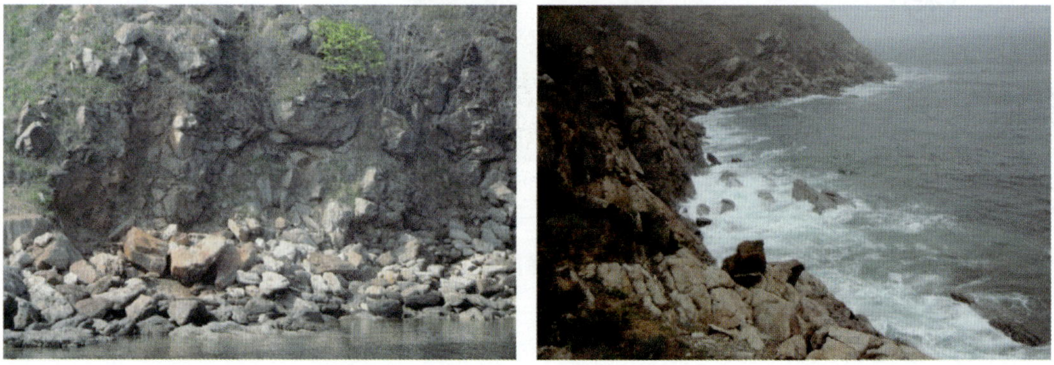

图5.61 海洋岛地质灾害类型——崩塌

5.12 獐子岛

5.12.1 概况

獐子岛隶属辽宁省长海县，位于长山群岛南部海域，现有居民13 222人（2007年），距离大陆最近点距离（辽宁省普兰店市皮口镇）47.8 km（图5.62）。獐子岛整体呈NW—SE走向，长轴长约6 000 m，短轴长约2 560 m，面积约8.8 km^2。海岸线长25 km，海岸类型有基岩海岸、砂质海岸和人工海岸三类。基岩海岸主要分布在海岛西南、东南和西北海岸，另外从马坨子往东至东獐子码头也为基岩岸线；砂质海岸分布在海岛的海湾内，组成物质主要为砂砾和砾石；人工海岸主要是獐子岛的西獐子客运码头和东獐子渔码头，其次是分布在周围海岸的人工堤坝。

海岛地势东部略高，西部稍低，中间较宽，两端狭窄，呈西北—东南走向，斜立在海面上。岛中东部有玉山丘脉由北向南转东南环绕，最高点海拔 154 m。

该岛属于岛连岛，通过海底发育的海底沙坝与伏牛坨子岛、马坨子岛相连通，高潮时两堤坝均淹没，低潮时露出水面。

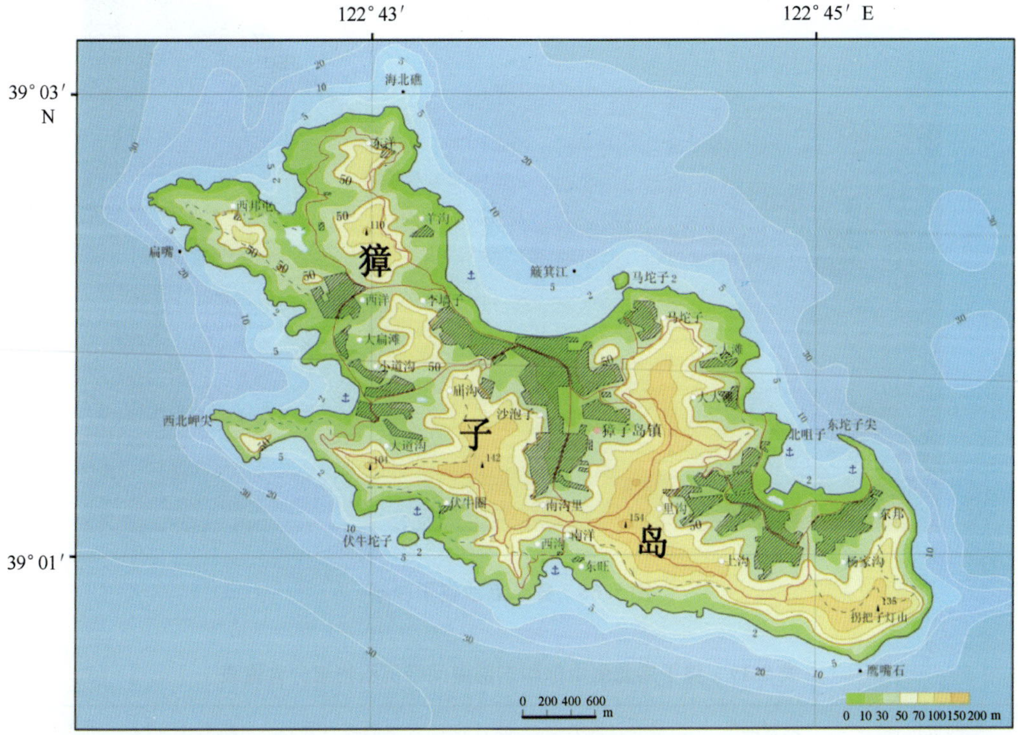

图 5.62　獐子岛地理分布图

5.12.2　自然环境特征

(1) 潮间带特征

獐子岛岸线曲折，岬湾众多，海岸陡峭，海蚀崖及岩滩发育。

① 基岩海岸　为獐子岛主体海岸类型，岸线长 18 km，占全岛总长度 75%，其中以西南部黄牛圈至小道沟屯一带最为典型。海蚀崖雄伟壮观、高大悬垂，一般以 15 ~ 20 m 居多，坡度大于 50°。岬角部位发育水下岩滩，礁石密集。深水逼岸，水下坡度陡急，可达 1∶10。环岛受水下坡度不均衡性控制，獐子岛西、东和南部多发育平直型无滩陡岸，海岛北部则分布海湾型有滩岸。

② 砂质海岸　分布于镇政府以北沙泡子及东獐子渔港一带海岸，两地占全岛岸线的 4.2%。沙泡子砂质岸呈东西向延伸，长 800 m、宽 50 m。海滩物质横向分异显著，低潮

滩宽 20 m，细砂占优，沙波纹发育；中潮滩分布有宽 5 m 的砾石带和宽 15 m 的砾砂；高潮滩则发育有宽 15 m 含砾细砂（图 5.63、表 5.19）。东獐子渔港砂质岸，呈东北—西南走向，长约 1000 m、宽 100 m。高潮滩为 20 m 宽的岩滩；中、低潮滩为中砂、细砂，砂带宽约 80 m。

图 5.63　獐子岛沙包子沙滩

表 5.19　獐子岛北侧中部和东部潮间带沉积物组分含量表

潮间带位置	地貌部位	砾石（%）	砂（%）	粉砂（%）	黏土（%）	沉积物类型
獐子岛北侧中部	高潮滩	55.0	45.0	0	0	砂质砾石
	中潮滩	22.8	77.2	0	0	砾石质砂
	低潮滩	0	100	0	0	砂
獐子岛东部	中潮滩	0.4	95.2	4.4	0	砂
	低潮滩	0.4	99.6	0	0	砂

③ 人工海岸　集中分布在东獐子的西獐子港口码头沿线一带，占全岛岸线的 20.8%。

(2) 土壤

獐子岛受岛陆面积狭小、地势反差有限以及少河流、成土母质层差异不大等影响，发育了类型较为单一的地带性棕壤，具有土层薄，有机质含量不高的特征。

獐子岛及其所属大、小耗岛、褡裢岛共发育 2 个土类，3 个亚类，5 个土属（表 5.20）。

表 5.20　獐子岛（本岛）土壤面积统计表

土类	亚类	土属	面积（hm^2）
棕壤	棕壤	耕型坡积棕壤	22.24
		耕型片岩棕壤	39.21
	棕壤性土	片岩类棕壤性土	612.88
		耕型片岩类棕壤性土	240.40
滨海盐土	潮滩盐土	砂砾质潮滩盐土	—

(3) 植被

獐子岛植物区系成分种类大多属于华北植物区系，与邻近大陆基本一致，主要代表植物有：赤松、黑松、麻栎、刺槐、花曲、紫椴等针叶、针阔叶混交林，此外，尚有崖椒、紫穗槐、板栗、芒草、大油芒草、茵陈蒿等。

獐子岛各群落建群种约有二十几种，其中松属是针叶林的主要建群成分，壳斗科栎属和豆科的刺槐属是落叶阔叶林的主要建群成分，胡枝子属是落叶灌丛的主要代表，野古草、大油芒、百里香、黄背草则是禾本科海岛草丛的优势种，马鞭草的荆条、芳香科的崖椒和鼠李科的酸枣是灌丛植被的主要组成种。獐子岛植被分为针叶林、针阔叶混交林、灌丛、草丛、木本栽培和草栽培植物 6 个植被型 24 个群系（图 5.64）。

图 5.64　獐子岛针阔叶混交林植被

(4) 土地利用

獐子岛（坨）群土地面积 1 411.1 hm^2，土地利用类型有 9 种，其中，耕地为 9.74 hm^2、占 0.69%；林地为 1 009.36 hm^2，占 71.53%；草地为 26.67 hm^2，占 1.89%；住宅用地为

289.84 hm^2，占20.54%；公共管理与公共服务用地为1.27 hm^2，占0.09%；特殊用地为1.41 hm^2，占0.1%；交通运输用地为45.72 hm^2，占3.24%；水域及水利设施用地为3.39 hm^2，占0.24%；其他用地为23.85 hm^2，占1.69%。在土地利用类型中，以林地面积最大，住宅用地面积次之。

5.12.3 主要地质灾害

现场调查踏勘点3处（表5.21），初步发现獐子岛主要发育崩塌地质灾害（图5.65）。主要分布在东洋村、后洋村以及上沟村附近的基岩海岸。目前，海岸崩塌的防护工程基本处于空白。

表5.21 獐子岛地质灾害统计表

编号	纬度（N）	经度（E）	灾害类型	灾害等级	备注
ZZ01	39°02′48.54″	122°43′17.71″	滑坡	小型	崩塌
ZZ02	39°02′09.26″	122°44′32.53″	滑坡	小型	崩塌
ZZ03	39°00′33.98″	122°44′56.24″	滑坡	小型	崩塌

图5.65 獐子岛地质灾害类型——崩塌

5.13 北隍城岛

5.13.1 概况

北隍城岛位于渤海海峡中部（38°23′24″N、120°54′36″E），隶属山东省烟台市长岛县北隍城乡，东临黄海，西靠渤海，南距南隍城岛1.2 km，是庙岛群岛最北的海岛。该岛形似等腰三角形（图5.66），顶角向北，长2.9 km，宽1.9 km，面积为2.67 km^2，岸线长9.94 km，最高峰北山顶海拔155.4 m。现有常住居民2 286人。

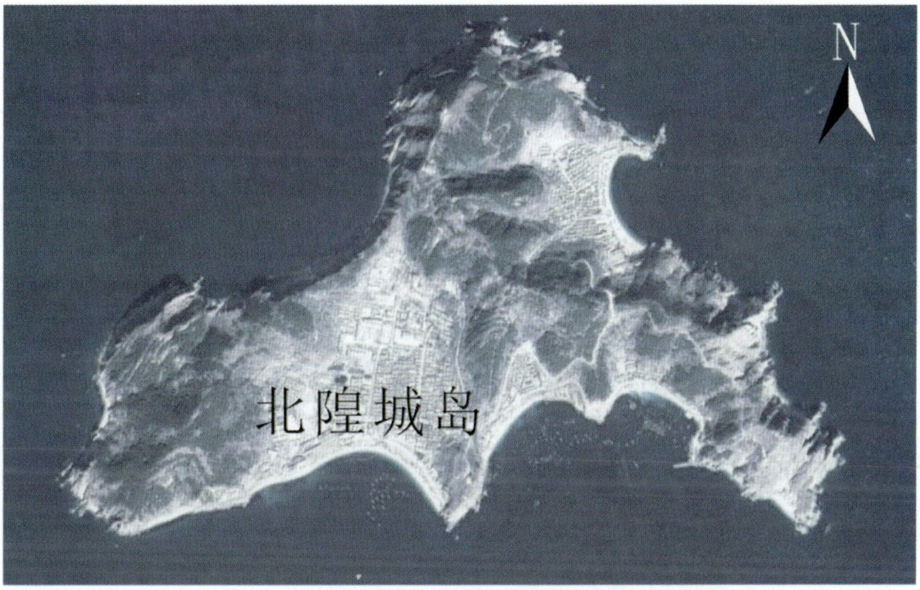

图 5.66　北隍城岛遥感影像图

北隍城岛中间高、四周低，岸线类型多样，主要有砂质、基岩和人工海岸。岛西北侧及东侧以基岩岸线为主，多悬崖峭壁，基本没有变化，人员很难通过（图 5.67）。砂质岸线主要分布在岛南侧和东侧的海湾内，多为粗砂及细砂。人工岸线主要分布在岛南侧，主要为码头和滨海道路。

图 5.67　北隍城岛西北侧及东侧的基岩海岸

5.13.2　自然环境概述

(1) 地质地貌

北隍城岛潮间带以岩滩为主，内凹海湾有砾石滩存在，是当地居民晒海带的重要场所。该岛地貌类型较为复杂多样，主要有侵蚀剥蚀低丘陵、黄土地貌、潟湖堆积平原和海积地貌，整体以侵蚀剥蚀低丘陵为主，沿岸以海蚀地貌为主，局部岸段有堆积地貌类型（图5.68）。

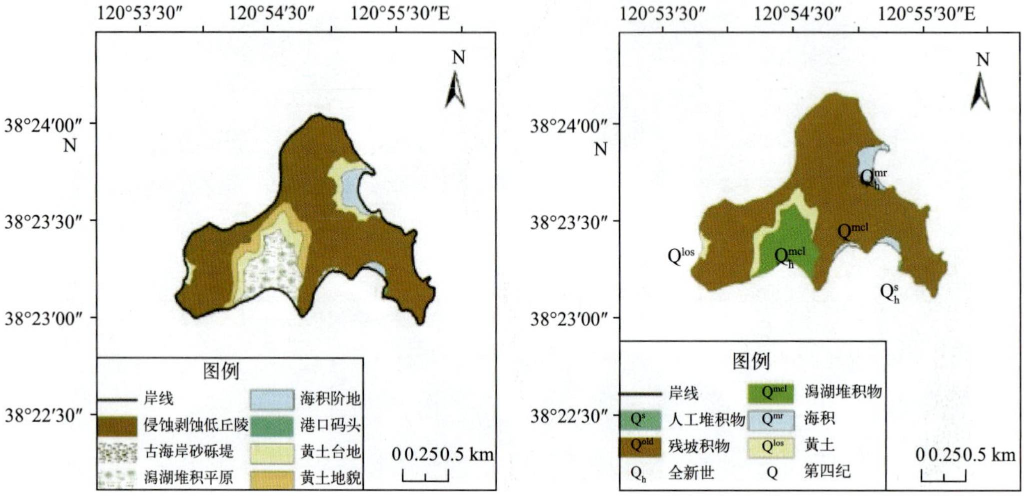

图5.68　北隍城岛地貌与第四纪地质类型分布图

潮间带基岩海岸受海水侵蚀冲刷发育有海蚀洞穴、海蚀柱和海蚀拱桥等地貌（图5.69），砾石滩上砾石粒径在2～5 cm之间，磨圆度较好。岛陆坡积物对潮间带物质有一定的供给。

图5.69　北隍城岛沿岸基岩海岸发育的侵蚀地貌

该岛第四纪沉积物的分布与地貌类型分布格局基本一致；在海拔高于30 m的丘顶分布的是残坡积物，在黄土地貌分布区主要是黄土，而在潟湖堆积平原、海积阶地和砂砾堤区主要是由砾石、砂砾贝壳、细砂和粉砂等组成的海积物；受人为因素影响，人工地貌发育，局部为人工堆积物。

（2）植被分布

北隍城岛的植被类型多样，主要有：针叶林、阔叶林、灌丛、草丛、滨海植被、人工栽培的草本植被农作物和少量木本的果树。结合 908 调查中采集到的植被样本、遥感影像资料和野外实际踏勘调查发现，该岛林木覆盖率约为 48.6%，主要树木为黑松，此外有刺槐、紫穗槐、苹果、桃、梨等，针叶林主要分布在海岛的低丘陵上，林下分布的野生植物有各种草类、蒿类，植被覆盖率约为 78%。从植被分布看，海岛植被以常绿针叶林为主，其次为落叶阔叶林和少量的农作物群落。除了海岛四周基岩裸露的区域除外，整个海岛均有植被覆盖。

（3）湿地分布

海岛湿地总面积为 25.3 hm^2，其中水库（不依比例水库）0.2 hm^2；岩石性海岸22.3 hm^2，砂质海岸 3 hm^2。

（4）土地利用

全岛土地总面积为 267.18 hm^2，其中旱地 1.25 hm^2，有林地 162.45 hm^2，其他草地 1.29 hm^2，工业用地 0.43 hm^2，农村宅基地 45.38 hm^2，公园与绿地 0.19 hm^2，公路用地 0.83 hm^2，农村道路用地 1.24 hm^2，港口码头用地 0.30 hm^2，坑塘水面 0.20 hm^2，军事设施用地 1.10 hm^2，宗教用地 0.08 hm^2，设施农用地 4.68 hm^2，裸地 47.76 hm^2。

5.13.3 主要地质灾害

北隍城岛地质灾害类型主要有滑崩、崩塌和海岸侵蚀（表 5.22）。

表 5.22 北煌城岛地质灾害统计表

编号	纬度（N）	经度（E）	灾害类型	灾害等级	备注
BHC01	38°23′46.39″	120°55′08.95″	滑坡	小型	倒石堆
BHC02	38°23′49.85″	120°55′03.51″	滑坡	小型	倒石堆
BHC03	38°23′53.76″	120°55′00.86″	滑坡	小型	倒石堆
BHC04	38°23′47.52″	120°55′07.03″	滑坡	小型	落石
BHC05	38°23′30.29″	120°55′06.49″	滑坡	小型	塌方
BHC06	38°23′11.90″	120°55′03.77″	滑坡	小型	崩塌
BHC07	38°23′06.93″	120°55′17.54″	滑坡	小型	倒石堆
BHC08	38°23′05.49″	120°55′17.16″	滑坡	小型	落石
BHC09	38°23′00.66″	120°54′02.29″	滑坡	小型	倒石堆
BHC10	38°23′01.19″	120°54′06.11″	滑坡	小型	倒石堆
BHC11	38°23′01.62″	120°54′07.97″	滑坡	小型	倒石堆
BHC12	38°23′04.71″	120°54′45.10″	滑坡	小型	崩塌
BHC13	38°22′58.77″	120°53′54.80″	海岸侵蚀	小型	

（1）滑崩

导致滑崩的原因有两种，一种是岩体长期遭受风化和海岸侵蚀，导致山坡上分布大量坡积物和倒石堆；另一种是采石导致岩体结构破碎，易发生滑崩。图 5.70 左图是岩石长期遭受风化，导致岩体结构破碎，右图显示采石导致的山坡上分布大量坡积物，电线杆处原有一小房，滑崩将小房冲倒。

图 5.70　滑崩

(2) 海岸侵蚀

北隍城岛沿岸以海蚀地貌为主，在东、南、西、北四个方向的海岸均发育有岬角，海蚀程度较为严重，常见发育有海蚀崖、海蚀柱、海蚀洞穴被海水贯穿打通后所形成的海蚀桥。图 5.71 中小路原本很宽，海岸侵蚀导致小路宽度现在已不足 2 m。

图 5.71　海岸侵蚀

(3) 崩塌

2010 年的一场大雨将育苗场半面墙冲倒，图 5.72 左图和右图可见刚修好的痕迹。这可能是由于育苗场靠山一侧的平地下雨排水不畅，平地积水太多，进而倒塌冲倒育苗场。

图 5.72　育苗场崩塌

5.14　大钦岛

5.14.1　概况

大钦岛隶属于山东省烟台市长岛县，位于长岛县北部（38°18′21″N、120°49′00″E）。岛陆面积 6.45 km^2，岸线长 15.29 km。该岛东临黄海，西依渤海，南与砣矶岛相望，北与小钦岛为邻，南距长山岛 19.5 n mile。大钦岛岸线类型主要有基岩岸线、砂质岸线、砾石岸线和人工岸线。全岛有 3 处自然海湾，岛上有 4 个行政村（图 5.73）。岛上有驻军及边防派出所，由于并非旅游岛，许多设施对外保密，岛上居民安全意识较高。

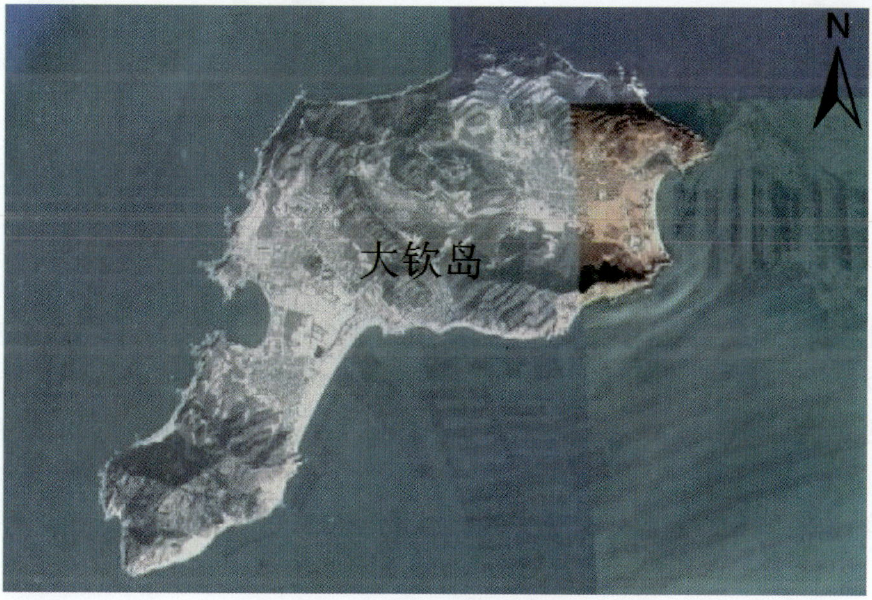

图 5.73　大钦岛遥感影像图

5.14.2 自然环境概述

(1) 地质地貌

地层属于上元古界蓬莱群辅子夼组。主要岩性为石英岩与板岩成大套互层，全岛为单斜构造，产状比较稳定。断裂构造主要由南北向、北西向断裂组成。岛上无岩浆活动迹象，也无矿产资源。板岩地形低洼，植被茂盛。岛上节理十分发育，主要由 SN 向、EW 向、NW 向 3 组节理组成，最为发育的是 SN 向节理。

该岛 NE—SW 向展布，全岛地势起伏较大（图 5.74）。该岛地貌类型较为复杂多样，海岛东部的南北两侧为侵蚀剥蚀低丘陵，中间的丘间洼地自西向东依次分布有黄土坡、黄土台地、海积平原和潟湖堆积平原，在滨海一侧发育有砾石堤；此外在后山和钦北山北侧滨海地带也分布有面积不大的黄土覆盖区。岛陆西南为侵蚀剥蚀丘陵区，最高点大南山可以划分为侵蚀剥蚀高丘陵，但因面积不大，未单独划分，向北随海拔降低依次为黄土坡和黄土台地，然后以潟湖堆积平原与东部丘陵区西侧的黄土地貌相连。

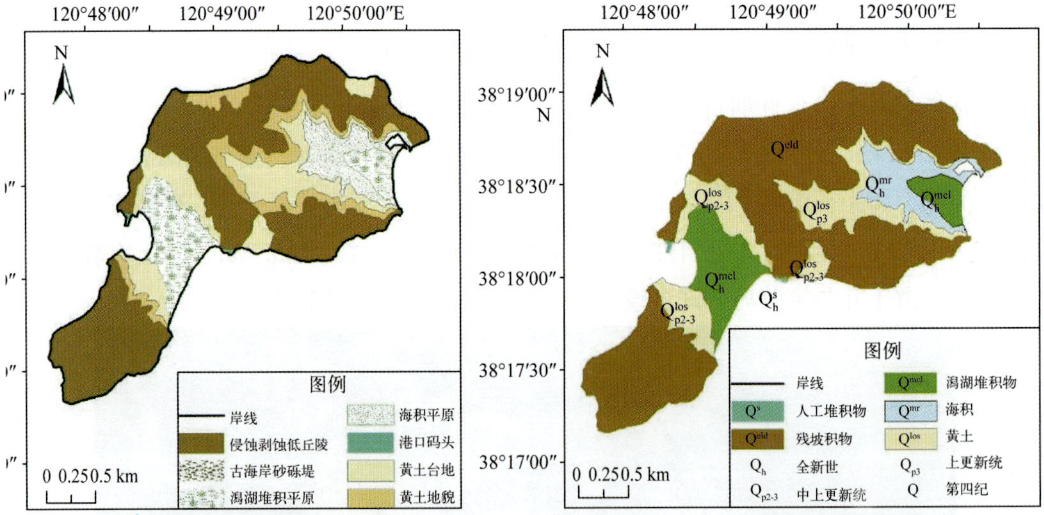

a. 大钦岛地貌类型图　　b. 大钦岛第四纪地质图

图 5.74　大钦岛地貌与第四纪地质图

岛陆第四纪沉积物主要有残坡积物、黄土和潟湖堆积物，其中丘陵区主要以残坡积物为主，少数丘陵周围为裸露的基岩坡。黄土主要分布在东村西部、北村和南村，其中以东村西部的黄土台地规模最大，黄土台地厚度一般为 2 ~ 5 m，最厚处可达 10 m，主要为马兰黄土；底部有离石黄土，但较少出露；具有土层厚、土质肥沃、地下水资源丰富的特点，为该岛的主要垦殖区。在丘陵区的向海侧均有不同规模的海蚀崖。

（2）气候条件

本区属暖温带季风气候，主要气候特点表现为：气温年较差和日较差小，分别为25.3℃和5.7℃以下；秋温高于春温；受频繁南下冷空气影响，冬季气候寒冷干燥，降水量稀少。

该岛年平均气温11.1℃，1月份气温最低，月平均－1.8℃，极端最低气温－14.0℃（1970年1月4日）；8月气温最高，月平均23.5℃，极端最高气温34.5℃（1979年7月29日）。

年平均降水量552.0 mm；年最多降水量821.2 mm（1964年）；年最少降水量231.7 mm（1965年）；降水量多集中在6—9月。

年平均风速6.6 m/s，11月至翌年4月，各月平均风速都在7.0 m/s以上，其中1月份风速最大，为7.7 m/s；7—9月风速较小，平均风速5.1～5.5 m/s。常风向为NNE向，强风向为NE和NNE向。最大风速40 m/s。大于8级大风日数年均为110.6 d。

年均相对湿度69×10^{-2}，7月、8月最大，分别为89×10^{-2}和86×10^{-2}。年均雾日46.9 d。

影响本区的主要灾害性天气有寒潮、大风、热带气旋和温带气旋等。

（3）海洋水文

该岛周围海域表层水温变化于4.8～25.6℃，年平均值为11.7℃。春、夏、秋、冬四季表层水温平均值分别为5.4℃、22.6℃、13.9℃、5.0℃。夏季在0～5 m层和15～20 m层，水温随深度增加递减较大，底层最低水温为15.9℃。

表层海水盐度变化于29.32～31.93，年平均值为31.13。春、夏、秋、冬四季表层盐度平均值分别为31.45、30.06、31.09、31.92。

该岛周围水域潮流属于不正规半日潮流。潮流运动形式以往复流占优势。表、底层的涨潮流流速变化于28～52 cm/s之间；落潮流流速变化于22～62 cm/s之间。各站表、底层余流流速分别变化于13～44 cm/s和3～14 cm/s之间。

（4）植被分布

岛上植被保护较好，林木茂盛（图5.75）。野外实际踏勘调查发现，该岛植被种类多，林木覆盖率约为49.2%，木本植物主要有黑松、赤松、刺槐、臭椿、紫穗槐、泡桐、杨树、柳树等，以黑松、赤松等组成的针叶林分布在丘陵的山顶和山坡上，山坡上有刺槐、紫穗槐、杨树等针叶、阔叶林的混交林；经济树木主要有苹果、梨、桃、板栗等，分布在村落周围的山坡或较为平缓的山坡上。林下分布有各种灌木及草丛。草本植物主要有茅草、羊胡草、蒿子、山菊花、碱蓬等。该岛以常绿针叶林为主，主要分布在岛西南及东北大部分区域，落叶阔叶林主要分布在岛东南区域。

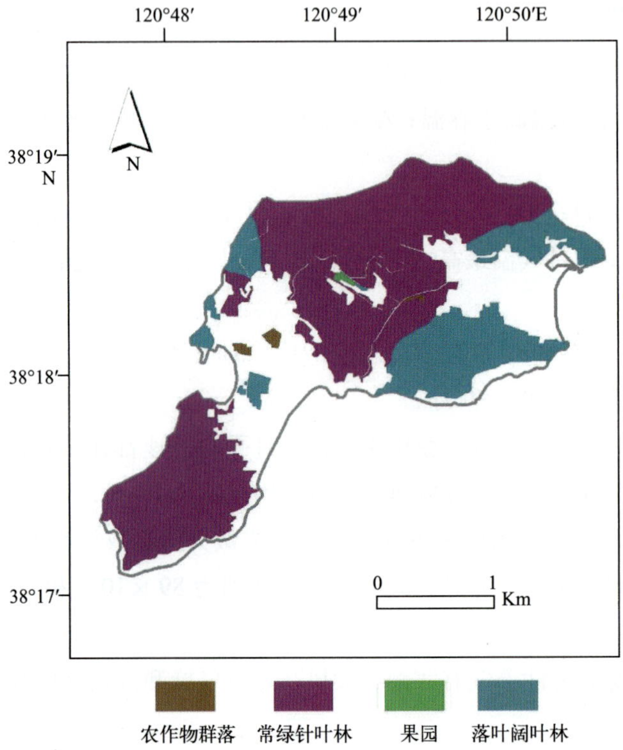

图 5.75　大钦岛植被类型

5.14.3　主要地质灾害

该岛地质灾害主要有山体滑坡、海岸侵蚀和滑崩（表5.23）。海岸侵蚀主要发生在该岛西侧西口湾附近；山体滑坡发生在岛中部大钦岛边防派出所北部山坡上；滑崩主要分布在唐山顶南部沿海一带。

表 5.23　大钦岛地质灾害统计表

编号	纬度（N）	经度（E）	灾害类型	灾害等级	备注
DQ01	38°17′24.27″	120°48′30.97″	滑坡	小型	倒石堆
DQ02	38°17′32.08″	120°48′31.75″	滑坡	小型	人工采石
DQ03	38°17′23.94″	120°48′35.29″	滑坡	小型	人工采石
DQ04	38°17′31.99″	120°48′35.38″	滑坡	小型	人工采石
DQ05	38°17′55.84″	120°48′26.39″	海岸侵蚀	小型	

(1) 滑坡

滑坡位于大钦岛边防派出所后面(图5.76)。该地区原名三道沟,20世纪60年代挖防空洞,将泥土填倒在此处,填平后建筑楼房。边防派出所即建造在三道沟的交汇处。派出所北部仍有一道沟,在派出所楼下流入下水管道内。2009年6月暴雨过后,该区发生滑坡,将院墙推倒。2010年7月26日,连降大雨后,再次发生滑坡。

派出所墙角北侧10 m,有石块覆盖的土坎,现滑坡中央较边上下陷2 m。后方四棵树,随滑坡体移动5 m,多处滑坡露出断面,雨后一段时间仍有水渗出。2010年在四棵树的边上挖沟用以减小滑坡影响,现该沟移到离树2 m处。

图5.76 边防派出所后滑坡体及滑坡后壁

(2) 海岸侵蚀

海岸侵蚀主要发生在大钦岛西口湾,此湾南侧的黄土海蚀崖(图5.77),长期遭受海岸侵蚀。南北两侧都有早年苏联人修建的地堡,被侵蚀后仅有顶板在低潮时露出水面。现该处已修建大堤，2010 年修建完毕，大堤高约 7 m（图 5.78）。北侧无大堤处仍有少量黄土海蚀崖，高 2 m，坡度约 85°。

图 5.77　2007 年西口附近黄土海蚀崖

图 5.78　2011 年西口附近大堤

（3）滑崩

唐山顶南侧沿海靠陆一侧山体由于人工采石，山脚下分布大量倒石堆。由于采石放炮，山体岩石变得不稳定，岩层断裂，岩石破碎，再加上长期的风化、大雨作用很容易发生滑崩（图 5.79）。

图 5.79　倒石堆及碎石

5.15　棘家堡子岛

5.15.1　概况

棘家堡子岛群的主岛名为棘家堡子岛，又名汪子岛（望子岛），位于无棣县北部海域，隶属于埕口乡，是该岛群中面积最大的岛，属于贝壳堤岛，其展布与岸线平行，自然环境与资源在该岛群中具有代表性（图 5.80）。地理坐标为北纬 38°13.68′、东经117°56.65′，1992 年测得岛陆面积 0.675 7 km^2，岸线长 15.69 km；2005 年岛陆面积 0.4 km^2，岸线长 5.63 km，

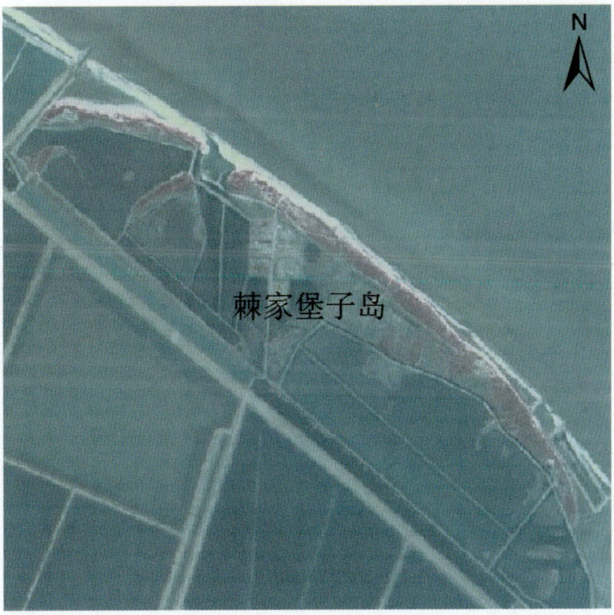

图 5.80　棘家堡子岛遥感影像图

面积有所减小。海拔高度1.9 m。该岛所在滩涂为黄河尾闾摆动淤积而成，汪子村即坐落在该岛上，有居民100人，已人工陆连。

5.15.2 自然环境概述

1）地质地貌

该岛所在滩涂为黄河尾闾摆动淤积，加之海流和风浪的作用，贝壳砂搬运堆积而成。该岛岸线类型主要为人工岸线和砂质岸线。人工岸线主要分布在岛西南侧，为村庄和养殖池边界等；砂质岸线主要分布在岛东北靠海侧，为宽广的潮间带。

该岛链贝壳堤外，滩面平坦，潮间带基本为坦荡无垠的平原景观，主要底质类型为黏土质粉砂和粉砂，黄褐色，无异味。

迎海侧高潮滩滩面平坦，表面波痕发育。主要底质类型有贝壳砂和含大量贝壳碎屑的黄褐色粉砂质砂，无气味，无黏性，不可塑。中潮滩滩面平坦，质硬，有较多残留水，波痕和生物洞穴发育；底质类型主要为黄褐色黏土质粉砂，无气味，粉砂含量高，弱黏性，不可塑。低潮滩接近水边线，滩面平坦，质硬，有大量滩面残留水，滩面波痕发育，有少量生物洞穴；低潮滩表层有1～2 cm的浮泥，质软，半流态，不可塑，为黄褐色黏土质粉砂，无黏性；下部质硬，为黄褐色黏土质粉砂，无气味，弱黏性。

该岛系贝壳砂经海浪和潮汐等动力作用，特别是风暴潮的影响，贝壳碎屑向高潮线处堆积，与陆地冲刷下来的泥沙共同形成以贝壳堤为主要形态的岛屿，沿高潮线连续分布。海滩上基本呈现坦荡无垠的平原景观，由于海流和风浪的作用，贝壳砂搬运堆积，岛底层有完整贝壳，上层风成贝壳沙丘发育，整个岛屿全有软体动物的贝壳和泥沙组成，按成因划分，地貌类型为海积—冲积平原（图5.81）。北面朝海一侧贝壳堤，长约1.5 km，宽约

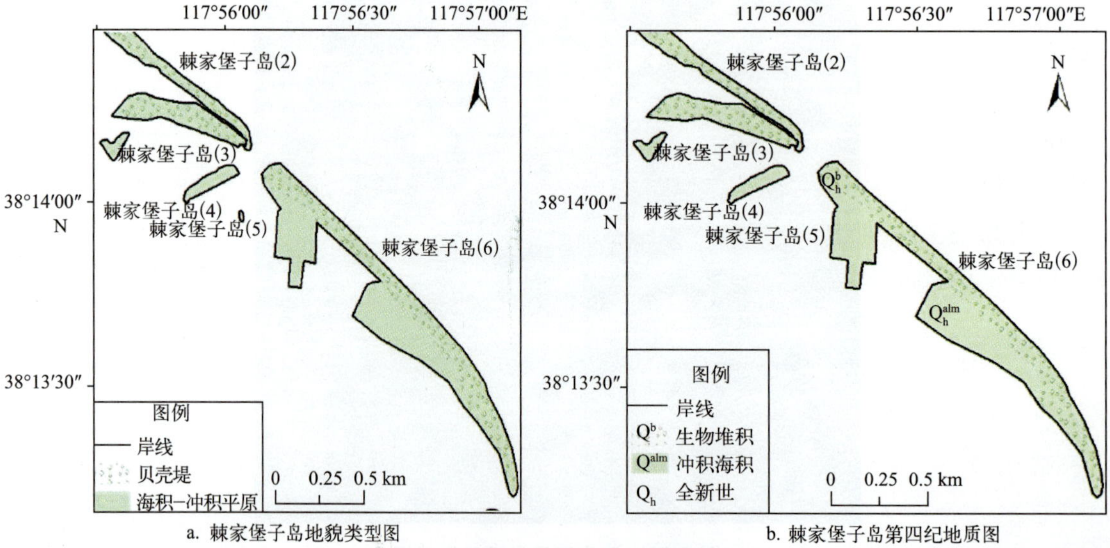

图5.81 棘家堡子岛地貌与第四纪地质图

100 m，老贝壳堤上植被发育，老堤向海方向的滩面上又有新贝壳堤，由东而南平行于岛岸线发育一条潮沟，潮沟终止于有居民处；东面潮汐通道处有一潟湖被改作虾池，南面是一条狭长的潮汐通道，一直延伸到岛西南侧的居民区，潮滩平坦，植被发育，沿潮沟边有几个较小的养殖池；西面与棘家堡子（2）和棘家堡子岛（3）相连处发育有一潟湖，故呈天然堤形态；西北部有一较高平台，为岛的最高处。

2）气候条件

滨州地区海岛地处华北平原东部，属鲁西北黄河冲积平原区，气候属东亚暖温带湿润性季风气候区，一般冬冷夏热，雨热同期，夏热多雨，冬冷干燥，四季分明，日照时间长。

全区年平均气温12.1～13.1℃，极端最高气温40.9℃，极端最低气温－22.8℃。年平均降水量579.2～633.3 mm，平均日照时数2 632.0 h；风向冬季以偏北风为主，夏季以偏南风为主，年平均风速2.7 m/s；年平均地面温度14.7℃，最大冻土深度一般50 cm左右，无棣1984年曾达209 cm；年平均相对湿度为66%，8月最大为81%；年蒸发量1 805.8 mm；无霜期205 d。

天气系统活动频繁，常受寒潮、季风等灾害天气影响，干旱主要发生在春季，其次为秋冬季，夏季也有部分年份出现伏旱；冰雹多发于5—6月及9月份；大风多发于冬、春季，夏季雷雨大风危害较大；暴雨多发于汛期。

3）海洋水文

（1）潮汐与潮流

滨州沿岸潮汐性质属不正规半日潮，潮波由西向东逆时针方向传播，区内沿岸潮时变化为：高低潮潮时漳卫新河河口在前，而湾湾沟口在后，潮时相差约50 min。潮差以漳卫新河口最大，向两端减小，平均潮差漳卫新河口为2.24 m，湾湾沟为1.40 m。

滨州地区海岛临近海区潮流性质属正规半日潮流，潮流判别系数均小于0.5，海区潮流较强，最大大潮流速在1.1～1.9kn之间；在套尔河口和黄河故道外，主流向为西（南）偏西—东北（南）偏东向，涨潮流为西北（南）向，落潮流为东北（南）向。本海区因水深较浅，潮波受海底摩擦影响显著，潮流随深度的变化比较明显。最大流速一般发生在表层，底层流速较表层有明显的减弱。这种变化还表现在转流时间上，通常是底层出现最早，表层出现最迟，表、底层时间差可达半小时左右。本区海岛临近海区余流，一般都在10 cm/s以下。

（2）河流

流入滨州地区的河流有漳卫新河、马颊河、徒骇河等。滨州地区岛群的水动力条件以潮流作用为主，水下地形平坦。海岛岸线被一些潮水沟分割成锯齿状，入海河流和潮水沟使潮间带滩面支离破碎。滨州海岛群常受风暴潮侵袭，冬天海水结冰，冰年可造成灾害。

4）植被分布

棘家堡子岛的植被覆盖率相对较高，占岛面积的30%左右。岛上遍布贝壳砂，植被单一，主要为杂草和黄须菜，仅有少量酸枣树生长。岛上没有农田，仅有渔民在房屋前后种植少量蔬菜以方便生活（图 5.82）。

图 5.82　棘家堡子岛植被分布图

5.15.3　主要地质灾害

主要地质灾害有海水入侵、海岸侵蚀和人工挖沙三种。

(1) 海水入侵

棘家堡子岛上有一甜水井，是该区域非常罕见的淡水资源。1992 年该井被海潮淹没后变成咸水，但随后不久再次变成淡水。受到该地区大规模挖沙及岛屿侵蚀等因素的影响，淡水贮存条件发生了改变。1997 年被风暴潮再次淹没之后便永久性消失，造成汪子村村民吃水困难，只能靠雨季接屋檐水。该现象表明，该岛发生了比较明显的海水入侵。原甜水井位置在北纬 38.233°、东经 117.943°处。

(2) 海岸侵蚀

该岛南侧为大片盐田，并有堤坝相隔，北侧面向渤海湾，易遭到风暴潮袭击。考察发现被侵蚀砂质海岸多有贝壳散布其中（图 5.83）。

图 5.83　棘家堡子岛海岸侵蚀

（3）人工挖沙

该岛有丰富的贝壳砂资源（图 5.84），20 世纪 90 年代，无棣县对该岛贝壳砂资源进行开发，2000 年以后完全停止，2002 年被山东省人民政府列为省级贝壳堤岛与湿地系统自然保护区，2006 年成为国家级自然保护区，保护区监管站即坐落在该岛上。大量挖掘贝壳砂导致该岛高程降低，加剧风暴潮灾害。图 5.84 中石碑背后为贝壳砂形成的小沙丘，较自然情况下已减少许多。

图 5.84 棘家堡子岛贝壳砂丘

5.16 砣矶岛

5.16.1 概况

砣矶岛隶属于山东省烟台市长岛县，位于庙岛列岛中部（38°10′00″N、120°45′00″E），南有长山岛、庙岛、大黑山岛等组成的南五岛，北有南、北隍城岛和大、小钦岛组成的北五岛。该岛形似直角三角形、南北长 4.75 km，东西宽 3.9 km，面积 7.08 km^2，海岸线长 20.94 km。在其周围有陀子岛、山嘴石岛、东嘴石岛三个子岛，陀子岛通过人工坝与该岛相连（图 5.85）。该岛岸线类型主要有基岩岸线、人工岸线和砂质岸线。其中基岩岸线分布最广，主要分布在岛东西两侧及北部岬角，约占全岛岸线总长度的 2/3。人工岸线主要分布在岛的南侧和东侧中部部分岸段，主要为码头和养殖场等。砂质岸线仅在东侧中部海湾内部分分布，主要为细砂。

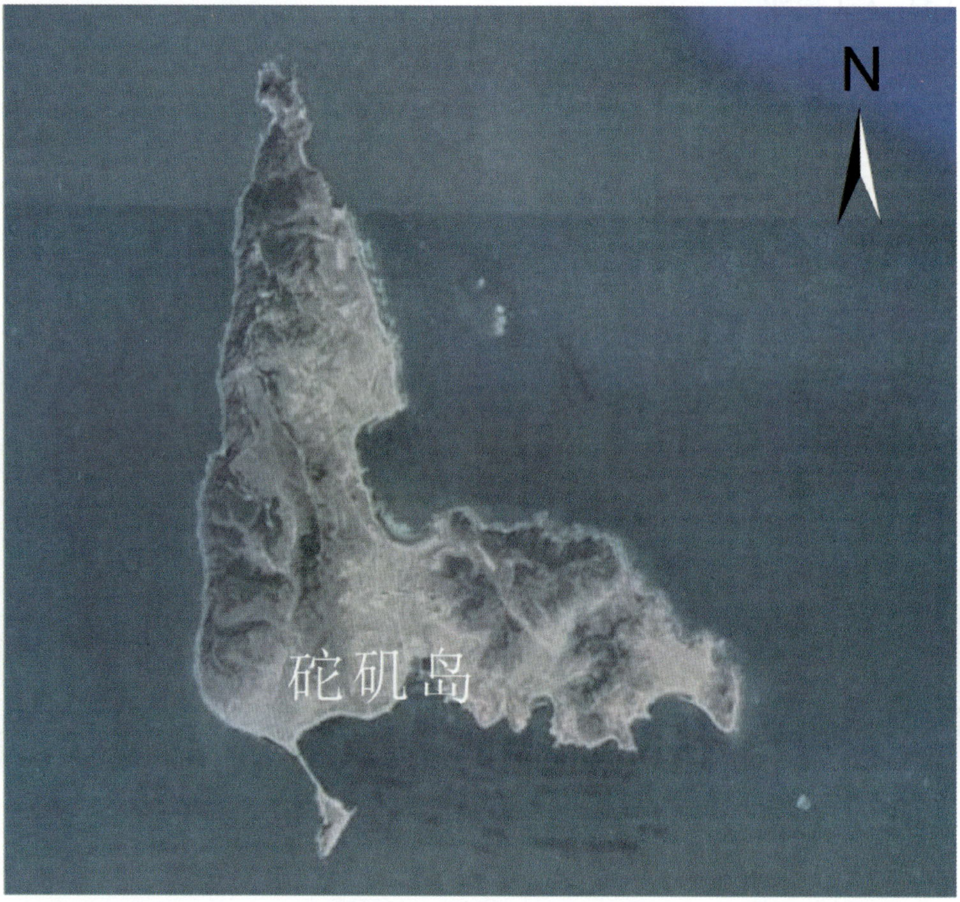

图 5.85　砣矶岛遥感影像图

5.16.2　自然环境特征

（1）地质地貌

岛上地貌类型主要为侵蚀剥蚀低丘陵和黄土地貌。侵蚀剥蚀低丘陵分布于双顶山、松树山、大旺山、穷人顶和东山等，黄土地貌主要分布于砣矶岛中部北岭至砣子大坝的区域，此外在砣矶岛北端阴子湾，东端井口湾至大赵山一带也有分布（图 5.86）。在吕山口湾附近海拔 10 m 以下分布有较大面积的海积平原，在西南端有一被人为改造的连岛沙坝与南端的砣子岛相连。该岛第四纪沉积物较为发育，成因类型多样，分布广泛，主要是次生黄土和侵蚀剥蚀低丘陵上的残坡积物以及岛东端小范围的海积物，其空间分布与地貌类型分布情况相一致。岛南、北两侧各有两个渔码头。砣矶岛的西部及东部穷人顶北部向海侧均为陡崖，发育有海蚀崖，崖壁多为裸露的基岩，或有薄层的残积物，偶有落石分布。

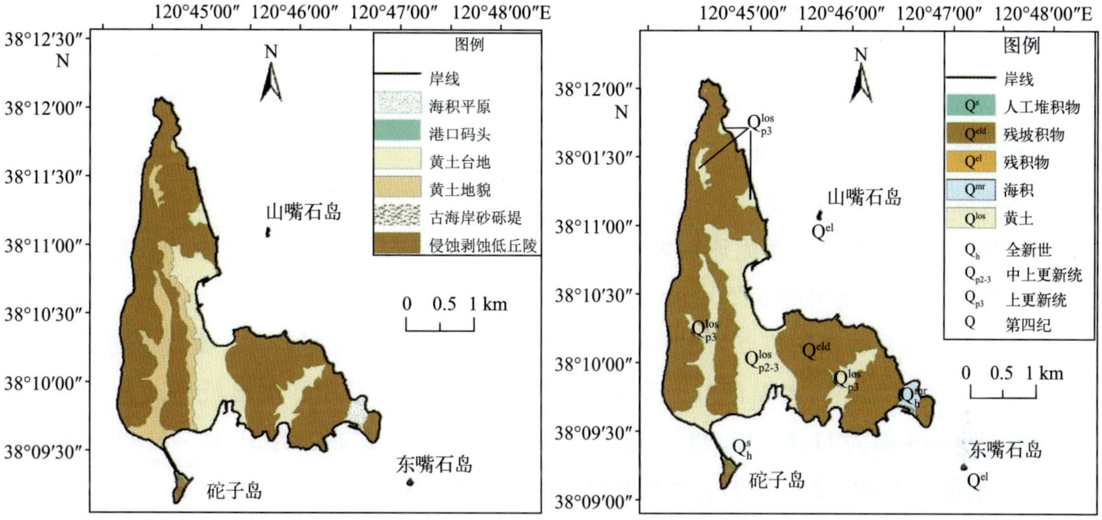

a. 砣矶岛地貌类型图　　b. 砣矶岛第四纪地质图

图 5.86　砣矶岛地貌与第四纪地质图

(2) 气候条件

本区属暖温带季风气候，主要气候特点为：气温年较差相日较差小，分别为 25.3℃和 5.7℃以下；秋温高于春温；受频繁南下冷空气影响，冬季气候寒冷干燥，降水量稀少。

该岛年平均气温 11.1℃，1 月份气温最低，月平均 -1.8℃，极端最低气温 -14.0℃（1970 年 1 月 4 日）；8 月气温最高，月平均 23.5℃，极端最高气温 34.5℃（1979 年 7 月 29 日）。

年平均降水量 552.0 mm；年最多降水量 821.2 mm（1964 年）；年最少降水量 231.7 mm（1965 年）；降水量多集中在 6—9 月。

年平均风速 6.6 m/s，11 月至翌年 4 月，月平均风速都在 7.0 m/s 以上，其中 1 月份风速最大，为 7.7 m/s；7—9 月风速较小，平均风速 5.1 ~ 5.5 m/s。常风向为 NNE 向，强风向为 NE 和 NNE 向。最大风速 40 m/s。大于 8 级大风日数年均为 110.6 d。

年均相对湿度 69×10^{-2}，7 月、8 月最大，分别为 89×10^{-2} 和 86×10^{-2}。年均雾日 46.9 d。

砣矶岛地区年均日照 2 674.4 h，日照百分率年均 60×10^{-2}。

影响本区的主要灾害性天气有寒潮、大风、热带气旋和温带气旋等。

(3) 海洋水文

①波浪　总体来讲，该海域偏北向浪较大，偏南向的浪最小，平均波高为 0.3 ~ 0.7 m。风浪稍多于涌浪，频率分别为 51×10^{-2} 和 49×10^{-2}，相差不大。北部海区N—E向涌浪为主，ESE—NNW 向则以风浪为主；南部近海 S—SW 向涌浪为主，其他各向以风浪为主。常浪向

和强浪向都是N—NNE向，频率为（26~24）$\times 10^{-2}$，最大波高为4.4~4.7 m。

②潮汐与潮流　该区潮汐性质属规则半日潮。年平均潮差为118 cm，最大潮差为196 cm，平均海面88 cm，平均高潮位和低潮位分别为148 cm和30 cm。平均涨、落潮历时分别为6 h6 min和6 h1 min。

该海区潮流性质属不正规半日潮流。潮流运动形式以往复流为主，旋转方向为顺时针。平均大潮最大涨、落潮流速均为82 cm/s。余流表层大于底层，夏季大于冬季。最大流速值为35 cm/s，最小值为5 cm/s。

③水温　水温分布的特点为水平分布规律明显，垂向分布差异较大，夏季普遍出现跃层现象。冬季（2月）水温最低，为4.8~5.6℃；夏季（8月）水温最高，为23.2~26.4℃，年均水温为11.8~13.9℃。盐度分布冬季（2月）最高，为31.14~31.92。夏季（8月）最低，为29.12~30.31，年均盐度值为30.62~31.24。

（4）植被分布

该岛的植被类型多样，主要有：针叶林、阔叶林、灌丛、草丛、滨海盐生植被、滨海沙生植被、人工栽培的草本植被农作物和木本的果树。从植被类型及分布看（图5.87），

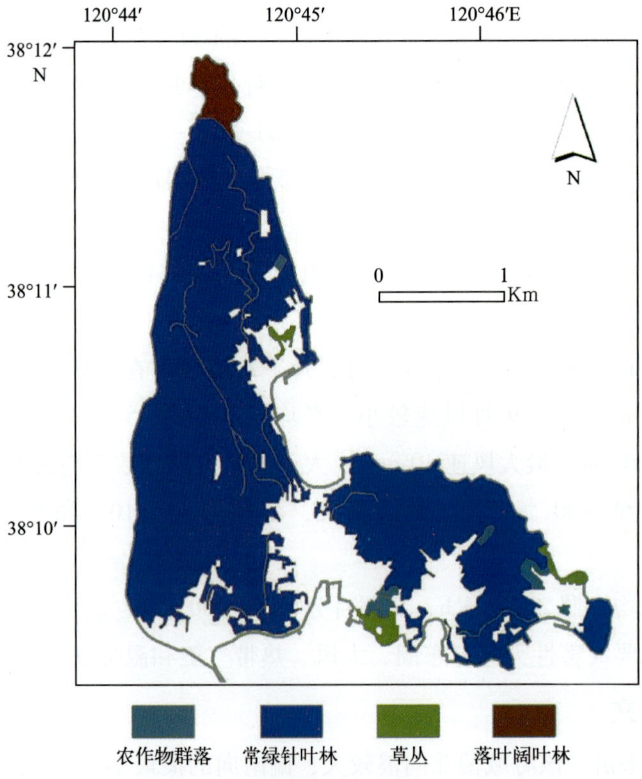

图5.87　砣矶岛的植被分布图

该岛植被种类多，森林覆盖率达 49.6%。落叶阔叶林只在岛北侧岬角处有分布，岛陆上部主要为针叶林，下部平地主要有刺槐、梧桐、杨树和少量法桐；灌木有酸枣、荆条、棉槐等；杂草有茅草、芦苇、艾蒿、野生黄花菜等，几乎覆盖除了宅基地以外的区域。

(5) 土地利用

砣矶岛岛陆总面积为 707.98 hm^2。其中旱地 8.06 hm^2，有林地 535.13 hm^2，其他草地 7.18 hm^2，工业用土地 2.03 hm^2，农村宅基地 136.18 hm^2，公路用地 3.41 hm^2，农村岛陆 2.73 hm^2，港口码头用地 1.27 hm^2，军事设施用地 6.58 hm^2，空闲地 1.79 hm^2，设施农用地 3.62 hm^2。

5.16.3　主要地质灾害

该岛地质灾害类型主要有海岸侵蚀、滑崩、滑坡和塌陷。

(1) 海岸侵蚀

主要分布在霸王山东部沿海地带。此处海蚀地貌发育，沿岸一带发育大量海蚀穴（图 5.88）。附近原来有一部队码头，1992 年被台风摧毁，现仅剩石块和两个石桩。

图 5.88　海蚀穴

(2) 滑崩

该岛滑崩灾害主要是由于风化和采石导致岩石松动、破碎形成的。山坡上和坡脚下分布大量倒石堆和残积物（图 5.89）。

图 5.89　落石

(3) 滑坡

该岛上分布大量黄土，由于修路和修筑房屋等切坡活动破坏黄土层原始状态导致滑坡发生。图 5.90 为暴雨后形成的滑坡，滑坡物质将公路阻塞。海岸上本来没有碎石块，现有碎石块为多次滑坡后积累形成。滑坡体上部有植被杂草覆盖，滑坡物为黄土与碎石的混合物，混合体中石块直径 3 ~ 20 cm，个别达到 50 cm。

图 5.90　黄土滑坡

后口村内南北向路边，有黄土露头，黄土高 10 m，垂直 90°，黄土之上有树根露出。20 世纪 80 年代该处黄土滑塌，将三幢房屋砸毁。此处每年夏季暴雨，或春季下雪季节，有滑塌发生（图 5.91）。

图 5.91　公路旁滑坡

(4) 塌陷

在北纬 38°11′21.352″、东经 120°44′43.899″处，有一冲沟，此处原来为一乡村小路，由于地面塌陷，小路中断（图 5.92）。

图 5.92　地面塌陷

5.17　北长山岛

5.17.1　概况

北长山岛位于庙岛群岛南部，北为长山水道，南与南长山岛相连，地处北纬37°58′30″、东经 120°42′30″。该岛近椭圆形（图 5.93），岛的长轴方向呈 NW 向展布，长5.046 km，宽

2.804 km，岛陆面积 7.98 km^2，岸线长 15.41 km，最高峰为中部的蒿山，海拔 195.7 m。该岛隶属烟台市长岛县管辖，现有常驻居民 2 614 人。

图 5.93　北长山岛遥感影像图

其岸线类型主要有基岩岸线、砾石岸线和人工岸线。其中，人工岸线分布最为广泛，从岛的东南一直延伸到西北侧，主要为码头、人工养殖场、环岛道路及旅游设施等。基岩岸线主要分布在岛西北岬角及北侧部分岸段，多陡崖峭壁，西北岬角无法行人。北侧基岩岸段下部有岩礁，低潮时人员可步行通过。砾石岸线主要分布在岛北侧岸段的半月湾内，多为彩石。

该岛岸线动态变化类型主要有侵蚀、稳定和淤积三种，各变化类型对应不同的岸线类型，侵蚀主要发生在基岩岸段，主要在岛的西北岬角及东北部分岸段；稳定主要发生在人工岸段，广泛分布于岛东南、南、西南及西北侧；淤积主要发生在砾石岸段，主要分布在岛北侧岸段半月湾内。

5.17.2　自然环境概述

（1）气候条件

该岛气候特征与烟台相似，温度较温和，雨水较充沛。年平均气温 11.6～12.9℃（1971—2000 年），平均降水量为 627.6 mm，为北温带季风型大陆性气候。大陆度为 57.4%，因受海洋调节，表现出春冷、夏凉、秋暖、冬温、昼夜温差小、无霜期长、大风多、湿度大等海洋性气候特点。季风进退和四季变化均较明显。全岛年平均日照时数为

2 656.2 h，具有冬无严寒，夏无酷暑的气候特点。

（2）海洋水文

①波浪　长山列岛海域的浪型主要为风浪。秋季和冬季为偏北风浪，夏季为偏南风浪。冬季月均浪高 1.1 m，秋季月均浪高 0.47 m，夏季月均浪高0.5 m，春季月均浪高 0.8 m。年大浪高平均为 8.6 m，极端最大浪高 10 m。

②潮汐潮流　长山列岛海域的潮汐性质属正规半日潮，其规律是一昼夜两涨两退，俗称“四架潮”，潮高地理分布为北部高，南部低。8 月平均潮差砣矶岛为 212 cm，南长山岛为 143 cm。

长山列岛海域的潮流，主要水道多为东西流，港湾多为回湾流，北部水道为西流，南部水道为东流。夏季海流，南部海区一般在 0.6～1.03 m/s 之间，大黑山岛海区最小，为 0.6 m/s；北部海区一般在 1.2 m/s 左右，港湾回湾流的流速较小。

（3）植被分布

采集到的样本共涉及 22 科 27 种。主要有针叶林、阔叶林、灌丛、草丛、滨海盐生植被、滨海沙生植被、沼生水生植被、人工栽培的草本植被、农作物和木本的果树。从该岛植被类型及其分布看（图 5.94），该岛植被主要是暖温带的一些种属，多数为人工栽培的植被。林木覆盖率为 42.0%，在岛西南部低丘陵中下部是松树和以松、槐为主的针叶、阔叶混交林，南部各山顶部有稀疏松林分布，在岛东北部黄土坡及沟谷内有以槐树为主的阔

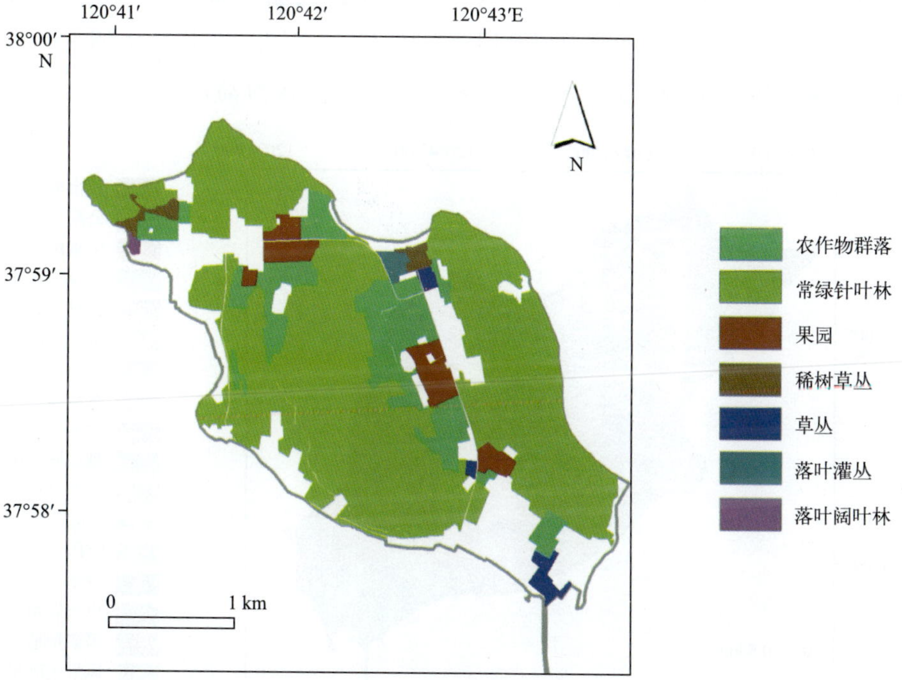

图 5.94　北长山岛植被类型分布图

叶、针叶混交林，林下分布有各种灌木。岛西北岬角黄土台地及黄土坡是各种草木繁盛地带，在岛中部山前平原有少量的果林和农作物分布，蔬菜则分布在洪海积平原区。在沿海低平潟湖区生长有一些耐碱草本植物，如柽柳、碱蓬等。

（4）潮间带特征

北长山岛潮间带地貌类型十分丰富，底质类型涵盖基岩、砂砾、砾石、细砂、砂。北长山岛岬角处多发育岩滩，地貌类型包括海蚀崖、海蚀平台等。在海湾处则发育砂砾滩和沙滩。砾石滩物质组成差异较大，有的砾石滩砾石棱角分明，磨圆度差，粒径在 3 ~ 8 cm 之间，有的砾石滩磨圆度较好，为卵石，粒径在 0.5 ~ 2 cm 之间。其中，尤以半月湾花斑彩石资源丰富，已开发成著名的旅游区。

（5）湿地分布

该岛有 4 个自然海湾，海岛湿地总面积为 73.3 hm^2，其中岩石性海岸 25.0 hm^2，砂质海岸 33.7 hm^2，养殖池塘 14.6 hm^2，不依比例水库 0.8 hm^2。

（6）土地利用

北长山岛土地利用概况：海岛土地总面积为 797.81 hm^2，不同土地利用类型空间分布见图 5.95。其中旱地 97.94 hm^2，果园 29.37 hm^2，有林地 493.54 hm^2，灌木林地 3.89 hm^2，采矿用地（采石场）2.64 hm^2，住宿餐饮用地 1.99 hm^2，农村宅基地 114.77 hm^2，科教用地 0.89 hm^2，风景名胜设施用地 8.86 hm^2，坑塘水面 0.79 hm^2，公路用地 5.73 hm^2，农村道路 0.84 hm^2，港口码头用地 4.03 hm^2，军事设施用地 0.68 hm^2，空闲地 9.08 hm^2，设施农用地 16.88 hm^2，裸地 5.89 hm^2。据上次海岛调查，该岛土地面积约

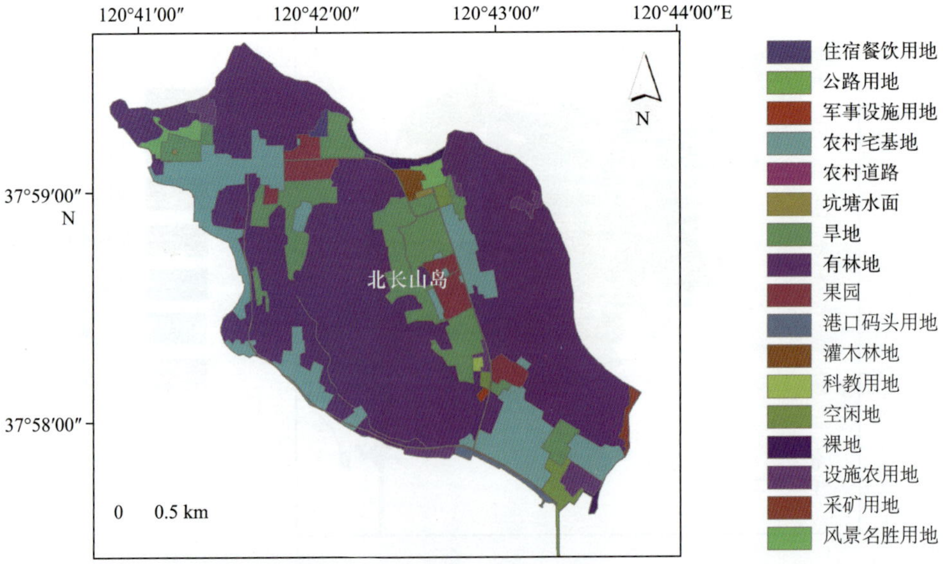

图 5.95　北长山岛土地利用类型分布图

863.7 hm²，其中坡岭地约 412.7 hm²，坡麓梯田 319.6 hm²，还有耕地面积 51.2 hm²。林业用地为 336.2 hm²，有林地 325.1 hm²。前后两次调查海岛总土地面积存在较大差异，本次为徒步实测岸线，结果应更为可靠。另外，原来的坡岭地或坡麓梯田大部分已退耕还林，所以林地面积有较大幅度增长。

5.17.3　主要地质灾害

北长山岛主要地质灾害为滑崩、崩塌和海水入侵（表 5.24）。

表 5.24　北长山岛地质灾害统计表

编号	纬度（N）	经度（E）	灾害类型	灾害等级	备注
BCS01	37°59′21.67″	120°41′6.28″	滑坡	小型	崩塌
BCS02	37°59′22.18″	120°40′57.89″	滑坡	小型	
BCS03	37°59′37.06″	120°41′32.79″	滑坡	小型	崩塌
BCS04	37°59′17.09″	120°42′50.58″	滑坡	小型	崩塌
BCS05	37°59′11.09″	120°43′8.52″	滑坡	小型	崩塌
BCS06	37°58′56.66″	120°42′32.27″	海水入侵	小型	
BCS07	37°59′11.02″	120°42′04.57″	海水入侵	小型	
BCS08	37°58′07.52″	120°42′17.32″	海水入侵	小型	

（1）滑崩

采石场采石导致岩体破碎。主要出现在该岛最北的鸥翅湾景区内和北长山岛海岸东南处的采石场内。鸥翅湾东岬角以东连续 500 多米的海岸陡崖原来有多处采石场，采石后高约 40 m 的山体坡度达 70°，现有多处滑崩发生（图 5.96）。北长山岛东南处的采石场现场调查时仍在施工。大量的人工炸山采石，使得山体坡度变陡，破坏了山体中岩土原来的平衡状态，而且该处石英岩中夹杂有不少的千枚岩，千枚岩中的绢云母属于滑石类，更容易形成滑崩（图 5.97）。

图 5.96　鸥翅湾景区内采石场

图 5.97　北长山岛东南处的采石场

(2) 崩塌

海蚀崖发育，岩体节理与层理垂直，长期风化和海水侵蚀，岩体易破碎，发生崩塌落石。主要发生在北长山岛西北端的九丈崖景区内。九丈崖悬崖陡立，山体岩石主要是石英岩、板岩和千枚岩，且水平层理、垂直节理裂隙发育。九丈崖景区内已发生大面积崩塌落石，且靠近旅游观光交通路线附近，存有安全隐患（图 5.98）。

图 5.98　九丈崖崩塌落石

(3) 海水入侵

北长山岛海水入侵始于 20 世纪 70 年代，至 90 年代有明显扩大。海水入侵范围展布于北长山乡至月牙湾一带，以及店子以东地区，其中重入侵区集中分布于北长山乡与月牙湾南岸和西岸（图 5.99）。

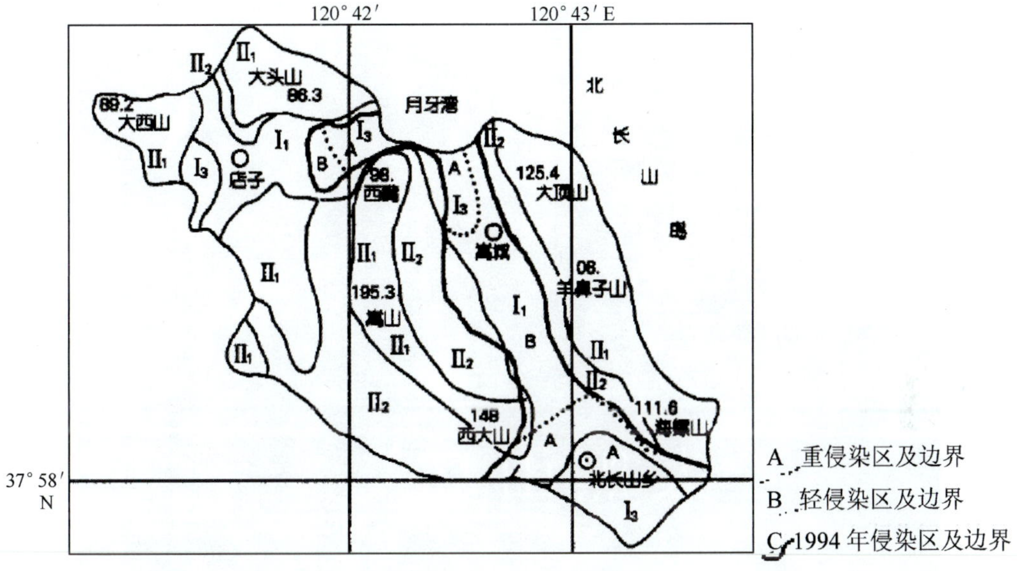

图 5.99　海水入侵分布

5.18　大黑山岛

5.18.1　概况

大黑山岛隶属于烟台市长岛县，位于庙岛群岛南五岛的西侧，与小黑山岛、庙岛相邻，距离南长山岛 8.57 km，地理位置北纬 37°58′00″、东经 120°36′30″，距大陆最近点为 8.7 n mile。该岛近椭圆形南北向展布（图 5.100），长 4.159 km，宽 2.531 km，最高峰老黑山，海拔 189 m。隶属烟台市长岛县管辖，现有常驻居民 1 359 人。

该岛岸线类型主要有基岩岸线、砂质岸线和人工岸线。其中，基岩岸线分布最为广泛，主要分布在岛的西北及东北侧岸段，多陡崖峭壁，下部有岩礁，低潮时人员可步行通过。砂质岸线主要分布在岛西南及南部部分岸段及其他几个小海湾内，物质多为粗砂。人工岸线主要分布在岛西南、东南及中东侧，主要为码头、人工养殖场及道路等。

该岛岸线动态变化类型主要有侵蚀、稳定和淤积三种，各变化类型对应不同的岸线类型，侵蚀主要发生在基岩岸段，分布在岛的西北及东北侧；稳定岸段主要在人工岸段，主要位于岛西南、东南及中东侧；淤积主要发生在砂质岸段，主要分布在岛西南及南部部分岸段及其他几个小海湾内。与上一次调查结果相比，海岛面积略有减小。现今人类开发活动正快速进行，同时受海洋动力侵蚀作用，海岛岸线将在二者共同作用下发生变化。预计未来海岛岸线仍以侵蚀为主。

图 5.100　大黑山岛遥感影像图

5.18.2　自然环境概述

（1）地质地貌

该岛地势西高东低，南高北低，地貌类型较为复杂多样，主要为海拔低于 200 m 的侵蚀剥蚀低丘陵和黄土地貌（图 5.101）。岛西部的老黑山为玄武岩组成的火山丘陵，各个低丘间的洼地为黄土台地及潟湖堆积平原等地貌。

主要地貌类型如下：

①侵蚀剥蚀低丘陵：遍布峰台山、翻鞍山和西大山等地。

②黄土地貌：该岛黄土地貌主要分布在峰台山和老黑山之间的洼地、安桥山西南以及南庄附近。

③潟湖堆积平原：在龙爪山山后和西南至船旺湾附近的滨海沿岸广泛分布有潟湖堆积平原，其向海侧均有砾石堤阻挡。

在侵蚀剥蚀低丘陵区，残坡积物发育较好广泛覆盖于低丘上，植被较为茂密，但在龙爪山北及其他低丘的向海边缘大多为基岩裸露的悬崖陡壁。该岛黄土与长岛岛群其他岛陆上的黄土性质一样，并广泛发育有黄土冲沟，但因界线难以确定，并未单独划分。在岛的西部滨海地带随处可见崩塌的落石，其中不乏由老黑山上崩落而下的玄武岩石块。

图 5.101　大黑山岛地貌、第四纪地质类型分布及典型黄土地貌

大黑山岛西高东低，在南部被第四系所覆盖。在海滩、山背、山沟等地段见有岩石露头。大黑山岛主要发育震旦纪、早震旦世、蓬莱群、辅子夼组地层。主要岩性上部为厚层石英岩、长石石英岩类、薄层硅质板岩、泥质板岩；中部为硅质板岩夹薄层石英岩；下部为厚层长石石英岩、石英岩夹含薄类硅质板岩、泥质板岩等。大黑山岛为层状裂隙水分布区，地下水已变为微咸—咸水。该岛无金属矿产资源。断裂构造不发育，在工程地质上该岛为鲁东低山丘陵较稳定工程地质区，坚硬、半坚硬层状变质岩较稳定亚区。

(2) 气候条件

同北长山岛。

(3) 海洋水文

同北长山岛。

(4) 植被分布

该岛所采集到的样本共涉及15科21种。植被类型主要有针叶林、阔叶林、灌丛、草丛、人工栽培的草本植被、农作物和木本的果树，少量的滨海盐生、沙生植被（图5.102）。该岛林木覆盖率达43.7%，植被覆盖率高达80%，植被组群与南北长山岛相似，主要是黑松和刺槐，还有少量的泡桐、榆、臭椿、秋桃等，这些木本组成针叶、阔叶混交林，分布在岛西侧及南侧山坡和山地大部分区域，在对应的沟谷和较缓坡地带有阔叶林；灌木有紫穗槐、荆条、酸枣、黄叶榴等，分布在树林的下面或林边。草本以禾本科、菊科、豆科、车前科和蔷薇科为主，分布在林木及灌丛的下面。人工栽培的苹果、梨、桃、杏等果树集中在居民区；人工栽培的小麦、玉米、地瓜等农作物分布在山前台地或褐土分布的耕种地。

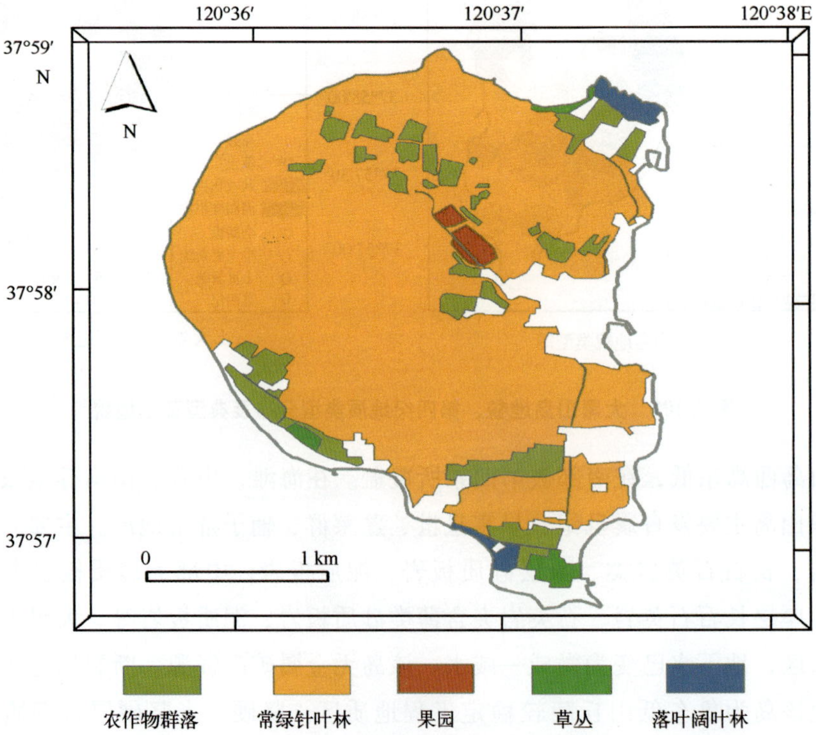

图5.102 大黑山岛植被类型及分布

(5) 湿地分布

海岛湿地总面积为 59.3 hm^2，其中岩石性海岸 36.9 hm^2，砂质海岸 18.9 hm^2，养殖池塘 3.5 hm^2。

(6) 潮间带特征

大黑山岛潮间带以礁坪和砂砾滩为主。大黑山岛北侧发育海蚀崖和海蚀平台，潮间带多岩礁露出；西侧发育海蚀崖，潮间带很窄。在南部和东南部砂砾滩发育，砂砾分选较差，粒径自 3 ~ 25 cm 不等。大黑山岛和南砣子岛有沙滩连接。该岛潮间带生物丰富，绿色藻类遍布海滩。

(7) 土地利用

大黑山岛不同土地利用类型的空间分布如图 5.103 所示。海岛土地总面积为 747.44 hm^2，其中旱地 66.36 hm^2，果园 6.42 hm^2，有林地 560.70 hm^2，其他草地 1.53 hm^2，农村宅基地 86.10 hm^2，公路用地 1.40 hm^2，农村道路 0.71 hm^2，港口码头用地 0.41 hm^2，军事设施用地 1.93 hm^2，坑塘水面 3.72 hm^2，空闲地 7.16 hm^2，设施农用地 6.92 hm^2，裸地 4.08 hm^2。

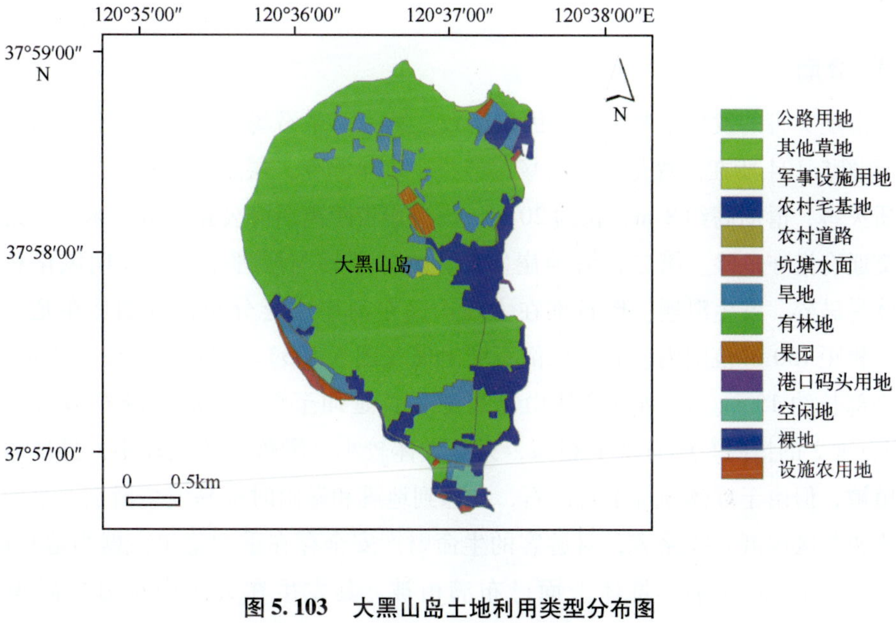

图 5.103　大黑山岛土地利用类型分布图

5.18.3　主要地质灾害

该岛主要地质灾害类型是滑崩和海岸侵蚀（表 5.25）。

表 5.25 大黑山岛地质灾害统计表

编号	纬度（N）	经度（E）	灾害类型	灾害等级	备注
DHS01	37°58′18.29″	120°37′24.13″	滑坡	小型	
DHS02	37°58′46.21″	120°37′31.44″	滑坡	小型	崩塌
DHS03	37°58′47.55″	120°37′39.32″	滑坡	小型	崩塌
DHS04	37°58′49.37″	120°37′24.58″	滑坡	小型	崩塌
DHS05	37°58′07.79″	120°35′56.78″	滑坡	小型	崩塌
DHS06	37°57′42.87″	120°37′29.86″	滑坡	小型	崩塌
DHS07	37°57′40.86″	120°37′32.90″	滑坡	小型	崩塌
DHS08	37°58′20.20″	120°36′42.32″	滑坡	小型	黄土陡崖
DHS09	37°57′44.91″	120°37′23.67″	海岸侵蚀	小型	
DHS10	37°57′43.73″	120°37′27.80″	海岸侵蚀	小型	

（1）滑崩

该岛滑崩灾害的发生主要由四种因素所致。第一，采石场采石导致岩体破碎。1998—1999 年间图 5.104 所在位置是一采石场，经过十多年演变，层理发育较高的山体极易发生滑崩地质灾害，滑崩高约 8 m，长约 20 m。该滑崩带距离沿海公路仅数十米，对过往行人及道路交通有潜在危险。第二，海蚀崖发育，岩体节理与层理垂直，长期风化和海水侵蚀，岩体易破碎，发生滑崩。倒石堆在大黑山岛东海岸广泛分布，特别是在龙爪山旅游景区内，相距 150 m 范围内就有两处倒石堆出现（图 5.105）。倒石堆 1 坡度约 45°，高约 20 m，底部长约 15 m。该倒石堆从山顶裂隙一直延伸至海边，底部碎石最大直径可达 3 m。倒石堆 2 的情况与倒石堆 1 相似，只是堆体较小，滑落石块也较小，且堆体上部已经长满植被，但由于堆体顶部卡有巨石，在遇到地震和暴雨时极易发生滑崩。这两处倒石堆都在旅游景区内观光线路旁，对游客的生命财产安全存在重大隐患。据当地官员介绍，倒石堆 3 发生在 20 年前，堆体上面已布满植被，其发生在大黑山东海岸码头的正南处，坡度约 40°，高约 10 m，底部长约 50 m。堆体底部石块直径 20 ~ 50 cm，由于距海仅 20 m，已遭受海水的侵蚀，破坏了堆体的稳定，导致新倒石堆的发育。第三，山坡上长期风化的残积物易发生滑崩（图 5.106）。第四，该岛黄土崖发育，大雨或冰雪融化时，雨水下渗易发生滑崩（图 5.107）。

图 5.104　采石场

图 5.105　海蚀崖处滑崩

图 5.106 山坡上的残积物

图 5.107 黄土崖

(2) 海岸侵蚀

大黑山岛东海岸的北村码头，2011 年侵蚀程度比 2007 年严重很多（图 5.108）。

图 5.108 2007 年（左图）和 2011 年（右图）码头面貌

5.19 南长山岛

5.19.1 概况

南长山岛是长岛群岛中面积最大的海岛，也是山东第一大岛，隶属烟台市长岛县管辖，现有常驻居民 6 470 人。该海岛位于渤海海峡，地处北纬 37°55′0″、东经 120°44′30″。南隔登州水道与蓬莱县高角相望，北以人工堤与北长山岛相连，近椭圆形（图 5.109），岛的长轴方向呈 NNW 向展布，最长 7 256 km，最宽 3 889 km，最高峰为黄山，海拔 155.9 m。面积 13.202 km^2，岸线长 25.450 km。

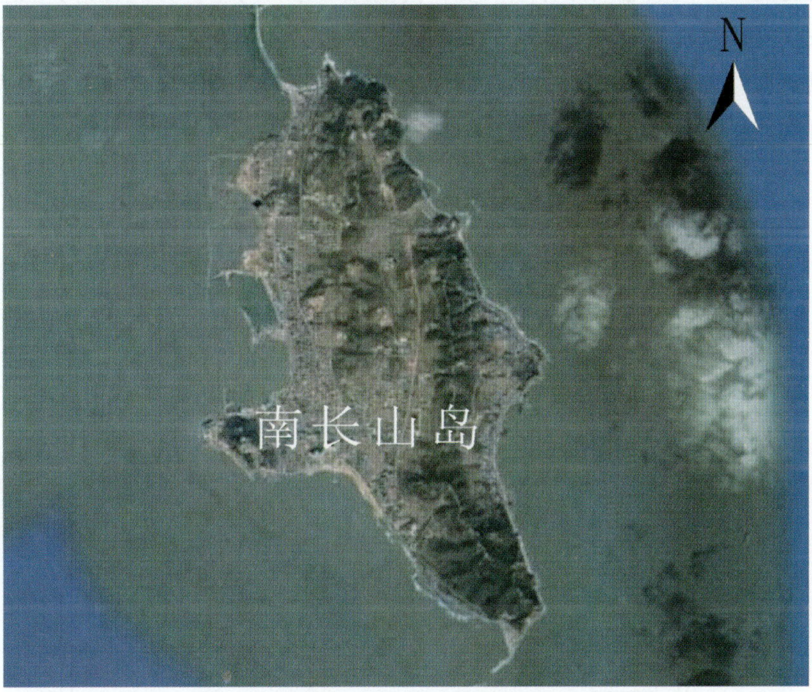

图 5.109 南长山岛遥感影像图

该岛岸线类型主要有基岩岸线、砂质岸线和人工岸线。其中，人工岸线分布最为广泛，几乎整个西南半岛均为人工岸线，此外在岛东北侧亦有部分人工岸段，主要为码头、人工养殖场、环岛道路及旅游设施等。基岩岸线主要分布在岛东南和东北岬角，东北岬角岸段悬崖陡立，无法行人。东南岬角基岩岸段下部有岩礁，低潮时人员可步行通过。砂质岸线主要分布在岛东南及东侧部分岸段，西北岸段也有少量分布。

该岛岸线动态变化类型主要有侵蚀、稳定和淤积三种。稳定岸段占绝对优势，广泛分布在西南半岛、岛东北侧及东侧部分岸线。侵蚀主要发生在岛的东南岬角及西北部分岸段；淤积主要发生在岛东南岸段。

5.19.2 自然环境概述

(1) 气候条件

同北长山岛。

(2) 海洋水文

同北长山岛。

(3) 潮间带特征

南长山岛潮间带类型以岩滩、砾石滩为主，底质类型以基岩、砾石为主。砾石滩高潮滩以砾石滩脊为界，高、中潮滩界线明显，高潮滩以卵石为主，分选性好，粒径稍大，为 0.5 ~3 cm；中潮滩粒径稍小，为 0.3 ~2 cm，磨圆度较好。南长山岛坡积物较为发育，为潮间带提供近岸物源。南侧海蚀平台发育，上有海蚀柱。南长山岛南端有沙咀发育，组成物质为砂砾和粗砂（图 5.110）。

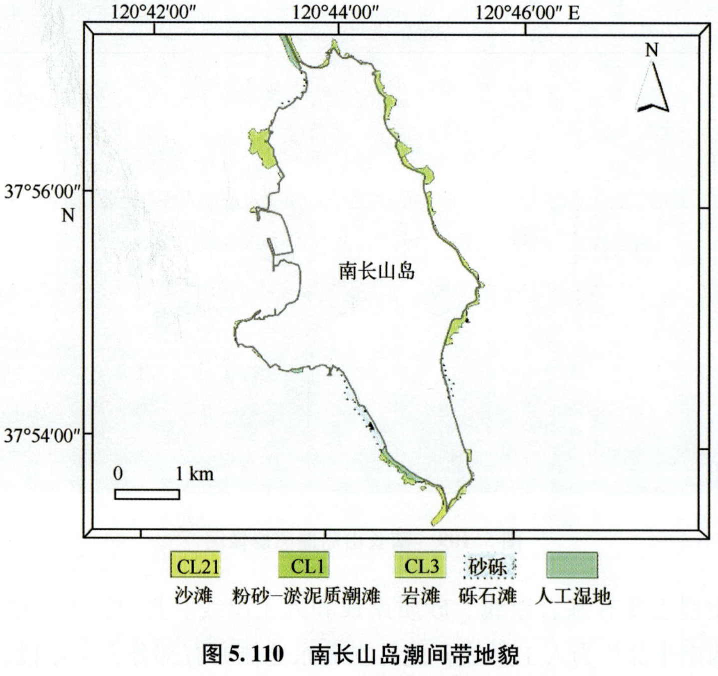

图 5.110 南长山岛潮间带地貌

(4) 植被分布

该岛所采集到的样本共涉及 33 科 50 种，主要有针叶林、阔叶林、灌丛、草丛、滨海盐生植被、滨海沙生植被、沼生水生植被、人工栽培的草本植被、农作物和木本的果树。野外实际踏勘调查发现，该岛植被主要是暖温带的一些种属，多数为人工栽培的植被。从植被类型和分布特征看，林木覆盖率为 44.8%，主要分布在岛东侧山地和低丘陵地区，其中下部是以松、槐为主的针叶、阔叶混交林，山顶部为茂密松林，岛中部山顶见少量稀疏草丛。在岛的西侧大部及东侧中部的生活区及砂质海岸区，植被覆盖少，多为小型蒿草（图 5.111）。

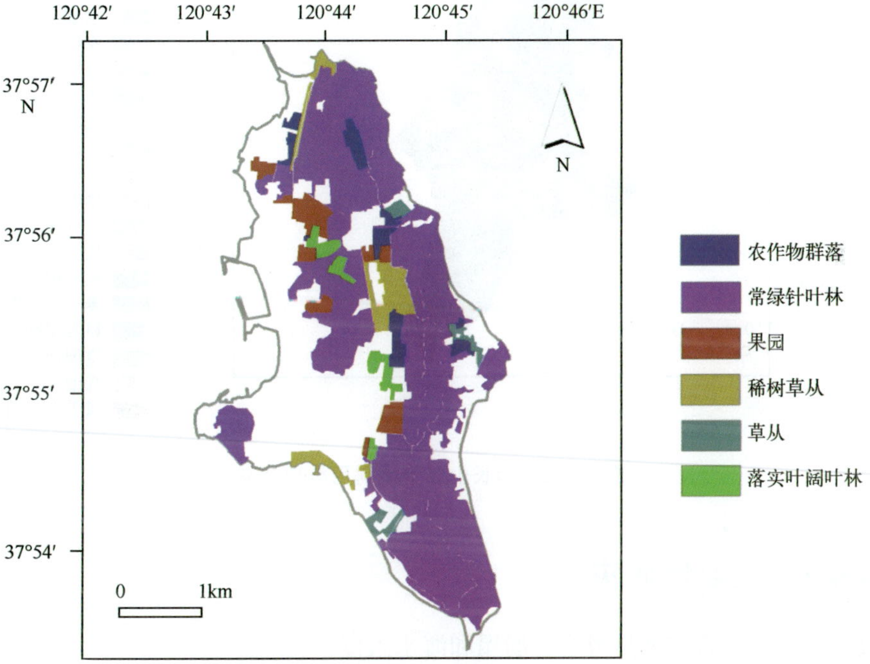

图 5.111　南长山岛植被类型分布

（5）湿地分布

海岛湿地总面积为 1 059 hm^2，其中岩石性海岸 602 hm^2，砂质海岸 336 hm^2，养殖池塘 121 hm^2。

（6）土地利用

南长山岛土地利用概况：岛土地总面积为 1 321.26 hm^2，不同土地利用类型空间分布情况见图 5.112。其中旱地 40.38 hm^2，果园 48.43 hm^2，有林地 651.05 hm^2，其他林地 15.35 hm^2，其他草地 32.69 hm^2，工业用地 2.61 hm^2，商务金融用地 3.58 hm^2，住宿餐饮用地 7.47 hm^2，公共设施 2.43 hm^2，公园与绿地 17.37 hm^2，科教用地 2.86 hm^2，风景名胜设施用地 6.10 hm^2，城镇住宅用地 335.20 hm^2，农村宅基地 95.17 hm^2，公路用地 7.50 hm^2，农村道路 2.57 hm^2，港口码头用地 11.87 hm^2，坑塘水面 3.32 hm^2，军事设施用地 14.71 hm^2，殡葬用地 3.86 hm^2，空闲地 13.05 hm^2，裸地 3.69 hm^2。据 20 世纪 90 年代海岛调查，全岛土地总面积 1 165.7 hm^2，耕地 68.4 hm^2，林地 372.8 hm^2，园地 83.6 hm^2。

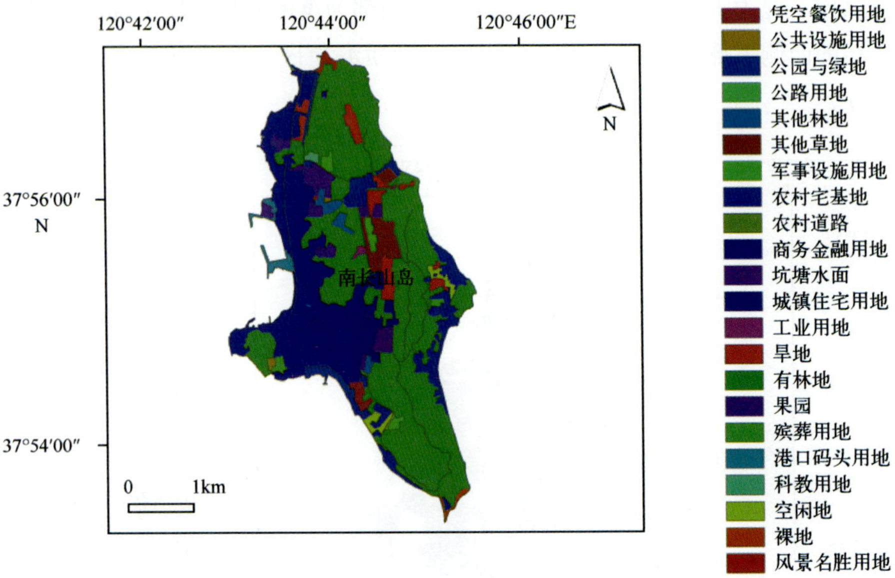

图 5.112　南长山岛土地利用类型分类

5.19.3　主要地质灾害

该岛主要地质灾害类型是滑崩、崩塌和海水入侵。

(1) 滑崩

岛上滑崩的形成主要由两种情形。

第一，采石场采石导致岩体破碎。图 5.113 中 a、b、c 是位于信号山西南侧的采石场。滑崩体东西走向，高约 10 m，长达 300 m。2000 年以前该处有人工采石活动，尽管 2000 年后采石活动停止，但是其后疏于对采石场的防护，陡峭山体因岩石风化而发生山体滑崩，特别是大雨后滑崩尤其严重，曾有滑落的石头砸坏山体下方的车库而致使该车库废弃，甚至稍远处的海水养殖育苗场也遭受过滑崩的影响。其后，当地相关部门用防护网将滑崩体包裹住，另外修建了挡土墙，以防止滑坡的加剧。据当地官员介绍，最近一次滑崩发生在 2010 年 7 月 17 日，滑崩体甚至将防护网掩埋。图 5.113 中 d 照片位于该岛西端军港码头南侧山坡处，2010 年夏大雨后曾发生石块崩落，山脚下的居民受到影响。

第二，山坡上长期风化的残积物和坡积物易发生滑崩（图 5.113 中 e、f）。该岛东南部叶台山东侧，倒石堆沿海由北向南交替发育十余处，倒石堆底部的碎石块直径多为 3 ~ 10 cm之间的石英石，且距海岸线仅几十米，大型的倒石堆遇到风暴潮时，其底部碎石就可能被海浪淘蚀，影响山体的稳定。

图 5.113　南长山岛地质灾害类型

(2) 崩塌

岛上崩塌主要发生在海蚀崖发育的岸段，由于长期风化和海水侵蚀，岩体易破碎而发生崩塌。遇大雨天会有落石发生，对景区内道路交通及游客人身安全有一定隐患。图 5.114 崩塌发生在该岛北端望夫礁景区内。据景区工作人员介绍，2010 年夏曾发生崩塌。

图 5.114　海蚀崖下崩塌

(3) 海水入侵

南长山岛地下海水入侵出现于 20 世纪 70 年代，至 90 年代明显扩大。在南长山岛西部，海水入侵范围展布于信号山、前口至长山镇一带，以及零星分布于王沟、越王、南长山岛南端及山前等地。海水入侵严重的地区分布于长岛镇至获沟海岸、信号山至长岛县城以及王由一带（图 5.115）。

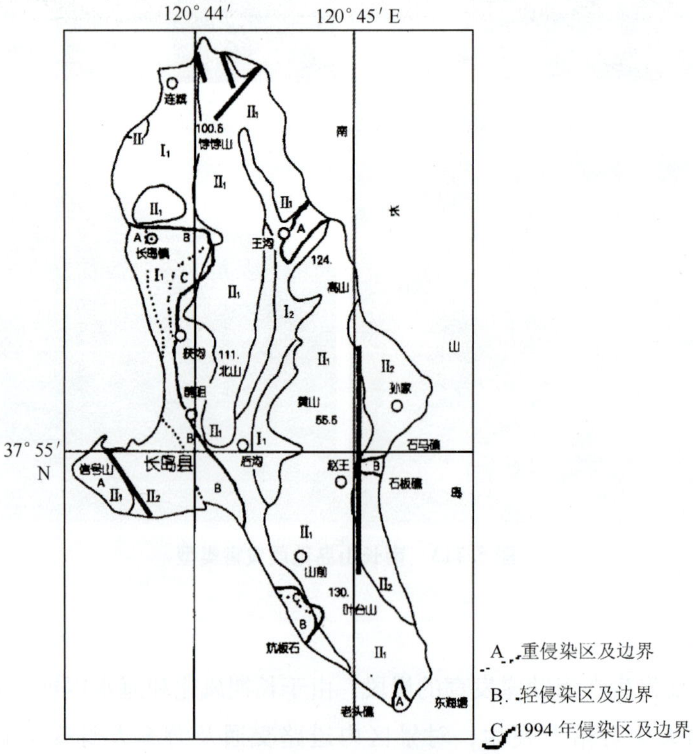

图 5.115　海水入侵分布图

5.20 刘公岛

5.20.1 概述

刘公岛横列于威海湾内，为基岩岛，距大陆最近点距离 2.41 km（图5.116）。岛呈三角形东西向展布，东西长 4.5 km，南北宽 2km。岛陆面积 3.04 km^2，岸线长 13.37 km，最高处旗顶山海拔 153.5 km。该岛隶属威海市环翠区管辖，现有常驻居民 156 人。刘公岛海岸类型主要为基岩海岸、砂质海岸和人工海岸。基岩岸线分布在岛北侧及东北侧，多陡峭悬崖。砂质海岸分布在岛西南角，人工海岸分布在岛的西南侧。

图5.116 刘公岛遥感影像图

5.20.2 自然环境概述

(1) 地质地貌

刘公岛中间高四周低。地表多被第四系所覆盖，仅在沟谷及沿海陡崖上见有岩石露头。主要发育新元古代青白口纪荣成岩套、威海岩体，细粒含黑云二长花岗质片麻岩。在刘公岛东部局部地段发育新元古代南华纪铁山岩套、御架山岩体、细粒含萤石磁铁矿碱长花岗质片麻岩。在旗顶山南发育新元古代青白口纪荣成岩套和徐疃岩体含斑中粒二长花岗质片麻岩。在刘公岛周围发育斜长角闪岩包体和斜长角闪岩（核部为榴辉岩）包体。该岛为块状岩类裂隙水分布区，沿海地区地下水已变为微咸水区。该岛无金属矿产资源。断裂构造不发育，在工程地质上该岛为鲁东低山丘陵较稳定工程地质区，坚硬块状侵入岩较稳定亚区。

岛上地貌类型较为简单（图 5.117），按其成因可划分为侵蚀剥蚀低丘陵、起伏的侵蚀剥蚀平原、古海岸砂砾堤和港口码头。

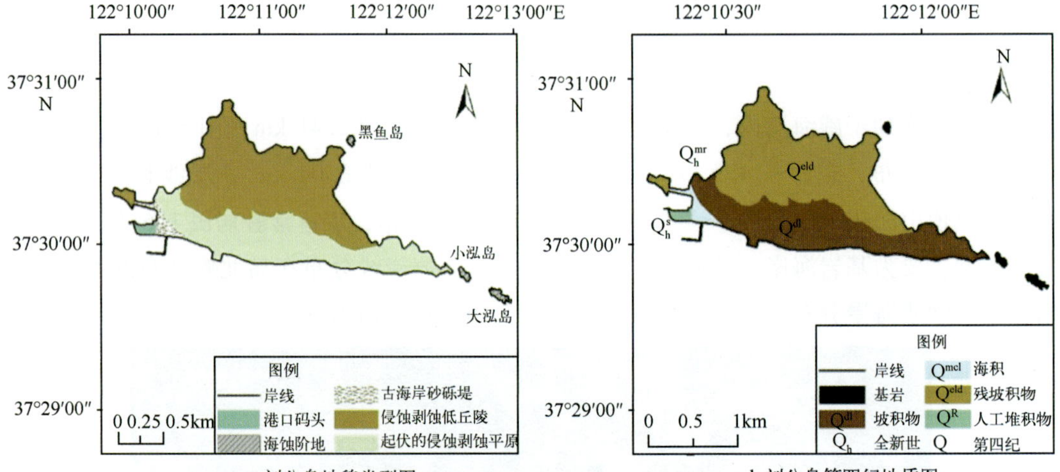

a.刘公岛地貌类型图　　b.刘公岛第四纪地质图

图 5.117　刘公岛地质地貌

（2）潮间带特征

刘公岛四周陡峭，海蚀地貌发育。尤其是刘公岛北部，海蚀崖发育，潮间带范围极窄。东部岬角有海蚀平台发育，西部海蚀崖发育，在内凹小湾处有砾石滩发育，磨圆度差，分选性低。南部潮间带底质类型同为基岩，局部有砾石滩存在。在刘公岛码头西侧有一小型沙滩存在，宽 3 ~ 10 m，长约 150 m。

（3）植被

综合现场踏勘中采集的植物标本，该岛植被涉及 14 科 16 种。由植被类型与平面分布可见，该岛植被覆盖率较高，约占 68%，主要有 6 种植被类型：常绿针叶林、阔叶落叶林、草丛、杂草型盐生植被、沼生水生植被、人工经济林。其中主要为黑松、刺槐、水杉、果树和灌树；此外，还有侧柏、栎类、白杨和泡桐。常绿针叶林主要分布在岛北部及东部山顶及山坡，现已建成国家级森林公园。林下为茂密草丛，池塘边有沼生水生植被，岛南侧居民区周围和较缓山坡有落叶阔叶林。海岛西南侧为旅游区基本无植被覆盖。

（4）土地利用

该岛为国家 AAAA 级旅游景区和爱国主义教育基地，海岛土地总面积为 304.10 hm^2，不同土地利用类型分布如图 5.118 所示。其中旱地 9.46 hm^2，有林地 197.58 hm^2，其他草地 0.87 hm^2，农村宅基地 9.22 hm^2，港口码头用地 3.32 hm^2，风景名胜设施用地 74.85 hm^2，坑塘水面 0.97 hm^2。据 1992 年的海岛调查，海岛土地面积为 315 hm^2，其中耕地面积为 16.4 hm^2，林地面积 208.1 hm^2。相比而言，海岛土地总面积有所减少，这可能与海边线测量以及海岸侵蚀有关。由于退耕还林（还草）措施的实施，耕地已被撂荒或植树造林，或者被开发建造旅游设施。

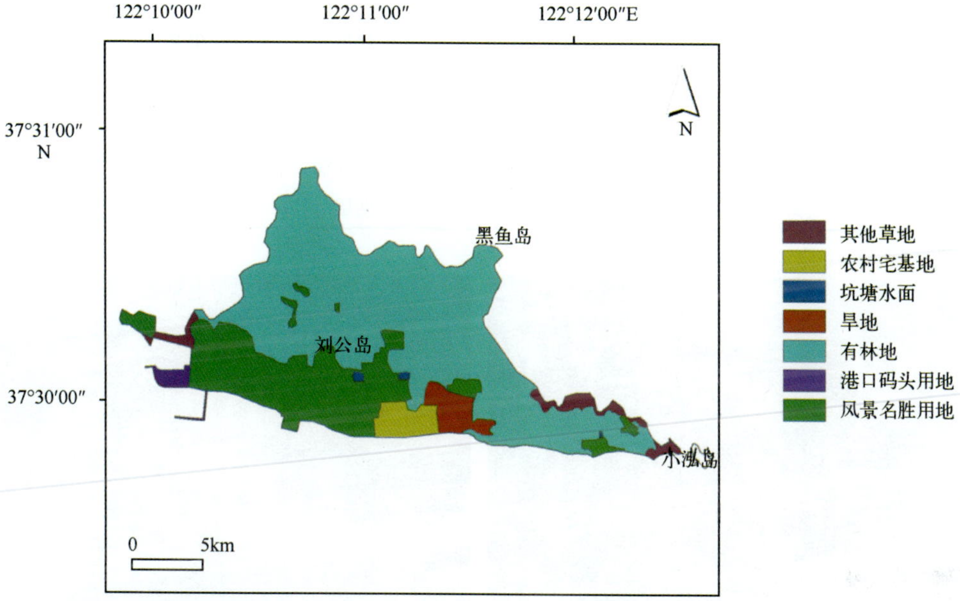

图 5.118　刘公岛土地利用类型分布

5.20.3　主要地质灾害

经现场踏勘，发现刘公岛主要发育崩塌、滑坡、海岸侵蚀、冲沟以及断裂 5 种灾害类型。潜在崩塌点、潜在滑坡点、海岸侵蚀、冲沟以及断裂各一处（图 5.119）。

崩塌分布在刘公岛板礓石，属于自然崩塌，高度 30 ~ 40 m，底部扇形长度约 100 m，崩塌体的石块直径大于 3 m，坡度大于 70°。

滑坡分布在刘公岛黑鱼岛附近，滑坡体底部长约 100 m，高 5 ~ 6 m，坡度大于 60°，由于人为的修路引起，现已用人工织网对山体进行掩护。

海岸侵蚀分布在刘公岛的南侧，顺岸发育不连续的侵蚀陡坎，高度在 1 ~ 1.5 m，东西走向长约 500 m，海岸沙滩以中—细砂为主，坡度 7° ~ 8°，沙滩宽度较窄，约 20 m。

断裂发育在刘公岛听涛崖附近，出露长度约 50 m，高 4 ~ 5 m，宽度约 4 m，属于张裂性断裂。

冲沟分布在刘公岛北侧，顺岩层节理发育，坡度大于 50°，高约 40 m，长约 100 m，有少许石块崩塌现象，植被以松树为主。

表 5.26　刘公岛地质灾害统计表

编号	纬度（N）	经度（E）	灾害类型	灾害等级	备注
LG01	37°30′27.10″	122°11′27.90″	滑坡	小型	
LG02	37°30′27.10″	122°11′27.90″	滑坡	小型	
LG03	37°30′36.90″	122°10′59.10″	滑坡	小型	崩塌
LG04	37°29′53.40″	122°11′30.50″	海岸侵蚀	小型	
LG05	37°30′19.40″	122°09′56.60″	海岸侵蚀	小型	海蚀崖
LG06	37°29′53.40″	122°11′30.50″	滩面冲蚀	小型	冲沟
LG07	37°30′33.40″	122°11′05.90″	断层	小型	断裂

图 5.119　刘公岛地质灾害类型

5.21　养马岛

5.21.1　概况

养马岛位于山东半岛北部牟平县城以北 9 km 的北黄海海域，隶属烟台市牟平区管辖，现有常驻居民 7 600 人（图 5.120）。海岛形似刺参，呈 NE—SW 走向，长约 7.37 km，宽约 1.48 km。岛屿面积约 8.39 km^2，岸线长约 19.86 km，海岸类型主要为基岩海岸、人工海岸和砂质海岸，基岩岸线分布在岛北侧及东北侧，砂质海岸主要分布在岛的东北角，人工海岸在岛的东侧，主要为养殖堤坝。该岛最高点海拔 104.8 m。

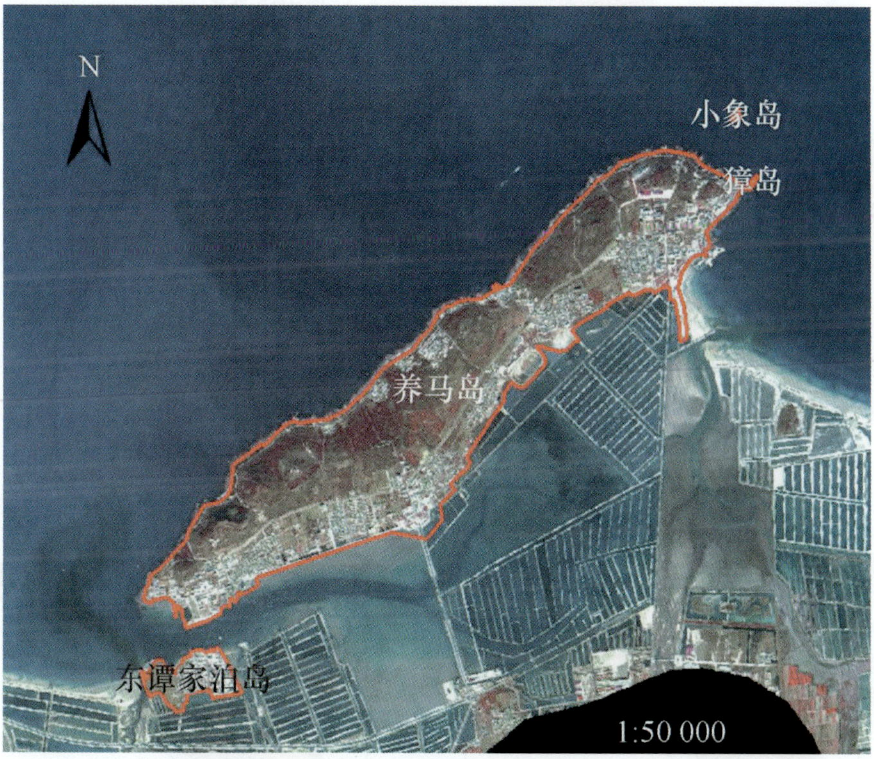

图 5.120　养马岛遥感影像图

5.21.2　自然环境概述

(1) 地质地貌

养马岛北高南低，地表多被第四系所覆盖，仅在沟谷、小采石场、沿海陡崖等地段见有岩石露头（图 5.121）。岛南部沿海发育新生界全新统旭口组地层，为滨海相海积砾石、砂、淤泥等。由驼子村西到杨家村东一带分布为古元古界荆山群、陡崖组徐村段地层，为含石墨透辉岩、含石墨透辉变粒岩、石墨黑云斜长片麻岩、斜长角闪岩、石榴黑云片岩夹透镜状大理岩等。养马岛北部发育古元古界荆山群野头组定国寺段地层，为方解石大理岩、白云质大理岩、蛇纹大理岩、透辉大理岩等。在养马岛西北部发育中生代煌斑岩。在林家庄子北发育元古代石英脉。在养马岛东部发育元古代伟晶岩。养马岛为硫酸盐类裂隙岩溶水分布区，地下水局部地段已变为微咸水区。该岛无金属矿产资源。断裂构造不发育，在工程地质上该岛为鲁东低山丘陵较稳定工程地质区，坚硬、半坚硬层状变质岩较稳定亚区。

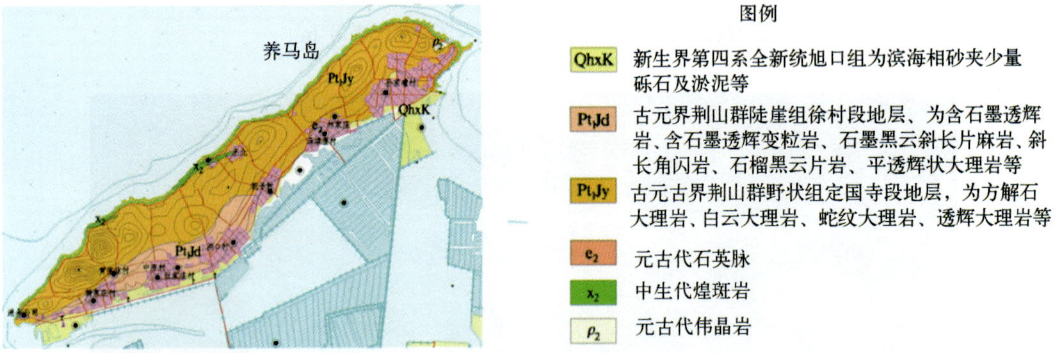

图 5.121　养马岛地质示意图

该岛地貌类型较为复杂多样，主要有侵蚀剥蚀低丘陵、洪积台地、海积平原和港口码头，整体以侵蚀剥蚀低丘陵为主（图 5.122）。

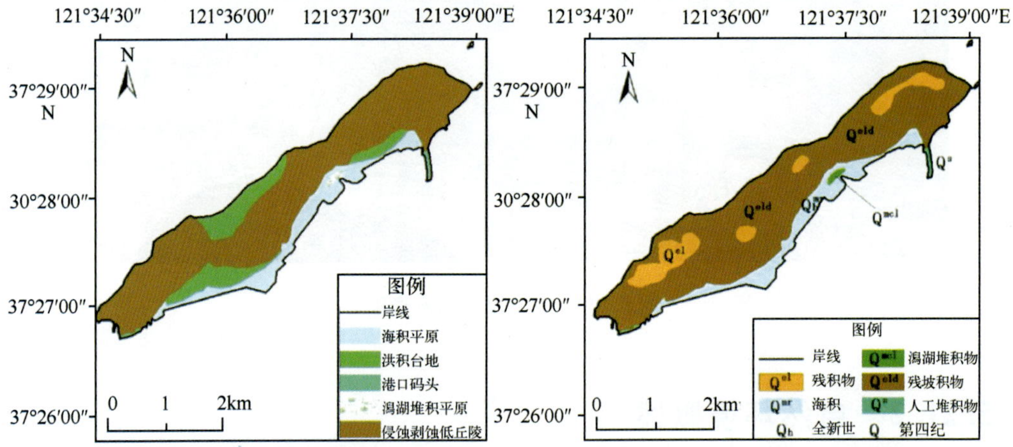

a.养马岛地貌类型图　　b.养马岛第四纪地质图

图 5.122　养马岛地貌示意图

（2）潮间带特征

养马岛南北两侧潮间带有较大差异。北侧潮间带以岩礁为主，范围狭窄，水动力较强，海蚀地貌发育。南部由于养马岛的遮蔽作用，水动力较弱，海积地貌发育，有大范围的沙滩和粉砂—淤泥质潮滩分布，地形平缓，大部分区域已被养殖池覆盖。该岛底质类型多样，主要有礁石、砾石、粗砂、中砂、粉砂质砂等，适合多种经济海洋生物栖息和繁衍。

(3) 植被

该岛所采集到的样本共涉及 24 科 46 种，主要有以下几种植被类型：常绿针叶林、阔叶落叶林、灌草丛、草丛、滨海盐生植被、沼生水生植被、木本栽培植被和草本栽培植被（图 5.123）。岛的东南侧为旅游区和居民区，植被覆盖较少，主要为观赏植被；从该岛植被分布看，岛西北侧大部分被植被覆盖，主要为落叶、阔叶林和常绿针叶林。在农村住宅周围有少量的落叶阔叶林和果园。该岛植被受人为因素影响较大，生态系统较为脆弱，建议保护生态系统的多样性，提高生态系统的稳定性，保护现有的植被资源，为海岛的长远发展打下基础。

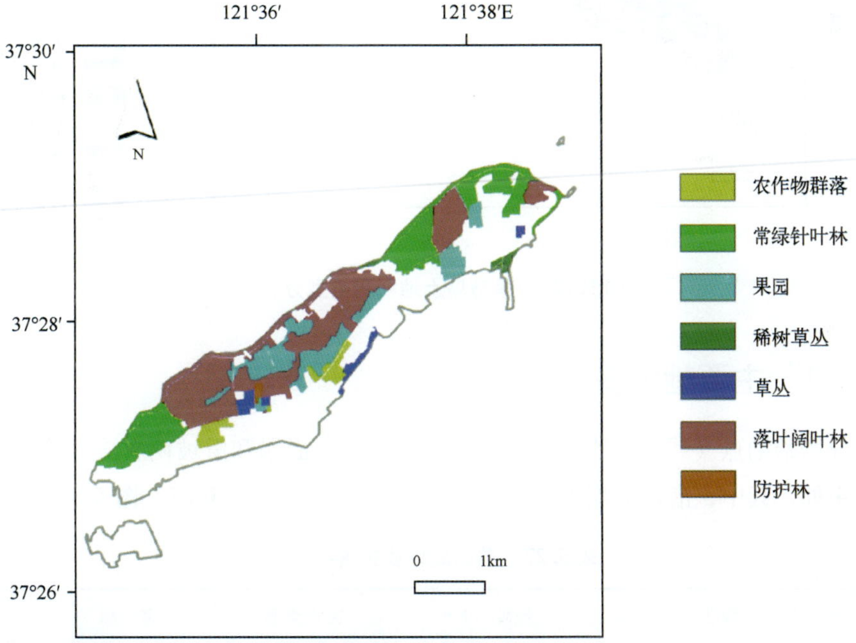

图 5.123 养马岛植被分布图

(4) 土地利用

该岛为人工陆连岛，经过几十年的开发建设，养马岛已经成为一个功能齐全的综合旅游度假区。海岛土地总面积为 839.09 hm^2，其中旱地 30.53 hm^2，果园 90.45 hm^2，有林地 335.23 hm^2，其他林地 15.97 hm^2，其他草地 15.23 hm^2，住宿餐饮用地 71.46 hm^2，其他商服用地 17.98 hm^2，工业用地 32.40 hm^2，农村宅基地 154.18 hm^2，机关团体用地 32.41 hm^2，科教用地 2.13 hm^2，文体娱乐用地 8.50 hm^2，公园与绿地 1.99 hm^2，风景名胜设施用地 4.55 hm^2，公路用地 11.45 hm^2，港口码头用地 1.98 hm^2，坑塘水面 1.47 hm^2，空闲地 2.04 hm^2，设施农用地 0.55 hm^2，裸地 8.60 hm^2（图 5.124）。

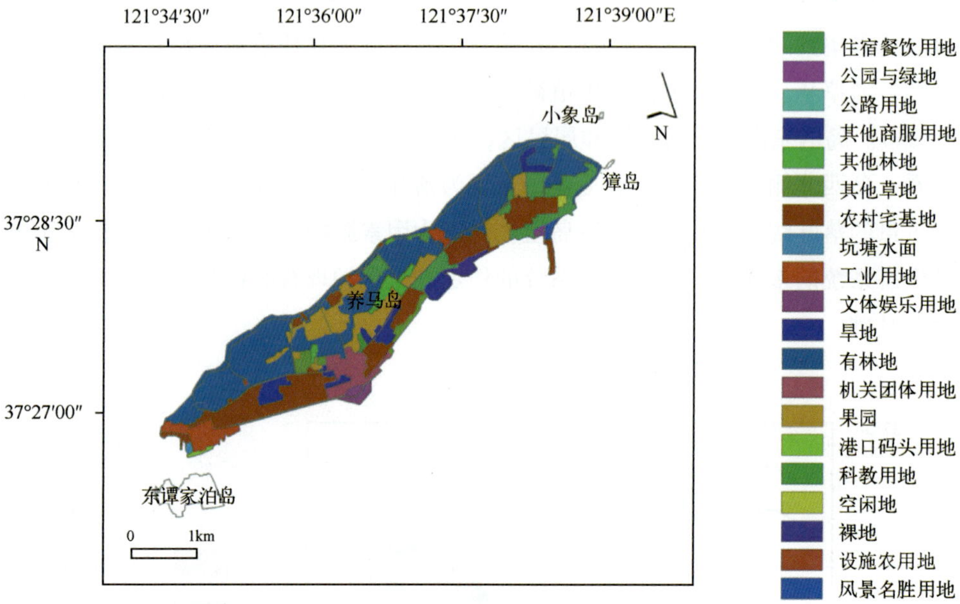

图 5.124　养马岛土地利用类型分布图

5.21.3　主要地质灾害

调查现场踏勘点（线）4 处，发现养马岛主要发育崩塌和滑坡两种灾害类型。海岛潜在灾害点 4 处，其中，潜在崩塌点 3 处、潜在滑坡点 1 处（表 5.27、图 5.125）。

表 5.27　养马岛地质灾害统计表

编号	纬度（N）	经度（E）	灾害类型	灾害等级	备注
YM01	37°28′34.30″	121°38′44.30″	滑坡	小型	
YM02	37°29′12.18″	121°38′16.35″	滑坡	小型	崩塌
YM03	37°27′21.18″	121°35′05.31″	滑坡	小型	崩塌
YM04	37°27′00.01″	121°34′35.29″	滑坡	小型	崩塌

（1）崩塌

养马岛主要地质灾害是崩塌，3 处潜在崩塌点的累计发育长度大于 400 m，直径大于 3 m，土石方量大于 200 m^3，坡度在 60°～80°。崩塌灾害多分布在海岛海岸附近，主要诱因是海岛基岩裸露，垂向裂隙发育，易发生崩塌。当地针对崩塌采取的防护工程处于空白。

图 5.125　养马岛地质灾害类型

(2) 滑坡

调查中仅在养马岛的东北角发现一处潜在滑坡，规模尺度较小，滑坡体呈半圆锥形，坡度大于 60°，底部顺岸长度约 60 m，散落碎石，石块最大直径约 2 m。灾害发生的诱因是修建环岛公路，目前对滑坡无任何的防治措施。

5.22　鸡鸣岛

5.22.1　概况

鸡鸣岛位于威海荣成港西镇东北，靠近大陆，但与大陆并不相连，距离大陆最近点 1.7 km。该岛隶属威海市荣成市港西镇，现有常驻居民 198 人（图 5.126）。鸡鸣岛形状不规则，东西长 0.79 km，南北宽 0.30 km。岛陆面积 0.3 km^2，岸线长 2.9 km，最高点海拔 72.7 m。海岸类型主要有基岩海岸和人工海岸。人工海岸分布在岛西南岬角，主要为码头和道路，其他岸段均为基岩海岸。

图 5.126　鸡鸣岛遥感影像图

5.22.2　自然环境概述

(1) 地质地貌

鸡鸣岛发育中生界白垩纪早白垩世青山群八亩地组地层，主要岩性为安山岩、粗安岩、玄武安山质角砾熔岩、玄武安山质包块角砾熔岩等。在工程地质上为鲁东低山丘陵较稳定工程地质区，半坚硬火山岩较稳定亚区。该岛离岸较远，岛形极不规则，似菱形。岛陆地貌较为简单，整岛地貌类型为侵蚀剥蚀低丘陵，地势东北高西南低，缓慢倾斜，除南部较缓之外，其余岸段地形陡峭，第四纪覆盖层较薄，主要为残坡积物。岛陆南部有一码头，码头西侧有养殖池和小面积的砾石滩分布。

(2) 潮间带特征

该岛地形较陡，岛的四周海蚀地貌发育，北部近岸水深较大，南部较小，海蚀平台比较发育。潮间带底质类型为基岩，仅个别小湾有砾石滩存在，范围很小。砾石为扁平状鹅卵石，磨圆度较好。

(3) 植被

该岛所采集的植物标本涉及 9 科 10 种，主要植被类型为：常绿针叶林、阔叶落叶林、灌草丛、草丛、农作物群落。从植被分布看（图 5.127），在海岛南部的山丘，有成片的林地分布，中间的平地有农作物群落分布。岛西侧多为草丛，岛东北部基岩裸露地区无植被覆盖。

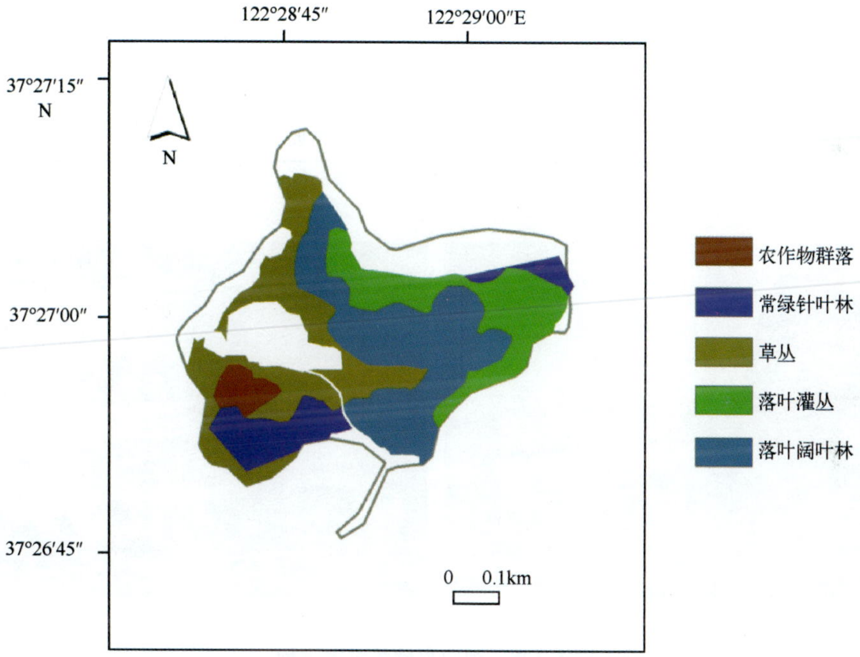

图 5.127　鸡鸣岛植被分布图

(4) 土地利用

该海岛土地总面积为 30.20 hm^2，其中旱地 0.82 hm^2，有林地 10.03 hm^2，灌木林地 4.58 hm^2，其他林地 4.56 hm^2，其他草地 5.98 hm^2，农村宅基地 2.24 hm^2，坑塘水面 1.23 hm^2，公路用地 0.12 hm^2，港口码头用地 0.64 hm^2。

5.22.3　主要地质灾害

经现场踏勘发现，鸡鸣岛发育崩塌和滑坡两种灾害类型。该岛潜在崩塌点 2 处、潜在滑坡点 2 处（表 5.28、图 5.128）。

鸡鸣岛主要地质灾害为崩塌，多顺岛岸发育，累计顺岸长度大于 200 m，崩塌体坡度多大于 80°，石块直径大于 2 m，岩层发育垂直、斜向、横向裂隙。

滑坡分布在鸡鸣岛的南侧，滑坡体顺道发育约200 m，顶部崖高约20 m。滑坡体底部堆积散落石块，石块大小不一，直径在5～50 cm。诱因是岩层垂向节理发育。当地管理部门没有任何治理工程。

表5.28　鸡鸣岛地质灾害统计表

编号	纬度（N）	经度（E）	灾害类型	灾害等级	备注
JM01	37°26′49.81″	122°28′45.67″	滑坡	小型	
JM02	37°26′53.59″	122°29′04.03″	滑坡	小型	崩塌
JM03	37°26′57.38″	122°29′08.54″	滑坡	小型	崩塌
JM04	37°27′06.76″	122°29′04.27″	滑坡	小型	

图5.128　鸡鸣岛地质灾害类型

5.23　镆铘岛

5.23.1　概况

镆铘岛位于宁津镇东南海域，目前有公路与大陆相连，成为人工陆连岛（图5.129）。隶属威海市，现有常驻居民3 960人。镆铘岛形状不规则，走向SW—NE，南北长5.3 km，东西宽0.84 km。岛陆面积4.6 km^2，岸线长19.96 km，最高点在岛西头，海拔31 m。海岸类型主要为基岩海岸、砂质海岸和人工海岸。基岩海岸主要分布在南侧及西南侧；人工海岸主要分布在岛北半侧、东北侧，主要为道路、养殖池、码头及厂房等；砂质海岸主要分布在岛东北岬角处和西南海湾中，物质多为细砂。

图 5.129　镆铘岛遥感影像图

5.23.2　自然环境概述

(1) 地质地貌

岛陆地形较为平坦，按成因类型岛陆地貌主要分为侵蚀剥蚀低丘陵、起伏的侵蚀剥蚀平原、冲积洪积平原、湖堆积平原、古海岸砂质砂砾堤、固定风成沙地（图 5.130）。

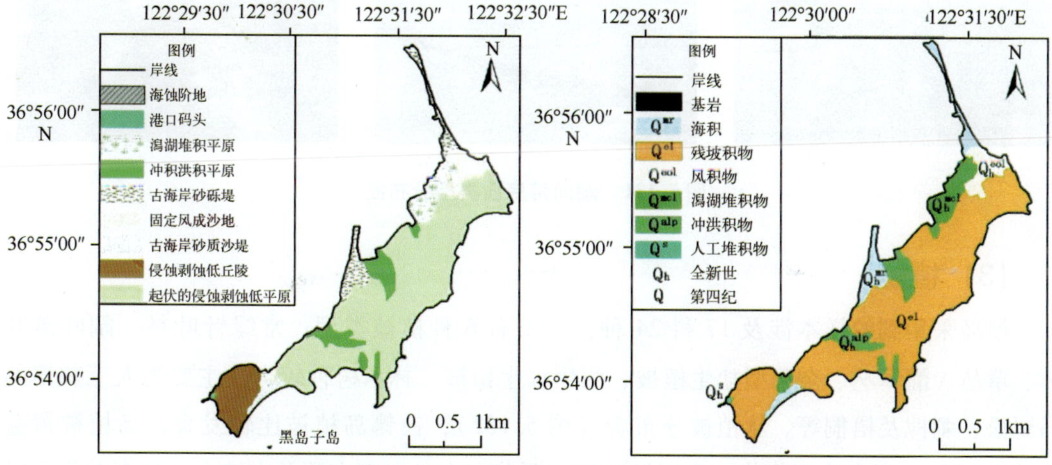

图 5.130　镆铘岛地质地貌分布

(2) 潮间带特征

受局地水动力条件差异和物源供给差异的影响，该岛潮间带底质类型多样（图5.131）。东北角有较大规模的连岛沙坝发育，底质类型为砂，常年受波浪侵蚀，该段潮间带呈蚀退的态势，现场观测可见高约半米的侵蚀陡坎。在镆铘岛东南部，展布大面积的海蚀平台和10 m多高的海蚀崖，海岛周围的海底沉积物主要为中砂、细砂、粉砂、粉砂质砂和砂—粉砂—黏土，其中以黏土质粉砂覆盖的面积最大。海岛西北部为石岛湾，潮间带沉积物为细粒物质，类型为黏土质粉砂和粉砂。近年来，石岛湾呈淤浅的态势，导致镆铘岛西北部潮滩进一步发育。

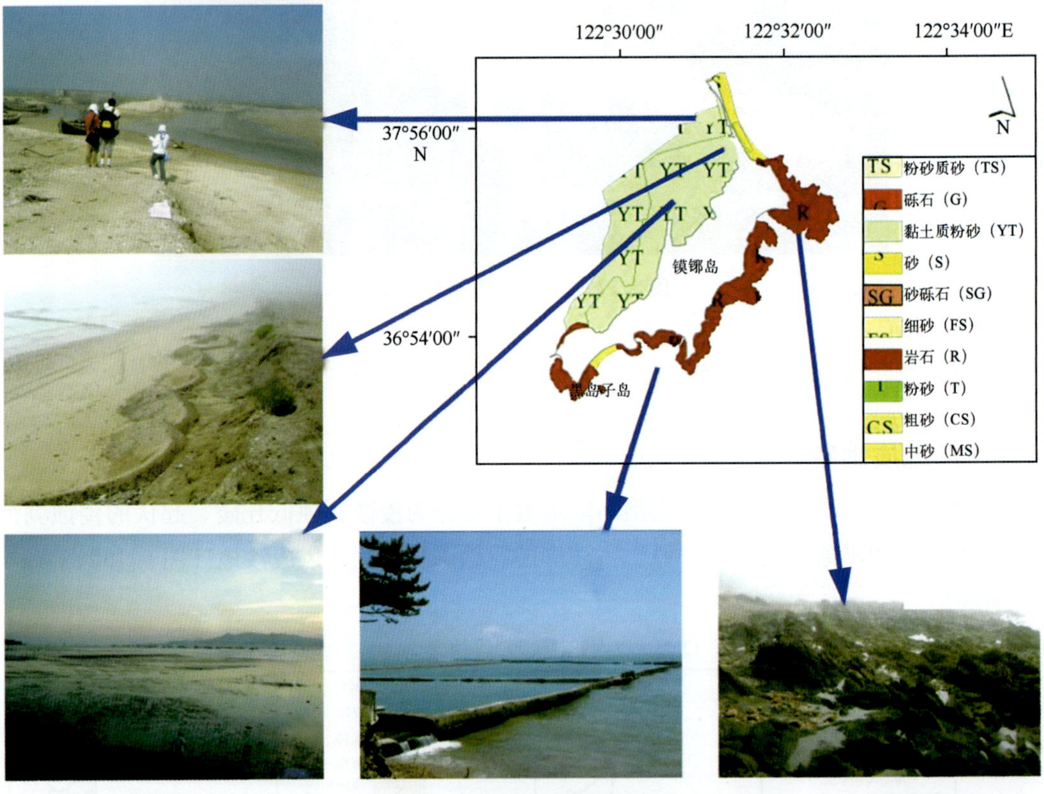

图5.131　潮间带底质类型分布图

(3) 植被

该岛采集到的样本涉及17科24种，主要有6种植被类型：常绿针叶林、阔叶落叶林、草丛、灌草丛、杂草型盐生植被、沼生水生植被。林木树种较少，主要为人工栽培的马尾松、刺槐及梧桐等。从植被分布看（图5.132），镆铘岛植被比较发育，岛植被覆盖率约占68%，但多为农作物。常绿针叶林主要分布在岛西南山顶及山坡上，岛东北部居民区周围和较缓山坡有落叶阔叶林分布。

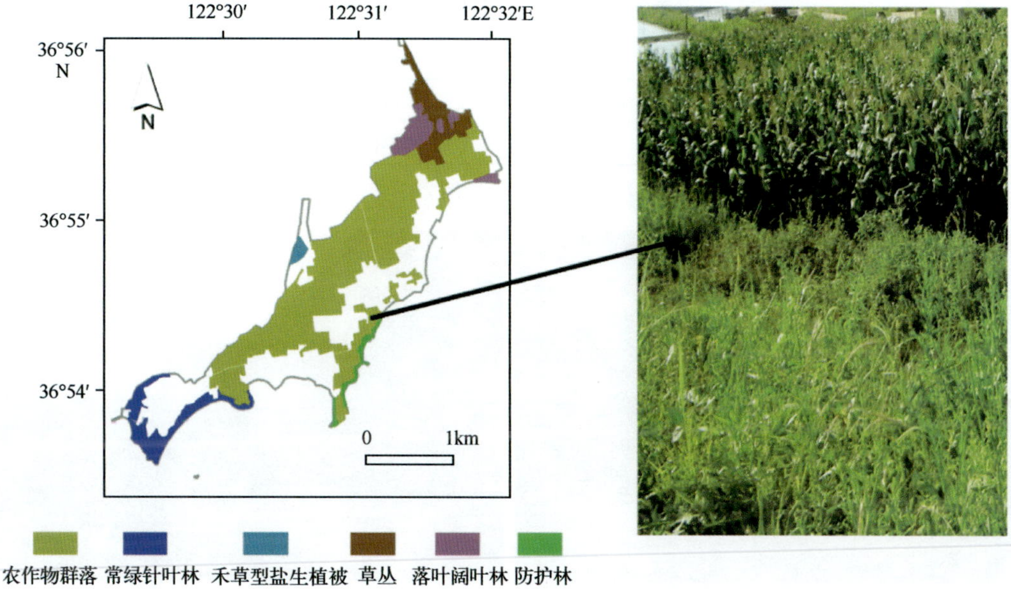

图 5.132 镆铘岛植被分布

(4) 土地利用

全岛土地总面积为 462.45 hm^2，其中旱地 237.75 hm^2，有林地 47.85 hm^2，农村宅基地 121.35 hm^2，坑塘水面 0.68 hm^2，公路用地 0.97 hm^2，港口码头用地 0.95 hm^2，设施农用地 48.03 hm^2（晒场），沙地 4.87 hm^2。

5.23.3 主要地质灾害

调查现场踏勘点（线）2 处，发现镆铘岛主要发育海岸侵蚀和滑坡等 2 种灾害类型。海岸侵蚀和潜在滑坡点各 1 处（表 5.29、图 5.133）。

(1) 海岸侵蚀

海岸侵蚀分布在镆铘岛东北侧，顺海岸发育侵蚀陡坎，长度约 80 m，陡坎高度 1.5 ~ 2 m，组成物质主要为粉砂。局部海岸修建由碎石筑成的浅堤防护工程。

(2) 滑坡

滑坡发育长度约 150 m，由两个滑坡体组成，第一处滑坡体呈扇形，坡度大于 80°，扇形底部长度约 3 m，顶部岩石垂向节理发育，纵向发育裂隙，没有任何的防护工程。第二处滑坡体的扇形底部约 50 m，上部为碎石，下部石块较大，最大石块径约 0.5 m，坡度为 50° ~ 60°，且滑坡体距离船坞最小距离不到 20 m，危险级别较高，也没有任何的防护工程。

表 5.29　镆铘岛地质灾害统计表

编号	纬度（N）	经度（E）	灾害类型	灾害等级	备注
MY01	36°53′56.13″	122°29′18.44″	滑坡	小型	
MY02	36°56′6.29″	122°31′18.60″	海岸侵蚀	小型	

图 5.133　镆铘岛地质灾害类型

5.24　杜家岛

5.24.1　概况

杜家岛位于乳山市南 18 km 处，东距南黄岛 4.87 km，西距小青岛 3.15 km（图 5.134），隶属烟台市，现有常驻居民 1 090 人。杜家岛形状不规则，东西长约2.8 km，南北宽约 0.8 km。岛陆面积 2.4 km^2，岸线长 9.5 km，最高点险岛山海拔128.6 m。海岸类型主要为基岩海岸、砂质海岸和人工海岸。人工海岸主要分布在岛北半侧，主要为养殖池及道路；基岩海岸主要分布在岛南半侧，多陡崖，下有岩礁；砂质海岸主要分布在岛东北侧海湾内。

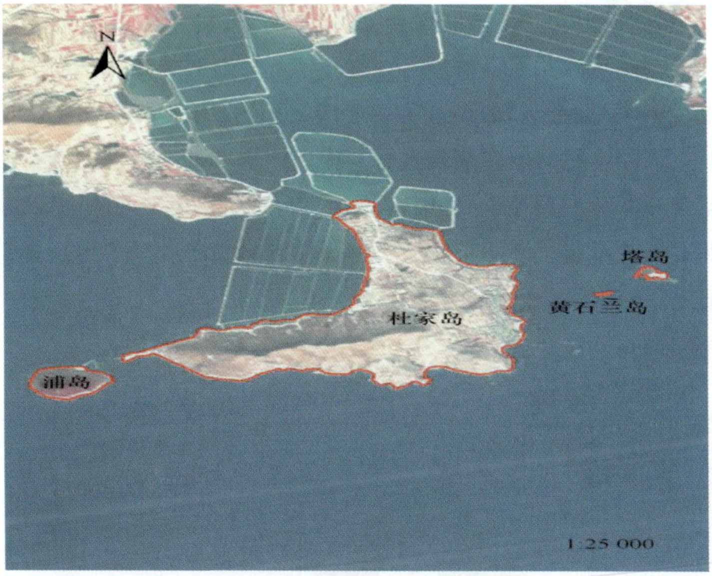

图 5.134　杜家岛遥感影像图

5.24.2　自然环境概述

(1) 地质地貌

杜家岛山势较高，地形坡度大，在沟谷、山背、沿海陡崖上见有岩石露头。杜家岛出露岩性较为复杂（图 5.135），西南部主要发育中生界白垩系下统、莱阳群水南组地层，主要岩性为灰绿—灰黑色薄层粉砂岩质黑云母角岩夹页岩质及细砂岩质黑云母角岩，水平层理发育；西北部和北部发育中生界白垩纪、早白垩世莱阳群龙旺庄组地层；东南部为块状裂隙水分布区；西北部为碎屑岩类孔隙水分布区。无金属矿产资源。

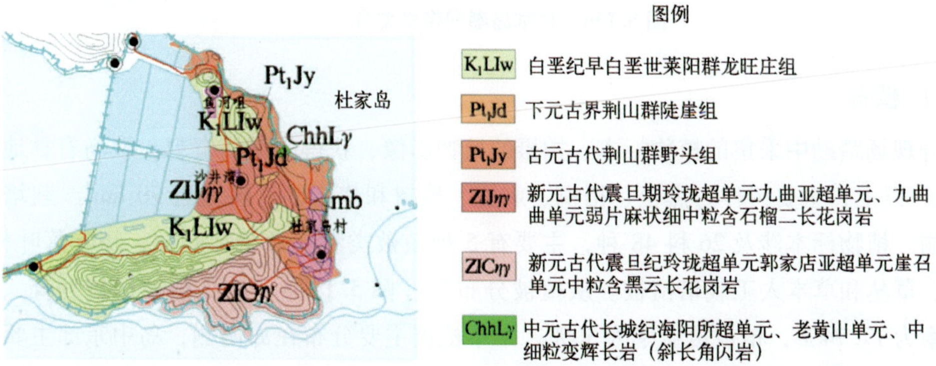

图 5.135　杜家岛地质地貌

（2）潮间带特征

杜家岛和浦岛经由岩滩相连，落潮时连为一体。地形起伏较大，岛上植被茂盛。杜家岛潮间带南陡北缓，南岸潮间带岩滩发育（图 5.136），海蚀现象明显，表层岩石多海蚀孔穴，呈蜂窝状。岩滩上基岩斜向节理发育。在内凹海湾有小规模的砾石滩发育，底质类型砾石，为黄褐色或灰色，粒径 1～10 cm 不等，分选性较差，磨圆度较好。北岸潮间带潮滩发育，多为养殖池覆盖，潮间带底质类型为粉砂。浦岛沿岸多为基岩，两岛连接处为岩滩，上散落砾石，有大块岩砾存在。

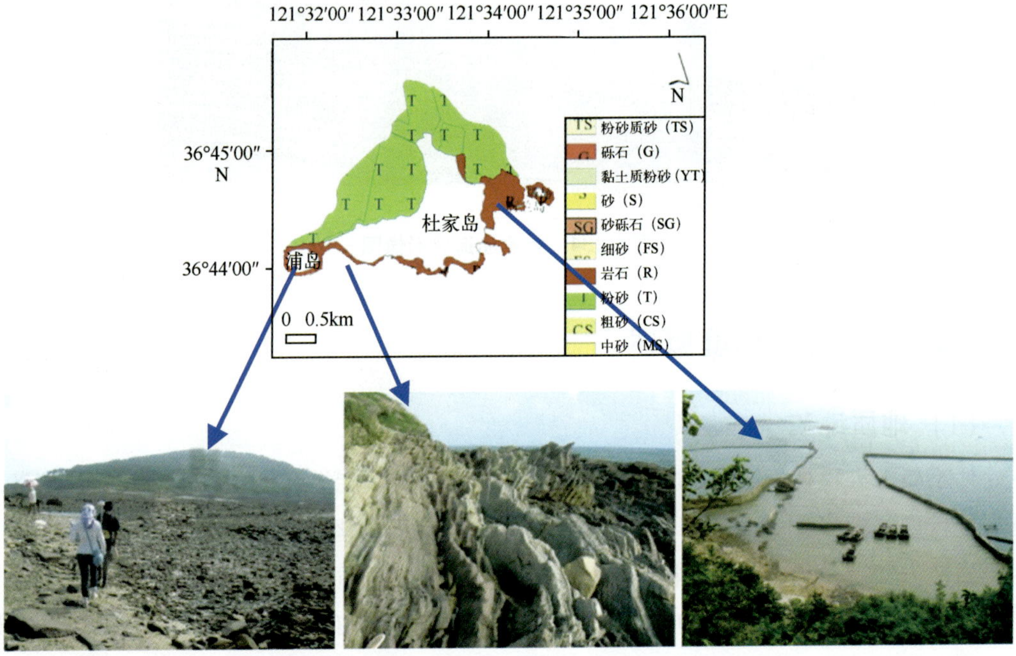

图 5.136　杜家岛潮间带类型分布

（3）植被

综合现场踏勘中采集的植物标本、拍摄的植物影像、获得的调访资料，该岛有林地面积 40 hm^2 以上，主要树种为黑松、梧桐、刺槐、椿树和柞树，有耕地近 70 hm^2，栽培草本农作物。植物标本涉及 26 科 48 种，主要有 5 种植被类型：常绿针叶林、阔叶落叶林、灌草丛、草丛和草本人工栽培植被。从植被分布看（图 5.137），该岛植被比较发育，林木覆盖率为 17.74%，植被覆盖率为 30%。草本植被主要分布在岛南侧，岛中东部主要为农作物群落，岛西北侧为稀树草丛。

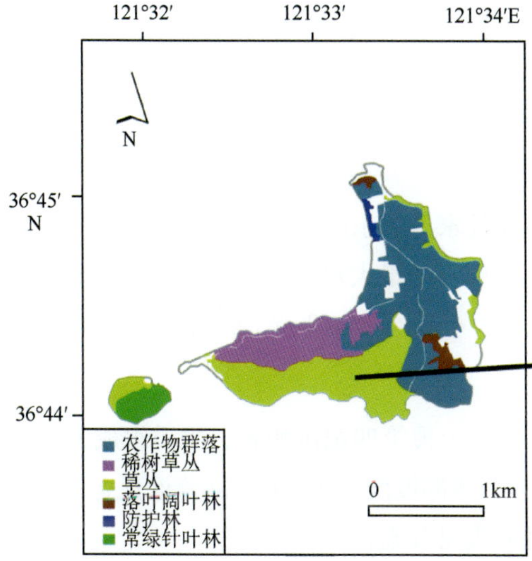

图 5.137 杜家岛植被分布

(4) 土地利用

全岛土地总面积为 235.91 hm^2，其中旱地 96.05 hm^2，有林地 6.73 hm^2，其他林地 38.81 hm^2，其他草地 66.81 hm^2，农村宅基地 21.09 hm^2，公路用地 0.72 hm^2，农村道路 1.03 hm^2，裸地 4.67 hm^2（图 5.138）。与 1992 年的海岛调查（耕地面积69.3 hm^2、林地面积 44 hm^2）相比，该岛耕地面积有所增加。

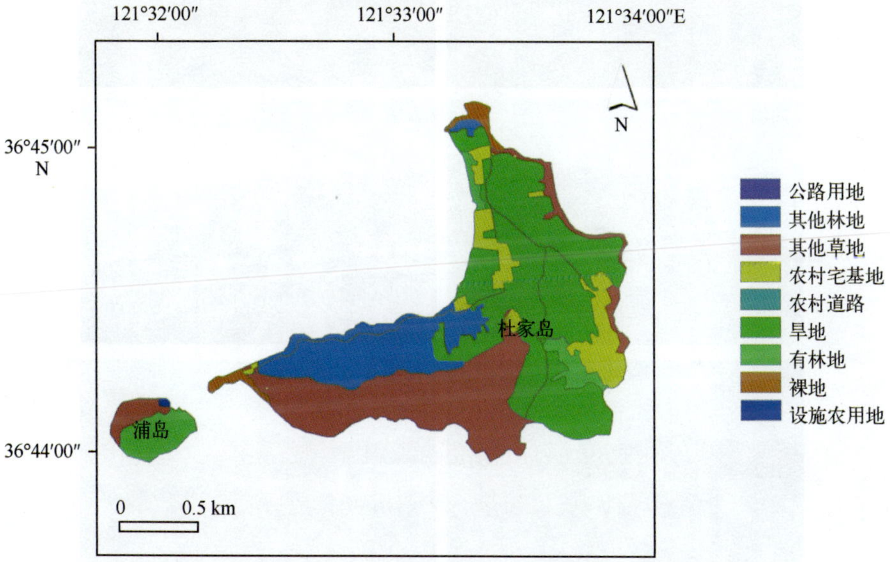

图 5.138 杜家岛土地利用类型分布

5.24.3 主要地质灾害

调查现场踏勘点（线）4处，发现杜家岛主要发育崩塌、滑坡和海岸侵蚀3种灾害类型。潜在崩塌点1处，潜在滑坡点1处，海岸侵蚀1处（表5.30、图5.139）。

（1）崩塌

杜家岛主要地质灾害类型是崩塌，多分布在杜家岛的东南侧，且顺海岸发育。杜家岛海湾内的崩塌体高度40 m，坡度近于90°，底部碎石的最大尺寸为5 m×2 m×2 m。岛南侧的崩塌体，长度约200 m，崩塌落石最大尺寸为4 m×3 m×3 m，崩塌量较大。

（2）滑坡

滑坡位于杜家岛的中部，中心为人工采石坑，上覆第四纪沉积物，物质组成为含砾质砂土，厚度一般超过2 m，最大出露厚度约3 m，顶部坡度大于70°，部分近直立，沙土的雨水冲刷痕迹明显，且植被稀少，较易发生滑坡或泥石流。

表5.30 杜家岛地质灾害统计表

编号	纬度（N）	经度（E）	灾害类型	灾害等级	备注
DJ01	36°44′05.90″	121°33′09.10″	滑坡	小型	崩塌
DJ02	36°44′26.80″	121°33′33.00″	滑坡	小型	
DJ03	36°44′07.80″	121°33′36.50″	海岸侵蚀	小型	海蚀崖

图5.139 杜家岛地质灾害类型

(3) 海岸侵蚀

海岸侵蚀点位于岛东南侧岬湾内，已进行了人工防护处理。

5.25 田横岛

5.25.1 概况

田横岛和涨岛低潮时相连，两个岛呈东西向横亘于横门湾口。隶属即墨市田横镇，现有常驻居民 1 067 人（图 5.140）。岛为长条形，长轴方向为 EW 向，最长处为 3.0 km，最宽 0.8 km。岛陆面积 1.3 km^2，岸线长 9.5 km，最高峰位于田横岛西部，海拔 54.3 m。海岸类型分为人工海岸、基岩海岸、砾石海岸和砂质海岸 4 种。海域底质类型多样，有砾石、贝壳砂砾、细砂、砂质粉砂、黏土质砂质粉砂等。

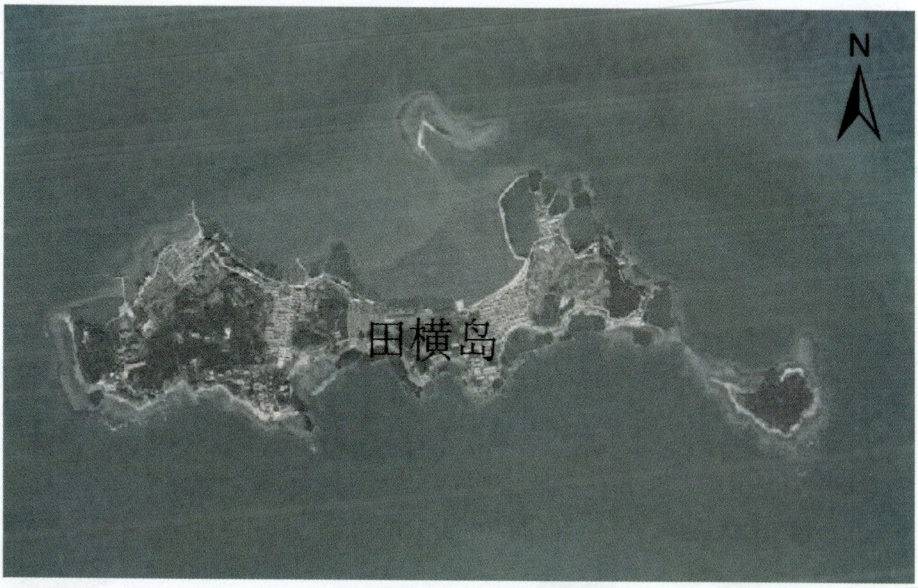

图 5.140　田横岛遥感影像图

5.25.2 自然环境概述

(1) 地质地貌

田横岛地层为白垩系下统莱阳群，岩性系砂岩、含砾砂岩、黑色页岩及砂、页岩互层。地层总体走向 S—N 和 NNW 向，产状多为 220°～250°，倾角 20°左右。海岛软、硬岩性的互层控制着海岛湾、岬的交替出现（图 5.141）。

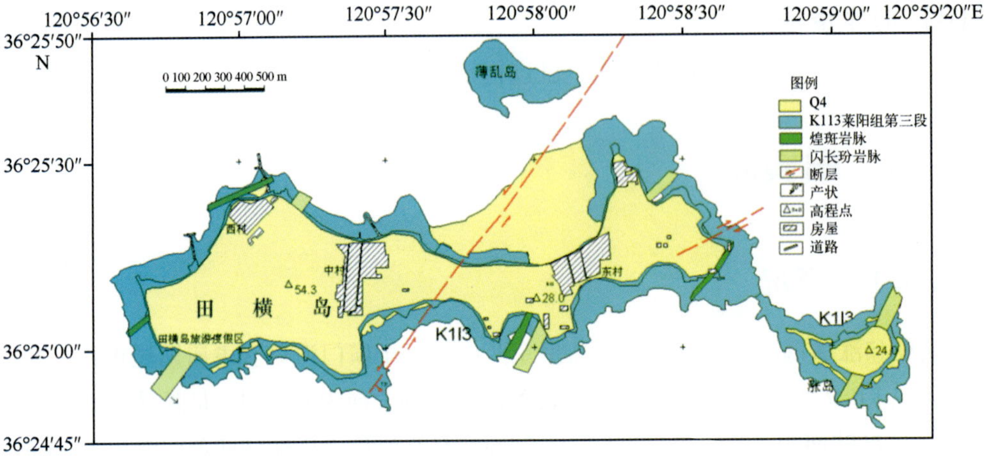

图 5.141　田横岛地层分布

田横岛整体上位于侵蚀剥蚀低丘陵，地势自西向东逐渐降低，地表起伏和缓，呈波浪状。海岛中部略高，向南、北两侧逐渐降低，一般南侧比北侧陡。海岛西北部和东部分别有很小的侵蚀剥蚀台地。海岛东、南两侧向海，风浪作用强，海岸陡峻，岸线蜿蜒曲折，海蚀地貌发育，多有小的岬湾，湾内砾石遍布；北岸背风，有海积地貌发育，岸线变化和缓，海湾内分布较多的砂、砾石（图 5.142）。

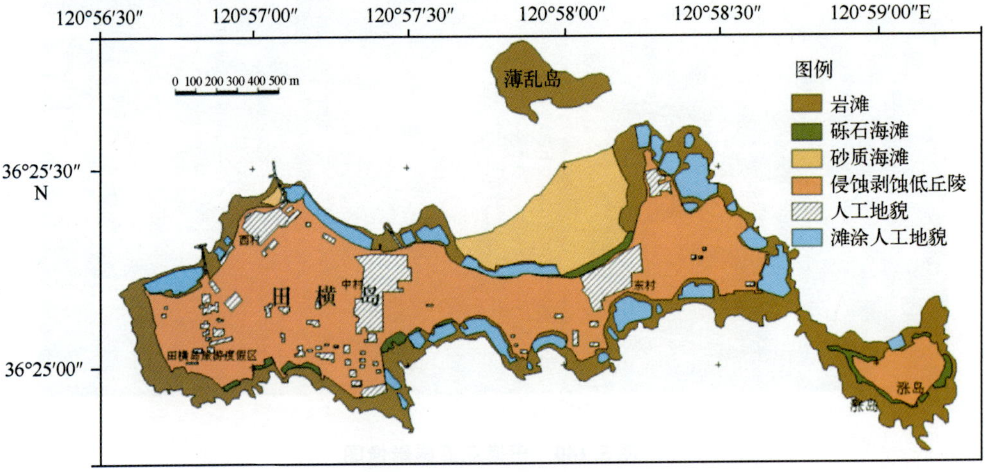

图 5.142　田横岛地貌分布

（2）潮间带特征

田横岛四周岸线曲折，岬湾相间，海蚀、海积地貌发育。海蚀地貌主要类型有海蚀平台，为自岸向海倾斜的岩坡，宽约几十米，出现在低潮线以下的近岸带，在该岛的四周均有分布。海积地貌主要分布在岛北岸和南岸的小海湾内，发育砾石堤和砾石滩，向海滩坡较大。潮间带大部分已开辟为养殖池。田横岛附近海域底质类型多样，受陆源和岛礁岸蚀物质、海底地形和水动力的影响，陆岸附近和水道区分布粗粒沉积物。调查区北部岛礁众多，地形复杂，区内出现的底质类型有：基岩砾石、贝壳砂砾、细砂、砂质粉砂、黏土质砂质粉砂、黏土质粉砂和粉砂质黏土等，具有自西向东远离海岸沉积物变细的趋势。

（3）植被

该岛地处东亚暖温带季风区，属海洋过渡性气候，气温适中，四季分明。土壤类型简单，仅棕壤一种。植被覆盖面积较大，以人工植被为主，主要有苍耳群落、葛群落、白茅群落、紫穗槐群落、曼陀罗群落、海州常山—野艾群落、紫穗槐—野艾群落、杠柳群落、黑松—葛群落。田横岛西部及南部沿海地区，灌草丛及农作物交替分布，其余大部分地区为防护林，人工栽培主要树种为松树和无花果树。在田横岛旅游度假区，分布有大量园林绿化植物如紫薇、龙柏等。

（4）土地利用

田横岛西部已开发为旅游度假村，集休闲、餐饮、娱乐于一体。岛上有村庄 3 个，农村住宅面积 18.65 hm^2；此外还有农田旱地 23.15 hm^2；其他林地 41.20 hm^2；草地 43.30 hm^2；岛上环岛公路用地 4.48 hm^2；港口码头用地 0.49 hm^2。植被覆盖率达 95% 以上。涨岛上主要为草本植物，面积 8.05 hm^2。

5.25.3 主要地质灾害

调查现场踏勘点（线）13 处，发现田横岛主要发育海岸侵蚀、崩塌和滑坡 3 种灾害类型。海岸侵蚀 4 处，潜在崩塌点 2 处，潜在滑坡点 7 处（表 5.31、图 5.143）。田横岛主要的灾害类型是海岸侵蚀和滑坡。

（1）海岸侵蚀

海岸侵蚀主要分布在田横岛东北和西北部的岬湾砂质和砾质海岸，位于东北侧的海岸侵蚀共两处。一处顺岛岸发育长度约 190 m，陡坎高 0.5 ~ 1 m，修有高约 2 m 的护坡；另一处，顺岛岸发育长度约 240 m，侵蚀陡坎高 0.5 ~ 1 m，滩面为直径大小不一的石块，最大直径约 20 cm，坡度较陡大于 15°。位于西北侧的两处海岸侵蚀顺岸长度较小，小于 40 m，但侵蚀陡坎最高达 2.5 m，海岸侵蚀后退累积距离约 2 m，已修建的护岸工程被破坏，危及海岛公路和居民房屋（小于 3 m）。

（2）滑坡

田横岛的潜在滑坡点多达 7 处，多为不连续的半圆锥形，单体最大长度约 300 m，坡度多大于 60°，石块直径大小不一，最大达 1 m，诱灾的原因主要是海岛开发堆积的土石方，没有任何的防护措施。

（3）崩塌

崩塌灾害主要分布在田横岛的西南端，崩塌体顶部崖高大于 15 m，顺岛岸发育长度大于 30 m，崖体横向节理发育，易发生崩塌。

图 5.143　田横岛地质灾害类型

表 5.31 田横岛地质灾害统计表

编号	纬度（N）	经度（E）	灾害类型	灾害等级	备注
TH01	36°25′00.42″	120°57′02.31″	滑坡	小型	崩塌
TH02	36°25′03.43″	120°57′26.35″	滑坡	小型	崩塌
TH03	36°25′05.46″	120°57′32.86″	滑坡	小型	
TH04	36°25′07.25″	120°57′41.38″	滑坡	小型	
TH05	36°25′00.99″	120°57′54.17″	滑坡	小型	
TH06	36°25′09.96″	120°58′10.89″	滑坡	小型	
TH07	36°25′20.10″	120°58′34.74″	滑坡	小型	
TH08	36°25′14.97″	120°58′01.08″	滑坡	小型	
TH09	36°25′18.73″	120°57′22.05″	滑坡	小型	
TH10	36°25′14.98″	120°58′05.08″	海岸侵蚀	小型	
TH11	36°25′25.86″	120°58′15.59″	海岸侵蚀	小型	
TH12	36°25′14.53″	120°56′51.46″	海岸侵蚀	小型	
TH13	36°25′21.79″	120°56′57.21″	海岸侵蚀	小型	

5.26 大管岛

5.26.1 概况

大管岛隶属于即墨市鳌山卫镇，现有常驻居民 110 人（图 5.144）。岛形为椭圆形，长轴方向为 NS 向，最长处 1.6 km，最宽 0.6 km，离岸最近距离为 8.0 km，岛陆面积 0.5 km^2，岸线长 4.2 km。大管岛海岸类型主要为基岩海岸和砾石海岸两种，海岸以冲刷

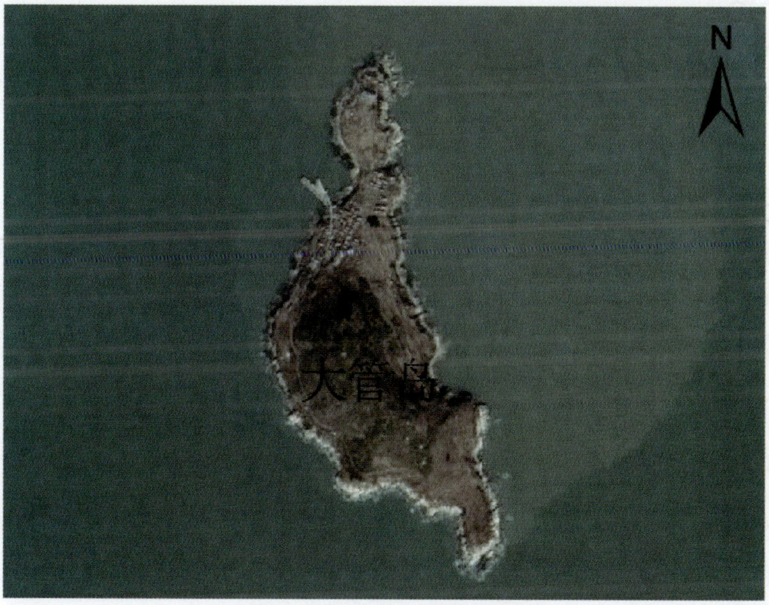

图 5.144 大管岛遥感影像图

为主，可见海蚀崖和海蚀洞。沿岸海蚀地貌发育，岛四周均有海蚀崖分布，规模不大的海蚀洞穴主要分布在岛南侧。岛四周有一些小海湾，湾顶有砂和砾石分布，近岸海底地形陡峻，低潮线到 5 m 等深线以内大部分为基岩，部分礁石延伸到 10 m 等深线附近，形成许多暗礁和明礁。岛礁区海蚀平台上很少有沉积物分布。

5.26.2 自然环境概述

(1) 地质地貌

大管岛地貌属侵蚀剥蚀丘陵，主山脊呈 NNW—SE 方向延伸，最高点在岛中部偏西。该岛地势南高北低，南部地形较陡，北部略平坦，为残积—坡积台地，沿岸为侵蚀基岩海岸，海蚀地貌发育，分布有海蚀崖，间有小海湾，湾顶有砂、砾分布。第四系为残积—坡积物，厚度不超过 20 cm，北部近海台地附近可达 30 ~ 40 cm。岛南部有裸露的基岩。大管岛岩墙、片理走向为 NEE 向，造就了海岛的延伸方向为 NEE 向。海岛第四系不甚发育，但植被较好。水文地质条件一般，在海岛东部有一口仅接受天然降水的浅井。海岛矿化现象不明显。

(2) 潮间带特征

大管岛附近海域底质类型多样，受岛礁岸蚀物质、海底地貌和水动力条件的影响，海岛岸滩和水道区分布粗粒沉积物。调查区西北部形成一小海湾，区内出现的底质类型有：基岩砾石、贝壳砂砾、细砂、砂质粉砂、黏土质砂质粉砂、黏土质粉砂和粉砂质黏土等，具有自东向西远离海岸沉积物变粗的趋势。

(3) 植被

大管岛南部以防护林为主的人工栽培植被约占整个海岛面积的 2/3，集中夹杂生长了一些藤本植物。北部沿海及东南部人口较密集地区，主要为农作物群落，野艾、野菊等草本植物生长也较为茂盛。

(4) 土地利用

岛北山脚地势平坦处有村庄 1 个，农村住宅面积 2.82 hm^2；农田旱地 8.67 hm^2；其他林地 29.26 hm^2；其他草地 10.51 hm^2，植被覆盖率达 95% 以上。大管岛滨海湿地面积为 16.9 hm^2，其中主要为岩石性海岸（16.2 hm^2）；其次为养殖池塘，面积为 0.5 hm^2；砂质海岸面积最小，仅为 0.2 hm^2。

5.26.3 主要地质灾害

调查现场踏勘点（线）4 处，发现大管岛主要发育崩塌灾害，潜在崩塌点 4 处（表 5.32、图 5.145），主要分布在大管岛的东侧和南侧。位于东南角的崩塌体极为典型，岩石垂向节理和横向裂隙发育，顺岛岸发育长度约 10 m，崖体坡度较缓，坡度介于 40° ~

60°。崩塌体顶部高约 10 m，底部堆有石块，石块直径介于 1 ~ 2 m。离居民房屋的距离小于 20 m，危险级别较高。

表 5.32　大管岛地质灾害统计表

编号	纬度（N）	经度（E）	灾害类型	灾害等级	备注
DG01	36°13′25.27″	120°46′16.77″	滑坡	小型	崩塌
DG02	36°13′24.43″	120°46′21.83″	滑坡	小型	崩塌
DG03	36°13′42.69″	120°46′20.47″	滑坡	小型	崩塌
DG04	36°14′12.40″	120°46′09.99″	滑坡	小型	崩塌

图 5.145　大管岛地质灾害类型

5.27　灵山岛

5.27.1　概况

灵山岛位于青岛海域黄海之中，牙岛子和洋礁岛为其附属海岛，距大陆最近点距离 10.5 km。岛近葫芦形，呈南北向，南部宽，北部窄，岛的长轴方向呈 NS 向展布，最长 509 km，最宽 305 km，岛陆面积约 14.3 km^2，岛岸线长约 7.8 km，最高峰为歪头顶，海拔513.6 m，为中国第三高岛。隶属胶南市积米崖港区，现有常驻居民 2 248 人（图5.146）。海岸类型主要有基岩海岸、人工海岸、砾石海岸三种。本岛为侵蚀性海岸，海蚀崖极为发育，高度在7～10 m之间，东岸略高于西岸，并发育有海蚀洞穴，属蚀退型海岸。潮间带不仅分布有限，而且滩面较窄，大致分为基岩砂砾石滩和砾石滩两种。

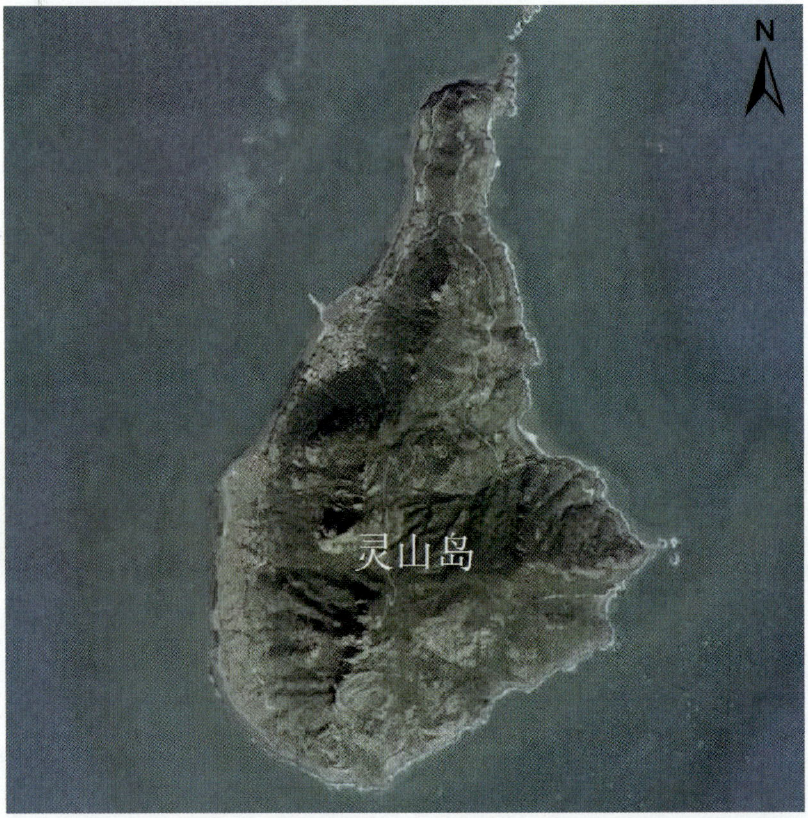

图5.146　灵山岛遥感影像图

5.27.2　自然环境概述

（1）地质地貌

该岛呈南北向，南部宽，北部窄。地势呈南部高，北部低，东坡陡，西坡缓。岛内海拔超过200 m的大小山峰有56座。

灵山岛主要由白垩系青山组构成，仅出露青山组下段碎屑岩和中段火山岩。碎屑岩主要分布于岛的西部、南部和东部，是一套深灰色、褐色中薄层—中厚层长石砂岩与页岩互层以及含砾砂岩、砂砾岩等。中段的火山岩分布于小灵山—望海楼—歪头顶一线的东半部，面积约占全岛的1/2强，它主要的岩性为安山岩、安山玢岩、安山质角砾岩等。第四系在岛内多为残积—坡积物，厚度小于50 cm，分布于海拔200 m以下的山坡、坡麓，海岸分布海积物。岛上构造较简单，基本上为单斜构造，地层倾向东偏南，倾角 15°～70°，与山峰排列方向一致。断裂有 NWW、NW、NNE 向 3 组。灵山岛岛陆地貌按形态和成因可分为侵蚀剥蚀低山、侵蚀剥蚀丘陵、侵蚀剥蚀台地和洪积冲积平原四类（图 5.147）。

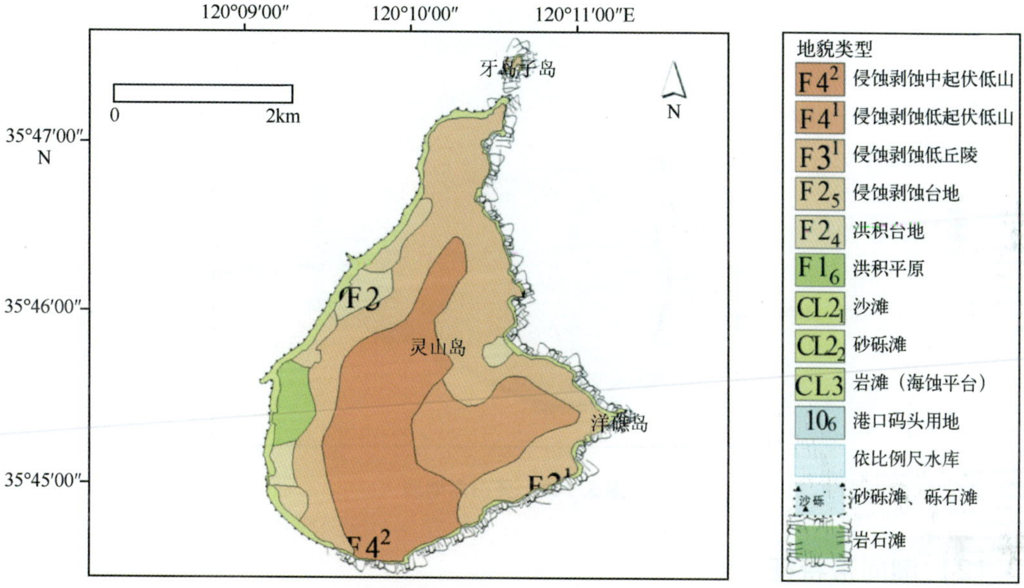

图 5.147　灵山岛地貌分布

在大地构造上，灵山岛位于胶南隆起与千里岩隆起间的灵山岛坳陷。整个区域均缺失古生代地层，为一古陆。直到燕山运动早期地壳活化，受北东向断裂控制，灵山岛地区才塌陷形成为盆地。盆地内接受了白垩纪早期的陆相碎屑岩沉积，燕山运动三幕时经受强烈断裂，并伴有火山喷发，覆盖于前述陆相碎屑岩层上，此后在燕山运动晚期抬升，长期处于剥蚀状态。区内出露的地层比较简单，构造单一。

灵山岛地层可划分为上、下两段，下段为中生界白垩系下统青山组下段，岩性系砾岩，砂岩，黑色页岩及砂、页岩互层，分布在灵山岛西坡以及海岛岛体的下部及潮间带部位，总体产状倾向 E，倾角 30°～60°。上段为中生界下统青山组中段，岩性系安山岩及安山角砾熔岩，主要分布在灵山岛顶部以及东坡，其产状倾向 E，倾角 25°左右，10°～35°不等，总体产状 110°∠25°，与下伏莱阳组呈喷发角度不整合接触。此外，岛内岩浆侵入，形成花岗细晶岩岩墙，岩床产状 85°∠15°，沿海岛 SW，呈侵入接触关系。岛上地质构造较简单，基本上属单斜构造，地层呈近南北走向，倾向东偏南，倾角 15°～70°，与山峦排列方向一致。构造以张性断裂为主，分为 NWW、NW、NNE 向 3 组。另外，在较软弱的砂页岩地层中还见有并列褶曲和拖曳（或肠状）褶曲发生（图 5.148）。

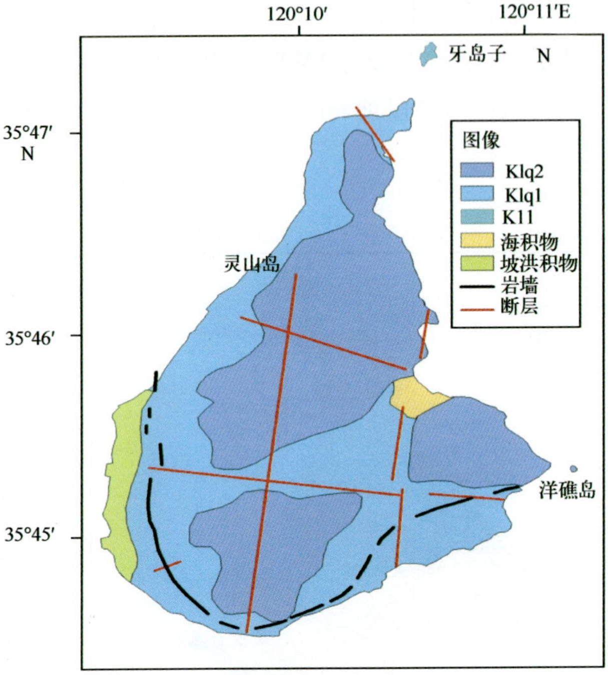

图 5.148　灵山岛地质

（2）潮间带特征

潮间带按物质组成与地貌结构分为 3 类：

①基岩岸滩　分布在海岛南、北两端及东岸洋礁附近，范围均小。海滩由基岩构成，浪、潮作用下滩面较平缓。

②砾石岸滩　主要分布在李家村至沙嘴子一带，滩面由磨圆较好的砾石组成，厚 20 ~ 200 cm。

③混合岸滩　分布范围广，主要在西岸，海滩上部有厚薄不等的砂、砾层，向海变薄，以至基岩出露。

灵山岛周围海域底质组成比较复杂，沉积物粗细相混，含有大量与岛上火山岩相似的粗砂、砾石及来自海底晚更新世地层中的钙质结核。岛岸侵蚀物已成为本海区的主要物质来源。而山东沿岸流带入的物质处于次要地位，外海加入物则更少。受区内海洋动力条件的影响，在沉积物类型分布上存在明显的差异，岛东北和西南分布全新世海浸以来的软泥沉积，岛北、西北、南和东南广布低海面时期残留的砂砾沉积。受陆源和岛礁岸蚀物质、海底地貌和水动力条件的影响，灵山岛潮间带底质类型有基岩砾石、贝壳砂砾、砂质砾和粗砂等，具有远离海岸沉积物变细的趋势。

（3）植被

灵山岛是青岛辖区中最大的海岛，面积为 7.81 km^2，占青岛海域海岛总面积的 1/3 左右。

其最高点海拔 513.6 m（歪头顶）。灵山岛的环境相对复杂多样，相应的植物种类繁多。调查中发现该岛有高等植物 324 种，占历年青岛海域海岛植物调查所发现种数（376 种，变种或类型）的 86%，优势类群包括菊科、禾本科、豆科等。本次调查植被类型主要有火炬树—紫穗槐群落、火炬树群落、农田、裂叶牵牛群落、鬼针草群落、石榴群落、柘群落、农田、卷柏群落、黑松群落、盐肤木群落。灵山岛大面积分布的植被为海岛中部的防护林，主要树种为火炬树、黑松、刺槐、紫穗槐等。农田主要分布在沿海及中部部分居民聚集的地区。象鼻山及歪头顶两处地势较高，自上而下分布为灌草丛和落叶阔叶林（图 5.149）。

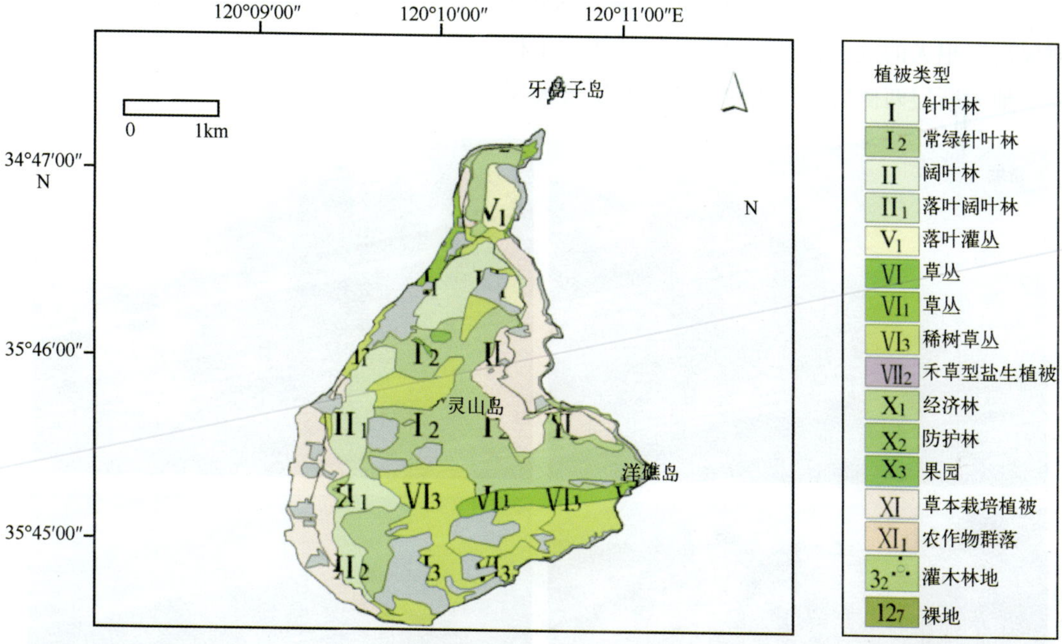

图 5.149　灵山岛植被分布

（4）土地利用

由于地理位置和环境良好，常住人口较多，岛上土地开发利用较好。岛上现有耕地 121.69 hm^2，其他林地 349.10 hm^2，其他草地 161.32 hm^2，农村宅基地 33.28 hm^2，环岛公路用地 3.07 hm^2，港口码头用地 0.42 hm^2，裸地 113.13 hm^2。

5.27.3　主要地质灾害

经现场踏勘，发现灵山岛主要发育滑坡、崩塌、冲沟、断层和海蚀崖 5 种灾害类型，潜在滑坡 1 处，潜在崩塌点 8 处，冲沟 2 处，断层 1 处，海蚀崖 3 处（图 5.150、表 5.33）。

（1）滑坡

滑坡分布在老虎嘴附近，滑坡体呈扇形，底部长度约 100 m，有大量土石滑落，滑坡体植被稀少，易发生滑坡。

(2) 崩塌

潜在崩塌点主要位于灵山岛的南部和北部，位于灵山岛西沙嘴子的崩塌点较为典型，崩塌的土石一般块径尺寸在4 m×3 m×2 m，最大尺寸为4 m×4 m×5 m，且磨圆度很高，大多呈球状。位于老虎嘴山上的潜在崩塌点外围沿线长度约220 m，由于岩层垂向节理和斜向裂隙发育，侧面岩石完全裸露，且与地面垂直，易滑落，当地政府在此设立警示牌。

(3) 冲沟和断层

冲沟整体呈X形，位于交叉处下端有两处民房，有大量的土石被冲下，如遇大雨天气对民房有很大的危害，目前没有任何的防护工程。

地质断层两侧岩性、走向一致，断层最大厚度为2 m左右，断层清晰。

图5.150 灵山岛地质灾害类型

（4）海岸侵蚀

灵山岛东南受到海水侵蚀，形成造型奇特的海蚀地貌，具有极高的观赏价值，如老虎嘴、象鼻山、石秀才等。

表 5.33　灵山岛地质灾害统计表

编号	纬度（N）	经度（E）	灾害类型	灾害等级	备注
LS01	35°45′47.40″	120°09′26.70″	滑坡	小型	海岸崩塌
LS02	35°44′49.10″	120°09′28.00″	滑坡	小型	崩塌
LS03	35°44′43.20″	120°09′34.30″	滑坡	小型	崩塌落石
LS04	35°44′36.90″	120°09′42.00″	滑坡	小型	崩塌落石
LS05	35°47′04.40″	120°10′31.00″	滑坡	小型	潜在滑坡泥石流
LS06	35°47′01.70″	120°10′36.10″	滑坡	小型	崩塌落石
LS07	35°46′21.50″	120°10′42.50″	滑坡	小型	落石
LS08	35°44′33.70″	120°10′12.20″	滑坡	小型	滑坡、落石
LS09	35°44′34.20″	120°09′24.90″	滑坡	小型	落石
LS10	35°47′09.90″	120°10′10.20″	海岸侵蚀	小型	海蚀崖
LS11	35°45′30.20″	120°11′19.10″	海岸侵蚀	小型	海蚀崖
LS12	35°44′40.20″	120°10′24.70″	海岸侵蚀	小型	海蚀崖
LS13	35°45′10.90″	120°11′13.10″	断层	小型	
LS14	35°44′49.80″	120°10′41.80″	断层	小型	冲沟
LS15	35°44′40.30″	120°10′24.80″	断层	小型	冲沟

5.28　东西连岛

5.28.1　概况

东西连岛位于江苏省连云港市东面海域上（34°45′43.14″N、119°27′51.56″E）。从连云港北望，有一长条形岛屿横卧于碧波之中，这就是东西连岛（图 5.151）。东西连岛东西长约 5.5 km，南北宽 1.5 km，是江苏省最大的海岛。

东西连岛由东连岛和西连岛组成，与对岸云台山隔水相望，连岛海拔高 174 m，总面积 7.57 km^2，岸线长 17.66 km。

图 5.151 东西连岛遥感影像图

5.28.2 主要地质灾害

调查港湾淤积 2 处，海岸侵蚀 1 处，崩塌 2 处。

(1) 港湾淤积

由于修建连岛公路，导致港口淤积严重（图 5.152），所在位置为：北纬 34°45′43″、东经 119°21′54″。

图 5.152 东西连岛港口淤积现象

由于淤积，使连岛路中部新淤积潮滩，滩涂生有芦苇和碱蓬（图 5.153），所在位置为：北纬 34°45′48″、东经 119°22′38″。

图 5.153 东西连岛新淤积潮滩

(2) 海岸侵蚀

所在位置为：北纬 34°46′41″、东经 119°26′35″。在废弃测潮点附近的基岩岸线存在海岸侵蚀现象（图 5.154）。

图 5.154 东西连岛海岸侵蚀现象

(3) 崩坍

在北纬 34°46′13″、东经 119°27′44″处，存在山体崩塌现象（图 5.155），崩塌可能是采石修路造成的，崩塌地带长约 8 m，高约 10 m，并且存在倒石堆。

在北纬 34°44′59″、东经 119°28′44″处，存在崩塌现象（图 5.156）。该位置分布于公路旁，并存在多处。上面是约 2 m 厚的残积物，下面是 3 ~ 5 m 的风化壳。路旁有滚石。

图 5.155　东西连岛山体崩塌现象

图 5.156　东西连岛崩塌落石

5.29　开山岛

5.29.1　概况

开山岛位于江苏省盐城市灌云县五灌河口交接处的主航道南侧，离陈家港海岸 7.5 km，灌河口外 9.5 km 处，外形呈馒头状（图 5.157、图 5.158），海拔 36.4 m，面积 0.013 8 km^2，属基岩岛屿，南、北、东三岸为岩石陡岸，西南为水泥岸壁码头，高潮时可靠船登岛。岛东 80 m 处有砚台石，西 200 m 处有大狮、小狮二礁和船山。岛上有航标灯塔一座、原驻军营房 50 多间以及山洞、储水池等。开山岛位于灌河入海口主航道南侧。开山岛整座山由黑褐色岩石组成，岛上怪石嶙峋，陡峭险峻，海拔 36.4 m，岛上连一把泥土都难找到，无树林，亦无淡水资源。

图 5.157　开山岛位置图

图 5.158　开山岛全景

5.29.2 主要地质灾害

开山岛地质灾害类型主要是崩塌落石。开山岛北岸陡壁基岩垂向节理发育，易发生崩塌落石（图5.159）。

图5.159 岩体结构破碎

第 6 章　亚热带海岛地质灾害

亚热带气候区海岛是指江苏省北纬 34°（苏北灌溉总渠）以南（2 个岛屿）以及上海市、浙江省、福建省、广东省、台湾省和广西壮族自治区的岛屿。该岛屿区可进一步分为三个亚区：北亚热带岛屿亚区、中亚热带岛屿亚区和南亚热带岛屿亚区。本次海岛地质灾害调查涉及其中的 48 个海岛。

6.1　崇明岛

6.1.1　概况

崇明岛位于长江入海口，是在长江下泄泥沙的作用下不断沉积而露出水面形成的冲积岛，也是我国现今河口沙洲中面积最大的典型河口沙岛。崇明岛三面临江，东濒东海，形似卧蚕，坐落于北纬 31°25′—31°50′、东经 122°10′—121°00′处，总面积为1 311.26 km^2，东西长度 84 km，南北宽度 13～18 km，海岸线长 216.43 km（图 6.1）。崇明岛因其特殊地理环境，其平面环境具有三级分汊四口入海的特殊形态。长江径流在人工节点徐六泾处出现一级分汊，形成崇明南、北支水道，下泄至长兴岛西北端出现二级分汊，形成南港、

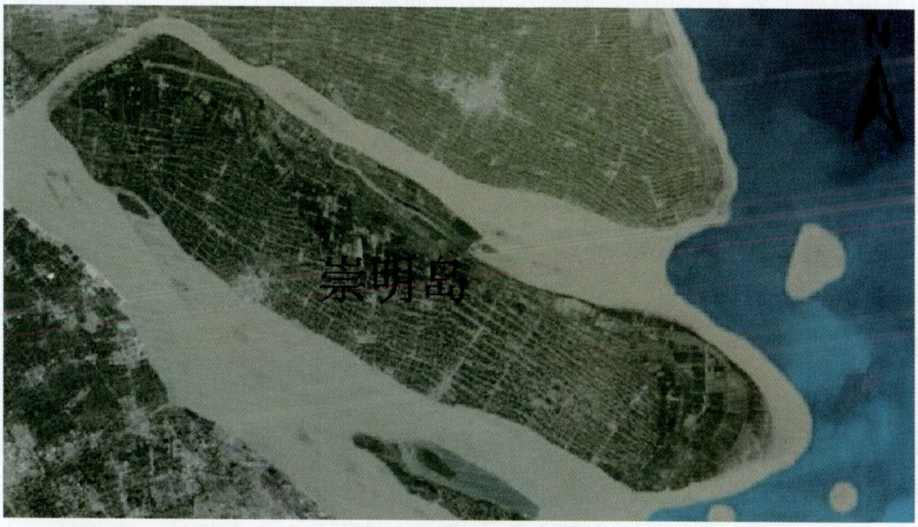

图 6.1　崇明岛遥感影像图

北港；下泄至横沙岛东南端，出现三级分汊形成南槽和北槽。四口入海的格局，促成了崇明岛三面环水、一面向海的平面环境。

6.1.2 自然环境概述

(1) 地形地貌

崇明岛地势坦荡低平，岛上无山岗丘陵，地形总趋势是西北部和中部稍高，西南部和东部略低。新村乡、新海农场北部、红星农场南部、长征农场中部等地区平均标高均在4 m以上。界河口两侧、鸽笼港北口西侧、东平河口东侧部分地面标高超过4.5 m。三星镇北部和西南部、庙镇、小竖河两侧等处的地面标高在3.5 m。地面标高3.2 m以下的低洼地区分布在陈家镇北部，张网港口两侧，东部裕安乡一带局部洼地地面标高在3.0 m。

崇明陆地地貌类型为三角洲平原，主要有新、老河口沙岛和浅洼地三种地貌。

① 老河口沙岛　老河口沙岛是崇明的主体部分，标高约为3.5～4.0 m，局部地区低于3.5 m，面积为608 km^2，距今已有几百年甚至上千年的历史，地貌年龄相对较为久远。地貌物质以黏土质粉砂为主，常见粉砂质泥与黏土质粉砂互层的现象。自唐代（公元618年）以后，崇明河口沙坝结束了水下发育阶段，各沙相继露出水面，直到明末清初（1644年），各沙岛相互连接，构成今日崇明岛的基本格局。

② 新河口沙岛　新河口沙岛包括现今的崇明岛北部、西部和东部，标高在3.5～4.5 m，面积接近1 500 km^2。新河口沙岛是近现代才形成的，地貌年龄较为年轻。由于长江北支涨潮流速大于落潮流速，以及江流交汇泥沙不断淤积而形成北部新河口沙岛，它主要包括20世纪50年代以后相继淤涨的沙洲。1971年，崇明岛北部永隆沙已与崇明相接，其东部黄瓜沙亦于90年代相连，后经人工围垦而成为新河口沙岛的一部分。北部物质组成主要为粉砂质黏土，局部为盐渍土；东部河口沙岛是随着对东旺沙、团结沙和崇明东滩的围垦而形成，地貌年龄极为年轻。

③ 浅洼地　浅洼地是指地势相对较低的负地形，如湖泊、池塘、新围入的潮沟、河道等。崇明岛浅洼地标高在3.0 m以下，占总耕地的3.48%，主要分布在裕安乡北部、张网港口两侧，局部洼地地面标高低于2.8 m。

(2) 潮间带地貌

崇明潮间带地貌主要有河口和潮滩两种类型。

① 河口地貌　长江河口段因崇明岛而分为北支和南支。长江口北支水道在历史上曾经是长江的入海主泓，历尽变迁现已成为支汊，形似喇叭状河口。由于自然和人为围垦因素，改变了水动力条件、北支已经淤浅和束窄，不再是长江入海的主要河道，并有逐渐淤弃的趋势。长江口南支是长江入海的主要水道，水道中分布有东风沙、扁担沙、中央沙。东风沙与崇明岛夹泓水深不足10 m，扁担沙与中央沙之间是南门水道，水深5～10 m，中

央沙与崇明岛中东南沿是北港水道，水深 10 m，南港水道水深大于 10 m，为长江入海主泓道。

② 潮滩地貌　崇明潮滩地貌细分类后有淤泥滩、粉砂淤泥滩、芦苇滩（图 6.2）、草滩与潮沟，其中粉砂质滩面积最大、分布也最广。

崇明东滩是随着人类对东旺沙和团结沙合并、围垦而形成的。由于潮汐和径流咸淡水的交织物化作用，东滩成为径流泥沙在该岛的主要沉降区域，也是全岛最具成长性的部分。目前的崇明东滩十分年轻。它是 20 年来才逐渐形成的，也是人类生产活动对土地利用程度逐渐深化的结果。随着东部滩涂的自然淤涨和人工围垦，岸线不断向东外移，1955—1976 年，岸线向东延伸 3 km，平均每年外涨 143 m；1976—1992 年，岸线平均每年外推 200 m；1992—1998 年，东旺沙又一次围垦，岸线外推 1.25 km，年均岸线外推 178 m。北滩水流缓、淤涨快、滩面宽、沙洲多，以咸为主的咸淡混杂，北滩的发育严重阻碍了长江水流进入北支水道。西滩属于纯淡水浅滩湿地（偶有北支咸潮水倒灌），是涨落潮的汇集处，南侧以落潮为主，水流急、河床深。南滩属于淡水性浅滩湿地，滩面面积小、水流急、滩面窄、坍势大于淤涨，水质以淡为主。

图 6.2　东滩芦苇

潮沟发育是东滩潮汐沉积的一个重要特征，也是最为显著的一级地貌单元，滩面潮沟系统十分发育（图 6.3），主要分布在潮间带的上部，不同等级的潮沟系统清晰可见，主要呈现树枝状，由 2～3 级分支。受水动力的强烈作用，崇明南岸的侵蚀较为明显。扁担中沙、扁担东沙北侧受北港水流冲刷，坍势较为严重，团结沙东南角的滩涂坍势也趋明显。

图 6.3　潮沟

(3) 植被

崇明岛的植被分为三级系统，第一级为天然植被和人工植被；第二级分类是以滨海盐生植被为主的天然植被，人工植被有木本栽培植被和草本栽培植被两种类型；第三级分类中禾草类盐生植被是构成滨海盐生植被的主要天然植被（图 6.4）。

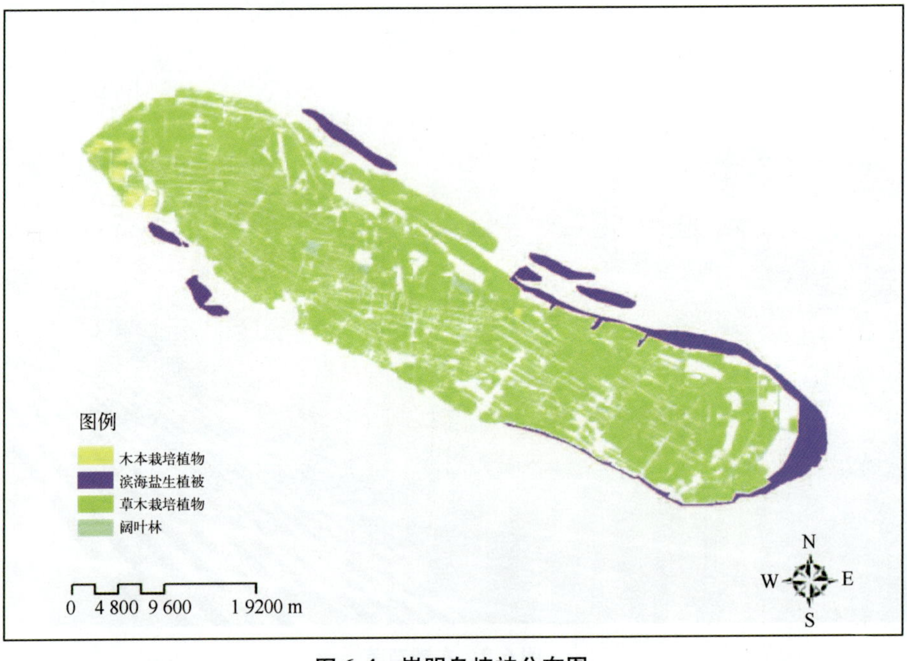

图 6.4　崇明岛植被分布图

(4) 土地利用

崇明岛绝大部分土地属于上海市崇明县，只有崇明北部极小部分土地属于江苏省海门市和启东市。崇明县现有 14 个乡镇、8 个农场，土地利用面积总量为 1 249.33 km^2（不含江苏 61.93 km^2，表 6.1）。

表 6.1 崇明岛土地利用情况

土地利用类型	耕地	园地	林地	商服用地	工矿仓储用地	住宅	特殊用地	公共用地	交通用地	水域用地	其他用地	合计
面积（km^2）	759.84	18.07	45.91	0.28	16.08	179.04	2.92	11.83	15.04	110.49	151.76	1 249.33
比例（%）	57.95	1.38	3.5	0.02	1.23	13.65	0.02	0.9	1.15	8.42	11.57	100

6.1.3 主要地质灾害

崇明岛的地质灾害种类较多，涉及区域及环境也各不相同。其地质灾害主要有：海岸侵蚀、海水入侵、地震、地面沉降、咸潮入侵。

（1）海岸侵蚀

崇明地处入海河口，泥沙运动活跃，水动力条件强，环岛海岸滩地存在侵蚀、稳定、淤涨的态势。整体来说，崇明岛南端海岸以侵蚀为主。滩地沉积物展现出潮汐层理的纹层较薄，风暴沉积较为明显，自上而下通常由冲刷面，高流态砂层和粉砂、黏土互层构成一个风暴沉积系列。崇明岛东滩持续淤涨，潮间带淤涨最强。滩地沉积构造展现的风暴沉积十分明显，3 m 高程以下几乎没有细物质；崇明岛西滩 20 世纪 60 年代围垦，70 年代建岸，修建丁坝护岸工程，为工程稳定岸滩。滩地沉积物构造展现的潮汐韵律层理的纹层厚度大，并有发育好的递变理层，水透镜理层及包卷理层；崇明北滩，大规模围垦集中该区，滩地淤涨迅速。滩地沉积物构造展现的是潮汐韵律理层厚度小，植被影响的季节层理明显。崇明海岸侵蚀岸段主要包括：

① 团结沙南岸遭受波浪和潮流冲力，坍江严重。高滩线以崩坍方式形成直立陡坎，坎高 1.7 m，坎下多泥块、砂砾等。坎上芦苇滩沉积物为黏土质砂，高滩上发育沙堤，沉积物为含贝壳碎片的砂质粉砂。坎下光滩沉积物为粉砂、砂质粉砂，光滩坡度为 0.003 9。造成南岸侵蚀严重的原因主要包括：长江南支主流线的摆动、东南向大浪的冲刷作用、人工堤坝和水下沙洲束流作用等，众多因素的共同作用使得团结沙南岸冲刷严重，冲刷陡坎绵延数千米且向岸不断推进，造成滩地面积减少、人工种植树木倒伏（图 6.5）。

图 6.5 树木倒伏

② 崇明岛西侧（崇头）长江主流南支与北支分界处，由于长江主槽为南支，因此崇明岛西端点特别是南侧海岸受长江径流冲刷严重，滩地外侧形成高约 50 cm 的冲刷陡坎，树木倒伏、根系出露（图 6.6），人工修筑的堤坝路已部分被冲毁（图 6.7），部分树木根部甚至被强水动力推到滩地上部。崇头西南侧为人工堤坝岸段，堤下滩地亦遭受较为严重的冲蚀，滩地面积不断减小，部分岸段滩地消失，江水直达堤坝，造成早期丁坝根部冲毁，孤悬江中，人工种植的防护林几近消失，植被不发育。目前为堤坝安全而在坝底抛石护脚。

图 6.6　树木根系出露或倒伏

图 6.7　护岸冲毁

③ 新建东三坝断面位于新桥水道上口微弯的凹岸，受强流冲击，高潮滩侵蚀剖面呈现陡坎式。上部的芦苇滩宽 150 m，草滩宽 469 m，草滩外缘为 1.5 m 高的陡坎，坎下多泥块。

（2）海水入侵

崇明岛是新长江三角洲发育过程中的产物，在江海泥沙、潮波作用和人为因素的相互交替影响下，经历了无数次的沙洲涨坍，逐渐形成了如今的典型河口沙岛。岛内河道纵横，由骨干河道、横河、泥沟交织成遍布境域的繁密水网。由于地势低平，地下水位偏高，并受海潮上溯影响，岛上水质偏咸，尤以 2 月、3 月长江枯水期为盛。地下水含水层由浅水层与5个承压水层组成。

崇明岛的海水入侵总体上呈现地表水高于地下水，海水入侵强度为北部高于南部，并呈现由北向南递减的趋势，潜水中氯度高值区出现在崇明北沿垦区和东部的垦区，氯度大于1 000 mg/L区位于长江农场北部和新隆沙。大于250 mg/L小于1 000 mg/L区由崇明西端新沿至东部的五滧垦区和新桥区成狭带状分布。潜水中高矿化度区大致沿长江北支展开呈带状分布，北沿垦区矿化度在3.08/L以上，向南递减至大于1.08/L小于3.08/L区的半咸水，由中部至崇明南岸线区形成小于1.08/L的淡水区。

崇明岛地下水在天然状态下主要接受自西向东埋藏的古长江水系的补给，由于区域天然水力坡度很小，地下水流极为缓慢，承压各含水层所获的天然地下径流补给量很小，而潜水含水层的补给来源主要是大气降水入渗和农田灌溉下渗，以及繁密河流的侧向补给。

崇明岛海水入侵区主要集中在北沿一线，新近沉积和围垦区的岛堤内外侧氯度和矿化度为高值区。水化学检测中卤族元素的分布可以反映出崇明岛江海沉积环境的特点：崇明南部为长江淡水，岛屿南面浅层地下水多为氯度、矿化度低值区，岛屿北沿为北支水道，东海海水作用强烈，同时北支不断淤积，淤积成陆部分的浅层地下水仍受原生的海水影响。因此，北沿的浅层地下水系氯度、矿化度高值区。这种由南向北的岛域浅层地下水由淡变咸，氯度、矿化度含量从低到高的演变规律，体现了长江淡水条件为主的区域在向海咸水条件逐渐过渡的一个过程，而低、高值区的存在范围与长江淡水和海水的进退途径及影响范围较为一致。崇明岛北支东侧为围垦用地，建有崇明北部高效生态农业园区，但是由于围垦造地时间较短，土壤盐渍化比较严重，对当地的农业种植影响较大（图6.8，图6.9）。

图6.8 农业生态园

图 6.9　海水入侵监测井

(3) 地震

崇明岛坐落于东海大陆架上，大地构造位置处在杨子准地台，地块相对稳定。但其内基岩断裂构造发育，有活动性断裂存在，且又距南黄海、长江口震源较近，较之上海城区来说，是一个地质环境复杂的区域，地块相对不稳定。

崇明基底岩石断裂构造主要为 NE—NNE 向和 NW 向。NE—NNE 向构造主要为陈家镇断裂、城桥镇—新光断裂、江口断裂、沙溪—吕四断裂；NW 向构造为三星—新光断裂等。与崇明相关联的断裂带还有无锡—常熟—崇明、长江北支断裂带，构成了崇明—启东轻微不稳定区。

崇明地震台位于崇明岛三烈公路东侧，其地磁和水氡二项观测要素列入国家地震局域网。据 2001 年至 2007 年的地震资料统计，长江口、启东、南黄海共发生过 82 次地震。统计年间震级最大为 4.1 级（南黄海），最小 0.5 级（崇明），其中崇明本土发生的地震有 4 次；统计年外，1967 年 10 月 3 日崇明本土庙镇西南发生 3 级地震，1980 年 8 月 31 日长江南支水域（崇明南水道）发生 1.2 级地震，1984 年 5 月 21 日南黄海发生 6.2 级地震，崇明震感强烈。

崇明岛的地震资料显示：在历史上和近代时期，崇明本岛尚未出现过破坏性的地震，但从岛内断裂较发育和地质块体的完整程度、地震活动以及新构造活动等方面，崇明—启东是轻微不稳定区。

(4) 地面沉降

崇明岛内水准点的设立始于 1973 年。1973 年崇明岛地面高程在 2.999 ~ 6.671 m 之间，平均高程为 4.316 m；1980 年地面高程在 2.989 ~ 6.628 m 之间，平均地面高程为

4.278 m。由水准测量资料统计而知，1973—1980 年崇明岛地区地面有所沉降，平均累积量为 38 mm，平均沉降速率为 5.43 mm/a；1980—1995 年，地面沉降平均累计量为 59.6 mm，平均沉降速率为 4.0 mm/a；1996—2001 年间，崇明岛上绝大部分地区平均地面沉降为小于 10 mm，只在新近成陆的滩涂区域（东滩最东部和西部绿华区域）年均地面沉降量大于 20 mm。

崇明地面沉降主要发生在中部的长江农场、东风农场、前进农场、东南部的裕安乡灯塔和汲浜以北区域，以及崇明西北部的新细农场。统计年中，1973—1980 年间在长江农场最大地面沉降量达 64 mm，裕安乡灯塔达 60 mm，而崇明西南区域地面沉降幅度相对较小，沉降量 11 ~ 39 mm。

（5）咸潮水入侵

咸潮水入侵的主要途径是由海咸水涨落侵入地表水，崇明地处长江河口，三面环水一面向海，咸潮水严重入侵屡有发生。历史上崇明岛曾被海咸水包围时间长达 5 个月之久。入侵期，吴淞水厂氯化物最高值达 3 950 mg/L，氯化物超过 250 mg/L 的持续时间近 3 个月。因此造成了工农业生产的严重损失。同时咸潮水入侵对区域居民身体健康影响很大，饮用含高氯化物的水，不少人会产生腹泻现象，尤其对患心脏病和肾脏病的人危害更为严重。另据上海自来水公司在 20 世纪 90 年代初的调查，基本不受咸潮水影响的闵行区，循环系统疾病死亡率占第二位，而受咸潮水影响较严重的吴淞区，其循环系统疾病死亡率占第一位。

径流对长江河口崇明区域的咸潮水入侵影响极其明显，主要表现在入侵有明显的季节变化，长江枯季（11 月至翌年 4 月），径流量小，海咸水上溯动力增强，形成咸潮水入侵期；长江洪季（5—10 月），径流量大，长江淡水下泄动力增大，河口内受咸潮水入侵的影响很小。

潮汐潮流是咸淡水混合的“动力源”，因而长江口外的潮汐潮流对咸潮水入侵的作用至关重要，其入侵强度随潮汐、潮流的强弱而变化。海咸水中的盐度变化与潮汐类似。一天内由两高两低变化，而且也有明显的日不等现象。

河口河槽演变也是影响咸潮水入侵的重要因子，它主要是通过改变汊道径流与潮流的分流比来影响咸潮水入侵。河势演变改变了河口地形，从而改变了水流流路和汊道的分流比，北支曾一度作为长江口的主槽，但随着河床的演变，自 20 世纪 50 年代北支上游河道与主槽基本垂直，进入的径流量极少，加之北支河槽呈明显的喇叭型，加大了潮汐作用，在上游径流量较小的情况下，北支有大量的咸潮水向南支倒灌，崇明边滩水库建设推进速度正在加快，而其水库位置正邻近于咸潮水入侵倒灌口下游。当咸潮水入侵时，势必会影响水库的取蓄水，而长期饮用含高氯化物的水会对人体健康产生危害。咸潮水入侵监测暂可归类于本次地质灾害监测要素之一。因为符合在滨江沿海一种自然的水力联系，且这种水力联系的平衡常遭破坏，不断转换，同时由于这种灾害的周而复始将威胁区域人居的生存环境。

6.2 泗礁山岛

6.2.1 概况

泗礁山岛位于舟山群岛东北部，嵊泗列岛中部，长江口与杭州湾交汇处。俯瞰该岛呈东西走向，状似自东向西的奔马，长 10.6 km，最宽处 6.3 km，最窄处 580 m，陆域面积 22.660 km^2，海岸线长 55.14 km（图 6.10）。地势南高北低，最高点为西南部的插旗岗，海拔 217.9 m，地理坐标为北纬 30°42.3′、东经 122°25.9′。泗礁山岛是嵊泗列岛的主岛，为嵊泗县政府驻地，距大陆最近点 45.9 km。岛上驻有菜园和五龙两个建制镇，行政上隶属于浙江省舟山市嵊泗县。

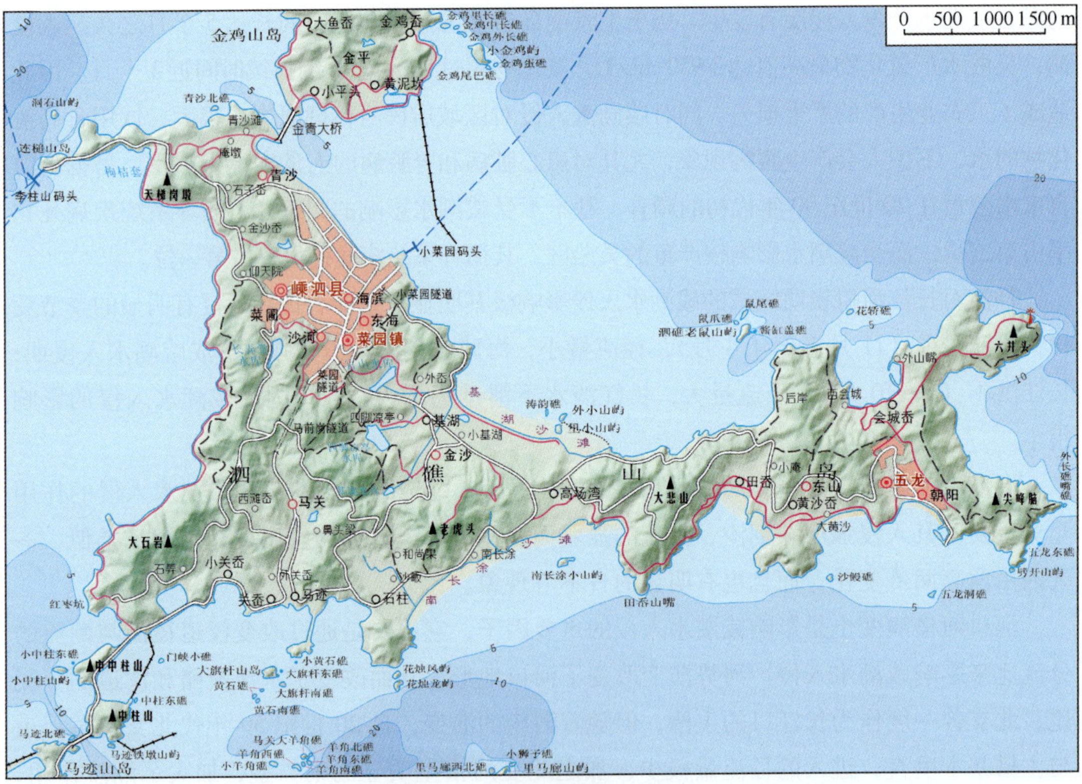

图 6.10 泗礁山岛地理分布图

泗礁山岛属大陆基岩岛，原系浙东北丘陵山地的一部分，地质构造形成于燕山晚期，在全新世海侵过程中陷入海中。岛上除西部有零散出露的上侏罗统茶湾组熔结凝灰岩、夹凝灰质砂岩及九里坪组流纹斑岩外，绝大部分为燕山晚期钾长花岗岩组成的低丘陵，海拔一般在 200 m 以下，第四纪覆盖层较薄，山体稳定性良好，不属于灾害地质易发区，该岛海岸线曲折，湾岬相间、岩沙岸相间。岛屿狭窄，源短流小，几无常年性河流。

历史时期以来，海岛面积变化较小，主要为 1999—2000 年开展菜园镇北侧渔港围垦工程和马迹山码头附近的中柱山等连岛工程，总围垦面积 84.1 hm^2，其中菜园镇北侧渔港围垦工程造地 47 hm^2。

6.2.2　自然环境概述

（1）潮间带特征

岩滩出露于泗礁山的关山、南长涂的小山、外关岙、外小山、田岙北部等地区。多见于基岩海岸的海蚀崖前或岬角及突出岸线岛礁周边，单个岩滩出露面积相对较小，主要由火山碎屑岩类和花岗岩类组成。

以砂为主的沙滩主要分布在泗礁山以东的基湖和南长涂地区，出露规模较大，海滩分别长达 1.5 km 和 2.5 km，宽度在 200 m 左右，潮上带有沙堤和风成沙堆积，潮下带沙体延伸到 2 m 等深线附近，沉积物以中细砂为主。以砾石为主的砾滩主要分布在泗礁山北朝阳、马迹山马迹村附近等地，其规模均较小。泗礁山西部沿岸砾石滩规模小，高潮位以下均为淤泥滩覆盖。

潮滩几乎都是黏土粉砂滩，主要分布在泗礁山以西，如泗礁山西部大面积舌状潮滩。潮滩规模相对较小，长度和宽度在数百米，多数形成历史较短，超复于早期海滩沉积物之上。

（2）植被分布

全岛植被面积 1 385.0 hm^2，植被覆盖率为 64.9%。有针叶林 1 232.6 hm^2（占岛屿植被总面积的 89.0%，其中黑松林 1 207.9 hm^2，杉木林 24.7 hm^2），阔叶林 7.2 hm^2，竹林 3.4 hm^2，白茅草丛 30.2 hm^2，沙生植被 5.2 hm^2，木本栽培植被 17.8 hm^2，草本栽培植被 86.6 hm^2。国家保护种类有野大豆、珊瑚菜，均属国家三级保护植物。滨海特有植物丰富，有海桐、光叶蔷薇、冬青卫矛、芙蓉菊、日本野桐、匙叶紫菀、矮生苔草、滨海苔草、沙青苔草、单叶蔓荆等。

泗礁山森林覆盖率为 59.4%，为嵊泗县诸岛之最。全岛林业用地 319.0 hm^2，其中有林地为 1 260.5 hm^2，占林业用地 95.6%；苗圃 0.3 hm^2；宜林地 58.2 hm^2，占林地用地的 4.4%。有林地中，水土保持林 1 239.4 hm^2，占 98.3%；经济林 17.7 hm^2，占 1.4%；竹林 3.4 hm^2，占 0.3%。宜林地中，荒山 32.1 hm^2，占 55.2%；荒地 26.1 hm^2，占 44.8%。岛上活立木总蓄积 33 966 m^3，其中林分蓄积 33 377 m^3，占 98.3%；散生木蓄积 82 m^3，占 0.3%；四旁树蓄积 507 m^3，占 1.5%。以树种分，黑松 32 977 m^3，占 97.2%；杉木 214 m^3，占 0.6%；硬阔 755 m^3，占 2.2%。四旁树总株数为 1.39 万株。岛内宜林地立地条件差，开发利用难度大。有 32.1 hm^2荒山分布于迎风坡面，土壤瘠薄，人工造林难度大。

（3）土地利用

2000 年，有耕地 166.47 hm^2，其中旱地 108.31 hm^2，菜地 58.16 hm^2，果园 10.87 hm^2；有

林地和疏林地 1 260.5 hm^2；居民和工矿用地 531.91 hm^2，城镇用地 97.5 hm^2，村庄用地 197.58 hm^2，独立工矿用地 110.33 hm^2，特殊用地 126.51 hm^2；交通用地 62.21 hm^2；水域用地 676.01 hm^2，其中主要为滩涂用地；未利用土地 850.64 hm^2，主要为荒草地和裸岩石砾地。

根据第二次国土资源调查资料，2009 年底全岛有耕地 153.98 hm^2，其中水田 44.36 hm^2，旱地 109.62 hm^2；园地 20.03 hm^2，均为果园；林地 891.27 hm^2，其中有林地 539.57 hm^2，灌木林地 179.15 hm^2，其他林地 172.55 hm^2；草地 362.69 hm^2；城镇村及工矿用地571.15 hm^2，其中建制镇用地 155.55 hm^2，村庄用地 303.79 hm^2，采矿用地 4.11 hm^2，风景名胜及特殊用地 107.70 hm^2；交通运输用地 82.20 hm^2，其中公路用地 56.80 hm^2，农村道路用地 16.90 hm^2，港口码头用地 8.5 hm^2；水域及水利设施用地 33.20 hm^2；其他土地71.84 hm^2，其中裸地 72.41 hm^2。

6.2.3 主要地质灾害

调查中发现该岛地质灾害主要为海岸崩塌（图 6.11）、人工边坡风化块体零星崩塌及风化碎屑物的剥落。

（1）崩塌

泗礁山岛东侧海域波浪作用强，岛东侧海蚀崖分布，崖壁陡峭，岩石风化严重，沿岸的岩体崩塌、岩块坠落现象常见。

（2）人工边坡崩塌

泗礁山岛人工边坡均为岩质边坡，位于采石场、公路边，坡度 50°～90°不等，坡面起伏，岩体节理发育，抗风化能力较弱，局部因风化作用形成的块体易崩落，但这种单一的块体崩落范围小，易于处理，危害程度较低。

图 6.11　泗礁山岛崩塌地质灾害隐患点

6.3　马迹山岛

6.3.1　概况

马迹山岛位于嵊泗列岛中部，泗礁山岛西南海域。俯瞰岛呈马蹄形，长 2.5 km，宽 1.6 km（图 6.12），陆地面积 2.129 km^2，原陆地面积为 1.0 km^2。2002 年之后，在岛南部和西北部进行了围垦，陆域面积大幅度增加，原马肾丸岛也在围垦中与马迹山岛合并。马迹山岛距大陆最近点 47.4 km，出嵊泗县政府驻地菜园镇西南 17.9 km，与泗礁山岛岸距 150 m，行政上隶属于浙江省舟山市嵊泗县菜园镇。

马迹山岛为基岩岛，出露岩石为上侏罗统茶湾组熔结凝灰岩、凝灰岩、夹凝灰质砂岩。该岛北、东、西三面地势较高，中部、南部和西北部有大片围垦平地，地势较低。最高点在西南端，海拔 113.1 m。

该岛海岸线总长 8.73 km，东部岸线曲折，西部岸线平顺，其中基岩海岸 6.5 km，人工海岸 4.5 km，人工海岸主要集中在岛东北部、南部和西北部，为马迹山矿石中转码头。有植被 57.68 hm^2，均为草地。

图 6.12　马迹山岛遥感影像图

6.3.2 自然环境概述

(1) 潮间带特征

岩滩主要分布于马迹山岛的西南和东南部，多见于基岩海岸的海蚀崖（图 6.13）前或岬角及突出岸线岛礁周边。潮滩主要分布在马迹山以东，为袋状潮滩，规模较小。

图 6.13 马迹山岛南侧海上石城门

(2) 植被

马迹山有植被 83.5 hm^2，以黑松林（81.7 hm^2）为主，间有少量白矛草丛（1.0 hm^2）和草本栽培植被，森林覆盖率 61.14%。

6.3.3 主要地质灾害

马迹岛上山体稳定性好，不易发生地质灾害，马迹岛为矿石中转码头及其腹地，地质灾害主要为人工边坡风化块体零星崩塌及风化碎屑物剥落（表 6.2、图 6.14）。

马迹山岛人工边坡均为岩质边坡，位于采石场、公路边，坡度 50°~90°不等，坡面起伏，岩体节理发育，抗风化能力较弱，局部因风化作用形成的块体易崩落，但这种单一的块体崩落范围小，易于处理，危害程度较低。

表 6.2 马迹山岛地质灾害统计表

编号	纬度（N）	经度（E）	灾害类型	灾害等级	备注
MJS01	30°41′02.255″	122°25′07.473″	滑坡	小型	崩塌

图 6.14　马迹山岛崩塌地质灾害隐患点

6.4　大洋山岛

6.4.1　概况

大洋山岛位于浙江省东北部，杭州湾口，嵊泗列岛西部，俯瞰岛呈扇形，东西长 3.9 km，南北宽 2.5 km，陆域面积 4.861 km^2，潮间带面积为 2.371 km^2，岸线总长 13.56 km。最高点为大山，海拔为 204 m。大洋山岛距大陆最近点 32.2 km，出嵊泗县菜园镇城西南 37.4 km，北距小洋山岛 1.0 km，东南与衢山岛岸距 22.3 km。大洋山岛是崎岖列岛的政治中心，洋山镇政府驻地，行政上隶属于浙江省舟山市嵊泗县洋山镇（图 6.15）。洋山深水港建成之后，大洋山岛屈居崎岖列岛第二大岛屿。

大洋山岛属大陆基岩岛，岛上西、北部为燕山晚期侵入钾长花岗岩，南部与东侧为上侏罗统茶湾组熔结凝灰岩、凝灰岩、夹凝灰质砂岩。岛上主要地貌类型为侵蚀剥蚀丘陵，山体稳定性较好。

大洋山岛原为大山、大梅山（大煤山）、小梅山（小煤山）和宫山（公山）等数个独立小岛，后随海滩的淤积而逐渐相连，并在岛间形成海积平地。通过历代的筑塘围垦，平地面积不断扩大。1958 年，在圣姑澳口建筑三八海塘，围涂造地 56.7 hm^2，1983 年，在雄鹅澳口构筑雄鹅海塘，围涂造地 60 hm^2。2002 年，在大岙北部开展围垦工程，新围垦面积 18 hm^2。2004—2005 年，在三八海塘以西构筑圣姑海塘，新围垦面积 48 hm^2。

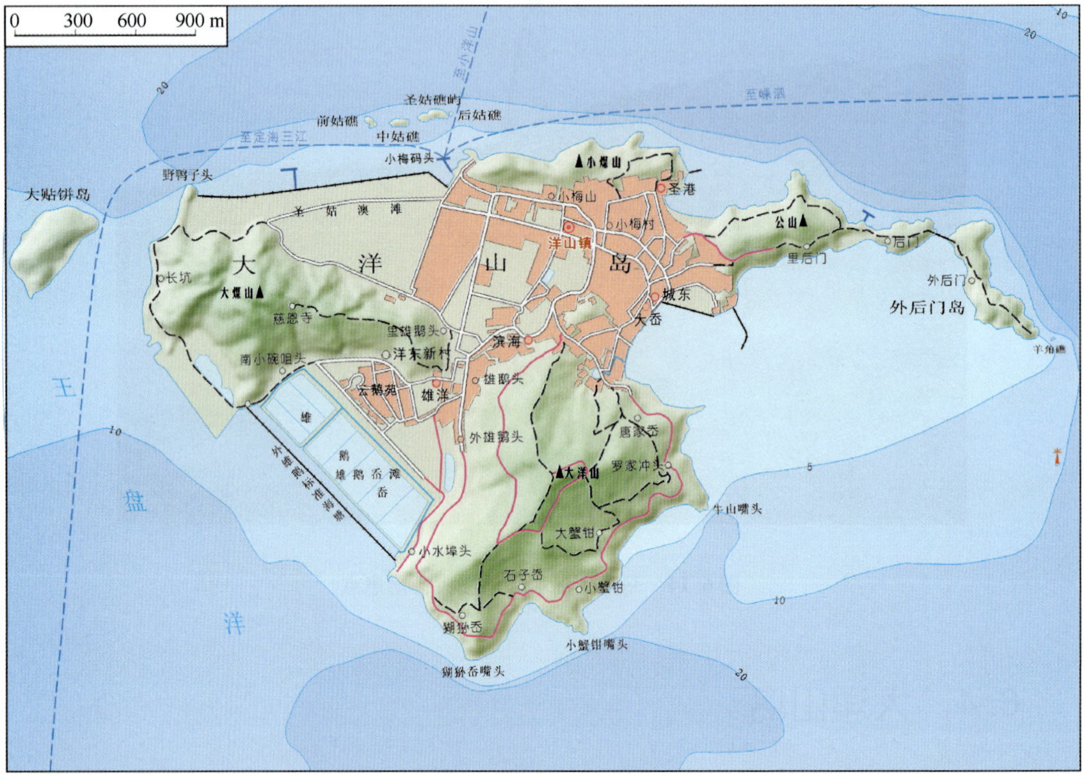

图 6.15 大洋山岛地理分布图

6.4.2 自然环境概述

(1) 气象条件

根据崎岖列岛东北 20 km 的大戢山海洋站的资料（1978—1990 年），附近海域年平均气温 15.6℃，最热月平均气温 26.5℃，出现在 8 月；最冷月平均气温 5.1℃，出现在 1 月、2 月；极端最高气温 34.5℃，极端最低气温为 -7.0℃。年日照时数为 2 101.2 h。年平均相对湿度 81%。年平均风速 7.9 m/s，最大风速 35.0 m/s，风向为北北东向，出现在 8 月、9 月，年最多风向为北。年平均雾日 49.4 d。

(2) 海洋水文

该海域受长江冲淡水影响较大。潮汐属正规半日浅海潮，平均潮差 2.80 m，最大为 4.96 m，潮流属规则半日浅海潮流，以往复流运动形式为主，潮流较急，实测最大涨、落潮流流速分别为 2.09 m/s 和 1.73 m/s，日平均潮流流速约 1.00 m/s。年平均表层水温为

16.7℃，实测最高、最低水温分别为 29.7℃和 2.4℃，年平均变幅为 21.4℃。年平均表层盐度为 19.51，实测最高、最低盐度分别为 32.10 和 1.55，年平均变幅为 15.51，日变化较大，为 1 ~ 2。悬沙浓度较高，平均为 0.5 ~ 1.0 kg/m^3，冬大于夏，实测最高为 1.3 kg/m^3。水色较浅，透明度小。波浪以大戢山站为代表，年平均波高和周期分别为 0.9 m 和 2.8 s，各月平均波高和周期分别界于 0.7 ~ 0.9 m 和 3.4 ~ 8.0 s，海域以风浪为主，主风浪向为北—北东向，主涌浪向为北北东—北东东向，常浪向为北—北东东向，强浪向为北—北东东向。

（3）潮间带特征

基岩海岸的潮间带面积较小，主要岩滩和人工海岸外的潮间带面积较大，大多为泥质或泥砂质基底，其中岛东岸至东南岸外为泥沙滩，岛西南、西北岸外为泥滩。1958 年，在圣姑澳口建筑三八海塘，围涂造地 56.7 hm^2；1983 年，在雄鹅澳口构筑雄鹅海塘，围涂造地 60 hm^2；2002 年，在大岙北部开展围垦工程，新围垦 18 hm^2；2004—2005 年，在三八海塘以西构筑圣姑海塘，新围垦 48 hm^2；现潮间带滩地面积为 2.371 km^2，拟在大岙外潮间带开展围垦工程，面积约 120 hm^2。

（4）植被分布

全岛植被面积 133.1 hm^2、覆盖率为 31.8%，其中针叶林 96.3 hm^2，占岛屿植被面积的 72.4%；白茅草丛 25.2 hm^2，占 18.9%；草本栽培植被 11.6 hm^2，占 8.7%。岛上的滩涂植被较为丰富，组成种类有灰绿藜、南方碱蓬和茵陈蒿等。森林覆盖率为 23.6%，林业用地面积为 127.0 hm^2。在林业用地中，有林地面积为 93.3 hm^2，占 75.8%；宜林地 30.7 hm^2，占 24.2%。全岛活立木蓄积 1 736 m^3，其中林分蓄积为 1 622 m^3，占 93.4%；四旁树蓄积 114 m^3，占 6.6%；杉木 113 m^3，占 6.5%；硬阔树种 114 m^3，占 6.6%。

（5）土地利用

陆域面积 6.56 km^2，其中平地面积 3.77 km^2，多为通过围垦形成。土地主要为城镇生活用地、渔业用地和工业用地。

现有潮间带滩地面积 2.371 km^2，主要为砂质和泥质滩涂，其中泥涂 235 hm^2、泥沙涂 49.7 hm^2、砂涂 2.09 hm^2，多为裸露涂地，没有湿地，大岙外潮间带拟开展围垦工程，面积约 120 hm^2。

2000 年，有耕地面积 23.79 hm^2，其中旱地 19.86 hm^2，菜地 3.21 hm^2，果园 0.3 hm^2；有林和疏林地 52.7 hm^2；居民和工矿用地 174.09 hm^2，其中城镇用地 73.91 hm^2，村庄用地 0.09 hm^2，独立工矿用地 24.45 hm^2，特殊用地 20.40 hm^2，盐田 55.24 hm^2；交通用地 7.55 hm^2；水域用地 511.48 hm^2，其中主要为滩涂用地；未利用土地 503.80 hm^2，主要为荒草地和裸岩石砾地。

6.4.3 主要地质灾害

调查中未发现严重的地质灾害点。地质灾害主要为人工边坡风化块体零星崩塌及风化碎屑物的剥落、滑坡（表6.3、图6.16、图6.17）。

大洋山岛人工边坡均为岩质边坡，位于码头储运场所、公路边，坡度50°～90°不等，坡面起伏，岩体节理发育，抗风化能力较弱，局部因风化作用形成的块体易崩落，但这种单一的块体崩落范围小，易于处理，危害程度较低。

大洋山岛东南侧海域波浪作用强，岛东侧海蚀崖分布，崖壁陡峭，岩石风化严重，沿岸的岩体崩塌、岩块坠落现象常见。

表6.3 大洋山岛地质灾害统计表

编号	纬度（N）	经度（E）	灾害类型	灾害等级	备注
DYS01	30°34′53.83″	122°04′39.03″	滑坡	小	
DYS02	30°34′30.49″	122°04′05.01″	滑坡	小	崩塌
DYS03	30°34′33.13″	122°04′02.40″	滑坡	小	崩塌
DYS04	30°35′17.62″	122°03′38.60″	滑坡	小	崩塌
DYS05	30°35′20.95″	122°03′17.10″	滑坡	小	崩塌
DYS06	30°34′54.15″	122°03′58.71″	滑坡	小	崩塌
DYS07	30°34′53.60″	122°03′58.50″	滑坡	小	崩塌

图6.16 大洋山岛滑坡地质灾害

图6.17 大洋山岛崩塌地质灾害隐患点

6.5 衢山岛

6.5.1 概况

衢山岛地处舟山群岛中北部，岱山县政府驻地高亭镇北偏东21.3 km（图6.18）。衢山岛为岱山县第二大岛屿，舟山群岛第四大岛屿。行政上隶属于浙江省舟山市岱山县衢山镇。俯瞰岛呈长块形，东西走向，长15.0 km，宽6.5 km，陆域面积62.85 km^2，潮间带面积为13.8 km^2，海岸线总长90.45 km，最高点为西南部的观音山，海拔314.4 m。

明代以前分东朐山和西朐山两个较大海岛。在元代至明代，两岛因淤积而相连过程中，枕头山、横勒山、老鼠山等小岛也与之相连。清代以后，由于涂地淤积，通过筑堤围涂，潮间带不断纳入岛内。1958—2008年，围垦24处，面积1 201.0 hm^2，陆地面积因此增加12.01 km^2，泥螺山、中泥螺山、外泥螺山等小岛在围垦中与衢山岛相连。衢山地名由此而得名。

岛上出露岩石大致呈东西向带状分布，中部出露前震旦系陈蔡群变质岩系，南部出露上侏罗统火山碎屑岩，北部为侵入花岗岩。岛上天然河流较少，大多源短流小，一般沿山麓或岙中分布，河岸曲折；人工河道主要集中在西部，沿道路分布，河岸平直。

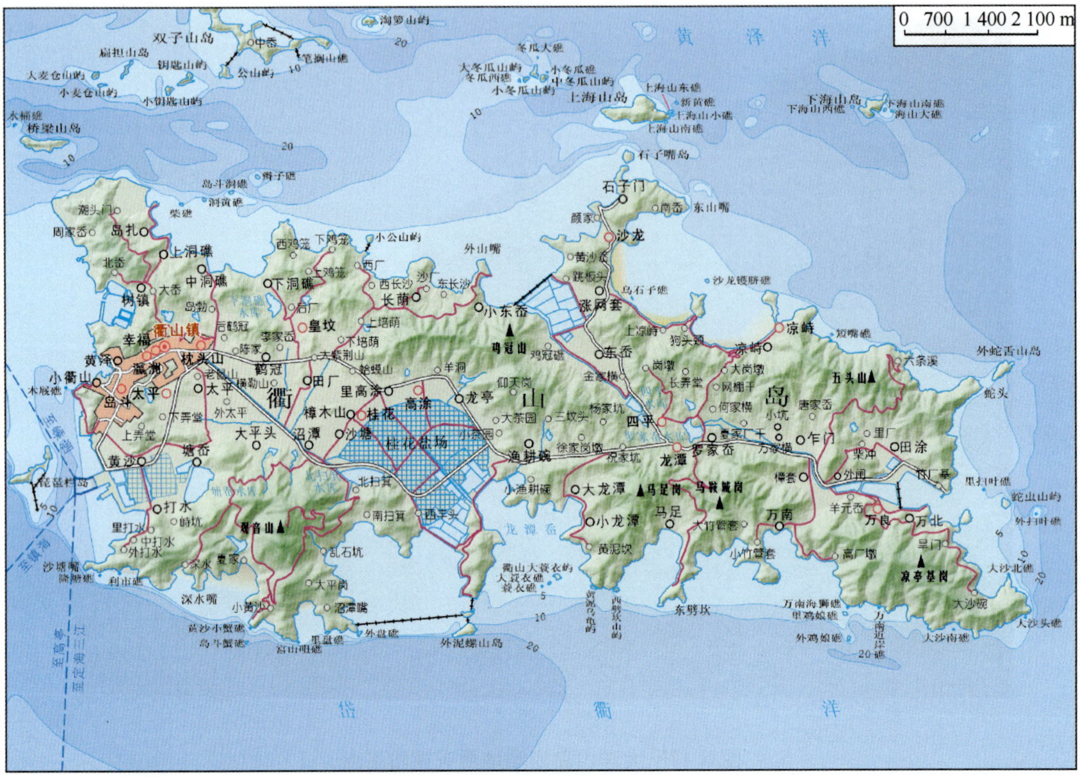

图 6.18 衢山岛地理分布图

6.5.2 自然环境概述

(1) 气象条件

据衢山气象站1962—1988年的资料，年平均气温16.2℃，最热月平均气温27.3℃，出现在8月，最冷月平均气温5.4℃，出现在1月，极端最高气温34.4℃，极端最低气温-4.7℃；年日照时数2 257.4 h；年平均相对湿度78%；年降水量936.3 mm，最大日降水量135.0 mm，出现在9月，年暴雨日数1.7 d；年平均风速6.6 m/s，最大风速38.0 m/s，风向北东，出现在8月，年最多风向为北，年平均不小于6级的大风日数118.4 d；年平均雾日28.5 d，2月、6月为多雾期，占总雾日78.5%，4月、5月为高峰期；年有效风能约1 800 kW·h/m²，年有效风能时数约6 000 h；降水季节变化大，7月中旬至翌年2月的降水量占年降水量的51%，易出现伏旱、秋旱和冬旱，1967年的大旱，年降水量仅514.7 mm，8—10月的降水量只有63.9 mm；6312号台风在该岛出现110 mm的日降水量极值，6615号台风出现了159 mm的过程降水量极值。

(2) 海洋水文

衢山诸岛潮汐属正规半日潮，实测最高潮位为2.15 m，最低潮位为-1.66 m。平均潮差为 2.50 m，最大潮差为 3.76 m，最小潮差为 1.16 m。平均涨、落潮历时分别为 5 h 46 min 和 6 h 40 min。

潮流属不正规半日浅海潮，以往复流运动形式为主。涨潮流速小于落潮流速，而衢山岛和双子山之间海域的潮流流速要小于黄泽山和双子山之间海域的潮流流速。涨潮期的流向为偏西向，落潮期的流向为东南向。前者最大涨、落潮流流速分别为 1.39 m/s 和 1.44 m/s，垂向平均流速涨潮为 1.16 m/s，落潮为 1.24 m/s；后者最大涨、落潮流流速分别为 1.71 m/s 和 1.81 m/s，垂向平均流速涨潮为 1.41 m/s，落潮为 1.43 m/s。余流流速一般为 0.20 m/s 左右，最大可达 0.38 m/s。大潮期平均表、中、底的余流流速分别为 24.8 cm/s、21.4 cm/s、15.8 cm/s，小潮期平均表、中、底的余流流速分别为 18.3 cm/s、10.8 cm/s、8.9 cm/s；流向均为东南向。

波浪与泗礁山岛、马迹山岛相似，但因地形、岛屿分布影响，南—南西向浪可能比嵊泗列岛海域略小。

(3) 潮间带特征

衢山岛海滩主要分布在北部的南岙—冷峙一带海岸，其中沙龙沙滩（图 6.19）长度达 1.1 km，宽度在 300 m，出露规模较大，旁邻沙峙沙滩和冷滩沙滩。由于长期以来采砂不止，位于沙岭以北 400 ~ 500 m 范围内的沙滩被破坏，留下 15 ~ 20 m宽的砾石滩。沙岭以南的砂已被采尽，见有下伏基岩裸露。双基沙滩位于衢山岛南侧湾岙顶部，见于高潮位以下 15 ~ 20 m，由灰黄色粗中粒砂组成的海滩，坡度在 4° ~ 5°；低潮位附近以粗中砂为主，含少量砾石。另外在小龙潭、双基和黄砂村等地的湾岙顶部都有小规模海滩。

潮滩主要集中在北岸石子门至和尚嘴岸段，分布在湾岙内及湾岙口；泥螺山东、西两侧潮滩范围较大；岛西南部岛斗南岙滩涂为粉砂滩。

图 6.19　沙龙沙滩

(4) 植被分布

植被面积4 160.8 hm^2，植被覆盖率69.6%。以针叶林和草本栽培植被分布最广（面积分别为2 181.9 hm^2和1 742.6 hm^2），分别占全岛植被面积的52.4%和41.9%。其他有草丛143.3 hm^2，占3.5%；木本栽培植被70.3 hm^2，占1.7%；沼生水生植被12.3 hm^2，占0.3%；竹林5.0 hm^2，占0.1%；滨海盐生植被5.0 hm^2，占0.1%；阔叶林0.2 hm^2、灌丛0.2 hm^2，各占0.005%。针叶林中，以黑松林为主，2 157.4 hm^2，杉木林22.9 hm^2和马尾松林1.6 hm^2；草本栽培植被包括坡地旱地作物1 099.7 hm^2，水田作物459.7 hm^2，蔬菜作物182.6 hm^2和极少量平畈地旱地作物0.6 hm^2；草丛中，主要有白茅草丛114.1 hm^2，野艾蒿草丛20.7 hm^2。木本栽培植被中，经济林22.8 hm^2。

(5) 土地利用

据2004年土地利用现状调查资料，衢山镇陆域总面积129 469亩，其中农用地73 355亩（包括耕地19 333亩），建设用地17 604亩，未利用地38 510亩。土地资源储备相对较多，现有盐田4 422亩，滩涂13.8 km^2，有较多的适宜围垦地段与海域。2007年，南扫箕围垦工程为省统筹耕地项目，统筹补充耕地面积3 989亩。

6.5.3 主要地质灾害

灾害类型为崩塌、滑坡，多为小型规模，稳定性差或较差，危害程度较大或一般（表6.4、图6.20）。

表6.4 衢山岛地质灾害统计表

编号	纬度（N）	经度（E）	灾害类型	灾害等级	备注
QS01	30°27′15.05″	122°17′13.83″	滑坡	小型	
QS02	30°27′14.96″	122°17′12.18″	滑坡	小型	
QS03	30°27′06.51″	122°17′23.28″	滑坡	小型	
QS04	30°26′50.70″	122°17′08.50″	滑坡	小型	
QS05	30°26′53.62″	122°16′48.40″	滑坡	小型	
QS06	30°26′28.37″	122°17′42.53″	滑坡	小型	
QS07	30°26′28.64″	122°17′50.14″	滑坡	小型	
QS08	30°25′38.65″	122°22′30.28″	滑坡	小型	

崩塌表现为风化裂隙及节理发育且相互交切，形成碎裂岩块连同上部松散残坡积土层一起崩落。

滑坡以蠕变为主，主要为上部松散残坡积及风化土层沿基岩面滑移。威胁沟谷地带以及山体斜坡区下部的人口聚居区、学校及公路沿线等。已列为舟山市地质灾害重防治区域。2007年砌建了360 m挡土墙，近20户居民住房、公路设施、学校和数百亩山林得到保护。2010 年 12 月起，对琵琶栏屿废弃采石场高约 30 m，面积 13 134 m^2宕面边坡和 15 098 m^2宕底面积的山体进行了覆绿治理。

图 6.20 衢山岛滑坡地质灾害

6.6 小长涂岛

6.6.1 概况

小长涂岛位于舟山群岛中部，岱山县中部，俯瞰岛呈不规则四边形，为东西走向，长 5.9 km，最宽处 3.3 km，最窄处 0.7 km，陆域面积 13.179 km^2，海岸线总长 19.38 km（图 6.21）。最高点为西北部的高鳌山，海拔 299.6 m。小长涂岛距岱山县政府驻地高亭镇 5.0 km，为长涂镇政府驻地，是大小长涂诸岛的政治和经济中心，行政上隶属于浙江省舟山市岱山县长涂镇。岛陆山陡源短，几无天然常年河流。人工河道源于高鳌山南麓，在岛西南岸上船跳入海。

小长涂岛为基岩岛，岛上岩石由上侏罗统茶湾组熔结凝灰岩、凝灰岩、凝灰质砂岩和九里坪组流纹斑岩组成，其中凝灰岩呈绿色、紫红色，熔结弱，岩性特殊。地貌以丘陵为主。

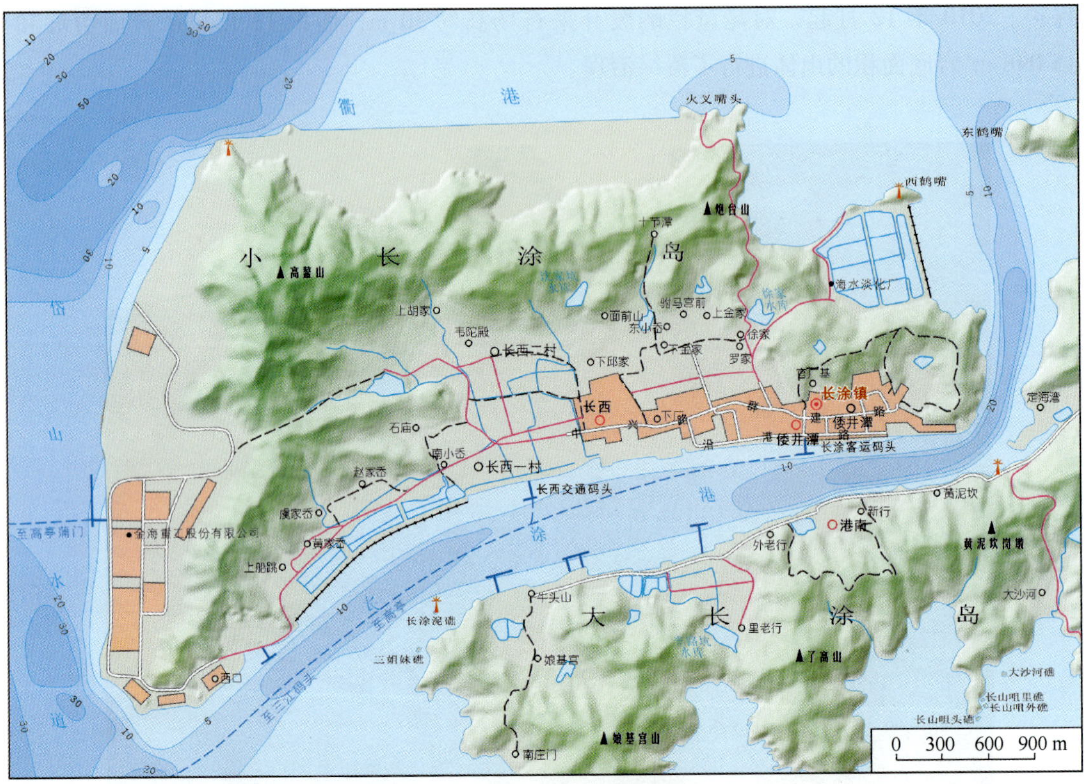

图 6.21　小长涂岛地理分布图

6.6.2　自然环境概述

(1) 海洋水文

小长涂岛附近海区诸岛潮汐属正规半日潮，平均潮差为 2.17 m，最大潮差为 2.62 m，最小潮差为 1.30 m。潮流属不正规半日浅海潮，以往复流运动形式为主；落潮流流速大于涨潮流流速，实测最大涨、落潮流流速分别为 0.99 m/s 和 1.47 m/s，平均流速约 0.70 m/s。

(2) 潮间带特征

小长涂岛北部为基岩海岸，岩滩出露宽度一般在 10～50 m，面积较小，由石陂、海蚀平台和礁坪组成。

小长涂岛西部的西车头涂以及长涂港两侧海涂，潮滩主要由黏土质粉砂组成。西车头涂面积约 0.45 km^2，分布在不规则的湾岙内，潮滩平坦，其宽度在 300～400 m。

(3) 植被分布

植被总面积 732.9 hm^2，植被覆盖率 67.1%。其中，针叶林 517.8 hm^2，占植被面积的 70.65%；草本栽培植被 148.9 hm^2，占 20.3%；另有草丛 42.2 hm^2、灌丛 15.5 hm^2、竹林 4.0 hm^2、木本栽培植被 2.5 hm^2、沼生和水生植被 2.0 hm^2。针叶林中黑松林 395.7 hm^2、

马尾松林 120.1 hm^2、杉木林 2.0 hm^2。草本栽培植被中，水田作物 70.1 hm^2、坡地旱地作物 51.0 hm^2、蔬菜作物 26.8 hm^2、平畈地旱地作物 1.0 hm^2。草丛包括芒草丛 30.7 hm^2、白茅草丛 3.8 hm^2、五节芒草丛 6.7 hm^2等。灌丛包括化香萌生灌丛 2.0 hm^2、山合欢萌生灌丛 12.5 hm^2、日本野桐萌生灌丛 1.0 hm^2。竹林包括毛竹林 1.9 hm^2、小径刚杂竹林 2.1 hm^2。木本栽培植被中，经济林 1.2 hm^2（包括茶园 1.1 hm^2）；果园 1.3 hm^2，主要为梨园。

（4）土地利用

截止 2009 年底，小长涂岛陆域总面积 1 298.86 hm^2，其中耕地面积 138.33 hm^2，园地 7.18 hm^2，有林地面积 72.96 hm^2，草地 441.16 hm^2，城镇村及工矿用地 467.95 hm^2，交通用地 22.70 hm^2，水域及水利设施用地 70.63 hm^2，其他土地 77.95 hm^2。城镇村及工矿用地中，村庄为 391.67 hm^2。土地资源储备相对较少。

6.6.3　主要地质灾害

小长涂岛上山体稳定，不易发生地质灾害。主要的地质灾害类型为人工边坡风化块体零星崩塌（图 6.22）及风化碎屑物的剥落。

小长涂岛人工边坡均为岩质边坡，位于村庄房屋、寺庙等人工建筑旁，坡度50°～90°不等，坡面起伏，岩体节理发育，抗风化能力较弱，局部因风化作用形成的块体易崩落，危害程度较大，目前已经进行了防护。

图 6.22　小长涂岛崩塌地质灾害

6.7　秀山岛

6.7.1　概况

秀山岛位于舟山群岛中部，岱山县南部，介于舟山岛和岱山岛之间，俯瞰略呈扇形，长、宽各 6. 9 km，陆域面积 22. 663 km^2，海岸线长 36. 96 km；最高点在中东部梅山岗，海拔 207. 5 m（图 6. 23）。秀山岛是秀山乡政府驻地，与舟山群岛的主岛—舟山岛岸距2. 5 km，离岱山县政府驻地高亭镇以南 5. 7 km。行政上隶属于浙江省舟山市岱山县秀山乡。

秀山岛为基岩岛，岛上岩石主要有晚侏罗统高坞组熔结凝灰岩及一组北东东走向的霏细斑岩脉岩组成，地貌类型主要为低丘陵。岛上山体稳定性较好，不易发生地质灾害。

图 6. 23　秀山岛地理分布图

6.7.2　自然环境概述

（1）气象条件

气候属北亚热带南缘，季风性海洋气候，一年四季分明，日照充足，无霜期长达 240 ~ 270 d，每年 7 月、8 月、9 月，受到台风和热带风暴的影响。秀山岛气候特征如下：年日照达 2 048.9 h，年均气温 16.2℃，年均降雨量 927.3 mm，年均风速 3.3 ~ 7.2 m/s，年蒸发量 1 200 mm，年均相对湿度 78% ~ 81%。

（2）海洋水文

根据岱山长期潮汐观测站的资料（1978—2004 年），岱山、秀山诸岛潮汐属正规半日潮，最高潮位为 3.08 m，最低潮位为 -2.11 m。平均高潮位为 1.10 m，平均低潮位为 -0.81 m。平均潮差为 1.91 m，最大潮差为 4.02 m，最小潮差为 0.04 m。平均涨、落潮历时分别为 5 h 49 min 和 6 h 36 min。潮流属不正规半日浅海潮，以往复流运动形式为主，流速较大，西部开阔海域的流速小于东部海域。官山海域实测最大涨、落潮流速分别为 2.28 m/s 和 2.92 m/s；岱山水道实测最大涨、落潮流速分别为 1.57 m/s 和2.21 m/s，平均涨、落潮流速分别为 1.17 m/s 和 0.78 m/s。在垂向上，大、小潮平均流速分别为 1.40 m/s 和 1.20 m/s。流向一般为顺水道。余流流速范围为 0 ~ 0.32 m/s，从东向西，余流减弱。

（3）潮间带特征

岬角前缘多为海蚀岩崖，东北部湾岙内低潮有泥质滩涂，东部三礁村、九子村一带湾岙内有沙滩；西海岸多人工岸线，岸线相对平顺。潮间带面积 3.45 km^2，以泥质为主，主要集中在西北部和东北部，以西北部的馋头涂为最大，泥质细腻、纯净，是舟山群岛著名的泥浴、滑泥海涂。

（4）植被分布

植被面积 1 681.6 hm^2，覆盖率 73.5%，是岱山县植物、植被资源最丰富的岛屿之一。以阔叶林和草本栽培植被为主，分别为 1 034.5 hm^2、561.2 hm^2，各占全岛植被面积的 61.52% 和 33.37%。另有木本栽培植被 38.0 hm^2，占 2.26%；沼生水生植被 25.1 hm^2，占 1.49%；草丛 7.9 hm^2，占 0.47%；灌丛 4.81 hm^2，占 0.29%；竹林 2.7 hm^2，占 0.16%；滨海盐生植被 2.6 hm^2，占 0.15%；沙生植被 1.9 hm^2，占 0.11%。阔叶林分马尾松林、黑松林和杉木林 3 种，分别为 529.5 hm^2、499.3 hm^2 和 5.7 hm^2，是岱山县乡级岛中唯一的马尾松林多于黑松林的岛屿，马尾松与黑松常呈成片混生状，林内常有少量阔叶树种如枫香、麻栎、黄檀等混生。20 世纪 90 年代，黑松林和马尾松林因松材线虫病灭绝，现生长为灌木林和阔叶林。草本栽培植被中，水田作物 261.9 hm^2，坡地旱地作物 172.0 hm^2，蔬菜作物 104.2 hm^2，平畈地旱地作物23.1 hm^2。木本栽培植被中，经济林 7.0 hm^2，主要有茶园 6.7 hm^2 等；防护林仅木麻黄林带 1 个类型，面积 5.4 hm^2；果园

25.7 hm^2，主要有柑橘、桃子和葡萄，其中柑橘园23.0 hm^2，有岱山县最大橘场之一。沼生水生植被中，芦苇群系占21.2 hm^2。灌丛仅白栎萌生灌丛1个类型。滨海沙生植被中，矮生苔草、沙生草丛1.7 hm^2，单叶蔓荆蔓生灌丛0.2 hm^2，主要分布于三礁沙滩等地。

（5）土地利用

据第二次全国土地调查成果，陆域总面积2 314.22 hm^2，其中，耕地面积386.8 hm^2，园地77.68 hm^2，林地面积970.17 hm^2，草地110.0 hm^2，城镇村及工矿用地544.88 hm^2，交通用地38.49 hm^2，水域及水利设施用地146.54 hm^2，其他土地39.84 hm^2。在城镇村和工矿用地中，村庄为370.09 hm^2，采矿用地73.47 hm^2，风景名胜及特殊用地101.32 hm^2。

6.7.3 主要地质灾害

秀山岛主要的地质灾害类型为人工边坡风化块体零星崩塌及风化碎屑物的剥落（图6.24）。

秀山岛人工边坡均为岩质边坡，位于采石场、公路附近，坡度50°~90°不等，坡面起伏，岩体节理发育，抗风化能力较弱，局部因风化作用形成的块体易崩落，危害程度较小，易于防护。

图6.24　秀山岛崩塌地质灾害隐患点

6.8 册子岛

6.8.1 概况

册子岛位于舟山群岛中西部，舟山岛西南，舟山市定海区政府驻地定海城区西北

16.1 km，东与舟山岛岑港镇相望，西南与金塘岛相邻（图 6.25）。俯瞰岛呈不规则的多边形，南北走向，长 13.1 km，宽 9.1 km，陆域面积 14.1 km^2，海岸线 23.2 km；最高点为西北部马王岗，坐标为北纬 30°06.7′01″、东经 121°56.4′，海拔 275 m。行政上隶属于舟山市定海区册子乡，为定海区册子乡政府驻地。

图 6.25 册子岛地理分布图

册子岛属大陆基岩岛，原系浙东北丘陵山地的一部分，地质构造形成于燕山晚期，在全新世海侵过程中陷入海中。岛上出露的岩石主要为上侏罗统九里坪组流纹斑岩，仅北部沿海一带有少量上侏罗统西山头组和茶湾组熔结凝灰岩、凝灰岩、凝灰质砂岩出露。第四纪沉积类型以坡积、洪积和海积为主。山体稳定性较好，不易发生地质灾害。

海岛地貌以丘陵为主，地势呈西北高，东南低，中南部有下陷洼地，为岛上平地集中处，最高点为西北部马王岗，次高峰为北部的大马柱山，海拔 248.6 m。岛屿北侧为灰鳖洋，水深多在 10 m 左右，东侧为富翅门和桃夭门，南侧有册子水道，西侧有西堠门。后三者水深多在 10 ~ 30 m 之间，局部超过 50 m，东和西南方向有舟山岛、金塘岛等遮蔽，波浪、潮差小、水深条件优越，适宜兴建深水泊位。岛上山陡源短，民国时期修编的《定海县志》载："水流短，仅有南岙、北岙二水，其源出桃夭岭、大沙湾岭。"现有河流 5 支，由天然与人工共同作用形成，自东南向西北平行排列，自东北向西流入海。

6.8.2 自然环境概述

(1) 海洋水文

金塘册子诸岛主要受浙江沿岸水影响，潮汐属不正规半日混合潮。以金塘三潭 2007 年 1 月的实测资料计，按 85 高程：最高潮位 2.16 m，最低潮位 -1.65 m。平均潮差 2.13 m，最大潮差 3.60 m，最小为 0.88 m。平均涨潮历时 6 h 13 min，落潮历时 6 h 12 min，落潮历时与涨潮历时相当。

潮流属不正规半日浅海潮，以往复流运动形式为主，流速较强，就平均流速来说，强流速在 1.00 ~ 1.20 m/s 之间，弱流速在 0.40 ~ 0.50 m/s 之间，流向与海岸线平行，整个海域内随深度增加，往复性增强，流速减小。金塘岛南侧海区实测涨、落潮最大潮流流速分别为 1.17 m/s 和 1.05 m/s，垂线平均的涨、落潮流速分别为 1.13 m/s 和0.94 m/s。余流最大一般为 0.20 m/s，流向西南偏南。潮流最大和最小的潮时分别是大潮涨潮期和小潮涨潮期（表 6.5）。余流在 0.16 ~ 0.20 m/s 之间。金塘木乔南西大凹处近海，涨落潮最大流速为 1.67 m/s 和 1.84 m/s，垂向平均涨潮时流速为 1.48 m/s，落潮时为 1.52 m/s。大潮时落潮历时长于涨潮历时，中小潮反之。余流在 0.02 ~ 0.12 m/s 之间。

表 6.5　册子岛海区实测海流统计表

潮时		最大流（m/s）	流向（°）	平均最大流速（m/s）	垂线平均（m/s）
大潮	涨潮	1.08	偏西南西	0.74	0.96
	落潮	0.89	偏东	0.57	0.62
小潮	涨潮	0.71	偏西	0.43	0.56
	落潮	0.83	偏东南东	0.44	0.61

波浪以北仑站为代表，年平均波高和周期分别为 0. 2 m 和 2. 2s，最大波高和周期分别为 1. 7 m 和 5. 0s，各月平均波高和周期分别为 0. 1 ~ 0. 4 m 和 1. 9 ~ 2. 5s，以风浪为主，常浪向、强浪向均为北—北西向。百年一遇的 $H_{1/3}$ 为 4. 74 m，$T_{1/3}$ 为 8. 12s。

(2) 潮间带特征

潮间带面积 0. 774 km^2，以泥滩、岩滩为主。其中，泥滩面积 0. 37 km^2，底质细软，以黏土质粉沙为主，北部大沙湾中高潮滩以砂砾为主。

(3) 植被分布

全岛植被总面积 1 195. 1 hm^2，其中陆域植被面积 1 191. 7 hm^2，陆域植被覆盖率为 83. 9%。针叶林和草本栽培植被分别占 64. 4%、34. 4%，是册子岛植被的主体。针叶林 767. 7 hm^2，其中马尾松林 530. 5 hm^2，占针叶林的 69. 1%；草本栽培植物 409. 9 hm^2，其中坡地旱地作物 217. 4 hm^2，占 53. 0%；阔叶林 0. 2 hm^2；竹林 0. 31 hm^2；灌丛 4. 0 hm^2；沼生和水生植物 1. 6 hm^2；木本栽培植被 3. 4 hm^2。潮间带植物面积 3. 4 hm^2，以盐地鼠尾粟（3. 0 hm^2）、芦苇、糙叶苔草为主，主要分布于桃夭门、门岙等 7 个海涂。

(4) 土地利用

陆域总面积 1 501. 41 hm^2，其中耕地面积 159. 14 hm^2，有林地面积 811. 65 hm^2，城镇村及工矿用地 268. 71 hm^2，交通用地 136. 28 hm^2，水域及设施用地 13. 3 hm^2，未利用土地 112. 33 hm^2。城镇村及工矿用地中，村庄为 30. 58 hm^2，独立工矿用地 23. 89 hm^2，特殊用地 2. 67 hm^2。

6. 8. 3 主要地质灾害

册子岛主要的地质灾害类型为人工边坡风化块体零星崩塌及风化碎屑物的剥落（表 6. 6、图 6. 26）。

册子岛人工边坡均为岩质边坡，位于采石场、公路边，坡度 50° ~ 90°不等，坡面起伏，岩体节理发育，抗风化能力较弱，局部因风化作用形成的块体易崩落，但这种单一的块体崩落范围小，易于处理，危害程度较低。

表 6. 6 册子岛地质灾害统计表

编号	纬度（N）	经度（E）	灾害类型	灾害等级	备注
CZ01	30°05′25. 97″	121°55′12. 99″	滑坡	中	崩塌
CZ02	30°05′23. 64″	121°54′55. 97″	滑坡	中	崩塌
CZ03	30°05′58. 15″	121°56′53. 43″	滑坡	小	崩塌

图 6.26 册子岛土质崩塌地质灾害

6.9 金塘岛

6.9.1 概况

金塘岛位于舟山群岛中西部，舟山岛以西，舟山市定海区政府驻地定海城区以西 16.9 km，东隔册子水道与舟山岛岸距 5.6 km，南隔金塘水道与宁波北仑港岸距 3.2 km，为舟山群岛的第四大岛屿（图 6.27）。俯瞰岛呈不规则的多边形，南北走向，长 13.1 km，宽 9.1 km，陆域面积 77.3 km^2，海岸线长 48.7 km。

金塘岛属大陆基岩岛，原系浙东北丘陵山地的一部分，地质构造形成于燕山晚期，在全新世海侵过程中陷入海中。地貌以海岛丘陵为主，丘陵面积 49.8 km^2，平地面积27.5 km^2。地势呈东、南部高，西北部略低，全岛丘陵平地相间，南半部三面环山，丘陵包围成开口向西南的畚箕状，平地为山丘环绕，故民间有“舟山田包山，金塘山包田”说。北半部平地夹在丘陵间或散布在丘陵外围沿海。东岸 、西岸、东南岸、西南岸和北岸等岸线比较平直，人工岸线与基岩岸线相间分布，东北岸、西北岸和南岸比较曲折，湾岙相间，主要海湾有西北岸外的沥港和东北岸外的东堠湾。

水脉主要分南北两条，均为天然之源，又经人工挖掘的河流。南面一条源自仙人山，自仙人山麓向西南流至大浦碶入海，长 7.3 km，宽 12 ~ 30 m；北面一条源自老鹰山东麓，出化成寺水库后向西南折向穆岙碶入海，长 5.8 km，宽 7 ~ 30 m。

图 6.27　金塘岛地理分布图

6.9.2　自然环境概述

(1) 潮间带特征

由粉砂、泥质粉砂或粉砂泥质等细粒物组成潮间发育带。沿海滩涂面积为 4.77 km^2，其中，淤泥质滩的面积为3.55 km^2，底质细软，部分高潮区人行下陷25 cm左右，中低潮区人行下陷30～50 cm以上，在基岩海岸岬角外有少数为砾滩、岩滩。

(2) 植被分布

全岛植被总面积6 281.3 hm^2。陆域植被面积6 274.8 hm^2，陆域植被覆盖率80.6 %，天然植被较丰富，共有水杉林、马尾松林、黑松林、杉木林、栓皮栎林、白栎林、枫香林、黄连木林、山合欢林、香樟、青冈林、毛竹、杂刚竹、早竹、雷竹、灌丛等33个群系；滩地植被面积6.5 hm^2，占滩地总面积的1.5%，植被类型有中华结缕草和芦苇，分布于沥港、穆岙、上岙、柏塘诸海涂。陆域植被中，针叶林和草本栽培植被分别占52.3%和39.9%，是金塘岛陆域植被的主体。青冈林和香樟天然林几乎均分布全岛。有11个群系，一定面积的海岛特有珍稀植被类型。

(3) 土地利用

陆域总面积7 740 hm^2，其中耕地1 159.7 hm^2，林地4 467 hm^2，城镇村及工矿用地28 hm^2，交通用地90 hm^2，水域及水利设施用地229 hm^2，其他土地10 hm^2。在城镇村及工矿用地中，村庄270 hm^2，采矿用地12 hm^2，特殊用地3 hm^2。

6.9.3 主要地质灾害

金塘岛上丘陵大部分由上侏罗统西山头组熔结凝灰岩、凝灰质砂岩及相关的潜流纹斑岩构成，岛上地基区域稳定，地应力无集中现象，属Ⅵ类地震裂度。地质灾害类型主要有崩塌、滑坡和泥石流，规模均为小型（表6.7、图6.28至图6.30）。崩塌表现为风化裂隙及节理发育且相互交切，形成碎裂岩块连同上部松散残坡积土层一起崩落；滑坡以蠕变为主，主要为上部松散残坡积及风化土层沿基岩面滑移；泥石流表现为下切侵蚀沟谷，在山脚处形成堆积体，威胁沟谷地带以及山体斜坡区下部的人口聚居区、学校及公路沿线等。

调查地质灾害点7处，其中泥石流灾害点3处，规模为小型，潜在威胁人口达235人，潜在威胁财产达394万元。2009年，已启动穆岙社区渔业村搬迁项目，现将西堠村和穆岙永昌自然村列为地质灾害重点防治区；将金塘大桥及其连接线、沥港、穆岙、西堠等社区人口聚居区、工程区为防护对象，在和建社区金星螺杆厂岩石崩塌处建立专业监测点。

表6.7 金塘岛地质灾害统计表

编号	纬度（N）	经度（E）	灾害类型	灾害等级	备注
JT01	30°02′05.05″	121°52′25.14″	滑坡	小型	
JT02	30°02′14.23″	121°51′28.22″	滑坡	小型	
JT03	29°59′36.42″	121°51′18.56″	滑坡	小型	崩塌
JT04	30°03′12.41″	121°50′49.50″	滑坡	小型	崩塌
JT05	30°01′48.59″	121°51′46.57″	滑坡	小型	泥石流
JT06	30°01′19.75″	121°51′12.21″	滑坡	小型	泥石流
JT07	30°04′06.56″	121°52′29.51″	滑坡	小型	泥石流

图 6.28　金塘岛崩塌地质灾害

图 6.29　金塘岛泥石流地质灾害沉积体

图 6.30　金塘岛滑坡地质灾害

6.10　朱家尖岛

6.10.1　概况

朱家尖岛位于舟山群岛东南部海域，舟山市普陀区政府驻地沈家门东偏南 3.1 km，西北距舟山岛岸 1.1 km，北距普陀山岛岸 2.6 km，西距登步岛岸 2.6 km，东北距白沙山岛岸 2.5 km，距大陆最近点 18.6 km，为舟山群岛第五大岛屿。行政上隶属于舟山市普陀区朱家尖街道，以岛建街道，为朱家尖街道办事处和舟山市普陀区朱家尖风景旅游管理委员会驻地（图 6.31）。

俯瞰该岛呈北端宽、南端窄的蝌蚪状，南北走向，长 14.4 km，最宽处 9.1 km，陆域面积 62.2 km^2。地势以南部和东部较高，北部、西部较低，东部大山高耸兀立，南部山峰绵延，最高点为南部的大青山，海拔 378.6 m，次高点为中部的朱家尖大山（也称庙跟大山），海拔 378.4 m。丘陵主要分布在岛东部和南部，丘陵顶面普遍比较平缓，保存有四级剥蚀面，侧坡陡峻。平地主要分布在岛北部和西部，均为人工围垦的海积小平原。

该岛海岸线长 79.2 km，南部和东部以基岩海岸为主，西部和北部以人工海岸为主，其中基岩海岸 52.8 km，人工海岸 19.8 km，砂砾质海岸 8.2 km。岸线曲折，多港湾，其中樟州海湾、狼湾是较好的锚泊地。基岩海岸海蚀地貌发育，海蚀崖高 10 ~ 30 m，多海蚀洞穴。潮间带面积为 14.02 km^2，组成成分复杂，主要由沙滩、砾石滩、岩滩和泥涂滩组成，以西部和北部的泥滩分布范围最大；其次是东、东南部的沙滩和砾石滩，南部多岩滩。因山陡源短，无天然常年性河流，现有的 29 条河流多分布在岛西部和北部，大多为海涂上的沟浦，经围垦、改造形成，大多由东向西流淌。

朱家尖岛地质上属大陆基岩岛，原系浙东北丘陵山地的一部分，地质构造形成于燕山晚期，在全新世海侵过程中陷入海中。岛上南北两侧主要为燕山期钾长花岗岩，中部主要为西山头组熔结凝灰岩夹凝灰岩、凝灰质砂岩等，山体稳定性良好，不属于灾害地质易发区。

图 6.31　朱家尖岛地理分布图

6.10.2 自然环境概述

(1) 气象条件

据普陀区气象站1961—1990年资料，年平均气温16.1℃，最热月平均气温26.8℃，出现在8月，最冷月均气温5.6℃，出现在1月，极端最高气温38.2℃，极端最低-6.5℃。年日照时数2 025.5 h。年平均相对湿度80%。年降水量1 305.6 mm，最大日降水量212.0 mm，出现在10月，年暴雨日数4.2 d。年平均风速5.0 m/s，最大风速35.0 m/s，风向北北西，出现在9月，年最多风向为北北西。年平均不小于6级的大风日数37.1 d。年有效风能约700 kW·h/m^2，年有效风能约5 200 h。年平均雾日38.3 d，3—6月为多雾期，占总雾日77.0%，其中4—5月为高峰期。1949—1990年间，4906号和7910号台风在舟山登陆。降水季节变化大，自7月中旬至翌年2月的降水量占年降水的56%，易出现伏旱、秋旱和冬旱。1967年的大旱，年降水量仅593.1 mm，7—10月的降水量只60.9 mm；7115号台风出现了179 mm的日降水量极值，6312号台风出现了403 mm的过程降水极值。

(2) 海洋水文

普陀山、朱家尖诸岛海域主要受沿岸水和东海水交替影响，潮汐属正规半日潮。2008年9月樟州湾（85高程）实测最高潮位为2.35 m，最低-1.63 m。平均潮差为2.40 m，最大为4.08 m，最小为0.49 m。而朱家尖西面泥螺山水域2006年9月，按85高程，实测最高潮位2.52 m，最低-1.63 m，平均潮差2.36 m，最大和最小潮差分别为4.11 m和0.21 m。普陀山与朱家角比较，朱家角水位及潮差均略大。平均涨、落潮历时前者为5 h 50 min和6 h 35 min，后者为6 h 00 min和6 h 26 min，落潮历时大于涨潮历时。

潮流属不正规半日浅海潮流，以往复流运动形式为主，普陀区实测最大涨、落潮流速分别为1.97 m/s和1.94 m/s，整个垂向剖面的最大涨、落潮流速分别为1.84 m/s和1.46 m/s。朱家尖大凹处外实测最大涨、落潮流速分别为1.85 m/s和1.43 m/s，整个垂向剖面的最大涨、落潮流速分别为1.67 m/s和1.24 m/s。海域内以平均潮流流速计，大、中、小潮流速比为1.0∶0.9∶0.6。流向基本与等深线平行，涨潮时为西北流向，落潮为东南流向。该海域余流一般在0.02~0.27 m/s，最大为0.34 m/s，流向复杂，各区不尽相同。

波浪以朱家尖为代表，年平均波高为0.5 m，最大波高4.2 m，波向东，年平均周期3.6s，各月平均波高和变化周期分别为0.3~0.6 m和2.6~4.5s之间，冬季大于夏季。常波向为N、NE、SE，大浪多集中于8—10月，风浪为主，但涌浪亦有一定比例。但历史上（即1960—1962年）在朱家尖西南角的乌沙门水道钓鱼礁附近，实测到台风和大风期最大波高达2.26 m，周期2.6s。

(3) 潮间带特征

潮间带面积为14.02 km^2，组成成分复杂，主要由沙滩、砾石滩、岩滩和泥涂滩组成，以西部和北部的泥滩分布范围最大，其次是东、东南部的沙滩和砾石滩，南部多岩滩。

（4）植被分布

植被总面积为 4 337.3 hm^2，植被覆盖率为 70.2%。其中，针叶林 1 515.3 hm^2、阔叶林 171.5 hm^2、竹林 11.2 hm^2、灌丛 395 hm^2、草丛 123.8 hm^2、滨海盐生植被 4 hm^2、滨海沙生植被 6.3 hm^2、沼生和水生植被 20.8 hm^2、木本栽培植被 267.8 hm^2、草木栽培植被 1 821.6 hm^2。天然植被隶属 44 个群系，针叶林有黑松林 1 093 hm^2、马尾松林 357.1 hm^2、杉木林 64.5 hm^2 和柳杉林 0.7 hm^2 4 个群系；阔叶林有 11 个群系，主要有冈栎林 11.8 hm^2、红楠林 15.2 hm^2、香樟林 18.3 hm^2、普陀樟林 5.5 hm^2、沙朴林 29.8 hm^2、黄檀林 10.4 hm^2；竹林有 4 个群系，其中有毛竹林 3.8 hm^2、刚竹林 5.0 hm^2；灌丛有 8 个群系，其中檵木灌丛 247.4 hm^2、柃木丛 90.6 hm^2；滨海盐生植被有 3 个群系；滨海沙生植被有5 个群系；沼生、水生植被有 4 群系。有维管植物 900 余种。

（5）土地利用

陆域总面积 11 139.8 hm^2，其中有林地面积 2 514 hm^2，耕地面积 1 135.2 hm^2，城镇村及工矿用地 942 hm^2，交通用地 392 hm^2，水域用地 1 970 hm^2，盐田 17 hm^2，未利用土地203 hm^2。在居民和工矿用地中，村庄为 466 hm^2。另有未利用荒草地 133 hm^2，裸岩 452 hm^2。

6.10.3　主要地质灾害

地质灾害主要为沙滩泥化、人工边坡风化块体零星崩塌及风化碎屑物的剥落。

朱家尖岛人工边坡均为岩质边坡，位于采石场、公路边，坡度 50°～90°不等，坡面起伏，岩体节理发育，抗风化能力较弱，局部因风化作用形成的块体易崩落，但这种单一的块体崩落范围小，易于处理，危害程度较低。

朱家尖岛沙滩由于人工修建堤坝，沙滩物质来源被阻断，沙滩表现为泥化现象。

6.11　桃花岛

6.11.1　概况

桃花岛位于舟山群岛南部，舟山市普陀区政府驻地沈家门以南 11.8 km，西隔虾峙门与大双山岛相邻；东隔鹁鸪门与悬鹁鸪岛相邻；北隔清滋门与登步岛相邻；南隔虾峙门与虾峙岛相邻（图 6.32）。距大陆最近距离 9.2 km。行政上隶属于舟山市普陀区桃花镇，以岛建镇，为桃花镇政府驻地。俯瞰岛形不规则，略呈弧线有缺口的弓形，西北—东南走向，长 11.7 km，宽 6.1 km，陆域面积为 40.4 km^2，海岸线长 54.3 km；最高点为东南部的对峙山安期峰，坐标为北纬 29°48.0′、东经 122°17.2′，海拔 539.4 m，是舟山群岛的最高峰。

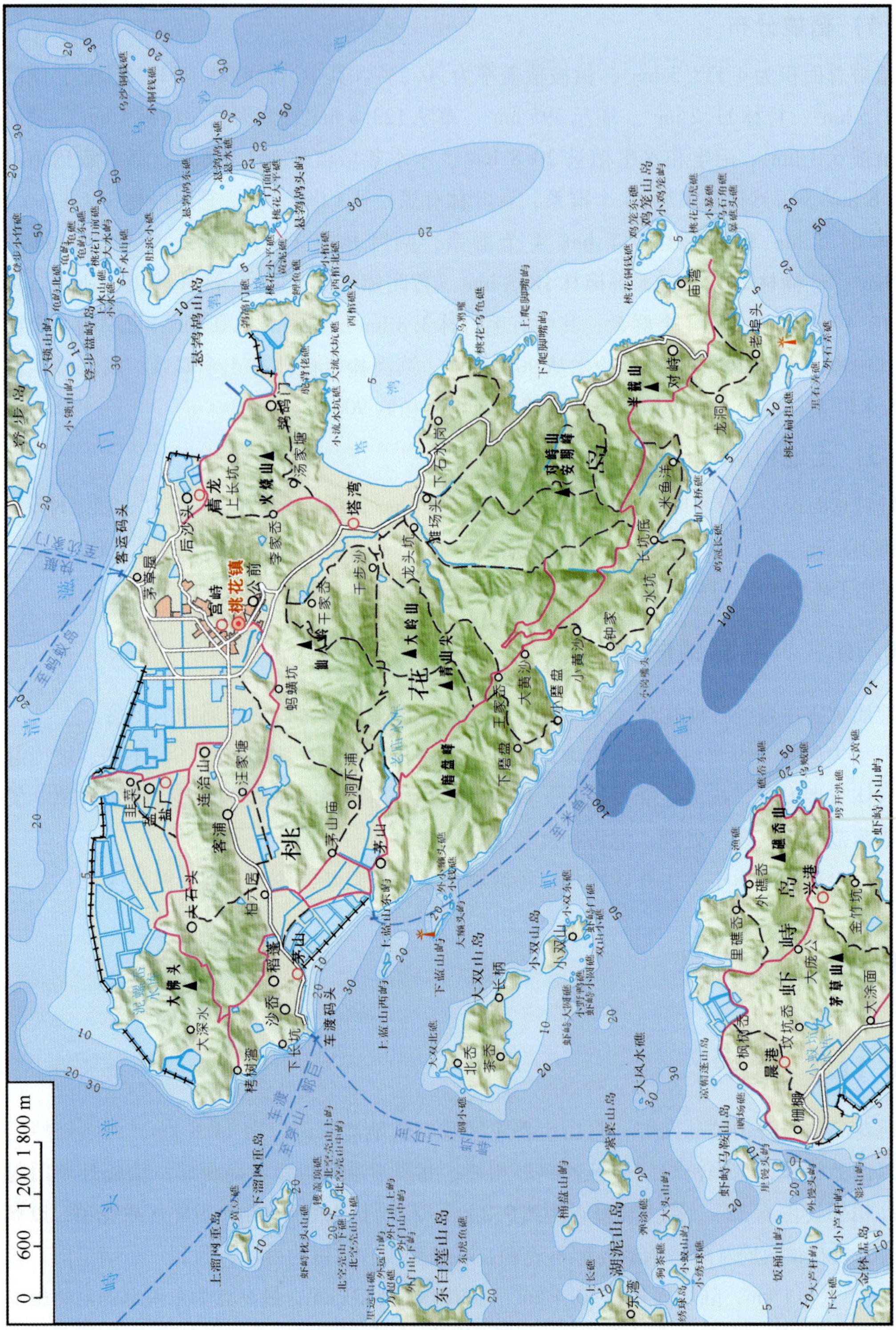

图 6.32 桃花岛地理分布图

桃花岛为基岩岛，岩石南半部除东南侧属上侏罗统西山头组熔结凝灰岩夹凝灰岩、凝灰质砂岩外，均为燕山晚期侵入钾长花岗岩，北半部大部分为上侏罗统茶湾组凝灰岩、凝灰质砂岩等，仅西北角出露晚侏罗世潜流纹斑岩。地貌以丘陵为主，山体稳定，不易发生地质灾害。地貌以低山和丘陵为主，南半部山峦叠嶂，山坡陡峭，多裸岩和独立石，山脚直插大海，仅东南端的乌石子自然村和中部的千步沙附近岸边有小块的平地；北半部丘陵平地相间，是桃花岛居民的主要聚居地。低山丘陵面积 30.11 km^2，占全岛面积的 74.6%；平地面积 10.27 km^2，占全岛面积的 25.4%。岛南部山高源短，均为天然山溪型河流，呈放射状由对峙山向四周分布，坡度大，流量季节性变化大；岛北部河流由天然与人工共同作用形成，坡度小，河岸平直，流量季节性变化小，是农业生产的主要水源。

该岛海岸线长 54.3 km，其中基岩岸线 35.62 km，人工岸线 16.1 km，砂砾岸线 2.6 km。南北部以基岩岸线为主，海岸曲折多湾，大部分澳口呈马蹄状，是良好锚地；北半部以人工岸线为主，海岸相对平顺；在中部东岸岛上，大部分是砂质岸线；在东南端和西北端，各有小段砾石和泥质岸线。

6.11.2　自然环境概述

（1）气象条件

桃花岛与普陀区政府所在地沈家门相距不远，气候与沈家门大致相近。根据普陀区气象站 1961—1990 年资料，年平均气温 16.1℃，最热月平均气温 26.8℃，出现在 8 月，最冷月平均气温 5.6℃，出现在 1 月，极端最高和最低气温分别为 38.2℃ 和 −6.5℃。年日照时数 2 025.5 h。年平均相对湿度 80%。年降水量 1 305.6 mm。年平均风速 5 m/s。年平均雾日 38.3 d。

（2）海洋水文

桃花岛海域主要受沿岸水和东海水交替影响，潮汐属正规半日潮。该海域北部以蚂蚁岛西侧为代表，南部则以虾峙岛西北端西白莲附近为例。前者最高潮位为 2.23 m（潮位以国家 85 高程计，下同），最低为 −1.55 m，平均高、低潮位分别是 1.48 m 和 −0.68 m。平均潮差 2.17 m，最大、最小潮差分别为 3.57 m 和 0.79 m。平均涨、落潮历时分别为 5 h 58 min和 6 h 24 min；后者实测最高潮位为 2.38 m，最低 −1.81 m，平均高潮位为 1.48 m，平均低潮位为 −0.86 m。平均潮差为 2.36 m，最大为 4.10 m，最小为 0.35 m。平均涨、落潮历时分别为 5 h 39 min 和 6 h 53 min，落潮历时大于涨潮历时。

潮流属不正规半日浅海潮流，以往复流运动形式为主，浅海分潮流大。西白莲山水域平均潮流流速在 0.52 ~ 0.69 m/s 之间，大潮期实测最大涨、落潮流流速分别为 1.23 m/s 和 0.89 m/s，小潮期实测最大涨、落潮流流速分别为 0.70 m/s 和 0.53 m/s。大潮期，垂线最大涨、落潮流速分别为0.98 m/s和0.64 m/s，垂线平均流速分别在0.27～0.38 m/s和0.24～0.42 m/s之间；小潮期，垂线最大涨、落潮流速分别为0.58 m/s和0.41 m/s，垂线平均流速分别在0.16～0.29 m/s和0.18～0.23 m/s之间。无论大、小潮，均为涨潮流大于落潮流。涨潮流向偏西北，落潮流向偏东南。余流较大，平均在0.08～0.20 m/s，最大为0.24 m/s；蚂蚁岛水域，其北垂线平均最大涨、落潮流速分别为0.90 m/s和1.00 m/s。其西北角垂线平均最大涨、落潮流速分别为0.60 m/s和0.74 m/s。其西边堤前垂线平均最大涨、落潮流速分别为0.75 m/s和0.88 m/s；而登步岛东福利门水道一带流速很大，最大涨、落潮流速分别可达1.85 m/s和1.43 m/s。垂线平均涨、落潮流速亦达1.67 m/s和1.24 m/s。

波浪与朱家尖诸岛基本相似，但东北向浪小些。

（3）潮间带特征

潮间带面积4.054 km^2，主要为泥滩、泥砂质滩、沙岸与砾石岸滩（表6.8）。泥滩分布在岛西北部和北部。沙滩分布在龙头坑至沙岙之间，砾石滩分布在东南、西南和南部。南部北面有一砾石滩，长500 m、宽60 m。岸滩稳定。

表6.8　潮间带滩涂资源分布

滩涂名称	坐落地点		涂面朝向	面积（亩）
	起	讫		
沙头岙	林湾嘴	青龙首	北	322
后沙头涂	下长坑嘴	老鼠山	东北	370
学耕塘外涂	茅山嘴	盐厂闸	北	690
协耕塘外涂	韭菜山	涂骨头棚	北	571
小深水涂	斜骨头棚	半边凉帽棚	西北	208
裕宁塘外涂	茅山码头	沙岙	西南	843

（4）植被分布

岛中部、南部山岭地势较陡，多露岩和独立石，土质瘠薄，植被稀疏，对峙山东北部更是光山秃岭。中部和南部山腹以下，尤其是山坑土层较厚，水分充足，适宜林木生长。东北部和西北部蚂蟥山、火烧山、大石头等山腰及一些小山丘植被较好，山脚多垦为粮田。植被总面积3 059.3 hm^2，植被覆盖率75.8%。有维管植物约900种，有针叶林1 424.1 hm^2，阔叶林322.0 hm^2，灌丛130.2 hm^2，草丛144.7 hm^2，草本栽培植被899.6 hm^2，间有竹林4.1 hm^2，滨海沙生植被26.1 hm^2，滨海盐生植被0.8 hm^2、沼生和水生植被6.1 hm^2。其中天然植被共有46个群系，针叶林4个群系，有黑松林1 028.3 hm^2，马尾松林329.5 hm^2，杉木林65.9 hm^2，柳杉林0.4 hm^2；阔叶林12个群系，有枫香林

108.8 hm^2，白栎林 33.7 hm^2，青冈栎林 91.9 hm^2，红楠林 9.4 hm^2 和青冈枫香林 24.1 hm^2，红楠、日本珊瑚树、黄连木、沙朴林 1.5 hm^2；灌丛主要群系有赤楠灌丛 60.6 hm^2、柃木灌丛 34.7 hm^2，杜鹃灌众 25.2 hm^2 以及少量化香萌生灌丛和日本野桐灌丛；草丛 8 个群系，有白茅草丛 73.1 hm^2，芒萁赤楠灌草丛 25.1 hm^2，其他有芒草丛、芒萁草丛、白茅柃木灌草丛、里白黄檀灌草丛和芒萁黑松稀树草丛等。岛上有许多珍稀濒危植物，属国家级保护有普陀樟、舟山新木姜子、全缘冬青、红山茶、堇叶报春、野大豆和短穗竹；其中短穗竹在全区仅见于龙洞村附近山坡。其他珍稀林木中，日本珊瑚树以大岭墩一带居多，黄杨在对峙山等处分布较广，南京椴在蚂蟥坑海拔 60 m 处分布 20 亩，为低海拔处罕见群落。滨海植物区系十分发达，常见有柃木、滨柃、滨海前胡、矮生苔草、沙苦荬、滨旋花、假牛鞭草、滨海苔草、倒卵算盘子、日本野桐、全缘贯众、辐射砖子苗、海滨狗哇花、海滨珍珠草、钝齿冬青等。岛上次生阔叶林植被保存较完好，植物种类繁多，有“海岛植物园”之美称。

(5) 土地利用

岛上土地利用现状为耕地 584.25 hm^2，其中水田 97.99 hm^2，旱地 486.26 hm^2；园地 93.33 hm^2，其中果园 83.66 hm^2，茶园 9.67 hm^2；林地 1 943.36 hm^2，其中有林地 1 686.32 hm^2，灌木林地 124.40 hm^2，其他林地 132.64 hm^2；草地 232.54 hm^2，均为其他草地；城镇村及工矿用地 385.26 hm^2，其中建制镇 17.14 hm^2，村庄 336.21 hm^2，采矿用地 7.01 hm^2，风景名胜及特殊用地 24.90 hm^2；交通运输用地 63.43 hm^2，其中公路用地 29.55 hm^2，农村道路用地 29.12 hm^2，港口码头用地 4.76 hm^2；水域及水利设施用地 705.67 hm^2，其中河流水面 2.78 hm^2，水库水面 4.90 hm^2，坑塘水面 254.40 hm^2，沿海滩涂 406.34 hm^2，沟渠 20.13 hm^2，水工建筑用地 17.12 hm^2；其他土地 388.16 hm^2，其中设施农用地 0.56 hm^2，田坎 53.72 hm^2，裸地 333.88 hm^2。

6.11.3　主要地质灾害

岛上地质灾害主要为海岸崩塌、人工边坡风化块体零星崩塌及风化碎屑物的剥落、沿基岩面的泥质滑坡等（表 6.9）。

表 6.9　桃花岛地质灾害统计表

编号	纬度（N）	经度（E）	灾害类型	灾害等级	备注
TH01	29°50′12.00″	122°14′21.00″	滑坡	小型	
TH02	29°50′01.02″	122°17′55.96″	滑坡	小型	

桃花岛上的滑坡以蠕变为主，主要为上部松散残坡积及风化土层沿基岩面滑移，在山脚处形成堆积体，威胁沟谷地带以及山体斜坡区下部的人口聚居区。

桃花岛东侧海域波浪作用强，岩石风化严重，沿岸的岩体崩塌、岩块坠落现象常见（图6.33），危害程度局部大，总体小。

图6.33 桃花岛崩塌地质灾害

6.12 六横岛

6.12.1 概况

六横岛位于舟山群岛南部，象山港口外海域，普陀区政府驻地普陀城区西南24.8 km，介于梅山岛与虾峙岛之间，与梅山岛岸距5.3 km，与虾峙岛岸距5.8 km，距大陆最近点7.1 km（图6.34）。该岛为舟山群岛第三大岛屿，行政上隶属于舟山市普陀区六横镇，六横镇镇政府驻地。俯瞰海岛，其形呈不规则长形，西北—东南走向，长17.5 km，宽4.4～11.2 km，陆域面积97.9 km^2，海岸线长79.5 km；最高点为西北部的双顶山，坐标为北纬29°45.4′、东经122°05.5′，海拔299.9 m。

该岛除48.85 km^2丘陵面积外，44.808 km^2平地面积均为围垦新增。岛上河流众多，天然河道大多源短流小，呈放射状由丘陵向海岸辐射。人工河道一般沿海堤和山麓分布。

图 6.34　六横岛地理分布图

6.12.2 自然环境概述

(1) 气象条件

据普陀气象站 1961—1990 年资料，年平均气温 16.1℃，极端最高、最低气温为 38.2℃和 -6.5℃；年降水量 1 223.4 mm，年蒸发量 1 289.6 mm；年平均风速 5 m/s；年平均雾日为 37.6 d。灾害性天气主要有台风、暴雨和海雾。

(2) 海洋水文

六横岛海域主要受沿岸水和东海水交替影响，潮汐属正规半日潮。六横岛四周的潮位特征分别以东部的悬山、南部的小郭巨、西部的涨起、北部的外界礁四个临时潮位站的特征值来反映，该岛周围，东部潮差最大，北部最小，极大、极小潮差分别发生于在悬山和小郭巨。岛四面各站点均为涨潮历时短于落潮历时，但各站比较接近。

该岛群水域潮流属不正规半日浅海潮流，以往复流运动形式为主。根据实测资料，强流速出现在西北水域。2005 年 8—9 月大潮最大涨、落潮流速分别为 2.05 m/s 和 1.87 m/s，小潮相应流速分别为 0.94 m/s 和 1.27 m/s。较缓流速出现在南部的郭巨至青山岛水域，大潮涨、落最大流速分别为 1.35 m/s 和 1.15 m/s，小潮相应流速均为 0.50 m/s。总体而言，岛南侧流速小于岛北。以南区域的大潮涨、落潮流速均约为 0.55 m/s，而北区相应为 0.64 m/s 和 0.80 m/s。进一步分析发现，到东南和东北水域各以双屿门南口和泥潭岛西侧实测结果为代表。东南水域大潮最大涨、落潮流速分别为 1.19 ~ 1.98 m/s 和1.13 ~ 1.69 m/s。涨潮时，垂向平均最大流速为 1.10 ~ 1.73 m/s，落潮时，相应流速为 0.96 ~ 1.50 m/s；而东北水域最大涨、落潮流速为 1.23 ~ 0.81 m/s。上述特征值表明岛东南水域涨落流速均强且相当，而东北水域落潮流明显强于涨潮流。就垂线平均而言，东南水域又明显强于东北水域。余流则是六横岛以南海区要比以北海区小得多，以北海区一般都超过 0.20 m/s，而以南海区小于 0.10 m/s，以北海区最大可达 0.386 m/s，流向基本与落流向一致。双屿门南口余流也较强，最大达 0.27 m/s，最小亦有 0.17 m/s。

(3) 潮间带特征

潮间带面积 15.742 km^2，除了盛家岙、田岙及岛南部的龙头跳一带有小范围沙滩外，大部分为泥滩。泥滩主要分布在岛中部两侧；岩滩主要分布在岛西北和东南部。岸滩稳定。

(4) 植被分布

原生植被属中亚热带常绿阔叶林北部亚热带浙闽山丘甜槠、木荷林区、天台、括苍山山地丘陵、岛屿植被片。现有植被以人工栽培植物为主体。总面积为7 309.4 hm^2，植被覆盖率 78.0%。可划分为 10 个一级，20 个二级，70 个三级分类单位。

(5) 土地利用

陆域总面积 9 366 hm^2，其中有林地面积 3 070.5 hm^2，耕地 3 605 hm^2，盐田 66.7 hm^2。在居民和工矿用地中，裸岩 210 hm^2。土地的开发利用率为 94.4%。

6.12.3　主要地质灾害

岛东南部的台门—小湖社区为地质灾害重点防治区，总面积 4.78 km^2，自然斜坡一般小于 20°，地面标高一般为 5～280 m，出露岩性主要为熔结凝灰岩及霏细斑岩，风化残坡积层厚度不大，植被较好，工程地质条件较好，构造较发育，主要为断层和节理。其中，低易发区面积约 2.08 km^2，主要地质灾害点有三处，多因台风期间强降雨形成，均为小型崩塌、稳定性差、危害程度较大。可能发生的地质灾害主要是三处崩塌（表 6.10），由于松散残坡积及风化土层较厚，坡体排水无序，坡陡，强降雨引发坍塌，威胁沟谷地带以及山体斜坡区下部的人口聚居区、工程区及公路沿线等。

表 6.10　六横岛地质灾害统计表

编号	纬度（N）	经度（E）	灾害类型	灾害等级	备注
LH01	29°41′01.503″	122°09′25.37″	崩塌	小型	
LH02	29°40′41.425″	122°10′01.601″	崩塌	小型	
LH03	29°40′24.440″	122°08′53.104″	崩塌	小型	

6.13　檀头山岛

6.13.1　概况

檀头山岛位于石浦镇东部，距石浦约 7.5 km。檀头山岛北尖南宽（图 6.35），中间为长约 550 m 的沙堤，陆域面积 11 km^2，海岸线长 49.5 km，滩地面积 3.6 km^2，最高点檀头山，海拔 225 m。檀头山为基岩岛，地貌以侵蚀剥蚀丘陵为主，面积占全岛 98%，岩石为浅灰、紫灰色晶屑玻屑熔结凝灰岩、含角砾晶屑熔结凝灰岩，局部夹集块角砾岩，岩脉比较发育，以中性和酸性为主。晚更新世早期发育的坡洪积群分布于各沟谷处。岛上山体稳定，不易发生地质灾害。

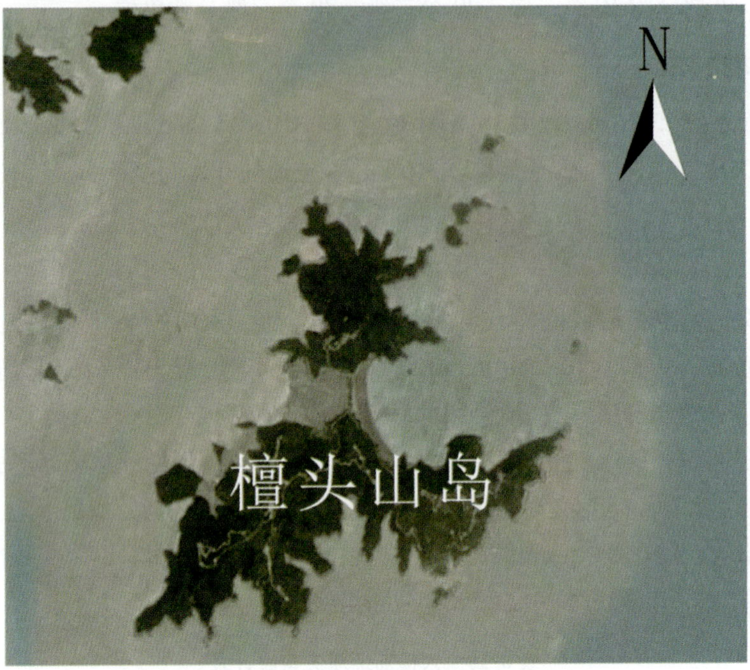

图 6.35　檀头山岛地理示意图

6.13.2　自然环境概述

(1) 气象条件

花岙岛、檀头山岛在浙江气象地理上属于中部海岛区，本区以大陈、坎门、石浦为代表。主要气候特点是光照条件介于北、南部之间，年降水量较少，灾害性天气影响较严重。

本区年日照时数在 1 829 ~ 1 881 h，以石浦最多。年平均气温为 16.4 ~ 17.1℃，最冷月平均气温为 5.8 ~ 7.2℃，极端最低可达 −7℃。不小于 10℃积温在 5 060 ~ 5 502℃。年雨量为 1 350 ~ 1 413 mm，年蒸发量为 1 328 ~ 1 351 mm。

然而，同在本区内，各岛之间的气候也有一定的差异。主要原因是所处纬度不同和距离海岸有远近之分。如热量条件，石浦也比大陈、坎门来得好。降水量石浦也比大陈、坎门来得多。至于灾害性天气的影响也有轻重之别，距海岸近的各海岛，暴雨日数多，台风雨量大，因此雨灾严重；距海岸远的岛屿则以风灾、雾灾为主，年大风日数有 139 ~ 153 d，年大雾日数有 20 ~ 42 d。如石浦历年受台风影响的日数中，严重雨灾（日雨量不小于 50 mm）占 11.3%，严重风灾（平均风速不小于 8 级）占 5.6%，日最大雨量达 187.5 mm，过程最大雨量达 235.9 mm；坎门历年受台风影响的日数中，严重雨灾（日雨量不小于50 mm）占 17.8%，严重风灾（平均风速不小于 8 级）占 3.3%，日最大雨量达 195.5 mm，过程最大雨量达 289.7 mm；而大陈历年受台风影响的日数中，严重雨灾的只占 14.4%，严重风灾的要占 12.1%。日最大雨量 241.5 mm，过程最大雨量 359.6 mm。

（2）海洋水文

附近海域主要受沿岸水与东海水的影响。潮汐属正规半日潮，浅海分潮较小，平均潮差为 3.54 m，最大为 6.08 m，涨落潮历时相近，潮流属正规半日浅海潮流，以往复流运动形式为主，张潮流流速小于落潮流流速。该海域涨、落潮平均流速，表层分别介于 0.55 ~ 0.63 m/s 和 0.58 ~ 0.75 m/s，底层介于 0.37 ~ 0.60 m/s。檀头山岛海域涨落潮平均流速分别为 0.48 m/s 和 0.61 m/s，底层分别为 0.45 m/s 和 0.46 m/s，涨潮历时略长于落潮历时。

据风速资料推算，该海域的最大波高 4.0 m 以上，波浪集中在北东至南南方向。西至北北西向最大波高小于 1.6 m。冬季最大波高小于 2.2 m，夏季最大波高 4.0 m 左右。

（3）潮间带特征

潮滩主要分布在岛屿西侧诸小海湾，为黏土质粉砂，沙滩以外沙头沙滩为典型，高滩为细沙、中低滩为中细沙夹贝壳碎片。岛屿周边岩滩发育。

（4）植被分布

植被有：黑松林 423.5 hm^2、草丛 512.9 hm^2、灌丛 34.2 hm^2、竹林 6.0 hm^2、阔叶林 2.8 hm^2、木本栽培植被 19.8 hm^2、草本栽培植被 86.1 hm^2。

（5）土地利用

土地利用有：旱耕地 111 hm^2，柑橘园地 0.97 hm^2，林地 432 hm^2，居民点及工矿用地 41.2 hm^2，交通用地 3.6 hm^2，未利用土地 513.8 hm^2。

6.13.3　主要地质灾害

地质灾害主要为海岸崩塌、人工边坡风化块体零星崩塌及风化碎屑物的剥落（表 6.11、图 6.36）。

檀头山岛海蚀崖发育，崖壁陡峭，岩石风化严重，沿岸的岩体崩塌、岩块坠落现象常见。

檀头山岛人工边坡均为岩质边坡，位于码头、公路边，坡度 50° ~ 90°不等，坡面起伏，岩体节理发育，抗风化能力较弱，局部因风化作用形成的块体易崩落，但这种单一的块体崩落范围小，易于处理，危害程度较低。

表 6.11　檀头山岛地质灾害统计表

编号	纬度（N）	经度（E）	灾害类型	灾害等级	备注
TT01	29°09′44.422″	122°03′01.071″	崩塌	小型	
TT02	29°09′44.075″	122°03′00.021″	崩塌	小型	
TT03	29°09′43.395″	122°03′00.682″	崩塌	小型	

图 6.36　檀头山岛崩塌地质灾害隐患点

6.14　花岙山岛

6.14.1　概况

花岙山岛位于高塘岛西南，东面隔南田湾和南田岛相望，扼守三门湾口，离大陆岸最近点 7.14 km（图 6.37）。其南北长 5 km，东西宽 1.97 km，总面积 13.21 km^2，海岸线长

图 6.37　花岙山岛遥感影像图

30 km，滩涂面积 11.4 km^2，最高峰海拔 308.5 m，是高塘乡第二大岛。花岙山岛又名花鸟岛、悬岙岛、大佛岛，后者是因岛东北有一高峰，雄伟挺拔，山顶一岩圆而光滑，形如大佛之头，故又称大佛岛。花岙山岛为基岩岛，由上侏罗统西山头组熔结岩等及晚白垩世正长斑岩构成。海岸以基岩岸海岸为主。

6.14.2　自然环境概述

（1）潮间带特征

潮滩主要分布在岛屿西侧诸小海湾，为黏土质粉砂。砂砾滩主要分布在西南和东部岬湾内。岛屿周边岩滩发育。

（2）植被分布

植被有针叶林 695.0 hm^2、草本栽培植物 178.9 hm^2、灌丛 103.9 hm^2、草丛 45.1 hm^2、阔叶林 13.5 hm^2、竹林 6.1 hm^2、木本栽培植被 26.5 hm^2。

6.14.3　主要地质灾害

岛上山体稳定，不易发生地质灾害。地质灾害主要为海岸崩塌、人工边坡风化块体零星崩塌及风化碎屑物的剥落（表 6.12、图 6.38）。

花岙岛海蚀崖分布，崖壁陡峭，岩石风化严重，沿岸的岩体崩塌、岩块坠落现象常见。

花岙岛人工边坡均为岩质边坡，位于采石场、公路边，坡度 50°～90°不等，坡面起伏，岩体节理发育，抗风化能力较弱，局部因风化作用形成的块体易崩落，但这种单一的块体崩落范围小，易于处理，危害程度较低。

表 6.12　花岙岛地质灾害统计表

编号	纬度（N）	经度（E）	灾害类型	灾害等级	备注
$HM^2$01	29°04′25.430″	121°47′52.858″	崩塌	小型	
$HM^2$02	29°04′00.770″	121°48′02.869″	崩塌	小型	

图 6.38　花岙山岛崩塌地质灾害隐患点

6.15 西门岛

6.15.1 概况

西门岛，位于乐清湾的中北部，隶属乐清市雁荡镇。岛上建有国家级海洋特别保护区，主要保护对象是我国分布最北的红树林。西门岛呈北西—南东走向（图6.39），岛上最高点海拔398.8 m。从海岸线变迁的情况看，1962—1968年，基本保持不变；1968年以来，在南岸、东岸的围涂活动使岸线外推了100 ~ 300 m。至2008年，海岛面积6.927 km^2，海岸线长10.988 km。

西门岛为基岩岛，主要有燕山晚期钾长花岗岩和上侏罗统高坞组熔结凝灰岩构成，山体稳定，不易发生地质灾害。

图6.39 西门岛遥感影像图

6.15.2 自然环境概述

(1) 气象条件

西门岛处于乐清湾海域，该海域地处中亚热带，属亚热带季风气候区。四季分明，热量丰富。受海洋气候影响，温暖潮湿雨量充沛形成的地方小气候条件好，多年平均气温

17.0～17.5℃，极端最高气温 36.6℃，极端最低气温 -5.6℃，气温年较差 20.3～21.1℃。年日照时数 1 738.9 h。年平均相对湿度 81%。多年平均降水量为 1 191.7～1 506.8 mm。其区域分布湾顶高于湾口，西部高于东部。乐清湾冬季盛行 NW 风，夏季盛行 SE 风，春、秋为过渡时期，常年平均风速 2.6～5.5 m/s，风速从湾口向湾顶，从东部向西部减小。累年最大风速 34 m/s。年内各月平均风速 4—6 月最小，7—9 月是台风最盛期，年有效风能约 300 kW·h/m^2，年有效风能时数约 4 500 h。乐清湾频受热带风暴袭击，几乎每年都会受到不同程度的影响。据 1949～1997 年的资料统计，影响本湾的热带风暴共 178 次，平均每年 3.7 次，其中在乐清湾附近登陆的台风有 9 次。如 1994 年 8 月在瑞安市梅头镇登陆的 9417 号台风，影响范围大、风力强、暴雨急、潮位高、来势猛，登陆时适逢农历七月十五的天文大潮，仅玉环县就冲毁堤塘 13.11 km。相对浙江海湾而言，乐清湾属于多暴雨海湾，邻近的雁荡山就是个暴雨中心，暴雨主要集中在 5—10 月，以 6 月的梅季暴雨和 9 月的台风暴雨出现频率最高，台风暴雨降水强度大，灾害集中。

（2）海洋水文

西门岛所属的乐清湾海域属太平洋潮波系统的半日潮，除湾顶为非正规半日潮外，其余均属正规半日潮，涨潮历时大于落潮历时。当外海潮波进入海湾后，受陆地阻挡和海底摩擦，在传播方向和速度等方面开始出现变异。从湾口门外，从东往西，从湾口至湾顶，浅水分潮逐渐增大，潮差也增大。乐清湾多年平均潮差 4.54 m，是我国强潮海区之一。潮汐能蕴藏量占全省总量的 17.2%，可开发电力 0.38 亿 kW·h。潮流属正规半日浅海潮流，落潮流速大于涨潮流速，表层最大涨落潮流速分别为 1.25 m/s 和 1.43 m/s，运动形式主要为往复流。

波浪因东南方多岛屿，加之风力有限，故波浪作用较小。

（3）潮间带特征

西门岛周边潮滩发育，沉积物为粉砂质黏土。

（4）植被分布

植被有针叶林 275.5 hm^2、草本栽培植被 228.6 hm^2，草丛 40.4 hm^2、木本栽培植被 14.0 hm^2、阔叶林 2.1 hm^2、竹林 0.2 hm^2，盐生植被 1.6 hm^2。

（5）土地利用

陆域面积 6.56 km^2，其中平地面积 3.77 km^2，多为通过围垦形成。土地主要为城镇生活用地、渔业用地和工业用地所利用。

6.15.3　主要地质灾害

该岛地质灾害主要为人工边坡风化块体零星崩塌及风化碎屑物的剥落（表 6.13、图 6.40）。西门岛人工边坡均为岩质边坡，位于公路边，坡度 50°～90°不等，坡面起伏，岩体节理发育，抗风化能力较弱，局部因风化作用形成的块体易崩落，但这种单一的块体崩落范围小，易于处理，危害程度较低。

表 6.13　西门岛地质灾害统计表

编号	纬度（N）	经度（E）	灾害类型	灾害等级	备注
XM01	28°20′07.552″	121°10′16.561″	崩塌	小型	
XM02	28°20′05.985″	121°10′18.059″	崩塌	小型	
XM03	28°19′57.631″	121°10′25.393″	崩塌	小型	
XM04	28°19′46.717″	121°11′02.912″	崩塌	小型	

图 6.40　西门岛崩塌地质灾害隐患点

6.16　状元岙岛

6.16.1　概况

状元岙岛，位于洞头列岛中部，西邻霓屿岛，是洞头县元觉乡人民政府驻地岛，岛长约 7 km，平均宽约 800 m，最高点海拔 231.9 m，岛上岩石以燕山晚期侵入的花岗斑岩为主（图 6.41）。从海岸线变迁来看，1962—1990 年，海岸线变化不大，海岛面积为 5.492 km^2，海岸线长 27.02 km，其中基岩岸线长 23.77 km，砂砾质岸线 1.11 km，人工岸线 1.87 km。近年来，为满足温州港状元岙深水港区建设需要，南、北岸均实施了较大规模的围垦工程，至 2008 年，海岛面积扩大为 9.981 km^2，海岸线则缩短为 28.836 km，其中基岩岸线缩短为 18.366 km，人工岸线增加为 7.471 km。

图 6.41　状元岙岛遥感影像图

6.16.2　自然环境概述

(1) 气象条件

半屏岛、洞头岛、状元岙岛、南麂岛气候条件属于浙江南部海岛区。

本区以洞头、北麂、南麂为代表，区内主要气候特点是：与北、中部相比较，热量条件最好，光照条件最差。

本区年日照时数在 1 853 ~ 1 895 h。年平均气温为 17.6 ~ 18.1℃，最冷月平均气温为 8.1 ~ 8.3℃，极端最低可达 −1.6℃。不小于 10℃积温在 5 526 ~ 6 100℃，高于北部和中部海岛区。年降水量为 1 209 ~ 1 390 mm，年蒸发量为 1 539 ~ 1 758 mm，年降水量只有年蒸发量的 80% 左右。

本区灾害性天气的强度和次数，受距海岸远近的影响，近海岸的岛屿暴雨日数多，台风雨量大，因此雨灾严重；距海岸远的岛屿则以风灾、雾灾为主，如洞头的年大风日数平均有 32.0 d，北麂有 92.4 d。洞头年大雾日数有 12.6 d，北麂则有 23.5 d。洞头历年受台风影响的日数中，严重雨灾（日雨量不小于 50 mm）占 24.3%，严重风灾（平均风速不小于 8 级）占 7.1%，日最大雨量达 253.3 mm，过程最大雨量达 413.3 mm；北麂历年受台风影响的日数中，严重雨灾（日雨量不小于 50 m m）占 14.6%，严重风灾（平均风速不小于 8 级）占 9.5%，日最大雨量达 161.8 mm，过程最大雨量达 233.6 mm；南麂历年受台风影响的日数中，严重雨灾的只占 11.3%，严重风灾的要占 10%。日最大雨量 164.3 mm，过程最大雨量 235.1 mm。

本区除了台风影响之外，海上大风和巨浪对渔业和养殖业的危害也不可低估。尤其要注意夏季低潮位期间的高温，对对虾养殖的危害。还有本区年降水变率较大，7—8 月降水又明显偏少，干旱时有发生，应注意伏旱对农业和居民生活用水的影响。

(2) 海洋水文

附近海域主要受沿岸水与东海水的影响。潮汐属正规半日潮，潮差较大，平均潮差为 4.01 m，最大为 6.75 m，涨、落潮历时相近。东及东南水域潮流属不正规半日浅海潮流，浅海分潮流较大，其余水域为不正规半日混合浅水潮流，以往复流运动形式为主，实测最大涨落潮流速分别为 1.06 m/s 和 1.09 m/s，平均流速介于 0.37 ~ 0.58 m/s。流速变化东南水域大于西北水域，表层大于底层。

波浪以洞头站为代表，年平均波高和周期分别为 1.0 m 和 5.7s，年最大波高和周期分别为 4.3 m（波向东）和 11.3s，各月平均波高介于 0.7 ~ 1.3 m，各月年平均周期介于 5.2 ~ 6.3s，主浪向偏东，风浪、涌浪出现概率相当。

(3) 潮间带特征

岛西侧岬角海湾发育潮滩，沉积物主要为黏土质粉砂。岛东部岬角海湾发育沙滩和砾石滩，沉积物主要为中细沙和砾石。岬角处岩滩发育。

(4) 植被分布

植被有针叶林 182.5 hm^2、阔叶林 2.6 hm^2、草丛 91 hm^2、草本栽培植物 125.2 hm^2。

6.16.3 主要地质灾害

状元岙岛为基岩岛，岛上岩石以燕山晚期侵入的花岗斑岩为主，抗风化能力强。地质灾害主要表现为人工边坡风化块体零星崩塌及风化碎屑物的剥落、土质滑坡及泥石流等（表 6.14、图 6.42）。

崩塌主要表现为风化裂隙及节理发育且相互交切，形成碎裂岩块连同上部松散残坡积土层一起崩落；滑坡以蠕变为主，主要为上部松散残坡积及风化土层沿基岩面滑移，泥石流表现为下切侵蚀沟谷，在山脚处形成堆积体，威胁沟谷地带以及山体斜坡区下部的人口聚居区、学校及公路沿线等。

表 6.14 状元岙岛地质灾害统计表

编号	纬度（N）	经度（E）	灾害类型	灾害等级	备注
ZYA01	27°53′29.556″	121°07′38.037″	滑坡	小型	
ZYA02	27°53′49.402″	121°07′42.122″	滑坡	小型	泥石流
ZYA03	27°51′35.053″	121°03′30.897″	滑坡	小型	崩塌

图 6.42　状元岙岛滑坡地质灾害（已防护）

6.17　洞头岛

6.17.1　概况

洞头岛为洞头列岛之主岛，是洞头县人民政府驻地。洞头岛呈东西走向，形似哑铃，长约 11 km，地势西北高东南低；全岛海岸线长 60.49 km（图 6.43），其中基岩岸线长 48.96 km，人工岸线 6.68 km，砂砾质岸线 2.41 km，粉沙淤泥质岸线 2.44 km。从海岸线变迁来看，1962—1982 年，海岸线变化不大。为满足洞头县社会经济发展的需要，通过围垦增加陆域土地，扩大城市发展空间，至 1990 年海岛面积 24.596 km^2，2008 年完工的洞头岛北岸的杨文围垦工程又增加了近 4 km^2 的陆域面积。目前，海岛面积达 28.336 km^2，海岸线则缩短为 55.348 km，其中基岩岸线缩短为 44.571，人工岸线增加为 10.761 km。

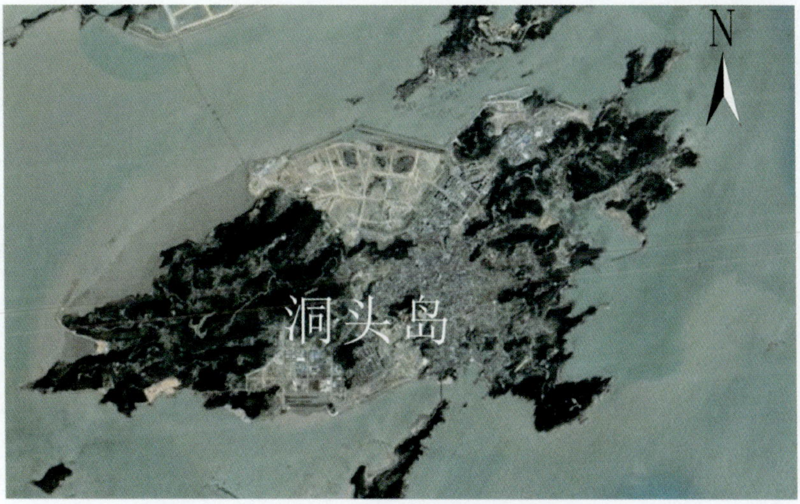

图 6.43　洞头岛遥感影像图

洞头岛为基岩岛，岛上大部分为侏罗统高坞组和西山头组熔结凝灰岩覆盖，燕山晚期侵入的二长花岗岩和钾长花岗岩分别出露在岛的西部和东北端，晚侏罗世潜霏细斑岩分布于岛的西部。

6.17.2 自然环境概述

(1) 潮间带特征

岛西北潮滩发育，沉积物为黏土质粉砂。岛东部岩滩发育。在岬角海湾处发育沙滩、砾石滩。

(2) 植被

植被有针叶林 586.3 hm^2、阔叶林 14.6 hm^2、竹林 1.4 hm^2、草丛 280.5 hm^2、草本栽培植被 495.6 hm^2、木本栽培植被 7.1 hm^2。

6.17.3 主要地质灾害

地质灾害主要表现为土质滑坡（表 6.15、图 6.44）。

洞头岛土质滑坡以蠕变为主，主要为上部松散残坡积及风化土层沿基岩面滑移。威胁沟谷地带以及山体斜坡区下部的人口聚居区、学校及公路沿线等。

表 6.15 洞头岛地质灾害统计表

编号	纬度（N）	经度（E）	灾害类型	灾害等级	备注
DT01	27°50′17.380″	121°10′21.137″	滑坡	小型	
DT02	27°50′26.886″	121°10′14.415″	滑坡	小型	
DT03	27°51′22.776″	121°09′18.875″	滑坡	小型	

图 6.44 洞头岛滑坡地质灾害隐患点

6.18　半屏岛

6.18.1　概况

半屏岛位于洞头列岛南部，最高点海拔 146.4 m，岛呈北东—南西走向（图 6.45），海岸线长 14.00 km，其中基岩海岸 12.17 km，人工海岸 714 m，砂砾海岸 1.12kn。岛上岩石为上侏罗统高坞组熔结凝灰岩，岛西部为燕山晚期的石英正长斑岩。该岛为基岩岛，岛上岩石为上侏罗统高坞组熔结凝灰岩，岛西部为燕山晚期的石英正长斑岩。地貌以低丘陵为主，海蚀地貌发育。

图 6.45　半屏岛遥感影像图

6.18.2　自然环境概述

（1）潮间带特征

岛西北潮滩发育，沉积物为黏土质粉砂。岛东部岩滩发育。在岬角海湾处发育沙滩、砾石滩。

(2) 植被分布

有植被150.2 hm^2，针叶林24.2 hm^2、草丛91.6 hm^2、草本栽培植被34.4 hm^2。

6.18.3 主要地质灾害

该岛地质灾害主要为海岸崩塌、人工边坡风化块体零星崩塌及风化碎屑物的剥落（表6.16、图6.46）。

半屏岛海蚀崖分布，崖壁陡峭，岩石风化严重，沿岸的岩体崩塌、岩块坠落现象常见。

半屏岛人工边坡均为岩质边坡，位于采石场、公路边，坡度50°~90°不等，坡面起伏，岩体节理发育，抗风化能力较弱，局部因风化作用形成的块体易崩落，但这种单一的块体崩落范围小，易于处理，危害程度较低。

表6.16 半屏岛地质灾害统计表

编号	纬度（N）	经度（E）	灾害类型	灾害等级	备注
BP01	28°19′57.631″	121°10′25.393″	崩塌	小型	
BP02	28°19′46.717″	121°11′02.912″	崩塌	小型	

图6.46 半屏岛崩塌地质灾害隐患点

6.19 南鹿岛

6.19.1 概况

南鹿岛西北距平阳县的鳌江镇和苍南县的龙港镇30 n mile（海里），距温州市

55 n mile，东南离东引岛（属马祖列岛）70 n mile，距台湾基隆港 140 n mile。南麂岛面积为 7.63 km^2，中心点位于北纬 27°27′00″、东经 121°30′00″，最高海拔 229 m，海岸线长 33.08 km，有大沙岙、火棍岙、马祖岙和国姓岙 4 个海湾，分别位于东南和西北两个方向。南麂岛呈北西—南东向，海岸线曲折，湾岬相间（图 6.47），岛上岩石中南部主要为钾长花岗岩、西北部为灰—紫色流纹质晶屑玻屑熔结凝灰岩。

图 6.47　南麂岛遥感影像图

6.19.2　自然环境概述

(1) 气象条件

南麂列岛地处亚热带海域，气候温和湿润，季节影响显著，四季分明，属于典型的中亚热带海洋性季风气候区。具有陆海过渡性气候的特征，即冬季最冷月气温比大陆高，夏季则大陆月气温比同纬度的海岛高。一是气候因素，受到浙闽沿岸流和台湾暖流的影响，冬暖夏凉、温度变化和缓，年均气温 16.5℃，极端气温 2.7℃和 34.1℃，日极端最高气温在 30℃以上天数不多。二是雨水充沛，光照充足，降水集中在梅雨期和台风期等。年平均降水日数为 148.6 d，年均降水量 1 063.4 mm，为浙江省海岛中降水最丰富的地区，主要降水期集中在 5—8 月，占全市降水量的 73%，海岛区风速大、日照多，是我国风能丰富区，是温州市风能密度最大的区域。年平均日照时数为 1 765 h，尤其是 7 - 10 月份，日照数都在 180 h 以上；三是灾害性天气时有发生，主要是受台风袭击较频繁，海岛区台风、大风和大雾多，对生产和居民生活影响很大。年平均雾日数为 162 d（海拔 221 m 处）。无霜期 365 d，四季比大陆推迟 40 d。据多年气象统计资料，台风平均每年 3.3 次，5—11 月都有台风影响，主要集中在7—10月份，最大风力在12级以上。

(2) 海洋水文

南麂海区的潮汐性质属正规半日潮区，受浅水分潮的影响不大，平均潮高3.19 m，平均潮差3.75 m，最大潮差达6.76 m。多年月平均潮差变化呈双峰形，主峰发生于9月，次峰发生于3月，6月为低谷。最大潮差、最大可能潮差分布规律与平均潮差相似。

南麂海域常年受到来自南部高温、高盐的黑潮水及高温又相对低盐的南海水影响，而低温、低盐的东海北部海水，只有在冬季影响到南麂海区，浙南沿岸上升流是南麂海区一个重要的水文现象，主要与流经南麂海域东侧北上的台湾暖流加强水平流的改变，以及海底所产生的下层水逆坡爬升有关。上升流终年存在，夏季在西南季风影响下还有所加强。上升流把富含营养物质的底层水源源不断地转向上层，此系维持南麂海区海水肥沃的一个重要因素，为该海域海洋生物的繁殖和生长提供了丰富的饵料基础。

南麂海域常年波浪较大，全年平均波高大约在1.0 m左右，夏、秋季在热带气旋的作用下时常出现强风浪，波高可达6.0 m以上，实测最大波高为10.0 m。而冬、春季波浪相对小些，最大波高一般在4.0 m以下，但冬季的寒潮大风也会引起大浪。就平均波高而言，秋季最大，为1.1~1.2 m；夏季次之，为1.1 m；冬季为0.8~1.0 m；春季最小，为0.8~0.9 m。波浪的主浪向主要受季风和热带气旋的支配。夏季以E—SE向浪为主，出现频率为59%~72%，其次为S—SE向浪；冬季则以偏北向浪占多数，N—NE向浪的出现频率为53%~59%，E—SE向浪占35%~38%；春、秋两季为季风转换时期，前者以E—SE向浪多，后者则以N—NE和E—SE向浪为主。由于南麂列岛以东海域宽广，受外海波浪的影响尤甚，故风浪和涌浪的出现频率大体相等，通常具混合浪的特征。这也是造成该区常年波浪较大，且又以偏东向浪为盛的主要原因。

(3) 潮间带特征

南麂岛的潮间带面积为0.45 km^2，除海湾顶部为沙滩、砾滩外，其余均为岩滩。

(4) 植被分布

植被有草丛278.0 hm^2、针叶林217.3 hm^2、草本栽培植被38.9 hm^2、阔叶林2.9 hm^2、灌丛1.5 hm^2、滨海沙生植被2.7 hm^2。

(5) 土地利用

土地利用以林地、农地为主。

6.19.3 主要地质灾害

南麂岛地质灾害主要为海岸崩塌、人工边坡风化块体零星崩塌及风化碎屑物的剥落（表6.17、图6.48）。

(1) 崩塌

南麂岛东侧海域波浪作用强，岛东侧海蚀崖分布，崖壁陡峭，岩石风化严重，沿岸的岩体崩塌、岩块坠落现象常见。

(2) 人工边坡

南麂岛人工边坡均为岩质边坡，位于采石场、公路边，坡度 50°～90°不等，坡面起伏，岩体节理发育，抗风化能力较弱，局部因风化作用形成的块体易崩落，但这种单一的块体崩落范围小，易于处理，危害程度较低。

表 6.17　南麂岛地质灾害统计表

编号	纬度（N）	经度（E）	灾害类型	灾害等级	备注
NJ01	27°27′37.810″	121°03′33.158″	滑坡	小型	崩塌
NJ02	27°27′34.163″	121°03′35.558″	滑坡	小型	崩塌
NJ03	27°27′07.742″	121°03′38.843″	滑坡	小型	崩塌
NJ04	27°27′44.877″	121°04′07.735″	滑坡	小型	崩塌
NJ05	27°28′28.021″	121°03′11.153″	滑坡	小型	崩塌
NJ06	27°28′31.929″	121°03′11.027″	滑坡	小型	崩塌
NJ07	27°28′39.060″	121°03′07.364″	滑坡	小型	崩塌

图 6.48　南麂岛海蚀地貌

6.20　大嵛山岛

6.20.1　概况

大嵛山岛位于霞浦东北海域（图 6.49），东西长 7.7 km，南北宽 2.76 km，全岛面积 21.393 896 km^2，岸线长 37.826 km，距大陆最近点 3.56 n mile。大嵛山岛隶属于宁德市福鼎县，岛上划分 6 个行政村，人口 5 600 人。岛上共有大小澳口 36 个，大小山峰 20 余座，最高点为主峰红纪洞山海拔 541.4 m。大嵛山岛属于中亚热带海洋性季风气候，年平均气温 15.1℃，多年平均降水量 2 068.8 mm，年平均风速 7.5 m/s。潮汐类型为正规半日潮，平均潮差 4.29 m，最大潮差达 7.01 m。

大嵛山岛是全国最美十大岛屿之一，属于基岩岛。岛内山丘连绵起伏，植被茂密，风景秀丽，是全国少有的集湖泊、草原、丘陵及岛礁于一体的海岛。岛内自然地质灾害较少。少数地质灾害系人为开挖导致，多分布于公路两侧及人工建筑旁边。海岛以基岩海岸为主。

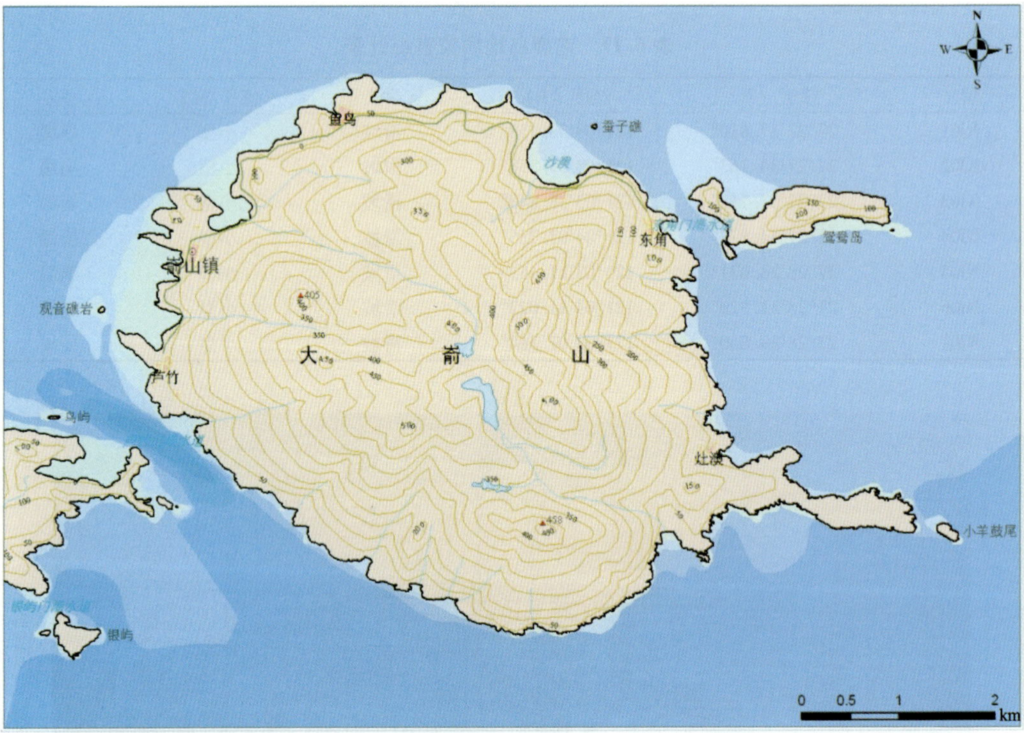

图 6.49　大嵛山岛地理分布图

6.20.2　自然环境概述

（1）地质地貌

大嵛山岛受区域东西向构造的控制呈东西向展布，出露的前第四纪地层主要有广布于东西两侧的上侏罗统南园组第三段中酸性火山碎屑岩和分布于西北沿岸的下白垩统石帽山群下组下段火山碎屑岩夹沉积层。燕山晚期二长花岗岩于中部呈近南北向侵入。第四纪地层除残积层外，仅在一些沟口见有全新统冲洪积砂砾层和海积砂层。

大嵛山岛陆域地貌类型有侵蚀剥蚀低山、侵蚀剥蚀高丘陵、低丘陵、侵蚀剥蚀台地等，其中以低山为主，由东北侧和西南侧的两列走向北西—南东之山脉组成。

① 地层　主要有石炭系、侏罗系、白垩系、第四系地层，其中以侏罗系和白垩系最为发育，按地层岩性可分为石炭系、侏罗系、白垩系、第四系。

② 侵入岩　燕山晚期第一次侵入期的侵入岩，其岩石是闪长岩。燕山晚期第二次侵入期的侵入岩是二长花岗岩，出露在嵛山、洋中、杜家等地。燕山晚期第三次侵入期的侵入岩分为两种：一种是含晶洞钾长花岗岩，一种是含黑云团（晶洞）花岗岩。燕山晚期第四次侵入岩分成 3 种：第一种是细粒钾长花岗岩；第二种称花岗岩；第三种称石英正长斑岩。燕山晚期第五次侵入期的侵入岩，其岩石是碱性流纹状长石斑岩。

（2）湿地分布

大嵛山岛湿地总面积 1.137 442 km^2（图 6.50），其中粉砂淤泥质海岸面积为 0.501 666 km^2，占湿地总面积的 44.10%，主要分布在岛西北；岩石性海岸面积为 0.267 055 km^2，占 23.48%，主要分布在岛东南；砂质海岸面积为 0.185 712 km^2，占 16.33%，分布在岛西北；湖泊 0.183 009 km^2，占 16.09%，分布在岛的中部。

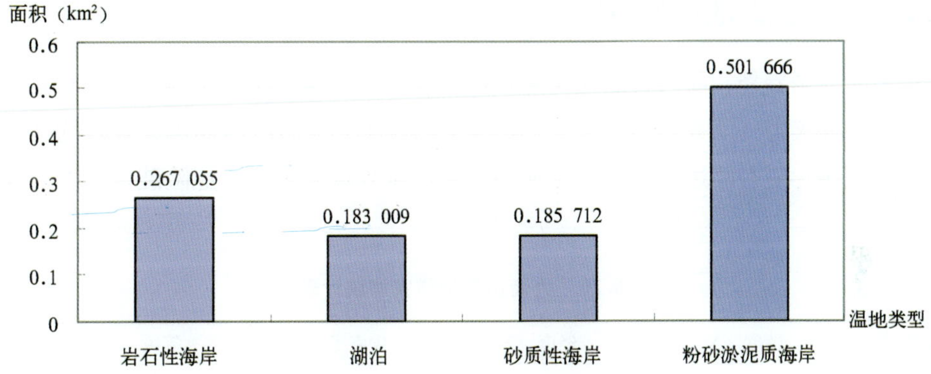

图 6.50　大嵛山湿地类型统计图

（3）植被

大嵛山岛植被覆盖较好，岛屿中部和南部分布大量草地。常绿针叶林主要分布在海岛中部以北等地区。大嵛山岛土地利用也以草地和林地为主，并有少量沿海滩涂。

大嵛山岛总面积 20.055 28 km^2，其中草丛面积最大为 9.701 987 km^2，占植被总面积的 48.38%，主要分布在岛中部和南部；常绿针叶林面积第二，面积为 8.299 04 km^2，占 41.38%，主要分布在岛中部以北地区；草本栽培植被面积 1.412 323 km^2，占 7.04%；经济林 0.595 9 km^2，占 2.97%（表 6.18）。

表 6.18　大嵛山植被统计表

植被类型	常绿针叶林	常绿阔叶林	经济林	草丛	草本栽培植被	合计
面积（km^2）	8.299 04	0.046 031	0.595 9	9.701 987	1.412 323	20.055 28
百分比（%）	41.38	0.23	2.97	48.38	7.04	100

(4) 土地利用

大嵛岛山土地利用总面积22.348 35 km²（表6.19），其中其他草地面积最大，面积为9.170 512 km²，占总面积的41.03%；其他林地面积第二，面积为8.345 071 km²，占总面积的37.34%。

表6.19 大嵛山土地利用统计表

土地利用类型	其他林地	其他草地	天然牧草地	居民地	旱地	水工建筑用地	沿海滩涂
面积（km²）	8.345 071	9.170 512	0.531 475	0.274 014	1.412 323	0.002 381	0.953 73
百分比（%）	37.34	41.03	2.38	1.23	6.32	0.01	4.27
土地利用类型	港口码头用地	湖泊	特殊用地	茶园	裸地	合计	
面积（km²）	0.006 467	0.183 009	0.025 93	0.595 9	0.847 535	22.348 35	
百分比（%）	0.03	0.82	0.12	2.67	3.79	100	

6.20.3 主要地质灾害

大嵛山岛为基岩岛，岛内自然地质灾害数量较多，规模较小，总体上比较稳定，短期内不会造成较大灾害（表6.20）。岛上比较典型的地质灾害为海岸崩塌，表现为风化侵蚀形成的危险陡崖，还有路边滑坡。海岸崩塌比较严重且普遍存在，危险陡崖均匀分布在海岛周围。

表6.20 大嵛山岛地质灾害统计表

编号	纬度（N）	经度（E）	灾害类型	灾害等级	备注
DYS01	26°57′34.02″	120°19′05.19″	滑坡	小型	人工采石
DYS02	26°57′59.73″	120°19′43.26″	滑坡	小型	滑坡
DYS03	26°58′03.44″	120°21′26.46″	滑坡	小型	疑似崩落
DYS04	26°57′46.85″	120°21′55.56″	滑坡	小型	人工陡崖
DYS05	26°57′02.71″	120°22′14.36″	滑坡	小型	疑似崩落
DYS06	26°56′36.36″	120°22′23.79″	滑坡	小型	疑似崩落
DYS07	26°55′58.64″	120°22′39.22″	滑坡	小型	滑坡、滑塌
DYS08	26°55′43.41″	120°22′09.32″	滑坡	小型	疑似崩落
DYS09	26°55′19.34″	120°21′31.08″	滑坡	小型	疑似崩落
DYS10	26°57′21.53″	120°20′23.01″	滑坡	小型	路边滑坡（小）
DYS11	26°56′46.48″	120°20′53.50″	滑坡	小型	塌陷
DYS12	26°57′55.77″	120°194′75″	滑坡	小型	滑坡

(1) 海岸崩塌

海岸上的危险陡崖较多，均匀分布在海岛周围。这些危险陡崖规模很大，高5 m到

50 m不等，并伴有大量的海蚀洞，沿岸数千米的区域都有危石滚落，危险陡崖上植被覆盖很少，岩体风化严重，岩石破碎彻底。陡崖较为直立，崖顶破碎岩石随时可能崩滑。

海洋上狂风巨浪时有发生，位于大陆前方的海岛总是首当其冲。平时海上的细小风浪也无时无刻不在冲击风化着海岸基岩。岩体随着时间的推移沿着节理慢慢风化破碎，有的岩体破碎后的形状十分规则（图 6.51）。破碎后的岩石极容易沿陡崖滚落，破坏山体形态并造成海岸线后退等危害。

图 6.51　崩塌灾害

（2）滑坡

大嵛山岛上植被覆盖非常好，因此崩塌滑坡点也较少，几处滑坡点大多出现在大嵛山北侧公路两旁。滑坡面高从 2 m 到 50 m 不等，宽度 10 m 左右（图 6.52）。其中两个大型滑塌面高 50 m 左右，开挖修路所致，都被公路从中间穿过。滑塌面上裸露呈现的大多为一些松散的土石碎屑，外观上没有看到防护措施。这些未固定的碎屑物极易在暴雨来临时发生滑塌，威胁道路的安全。

图 6.52　滑塌灾害

6.21 三都岛

6.21.1 概况

位于宁德市蕉城区东部，三都澳的中心区，地理坐标为北纬26°39.0′、东经119°42.0′（图6.53）。三都岛面积26.729 119 km^2，岸线长37.387 km，东西长10.6 km，南北宽2.3 km，距大陆最近点1.1 n mile，最高点海拔460.6 m。三都岛属于中亚热带海洋性季风气候，年平均气温18.9℃，年均降水量1 643.2 mm，年平均风速3.2 m/s，潮汐类型为正规半日潮，平均潮差5.36 m，最大潮差8.54 m。三都岛隶属于宁德市蕉城区，岛上辖9个行政村，人口10 780人。

三都岛一直都是海上的战略要地，三都澳更是我国难得的天然良港，深水区世界第一。素有“海上明珠”之称的三都岛位于天然良港三都澳的中心区域，是三都澳内最大的岛屿。

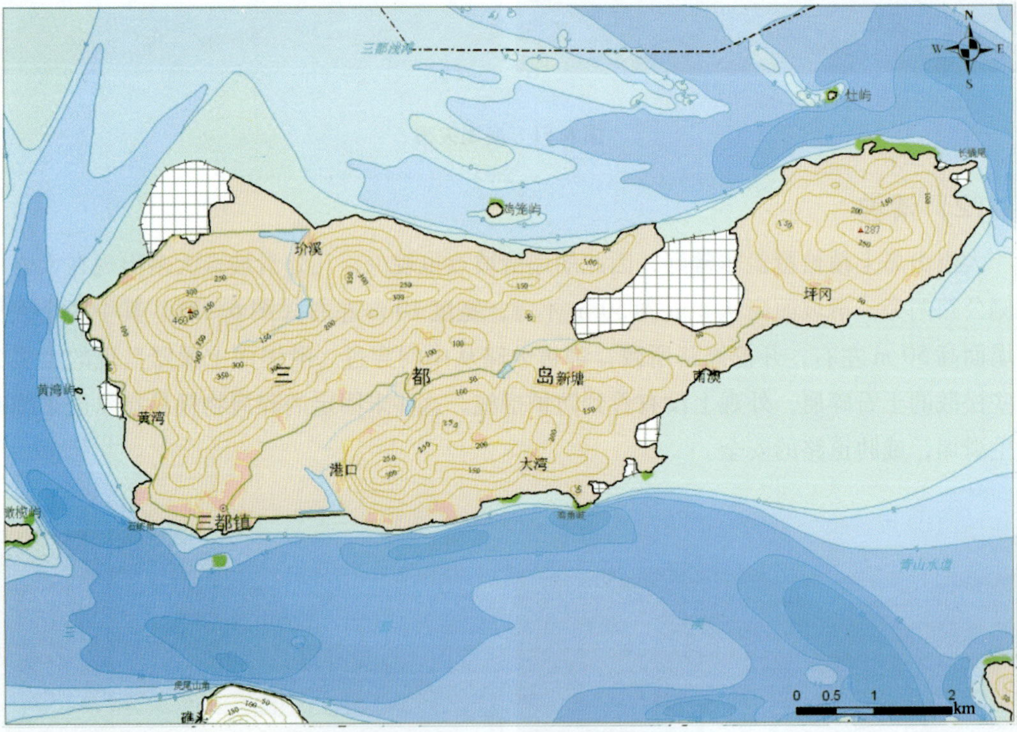

图6.53 三都岛地理分布图

6.21.2 自然环境特征

(1) 地质地貌

三都岛所在的宁德地区处于东亚大陆边缘濒太平洋新华夏系统构造带中，位于闽东燕山火山岩断裂带北部，地质构造由多次构造运动迭加形成。构造线以北北东、北东走向为基本格架，主要表现为不同期（次）的岩浆岩沿构造线方向侵入和喷发，以及以北北东和北东向为主的大断裂及其控制影响的全区基本地形、地势、水系统特征和海岸线的展布特征。第四纪以来，新构造运动主要表现为垂直升降运动，现仍在迟缓地上升。三都岛受区域性东西向构造控制，总体轮廓呈东西向展开，主体构造为北东—南西向。岛内主要构造为浦城—宁德北西向断裂带在三都澳的延伸。

岛内分布的地层主要为中生界上侏罗统南园组第二段火山碎屑岩、熔岩为基底，白垩统下统石帽山群，呈不整合覆于南园组之上；新生代第四系为洪积、冲洪积、风积和海积等成因的砂、砂质粘土、砂砾土泥炭层，地层厚几米到 100 m，从山前至滨海厚度逐渐增大。

三都岛东西高，中间低，最高峰黄湾山海拔 460.6 m。地貌以高丘陵为主，由黄湾山顶、港口山、莲花山为中心形成三丘鼎立之势，高丘之间是低丘、台地和海积平原；西北、北部的山前沟口地段有洪积扇形态分布的洪积台地。

(2) 湿地分布

三都岛湿地总面积 20.215 32 km^2，其中粉砂淤泥质海岸 12.190 02 km^2，占湿地总面积的 60.30%，大部分分布在岛东南和岛西北；养殖池塘 3.485 485 km^2，占 17.24%；水田 2.299 011 km^2，占 11.37%，主要分布在岛中部和西北部（表 6.21）。

表 6.21　三都岛湿地类型统计表

湿地类型	养殖池塘	岩石性海岸	水库	水田	河流
面积（km^2）	3.485 485	0.152 542	0.050 445	2.299 011	0.101 838
百分比（%）	17.24	0.75	0.25	11.37	0.50
湿地类型	湖泊	滨岸沼泽	砂质海岸	粉砂淤泥质海岸	合计
面积（km^2）	0.069 632	1.836 638	0.029 707	12.190 02	20.215 32
百分比（%）	0.34	9.09	0.15	60.30	100.00

(3) 植被

三都岛植被总面积 28.449 62 km^2，其中常绿阔叶林面积最大为 16.185 25 km^2，占植被总面积的 56.89%；沼生和水生植被 4.096 331 km^2，占 14.40%；果园 3.382 575 km^2，占 11.89%。

(4) 土地利用

三都岛土地利用总面积 43.613 02 km^2，其中沿海滩涂面积最大，面积为 16.868 84 km^2，占总面积的 38.68%；有林地 16.032 38 km^2，占 36.76%；果园 3.382 575 km^2，占 7.76%（表 6.22）。

表 6.22　三都岛土地利用统计表

土地利用类型	公路用地	其他林地	其他草地	坑塘	居民地	工矿仓储用地	旱地	有林地
面积（km^2）	0.205 626	0.164 786	1.975 663	0.791 137	0.448 167	0.052 665	0.438 792	16.032 38
百分比（%）	0.47	0.38	4.53	1.81	1.03	0.12	1.01	36.76
土地利用类型	果园	水工建筑用地	水库	水田	沟渠	沼泽地	沿海滩涂	港口码头用地
面积（km^2）	3.382 575	0.070 02	0.050 445	2.299 011	0.101 838	0.027 517	16.868 84	0.045 032
百分比（%）	7.76	0.16	0.12	5.27	0.23	0.06	38.68	0.10
土地利用类型	湖泊	灌木林地	特殊用地	裸地	设施农用地	合计		
面积（km^2）	0.069 632	0.032 807	0.340 027	0.065 165	0.150 894	43.613 02		
百分比（%）	0.16	0.08	0.78	0.15	0.35	100.00		

6.21.3　主要地质灾害

三都岛岛内及周边环境较为稳定，自然地质灾害规模较小，数量不多（表 6.23）。

三都岛海岸周边的自然地质灾害主要是滑塌、雨水冲蚀、海岸淤积与湿地退化等现象。三都岛内部为丘陵地区，存在较多冲蚀以及滑塌现象。但是滑塌规模都较小而且多为人工开挖导致。岛内东部大湾村村委会西侧路基遭受雨水冲蚀悬空严重，规模较大。

表 6.23　三都岛地质灾害统计表

编号	纬度（N）	经度（E）	灾害类型	灾害等级	备注
SD01	26°39′18.732 36″	119°41′45.296 81″	滑坡	小型	人工开挖陡坎
SD02	26°39′12.445 63″	119°41′53.940 58″	滑坡	小型	采石场
SD03	26°40′05.418 13″	119°42′59.752 81″	滑坡	小型	滑塌
SD04	26°38′32.938 07″	119°42′06.539 18″	滑坡	小型	路边滑塌
SD05	26°39′45.840 5″	119°39′04.285 45″	滑坡	小型	路边滑塌
SD06	26°38′14.971 36″	119°41′29.957 35″	海岸侵蚀	小型	岸堤破坏
SD07	26°38′40.883 29″	119°42′12.378 89″	海岸侵蚀	小型	掏蚀道路
SD08	26°40′50.324 47″	119°39′38.383 85″	湿地退化	小型	互花米草
SD09	26°38′24.844 59″	119°42′27.138 88″	海岸淤积	小型	泥质岸

（1）海岸淤积

灾害点 SD122 为典型的海岸淤积地点，灾害点位于岛屿正南部（图 6.54）。此海岸淤积宽数百米，长千余米。退潮时淤泥显露，靠近岛侧伴有大量互花米草生长。靠海侧被开发成养殖区，布满大量养殖筏。

三都岛北侧为三条江河的入海口，其东侧和南侧则都被岛屿所包围。因此，江河所携带的大量泥沙由于特殊的水动力作用沿着地形淤积，最终导致岛屿东南部发生较大规模的淤积。

图 6.54　三都岛海岸淤积

(2) 湿地退化

湿地退化主要是岛屿西北侧存在一条宽数十米，长数千米的互花米草带（图 6.55）。其主要原因应该是人为过度开发以及淤积严重造成的。靠岸侧互花米草茂盛，严重阻碍沿岸交通并破坏湿地生态系统。

图 6.55　互花米草带

湿地的退化主要指由于自然环境的变化，或人类对湿地自然资源过度以及不合理地利用而造成的湿地生态系统结构破坏、功能衰退、生物多样性减少、生物生产力下降以及湿地生产潜力衰退、湿地资源逐渐丧失等一系列生态环境恶化的现象[128-131]。由此还可能导致水资源短缺、气候变异、各种自然灾害频繁发生等。

(3) 陡崖滑塌以及雨水冲蚀

岛内陡崖及滑塌处较多，但规模都较小。较典型的几处滑塌多位于岛内东部的采石场及路边附近，大多是由于人工开挖所致。岛内东部存在一个比较危险的灾害，即雨水冲蚀。雨水冲蚀严重，严重威胁道路及行人安全。

SD143为一典型陡崖滑塌灾害点。此处位于加宠坪采石场内，陡崖高20 m左右，滑塌面坡度极大（图6.56）。此陡崖为人工采石开挖所致，开挖导致大量岩石破碎，在重力作用下自然滚落形成滑塌。开挖仍会继续，危险的陡崖及滑塌面也将会发生更大规模的滑塌。值得注意的是：此采石场位于半山腰处，发生滑塌，对于整个山体的稳定性影响很大。山体植被覆盖较好，滑塌对于山脚等地危害不大。

图6.56　陡崖滑塌点

岛屿南部大湾村村委会西侧仅有一条很窄的公路连接岛内村庄。然而此道路被雨水侵蚀掏空的路基宽0.5～2 m，长达数千米，路面也出现较长裂缝（图6.57）。由于位处丘陵地区，公路只能建在半山腰的位置。南方多雨，大量的雨水缓慢地侵蚀着路基，日积月累，大量的路基

图6.57　路基被侵蚀道路

被掏空。路基失稳，因而导致路面出现较大裂缝。而出现危险的道路地段，许多的住户人家都住在道路下方不远处，因此雨水冲蚀后的危险道路极大地威胁着当地人的安全。

6.22　浮鹰岛

6.22.1　概况

浮鹰岛位于霞浦县东南部，西洋岛东北方（图 6.58），距大陆最近点 2.97 n mile。浮鹰岛隶属于宁德市霞浦县，岛上文沃、里沃两个行政村，人口 1 800 多人。该岛呈长方形，东西长 1.94 km，南北宽 6.35 km，面积 11.586 544 km^2，岸线长 29.536 km。浮鹰岛由火山岩组成，南北隆起，最高点六潮顶海拔 366 m。岛上年平均气温 17.7℃，1 月平均气温 8.6℃，7 月平均气温 27.0℃，年平均降水量 1 133.7 mm。岛内地势挺拔山丘连绵起伏，山上植被覆盖率非常高。

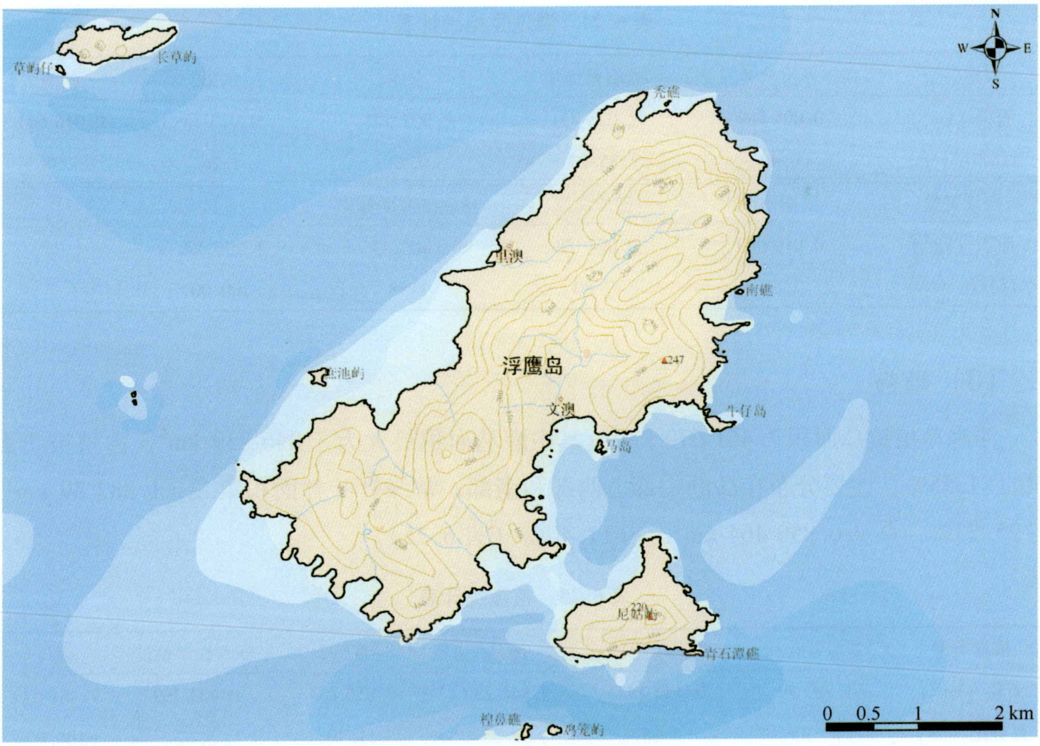

图 6.58　浮鹰岛地理分布图

6.22.2　自然环境概述

(1) 地质地貌

岛内地层单元简单，以上侏罗统火山岩为主，次为下白垩统石帽山群火山岩，再次是第四系堆积物。地处东亚大陆边缘，濒太平洋新华夏系构造带中，属东南沿海火山岩带的一部分，地质构造比较复杂。中生代以前的地质构造形迹，被中生代火山岩大面积覆盖难以追溯，往后的构造形迹，主要为断裂构造，褶皱构造不发育。

境内岩浆侵入活动主要为燕山早期第三阶段和燕山晚期第一阶段，侵入岩分布广泛，以酸性岩居多数，次为酸碱性岩和中性、中酸性岩。燕山早期第三阶段共有2次岩浆侵入，产生中—中酸性岩类，岩体呈南北向展布。第一次的侵入岩主要为二长花岗岩；第二次的侵入岩主要是细粒花岗岩。燕山晚期第一阶段共有4次岩浆侵入，侵入岩为中性—酸性—酸碱性，岩体呈北北东向展布。第一次的侵入岩为闪长岩、石英闪长岩、花岗闪长岩分布在浮鹰岛。

（2）湿地分布

浮鹰岛湿地总面积1.206 303 km^2，其中岩石性海岸面积最大，为1.028 851 km^2，占湿地总面积的85.29%；砂质海岸0.094 079 km^2，占7.80%（表6.24）。

表6.24 湿地类型统计表

湿地类型	养殖池塘	岩石性海岸	水库	水田	湖泊
面积（km^2）	0.005 889	1.028 851	0.007 502	0.015 18	0.016 643
百分比（%）	0.49	85.29	0.62	1.26	1.38
湿地类型	滨岸沼泽	砂质海岸	粉砂淤泥质海岸	合计	
面积（km^2）	0.019 049	0.094 079	0.019 11	1.206 303	
百分比（%）	1.58	7.80	1.58	100.00	

（3）植被

浮鹰岛植被总面积7.461 679 km^2，其中灌丛面积最大为3.846 239 km^2，占植被总面积的51.55%，主要分布在岛的中部、西部和南部；常绿针叶林面积第二，1.882 39 km^2，占25.23%；草丛0.850 464 km^2，占11.40%（表6.25）。

表6.25 植被统计表

植被类型	常绿针叶林	常绿阔叶林	灌丛	草丛	草本栽培植被	合计
面积（km^2）	1.882 39	0.459 187	3.846 239	0.850 464	0.423 399	7.461 679
百分比（%）	25.23	6.15	51.55	11.40	5.67	100.00

（4）土地利用

浮鹰岛土地利用总面积12.640 86 km^2，其中裸地面积最大，面积为3.920 101 km^2，占总面积的31.01%，主要分布在岛的东部和北部；灌木林地面积第二，面积为3.846 535 km^2，占总面积的30.43%；其他林地面积为1.638 988 km^2，占12.97%（表6.26）。

表 6.26　土地利用面积统计表

土地利用类型	其他林地	其他草地	内陆滩涂	坑塘	居民地	旱地	林地	水库
面积（km^2）	1.638 988	0.850 464	0.019 049	0.005 889	0.142 088	0.408 219	0.702 589	0.007 502
百分比（%）	12.97	6.73	0.15	0.05	1.12	3.23	5.56	0.06
土地利用类型	水田	沿海滩涂	港口码头用地	湖泊	灌木林地	裸地	合计	
面积（km^2）	0.015 18	1.052 755	0.014 859	0.016 643	3.846 535	3.920 101	12.640 86	
百分比（%）	0.12	8.33	0.12	0.13	30.43	31.01	100.00	

6.22.3　主要地质灾害

浮鹰岛上主要的地质灾害为海岸侵蚀、崩塌，表现为岸边的海蚀洞、海蚀崖崩塌。岛上海蚀崖和海蚀洞的规模都比较小，主要分布于浮鹰岛东侧、东南、南部和西南海岸上。

岛上比较典型的地质灾害点有 4 处海蚀洞、5 处海蚀崖和 1 处人工开挖陡崖。

表 6.27　浮鹰岛地质灾害统计表

编号	纬度（N）	经度（E）	灾害类型	灾害等级	备注
FY01	26°36′24.52″	120°09′00.67″	滑坡	小型	疑似崩落
FY02	26°35′54.96″	120°09′53.08″	滑坡	小型	倒石堆
FY03	26°34′21.07″	120°08′53.51″	滑坡	小型	疑似崩落
FY04	26.34′26.25″	120°08′41.85″	滑坡	小型	路边陡坡
FY05	26°34′28.17″	120°07′09.85″	滑坡	小型	疑似崩落
FY06	26°36′17.04″	120°09′38.43″	海岸侵蚀	小型	海蚀洞穴
FY07	26°35′27.09″	120°09′51.66″	海岸侵蚀	小型	海蚀洞穴
FY08	26°34′58.80″	120°09′39.47″	海岸侵蚀	小型	海蚀洞穴
FY09	26.33′48.24″	120°08′20.44″	海岸侵蚀	小型	海蚀砂质陡坎
FY10	26°33′22.05″	120°07′40.40″	海岸侵蚀	小型	海蚀洞穴

浮鹰岛的北侧和西北侧是靠近大陆的一侧，风浪作用较小。海岛偏东侧、南侧是面向大海的一侧，所受风浪作用较强。岩体成分不均一，导致一些抗风化能力差的成分先被风化剥蚀，最后形成形态各异的海蚀洞和海蚀崖。海蚀洞及海蚀崖侵蚀继续可能造成山体失稳及海岸线后退等。

（1）海蚀洞

岛内海蚀洞遍布海岛偏南侧位置，大多呈圆形及方形，直径从 0.5～5 m 不等，深度不详（图 6.59）。由于不能靠得非常近，洞内光线较暗，无法得知洞内延伸多深。海蚀洞底部大多仍被海水淹没，因此侵蚀仍将会继续。

靠近海面的位置海浪作用非常明显，岩体本身岩性不是很均一。一些抗风化能力比较差的岩石在风浪的物理风化以及海水的化学风化作用下被侵蚀剥离。日积月累就形成了海蚀洞。海蚀洞的规模和形状与岩体内抗风化能力较差的成分的规模和分布密切相关。

图 6.59　海蚀洞

(2) 海蚀崖

岛内海蚀崖较多，多分布在岛的东南侧面向外海的区域，但是规模大小不等。高度多数 2 ~ 12 m，长度 5 ~ 500 m 不等，崖体一般近似直立，坡底存在少量滑塌碎屑。由于浮鹰岛属于基岩岛，岩体的整体性较好，所以海蚀崖的发育只会在风化较强的边缘部位发生而且规模不是很大。

(3) 崩塌

岛屿东侧和南侧风浪作用强，大量的岩石发生风化破碎。已破碎的岩石在重力及特殊条件（如飓风、暴雨等）下发生剥蚀、滚落聚集在坡脚位置。大量岩体风化破碎易导致山体失稳，岬角脱离岛体以及海岸线后退等问题发生。

6.23　粗芦岛

6.23.1　概况

粗芦岛位于连江县南部、闽江口入海处，地理坐标为北纬 26°09.2′、东经 119°37.2′（图 6.60）。粗芦岛面积 13.696 695 km^2，岸线长 24.405 km，东西长 6.2 km，南北宽 2.19 km，地势中部、东部高，为丘陵分布区，西部、南部、西北部较低，以海积平原为主，最高海拔 236 m。粗芦岛属于中亚热带海洋性季风气候，年平均气温 19.3℃，年均降水量 1 371.8 mm，年均风速 4.1 m/s，正规半日潮，平均潮差 411 cm，最大潮差 648 cm。

粗芦岛隶属于福州市连江县，岛上设大练乡，辖 7 个行政村，人口 17 519 人。

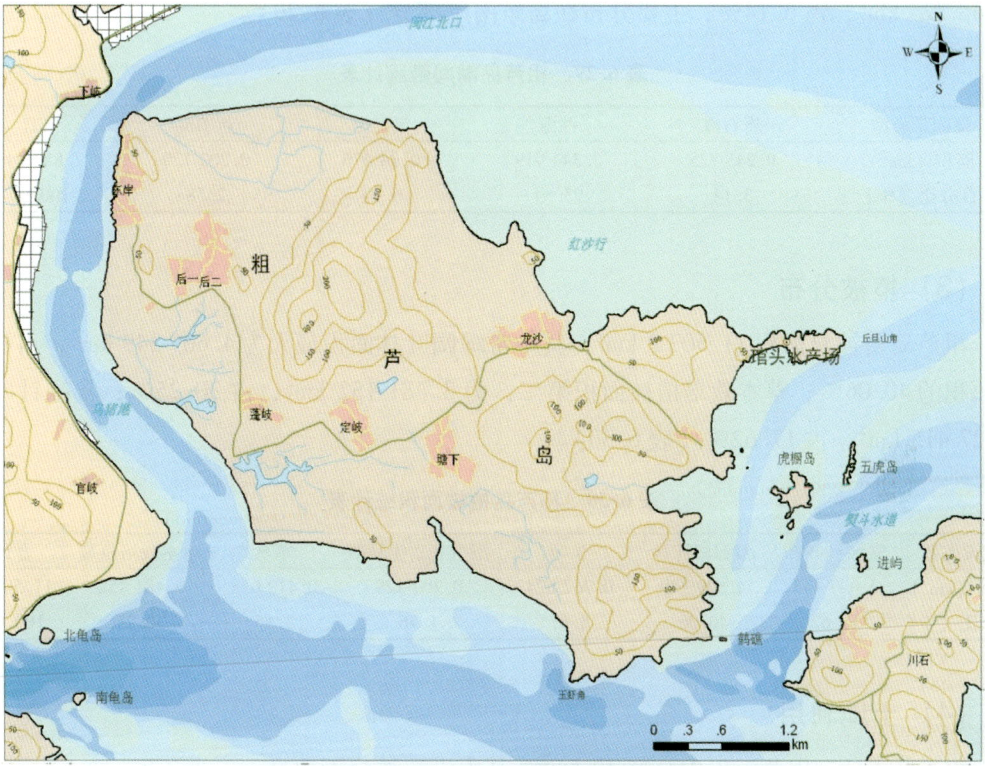

图 6.60　粗芦岛地理分布图

6.23.2　自然环境概述

(1) 湿地分布

粗芦岛湿地总面积 12.076 83 km^2，其中砂质海岸 7.155 156 km^2，占湿地总面积的 59.25%，主要分布在岛的西南沿岸和北部沿岸，东南沿岸也有少量分布；水田 2.989 476 km^2，占湿地总面积的 24.75%，主要分布在岛的西南和西北沿岸；养殖池塘 1.399 654 km^2，占湿地总面积的 11.59%，主要分布在岛西岸（表 6.28）。

表 6.28　粗芦岛湿地统计表

湿地类型	养殖池塘	岩石性海岸	水田	河流	滨岸沼泽	砂质海岸	粉砂淤泥质海岸	合计
面积（km^2）	1.399 654	0.232 078	2.989 476	0.076 685	0.189 305	7.155 156	0.034 476	12.076 83
百分比（%）	11.59	1.92	24.75	0.63	1.57	59.25	0.29	100.00

(2) 潮间带特征

粗芦岛潮间带总面积 7.827 249 km^2，其中大部分潮间带为沙滩，占潮间带总面积的

93.84%，为7.344 919 km^2，主要分布岛北部，西南岸和东南岸也有分布；岩石滩面积0.245 725 km^2，占3.14%，主要分布在岛东南岸部分（表6.29）。

表6.29　粗芦岛潮间带统计表

潮间带类型	岩石滩	沙滩	淤泥滩	芦苇滩	合计
面积（km^2）	0.245 725	7.344 919	0.34 476	0.202 129	7.827 249
百分比（%）	3.14	93.84	0.44	2.58	100.00

（3）植被分布

粗芦岛植被总面积11.507 3 km^2，其中常绿阔叶林面积最大为4.609 349 km^2，占植被总面积的40.06%；草本栽培植被面积第二，为3.481 152 km^2，占30.25%；常绿针叶林2.027 415 km^2，占17.62%（表6.30）。

表6.30　粗芦岛植被面积统计表

植被类型	常绿针叶林	常绿阔叶林	果园	沼生和水生植被	草丛	草本栽培植被	合计
面积（km^2）	2.027 415	4.609 349	0.767 624	0.202 129	0.419 628	3.481 152	11.507 3
百分比（%）	17.62	40.06	6.67	1.76	3.65	30.25	100.00

（4）土地利用

粗芦岛土地利用总面积21.525 12 km^2，其中沿海滩涂面积最大，为7.827 084 km^2，占总面积的36.36%，主要分布在岛的北侧，其他岸段也有分布；有林地面积第二，为6.636 855 km^2，占总面积的30.83%，主要分布岛的东部和北部；水田面积为2.989 476 km^2，占总面积的13.89%，主要分布在岛的南部和岛西北（表6.31）。

表6.31　粗芦岛土地利用统计表

土地利用类型	公路用地	其他草地	内陆滩涂	坑塘	居民地	工矿仓储用地	旱地	有林地
面积（km^2）	0.108 742	0.419 628	0.015 659	1.167 761	0.938 941	0.063 776	0.491 676	6.636 855
百分比（%）	0.51	1.95	0.07	5.43	4.36	0.30	2.285	30.83
土地利用类型	果园	水田	沙地	河流	沿海滩涂	港口码头用地	合计	
面积（km^2）	0.767 624	2.989 476	0.019 874	0.076 685	7.827 084	0.001 336	21.525 12	
百分比（%）	3.57	13.89	0.09	0.36	36.36	0.01	100.00	

6.23.3　主要地质灾害

粗芦岛断裂构造发育，有北北东、北西向两组，其中北西向断裂控制了岛屿和小溪组火山盆地的展布方向。出露的前第四纪地层有分布于中部和东部的上侏罗统南园组第二段、第三段酸性—偏中性火山碎屑岩和碎屑熔岩，以及小溪组上、下段一套陆相盆地沉积—火山喷发岩系。侵入岩较少，仅出露于龙沙的燕山晚期闪长岩体和出露于九龙山顶的石英二长斑岩。第四纪地层以全新统海积层为主，组成西部和南部广大的海积平原区。残积层、上更新统洪冲积层以及全新统风积层仅小面积零星分布。

粗芦岛陆域地貌类型有侵蚀剥蚀高丘、低丘、侵蚀剥蚀台地和洪积台地、海积平原和风成沙地。丘陵约占岛面积的一半，形成中部高丘，东部低丘为主的格局，而丘陵周围除北部、东部见有风成沙地外，其他基本为海积平原，侵蚀剥蚀台地以残丘形态散布在岛周缘。

粗芦岛人工边坡多为岩质边坡，位于采石场、公路边，边坡坡度50°~90°不等，坡面起伏，岩体节理发育，抗风化能力较弱，局部因风化作用形成的块体易崩落，但这种单一的块体崩落范围小，易于处理，危害程度较低（图6.61、图6.62）。

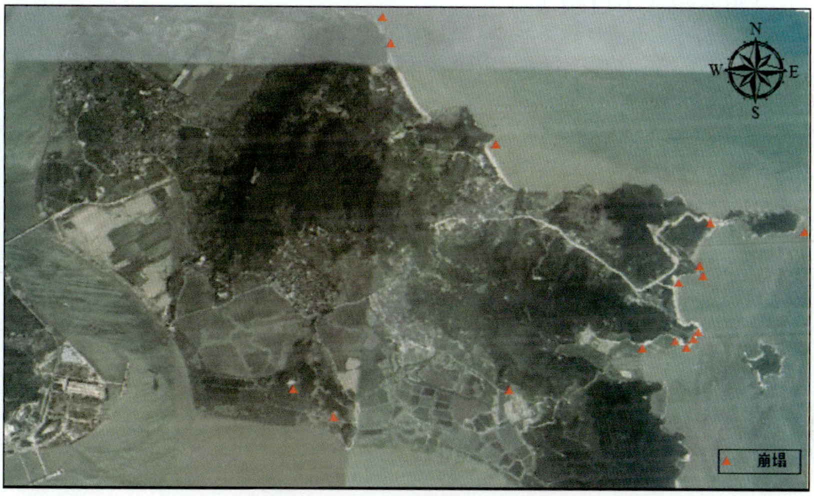

图6.61 粗芦岛地质灾害分布图

图6.62 海蚀崖

6.24 琅岐岛

6.24.1 概况

琅岐岛位于闽江入海口，地理坐标为北纬26°06′、东经119°36′（图6.63）。琅岐岛面积56.08 km^2，岸线长46.554 km，东西长15.33 km，南北宽8.10 km，最高海拔275 m。琅岐岛属于中亚热带海洋性季风气候，年平均气温19.3℃，年均降水量1 371.8 mm，年均风速4.1 m/s，正规半日潮，平均潮差411 cm，最大潮差648 cm。琅岐岛隶属于福州市马尾区，岛上设琅岐镇，人口约7万人。

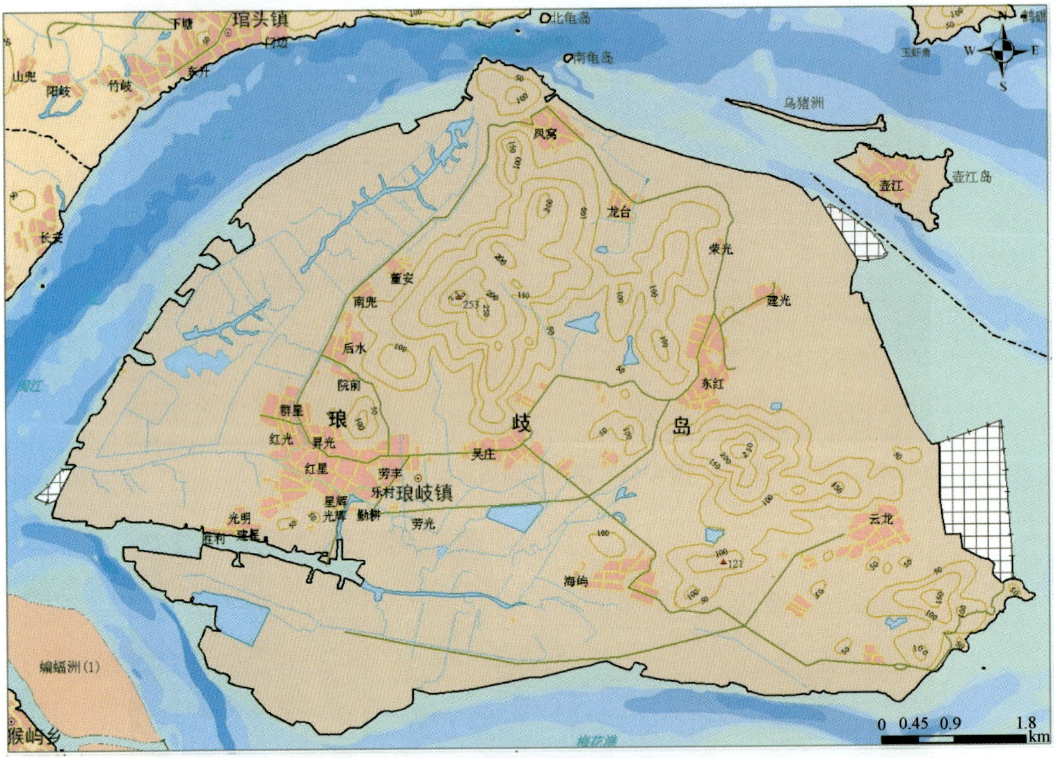

图6.63 琅岐岛地理分布图

6.24.2 自然环境概述

（1）湿地分布

琅岐岛湿地总面积52.949 46 km^2，其中砂质海岸面积最大为19.961 7 km^2，占湿地总面积的37.70%；水田19.065 32 km^2，占36.01%；养殖池塘7.463 764 km^2，占14.10%（表6.32）。

表 6.32　琅岐岛湿地统计表

湿地类型	养殖池塘	岩石性海岸	水库	水田	河流
面积（km^2）	7.463 764	0.013 682	0.083 445	19.065 32	1.669 67
百分比（%）	14.10	0.03	0.16	36.01	3.15
湿地类型	湖泊	滨岸沼泽	砂质海岸	粉砂淤泥质海岸	合计
面积（km^2）	0.132 463	3.806 277	19.961 7	0.753 135	52.949 46
百分比（%）	0.25	7.19	37.70	1.42	100.00

（2）潮间带特征

琅岐岛潮间带总面积 24.897 166 km^2，其中沙滩为 21.090 4 km^2，占潮间带总面积的 84.71%，主要分布在岛的东部；丛草滩面积 1.553 561 km^2，占 6.24%，主要分布在岛东西两边的部分岸段；芦苇滩 1.485 944 km^2，占 5.97%，主要分布在岛的南部（表 6.33）。

表 6.33　琅岐岛潮间带统计表

潮间带类型	丛草滩	岩石滩	沙滩	淤泥滩	芦苇滩	合计
面积（km^2）	1.553 561	0.013 682	21.090 408	0.753 571	1.485 944	24.897 166
百分比（%）	6.24	0.05	84.71	3.03	5.97	100.00

（3）植被分布

琅岐岛植被总面积 42.439 52 km^2，其中草本栽培植被面积最大为 21.441 37 km^2，占植被总面积的 50.52%，主要农作物有水稻、甘薯、芦笋等；常绿阔叶林面积第二，面积为 7.712 296 km^2，占 18.17%，主要分布在岛的中部和东部；果园面积为 4.248 52 km^2，占 10.01%（表 6.34）。

表 6.34　琅岐岛植被面积统计表

植被类型	常绿针叶林	常绿阔叶林	木本栽培植被	果园	沼生和水生植被	滨海盐生植被
面积（km^2）	1.042 407	7.712 296	0.044 594	4.248 52	1.859 422	1.553 561
百分比（%）	2.46	18.17	0.11	10.01	4.38	3.66
植被类型	灌丛	草丛	草本栽培植被	防护林	合计	
面积（km^2）	2.960 212	1.267 255	21.441 37	0.309 88	42.439 52	
百分比（%）	6.98	2.99	50.52	0.73	100.00	

（4）土地利用

琅岐岛土地利用总面积 80.981 85 km^2，其中沿海滩涂面积最大，为 24.895 51 km^2，占总面积的30.74%；水田面积第二，面积为19.065 32 km^2，占总面积的23.54%；有林地面积为7.670 535 km^2，占9.47%（表6.35）。

表6.35 琅岐岛土地利用统计表

土地利用类型	公路用地	其他园地	其他林地	其他草地	内陆滩涂	坑塘
面积（km^2）	0.777 355	0.044 594	1.394 048	1.267 255	0.722 158	6.005 758
百分比（%）	0.96	0.06	1.72	1.56	0.89	7.42
土地利用类型	居民地	工矿仓储用地	旱地	有林地	果园	水工建筑用地
面积（km^2）	4.756 467	1.127 046	2.376 05	7.670 535	4.248 52	0.018 595
百分比（%）	5.87	1.39	2.93	9.47	5.25	0.02
土地利用类型	水库	水田	沟渠	河流	沼泽地	沿海滩涂
面积（km^2）	0.083 445	19.065 32	0.032 812	1.636 858	0.373 478	24.895 51
百分比（%）	0.10	23.54	0.04	2.02	0.46	30.74
土地利用类型	港口码头用地	湖泊	灌木林地	特殊用地	裸地	合计
面积（km^2）	0.003 961	0.132 463	2.960 212	0.947 285	0.442 125	80.981 85
百分比（%）	0.00	0.16	3.66	1.17	0.55	100.00

6.24.3 主要地质灾害

琅岐岛处长乐—南澳北向东断裂带北端，北东向断裂发育，也有部分近东西向断层。出露的前第四纪地层主要有呈环状、半环状绕布于九龙山锥状古火山的上侏罗纪南园组第二段凝灰岩、火山角砾岩、熔结凝灰岩以及零星分布的第三段中酸性火山屑岩；出露于白云山北侧的上侏罗统小溪组下段流纹岩、熔结凝灰岩夹粉砂质泥岩。侵入岩有分布于九龙山西侧的燕山晚期二长花岗岩。第四纪地层发育，有零星分布的残积层，以及分布于四周平原区的上部全新统上段漫滩相黏土、中—下段海积层，中部上更新统上段冲海积层和下部上更新统中段冲海积层。

琅岐岛地貌类型分为：侵蚀剥蚀高丘陵、低丘陵、侵蚀剥蚀台地和冲洪积平原、海积平原、风成沙地。海积平原占全岛面积一半以上，分布在除东南端外的环岛部分；九龙山、白云山两高丘之间及边缘的孟洋山、烟台山、虎头山、茶停山、鼓尾山的等均为低丘；风成沙地以沙纹地、滨岸沙垄等形态分布于金沙、云龙等地；冲洪积平原与山前或山间拗谷分布；侵蚀剥蚀台地多以残丘形态零星分布南部平原之上。

琅岐岛人工边坡多为岩质、土质边坡，位于采石场、公路边，边坡坡度50°~90°不等，坡面起伏，抗风化能力较弱，局部因风化作用形成的块体易崩落，因降雨流水作用易形成滑坡，但这种滑坡、崩塌等灾害范围小，易于处理，危害程度较低（图6.64）。

图 6.64　琅岐岛地质灾害分布图

6.25　大练岛

6.25.1　概况

大练岛位于海坛岛苏澳镇西北，面积 10.456 358 km^2，岸线长 20.861 km，东西长 6.26 km，南北宽 1.57 km，地势东部、中部高，四周及西部较低，最高海拔 238.5 m（图 6.65）。气候属于南亚热带海洋性季风气候，年平均气温 19.5℃，多年平均降水量 1 191.6 mm，年平均风速 6.4 m/s。潮汐类型为正规半日潮，平均潮差 429 mm，最大潮差达 683 mm。大练岛隶属于福州市平潭县，岛上设大练乡，辖 6 个行政村，人口约 5 951 人。

构成本岛基底的岩石为中生代火成岩或变质岩，其中以燕山期的侵入岩分布最广，局部还分布有白垩纪石帽山群火山岩和三叠—侏罗纪的动力变质岩。火山岩的岩性主要为浅色火山碎屑熔岩、火山碎屑岩和深灰—灰绿色英安质含角砾晶屑熔岩、英安质晶屑熔结凝灰岩、安山质晶屑凝灰熔岩辉石英安岩、英安质熔岩凝灰岩、安山岩、英安质晶屑凝灰岩，侵入岩岩性主有花岗闪长岩，该区高倾角断裂发育，岩体相对较为破碎。

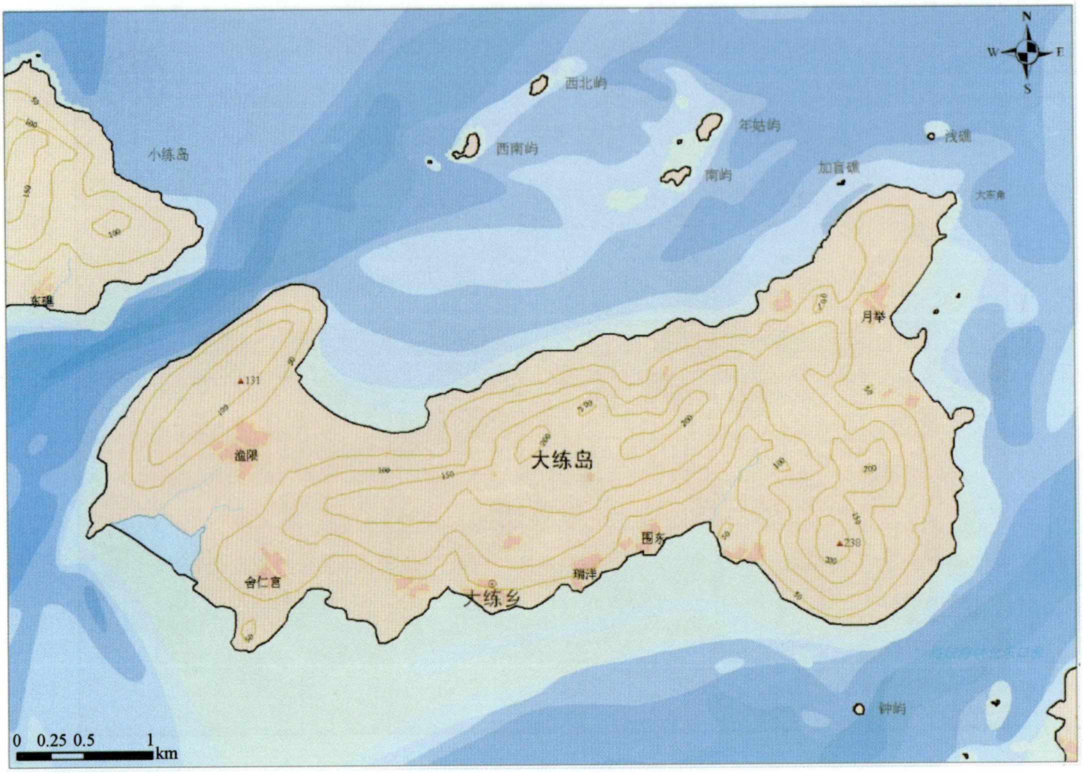

图 6.65　大练岛地理分布图

6.25.2　自然环境概述

（1）湿地分布

大练岛湿地总面积 4.415 309 km^2，其中砂质海岸 3.781 31 km^2，占湿地总面积的 85.64%，主要分布在岛南部、东北部以及北部海湾；岩石性海岸 0.369 km^2，占 8.36%；滨岸沼泽 0.264 999 km^2，占 6.00%，主要分布在岛北部海湾和西南部分岸段（表 6.36）。

表 6.36　大练岛湿地统计表

湿地类型	岩石性海岸	滨岸沼泽	砂质海岸	合计
面积（km^2）	0.369	0.264 999	3.781 31	4.415 309
百分比（%）	8.36	6.00	85.64	100.00

（2）潮间带特征

大练岛潮间带总面积 4.150 31 km^2，其中大部分潮间带为沙滩，面积为 3.781 31 km^2，占潮间带总面积的 91. 11%；大练岛岩石滩面积 0. 369 km²，占 8. 89%（表 6. 37）。

表 6. 37 大练岛潮间带统计表

潮间带类型	岩石滩	沙滩	合计
面积（km²）	0. 369	3. 781 31	4. 150 31
百分比（%）	8. 89	91. 11	100. 00

（3）植被分布

大练岛植被总面积 8. 576 339 km²，其中常绿阔叶林面积最大为 3. 879 159 km²，占植被总面积的 45. 23%；草本栽培植被面积第二，为 1. 926 586 km²，占 22. 46%；灌丛面积为 1. 738 211 km²，占 20. 27%；草丛面积为 1. 032 383 km²，占 12. 04%，主要分布在岛中部以北的地区（表 6. 38）。

表 6. 38 大练岛植被面积统计表

植被类型	常绿阔叶林	灌丛	草丛	草本栽培植被	合计
面积（km²）	3. 879 159	1. 738 211	1. 032 383	1. 926 586	8. 576 339
百分比（%）	45. 23	20. 27	12. 04	22. 46	100. 00

（4）土地利用

大练岛土地利用总面积 14. 606 67 km²，其中沿海滩涂面积最大，面积为 4. 137 237 km²，占总面积的 28. 32%，主要分布在岛南侧和东北部以及北部海湾内；有林地面积第二，为 3. 849 259 km²，占总面积的 26. 35%；旱地面积为 1. 842 739 km²，占 12. 62%；灌木林地面积为 1. 738 211 km²，占 11. 90%（表 6. 39）。

表 6. 39 大练岛土地利用统计表

土地利用类型	公路用地	其他林地	其他草地	内陆滩涂	居民地	旱地	有林地
面积（km²）	0. 064 814	0. 029 9	1. 032 383	0. 264 999	0. 361 216	1. 842 739	3. 849 259
百分比（%）	0. 44	0. 20	7. 07	1. 81	2. 47	12. 62	26. 35
土地利用类型	水浇地	沙地	沿海滩涂	港口码头用地	灌木林地	裸地	合计
面积（km²）	0. 083 847	0. 058 644	4. 137 237	0. 028 969	1. 738 211	1. 114 449	14. 606 67
百分比（%）	0. 57	0. 40	28. 32	0. 20	11. 90	7. 63	100. 00

6. 25. 3 主要地质灾害

地质灾害主要为人工边坡风化块体零星崩塌及风化碎屑物的剥落（表 6. 40）。

大练岛人工边坡均为岩质边坡，位于采石场、公路边，边坡坡度50°~90°不等，坡面起伏，岩体节理发育，抗风化能力较弱，局部因风化作用形成的块体易崩落，但这种单一的块体崩落范围小，易于处理，危害程度较低。

表6.40　大练岛地质灾害统计表

编号	纬度（N）	经度（E）	灾害类型	灾害等级	备注
DL01	25°39′12.08″	119°42′51.03″	滑坡	小型	崩塌
DL02	25°39′21.56″	119°42′49.60″	滑坡	小型	崩塌
DL03	25°39′25.96″	119°41′53.11″	滑坡	小型	崩塌
DL04	25°39′22.71″	119°41′39.11″	滑坡	小型	崩塌
DL05	25°39′10.83″	119°41′01.19″	滑坡	小型	崩塌

6.26　海坛岛

6.26.1　概况

海坛岛位于闽中沿海，东濒台湾海峡，西临海坛海峡，是大陆离台湾最近处，是福建第一大岛（图6.66）。该岛东西长19.0 km，南北宽29.0 km，全岛面积249.95 km^2，岸线长216.865 km，地势北部、南部较高，主要为丘陵分布区，最高峰君山438.2 m。海坛岛属于南亚热带海洋性季风气候，年平均气温19.5℃，多年平均降水量1 191.6 mm，年平均风速6.4 m/s。潮汐类型为正规半日潮，平均潮差429 mm，最大潮差达683 mm。

海坛岛濒临太平洋边缘活动带，大地构造属于华南地槽褶皱，系闽东火山坳带中的闽东南沿海变质带，构成本岛基底的岩石为中生代火成岩或变质岩，其中以燕山期的侵入岩分布最广，局部还分布有白垩纪石帽山群火山岩和三叠—侏罗纪的动力变质岩。火山岩的岩性主要为浅色火山碎屑熔岩、火山碎屑岩和深灰—灰绿色英安质含角砾晶屑熔岩、英安质晶屑熔结凝灰岩、安山质晶屑凝灰熔岩辉石英安岩、英安质熔岩凝灰岩、安山岩、英安质晶屑凝灰岩，侵入岩岩性主有花岗闪长岩，该区高倾角断裂发育，岩体相对较为破碎。

海坛岛第四纪地层分布广泛，以海相沉积物和风积物为主；海相沉积物主分布在海湾和平原底部，其上部普遍覆盖着第四纪风积物[132]。海坛岛处于地质上的闽东南沿海变质岩带的东侧，岛上广泛分布着燕山晚期的花岩（距今约1.3亿年）。燕山运动晚期，由于强烈的岩浆和断裂活动，形成花岩中众多酸性岩脉的穿插和走向以NNE和NWW向的菱格状破裂构造[133]。

图 6.66　海坛岛地理分布图

6.26.2　自然环境概述

(1) 湿地分布

海坛岛湿地总面积 84.518 13 km^2，其中砂质海岸面积最大，为 28.883 76 km^2，占湿地总面积的 34.17%，主要分布在岛的海湾内；粉砂淤泥质海岸 23.105 99 km^2，占 27.34%，主要分布在岛西侧的海湾内；养殖池塘 13.220 36 km^2，占 15.64%（表 6.41）。

表 6.41　海坛岛湿地面积统计表

湿地类型	养殖池塘	岩石性海岸	水库	水田	河流	湖泊
面积（km^2）	13.220 36	5.558 607	1.236 387	1.015 641	3.465 8	2.256 792
百分比（%）	15.64	6.58	1.46	1.20	4.10	2.67
湿地类型	滨岸沼泽	盐田	砂质海岸	粉砂淤泥质海岸	合计	
面积（km^2）	1.183 704	4.591 091	28.883 76	23.105 99	84.518 13	
百分比（%）	1.40	5.43	34.17	27.34	100.00	

（2）潮间带特征

海坛岛潮间带总面积69.988 46 km^2，其中淤泥滩面积最大，为34.147 65 km^2，占潮间带总面积的48.79%；沙滩面积为30.906 46 km^2，占44.16%；岩石滩面积为4.934 345 km^2，占7.05%（表6.42）。

表 6.42　海坛岛潮间带统计表

潮间带类型	岩石滩	沙滩	淤泥滩	合计
面积（km^2）	4.934 345	30.906 46	34.147 65	69.988 46
百分比（%）	7.05	44.16	48.79	100.00

（3）植被分布

海坛岛植被总面积181.071 4 km^2，其中草本栽培植被面积最大为92.755 28 km^2，占植被总面积的51.23%，主要种植甘薯、花生等；常绿阔叶林面积第二，为54.619 21 km^2，占30.16%；防护林18.002 25 km^2，占9.94%（表6.43）。

表 6.43　海坛岛植被统计表

植被类型	常绿针叶林	常绿阔叶林	果园	灌丛	草丛	草本栽培植被	防护林	合计
面积（km^2）	0.149 006	54.619 21	0.272 819	9.495 748	5.777 122	92.755 28	18.002 25	181.071 4
百分比（%）	0.08	30.16	0.15	5.24	3.19	51.23	9.94	100.00

（4）土地利用

海坛岛土地利用总面积320.077 2 km^2，其中旱地面积最大，为71.798 93 km^2，占总面积的22.43%；沿海滩涂面积第二，为69.901 92 km^2，占总面积的21.84%，主要分布在海坛岛海湾内；有林地面积为63.776 27 km^2，占总面积的19.93%（表6.44）。

表 6.44　海坛岛土地利用统计表

土地利用类型	公路用地	其他林地	其他草地	内陆滩涂	坑塘
面积（km^2）	5.466 856	8.994 192	8.801 117	1.183 704	4.737 481
百分比（%）	1.71	2.81	1.81	0.37	1.48
土地利用类型	居民地	工矿仓储用地	旱地	有林地	果园
面积（km^2）	30.256 49	2.365 274	71.798 93	63.776 27	0.272 819
百分比（%）	9.45	0.74	22.43	19.93	0.09
土地利用类型	水工建筑用地	水库	水浇地	水田	沙地
面积（km^2）	0.86 279	1.236 387	19.940 71	1.015 641	1.759 653
百分比（%）	0.03	0.39	6.23	0.32	0.55
土地利用类型	沟渠	河流	沿海滩涂	港口码头用地	湖泊
面积（km^2）	2.727 114	0.738 686	69.901 92	0.209 878	2.256 792
百分比（%）	0.85	0.23	21.84	0.07	0.71
土地利用类型	灌木林地	特殊用地	裸地	设施农用地	合计
面积（km^2）	9.495 748	2.300 486	13.204 2	0.550 545	320.077 2
百分比（%）	2.97	0.72	4.13	0.17	100.00

6.26.3　主要地质灾害

调查中发现海坛岛地质灾害主要为砂质海岸侵蚀、人工边坡风化块体零星崩塌及风化碎屑物的剥落（表 6.45）。

表 6.45　海坛岛地质灾害统计表

编号	纬度（N）	经度（E）	灾害类型	灾害等级	备注
HT01	25°35′56.66″	119°42′56.75″	滑坡	小型	崩塌
HT02	25°28′55.44″	119°47′15.48″	滑坡	小型	崩塌
HT03	25°35′01.42″	119°49′08.07″	滑坡	小型	崩塌
HT04	25°37′16.74″	119°42′07.64″	滑坡	小型	崩塌
HT05	25°37′34.74″	119°44′34.55″	滑坡	小型	崩塌
HT06	25°36′35.74″	119°41′32.16″	滑坡	小型	崩塌
HT07	25°29′36.19″	119°45′00.76″	滑坡	小型	崩塌
HT08	25°34′38.58″	119°42′25.24″	滑坡	小型	崩塌

（1）海岸侵蚀

海坛岛东侧海域波浪作用强，且沙滩后缘多为土质海岸，故海岸侵蚀比较发育。

（2）崩塌

海坛岛人工边坡均为岩质边坡，位于采石场、公路边，边坡坡度 50°～90°不等，坡面起伏，岩体节理发育，抗风化能力较弱，局部因风化作用形成的块体易崩落，但这种单一的块体崩落范围小，易于处理，危害程度较低。

6.27 南日岛

6.27.1 概况

南日岛位于福建省莆田市，兴化湾东面，形似“哑铃”，是福建省第三大岛（图6.67）。该岛东西长 14.0 km，南北最狭处 3.0 km，全岛面积 42.159 336 km^2，岸线长 71.209 km，最高海拔 116.3 m。以南日群岛建乡。位于县城东南约 68 km 处，为莆田县第一大岛。距陆地最近的为石城码头，其距离为 7 n mile。其辖境明初设水寨驻兵防倭寇；清道光、咸丰年间设县丞；民国五年（1916 年）设县佐；民国十六年设岛务局归省直辖；民国二十二年划属福清县九区；民国二十四年改为省辖特种区，旋撤，属福清县四区；民国二十五年恢复为省辖特种区；民国二十九年划归莆田县设第七区。新中国成立后，先后属十三区、二十四区、南日人民公社、南日乡。乡以岛名，乡政府驻海山村，辖地包括南日、小日、鳌山、罗盘、赤山等 70 多个岛、屿、礁，面积共 52 km^2。1990 年有人口 50 209 人，设 17 个村民委员会。

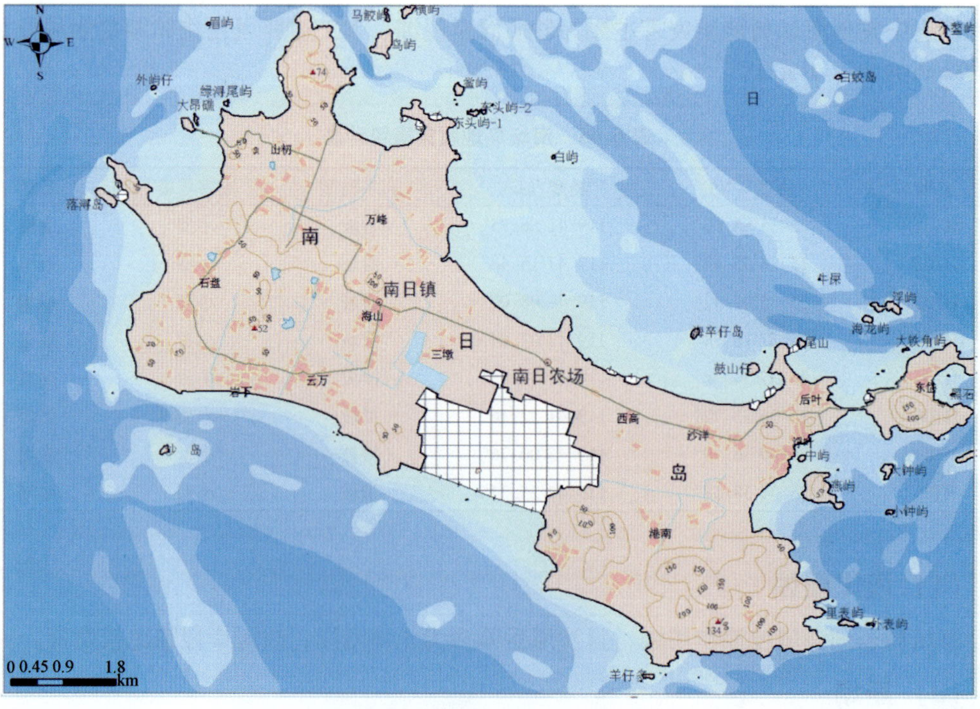

图 6.67　南日岛地理分布图

6.27.2 自然环境概述

(1) 地质地貌

南日岛处于新华夏系第二隆起带的东部沉降带，地层多由火成岩构成，其中花岗岩、流纹岩分布较为普遍。沿海丘陵至平原周围都属于花岗岩侵入地带，沿海低丘红土台地上有第四纪更新世残积层。距今 1.35 亿 ~ 1.5 亿年，即中生代侏罗纪中晚期，境内火山喷溢，大部分地区分布着侏罗纪上统的南园组地层，分布最广的为流纹质凝灰熔岩、流纹岩、英安质凝灰熔岩，属酸性岩类，多形成较高的低山和丘陵。南日岛先后有多期多次火山喷溢，后喷的岩浆侵入原先的火山岩内，形成各种侵入岩及脉岩，时代以燕山期为主。燕山早期（侏罗纪）主要有二长花岗岩、花岗闪长岩、黑云母花岗岩等，这些岩类在沿海半岛和岛屿，均有大面积分布，南日岛基岩类型为辉石闪长岩。南日岛位于长乐—南澳断裂带与漳平—仙游东西向构造的交汇处，是亚欧板块东南部大陆边缘的一个组成部分，大地构造单元西北部属闽东燕山断坳带的福鼎云霄断陷带，东部沿海属闽东南沿海变质带，按地质力学观点属于新华夏系第二隆起带。早期形成漳平—仙游东西向断裂带横贯莆田中部，抵达湄洲湾顶。

南日岛海岸多属岩岸，海岸线特别弯曲，面积 50.67 km^2，是福建四大岛之一，距县城 63 km。正当兴化湾的要冲，北望野马屿，南望平海半岛，东为台湾海峡，西为埭头半岛，四周南日群岛海域小岛遍布，主要有小日岛和十八列岛。岛内浅海面积 7 943 亩，尚有待开发荒滩。

(2) 湿地分布

南日岛湿地总面积 17.450 14 km^2，其中砂质海岸面积最大为 9.656 095 km^2，占湿地总面积的 55.34%；养殖池塘 4.275 495 km^2，占 24.50%，主要分布在南岸中部的海湾内；岩石性海岸 2.708 068 km^2，占 15.52%（表 6.46）。

表 6.46 湿地类型统计表

湿地类型	养殖池塘	岩石性海岸	水库	河流	滨岸沼泽	砂质海岸	粉砂淤泥海岸	合计
面积（km^2）	4.275 50	2.708 07	0.027 09	0.321 93	0.141 02	9.656 10	0.320 44	17.450 14
百分比（%）	24.5	15.52	0.16	1.84	0.81	55.34	1.84	100

(3) 植被分布

南日岛植被总面积 22.922 26 km^2，其中草本栽培植被面积最大为 15.486 24 km^2，占植被总面积的 67.56%，主要种植甘薯、麦类、花生等；常绿阔叶林面积第二，为 6.158 465 km^2，占 26.87%，主要分布在岛东南部，其他地方有零星分布；防护林 1.251 129 km^2，占 5.46%，主要分布在北侧的中部和西北（表 6.47）。

表 6.47 南日岛植被统计表

植被类型	常绿阔叶植物	草丛	草本栽培植物	防护林	合计
面积（km^2）	6.158 465	0.026 425	15.486 24	1.251 129	22.922 26
百分比（%）	26.87	0.12	67.56	5.46	100

（4）土地利用

南日岛土地利用总面积58.488 93 km^2，其中沿海滩涂面积最大为16.324 2 km^2，占总面积的27.91%；旱地面积第二，为15.486 24 km^2，占总面积的26.48%；居民地面积为10.425 27 km^2，占17.82%（表6.48）。

表 6.48 南日岛土地利用统计表

土地利用类型	公路用地	其他林地	其他草地	内陆滩涂	坑塘
面积（km^2）	0.298 789	2.955 218	0.026 425	0.141 018	0.481 158
百分比（%）	0.51	5.05	0.05	0.24	0.82
土地利用类型	居民地	工矿仓储用地	旱地	有林地	水工建筑用地
面积（km^2）	10.425 27	0.587 177	15.486 24	4.454 375	0.004 636
百分比（%）	17.82	1.00	26.48	7.62	0.01
土地利用类型	水库	沙地	沟渠	沿海滩涂	港口码头用地
面积（km^2）	0.027 089	1.573 927	0.321 932	16.324 2	0.014 348
百分比（%）	0.05	2.69	0.55	27.91	0.02
土地利用类型	盐碱地	裸地	设施农用地	合计	
面积（km^2）	0.692 916	4.591 107	0.083 105	58.488 93	
百分比（%）	1.18	7.85	0.14	100.00	

6.27.3 主要地质灾害

南日岛灾害类型较多，比较特别的是风成沙丘，分布在海岛的西南方向；海岸边的海蚀崖风化比较严重，规模较小的崩塌分布密集（表6.49）。调查共发现灾害点12个，其中崩塌6个，海岸侵蚀4个，风成沙丘2个。

表 6.49 南日岛地质灾害统计表

编号	纬度（N）	经度（E）	灾害类型	灾害等级	备注
NR01	25°12′52.81″	119°33′46.80″	滑坡	小型	采石场
NR02	25°12′15.99″	119°34′25.36″	滑坡	小型	采石场
NR03	25°14′31.19″	119°26′49.83″	滑坡	小型	采石场
NR04	25°15′46.56″	119°28′12.62″	滑坡	小型	人工开挖
NR05	25°12′17.68″	119°32′32.51″	滑坡	小型	采石场
NR06	25°12′49.44″	119°30′18.91″	海岸侵蚀	小型	海蚀红土崖

续表

编号	纬度（N）	经度（E）	灾害类型	灾害等级	备注
NR07	25°10′50.10″	119°30′17.97″	海岸侵蚀	小型	海蚀陡坎
NR08	25°09′28.03″	119°32′03.30″	滑坡	小型	采石场
NR09	25°12′25.11″	119°26′31.85″	海岸侵蚀	小型	海蚀陡崖
NR10	25°15′42.79″	119°30′15.19″	海岸侵蚀	小型	海蚀陡崖
NR11	25°11′26.83″	119°29′32.03″	风成沙丘	小型	风成沙丘
NR12	25°13′04.53″	119°26′38.51″	风成沙丘	小型	风成沙丘

（1）边坡崩塌

南日岛的崩塌灾害点位于西户，主要为人工开挖的高达 13 m 的红土崖，宽度 50 m 左右，崩塌下来的土体在坡脚形成倒锥形，上部的树木，植被也一起坍塌下来，破坏面积 0.5 km^2（图 6.68）。

图 6.68　人为挖掘造成崩塌

调查区崩塌成因，主要是由于：①人工开挖边坡过高过陡，且边坡岩体由于风吹日晒，较为破碎，使之呈临空—半临空状态，导致边坡整体不稳定，这是崩塌产生的前提条件；②边坡节理裂隙发育，构成不利结构面，这是发生崩塌的决定性因素；③由于调查区降雨量较大，故降水沿裂隙面的渗流会加剧崩塌的发生。当遇到台风、地震、暴雨等恶劣天气时将会发生滚落。

（2）采石场崩塌

岸边有大量的采石场，由于沿海码头扩建需要大量石料，所以在开采成本较低的海岸区开挖石料，造成大规模的海岸挖掘陡崖，岩石风化严重。

采石场遍布整个岛，主要集中位于东岱村 2 处、南浦头 1 处、后叶村 1 处和西户 1 处。其中东岱村的 2 处开采面高度都超过 10 m，最高的 22 m，宽度最小的 45 m，总开采面积 1 km^2；南浦头采石场开挖高度 30 m，长度 150 m，坡角接近 80°，并有大量的碎石崩落；后叶村采石场规模高为 20 m，长度 50 m，坡度为近 90°的直立面；西户采石场为小型块石开采区，场区高 5 m，长度 20 m，开采面积 0.3 km^2（图 6.69）。

图 6.69　采石场

采石开挖的高陡边坡或陡崖，稳定性较差，在台风、地震或海浪的作用下易发生崩塌，在基岩海岸，风化的加速使得海水侵蚀加强，岸线后退速度明显变大，导致海岛面积进一步缩小，海水锋面向岛内陆延伸，海水入侵加剧，给本来缺水的海岛带来更大的生存威胁。

（3）海岸侵蚀

岛内 4 处侵蚀崖主要分布在后埕头、后山仔、西户和破山边。后埕头侵蚀红土崖高 5 m，长度 100 m，上部有建筑物，没有相应的保护措施；后山仔的侵蚀崖高 3 m，沿岸分布数千米，平均侵蚀速率高达 5 m/a，并伴有海蚀小洞穴的产生，一直处于塌陷—冲蚀—塌陷的循环状态；西户侵蚀区崖高 2.5 m，长度 500 m，侵蚀速率最大达 2.2 m/a，崖面呈掏空状；破山边红土崖高近 10 m，长度 400 m，崖面陡直，稳定性很差（图 6.70）。

图 6.70　海岸侵蚀形成的红土崖

侵蚀崖以软土崖为主，主要分布于海岛东南侧。引起海岸侵蚀的原因有两种：一是由于自然原因，如河流改道或入海泥沙减少、海面上升或地面沉降、海洋动力作用增强等都导致海岸侵蚀；二是人为原因，如拦河坝的建造、滩涂围垦、大量开采海滩沙和珊瑚礁、滥伐红树林，以及不适当的海岸工程设置等，均会引起海岸侵蚀。

由于海岸侵蚀使土地大量失去、海岸构筑物破坏、海滨浴场退化、海滩生态环境恶化、海岸防护压力增大、侵蚀下来的泥沙又搬运到港湾淤积而使航道受损，从而成为一种严重的环境地质灾害，必须引起高度重视，并加强海岸线管理，采取有效措施防止海岸侵蚀。

(4) 风成沙丘

风成沙丘分布于海岛西侧和南侧，危害日益严重。海岸风沙活动与砂质海岸的稳定密切关联，表现在海岸沙丘和沙坪形成的同时大量风沙吹向陆地，减少了沙滩沙量并破坏了沙滩沙的收支平衡。台湾海峡风大、浪高，为台湾海峡西岸北部风沙地貌的形成提供了动力和丰富的沙源。在中国沿海各中小型海岛中，风沙沉积、风沙地貌以及风沙的侵蚀—搬运—堆积作用都十分典型。

风成沙丘主要分布在东马利和山塘头。在东马利，风吹动沙丘越过2.5 m高的防浪堤向内陆移动，掩埋掉了沿岸的道路、田地和鱼塘，沙丘面积达4 km^2；山塘头存在高达20 m的鱼脊状沙丘，沙丘坡度近60°，沙子均为细沙（图6.71）。

图6.71 风沙灾害

因此需要加大力度治理风沙，开展海岸沙滩防护工程研究与建设，并对沙滩及泥沙动态进行长期观测，适时维护海岸沙滩的稳定，减缓海滩沙流失。同时应当采取有效的管理措施控制采沙规模，进一步摸清沙资源储量及来自外海的补给量，研究并规划适度的硅沙开采量。以此方可保障海岛环境与资源的可持续利用。

6.28 湄洲岛

6.28.1 概况

湄洲岛东濒台湾海峡，西扼湄洲湾口（图6.72），呈“S”形，南北最长9.0 km，东西 1. 4 ~ 3. 4 km，面积 13. 628 164 km^2，岸线长 36. 573 km，北距大陆最近点 1. 6 km。地势南北高，中部低，海拔 95. 2 m，属莆田市管辖。

湄洲岛离县城东南约 50 km，是莆田市的第二大岛，北距陆地忠门文甲码头仅 2 n mile。辖地乌丘屿与台湾省台中港距离 70 n mile。民国二十二年（1933 年）归还莆田县，设湄洲乡，下辖 6 个保。新中国成立后属十一区、二十一区、忠门人民公社、湄洲人民公社、湄洲乡。1988 年 6 月经省政府批准为对外开放旅游经济区，行政隶属关系仍未变。辖境包括大小岛、屿、礁 30 多个。其中乌丘屿上有两个自然村，人口 200 人以上。1990 年，全乡（不包括乌丘屿）有人口 33 318 人，设 11 个村民委员会。

湄洲岛属于基岩岛，岛内植被覆盖非常好，岛内环境稳定。

图 6. 72　湄洲岛地理分布图

6.28.2　自然环境概述

(1) 地质地貌

湄洲岛处于新华夏系第二隆起带的东部沉降带，地层多由火成岩构成，其中花岗岩、流纹岩分布较为普遍。沿海丘陵至平原周围都属于花岗岩侵入地带。沿海低丘红土台地上有第四纪更新世残积层；兴化平原为第四纪更新世及全新世河海交替沉积层，莆田缺失第三纪地层。距今 1.35 亿 ~ 1.5 亿年，即中生代侏罗纪中晚期，境内火山喷溢，大部分地区分布着侏罗纪上统的南园组地层，分布最广的为流纹质凝灰熔岩、流纹岩、英安质凝灰熔岩，属酸性岩类，多形成较高的低山和丘陵。距今 0.70 亿 ~ 1.35 亿年，即白垩纪时，火山再度喷溢，县境北部和永泰县交界处，堆积有白垩纪下统的“石帽山群”地层。湄洲岛先后有多期多次火山喷溢，后喷的岩浆侵入原先的火山岩内，形成各种侵入岩及脉岩，时代以燕山期为主。燕山早期（侏罗纪）主要有二长花岗岩、花岗闪长岩、黑云母花岗岩等，这些岩类在沿海半岛和岛屿，均有大面积分布。

湄洲岛位于长乐—南澳断裂带与漳平—仙游东西向构造的交汇处，是亚欧板块东南部大陆边缘的一个组成部分，大地构造单元西北部属闽东燕山断坳带的福鼎云霄断陷带，东部沿海属闽东南沿海变质带，按地质力学观点属于新华夏系第二隆起带。早期形成漳平—仙游东西向断裂带横贯莆田中部，抵达湄洲湾顶。

(2) 湿地分布

湄洲岛湿地总面积 13.022 438 km^2，其中粉砂淤泥质海 8.028 574 km^2，占湿地总面积的 61.65%，主要分布在岛东侧；砂质海岸 2.914 822 km^2，占 22.38%，主要分布在岛西南侧以及北侧和东侧有间断分布；岩石性海岸 1.969 471 km^2，占 15.12%（表 6.50）。

表 6.50　湄洲岛湿地类型统计表

湿地类型	养殖池塘	岩石性海岸	湖泊	滨岸沼泽	砂质海岸	粉砂淤泥海岸	合计
面积（km^2）	0.037 734	1.969 471	0.044 31	0.027 527	2.914 822	8.028 574	13.022 438
百分比（%）	0.29	15.12	0.34	0.21	22.38	61.65	100

(3) 植被分布

湄洲岛植被总面积 6.883 761 km^2，其中草本栽培植被面积最大为 3.343 231 km^2，占植被总面积的 48.57%，主要分布在东中部、东部以及北部和东南部，其中农作物包括甘薯、麦类、大豆、花生等；常绿阔叶林面积第二，为 2.464 373 km^2，占 35.80%，主要分布在岛东南部、岛东北和西南；防护林 1.052 415 km^2，占 15.29%。湄洲岛植被分布如表 6.51。

表 6.51　湄洲岛植被统计表

植被类型	常绿阔叶林	草丛	草本栽培植被	防护林	合计
面积（km^2）	2.464 373	0.023 742	3.343 231	1.052 415	6.883 761
百分比（%）	35.80	0.34	48.57	15.29	100.00

（4）土地利用

湄洲岛土地利用总面积26.541 36 km^2，其中沿海滩涂面积最大为12.893 19 km^2，占总面积的48.58%；居民地面积第二，为4.642 368 km^2，占总面积的17.49%；有林地面积为3.495 092 km^2，占13.17%，主要分布在岛南部和东北部；旱地面积为3.343 231 km^2，占12.60%（表6.52）。

表 6.52　湄洲岛土地利用统计表

土地利用类型	公路用地	其他林地	其他草地	内陆滩涂	坑塘	居民地	工矿仓地	旱地
面积（km^2）	0.574 998	0.021 696	0.023 742	0.027 527	0.037 734	4.642 368	0.138 545	3.343 231
百分比（%）	2.17	0.08	0.09	0.1	0.14	17.49	0.52	12.6
土地利用类型	有林地	沙地	沿海滩涂	港口码头用地	湖泊	裸地	合计	
面积（km^2）	3.495 092	0.150 5	12.893 19	0.124 657	0.044 31	1.023 765	26.541 36	
百分比（%）	13.17	0.57	48.58	0.47	0.17	3.86	100	

6.28.3　主要地质灾害

岛上主要地质灾害为崩塌、海岸侵蚀等。海岸侵蚀较为严重，其分布较广，持续时间较长。岛内海水入侵测试指标显示为部分地区轻度入侵，总体海水入侵不严重。

调查发现湄洲岛上灾害点9个，其中采石场崩塌2个，侵蚀陡坎4个，边坡崩塌3个（表6.53）。

岛内侵蚀形成的海蚀崖崩塌较多，由于湄洲岛属于基岩岛，岩体的整体性较好，所以海蚀崖的发育只会在风化较强的边缘部位发生而且规模不是很大。有的规模相对较大，崖体一般近似直立，坡底存在少量滑塌碎屑。

表 6.53　湄洲岛地质灾害统计表

编号	纬度（N）	经度（E）	灾害类型	灾害等级	备注
MZ01	25°03′11.29″	119°05′44.13″	滑坡	小型	陡坡崩塌
MZ02	25°01′49.35″	119°06′53.64″	滑坡	小型	疑似崩落
MZ03	25°01′48.32″	119°06′55.99″	滑坡	小型	采石场
MZ04	25°06′05.38″	119°09′01.98″	滑坡	小型	采石场
MZ05	25°04′16.27″	119°06′39.99″	滑坡	小型	海岸崩塌
MZ06	25°03′11.28″	119°05′44.13″	海岸侵蚀	小型	海蚀陡坎
MZ07	25°01′50.94″	119°06′59.40″	海岸侵蚀	小型	海蚀陡坎

续表

编号	纬度（N）	经度（E）	灾害类型	灾害等级	备注
MZ08	25°04′08.10″	119°07′58.65″	海岸侵蚀	小型	海蚀陡坎
MZ09	25°04′56.25″	119°06′54.03″	海岸侵蚀	小型	海蚀悬崖

(1) 崩塌

崩塌是指斜坡的岩土体被陡倾的拉裂面破坏分割，突然脱离母体而快速位移滑落堆于崖下，一般发生在厚层坚硬脆性岩体中。调查区范围内的崩塌主要分布于沿公路的边坡上和海岛沿岸，其规模较大，时有不稳定岩块剥落、坠落的现象发生，危害对象主要为过往行人、车辆等。

崩塌灾害点主要分布在鹅尾山、下山村和牛头尾。其中鹅尾山的崩塌灾害点都在基岩海岸，高陡的山崖在海浪的作用下，沿着岩石裂隙风化，使得大块岩石剥离母体从 12 m 高的海崖坠落，剥离体最大可达高 12 m，宽 20 m 左右。另外一处正位于游览道路上方，岩石多为直径 3 m 多的巨型石蛋，稳定性极差，随时都有可能滚落；下山村的崩塌为高 20 m 的海蚀崖，有明显的海蚀凹槽，崩塌处多为直径 2 m 的卵形石块松散的堆在岸线边；牛头尾崩塌点为修路削坡形成的坡度 80°，坡高 18 m 的斜坡，坡顶有直径达 8 m 的劈裂石，裂缝宽度 50 cm，稳定性极差，裂隙一直在扩张（图 6.73）。

图 6.73　湄洲岛崩塌灾害点

调查区崩塌成因，主要是由于：①人工开挖岩质边坡过高过陡，且边坡岩体由于风吹日晒，较为破碎，使之呈临空—半临空状态，导致边坡整体不稳定，这是崩塌产生的前提条件；②边坡节理裂隙发育，构成不利结构面，这是发生崩塌的决定性因素；③由于调查区降雨量较大，故降水沿裂隙面的渗流会加剧崩塌的发生。另外，就是风化的卵形石蛋，处于不稳定的状态，当遇到台风、地震、暴雨等恶劣天气时将会发生滚落，威胁下边码头等建筑边的游人安全。

(2) 海岸侵蚀

海岸侵蚀以侵蚀崖形式表现。湄洲岛侵蚀崖以海岛东侧和西侧的软土海蚀崖为主，侵蚀长度数百米，高 20 m 左右，几近直立。引起海岸侵蚀的原因有两种：一是由于自然原因，如河流改道或入海泥沙减少、海面上升或地面沉降、海洋动力作用增强等都导致海岸侵蚀；二是人为原因，如拦河坝的建造、滩涂围垦、大量开采海滩沙和珊瑚礁、滥伐红树林，以及不适当的海岸工程设置等，均会引起海岸侵蚀（图 6.74）。

图 6.74　海岸侵蚀后退形成岸滩陡崖

由于海岸侵蚀使土地大量失去、海岸构筑物破坏、海滨浴场退化、海滩生态环境恶化、海岸防护压力增大、侵蚀下来的泥沙又搬运到港湾淤积而使航道受损，从而成为一种严重的环境地质灾害，必须引起高度重视，并加强海岸线管理，采取有效措施防止海岸侵蚀。

（3）采石场崩塌

岸边有大量的采石场，由于沿海码头扩建需要大量石料，所以在开采成本较低的海岸区开挖石料，造成大规模的海岸挖掘陡崖，岩石风化严重。

湄洲岛的采石场主要分布在黄金码头和下山村，黄金码头的采石场开挖的陡崖高 20 m，长度 200 m，坡度 80°，并在破脚下有高达 4 ~ 5 m 的倒石堆，表面风化严重，结构松散易崩塌。下山村的采石场坡度接近 90°，近乎垂直，高度 20 m 左右，坡脚堆积大量的落石，剖面有开挖痕迹（图 6.75）。

图 6.75　采石场

采石开挖的高陡边坡或陡崖，稳定性较差，在台风、地震或海浪的作用下会很容易发生崩塌。在基岩海岸，风化的加速使得海水侵蚀加强，岸线后退速度明显变大，导致海岛面积进一步缩小，海水锋面向岛内陆延伸，海水入侵加剧，给本来缺水的海岛带来更大的生存威胁，合理规划的开采将势在必行。

6.29　紫泥岛

6.29.1　概况

紫泥岛位于福建省龙海市中部偏东，由浒茂、乌礁两个沙洲组成，处于九龙江三港（南港、中港、北港）之中（图 6.76）。南靠榜山、石码、海澄，北靠角美。面积 43.3 km^2。浒茂、乌礁两个冲积海积洲于千年之前成陆，属于冲积泥沙岛。

浒茂洲位于大沙洲之东，北港与中港之间，属冲积海积洲。距今千年前露出水面，海拔 2.0 m，面积 28.88 km^2，属紫泥乡辖地。乌礁洲位于大沙洲之东南，中港与南港之间，属冲积海积洲。距今千年前露出水面（原为乌礁、乌涂 2 个洲，今已相连），海拔 2.0 m，面积 12.25 km^2，属紫泥乡辖地。

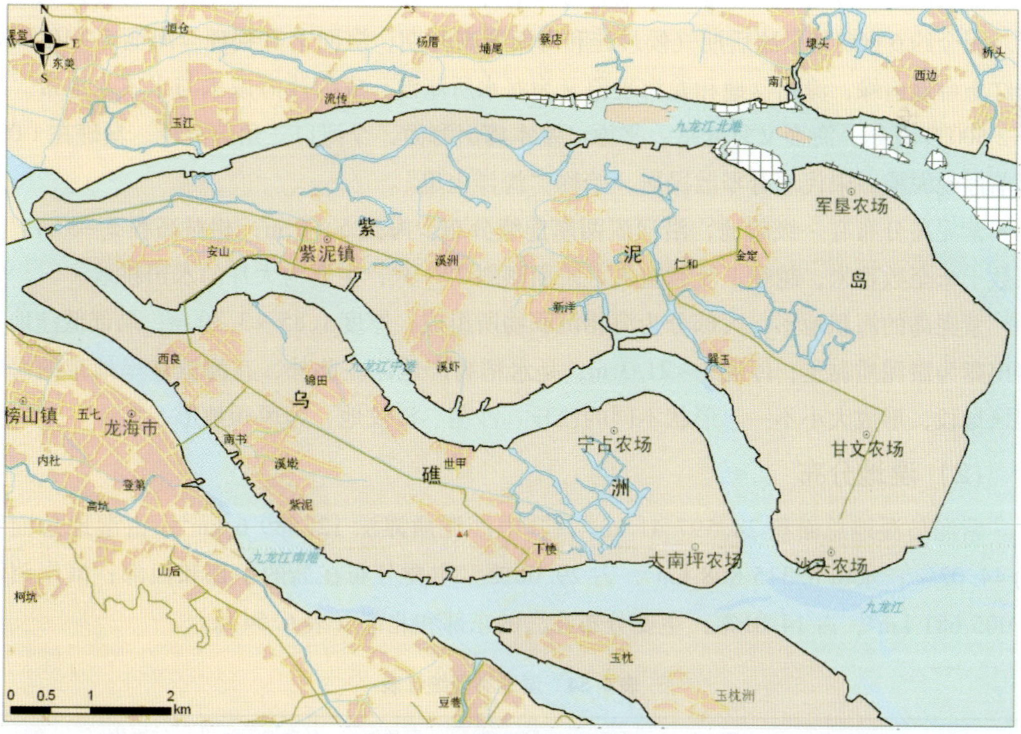

图 6.76　紫泥岛地理分布图

在宋淳祐以前为龙溪县永宁乡海洋上里，淳祐间为二十八都地，居民点少而分散。元至元二十二年（1285 年），这里居民多聚居于中港之滨（中港早名浒江，因绿洲水草茂盛，明中叶改为浒茂）。清为乌礁、浒茂两保。抗日战争胜利前为石码辖属，抗战胜利后设立浒茂乡。1950 年为龙溪县第四区，1955 年改称城内区，1956 年并入平宁区，1958 年上半年撤区为城内乡，下半年建立海鹰人民公社，1959 年 3 月改称紫泥公社，1984 年下半年改为紫泥乡。

6.29.2 自然环境概述

（1）地质地貌

紫泥岛东南为台湾海峡，在漫长的地质年代里，常有海进与海退现象，致使海域与陆域发生多次变迁，沿江沿海一带才逐步发育成现代地貌。

第四纪中更新世，距今 150 万年至 75 万年间，海澄下仓一带的古海面，是在现今地面以下 80 m 以上深处，九龙江河床延伸到台湾海峡中，台湾与福建大陆是以陆桥连在一起的。

晚更新世，距今 3.5 万年开始，海水沿九龙江河道入侵，距今 1.5 万年时，沿海进入大理冰期海退最后阶段，东海海面比现今低 130 ~ 160 m，台湾海峡大部出露，台湾与龙海最后一次相连。

全新世，距今 1.2 万年冰期结束，海面上升；距今 8 000 ~ 9 000 年，海面达到现今位置。距今约 6 000 年是冰后期气候最佳和海面最高时期，海面上升到现今海面 5 ~ 10 m 处的红土台地前缘，漳州盆地和龙海平原又为海水所淹没，成为浅海咸水与半咸水地带。距今 2 500 年开始，海面又复低落，平原已基本露出海面，今河口三角洲浒茂、乌礁在 1 000 年前浮现泥滩，宋代才有零散民居，始称“海洋上里”。

紫泥岛分布有一级阶地，沿河流两岸连续分布。海拔 5 ~ 6 m，相对高程 2 ~ 3 m，阶面数十米至数百米，越往下流越宽大，阶面倾斜 2° ~ 3°，主要为大片的水田耕地。

紫泥岛的海积地形，大部分为海相沉积物所组成，厚度 1.85 ~ 3.30 m；局部低洼地直接出露为淤泥质黏土，厚度 1 ~ 21.3 m，是水稻高产地区。此外，在海滨砂岸地带的海岸迎风地段，形成大小不一、形状不同的沙丘、沙垄、沙纹地，为风积地形。

（2）湿地分布

紫泥岛湿地总面积 28.597 41 km^2，其中沙泥质滩涂 12.589 6 km^2，占湿地总面积的 44.02%；水田 8.315 808 km^2，占 29.08%，主要分布在岛的中部和西部；滨岸沼泽 4.005 681 km^2，占 14.01%，主要分布在岛的东部和北部（表 6.54）。

表 6.54 湿地类型统计表

湿地类型	养殖池塘	水田	河流	滨岸沼泽	砂质海岸	粉砂淤泥海岸	红树林	合计
面积（km^2）	12.589 6	8.315 808	0.918 168	4.005 681	0.071 17	1.998 605	0.698 38	28.597 41
百分比（%）	44.02	29.08	3.21	14.01	0.25	6.99	2.44	100.00

（3）植被分布

紫泥岛植被总面积 12.322 77 km²，其中草本栽培植被面积最大为 8.363 871 km²，占植被总面积的 67.87%，主要分布在岛的中部和西部；滨海盐生植被 2.968 873 km²，占 24.09%，大部分分布在岛的东部；红树林 0.716 142 km²，占 5.81%，分布在岛的东部（表 6.55）。

表 6.55　紫泥岛植被统计表

植被类型	果园	滨海盐生植被	红树林	草本栽培植被	合计
面积（km²）	0.273 88	2.968 873	0.716 142	8.363 871	12.322 77
百分比（%）	2.22	24.09	5.81	67.87	100.00

（4）土地利用

紫泥岛土地利用总面积 34.443 17 km²，其中坑塘面积最大，为 12.292 05 km²，占总面积的 35.69%，主要分布在岛东部和北部；水田面积为 8.315 808 km²，占 24.14%，主要分布在岛东部和中部；沿海滩涂 5.882 466 km²，占 17.08%（表 6.56）。

表 6.56　紫泥岛土地利用统计表

土地利用类型	公路用地	内陆滩涂	坑塘	居民地	旱地	果园	水田
面积（km²）	0.290 098	1.168 296	12.292 05	5.071 618	0.048 119	0.273 892	8.315 808
百分比（%）	0.84	3.39	35.69	14.72	0.14	0.80	24.14
土地利用类型	沟渠	沿海滩涂	港口码头用地	特殊用地	设施农用地	合计	
面积（km²）	0.918 168	5.882 466	0.001 613	0.086 076	0.094 959	34.443 17	
百分比（%）	2.67	17.08	0.004 7	0.25	0.28	100.00	

6.29.3　主要地质灾害

紫泥岛的灾害主要是湿地退化、海岸侵蚀（表 6.57），在九龙江沿中枝，大量的互花米草侵占河道，给通航和养殖带来很大的危害。

表 6.57　紫泥岛地质灾害统计表

编号	纬度（N）	经度（E）	灾害类型	灾害等级	备注
ZN01	24°27′51.36″	117°48′09.08″	海岸侵蚀	小型	人工采砂
ZN04	24°27′08.37″	117°50′46.61″	海岸侵蚀	小型	人工采砂
ZN06	24°26′23.52″	117°54′34.88″	湿地退化	小型	红树林退化

(1) 互花米草入侵

紫泥岛互花米草主要分布在紫泥岛的南部沿岸。其中西梁村附近河道有沿岸1.5 km，宽度500 m的成片区域；在锦田村沿岸有向河道深入100 m，沿河0.9 km的互花米草集中区；世甲村沿岸有宽度10~80 m，长度4.5 km的区域，互花米草生长在潮间带，高潮时淹没，低潮时出露；簸箕湖的养殖区也遭到互花米草的入侵，使1 km^2的养殖用海被破坏；沙头农场和歧西分别有2 km^2和0.5 km^2的岸线被互花米草侵占，沿岸的红树林生存空间遭到严重挤占。在整个紫泥岛，沿岛四周几乎被互花米草入侵，入侵岸线比例高达85%，所有河道都有互花米草的存在，河道宽度大大缩减，岸线生物生存空间都被消耗。

互花米草隶属禾本科，米草属，是一种多年生草本植物，它起源于美洲大西洋沿岸和墨西哥湾，适宜生活于潮间带。由于互花米草秸秆密集粗壮、地下根茎发达，能够促进泥沙的快速沉降和淤积，因此，20世纪初许多国家为了保滩护堤、促淤造陆，先后加以引进。虽然互花米草在海岸生态系统中有重要的生态功能，但是其在潮滩湿地生境中超强的繁殖力，威胁着全球的海滨湿地土著物种，所以许多国家正在将其作为入侵植物实施大范围的控制计划（图6.77）。

图6.77　紫泥岛互花米草灾害

紫泥岛互花米草入侵严重，带来很大的生态问题，表现在：①破坏近海生物栖息环境，影响滩涂养殖；②堵塞航道，影响船只出港；③影响海水交换能力，导致水质下降，并诱发赤潮；④威胁本土海岸生态系统，致使大片红树林消失。

(2) 红树林退化

红树林退化区主要分布在锦田村和世甲村，由于互花米草入侵，红树林生存空间恶化，在竞争中被逐渐淘汰，生态系统也遭到破坏。锦田村沿岸有0.2 km的岸线出现红树林退化；世甲村沿岸有0.3 km的岸线红树林遭到破坏，颜色发黄甚至枯死。

红树林以凋落物的方式，通过食物链转换，为海洋动物提供良好的生长发育环境。同时，由于红树林区内潮沟发达，吸引深水区的动物来到红树林区内觅食栖息，生产繁殖。由于红树林生长于亚热带和温带，并拥有丰富的鸟类食物资源，所以红树林区是候鸟的越冬场和迁徙中转站，更是各种海鸟的觅食栖息、生产繁殖的场所。

红树林另一重要生态效益是它的防风消浪、促淤保滩、固岸护堤、净化海水和空气的功能。盘根错节的发达根系能有效地滞留陆地来沙，减少近岸海域的含沙量；茂密高大的枝体宛如一道道绿色长城，有效抵御风浪袭击。

但是，近年来，红树林遭到前所未有的破坏，人工的砍伐导致红树林的面积快速减少，生态的破坏也导致红树林大片的枯死，由于互花米草和红树林争夺生存空间使红树林大面积的退化（图 6.78）。

图 6.78　红树林退化或人工破坏

（3）采沙引起的海岸侵蚀

采沙场主要分布在西良村、锦田村和北洲地区，其中西良村在岸边大量堆沙，堆沙高 10 m，占地 0.3 km^2，全是河沙，沙粒极细；锦田村由于在河道挖沙，直接堆放到岸边，形成沙堆高 6 m，占地 0.2 km^2 的沙场；北洲采沙场堆沙高度达 13 m，占地 0.2 km^2（图 6.79）。

紫泥岛沿河岸布满了大大小小的采沙场，沙子大部直接堆放在岸边，破坏了大片的河岸植被，使岸边土地裸露，加速了海岸的侵蚀，岸线后退加快，没有植物的岸线使生态系统遭到破坏，河道的大量采砂使河道沙子减少，河道水流和沙子的平衡遭到破坏，致使河道加速侵蚀沿岸，海岛面积进一步减少，海岛人口面临巨大的压力。

图 6.79　河道采砂

6.30 鼓浪屿

6.30.1 概况

鼓浪屿位于厦门岛西南约500 m海域中，地理坐标为北纬24°26.7′、东经118°04.0′（图6.80），鼓浪屿略呈椭圆形，面积1.847 531 km^2，岸线长7.45 km，东西长1.75 km，南北宽1.6 km。鼓浪屿由花岗岩组成，北、西北、南部岗峦起伏，东、中部较平坦，最高点日光岩海拔92.6 m。

图6.80 鼓浪屿地理分布图

6.30.2 自然环境概述

(1) 湿地分布

鼓浪屿湿地总面积0.986 987 km^2，其中岩石性海岸0.536 258 km^2，占湿地总面积的54.33%；砂质海岸0.450 729 km^2，占45.67%（表6.58）。

表6.58 湿地类型统计表

湿地类型	岩石性海岸	砂质海岸	合计
面积（km^2）	0.536 258	0.450 729	0.986 987
百分比（%）	54.33	45.67	100.00

(2) 土地利用

鼓浪屿土地利用总面积 2.838 442 km^2，鼓浪屿植被全部为常绿阔叶林，面积 0.645 838 km^2。其中居民地面积最大，面积为 1.186 672 km^2，占土地利用总面积的 41.81%；沿海滩涂面积第二，为 0.986 394 km^2，占总面积的 34.75%；有林地面积 0.645 838 km^2，占 22.75%（表 6.59）。

表 6.59　鼓浪屿土地利用统计表

土地利用类型	其他草地	居民地	有林地	沙地	沿海滩涂	港口用地	裸地	合计
面积（km^2）	0.001 146	1.186 672	0.645 838	0.008 196	0.986 394	0.008 2	0.001 996	2.838 442
百分比（%）	0.04	41.81	22.75	0.29	34.75	0.29	0.07	100.00

6.30.3　主要地质灾害

调查共发现 4 个灾害点，其中崩塌 3 个，岸堤下沉 1 个（表 6.60）。

鼓浪屿主要的灾害是崩塌，岛内陡崖及滑塌处较多，但规模都较小。较典型的几处滑塌多位于岛内东部的路边附近，大多是由于人工开挖所致。岛内东部存在一个比较危险的灾害，即雨水冲蚀。雨水冲蚀严重，严重威胁道路及行人安全。

一典型陡崖滑塌灾害点位于岛的东南方向，陡崖高 20 m 左右，滑坡度极大。在重力作用下自然滚落形成滑塌，危险的陡崖及滑塌面也将会发生更大规模的滑塌。

表 6.60　鼓浪屿地质灾害统计表

编号	纬度（N）	经度（E）	灾害类型	灾害等级	备注
GL01	24°26′29.38″	118°04′10.21″	滑坡	小型	疑似落石滑坡
GL02	24°27′14.92″	118°03′33.71″	地面沉降	小型	岸堤下沉
G037	24°26′28.95″	118°03′33.25″	滑坡	小型	崩塌
G069	24°27′18.92″	118°03′42.58″	滑坡	小型	崩塌

(1) 崩塌

崩塌是指斜坡的岩土体被陡倾的拉裂面破坏分割，突然脱离母体而快速位移滑落堆于崖下，一般发生在厚层坚硬脆性岩体中。调查区内的崩塌主要分布于公路边坡上和海岛沿岸，规模较大，时有不稳定岩块剥落、坠落的现象发生，危害对象主要为过往行人、车辆等。

鼓浪屿的 3 处崩塌灾害点主要分布在岛的南部海岸，并且都处在凸出的岬角位置。在岛的东南处崩塌点在山顶上有直径达 5 m 的石蛋，下边就是游览道路，并有标识警示牌；中部的灾害点是一处宽 20 m、高 20 m 的垂直陡崖，海蚀较为强烈，风化形成的碎石频繁地剥落；西南部的灾害点是一处坡度 80°、高 40 m 的松散碎石面，风化作用形成2 m见方的块状块石，稳定性极差（图 6.81）。

图 6.81　岩石风化及崩塌落石

调查区崩塌成因，主要是由于：①人工开挖岩质边坡过高过陡，且边坡岩体由于风化，较为破碎，使之呈临空—半临空状态，导致边坡整体不稳定，这是崩塌产生的前提条件；②边坡节理裂隙发育，构成不利结构面，这是发生崩塌的决定性因素；③由于调查区降雨量较大，故降水沿裂隙面的渗流会加剧崩塌的发生。另外就是风化的卵形石蛋，处于不稳定的状态，当遇到台风、地震、暴雨等恶劣天气时将会发生滚落，威胁下边码头等建筑边的游人安全。

由于崩塌位置都处于沿岸的旅游道路旁边，沿岸山崖风化严重，随时都有落石滚落的危险。南方多雨，大量的雨水缓慢的侵蚀着风化的岩石，日积月累，山崖失稳，从而出现危险道路地段，游览道路在崖下方不远处，因此雨水冲蚀后的危险落石极大地威胁着游人的安全，应当给予积极的治理。

（2）岸堤沉降

下沉处在鼓浪屿北边环岛路的步行岸堤上，塌陷堤岸为 100 m 长、宽约 3 m 的砖面步行道，已有 2 cm 左右的开裂，但江边用于巩固堤岸的护岸砌石未出现坍塌迹象（图 6.82）。

图 6.82　沿岸路堤出现裂痕

由于岸堤人工防护，暂时抵挡了海岸的侵蚀，但是岸堤下边仍然受到海浪的掏蚀作用，底部慢慢悬空，上边岸堤在重力作用下慢慢下沉，步行道便由于沉降不均匀而开裂，长此以往发展下去，岸堤会因为开裂太大而失稳塌陷，给道上游人带来威胁。

6.31 林进屿

6.31.1 概况

林进屿位于龙海市港尾镇东南侧海域中（图6.83），距大陆最近点0.621 n mile，隶属于漳州市漳浦县。该岛面积0.076 014 km^2，岸线长1.138 km，海拔72.7 m。林进屿为天然火山岛，主要由玄武岩组成。岛内玄武岩柱状节理十分发育，形态特征非常明显。岛屿东北侧火山喷气口状态保存完好。林进屿是全国11个第一批获得国家级地质地貌公园之一，日前入选由《中国国家地理》杂志社评选的“中国最美十大海岛”。

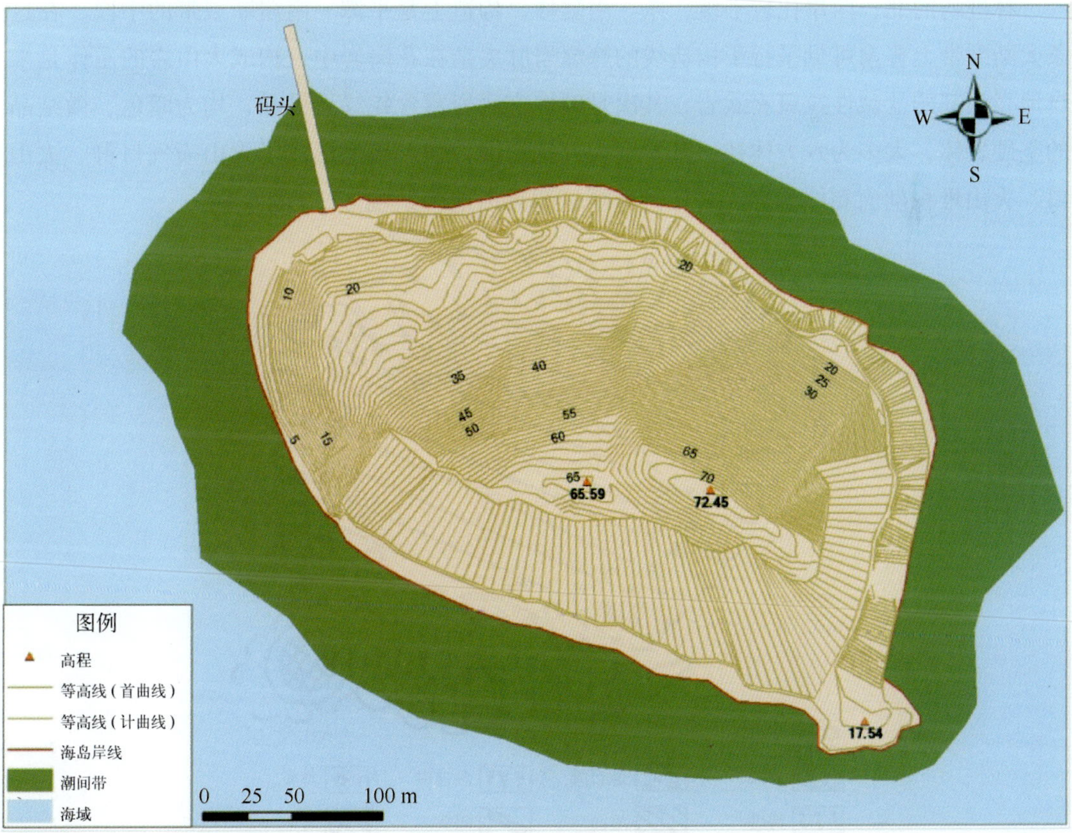

图6.83 林进屿地理分布图

6.31.2 自然环境概述

(1) 地质地貌

林进屿火山地貌属于新生代陆地间断性多次火山喷发而形成的，有柱状节理玄武岩景观，有不同规模古火山口、无根火山气孔群景观和海蚀熔岩湖、熔岩洞景观等。

林进屿完全是由火山熔岩类的玄武岩组成，岛上最著名的火山景观是火山口以及火山口中的喷气口群和古熔岩群。小岛暴露的侧面从顶端一直延伸到底层，而重重相叠的火山喷发堆积物告诉我们，这座岛屿是火山多次喷发堆积形成的。在林进屿上，圆环形构造分布的无根“喷气口”极具观赏性，分布在林进屿东北面的海滩上，多达 16 处，是世界罕见的喷气口群。

林进屿这个岛是目前已知世界上最为巨大、密集的玄武岩石柱群，世上与此相类似的景致，近有一水相隔的台湾澎湖列岛，远有北爱尔兰海边的巨人岬。北爱尔兰的玄武岩石柱已为数可观，达 4 万根，可我国林进屿的玄武岩石柱却是它的数十倍之多。

林进屿的北、西岸比较平缓，东、南陡峻，构造上是平潭—南澳断裂带的中段，在这条大断裂带上普遍可见平行于构造线的辉绿岩脉夹杂在花岗岩中，构成火山岩的主体是来自地壳深部的盐碱性拉斑玄武岩，其次是碱性玄武岩富含蛇绿岩结晶，均为暗色、微结晶的坚硬岩体，大多为六方体柱，其硬度大、抗侵蚀力强。岛上形成了火山喷气口群、火山口、火山堆积剖面和柱状玄武岩等世界罕见的火山地貌景观[134]（图 6. 84）。

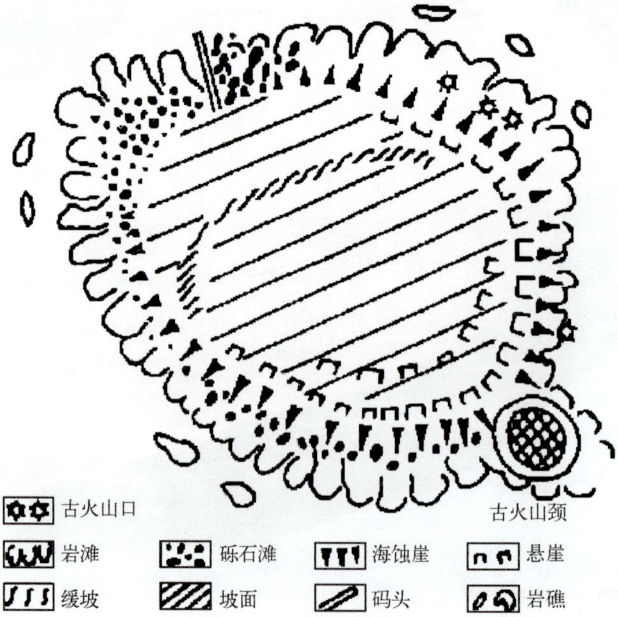

图 6. 84　林进屿地貌分布图[134]

(2) 土地利用

林进屿植被全部为常绿阔叶林，总面积 0.075 095 km^2。

林进屿土地利用总面积 0.511 984 km^2，其中沿海滩涂面积最大，为 0.435 257 km^2，占总面积的 85.01%；有林地面积第二，为 0.075 095 km^2，占总面积的 14.67%；港口码头用地面积为 7.961 625 km^2，占 11.37%，分布在岛西北角（表 6.61）。

表 6.61 林进屿土地利用统计表

土地利用类型	有林地	沿海滩涂	港口码头用地	合计
面积（km^2）	0.075 095	0.435 257	0.001 632	0.511 984
百分比（%）	14.67	85.01	0.32	100.00

6.31.3 主要地质灾害

林进屿面积小，岛上地质灾害规模小，大部分分布在道路两侧，对当地旅游业安全造成较大影响。海岛地质灾害主要分为两种：一种为危险的陡崖和崩塌；一种为海岸侵蚀[135]（表 6.62）。

表 6.62 林进屿地质灾害统计表

编号	纬度（N）	经度（E）	灾害类型	灾害等级	备注
LJ01	24°11′17.88″	118°01′18.63″	滑坡	小型	疑似崩落
LJ02	24°11′17.51″	118°01′18.94″	滑坡	小型	疑似崩落
LJ03	24°11′16.86″	118°01′21.17″	滑坡	小型	疑似崩落
LJ04	24°11′16.18″	118°01′25.57″	滑坡	小型	疑似崩落
LJ05	24°11′15.74″	118°01′26.64″	滑坡	小型	倒石堆
LJ06	24°11′14.69″	118°01′27.18″	滑坡	小型	疑似崩落
LJ07	24°11′21.43″	118°01′27.89″	滑坡	小型	落石
LJ08	24°11′22.00″	118°01′26.65″	滑坡	小型	落石
LJ09	24°11′16.88″	118°01′21.02″	海岸侵蚀	小型	海蚀破坏台阶
LJ10	24°11′17.13″	118°01′28.61″	海岸侵蚀	小型	海蚀破坏台阶

(1) 崩塌

崩塌主要分布在林进屿南部沿岸，高度 5～20 m，长度 10～50 m，岩石呈碎裂状，上层为柱状节理发育的玄武岩，下层为火山渣，表面植被覆盖稀少。

由于柱状节理发育，风浪作用非常大，所以导致海岛上物理及化学风化作用严重。大量玄武岩风化剥蚀导致海岛上存在较多的陡崖。随着时间的积累，风化剥蚀的岩块在重力或特殊条件下（飓风、暴雨以及其他自然、人为等原因作用下）易发生滚落，并在坡角聚集大量倒石堆（图 6.85）。

图 6.85　崩塌

林进屿上陡崖以及疑似崩塌较多，主要分布在海岛的东北侧、南侧以及西南侧地区，岩体所受物理风化作用较强导致岩石较严重的风化破坏状态，因此海岛东南面的岩体形成大量陡崖并形成崩塌破坏。

(2) 海岸侵蚀

林进屿已被开发成为海岛旅游区，海岛周边修建有环岛水泥路，大量游人沿环岛路进行游览。巨大的风浪拍击着海岸，旅游道路被破坏 1 km 之多，路基被掏空，局部塌陷，道路路基中的细小颗粒冲刷带走，对当地旅游安全存在较大的潜在威胁（图 6.86）。

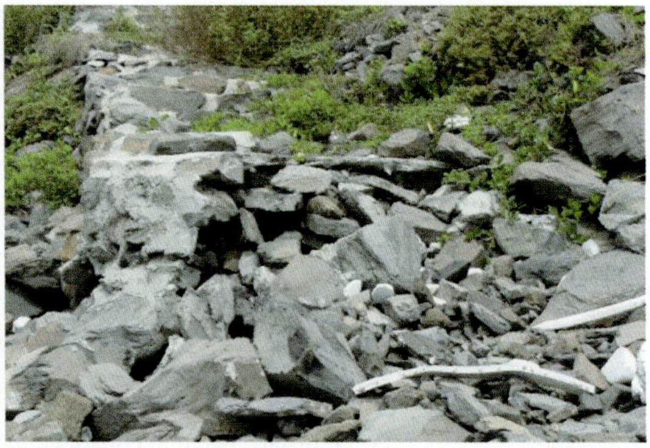

图 6.86　海岸侵蚀

6.32　东山岛

6.32.1　概况

东山县位于福建省南部沿海、台湾海峡西岸，介于厦门市和广东汕头市之间，隶属于福建省漳州市（图 6.87），是全国第六、福建省第二大海岛县，总面积 248.34 km^2。东山岛由主岛和周边 67 个小岛组成，四面环海，东西窄，北长。东最窄处仅 2 km，最宽处

27.5 km，状如七星拱月，形如栩栩如生的蝴蝶，故称蝶岛。海拔均在 274.3 m 以下。地势西北高、东南低，东南属滨海小平原，西北多低丘，全县有山丘 413 座，最高苏峰山海拔274.3 m。设有国家级经济技术开发区、旅游经济开发区、七个镇级人民政府、61 个行政村和 16 个居委会，总人口 21.3 万人。东山岛岸线总长 158.967 km，其中人工岸线 105.166 km，占 66.16%，主要分布在岛的西岸和北岸；基岩岸线 34.079 km，占 21.44%；砂质岸线为 17.791 km，占 11.19%，主要分布在岛东岸海湾内；红土岸线 1.931 km，占 1.21%。东山岛为基岩岛，岛内地势挺拔，山丘连绵起伏，山上植被覆盖率非常高。

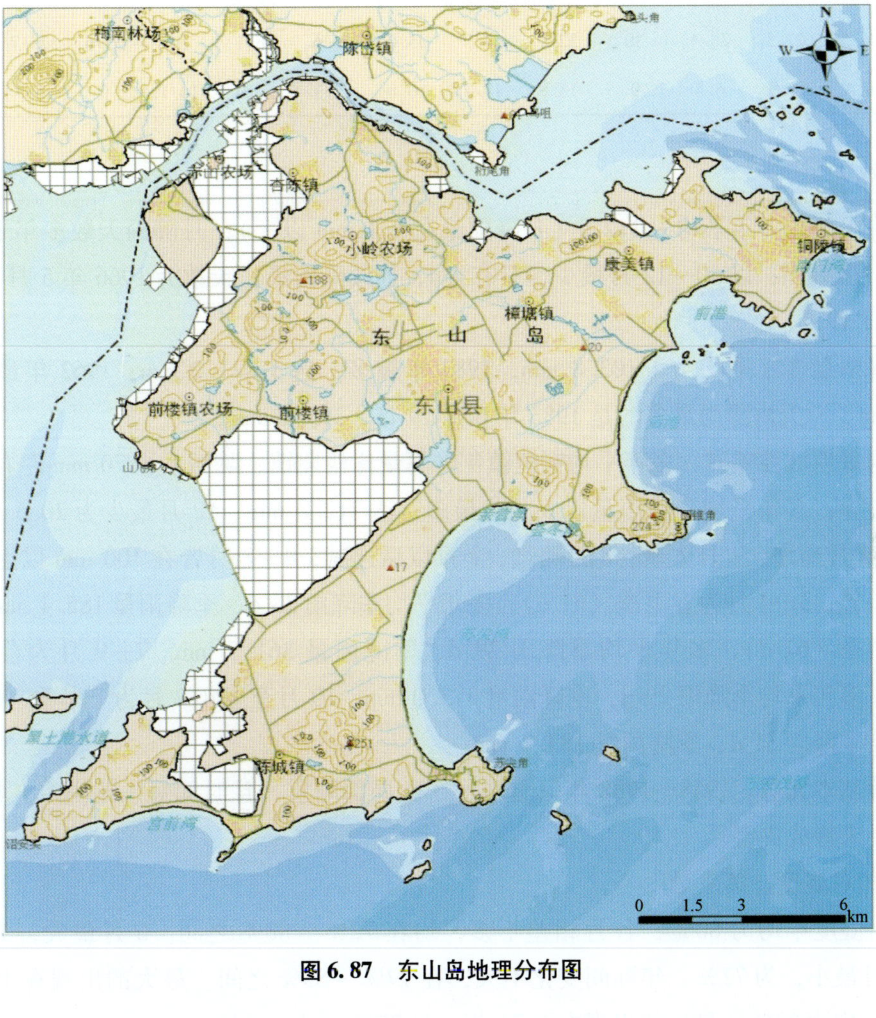

图 6.87　东山岛地理分布图

6.32.2　自然环境概述

(1) 气候特点

① 气温

气温多年平均为 20.8℃，最高 23.8℃，最低 18.8℃。月均气温最热为 7 月份，

27.3℃；最冷为2月份，12.9℃。气温极端状况：最高气温为1956年8月1日，36.6℃；最低气温为1957年2月1日，3.8℃。低温冷害天气，多在2—3月份。1954年、1957年、1970年、1974年、1976年、1983年、1985年、1987年等年出现倒春寒；1956年、1959年、1964年、1968年、1969年、1986年等年出现冷春（表6.63）。

表6.63　多年平均各月平均气温（℃）

项目	1月	2月	3月	4月	5月	6月	7月	8月	9月	10月	11月	12月	全年
平均	13.1	12.9	14.9	19.1	23.2	25.8	27.3	27	26.6	26.3	19.7	15.5	20.8
最高	26.5	27.5	28.4	30	32.9	34.3	35.6	36.6	36.1	34	31.6	28.7	36.6
最低	4.4	3.8	6.4	9	18.8	17.7	20.8	21.1	17.9	14.1	9	5.7	3.8

② 降水

年降雨天数多年平均为112 d（日降雨量在0.1 mm以上），月降雨天数多年平均以6月最多，达19 d；以10—12月最少，只有4 d，连续降雨最长天数为1966年5月20日至6月16日19 d。

年降雨量多年平均为1 103.8 mm，1983年最多，达1 821.2 mm；1962年最少，为674.2 mm。一天内降雨最多的是1983年6月19日，245.1 mm。

降雨量地域性差异：多年平均铜陵镇年降雨量比西埔镇、陈城乡少70 mm左右。降雨量月际差异：多年平均月降雨量以6月为最多，达212.8 mm，12月最少为20.5 mm。一般是1—6月递增，7月大减，8月略增，9月以后递减，4—8月皆在100 mm以上。降雨量季节差异：3—4月为春雨季（61 d），多年平均季降雨23 d，季降雨量185.4 mm。5—6月为梅雨季（61 d），多年平均季降雨29 d，季降雨量361.5 mm。7—9月为台风雨季（92 d），多年平均季降雨29 d，季降雨量373.0 mm。10月至翌年2月为干旱季（151 d），多年平均季降雨31 d，季降雨量183.2 mm。

县境基本无雹。1958—1988年只出现过3次局部降雹，且时间短、范围窄、雹粒小、消融快，未造成灾害。

③ 相对湿度、蒸发量

相对湿度年均为80%，各月相差不多，均在72%～88%之间。6月最大，为88%；10—11月最小，为72%。年际间变化不大，在77%～83%之间。最大的出现在1983年、1985年，均达83%；最小的出现在1971年，只77%。

年蒸发量多年平均为2 027.9 mm。2—10月蒸发量最大，为251.4 mm；2月最小为106.2 mm。2—10月，蒸发量逐月递增；11月至翌年2月，则逐月递减。一年中，除6月降雨量大于蒸发量外，其余各月降雨量均小于蒸发量。其中以9月至翌年1月，差值最大（表6.64）。

表 6.64　多年平均各月份相对湿度及蒸发量统计表

项目	1 月	2 月	3 月	4 月	5 月	6 月	7 月	8 月	9 月	10 月	11 月	12 月	全年
蒸发量（mm）	129	106	112	139	156	164	202	201	209	251	195	158	2 027
相对湿度（%）	76	80	83	84	86	88	86	85	79	72	72	73	80

④ 风

东山岛秋、冬季多东北风，大风天数多，风力偏大；夏季多西南风，风力偏小。9 月到翌年 5 月以东北风为最多；6—8 月以西南风为最多；7—9 月属台风影响季节，风向北—东北—东南范围内造成的大风最强。

风速多年平均为 7.0 m/s；月均以 11 月最大，为 9.1 m/s；以 7—8 月最小，为 44 m/s。受冷空气影响时，瞬间风速可达 34 m/s。

大风（瞬间风速不小于 17.2 m/s）年均刮大风 121 d，最多的为 1961 年 165 d；最少的为 1977 年 82 d。持续大风最长天数为 1964 年 11 月 5 日至 11 月 27 日，共 23 d。大风主要发生在 10 月至翌年 3 月，风向多东北，平均风力 6 ~ 8 级，最大阵风达 11 级，每次过程为 2 ~ 3 d，最长达 23 d。夏季大风持续时间短，多西南风，风力强。受强台风影响时，风力达 12 级以上。

(2) 海洋水文

东山岛海区潮流，变化较复杂。在近海、海峡、港澳等处，多往复流。东山湾涨潮流向北偏西，落潮流向南偏东。湾口西航门平均流速约 2 kn（1 kn = 1 n mile/h），最大 2.5 kn，并有强烈的湍流，湾口东航门流速大于 2 kn。诏安湾，涨潮流向东北，落潮流向西南。西屿与斜州岛之间流速一般为 1.8 kn。

东山岛海区潮位夏季高，冬季低。农历每月初三、十八前后大潮，初十、二十五前后小潮。据东山海洋站 1960—1980 年资料：东山湾最高潮位 4.98 m，最低潮位 0.18 m，平均高潮位 3.8 m，平均低潮位 1.51 m。平均潮差 2.30 m，最大潮差 4.10 m，最小潮差 0.43 m。多年平均海平面 2.64 m。

东山县海域以风浪为主，一般南风浪大，北风浪小；外海风浪大，内海风浪小。当台风袭击时，常出现 6 级以上的风浪，甚至可掀起 7 ~ 8 级大浪式波长 200 ~ 300 m、波高 6 ~ 8 m 的狂浪。

(3) 湿地分布

东山岛湿地总面积 70.836 065 km^2，其中养殖池塘 26.011 227 km^2，占湿地总面积的 36.72%；盐田 16.826 027 km^2，占 23.75%；粉砂淤泥质海岸 13.603 393 km^2，占 19.20%；砂质海岸为 8.225 147 km^2，占 11.61%（表 6.65）。

表 6.65 湿地分布统计表

湿地类型	养殖池塘	岩石性海岸	水库	水田	河流
面积（km^2）	26.011 227	1.843 192	1.554 537	0.834 851	1.328 519
百分比（%）	36.72	2.6	2.19	1.18	1.88
湿地类型	滨岸沼泽	盐田	砂质海岸	粉砂淤泥海岸	合计
面积（km^2）	0.609 172	16.826 027	8.225 147	13.603 393	70.836 065
百分比（%）	0.86	23.75	11.61	19.2	100

(4) 植被

东山岛植被覆盖率较高，总面积 122.971 060 km^2，其中常绿阔叶林面积最大为 37.357 7 km^2，占植被总面积的 30.38%，主要包括木麻黄、相思树、柠檬桉等；果园面积第二位 29.386 6 km^2，占 23.90%，主要分布在岛西部和西北部；草本栽培植被 28.434 8 km^2，占 23.12%，其中粮食作物以水稻和甘薯为主，经济作物以芦笋、花生为主，主要分布在岛东北、岛中部及岛东南（表 6.66）。

表 6.66 植被分布统计表

植被类型	常绿针叶林	常绿阔叶林	木本栽培植被	果园	灌丛	草丛	草木栽培植被	合计
面积（km^2）	1.825 0	37.357 7	18.517 7	29.386 6	6.637 9	0.811 0	28.434 8	122.971 0
百分比（%）	1.48	30.38	15.06	23.90	5.40	0.66	23.12	100.00

(5) 土地利用

东山岛土地利用总面积 229.834 712 km^2，各种用地面积分布情况如表 6.67 所示。

表 6.67 东山岛土地利用统计表

土地利用类型	公路用地	其他园地	内陆滩涂	坑塘	天然牧草地	居民地
面积（km^2）	3.83	18.52	0.61	7.51	0.81	25.64
百分比（%）	1.67	8.06	0.27	3.27	0.35	11.15
土地利用类型	工矿仓储用地	旱地	有林地	果园	水工建筑用地	水库
面积（km^2）	0.43	25.89	39.18	29.39	0.06	1.55
百分比（%）	0.19	11.26	17.05	12.79	0.02	0.68
土地利用类型	水浇地	水田	沙地	沟渠	河流	沿海滩涂
面积（km^2）	1.71	0.83	1.22	0.95	0.38	57.24
百分比（%）	0.75	0.36	0.53	0.41	0.16	24.90
土地利用类型	港口码头用地	灌木林地	特殊用地	裸地	设施农用地	合计
面积（km^2）	0.41	6.64	2.21	2.88	1.95	229.83
百分比（%）	0.18	2.89	0.96	1.25	0.85	100.00

6.32.3 主要地质灾害

东山岛地质灾害类型主要为崩塌（包括崩塌、陡边坡）、海岸侵蚀、滩面冲蚀和水土流失、海水入侵与滨海湿地退化（表 6.68）。采石场崩塌主要集中在海岛的东北部地区，排水侵蚀主要分布在东南一带的岛岸，海产养殖是导致侵蚀的重要原因。岛上部分区域因高位海水养殖造成海水入侵 pH 为 6.93，矿化度 24.04 g/L，属于严重海水入侵[136]。

表 6.68 东山岛地质灾害统计表

编号	纬度（N）	经度（E）	灾害类型	灾害等级	备注
DS01	23°45′06.351 63″	117°29′32.052 08″	滑坡	小型	陡坡
DS02	23°45′21.116 52″	117°29′59.887 57″	滑坡	小型	采石场
DS03	23°43′59.638 19″	117°32′39.109 56″	滑坡	小型	崩落
DS04	23°39′28.108 20″	117°27′35.936 47″	滑坡	小型	滑坡体
DS05	23°43′18.463 56″	117°30′12.952 48″	海岸侵蚀	小型	海蚀崖
DS06	23°38′27.286 63″	117°24′46.854 77″	海水入侵	小型	咸水井
DS07	23°42′59.679 12″	117°30′57.107 82″	滩面冲蚀	小型	排水侵蚀
DS08	23°35′20.486 91″	117°25′21.110 83″	滩面冲蚀	小型	排水侵蚀
DS09	23°34′43.380 62″	117°20′27.855 65″	滩面冲蚀	小型	排水侵蚀
DS10	23°43′59.344 4″	117°32′45.722 92″	水土流失	小型	伴生灾害
DS11	23°45′02.592 53″	117°30′22.224 18″	湿地退化	小型	人为影响

（1）崩塌

崩塌灾害主要指岩体崩塌和易引发崩塌的岩质或土质陡坡。主要分布在东山岛低山丘陵山区，如采石场遗留的岩质陡坡、居民建房在房前屋后削坡形成的土质陡坡、海岛公路通过丘陵山区时道路两侧局部土质陡坡。均为小型崩塌和小型陡边坡，呈点状零散分布，危害对象主要为附近居民及其房屋和财产、公路和交通。

2011 年福建地质环境监测之东山岛地质灾害调查时，现场勘察了 5 处崩塌点，它们同时也是潜在崩塌易发点。崩塌都发生在 2003 年以来，属小型崩塌，体积最小为 30 m^3，最大不过 1 260 m^3。除一处土质崩塌分布在红土台地前缘的海岸带处，其他均为岩质崩塌，分布在丘陵区坡脚或斜坡处，出露点高程小于 50 m。

陡坡既有土质边坡，也有岩质边坡，分布在东山岛丘陵区坡脚地带，主要由居民建房、修建公路和采石等开发和工程建设所产生。铜陵、陈诚等县镇村庄的居民在红土台地部分建房，形成边坡高度 5～16 m，坡度 67°～85°，边坡宽度从十几米至几十米不等，屋后坡距墙 1～2 m，且都没有支护（表 6.69）。在暴雨和持续性强降雨时边坡坡面或坡脚可见有小土体滑塌或剥离坠落，威胁坡前居民房屋及临近区域环境。

表 6.69 东山岛威胁居民房屋的陡坡统计表

编号	类型	规模	坡高（m）	坡度（°）	边坡高差（m）	坡体岩性
01	高陡边坡	小型	10	27	5	残积土层
02	高陡边坡	小型	15	25	5	残积黏性土
03	高陡边坡	小型	18	27	10	残积砂质黏性土
04	高陡边坡	小型	18	27	10	残积层砺质黏性土
05	高陡边坡	小型	6	26	6	残积黏性土
06	高陡边坡	小型	5	20	5	坡积（碎石土）
07	高陡边坡	小型	35	25	16	残积黏性土
08	高陡边坡	小型	5	10	6	残积黏性土

续表

编号	类型	规模	坡高（m）	坡度（°）	边坡高差（m）	坡体岩性
09	高陡边坡	小型	20	15	9	残积黏性土
10	高陡边坡	小型	6	27	5	残积黏性土
011	高陡边坡	小型	20	60	4	残积黏性土
平均值			14.36	26.27	7.36	
最大值			35	60	16	
最小值			5	10	4	

铜陵镇南玻璃厂公路旁陡崖（图 6.88），高度 21.8 m，长度 500 m，坡度接近 90°，陡崖上部表土层厚小于 2 m，有草本植物覆盖。岩体风化破碎度高，在雨水冲刷下易发生小规模的泥滑甚至崩塌，影响公路交通。

图 6.88　东山岛南玻璃厂附近公路旁陡坡

遥感和现场调访的多处采石场，以开采建筑用花岗岩和硅砂为主。开采形成高陡岩质边坡或陡崖，小规模采石场形成陡坡高度平均大于 7 m，大的陡坡高度超过 50 m；长度小的也多为 80 ~ 100 m，最大达 1.5 km；坡度近 90°。开挖面岩体松散，岩石破碎，开采形成的岩质陡坡未采取任何防护措施，易诱发小规模崩塌（图 6.89）。

图 6.89　东山岛采石陡坡

a. 东山岛西埔镇采石场陡坡；b. 陈城镇湖仔头采石场陡坡

另外一处崩塌灾害点位于东山岛西部码头附近，基岩海岸在海浪侵蚀的作用下形成陡崖，沿着岩石裂隙侵蚀风化使岩块脱离母岩而形成独立的不稳定的崩落石蛋。石蛋的磨圆度很好，直径可达 3 m，最大的体积达 30 m^3（图 6.90）。

图 6.90　东山岛崩塌灾害点

调查区崩塌成因，主要是由于：崩塌灾害主要发育在丘陵山地斜坡或坡脚地带，自然坡度在 15°～30°，局部大于 30°，而公路修建、采石或建房等人类工程活动开发岩土体形成高陡边坡，坡度往往大于 60°，使之呈临空—半临空状态，极大地降低岩土体自身的稳定性，给崩塌创造形成条件。东山岛边坡常呈二元结构，上部残积土，以黏性土为主，并含有碎石或夹碎石黏土层，遇水易软化且吸水性强；下部为侵入基岩，节理裂隙、构造裂隙发育，为降雨入渗或地下水活动创造形成空间。而土岩接触面在地下水作用下（雨水渗透岩里），易形成顺坡的不稳定结构面，易发生崩塌或滑坡。汛期台风暴雨期的强降水作用下，沿裂隙面的渗流或地表水作用下，降雨一方面起冲击掏空节理裂隙面作用，使其原有平衡状态改变；另一方面降雨下渗，使岩土体力学性质降低，从而诱发崩塌。

(2) 海岸侵蚀

海岸侵蚀在东山岛东部和南部海岸普遍发育，呈线性带状分布。整体规模较小，危害较轻。可分为两种类型：砂质海岸侵蚀和海湾岬角侵蚀。

砂质海岸侵蚀主要分布在东山岛的南门湾、马銮湾、金銮湾和乌礁湾等处（表 6.70）。据统计[57]，整个东部岸线 21.5 km，从 1990 年到 2010 年间平均后退了 54.5 m，其中金銮湾最大后退了 81 m，平均每年后退达 4 m；南门湾岸线长度 3.2 km，年均后退速率2.7 m；马銮湾岸线长度 3.2 km，年均后退速率 2.3 m；乌礁湾岸线长度 10.3 km，年均后退速率 1.8 m。海岸侵蚀导致沿海岸线的环岛公路、海堤等工程多处受到破坏，海岸侵蚀的进一步发展可能威胁沿岸风电机组的地基基础。

表 6.70 东山岛海岸线蚀淤状况统计表

区域概位	岸线类型	侵蚀岸段长度（km）	海岸侵蚀现状	
			侵蚀年段	侵蚀速率（m/a）
金銮湾（后港）北段	砂质岸线	2.4	2007—2008	0.97
金銮湾（后港）南段	砂质岸线	2.3	2007—2008	1.14
乌礁湾北段	砂质岸线	3	1987—2007	2.5
乌礁湾中段	砂质岸线	3	1987—2007	2.1
乌礁湾南段	砂质岸线	3	1987—2007	1.05
澳角湾湖仔	砂质海滩	2	1987—2007	2.4
宫前湾前坑	砂质海滩	3	1987—2007	1.1

由于波浪的辐聚作用，岬角海岸侵蚀主要发生在南门湾、金銮湾和马銮湾凸出岬角处，岸滩受侵蚀形成红土或岩质侵蚀陡崖。金銮湾修船场的侵蚀红土陡崖（图 6.91），高度 2 ~ 3 m，侵蚀长度 300 m，沿岸线分布呈弧形，剖面直立，接近 90°，走向 WN—ES。

图 6.91 东山岛红土侵蚀陡崖

东山岛海岸侵蚀主要发育在东部和南部开敞的高能海域，受风浪的侵蚀作用强烈。东山岛每年 7—9 月的台风季，平均每年 4.2 次，台风引起的风暴潮常造成高潮位和强力风浪极大的破坏海岸，引发海岸侵蚀。另外，近几年房地产开发、旅游码头和人工海堤等工程活动，改变局部海岸动力环流模式，从而引发局部砂质海岸侵蚀。因没有收集东山岛海面上升的数据，无法给出海面上升对东山岛海岸侵蚀的影响，但中国海平面公报中东山岛所属的东海海平面比 2011 年上升为 66 mm，不排除海面上升也是东山岛海岸侵蚀加剧原因之一。

(3) 滩面冲蚀

滩面冲蚀与海岸侵蚀略有不同，主要是指海岸边养殖育苗场排水造成的海滩沙被冲走而导致的滩面破坏。滩面冲蚀危害已成为东山岛危害最严重的地质灾害。

东山岛自乌礁湾北端到宫前湾西侧 22.71 km 的海岸线上密密麻麻地排列着海水养殖育苗场，密布的抽水管或埋或显露地排列在沙滩上，而各个养殖池的排水口往往直接出露在养殖场的外墙处，昼夜不停地将废水排泄到沙滩上，在水流和重力的联合作用下，砂颗粒被从高潮带冲到低潮带，在沙滩形成线形伸展的沟槽。

冲沟有明显的沟缘，沟口形成小陡坎，宽和深可达 1 ~ 2 m；沟再进一步下蚀，形成了冲沟，造成沙滩下覆岩石裸露出来；同时沟边陡坎滑塌，使沟槽不断加宽，形成冲沟深约几米、长约几百米（图 6.92），海砂流失、海滩变薄，裸露下覆老地层或碎石，滩面遭受破坏，海岸线后退，邻近的道路损毁，靠近岸边的养殖池也因外侧坡脚被淘蚀而损毁废弃。

现场调查东山岛从乌礁湾北口开支到宫前湾西端的 22.71 km 海岸线上，16.93 km 岸滩被冲蚀破坏（表 6.71、图 6.93）。乌礁湾、宫前湾和山南村处的三处海湾养殖池最密集，其滩面侵蚀也最为严重。过去宽阔平坦、沙白粒细、林带葱郁、碧涛连天的东山岛第一湾已面目全非。

图 6.92　东山岛乌礁湾西侧滩面冲蚀

a. 育苗场排出的废水；b. 沙滩上的冲沟；c. 冲沟形成的砂质陡坎

表 6.71　东山岛各海湾滩面侵蚀岸段长度统计表

	乌礁湾	沃角湾	湖仔湾	南湖湾	宫前村	宫前湾	山南村
岸线长度（m）	12 590	1 737	349.6	2 177	1 356	3 324	1178
受冲蚀滩面长度（m）	9 520	492	106	2 081	884	2 865	983
受冲蚀滩面百分比（%）	75.62	28.32	30.32	95.59	65.19	86.19	83.45

图 6.93　山南村滩面侵蚀遥感影像图

滩面冲蚀与海岸侵蚀略有不同，其原因完全是海岸边人工养殖池的排水冲蚀海滩沙造成的，其冲蚀速率和冲蚀规模取决于岸边养殖池排水孔的数量、排水时的流速和排水量。滩面冲蚀形成的线状冲沟连通后，就转变为滩面整体冲蚀、滩面变薄、老地层裸露、岸线后退，危害沿海道路，甚至养殖池自身安全。东山岛在岸边修建养殖池的规模与滩面侵蚀的规模同步增加。

（4）滨海湿地退化

东山岛有 9 种湿地类型（表 6.72），大面积的围垦工程，使大片粉砂淤泥质滩涂、砂质海岸等天然湿地退化为养殖池塘、水稻田和盐田等人工湿地。1983 年竣工的西埔湾围垦工程，围垦面积 3.26 km^2，其中 1.89 km^2 已开发为 0.3 km^2 种植田、0.85 km^2 养殖池塘和 0.743 km^2 盐田等人工湿地。

表 6.72 东山岛现存湿地类型面积统计

湿地类型	养殖池塘	盐田	水库	水田	河流	粉砂淤泥质海滩	砂质海滩	岩质海岸	滨岸沼泽	合计
面积（km^2）	26.01	16.83	1.55	0.83	1.33	13.60	8.23	1.84	0.61	70.84
百分比（%）	36.72	23.75	2.19	1.18	1.88	19.20	11.61	2.60	0.86	100.00

东山岛的滨海湿地退化主要是人工围垦和人工海岸工程建设造成的自然湿地向人工湿地转化，使得自然湿地生态环境功能的降低甚至消失。盐田面积在 1950 年为 24.67 km^2，1998 年为 66.7 km^2，2005 年为 93.3 km^2；1950 年至 1988 年底，东山岛围海 25.4 km^2。这些围垦和开发的盐田不仅降低了东山岛自然湿地的多样性，还减少了自然湿地的面积，使自然湿地的生态功能极大地降低。

（5）水土流失

水土流失往往与崩塌、陡崖和采石场等相伴发生。水土流失以冲沟型和坡面型为主。冲沟型水土流失主要由丘陵山区冲沟侵蚀、两侧土体崩塌所致；坡面型水土流失主要是由降雨对地表土壤的冲刷侵蚀，使表层土壤有机质被水流冲走。

局部地区严重水土流失灾害是其自身所处的地质环境条件（土体结构）和外部条件（气候、植被、人类工程活动等）共同作用的产物。其中，采石、修路等人类活动不仅砍伐岩体上的树木植被，造成开发区岩体破碎，即扩大水土流失的分布范围，还加速水土流失的频率和强度。

岛上构造侵蚀低山—高丘陵—低丘陵等区域，地形坡度在 20°～40°，构造节理发育，在持续的暖湿气候作用下形成疏松深厚的风化壳，表层较疏松，易受到侵蚀；同时岛上采石、修建公路和在山坡上安装风电机组等开发活动，破坏开发区植被，使低山丘陵区地表裸露范围扩大；在 3—6 月的雨季期，东山岛多暴雨和大暴雨，丰沛的降水和较频繁的暴雨构成了强大的降雨侵蚀动力，加剧土壤侵蚀。另外，石材加工锯、磨的泥浆水大量排放，毁坏耕地，淤积沟谷；公路交通建设，乱堆、乱倒弃土，也造成较为严重的土壤侵蚀，加剧水土流失。

6.33 海山岛

6.33.1 概况

海山岛位于饶平县南端沿海，依三百门栏海大堤与大陆相连，东临柘林湾、南望南澳岛、西接澄海、北倚黄冈。海山由南北两个半岛组成，四面环海，岛内奇山怪石，风光秀丽，文物胜迹星罗棋布。海山岛面积 46.9 km^2，新中国成立后通过大规模的人工围海造田，使海山岛与大陆相连。

海山岛位于柘林湾的西南侧，是潮州市最大的岛屿，岸线长 32.220 8 km，岸线类型为人工岸线、砂质岸线及基岩岸线，人工岸线长 14.300 6 km，砂质岸线长 9.792 7 km，基岩岸线长 8.127 5 km。海山岛岸线分布较为曲折，岛北部岸线以人工岸线为主，主要为海堤，用来保护堤内的养殖用海，岛南部基本为砂质岸线，岛东北部为砂质岸线与基岩岸线相间分布（图 6.94）。

在海山岛南侧海滨有一大片至今已有五千年历史的海滩岩田，面积约 475 hm^2，形成一大整体，百分之九十埋藏于地下 1 ~ 2 m 深的沙层下面，厚度最厚达 10 m 以上，最薄 2 ~ 3 m。其中最长一处约 4 000 m，宽约 12.5 m，厚度超过 10 m，面积 50 hm^2，裸露于地面，沿海滨外延绵亘，主体宽阔厚实，断面可见层理分明。

图 6.94　海山岛遥感影像图

6.33.2　自然环境概述

（1）地质地貌

丘陵面积占全岛面积的 30%，这些丘陵风化壳较厚，受切割侵蚀比较破碎，由于雨水的片状散流冲刷和暴流冲刷，丘陵边缘有冲沟发育，部分丘顶见有花岗岩石蛋。岛上分布较多的海蚀阶地，它们原是海蚀地貌，经地壳抬升后侵蚀剥蚀成丘状台地，由于大量风化物的流失，使部分地面残留一些花岗岩石蛋。岛上平原分布较广，包括洪冲积平原、海积平原和潟湖平原，由于海山岛靠近韩江口，泥沙来源丰富，平原发育速度较快。洪冲积平原分布于丘陵前缘，由砂质黏土组成，坡度 1° ~ 2°；海积平原和潟湖平原地势平坦，也由砂质黏土组成（图 6. 95）。

海山岛潮滩不太发育，在岛东侧发育有一较长的砂质海滩，由中细砂组成，宽度 10 ~ 30 m，坡度 2° ~ 3°，常年受波浪作用。在笠港两岸和该岛西北侧原有较大块的泥质潮滩，目前大部分已开垦成农田。

人工地貌主要包括水域及水利设施、养殖池塘和水库三类。水域及水利设施主要建设在平原上，系农田灌溉用。养殖池塘遍布在岛的海积平原上，系开挖而成，以养虾为主。水库主要建设在岛中部的山顶或山坡上。

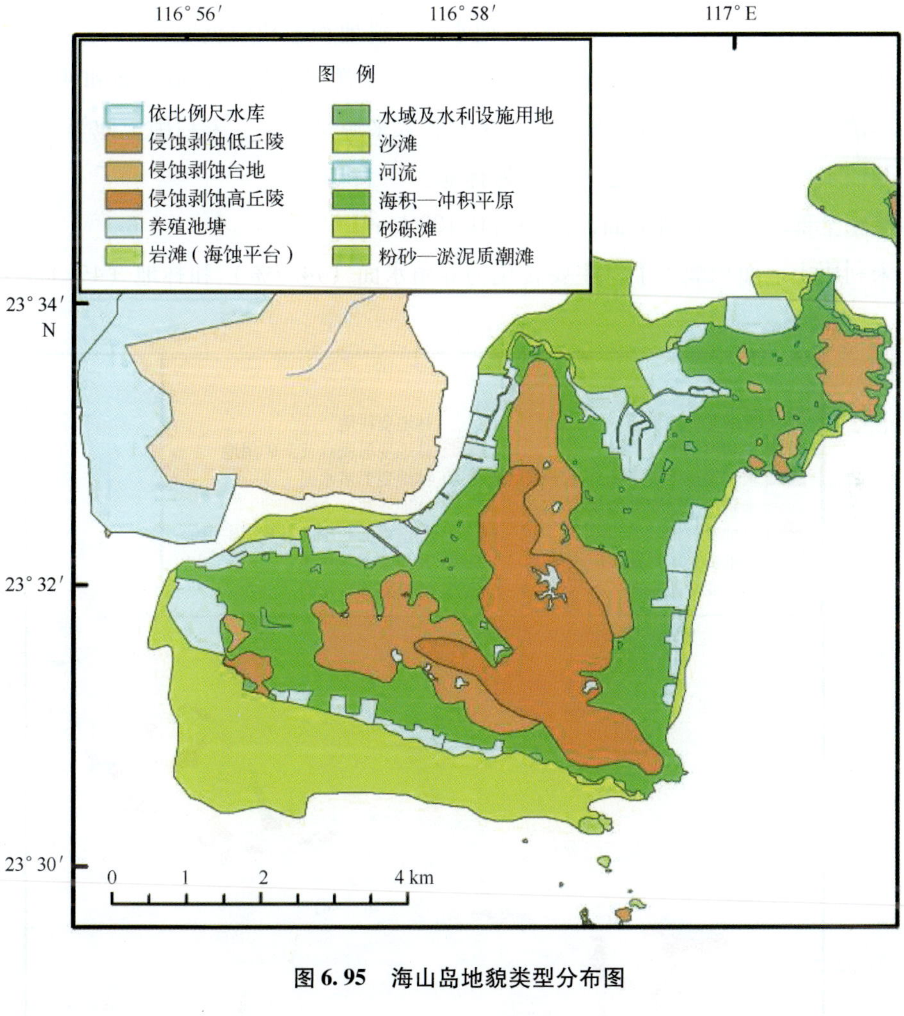

图 6. 95　海山岛地貌类型分布图

（2）植被分布

海山岛长期受到人类活动的影响，植被分布类型主要以人工植被为主，天然植被区域也间种有人工植被。人工植被区域主要种植的是农作物水稻，天然植被与人工植被间种的区域主要是在天然灌草丛中间种有防护林和用材林，其中天然灌草丛为纤毛鸭嘴草灌草丛，间种的防护林和用材林为潺槁木姜子（鸭脚木）。海山岛以东沿岸还有一块小面积的种有木麻黄林的人工种植林地。

(3) 土地利用

根据海山岛1990—2003年间的土地利用变化图（图6.96），可得出海山岛1990—2003年间的土地利用变化情况。

① 耕地面积减少了1.257 km^2，主要转化为居民点及工矿用地（7.9%）、林地（4%）、养殖水面（3%），也有少量的林地转入。

② 林地减少了0.348 km^2，既有转出，主要转化为养殖水面（5%）、耕地、居民点及工矿用地，也有转入，主要转入来源是其他水面、耕地和未利用土地。

③ 居民点及工矿用地面积增加了，主要的转入来源是耕地、养殖水面和林地。

④ 养殖水面面积增加了1.546 km^2，主要转入来源是滩涂、未利用土地等。

⑤ 其他水面面积减少了，主要转化为林地。

⑥ 滩涂全部转化成养殖水面，面积为0.108 km^2。

⑦ 未利用土地面积减少了，主要转化为养殖水面（74.7%）和林地（4%）。

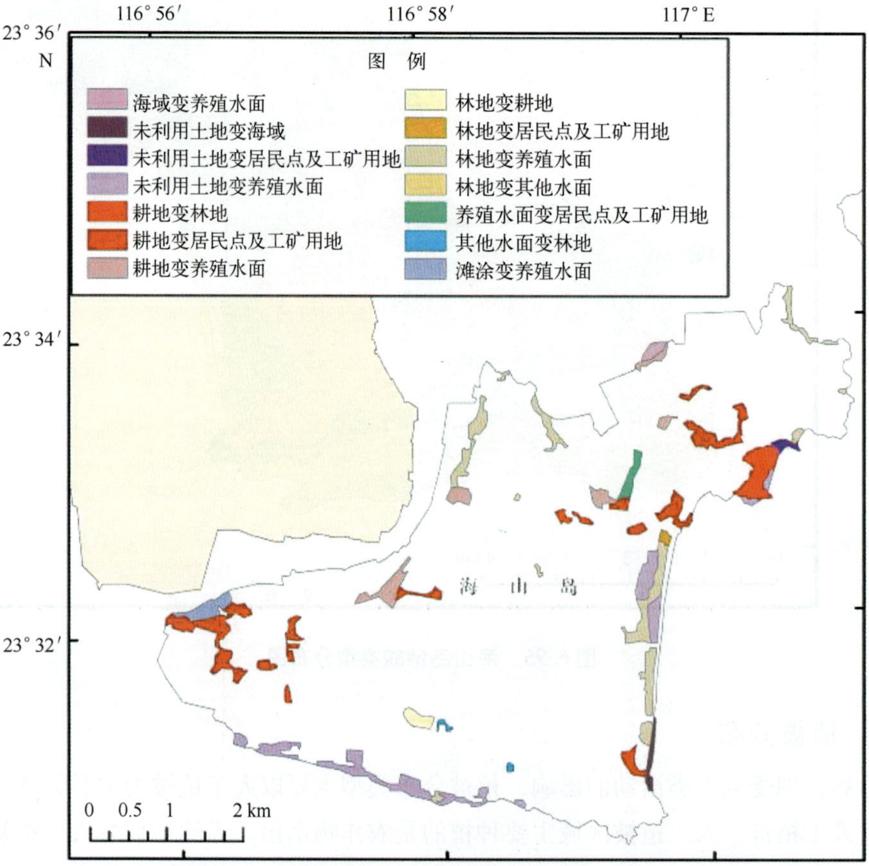

图6.96 1990—2003年间海山岛土地利用变化图

6.33.3　主要地质灾害

海山岛地质灾害类型主要为滑崩（表 6.73、图 6.97）。在海山岛北部建有采砂采石场，山体上部岩石崩塌落下，砂体、土体与植被沿坡下滑，在坡麓处形成楔形坡积物，易形成砂体滑坡，影响附近电路设施和建筑物。尤其在雨季，被暴雨冲刷后有形成泥石流的可能。

表 6.73　海山岛地质灾害统计表

编号	纬度（N）	经度（E）	灾害类型	灾害等级	备注
HS01	23°34′11.50″	117°00′44.10″	滑坡	小型	崩塌落石
HS02	23°34′10.80″	117°00′42.40″	滑坡	小型	泥石流隐患
HS03	23°33′13.48″	117°00′43.64″	滑坡	小型	滑坡、泥石流隐患
HS04	23°35′40.61″	116°57′47.60″	滑坡	小型	滑坡、泥石流隐患

图 6.97　采砂采石场

6.34 南澳岛

6.34.1 概况

南澳岛隶属于南澳县，是广东省唯一的海岛县，也是汕头市的唯一辖县，由37个大小岛屿组成，陆地面积106.39 km^2，现辖3镇2管委，有常住人口7万多。该岛岸线长84.3 km，岸线类型主要为基岩岸线、人工岸线及砂质岸线。

南澳岛地处粤东海面，位于高雄—厦门—香港三大港口的中心点，濒临西太平洋国际主航线。大小港湾66处，其中如烟墩湾、长山湾和竹栖肚等多处具备兴建深水港，辟建万吨级码头，具备发展海洋远运事业的优越条件。南澳岛的青澳湾是砂质细软的缓坡海滩，海水清澈，盐度适中，是优良的天然海滨浴场，是广东省两个A级沐浴海滩之一，还有“天然植物园”之称的黄花山国家森林公园和“候鸟天堂”之称的岛屿自然保护区，又有亚洲第一岛屿风电场，还有历史悠久的总兵府、南宋古井、太子楼遗址以及众多文物古迹50多处，寺庙30多处，具有“海、史、庙、山”相结合的立体交叉特色，蓝天、碧海、绿岛、金沙、白浪是南澳生态旅游的主色调（图6.98）。

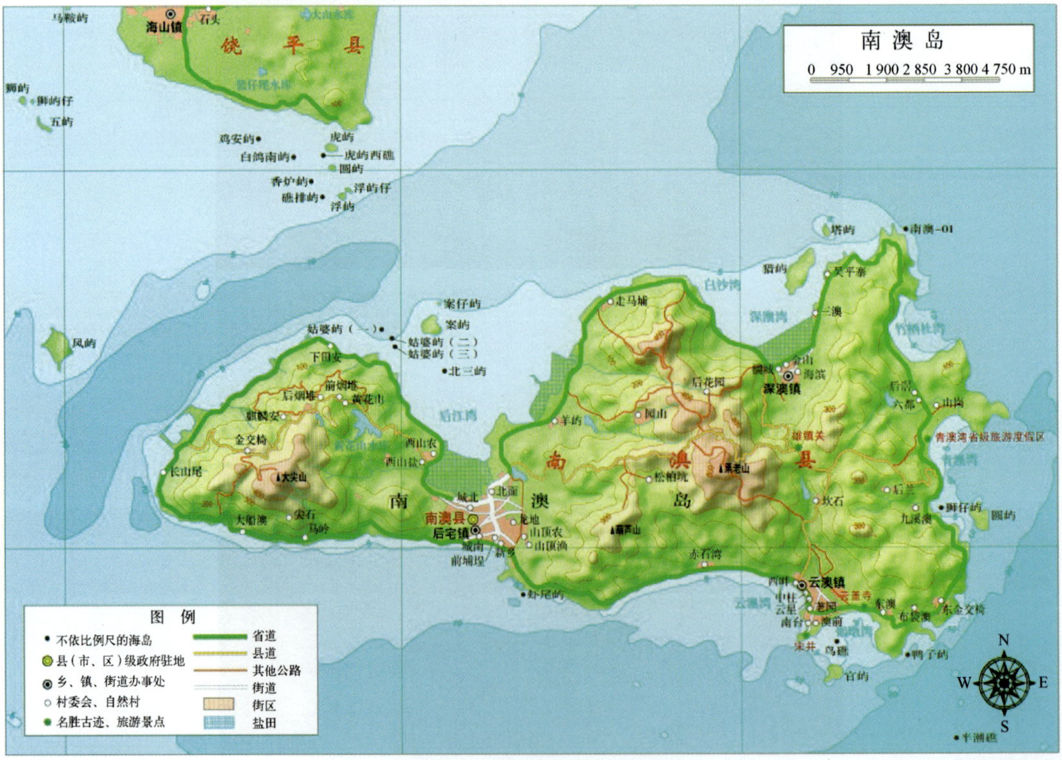

图6.98 南澳岛地理分布图

6.34.2　自然环境概述

(1) 地质地貌

岛陆地貌主要有两种类型：低山丘陵和台地（阶地）平原（图 6.99）。低山丘陵为南澳岛陆地地貌主体，地形起伏变化大，面积占总岛面积的 88%。台地（阶地）平原分布面积很小，以海积—冲积平原为主，这些平原除隆澳为连岛平原外，其他都镶嵌于岛屿边缘的海湾内，物质为砂和黏土混合物，地形平坦。在靠山地丘陵边缘出露少量洪—冲积台地，物质为砂砾和黏土，坡度 3°~10°。

南澳岛沿岸受地壳下沉影响，海滩分布极为狭窄，仅前江湾、后江湾、深澳湾、竹栖肚湾、青澳湾、云澳湾有宽数米至 100 余米的海滩分布，由砂质物或粉砂淤泥质物质组成，坡度 2°~5°。此外，沿岛还有一些狭窄的砂砾滩和岩滩。砂砾滩主要分布于大尖山北岸、岩滩分布于基岩海岸潮间带。

南澳岛人工地貌主要包括水利设施、养殖池塘、盐田和水库。岛上水利设施系农田灌溉用，主要建设在隆澳平原上。养殖池塘主要分布在白沙湾湾顶，以养虾为主。盐田位于隆澳平原上（南澳县城所在处），目前已废弃。水库则位于山顶和山坡的洼地处，经自然蓄水后，由人工修建成为水库，目前岛上大小水库共 23 个。

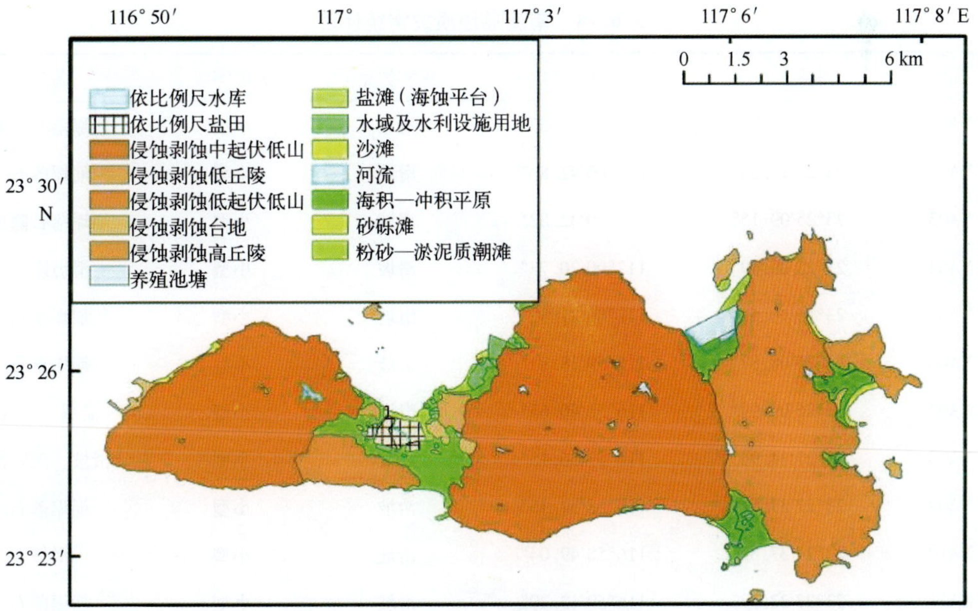

图 6.99　南澳岛地貌类型分布图

(2) 植被分布

由于长期人为活动干扰，岛上原生植被已不复存在，仅在局部地段如村边或庙旁作为

“风水林”保存有小面积的次生林。其现有植被类型中分布面积较大的为马尾松林、台湾相思林及其混交林。此外，该岛有森林破坏后形成的退化草坡（图6.100）。

图6.100　南澳岛植被类型

6.34.3　地质灾害

该岛地质灾害类型主要表现为滑崩（表6.74）。

表6.74　南澳岛地质灾害统计表

编号	纬度（N）	经度（E）	灾害类型	灾害等级	备注
NA01	23°25′18.00″	117°00′46.57″	滑坡	小型	崩塌落石隐患
NA02	23°25′15.53″	117°00′42.83″	滑坡	小型	崩塌落石
NA03	23°25′09.15″	117°00′32.82″	滑坡	小型	崩塌落石隐患
NA04	23°25′09.49″	117°00′20.73″	滑坡	小型	滑坡隐患
NA05	23°25′10.51″	117°00′21.32″	滑坡	小型	崩塌落石
NA06	23°25′08.87″	116°59′18.91″	滑坡	小型	崩塌落石
NA07	23°26′09.99″	116°56′40.65″	滑坡	小型	崩塌、滑坡
NA08	23°27′14.96″	116°57′56.15″	滑坡	小型	滑坡、泥石流
NA09	23°27′37.51″	116°58′34.35″	滑坡	小型	崩塌落石
NA10	23°27′37.52″	116°58′49.04″	滑坡	小型	滑坡
NA11	23°27′32.57″	116°59′12.29″	滑坡	小型	崩塌落石

该岛分布大量人工采石场，由于采石放炮等导致岩体结构破碎，经过长期风化，在大雨作用下容易发生滑崩。采石导致的滑崩将公路堵塞，并将路面砸坏（图6.101）。

图6.101 采石导致滑崩

6.35 龙穴岛

6.35.1 概况

龙穴岛位于珠江口蕉门、虎门水道出口交界处，属番禺市管辖（图6.102）。海岛原是由变质砂页岩构成、面积不到0.4 km^2的小丘，由于周围海域淤积围垦，现面积已达1.18 km^2，而且由于海域不断淤积，目前周围又有泥质滩涂85.78 hm^2，部分滩涂已抛石围垦，故该岛面积还会进一步扩大。此外周围海域除了其西南面尚有一水深2 m的狭窄水道可通珠江航道外，其他20 km^2范围以上都是2 m至1 m以内的浅滩。可以预料，由于海滩不断淤积，不久的将来，龙穴岛将与番禺的南沙连成一片。

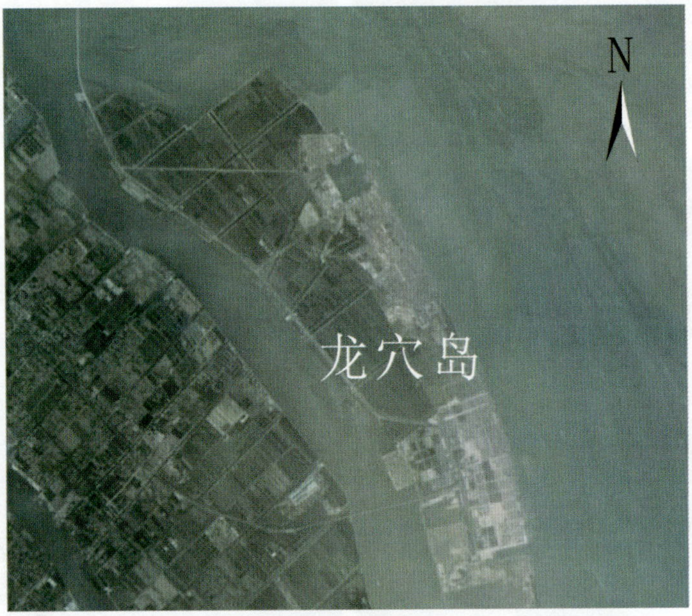

图6.102　龙穴岛遥感影像图

岸线长36.199 km，岸线平直，岸线类型为单一的人工岸线。龙穴岛岸线基本被港口开发项目所占用。

龙穴岛岛东有丘陵叫铜鼓山，虽然为一小丘，但因其突起于海面，海拔高达61.2 m，坡度陡峻，成为悬崖，上有岩洞，称为龙穴，纵横可通，多有奇观，洞外也有不少景点，如观日亭、风浴亭、穿山洞等，已辟为旅游地，建设有不少旅游设施，海边还开辟有沙滩海水泳场。

6.35.2　自然环境概述

龙穴岛长期受到人类活动的影响，植被分布类型主要以人工植被为主，仅在岛西北岬角沿岸及岛中部坑塘处分布有少量天然沼生植被，以芦苇为主。其中，人工植被大部分为水稻等农作物，仅岛陆中部分布有一片小面积的种有防护林和用材木等木本栽培植物的区域，以台湾相思林为主。

龙穴岛主要出露加里东期混合岩及混合花岗岩，以元古界震旦系、下古生界寒武系变质砂岩、石英岩及变粒岩、云母石英片岩为原岩，在区域变质的基础上叠加区域混合岩化，脉体为花岗质呈宽几毫米到几厘米的条带顺层贯入（图 6.103）。

图 6.103　龙穴岛地貌图

岛内有居民超过 540 人，主要是农业人口，从事围垦种植。有耕地逾 20 hm^2，主要种植糖蔗。新围垦的平地被辟为农田，种植香蕉，面积达 51.73 hm^2（图 6.104）。

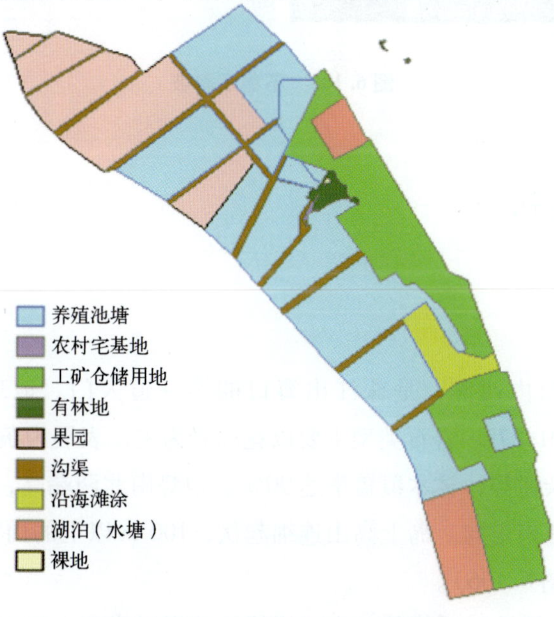

图 6.104　龙穴岛土地利用现状图

岛内有水源供应，主要是地下水，但饮水卫生条件较差。

农业和旅游业是该岛土地资源开发利用的主要方向。目前要搞好围垦规划，逐步扩大围垦范围，开辟农田和鱼塘，发展农业和养殖业；另一方面要继续发展旅游业，但应解决岛内供水卫生。

现有已建成的四个5万吨级南沙港区集装箱一期码头，在建的有南沙国际物流园区，南沙港区二期工程等，是未来广州市的海港物流中心，有一条自仑头至南沙港区的南沙港快速路可直达龙穴岛。至于生活条件，传统的龙穴岛上有几十户居民，但新开发的岛上则只有建设者、港区和物流园区的工作人员。

6.35.3 主要地质灾害

龙穴岛地质灾害类型主要为崩塌和滑坡。在龙穴岛东北分布的山体斜坡属不稳定斜坡，降雨时可能会发生崩塌或滑坡（图6.105）。

图6.105　不稳定斜坡

6.36 淇澳岛

6.36.1 概况

淇澳岛位于珠江口内西侧，是珠江出海口的第一道大门。地理位置为北纬22°24′50.67″、东经113°38′01.27″。岩石类型主要以花岗岩为主，表层为黄沙黏土。植被有灌木丛林、茅草和松林、杂树等，林木覆盖率达90%。地势南北两端高，中间平坦，把岛分为南北两半，呈东北至西南走向。岛上高山连绵起伏，100 m以上的山有18座，最高主峰望赤岭，位于岛东北（图6.106）。

淇澳岛岸线类型主要为砂质岸线、人工岸线、基岩岸线和生物岸线。其中岛屿主体以基岩岸线为主，分布在岛屿北侧、东侧和东南侧。人工岸线分布在岛屿西侧。砂质岸线零星地分布在东侧和南侧。在岛屿西侧和北侧有两段生物岸线。

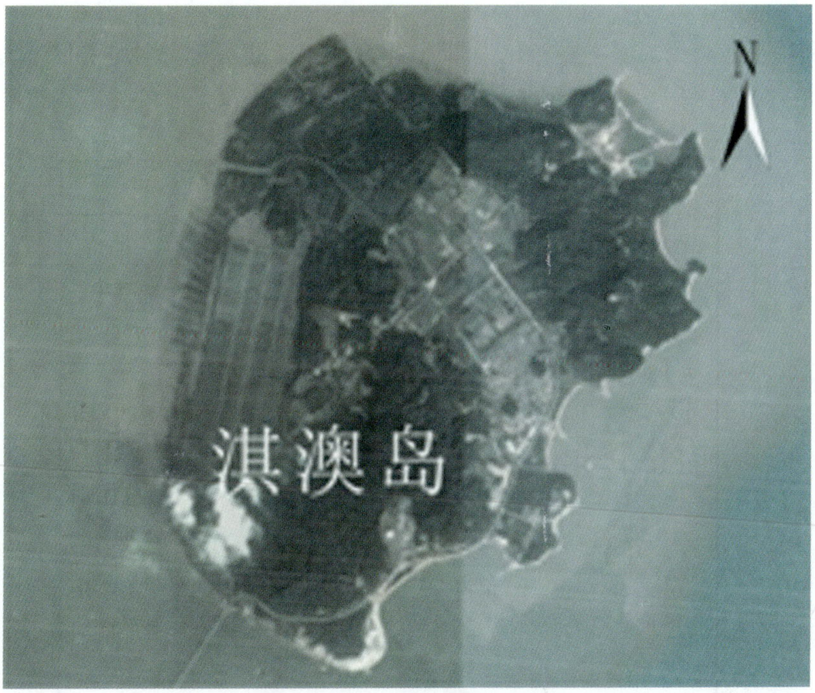

图 6.106　淇澳岛遥感影像图

6.36.2　自然环境概述

(1) 植被分布

淇澳岛主要有以下几种植被类型：果园、农作物群落、常绿针叶林、灌草丛、常绿阔叶林、红树林、防护林。在岛屿北侧分布大面积的沼生植被；西北侧分布大面积的灌草丛；常绿针叶林主要分布在岛屿西南侧；在岛屿东侧分布大面积的防护林；岛屿南侧分布有果园。从植被类型分布来看，岛屿植被覆盖类型丰富，覆盖面积较大。

(2) 土地利用

根据淇澳岛 2000—2006 年间的土地利用变化趋势图、各土地利用类型的转化情况和土地利用变化图（图 6.107），我们可以得出淇澳岛 2000—2006 年间的土地利用变化情况。

① 园地面积减少了，主要转化为滩涂（18.7%）、居民点及工矿用地（4.1%）等，也有其他类型的土地转入，主要的转入来源为海域。

② 林地面积减少了，主要转化为未利用土地（1.2%）、滩涂。

③ 居民点及工矿用地面积增加了 0.024 km^2，主要由林地转化而来。

④ 养殖水面增加了 2.145 km^2，主要由滩涂转化而来。

⑤ 滩涂面积减少了 1.734 km^2，主要转化为养殖水面（99%），也有部分园地和林地转入。

⑥ 未利用土地减少了，主要转化为园地（12.2%），也有部分林地和园地转入。

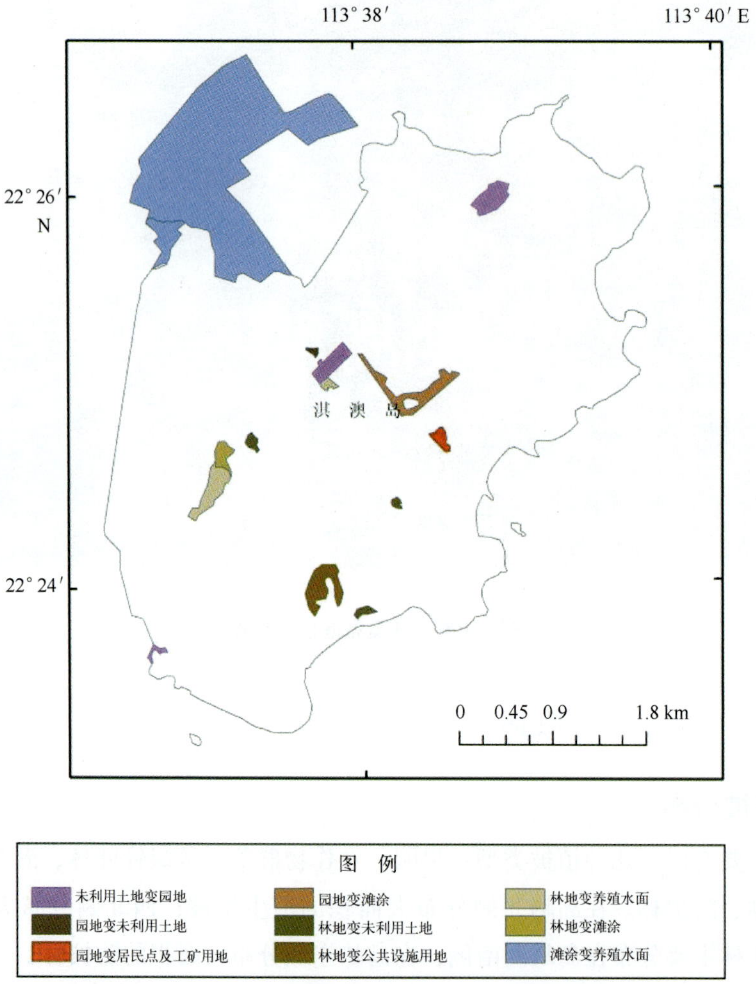

图 6.107 2000—2006 年间淇澳岛土地利用转化图

6.36.3 主要地质灾害

淇澳岛地质灾害类型主要为海岸侵蚀。图 6.108 中显示了由于侵蚀而裸露出来的树根。图 6.109 是由于波浪、潮汐作用使得堤坝塌陷。

图 6.108　海岸侵蚀

图 6.109　堤坝塌陷

6.37　横琴岛

6.37.1　概况

横琴岛属广东省珠海市香洲区横琴镇，东邻澳门，为珠海市最大岛屿。海岛面积 75.18 km^2，岸线长度 53.3 km。岸线类型有人工岸线、基岩岸线和砂质岸线，且以人工岸线为主。2009 年 6 月 27 日人大通过决定，授权澳门特别行政区对设在横琴岛的澳门大学新校区实施管辖，横琴岛澳门大学新校区与横琴岛其他区域实行隔离式管理。2009 年 11 月 25 日国务院中央机构编制委员会办公室批准成立横琴新区，12 月 16 日挂牌成立。它是继上海浦东新区、天津滨海新区后第三个国家级新区。

横琴岛是珠海 146 个岛屿中最大的一个。从珠海市区驾车向南仅 30 min，过横琴大桥，便行驶在横琴岛宽阔的大道上。左边触目可及的是澳门三岛，最近处与珠海这边仅一河之隔。横琴岛海湾众多，沙滩绵延，怪石嶙峋，空气清新。距澳门机场 3 km，距珠海机场约 8 km，距香港 41 n mile。全岛南北长 8.6 km，东西宽约 7 km。目前，规划面积 86 km^2，可供开发土地面积有 402 km^2，设有国家一类口岸横琴口岸，有连接澳门的莲花大桥，还盛产闻名遐迩的海鲜美味横琴蚝。2008 年末，岛内有 3 个社区，12 个自然村，人口 7 585 人，其中常住人口 4 203 人（图 6.110）。

图 6.110　横琴岛遥感影像图

6.37.2　自然环境概述

（1）地质地貌

低山和丘陵是横琴岛陆地的主体，占全岛面积的 40%，主要分布在岛的南部和北部。平原以海积平原为主，主要分布在岛的中部，多开挖为鱼塘，部分开垦为农田和工业用地。

横琴岛主要发育 3 个海滩，分布在岛的南面，海滩沉积物以砂质沉积物为主。

横琴岛人工地貌以养殖池塘为主，养殖池塘分布较广，多数位于海积平原上，系人工开挖而成，位于海湾处的池塘则由围填海而成（图 6.111）。在岛的北部有一路堤与陆地相连。

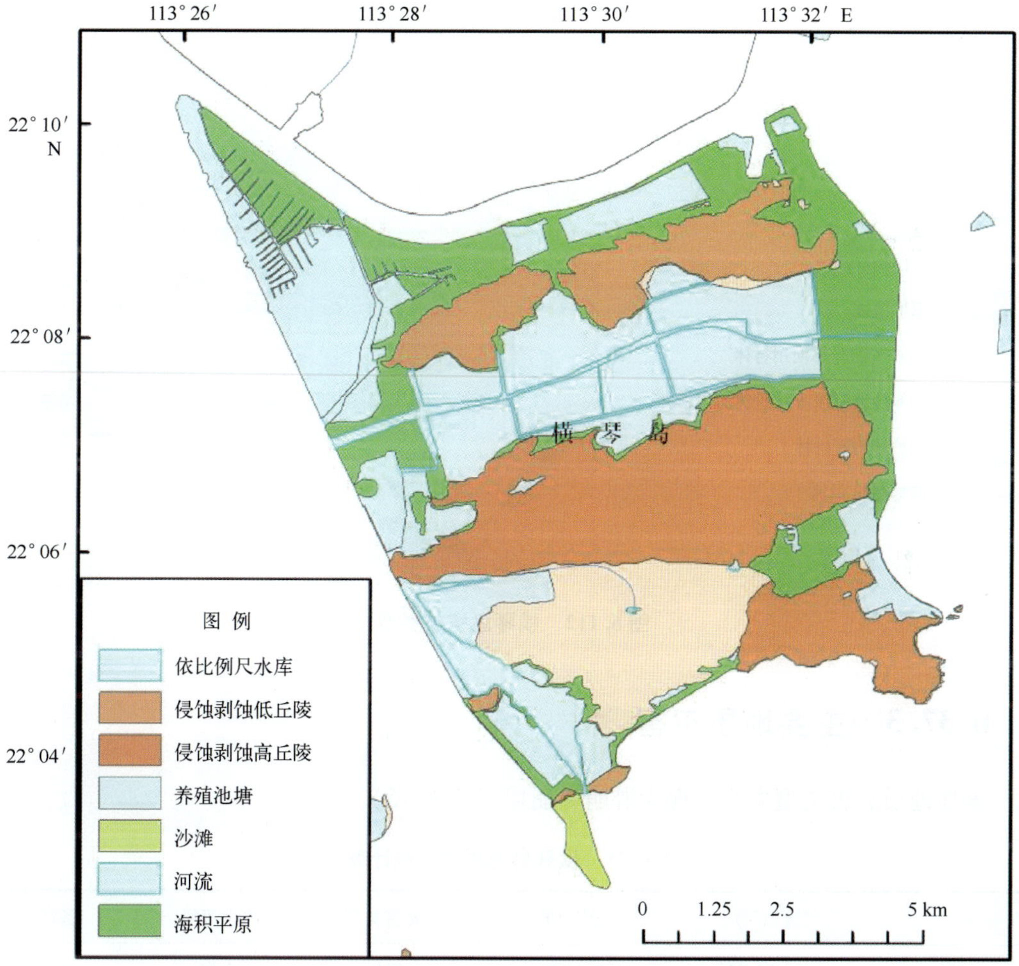

图 6.111　横琴岛地貌类型分布图

(2) 植被分布

由于长期人为活动干扰，岛上次生林广泛发育。其现有植被类型中分布面积较大的为防护林、沼生植被等（图 6.112）。

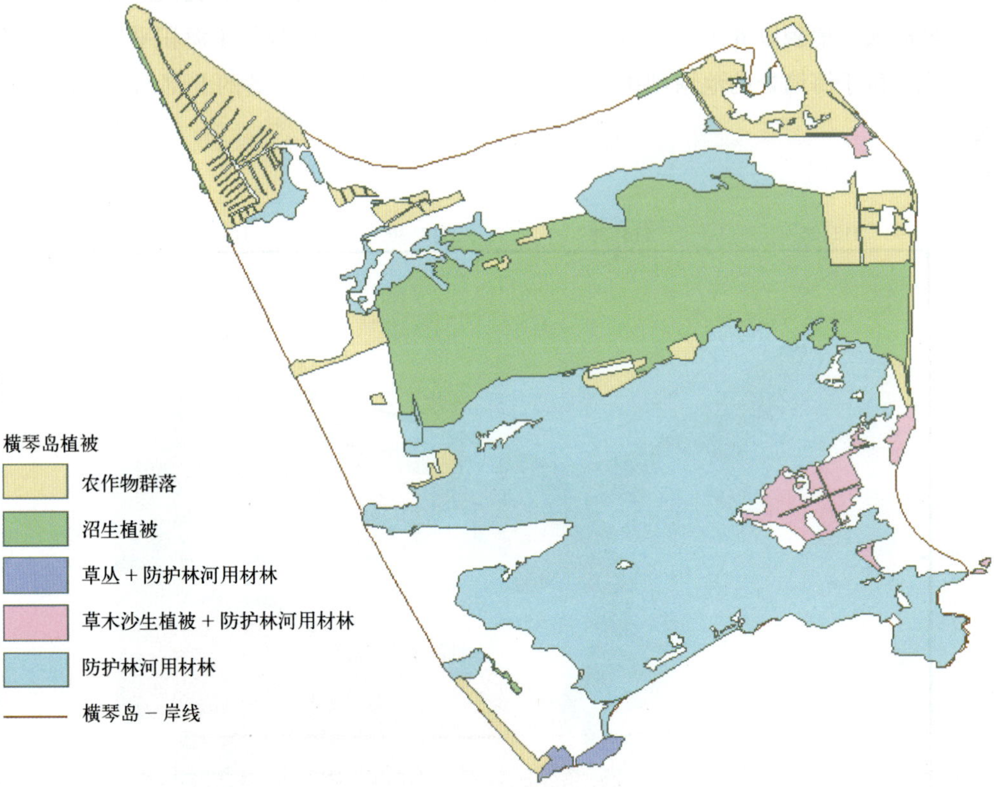

图 6.112　横琴岛植被类型

6.37.3　主要地质灾害

该岛地质灾害类型主要表现为滑崩和崩塌（表 6.75）。

表 6.75　横琴岛地质灾害统计表

编号	纬度（N）	经度（E）	灾害类型	灾害等级	备注
HQ01	22°09′12.75″	113°31′08.81″	滑坡	小型	滑崩
HQ02	22°08′44.90″	113°32′17.19″	滑坡	小型	崩塌落石
HQ03	22°06′49.28″	113°32′45.07″	滑坡	小型	崩塌落石
HQ04	22°05′21.77″	113°33′15.67″	滑坡	小型	崩塌落石
HQ05	22°07′14.45″	113°32′37.21″	滑坡	小型	崩塌落石
HQ06	22°07′35.29″	113°32′06.54″	滑坡	小型	崩塌落石
HQ07	22°07′33.22″	113°31′27.47″	滑坡	小型	崩塌落石

续表

编号	纬度（N）	经度（E）	灾害类型	灾害等级	备注
HQ08	22°07′06.30″	113°29′24.78″	滑坡	小型	滑坡泥石流
HQ09	22°07′02.72″	113°29′12.88″	滑坡	小型	滑坡泥石流
HQ10	22°05′47.37″	113°28′05.43″	滑坡	小型	悬崖崩塌落石
HQ11	22°06′39.71″	113°28′40.54″	滑坡	小型	滑坡

（1）滑崩

该岛分布大量人工采石场，由于采石放炮等导致岩体结构破碎，经过长期风化，在大雨作用下容易发生滑崩（图 6.113）。

图 6.113　采石场

（2）崩塌

由于修路等人工切坡活动，导致公路旁悬崖陡立，易发生崩塌。

6.38　大万山岛

6.38.1　概况

大万山岛隶属于珠海市，在香洲东南部 39 km，珠江口外最南端。西临小万山，北望白沥岛，南临南海，西北距澳门 31.2 km。面积 8.25 km²，原名叫老万山岛，新中国成立后为了便于与小万山岛区分，改名为大万山岛（图 6.114）。

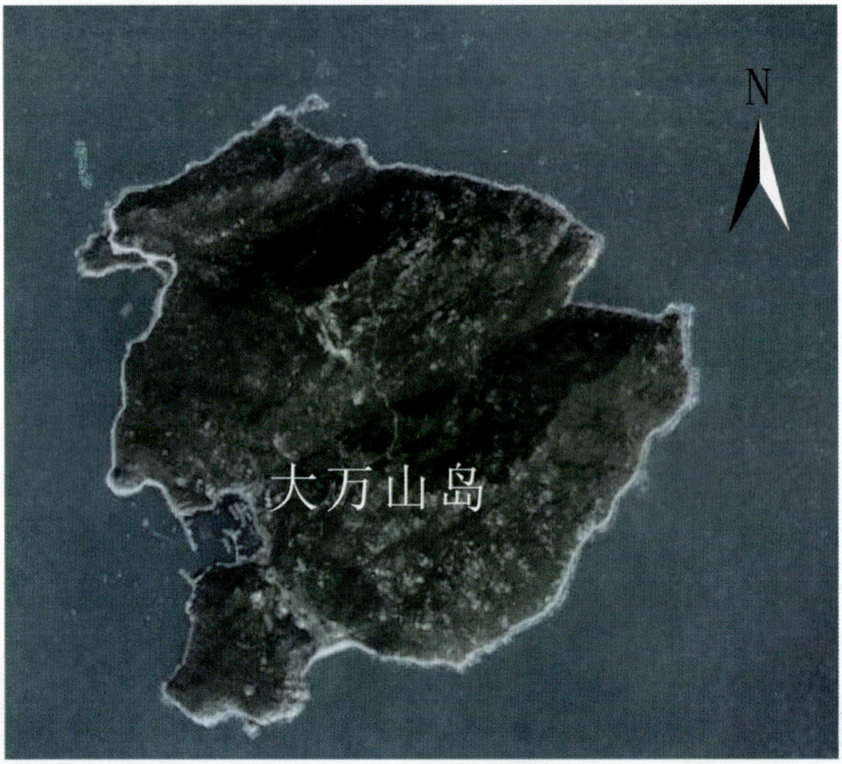

图 6.114　大万山岛遥感影像图

岛上现有万山湾和客家村两个自然村，万山镇政府设于万山湾。全岛居民共有 1 068 人，258 户，另有流动渔民 1 200 多人。岛上建有蓄水塘，淡水丰富。属花岗岩结构，表层为黄沙土，是万山列岛最大的岛屿，地理位置极为重要。岛上山势挺拔，丘陵起伏，有 5 座山峰，主峰是万山岛最高的山峰，山顶呈圆锥形。地势中间高，四周低，山峰间有小块平地，便于居住和耕种。岛上表土层较肥沃，杂草丛生。野藤蔓延，多年植树造林，林木覆盖率达 50% ~60%。岛岸曲折迂回，陡峻险恶。大万山岛岸线类型为基岩岸线和砂质岸线，岸线总长 14.466 1 km。岛屿基本被曲折的基岩岸线所包围，基岩岸线长 14.089 7 km；仅在岛屿的南部分布有一小段平直的砂质岸线，岸线长 0.376 4 km。多为岩石陡岸和石质岸，南岸和西岸多为悬崖峭壁，高者达五六十米；东岸及北岸巨石林立，波高涌急。岛南岸有岗塘岛，北侧有缸瓦洲岛，环岛近岸多礁石，水下礁盘延绵。山腰以上多崖壁，了哥洞和西南侧尤其险峻。岛的四周有 5 个港湾，其中万山湾位于岛的西南端，三面环山，筑有避风塘，建有水泥钢盘码头两座。该岛地处万山渔场，是我省六大渔场之一。岛东南侧的浮石湾乱石凌罗，风大浪急，中国科学院能源研究所会同有关部门，拟在这里试建海浪发电站。岛上有水产站，1984 年发展网箱养殖，放养石斑等鱼类。岛上还有粮站、供销社、信用社、海洋站、家具厂、乡办电厂、邮电所、卫生所、小学、派出所，并建有发电厂等。全岛有公路相通，长约 20 km，水上交通有客货班船，定期来往香洲、唐家。

6.38.2　主要地质灾害

该岛地质灾害类型主要表现为滑崩和崩塌。

(1) 滑崩

由于修建环岛公路，人工切坡导致公路两旁山坡基岩裸露，易发生滑崩（图 6.115）。

图 6.115　环岛公路边坡

(2) 崩塌

在山坡处修建的房屋，坡脚经过人工切坡，加上房屋等的高载荷导致垂直面易发生崩塌（图 6.116）。

图 6.116　墙面崩塌

6.39 上川岛

6.39.1 概况

上川岛隶属于江门市，地处广东省台山市西南部，屹立于南海之中，其东邻港、澳地区及珠海经济特区，距香港、澳门分别为 87 n mile 和 58 n mile，距大陆山嘴码头为 9.8 n mile。上川岛岛屿面积为 137.42 km^2，岸线长 144 km，岸线类型主要有基岩岸线、人工岸线、砂质岸线和生物岸线（图 6.117）。

图 6.117 上川岛遥感影像图

上川岛有“南海碧波出芙蓉”之称，有很多迷人的海滩，最受欢迎的是飞沙滩（4 800 m）、金沙滩（5 200 m）、银沙滩（800 m），三者之间相隔仅 1 km，虽然各沙滩风姿各异，被誉为“东方夏威夷”的飞沙滩旅游区，全长 4 800 m、宽 420 m，砂质洁白、坡度平缓、海水清澈，素负“南海第一滩”的盛名。可玩骑马、空中降落伞、沙滩足球等娱乐活动。

6.39.2　自然环境概述

(1) 地貌

上川岛是广东省第二大海岛，呈东北—西南走向，长 22.54 km，最宽处 9.8 km，最窄处仅 1.8 km，呈蜂腰形。由于岬湾相间，岸线曲折，岸线长达 143.99 km。

该岛东北部的车旗顶，高程 494.1 m；西部里仔高程 444 m；东南部大岗顶高程 325 m，全为侵蚀、剥蚀高丘陵。它们的岩性北部主要由燕山三期花岗岩组成，南部主要由燕山四期花岗岩组成，中部地势较低，上川镇至大湾海之间为侵蚀剥蚀丘陵，而中部沙塘地区为海积平原。上川岛原为南北两座基岩岛，后来由于飞沙滩沙坝的发育，促进了沙塘海积平原的形成，并使南北两座岛屿连接起来，成为现在的上川岛。在部分小溪谷出口处发育了洪积平原，在局部湾顶区发育了冲积海积平原（图 6.118）。

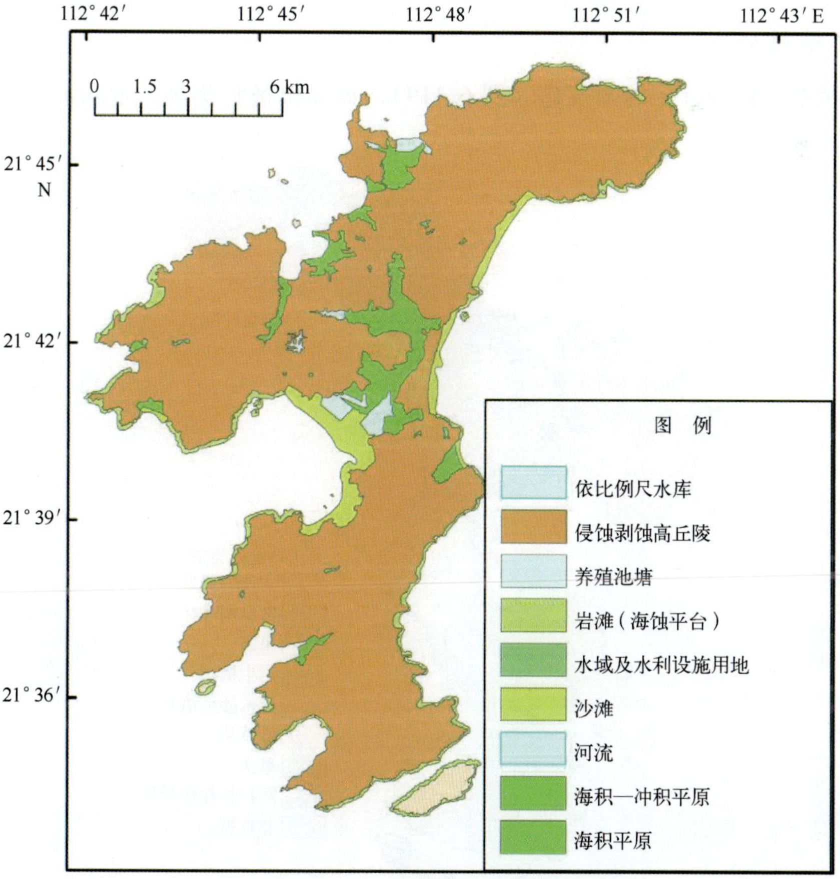

图 6.118　上川岛地貌类型分布图

该岛西岸岬湾发育，自西北至西南较显著的海湾有大浪湾、三洲湾、大湾海、沙堤湾和公湾。其中最大的海湾为中段的大湾海，长4.5 km，宽2.8～7.0 km，湾顶发育了潮坪沙泥滩。次为三洲湾，湾内建有自岸到乌榄洲的防波堤，堤内为避风港。上川镇镇政府设在湾顶岸上，为对外交通港。再次为沙堤湾，长4.35 km，宽0.7～2.0 km，沙堤镇渔港及镇府在湾头南岸。可避偏北风、东风和东南风。

该岛东岸沙坝海滩较发育，如茶湾、飞沙滩和高冠湾。茶湾海滩长3.5 km，潮间带宽150～200 m，坡度4°，由含黑色矿物的石英中细砂组成，潮下2 m以浅的浅滩宽300 m，5 m以浅的水下岸坡坡度小于1°，海滩后滨发育了沙堤，高5～6.5 m，宽150～250 m，部分已开发为玻璃沙矿场；飞沙滩在茶湾之南，从宝鸭洲往南，或石塘径角至三个佬石之间长达3.1 km，潮间带宽150～200 m，坡度5°，潮下5 m以浅坡度小于1°，后滨宽达300～800 m，其后缘有高5～11.2 m的大沙坝，现部分已建成旅游区；高冠湾海滩在三个佬石之南至管泵排，长约750 m，潮间带宽100 m，坡度3°，潮下5 m以浅坡度为1°，后沙堤高约4 m，宽150 m左右。沙堤向海坡度14°，沉积物为粗砂。沙堤后为干潟湖及潮汐水道，生长着红树林。

(2) 植被分布

岛上植被保护较好，林木茂盛（图6.119）。该岛植被种类多，木麻黄、芦苇、草海

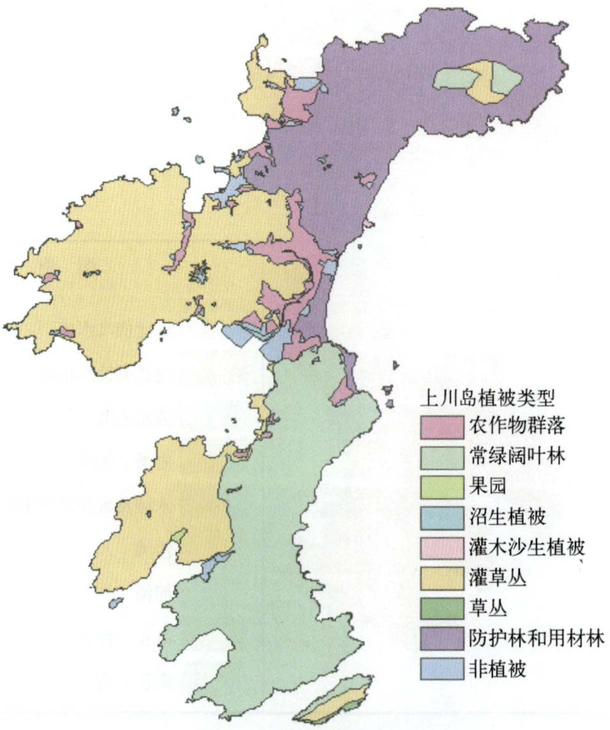

图6.119 上川岛植被类型

桐、刺葵、纤毛鸭嘴草、鸭脚木等植被在岛上广泛分布。沙螺湾原始次生林位于岛内最北端，面积约2 000 hm^2，山上沟壑幽深，怪石林立，溪水潺潺，林深树密，叶茂枝虬。其内栖息着5 000多只妙趣横生的猕猴和其他一些珍稀动物。

6.39.3　主要地质灾害

该岛地质灾害类型主要表现为滑崩（表6.76）。

表6.76　上川岛地质灾害统计表

编号	纬度（N）	经度（E）	灾害类型	灾害等级	备注
SC01	21°43′25.53″	112°46′58.63″	滑坡	小型	崩塌落石
SC02	21°40′19.81″	112°46′58.23″	滑坡	小型	
SC03	21°39′59.48″	112°47′01.34″	滑坡	小型	
SC04	21°39′44.45″	112°46′47.93″	滑坡	小型	
SC05	21°39′18.06″	112°46′52.65″	滑坡	小型	滑坡、崩塌落石
SC06	21°38′56.24″	112°46′34.40″	滑坡	小型	滑坡、崩塌落石
SC07	21°38′46.20″	112°46′32.67″	滑坡	小型	
SC08	21°38′42.44″	112°46′22.45″	滑坡	小型	
SC09	21°38′49.77″	112°46′08.94″	滑坡	小型	
SC10	21°38′35.74″	112°46′05.03″	滑坡	小型	
SC11	21°38′10.51″	112°45′58.40″	滑坡	小型	
SC12	21°38′01.38″	112°46′01.36″	滑坡	小型	
SC13	21°38′16.48″	112°46′10.46″	滑坡	小型	滑坡、崩塌落石
SC14	21°37′17.70″	112°46′15.24″	滑坡	小型	崩塌落石、滑坡
SC15	21°37′05.14″	112°46′02.65″	滑坡	小型	滑坡、崩塌落石
SC16	21°42′36.07″	112°48′23.17″	滑坡	小型	

由于修环岛公路等活动，人工切坡导致滑崩频繁发生（图6.120）。

图 6.120　滑崩

6.40　海陵岛

6.40.1　概况

海陵岛位于广东省阳江市西南端的南海北部海域，距阳江市区 20 km（21.62°N、111.9°E），面积为 105 km^2，是广东省第四大岛（图 6.121）。

图 6.121　海陵岛遥感影像图

海陵岛岸线类型主要为砂质岸线、人工岸线、基岩岸线和生物岸线。砂质岸线分布在岛南侧。人工岸线分布在岛的北侧和西北侧。基岩岸线零星地分布在岛四周，以岛屿西侧和东侧分布较多。此外岛屿南侧和北侧分布着生物岸线。

6.40.2 自然环境概述

(1) 植被覆盖

该岛主要有以下几种植被类型：果园、农作物群落、常绿针叶林、灌草丛、常绿阔叶林、红树林、防护林（图6.122）。岛的西侧主要被果园所覆盖，在岛的东侧主要覆盖为常绿针叶林。整体来看岛屿植被覆盖度比较大。

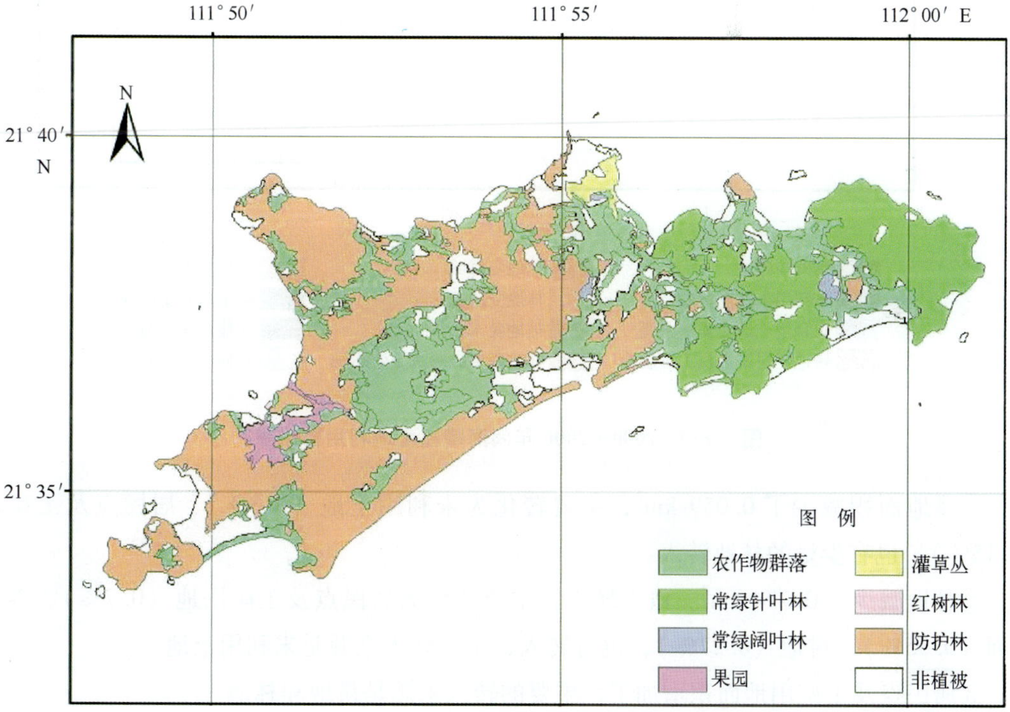

图6.122 海陵岛植被类型

(2) 土地利用

根据海陵岛2000—2006年间的土地利用变化趋势图、各土地利用类型的转化情况和土地利用变化图（图6.123），我们可以得出海陵岛2000—2006年间的土地利用变化情况。

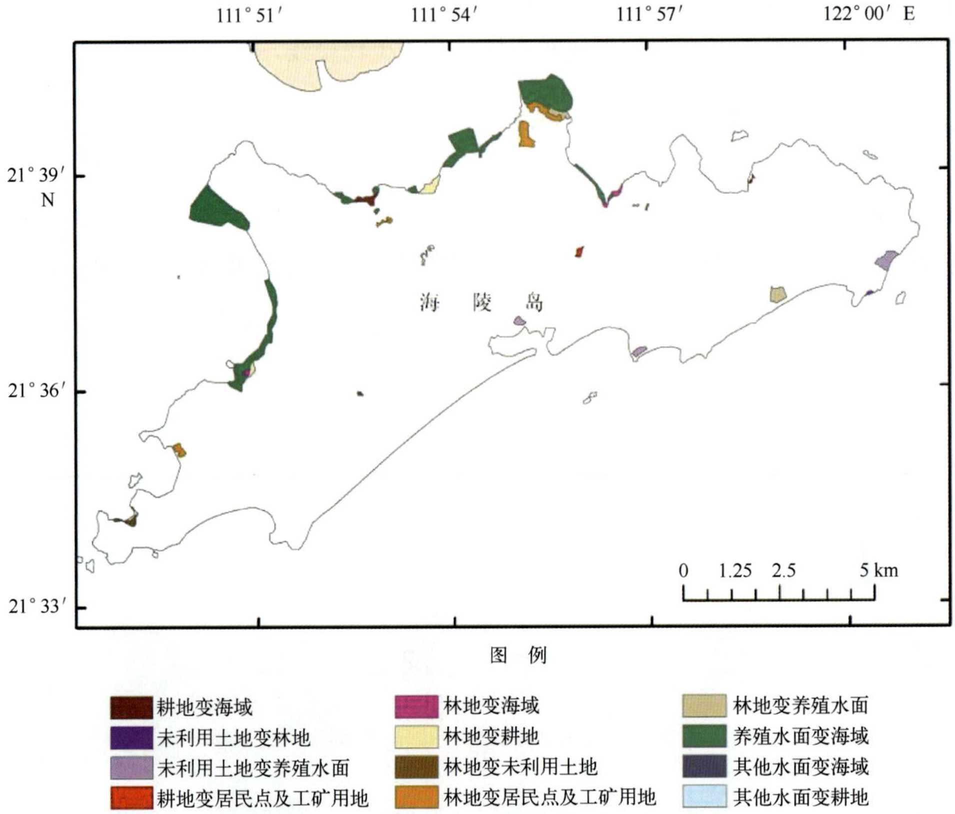

图 6.123 2000—2006 年间海陵岛土地利用转化图

①耕地面积减少了 0.059 km²，主要转化为未利用土地（0.3%）、居民点及工矿用（0.15%），也有少量的林地转入。

②林地减少了 0.774 km²，既有转出，主要转化为居民点及工矿用地（0.7%）、养殖水面（0.35%）、耕地（0.27%），也有转入，主要转入来源是未利用土地。

③居民点及工矿用地面积增加了，主要的转入来源是耕地和林地。

④养殖水面面积减少了 2.766 km²，既有转出，主要转化为未利用土地（59.4%），也有转入，主要转入来源是林地和未利用土地。

⑤其他水面面积减少了，主要转化为未利用土地。

⑥未利用土地面积增加了 3.756 km²，主要转入来源是养殖水面。

6.40.3 主要地质灾害

海陵岛地质灾害类型主要包括山体滑坡和海水入侵（表 6.77）。

表 6.77　海陵岛地质灾害统计表

编号	纬度（N）	经度（E）	灾害类型	灾害等级	备注
HL01	21°36′58.65″	111°54′30.90″	滑坡	小型	
HL03	21°37′24.67″	111°55′25.11″	海水入侵	小型	
HL04	21°37′24.51″	111°55′26.09″	海水入侵	小型	
HL05	21°37′28.17″	111°55′32.80″	海水入侵	小型	
HL06	21°38′52.04″	111°57′18.16″	湿地退化	小型	红树林退化
HL07	21°38′42.68″	111°58′25.92″	湿地退化	小型	红树林退化
HL08	21°39′06.54″	111°55′50.77″	湿地退化	小型	红树林退化
HL09	21°40′18.31″	111°55′01.80″	港湾淤积	小型	

（1）滑坡

在草王山南侧有山体滑坡（图 6.124），从山腰约 200 m 开始，宽 20 m，滑至山腰，滑坡呈舌形，东侧可见滑坡后壁。

图 6.124　滑坡

（2）海水入侵

岛屿上存在不同程度的海水入侵现象。居民生活用水存在不同程度的盐化（图 6.125）。

图 6.125　井水咸化

6.41　东海岛

6.41.1　概况

东海岛地处湛江市区东南方，其东出太平洋，南下东南亚，西倚大西南，是我国与印度洋、太平洋沿岸国家和欧洲海陆的重要交汇点，是中国大西南金三角经济区的进出口咽喉。东海岛面积 248.85 km^2，岸线长 139.7 km，是中国第五大岛，广东第一大岛（图 6.126）。

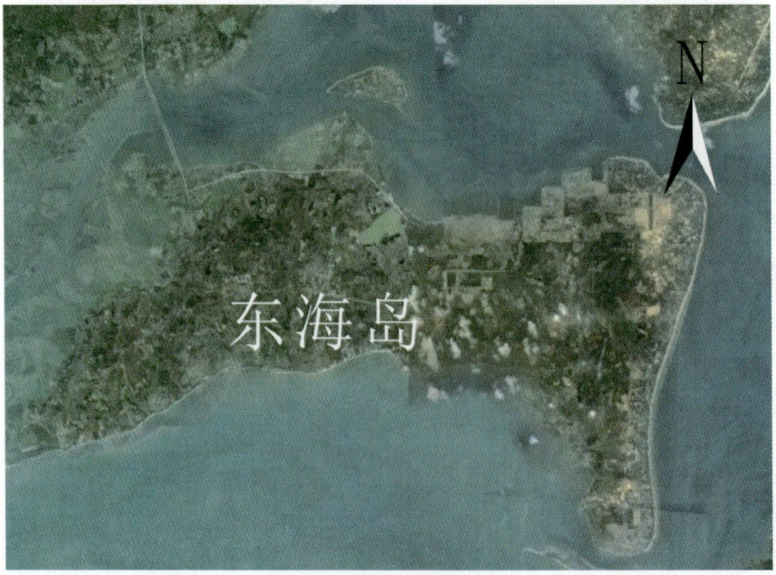

图 6.126　东海岛遥感影像图

该岛岸线类型主要有粉砂淤泥质海岸、人工海岸、砂质海岸和生物海岸。东北部龙腾至蔚律 6.5 km 海岸线，拥有可建设国际一流深水大港的条件，水深 26～44 m，航道距岸仅 200～300 m，可同时通航两对 30 万吨级以上的货轮和 50 万吨级的油轮。

6.41.2　自然环境概述

（1）地质地貌

该岛为广东省最大的火山岛，主要为湛江组，东侧分布部分湖光岩组，海相沉积物在岛上亦有较广泛的分布（图 6.127）。

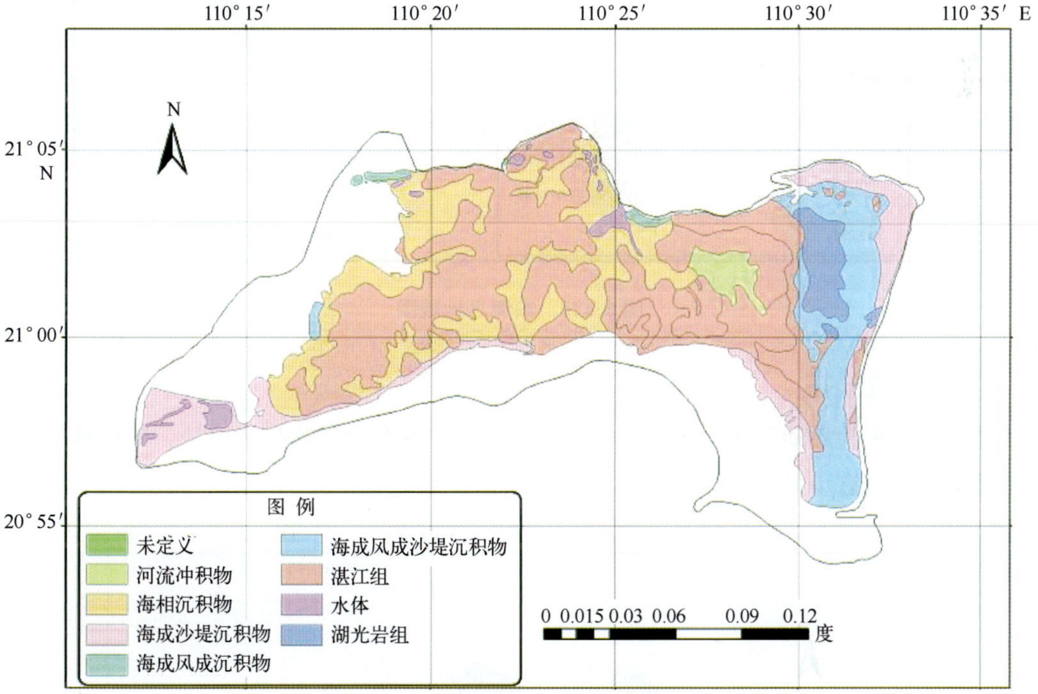

图 6.127　东海岛地质类型图

东海岛主体由湛江和北海组地层构成，地表平坦，高程 15～61 m，西低东高，局部被流水切割成台状形态。东部龙水岭火山堆高程 111 m，为中更新世晚期喷发的基性火山，其火山活动导致东海岛东部抬升，也促使台地被流水深切，局部水土流失严重，冲沟密布，如东部的青兰村南部等。本岛东部岸线平直，发育了宽 2 km，高 18～31 m 的大型沙堤。风积沙发育，吹扬到龙水岭火山堆坡足，风沙爬高达海拔 80 m。目前已被木麻黄林基本固定。该岛西岸淤积作用强烈，潮滩广布，局部残留了红树林，部分已围垦为盐田或农田或养殖场。东北岸侵蚀作用强烈，在蔚律湾海岸发育了浪蚀平台和海蚀陡崖，使湛江组与北海组地层裸露。南岸淤积也明显，局部已围垦为养殖场或盐田（图 6.128）。

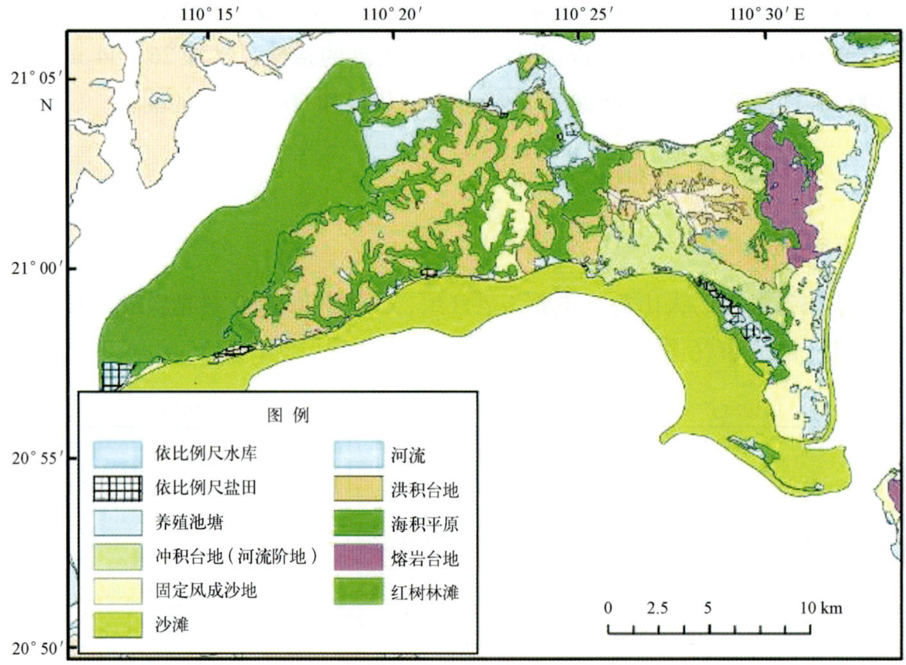

图 6.128　东海岛地貌图

（2）植被分布

由于长期人为活动干扰，岛上次生林广泛发育。农作物群落与防护林、用材林交错分布，西侧及南侧有少量红树林发育（图 6.129）。

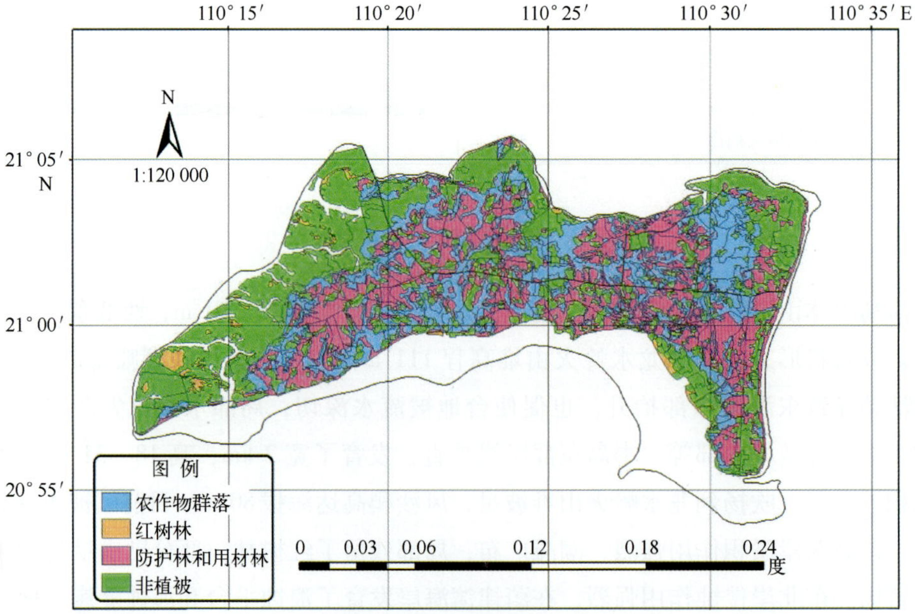

图 6.129　东海岛植被类型分布图

6.41.3　主要地质灾害

该岛地质灾害类型主要表现为海岸侵蚀、滩面冲蚀、风成沙丘和海水入侵。

(1) 海岸侵蚀

东海岛东侧 28 km 长的砂质岸线，素有“中国第一长滩”的美誉。然其长滩中部海岸侵蚀严重，岸线后退，海滩上的灯塔底部因侵蚀毁坏（图 6.130）。

图 6.130　灯塔基地因侵蚀损坏

东海岛东北侧岸滩后退后形成侵蚀陡崖。陡崖宽度 124 ~ 225.5 m、高度 10 ~ 16 m，几近直立，平均坡度大于 40°，最大坡度 80°。原是防风林固化的海岸沙丘，以细砂为主，侵蚀后退后，上部防风林倒伏（图 6.131）。

图 6.131　东海岛东北侧海岸沙丘侵蚀陡崖

(2) 滩面冲蚀

东海岛东部沿岸大规模海水养殖造成沙滩资源破坏严重（图 6.132）。东海岛以高位池为主的集约式海水养殖方式，养殖废水浓度高，进出水频次高。

图 6.132　东海岛养殖排水对沙滩影响严重

以养殖池水面面积 2.5 亩、水深 2 m、年养殖周期 3 次计算，单个养殖池年排水量就达 1×10^4 t。大量的废水对海滩造成了严重的冲蚀，仅在东北侧 4 km 的沙滩上就出现了 15 处较大规模的冲沟，深 1～1.5 m，最宽可达 20 m。

此外，养殖排水不仅对近岸景观资源造成破坏，而且造成了近岸土壤沙化盐碱化、海水水环境恶化、残饵引发近海水体富营养化、侵占生物栖息地、破坏近岸生态资源、滥用药物影响生态系统、污染物沉积改变近岸底泥特性等众多灾害现象。

(3) 风成沙丘

海岛风成沙丘主要分布于海岛东侧，以东南侧最为典型。沙丘长 28 km，高度近 20 m（图 6.133）。沙丘上防护林发育，对沙丘起到了良好的保护作用。但是随着海平面上涨的大背

图 6.133　东海岛岸滩沙丘

景和不合理的工程建设，东海岛风成沙丘日渐破坏，表现为防护林退化、沙丘后退和大风扬沙的现象。因此，对于东海岛周边工程设施建设的合理规划和防护林的保护应该引起重视。

（4）海水入侵

1965 年修建的一口井，由于海水入侵，淡水咸化，现已废弃（图 6.134）。另外由于修建虾池，海水倒灌，导致大片耕地咸化荒废（图 6.135）。

图 6.134　废弃的咸水井

图 6.135　耕地盐碱化

6.42 硇洲岛

6.42.1 概况

硇洲岛隶属于湛江市，地处东海岛东南方，位于北纬 20°52.5′—20°57.5′、东经 110°32.5′—110°38.5′，大约 20 万～50 万年前由海底火山爆发而形成的海岛，也是中国第一大火山岛。面积 49.77 km^2，岸线长 44.1 km。海岛岸线类型主要为基岩岸线、人工岸线、砂质岸线及生物岸线（图 6.136）。

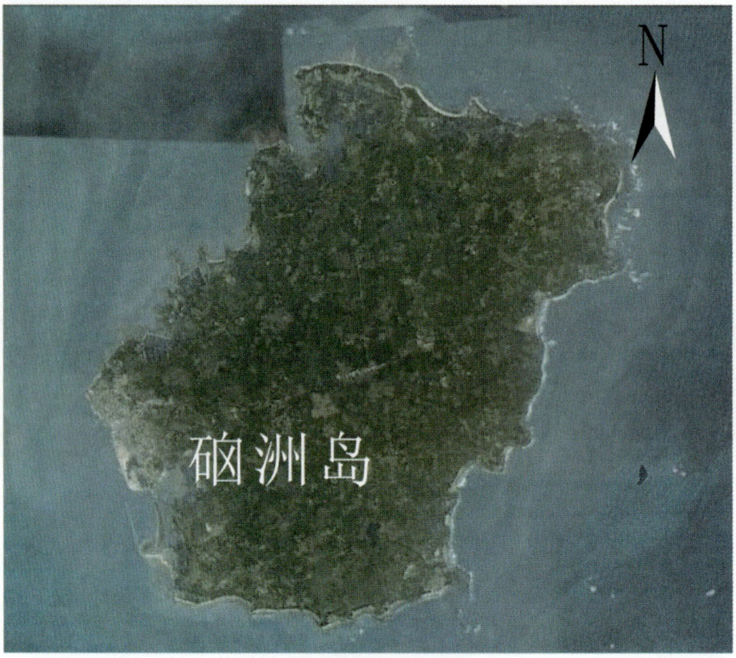

图 6.136　硇洲岛遥感影像图

6.42.2 自然环境概述

(1) 地质地貌

硇洲岛是广东省唯一的火山岛，由玄武岩类凝灰岩构成。属中更新世晚期喷发形成，相当于 Q22 的湖光岩期（图 6.137）。它呈盾状熔岩台地，表层已风化为红色黏土，但风化层较薄，最高点在中部偏东的古水晶灯塔所在地，高程 81.6 m。其东、北及南三岸面临广海，处于迎浪高能带，侵蚀作用强，海崖、岩滩发育。其水下岸坡残留着海胆礁、波河仔石、波河车石等排石。仅在局部港湾岸边发育狭窄的砂砾滩。西海岸靠近东海岛，水深 5 m 左右，波能较弱，堆积作用较显著，原有的岬湾已淤成较宽广的沙滩，在西南岸还发育了沙坝。在西部的水下岸坡上还发育了离岸沙滩和沙岛。

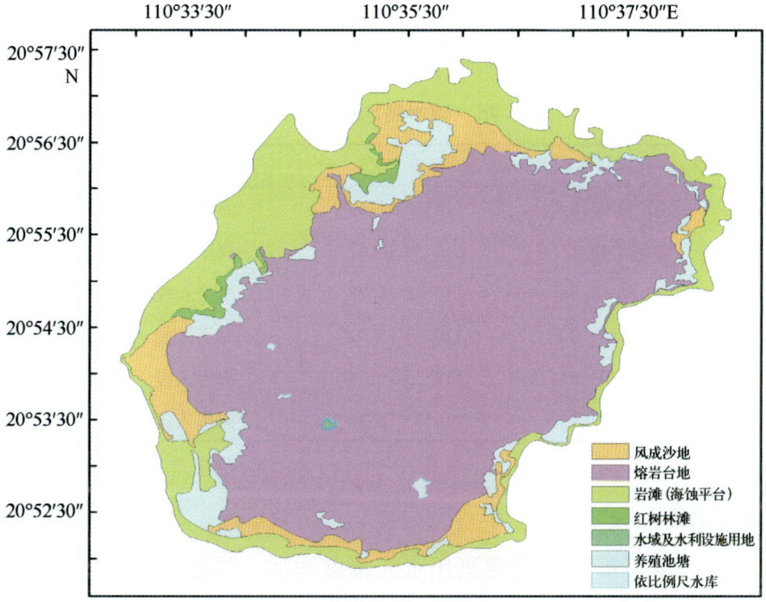

图 6.137　硇洲岛地貌类型分布图

(2) 植被分布

由于长期人为活动干扰，岛上主要是农作物群落，防护林分布在沿海区域（图 6.138）。

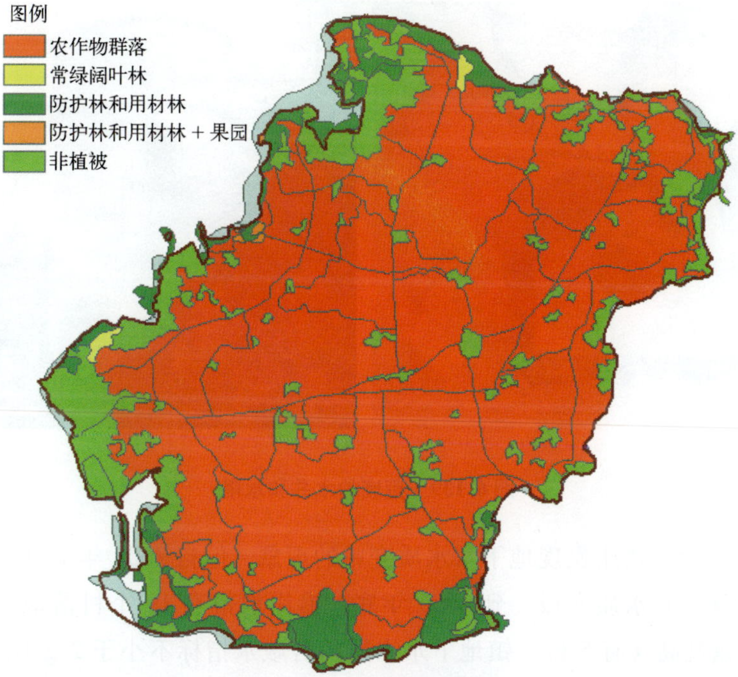

图 6.138　硇洲岛植被类型

6.42.3 主要地质灾害

该岛地质灾害类型主要表现为海水入侵和海岸侵蚀（表6.78）。

表6.78 硇州岛地质灾害统计表

编号	纬度（N）	经度（E）	灾害类型	灾害等级
NZ01	20°54′03.64″	110°35′57.69″	海岸侵蚀	小型
NZ02	20°53′20.13″	110°36′36.82″	海岸侵蚀	小型
NZ03	20°56′48.38″	110°35′25.28″	海水入侵	小型
NZ04	20°56′47.00″	110°35′25.92″	海水入侵	小型
NZ05	20°56′23.88″	110°35′16.74″	海水入侵	小型
NZ06	20°56′23.75″	110°35′16.36″	海水入侵	小型

（1）海水入侵

近年来，由于当地发展经济使灌溉用水大幅度增加，导致了地下水严重超采，加上最近两年降雨量减少等原因，使其沿海地带的浅层地下水和部分中层水发生了水质变咸（即海水入侵）现象，并造成19个自然村1万多群众无淡水可饮，部分村民因饮用苦咸水发生体质下降和疾病增加的局面。图6.139中水井和水塔均是因为海水入侵导致淡水咸化而废弃。

图6.139 荒废的水井和水塔

2003年前，全岛尚未发现地下水水质变咸的现象，但自2003年7月、8月之后，即陆续发现有部分浅井水质变咸。到2005年底，沿岸地带有19个村落地下水水质变咸，且其氯离子含量甚高（有5村1镇地下水水质的苦咸水指标不小于2 g/L，属重度超标，其中东北部谭井村井水氯化物含量达1 813.14 mg/L，西部晏庭村水井氯化物含量

3 630.75 mg/L)，已变咸的地下水不能作任何使用。

浅层水变咸普遍严重，局部地段已由浅部向深部扩展。在北部的烟楼村及其附近，有4 口深度分别为 30 m、50 m、70 m 和 120 m 的村用水井，2003—2005 年由浅及深逐个变咸，其中有一口 120 m 深的井水口感与海水相差无几，经取样分析，氯离子含量大于10 000 mg/L。

面临大海一侧严重，靠向大陆一侧较轻。如北部烟楼和东北部潭井村一带，面临外海，其中、深层地下水开采量虽不及靠向大陆一侧的硇洲镇多（后者有 1.7 万人的集中供水和周边灌溉用水，总量约占全岛的 1/4），但仍发生了较大范围的海水入侵现象，而硇洲镇的中层水水质尚好。

(2) 海岸侵蚀

该岛东南侧的砂质海岸侵蚀严重，树根出露（图 6.140）。

图 6.140　海岸侵蚀

6.43　新寮岛

6.43.1　概况

新寮岛是广东湛江市徐闻县第一大岛，位于徐闻县东北方海上，南距大陆 0.5 km，是湛江第四大岛，全岛土地总面积 46.6 km^2，在全省各海岛面积中列第 10 位（图 6.141），岛上设有新寮镇。该岛是雷州半岛东侧的一个堆积岛，沿岸多滩涂。新寮岛距离徐闻县城65 km，属热带季风气候，日照充足，夏秋炎热、多雨、多雷、多台风，年均气温 23.5℃，年均降雨量 1 813.1 mm，年均日照量 1 870.8 h。岛上有居民 2.3 万多人，共有 10 个村委会，81 条自然村，是徐闻县唯一的海岛建制镇。

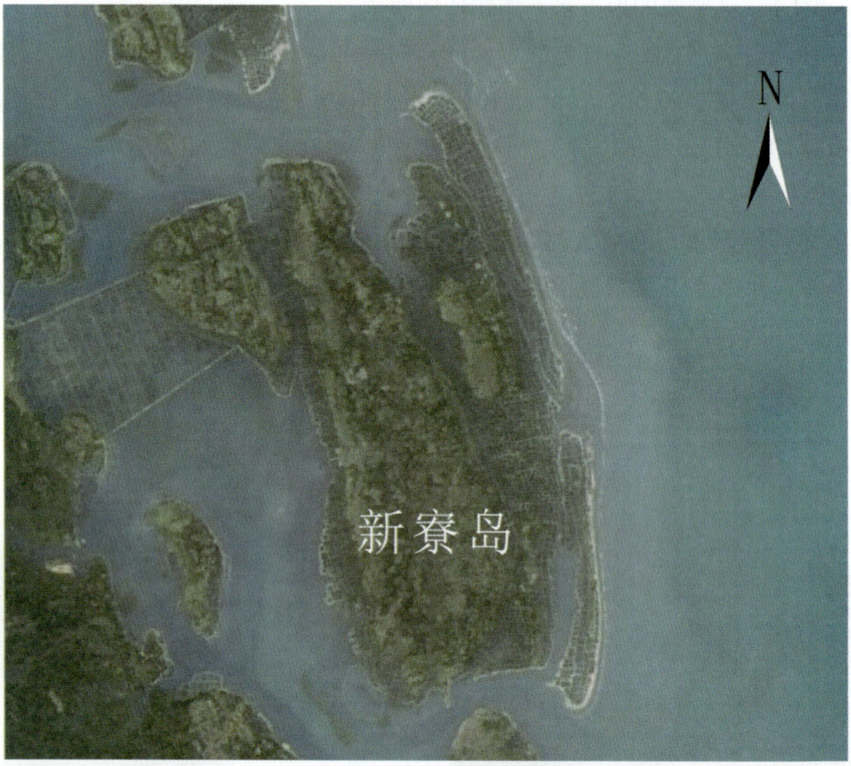

图 6.141　新寮岛遥感影像图

全岛岸线长 40.77 km，土类以沙壤土为主，滩涂资源相当丰富。岛上水运方便，跟大陆最近距离仅 0.4 n mile。环岛四周无礁石，船只均可靠岸下锚。同时，新寮岛又是华南地区较大型的湿地沼泽区，原因是新寮岛南端和大陆之间形成一定面积的红树林滩和淤泥滩，陆上为熔岩红土台地，沉积物类型为海积物和风积物，部分地区为河流冲积物。淤泥滩四周为砂质海滩，只有几条狭窄水道与海相连，海潮水直接影响不大，四周只有几条小溪流入，夏季河流泛滥，水相对较多，对淤泥滩有一定影响。沼泽植被以红树林占绝对优势，优势种为红海榄和白骨壤，有多种红树林伴生，如秋茄、桐花树、老鼠勒，向陆高潮线以上有海漆、黄槿等，新寮岛湿地沼泽区又是行鸟、鹬、鹭等鸟类的越冬地和驿站。但近年可惜的是由于围海造田，挖塘养鱼虾，大肆砍伐红树林，使得红树林面积大减，失去功能效益，导致自然生态平衡失调，灾害频繁。

6.43.2　自然环境概述

新寮岛地处北纬 20°21′—20°31′，属季风热带季风气候，热量丰富，年平均气温 23.5℃，月平均最低气温最低的 1 月为 16.4℃，大于 10℃积温 8 458.1℃，年平均日照时数 1 870.8 h，叶子等各种热带作物正常生长。但新寮岛台风登岛频繁，极易受旱受涝。新寮岛附近海区的落潮最大流速大于涨潮最大流速。

新寮岛是雷州半岛东侧的一个堆积岛，沿岸泥沙流受雷州半岛阻挡而沉积下来，水下坡度平缓，以沙泥质或淤泥质的滩涂出现，在早期未淤浅之前，水较深，水动力较强，普遍堆积了沙堤，海拔高达 5 ~ 16 m，经过红土化过程已成为“老红沙”。在这些老沙堤之间或外围淤积了新的沉积或人工围垦了农田，使堆积岛屿面积扩大。内侧的老红沙堤已经红土化，外侧的沙堤正在形成，如雷打沙至白母沙，反映出该岛仍在向外扩展，沙堤高程 13 ~ 16 m，由于风力吹扬加高的结果，现已为人工种植的木麻黄林带所固定。沙堤间有海积平原，在岛的南端建了凸堤式码头，伸入外罗港。新寮岛外围养殖场与陆地相连，从而并入陆地。

新寮岛东部的滩涂浅海有丰富的滨海砂矿资源，主要为钛铁矿、锆英石、金红石，具有工业开采价值，但应在统一规划下进行开采，既充分合理利用，不破坏资源，又要保护滩涂水产养殖开发。岛东侧 3 ~ 10 km 的海域内水深浅于 5 m。

新寮岛是广东省最大的淤积岛屿，呈西北—东南向，由 3 ~ 4 列大致平行的北北西—南南东走向的沙堤组成，沙堤间有海积平原。恒定西向沿岸泥沙流受雷州半岛阻滞而沉积于此。新寮岛是由河流和潮流输沙于河口或海湾淤积，并经长期沉积而成的堆积岛，地势平坦，以沙或沙泥质为主。过去外围水较深，水动力较强时堆积了内列和中列沙堤，并在风力加积下，形成高达 17.1 m 的沙堤（丘），随着外围淤浅，水动力减弱外列新沙堤比已红土化的内列老沙堤低。堤间低地已垦为耕地或养殖场。东侧的雷打沙和白母沙是新形成的淤积沙岛雏形。目前新老沙堤已植林固沙，生态环境大为改善。在北面沙堤之间建了东西走向的大堤坝，堤内开垦为养殖场。在南岸兴建了 420 m 长的突堤，前缘为码头，促进了该岛脱贫致富。在新寮岛北岸滩涂上建了大围堤，堤内开挖了整齐的排灌渠和水塘，养殖虾、蟹，经济效益明显。新寮岛共鉴定出 36 种生物种类，其中软体动物种类最多。

广东海岛的红树林滩主要分布在粤西雷州半岛东部新寮岛西南岸及西北部。前者呈南北延展，长 2.6 km，宽 1.75 km，面积约 4 km^2，水深 1.4 m，底质为砂质淤泥；后者呈东西展布，长 3.2 km，宽 1.5 km，面积 4.4 km^2，滩面干出 0.8 ~ 1.3 m，木榄树覆盖率达 90%，水东港内的大洲（水东岛）沿岸红树林滩也很发育。红树林组成主要有白骨壤、秋茄、桐花树和海漆。

作为城乡居民点建设用的平地，基本分布在沙堤上或低阶地上，新寮岛达 263.39 hm^2。

全岛皆由海沙堆积、风积而成，地势低平，全境高程在 18 m 以下，土地类型百分百为平地。由于土壤全为沙土，不保水、不持水，故地表干旱，常受旱灾，当地农谚云：“三天无雨作物枯。”另一方面是这一海区台风灾害多，因岛上无丘陵屏障，台风影响时危害更加严重。在有防护林以前，岛上农业发展十分困难，台风一来，则颗粒不收。此外，潮暴对岛内危害也十分严重，常使堤防被摧毁，危及农渔业生产。

岛内土层厚度达数米至几十米，由0.05～1 mm直径的砂粒组成，结构松散。土壤有机质含量在0.6%以下，速效磷、钾都很缺乏，十分瘠瘦。尤其是土壤不保肥、不保水，土地质量甚差。

因岛屿陆地面积较大，地下含水层深厚疏松，多孔隙。下雨后，地表径流多渗入地下，经长期的淡化，地下含水层也较深，故水源颇丰。因地势低平，宜农地较多，全岛有宜农地面积近1 200 hm^2，约占陆地面积的33%，其中有水田102.52 hm^2。

该岛原是风沙、台风灾害肆虐的海岛。自20世纪50—60年代利用沙地植树造林，建成防护林网后，已根本改变了海岛自然环境。至1989年全岛有防护林地1 929.19 hm^2，占全岛陆地面积的52.8%，形成了良好的防护林体系，不但改善了生态环境，而且促进了岛内农业的发展。岛上现有居民2.3万多人，其中农业人口1.85万，渔业人口则有0.14万人，人口平均密度为577人/km^2。共有耕地1 037.92 hm^2，其中水田102.52 hm^2，旱地935.40 hm^2，人均耕地0.049 hm^2（0.74亩）。此外，精养鱼塘104.94 hm^2，果园面积103.33 hm^2，土地利用率达95.2%。

目前土地利用的主要问题是交通条件差，虽然岛内有公路，但缺乏港口码头，对外交通受潮水制约。同时无渔港，使海洋渔业未能发展，海洋资源难以开发。另一方面是沿海大量滩涂也未进行养殖利用。能源、通信设施也差，工业更不发达。

新寮岛经济基本以农业为主，农业又以种植业为主。由于耕地瘦瘠，作物产量低，经济收入也低。1989年全岛工农业产值仅320.40万元，全部为农业产值，其中种植业产值128.9万元，占农业产值的40.2%。渔业产值仅8.3万元，占农业产值的2.6%。人均工农业产值152元，是全省海岛中人均收入最低的岛屿，粮食也未能自给，属沿海贫困地区。

该岛应在保护和发展防护林，保证海岛生态环境质量的前提下，大力发展海洋渔业。首先应利用滩涂养殖牡蛎、花蛤、文蛤和薄壳等贝类，同时应尽量发展海洋捕捞业，扭转以农业为主的生产局面。岛内农业则应以旱作为主，可利用沙地试种芦笋，并扩种蔬菜、西瓜等，发展商品生产。另一方面在发展林业中可结合发展热带水果如：椰子、番荔枝、菠萝蜜以及芒果等，增加农民收入。

为开发海岛，首先应解决交通问题。岛南500 m的海面不应成为制约该岛发展的障碍，而应尽快建造连陆大桥，沟通大陆，可以把建桥工程作为扶贫措施。同时应解决岛内生活用能和照明，可从岛外输入电力，在解决能源以后，可适当发展一些农产品加工业，逐步促进经济发展。

6.43.3 主要地质灾害

新寮岛全岛地势平坦，此次调查未发现地质灾害类型。

6.44 龙门岛

6.44.1 概况

龙门岛是钦州市龙门群岛中最大的岛屿，濒临龙门水道，为龙门镇所在地。位于茅尾海出口，是水上进出钦州的门户，隶属于广西壮族自治区钦州市钦南区，本岛距钦州市西南22 km处，东与钦州市大番坡乡隔海相望，西与防城港市隔水相望，北为茅尾海，南濒钦州湾，直通北部湾（图6.142）。龙门岛海岛岸线类型有人工岸线、生物岸线以及基岩

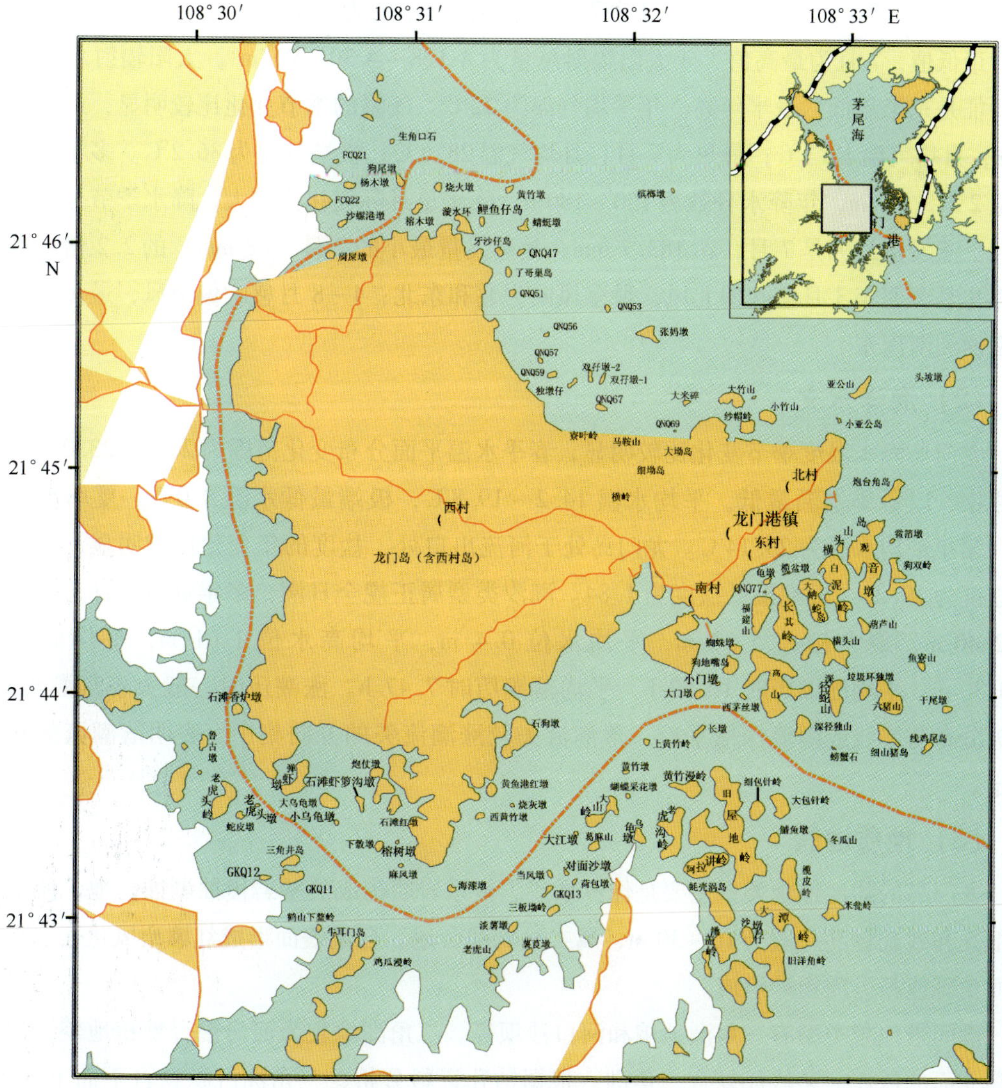

图6.142 龙门岛地理分布图

岸线。人工岸线长约 7 953 m，占全岛岸线的 88%。龙门岛除北部有部分生物岸线和基岩岸线外，其余皆为人工岸线。生物岸线约为 822 m，约占全岛岸线的 9.1%，分布于龙门岛北部，靠近龙门岛的基岩岸线。基岩岸线约为 253 m，仅占全岛岸线的 2.9%，分布于龙门岛北部。

龙门岛灾害性天气较多，波浪、潮流作用强烈。人类开发活动明显，岛屿周边有大面积海水养殖场和港口码头。

6.44.2 自然环境概述

(1) 气象

本岛年日照总时数为 1 639 ~ 1 787 h，日照百分率约为 37；日照时数年变化，每年 2 月为最低值，7 月为最高值，年太阳辐射总量为 4 128 ~ 4 301 MJ/m^2。太阳辐射总量年变化特征是东半年低，夏半年高。年平均气温为 22℃。气温的季节变化比较明显，最冷月为 1 月，月均气温 13.3℃；最热为 7 月，月均气温 28.5℃；极端气温为 36.2℃。多年平均降水量 2 272.3 mm，年降水日数为 150 ~ 180 d。降水量月际变化比较大，降水季节分布极不均匀。蒸发量最大是 7 月，达 183.7 mm，是蒸发量最小的 2 月（88 mm）的 2.2 倍。本岛每年 9 月至翌年 3 月盛吹偏北风，最多风向为北和东北；4—8 月盛吹偏南风，最多风向为南南西和南南东。

(2) 海洋水文

龙门岛海水温度季节变化比较明显，春季水温平面分布变化范围为 20.0 ~ 23.0℃。一年之中，以冬季水温最低，平均水温 14.2 ~ 19.8℃，极端最低水温 8.0℃。夏季水温最高，累年平均水温为 23.14℃。龙门岛处于河流出口处，盐度的年变化比较明显，累年平均盐度为 19.31，极端最低盐度为 1.84。潮汐类型属正规全日潮，多年资料统计，平均潮差 2.40 m，最大潮差 5.52 m，平均水位 0.4 m，平均高水位 1.61 m，平均低水位 -0.80 m，平均涨潮历时 10.52 h，平均落潮历时 7.47 h。涨潮历时一般大于落潮历时，流矢分布与岸线或潮流深槽平行。落潮流矢较涨潮流矢的方向集中，表明落潮流矢比较稳定。

(3) 地质地貌

龙门岛的陆地地貌类型主要是侏罗系或志留系岩层构成的基岩侵蚀剥蚀台地，所形成的低丘和残丘标高一般为 10 ~ 30 m，属二级剥蚀台地。台地表面形成红壤型风化壳，由黏土质角砾或粉砂质粗砂组成。

潮间带地貌类型有三角洲地貌和河口沙坝等。三角洲地貌为河海混合堆积地貌，发育于岛北面的钦江、茅岭江复合三角洲。根据钻孔资料分析，三角洲沉积物自下而上变细，底部为河流相，向上为过渡相。冰后期河流三角洲一般经历海进、稳定、海退 3 个阶段，约 7 000 年以来向海推进了 14 ~ 16 m，平均每年向海推进 2. 14 m，并且每年推进速度递增。水下地貌发育也较好，规模大，例如河口沙坝等。

人工地貌类型主要是海水养殖场、港口码头和人工海堤。养殖场是广西海岛主要人工地貌之一，龙门岛西北岸分布有养殖场，分布范围不大，为通过人工围垦滩涂建成。龙门岛港口资源丰富，水深、避风，基岩岸线居多，是建设港口的优良场所。龙门岛狭长的东部沿岸建设有 9 处港口码头，陆地面积约为 0. 16 km^2，以渔业为主，兼顾商用，通过沿岸吹沙填海建设而成。海堤是指人为建设而防止海洋灾害如海水、波浪、台风暴潮等侵蚀海岸的石质或泥质堤坝，龙门岛海岛沿岸的人工海堤都是由石块和水泥混凝土建成。人工海堤对海岛的海积平原、海水养殖、港口码头等起到防灾减灾的保护作用。

（4）植被分布

龙门岛植被以热带性成分占优势，其中又以泛热带、热带亚洲和旧世界热带分布的属居多，与广西沿海地区、海南省和越南等邻近地区统称为北部湾植物区。

龙门岛主要植被类型有针叶林、海滩红树林、竹林、灌木、草丛、沼生植被和栽培植被等。龙门岛的天然植被占 94. 4%，其中以常绿针叶林居多，占 78. 1%，其次为红树林，占 15. 1%。

（5）土地利用

龙门岛是以渔业为主的海岛，种植业不发达。由于龙门岛属南部滨海低丘台地耕地土壤，加上地处沿海，易受台风暴雨等自然灾害的影响，当地一般很少种植经济作物及其他水果，只种植粮食作物和蔬菜，亩产也不高，经济效益较低。林地面积相对较高，包括防护林和用材林等，面积为 6. 067 7 km^2（表 6. 79）。

表 6. 79　龙门岛土地利用现状分类体系

三级类型	四级类型	含义	面积（km^2）
耕地	水田	指有水源保证和灌溉设施，在一般年景能正常灌溉，种植旱生农作物的耕地。包括种植蔬菜等的非工厂化的大棚用地。	0. 598 8
	旱地	指无灌溉设施，主要靠天然降水种植旱生农作物的耕地。包括没有灌溉设施，仅靠引洪淤灌的耕地。	0. 022 1
草地	其他草地	指树木郁闭度小于 0. 1，表层为土质，生长草本植物为主，不用于畜牧业的草地。	0. 017 1
林地	有林地	指树木郁闭度不小于 0. 2 的乔木林地，包括红树林地和竹林地。	6. 067 7
	灌木林地	指灌木覆盖度不小于 40% 的林地。	0. 025 8
工矿仓储用地	工矿仓储用地	指主要用于工业生产、物资存放场所的土地。	0. 041 1
住宅用地	城镇住宅用地	指城镇用于生活居住的各类房屋用地及其附属设施用地。包括普通住宅、公寓、别墅等用地。	0. 631 8
	农村宅基地	指农村用于生活居住的宅基地。	0. 132 4

续表

三级类型	四级类型	含义	面积（km²）
公共管理与公共服务用地	风景名胜用地	指风景名胜（包括名胜古迹、旅游景点、革命遗址等）景点及管理机构的建筑用地、景区内的其他用地按现状归入相应地类。	0.507 1
交通运输用地	公路用地	指用于国道、省道、县道和乡道的用地。包括设计内的路堤、路堑、道沟、桥梁、汽车停靠站、林木及直接为其服务的附属用地。	0.123 7
	港口码头用地	指用于人工修建的客运、货运、捕捞及工作船舶停靠的场所及其附属建筑物的用地，不包括常水位以下部分。	0.062 8
水域及水利设施用地	水库	—	0.034 8
	水工建筑用地	指人工修建的闸、坝、堤路林、水电厂房、扬水站等常水位岸线以上的建筑物用地。	0.000 8
	养殖池塘	此处指海岛岸线以内开挖成的养殖池塘。	2.972 1
其他土地	河流	指城镇、村庄、工矿内部尚未利用的土地。	0.084 4
	湖泊	—	0.003 2

6.44.3　主要地质灾害

龙门岛的地质灾害有人工海岸护波堤垮塌、陡坎、护坡墙冲毁等海岸侵蚀现象、人为原因造成的崩塌以及湿地退化（表6.80）。

表6.80　龙门岛地质灾害统计表

编号	纬度（N）	经度（E）	灾害类型	灾害等级	备注
LM01	21°45′9.925 33″	108°32′25.599 06″	滑坡	小型	山体崩塌
LM02	21°45′7.998 36″	108°32′33.690 88″	滑坡	小型	滑坡
LM03	21°45′8.107 64″	108°32′52.342 37″	海岸侵蚀	小型	海岸侵蚀
LM04	21°45′10.810 23″	108°32′16.415 44″	海岸侵蚀	小型	海岸侵蚀
LM05	21°44′7.712 37″	108°32′16.919 87″	湿地退化	小型	填海
LM06	21°44′8.389 96″	108°32′09.753 19″	湿地退化	小型	填海

（1）海岸侵蚀

海岸侵蚀是指在自然力（包括风、浪、流、潮）的作用下，海洋泥沙支出大于输入，沉积物净损失的过程，即海水动力的冲击造成海岸线的后退和海滩的下蚀。引起海岸侵蚀的原因有两种：一是由于自然原因，如河流改道或入海泥沙减少、海面上升或地面沉降、海洋动力作用增强等都导致海岸侵蚀；二是人为原因，如拦河坝的建造、滩涂围垦、大量开采海滩沙和珊瑚礁、滥伐红树林，以及不适当的海岸工程设置等，均会引起海岸侵蚀。由于海岸侵蚀使土地大量失去、海岸构筑物破坏、海滨浴场退化、海滩生态环境恶化、海岸防护压力增大、侵蚀下来的泥沙又搬运到港湾淤积而使航道受损，从而成为一种严重的环境地质灾害，必须引起高度重视，并加强海岸线管理，采取有效措施防止海岸侵蚀。

整体来看，龙门岛北部岬角海岸以侵蚀为主，人工海岸多处防护堤垮塌。

在龙门岛东北部的岸边发育有宽约为 30 m 的砂砾滩，滩上有碎砖块散布。由于滩面窄而低，外海波浪抵达海岸防护墙之前，能量损耗很小，导致防浪墙直接受到外海波浪的冲击。调查发现防浪墙被冲毁，房屋地基处一角垮塌（图 6. 143）。

图 6. 143　冲毁的墙基一角

海岛西北部沿岸的砂质海岸，发现海岸侵蚀地段（图 6. 144）。防护堤被破坏，形成侵蚀凹口，疑似为古沙堤，侵蚀较为严重，有侵蚀陡坎发育，高 30 ~ 50 cm。海岸侵蚀岸线长约 109 m，呈勺子状。

图 6. 144　海岸侵蚀陡坎

(2) 崩塌

龙门岛西北部发现两处崩塌（图 6.145），其诱发因素为人为采挖。台地表面为砖红壤型风化壳，由黏土质角砾或粉砂质粗砂组成，在暴雨、连续降雨等恶劣天气下易诱发再次崩塌。其中 LM17 处，倒石堆长约 12.4 m，高度约为 2.93 m。该区域靠近海岸，当地居民为修路挖山而造成山体上松散风化层崩落下滑形成倒石堆。

图 6.145　崩塌

(3) 湿地退化

龙门岛养殖池塘占据了整个海岛湿地的 60%，砂质海岸和粉砂淤泥质海岸则面积相当，红树林占海岛湿地的 5.7%。养殖池塘的修建使湿地面积逐渐变小。

6.45　长榄岛

6.45.1　概况

位于防城港市正北方 6.2 km 处，防城江口内。地理中心坐标北纬 21°40′09″、东经 108°19′51″。岛因呈狭长条形，在红榄树包围之中而得名（图 6.146）。岛南北两端狭小，中部膨大，最宽处约 0.1 km，南北长约 0.6 km，陆域面积 0.393 623 km^2，岛屿岸线长 5.115 km，为人工岸线。该岛为现代河口沉积物堆积而成，海拔 3 ~ 5 m，岛中部更低，四周边筑有防浪石堤，堤内种有木麻黄防护林带，防浪石堤外为泥质滩涂，生长着茂盛的红树林；通过红树林、防浪石堤和木麻黄防风林带，构成一个比较完整的防护屏障，有效地抵御了海岸侵蚀和台风暴潮等自然灾害。

图 6.146　长榄岛遥感影像图

6.45.2　自然环境概述

(1) 气象

地处南亚热带，属海洋季风气候区，年均太阳辐射总量 4 000 MJ/m^2，年均日照时数 1 540 多 h，年均降水量约 2 460 mm，冬季盛行东北风，夏季盛行偏南风，光照充足，热量丰富，雨量充沛，光、温、热、水同季，组合良好。

(2) 地质地貌

长榄岛是在志留系岩层构成基岩岛的基础上，经第四纪全新世海积物堆积扩展和侏罗系基岩连接而形成的基岩侵蚀剥蚀台地——海积平原型海岛。

长榄岛为沙泥岛，主要地貌类型为海积冲平原、养殖场和海堤。海积平原平面形态似块状或长条状分布，其海拔高程一般1.5～2 m，也有的低于高潮位1 m左右，但均有人工海堤保护。在长榄岛的海积平原表面平坦，现多数辟为养殖场和农作物耕地，海积平原表层沉积物多为灰色或灰黑色淤泥质砂或砂质淤泥。长榄岛全岛冲积—海积平原均开辟为海水养殖场。

(3) 植被分布

长榄岛的天然植被基本为红树林，占植被总面积的近97.9%。周边的潮间带曾发育茂盛的桐花树林和海漆—卤蕨半红树林，现已全部开发成虾塘，部分虾塘向滩涂扩展，使得岛北半部的半红树林和大部分桐花树林被毁，仅留南半部的红树林保存良好。

长榄岛上无淡水来源，居民已大部分迁出该岛。在1984年海岸带调查时，海岛上为旱地作物，现全部开发为养殖池塘，极具规模。已无地带性植物和原生植被。

(4) 土地利用

长榄岛位于针鱼岭岛的南部，两岛已没有明显的分界线；海岛总面积为0.393 623 km^2。岛上除居民点和1条小公路外，其余的土地几乎为养殖池塘；养殖池塘面积为0.376 7 km^2，公路用地面积为0.017 0 km^2。

6.45.3 主要地质灾害

调查未发现长榄岛有地质灾害。

6.46 渔沥岛

6.46.1 概况

渔沥岛位于广西沿海西部防城湾内，四面环海（图6.147）。岛呈东北—西南走向，长约8.5 km，宽1～3 km，在岛的东北端被一条宽约100 m的海峡与大陆隔开。本岛低丘起伏，海拔40～50 m，主要山岭有白沙沥 、珠沙港大岭、大龙山、尖山岭等六七座峰，白沥大岭为岛上最高峰，山顶呈圆锥形，主峰海拔103.7 m。岛周围的海域称防城湾，有防城江和暗埠口江注入。

岛陆地貌以侵蚀—剥蚀残丘和台地为主，受到热带气旋、暴雨、低温阴雨、强冷空气、大风、龙卷风和冰雹等灾害性天气的影响。潮间带地貌类型以沙滩、沙泥混合滩和红树林滩为主，总体上表现出潮汐河口地貌特征，但受水动力、沿岸输沙和人为活动等因素影响。

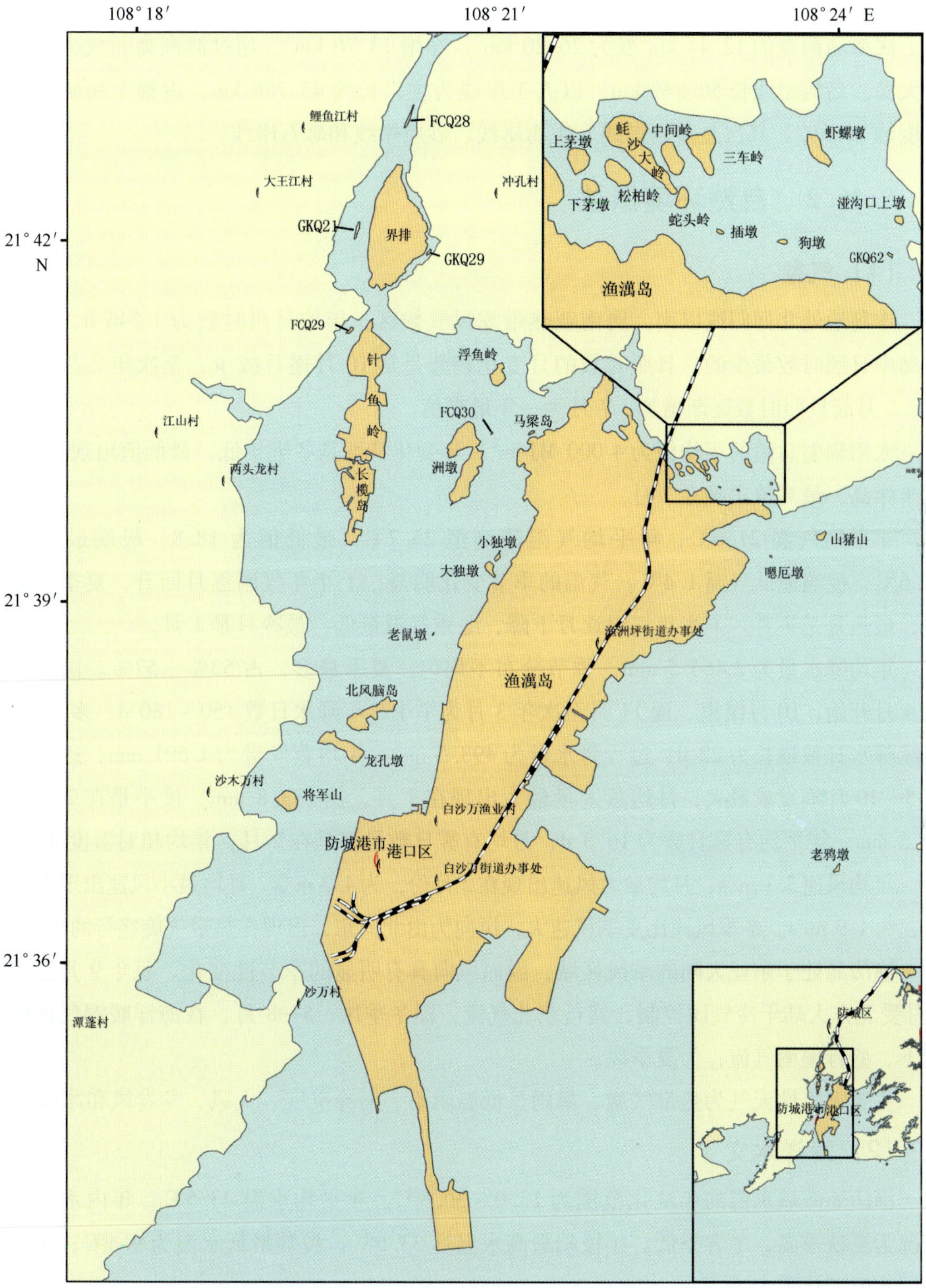
108°18′
108°21′
108°24′ E
21°42′
N
21°39′
21°36′
鲤鱼江村
FCQ28
大王江村
冲孔村
GKQ21
界排
GKQ29
FCQ29
针
鱼
岭
长
榄
岛
浮鱼岭
FCQ30
马梁岛
洲墩
江山村
两头龙村
小独墩
大独墩
山猪山
嗯厄墩
老鼠墩
渔洲坪街道办事处
渔澫岛
北风脑岛
龙孔墩
沙木万村
将军山
白沙万渔业村
防城港市
港口区
白沙万街道办事处
老鸦墩
沙万村
潭蓬村
上茅墩
蚝
沙
大
岭
中间岭
三车岭
虾螺墩
下茅墩
松柏岭
蛇头岭
插墩
狗墩
浉沟口上墩
GKQ62
渔澫岛
防城区
防城港市港口区

图 6.147　渔沥岛、长榄岛地理分布图

1993 年 6 月，再造一个渔沥岛工程启动，历经几十年的吹沙填海，渔沥岛的陆域面积由上次海岛调查的 12.44 km^2变为 26.20 km^2，净增 13.76 km^2，超过涠洲岛而成为广西第一大岛。岛屿岸线长 50.549 km，以人工岸线为主，长约 43.786 km，占整个岛屿岸线总长度的 86.6%。其次是基岩岸线、生物岸线、砂质岸线和砾石岸线。

6.46.2 自然环境概述

(1) 气象

本岛地处北回归线以南，属南亚热带季风气候区。年均日照时数为 1 546 h，是广西海岛中日照时数最少的。日照时数的月变化趋势是从 10 月逐月减少，至次年 2 月达最低值，3 月起日照时数逐渐增加，7 月为一年最高值。

太阳辐射总量的年均值为 4 000 MJ/m^2。年变化特征是冬半年低，最低值出现在 2 月；夏半年高，最高值出现在 7 月。

年平均气温 21.6℃，年平均气温最高值 25.7℃，最低值为 18.8；极端最高气温 37.6℃，极端最低气温 1.4℃。气温的季节变化明显，上半年气温逐月回升，夏季气温最高，最热月是 7 月。下半年气温逐月下降，冬季气温最低，最冷月是 1 月。

年均降水量为 2 466.5 mm，季节分布不均匀，夏季最多，占 53% ~57%。雨季一般从 4 月开始，10 月结束，而 11 月至次年 3 月为旱季，年降水日数 150 ~180 d；多年观测，连续降水日数最长为 22 d，过程降水量为 498.5 mm。年均蒸发量为 1 691 mm，逐月变化以 5—10 月蒸发量最大，月均蒸发量最大出现在 7 月，达 183.8 mm，最小是在 2 月，仅 54.3 mm。年平均有雾日数为 16.3 d，月均有雾日数最多是在 2 月，年均相对湿度 81%。

年均风速 3.1 m/s，月均最大风速出现在 2 月份，为 4.2 m/s。月均最小风速出现在 7—8 月，为 1.9 m/s。冬季风速比夏季风速大，风向为由北向东，出现在热带气旋盛行的 9 月。

渔沥岛处于东亚大陆的季风区域，因而风向具有明显的季节性变化。每年 9 月至翌年 4 月受北方大陆干冷气团控制，盛行东北气流，即冬季风；5—8 月，在海洋暖湿气团的控制下，盛行偏南气流，为夏季风。

主要灾害性天气为热带气旋、暴雨、低温阴雨、强冷空气、大风、龙卷风和冰雹等。

(2) 海洋水文

渔沥岛海域水温的年变化范围为 13.0 ~30.5℃，年平均水温 23.5℃，年内水温分布情况为夏秋季高，冬春季低。年极端最高水温达 33.6℃，极端最低水温为 9.4℃；年内表底层水温变化不大。

盐度分布取决于沿岸水的强弱。同时，径流、降水以及水动力因素对盐度的分布变化也有影响。离岸较远的防城湾口盐度在 25 左右，湾中部一般为 23，而在防城湾顶河口区盐度最低，一般为 10 ~18，年内盐度以冬季最高，湾口区可达 28；夏季盐度较低，而且不稳定，主要是受陆地洪水径流注入的影响。

岛临近海域的潮汐类型属于正规的全日潮，多年平均潮差为 2.25 m，最大潮差为 4.93 m。平均海面比黄海基面高 0.37 m，最高高潮位 -3.64 m，最低低潮位 -2.34 m，平均高潮位 1.66 m，平均低潮位 -0.77 m。海面高程季节变化明显，最高平均海面出现在 10 月，最低出现在 2 月。夏季平均海面低于当地年平均海面，秋季则高于当地平均海面，涨落潮历时不等现象显著，一般涨潮历时比落潮历时长。平均涨潮历时 10 h 53 min，而落潮历时 8 h 11 min，相差 2 h 42 min。年内潮时变化为冬夏两季比春秋两季长。据实测资料显示，落潮流速大于涨潮流速。

波浪主要由风浪、涌浪和混合浪组成，以风浪为主。全年风浪出现频率最高为 45.9%，其次为混合浪，出现频率为 26.5%，涌浪出现频率较小，为 24.5%。浪向受气候影响，冬半年以北和偏北浪向占主导地位，夏半年则以南东至偏南浪为主。年均波高为 0.45 m，受季风影响，波高夏秋两季比冬春两季高，月均最大波高是 7 月，其次是 6 月和 8 月，平均波高 0.6 m。

(3) 植被分布

本岛植被以热带性成分占优势，其中以泛热带、热带亚洲和旧世界热带分布的属居多，与广西沿海地区、海南省和越南等邻近地区统称为北部湾植物区。

本岛主要植被类型有针叶林、红树林、草丛和经济林等。其中常绿针叶林的分布面积为 293.21 hm^2，由于该岛正在大面积的“挖山填海”，建设港口城市，马尾松林很快就会消失，被城市住房和其他基础设施或人工园林植被取代。红树林的分布面积为 291.00 hm^2，草丛的分布面积为 6.59 hm^2，经济林的分布面积为 29.81 hm^2。常绿季雨林在渔沥岛原有少量分布，现已消失。

(4) 土地利用

渔沥岛的土地利用情况如表 6.81 所示。

表 6.81　渔沥岛土地利用现状分类体系

三级类型	四级类型	含义	面积（km^2）
耕地	水田	指有水源保证和灌溉设施，在一般年景能正常灌溉，种植旱生农作物的耕地。包括种植蔬菜等的非工厂化的大棚用地。	1.669 1
	旱地	指无灌溉设施，主要靠天然降水种植旱生农作物的耕地。包括没有灌溉设施，仅靠引洪淤灌的耕地。	0.000 9
园地	园地	指种植以采集果、叶、根、茎、汁等为主的集约经营的多年生木本和草本作物，覆盖度大于 50% 或每亩株数大于合理株树 70% 的土地。包括用于育苗的土地。	0.029 7
林地	有林地	指树木郁闭度不小于 0.2 的乔木林地，包括红树林地和竹林地。	3.939 1
	灌木林地	指灌木覆盖度不小于 40% 的林地。	0.065 9

续表

三级类型	四级类型	含义	面积（km^2）
商服用地	住宿餐饮用地	指主要用于提供住宿、餐饮服务的用地。包括宾馆、酒店、饭店、旅馆、招待所、度假村、餐厅、酒吧等。	0.012 3
	其他商服用地	指上述用地以外的其他商业、服务业用地。包括洗车场、洗染店、废旧物资回收站、维修网点、照相馆、理发美容店、洗浴场所等用地。	0.290 2
工矿仓储用地	工矿仓储用地	指主要用于工业生产、物资存放场所的土地。	2.716 2
	工业用地	指工业生产及直接为工业生产服务的附属设施用地。	0.744 9
住宅用地	城镇住宅用地	指城镇用于生活居住的各类房屋用地及其附属设施用地。包括普通住宅、公寓、别墅等用地。	3.822 2
	农村宅基地	指农村用于生活居住的宅基地。	0.083 6
公共管理与公共服务用地	机关团体用地	指用于党政机关、社会团体、群众自治组织等的用地。	0.376 2
	科教用地	指用于各类教育，独立的科研、勘测、设计、技术推广、科普等的用地。	0.069 2
	文体娱乐用地	指用于各类文化、体育、娱乐及公共广场等的用地。	0.209 8
	公园与绿地	指城镇、村庄内部的公园、动物园、植物园、街心花园和用于休憩及美化环境的绿化用地。	0.670 9
特殊用地		指用于军事设施、涉外、宗教、监教、殡葬等的土地。	0.053 5
交通运输用地	铁路用地	指用于铁道线路、轻轨、场站的用地。包括设计内的路堤、路堑、道沟、桥梁、林木等用地。	0.179 2
	公路用地	指用于国道、省道、县道和乡道的用地。包括设计内的路堤、路堑、道沟、桥梁、汽车停靠站、林木及直接为其服务的附属用地。	1.389 4
	港口码头用地	指用于人工修建的客运、货运、捕捞及工作船舶停靠的场所及其附属建筑物的用地，不包括常水位以下部分。	3.201 5
水域及水利设施用地	水工建筑用地	指人工修建的闸、坝、堤路林、水电厂房、扬水站等常水位岸线以上的建筑物用地。	0.135 4
	养殖池塘	此处指海岛岸线以内开挖成的养殖池塘。	3.085 8
其他土地	空闲地	指城镇、村庄、工矿内部尚未利用的土地。	3.436 9
	湖泊	—	0.031

6.46.3 主要地质灾害

渔沥岛的地质灾害主要有两种，分别是山体崩塌以及红树林湿地退化（表6.82）。

表6.82 渔沥岛地质灾害统计表

编号	纬度（N）	经度（E）	灾害类型	灾害等级	备注
YW01	21°38′2.456 77″	108°20′55.851 03″	滑坡	小型	滑塌
YW02	21°38′9.787 5″	108°21′18.049 39″	滑坡	小型	滑塌
YW03	21°38′49.019 7″	108°22′49.220 96″	湿地退化	小型	红树林
YW04	21°33′47.769 63″	108°21′19.052 91″	湿地退化	小型	红树林
YW05	21°38′49.174 02″	108°22′50.329 44″	湿地退化	小型	排污口

（1）崩塌

崩塌是指陡峻山坡上岩块、土体在重力作用下，发生突然的急剧的倾落运动。多发生在大于60°～70°的斜坡上。崩塌的物质，称为崩塌体。

崩塌可以发生在任何地带，山崩限于高山峡谷区内。崩塌体与坡体的分离界面称为崩塌面，崩塌面往往就是倾角很大的界面，如节理、片理、劈理、层面、破碎带等。崩塌体的运动方式为倾倒、崩落。崩塌体碎块在运动过程中滚动或跳跃，最后在坡脚处形成堆积地貌——崩塌倒石锥。崩塌倒石锥结构松散、杂乱、无层理、多孔隙；由于崩塌所产生的气浪作用，使细小颗粒的运动距离更远一些，因而在水平方向上有一定的分选性。

渔沥岛内渔沥大岭山体高 20～30 m，宽约 150 m，基岩是小角度倾斜的砂岩和页岩，陡坡上有不稳定的石块散布（图 6.148a）。目前渔沥大岭正处于大规模的人工采石阶段，采挖坡面形成近直立的陡崖，多处存在裂隙和断层（图 6.148c），山脚有滑塌形成的倒石堆（图 6.148b）。发现两处较大的崩塌体。

图 6.148 渔沥大岭崩塌

调查时发生小规模的山体崩塌，松散风化层破碎地滚落下滑，在路边形成小的倒石堆，内含直径约 20 cm 的砾石。崩塌发生地点位于东兴大道旁，是在暴雨过后，陡坡上不稳定的岩块、碎屑顺坡崩落，对行人和来往车辆的安全构成严重威胁（图 6. 149）。

图 6. 149　公路旁悬崖

（2）红树林湿地退化

红树林湿地是我国南方最重要的滨海湿地类型，渔沥岛东侧鱼洲坪岸段发育有浓密的红树林滩，南北向跨度约 100 m。滩中间发现一片已死亡的红树林带（图 6. 150），据当地

图 6. 150　红树林湿地

居民所述疑是病虫害所致。调查过程中在红树林岸段中发现一排污口（图6.151），废水直接排入红树林湿地中，这些污染物很可能对湿地生物多样性造成严重危害，同时也给湿地生态环境带来许多负面影响。

图6.151 排污口

6.47 涠洲岛

6.47.1 概况

涠洲岛，又名大蓬莱、涠洲墩、马渡等。岛的中心地理坐标为北纬21°02′27″、东经109°06′43″。该岛位于广西北海市正南方（图6.152），距北海市36 n mile，是中国最年轻的火山岛。该岛南北长约6.5 km，东西宽约6 km，面积24.715 627 km^2。从高空鸟瞰，涠洲岛像一枚弓形翡翠浮在大海中，形状呈椭圆形，四周烟波浩渺，岛上植被茂密，风光秀美，尤以奇特的海蚀、海积地貌，火山熔岩及绚丽多姿的活珊瑚为最。南端有一新月形的港湾，涠洲岛与火山喷发堆积和珊瑚沉积融为一体，使岛南部的高峻险奇与北部的开阔平缓形成鲜明对比。涠洲岛地势南高北低，其南面的南湾港是由古代火山口形成的天然良港。

全岛岸线长24.672 km，主要是基岩岸线和砂质岸线，各占整个岛屿岸线总长度的50%左右。潮间带以岩滩、砂质海滩和珊瑚滩为主。在这两种岸段都有不同程度的海岸侵蚀现象，以及由侵蚀造成的巨砾落石。

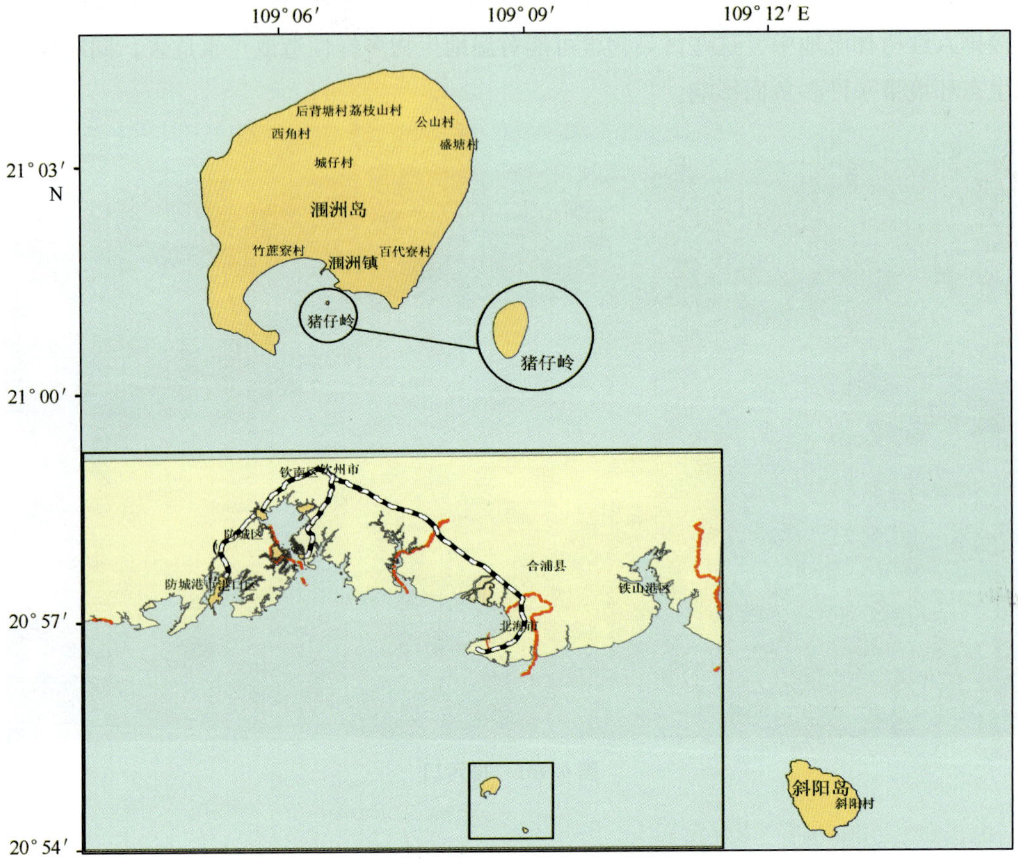

图 6.152　北部湾的涠洲岛、斜阳岛地理位置图

6.47.2　自然环境概述

(1) 气象

该岛位于北回归线以南，属南亚热带海洋性季风气候区，全年平均日照时数 2 234 h，日照率为 51%。年平均太阳辐射总量为 4 905 MJ/m²。年平均气温 24.2℃。最冷月为 1 月，平均气温 15.4℃，极端最低气温为 2.9℃；最热月为 7 月，平均气温 29℃，极端最高气温达 35.8℃；气温日较差平均为 5.1℃。可以说冬无严寒，夏无酷暑。年均降水量 1 385.4 mm，降水量的年际变化较大，最大年降水量达 2 120.7 mm；而最小年降水量只有 635.8 mm；降水量的月际变化较大，季节分布极不均匀。本岛雨季从 5 月开始，9 月结束，比大陆沿岸汛期少 2 个月；年平均降水日数为 118 d，相对较小，而连续无降水日数最大记录为 77 d，是广西海岛中连续无降水时间最长的。本岛年均蒸发量为 1 831.1 mm，大于年均降水量。每年 9 月至次年 3 月盛吹偏北风（即冬季风），4—8 月盛吹偏南风（即夏季风），频率最大风向为

北风和北北东风，风速年过程变化曲线呈双峰双谷型，每年 11 月至次年 3 月和 7 月为峰值，4—5 月和 8 月为谷值。

(2) 海洋水文

水温，春季该岛水温平面变化范围为 20.0 ~ 23.0℃，秋季为 25.0 ~ 28.5℃，夏季该岛也曾出现过极端最高水温达 34.4℃的情况。盐度为 32。水色，春季为 7—11 月，秋季为 8—12 月，透明度在 2.5 m 以上。潮汐为正规全日潮，多年平均潮差 2.30 m，最大潮差 5.37 m，平均水位 0.01 m，平均高水位 1.27 m，平均低水位 -1.08 m。实测海流，平均涨潮流速 20.0 ~ 39.1 cm/s，落潮流速 28.4 ~ 48.6 cm/s。该岛波浪以风浪为主，各月频率达 100%。冬季最多浪向为北北东，夏季最多浪向为南南西，平均波高 0.5 m，最大波高 5.0 m，平均周期 3.1 s，最大周期 8.3 s。

(3) 地质地貌

该岛的地层属第四纪火山活动形成的火山岩和火山喷出岩，其下有海相第三系。钻孔揭露该岛第三系层序较完整，为一套海相杂屑岩，最大厚度达 2 000 m，与下伏石炭系呈角度不整合接触。该岛出露的地层主要是喜马拉雅期的基性火山岩，岩性有熔岩和火山碎屑岩二类。其中熔岩主要有橄榄玄武岩、橄榄粗玄岩、橄榄玄武玢岩、橄榄奥长玄武岩、玻质玄武岩等；火山碎屑岩主要有凝灰质砂岩、玄武质沉凝灰岩、火山角砾岩、集块岩等，厚 300 余米，年代属第四纪晚更新世。据火山岩的岩类组合、喷溢特点及间隙沉积标志，由三个火山喷发旋回计 5 次喷发所组成。

该岛第四纪火山沉积建造，属新生代形成的北部湾拗陷区的一部分，据钻孔资料推断，涠洲岛的更新统、上新统构成一平缓向北西倾伏的向斜构造，多处可见小规模挠曲和断距在数米内的小断层。

涠洲岛第四系更新统赋含地下水，各含水岩组之间水力联系密切，含水层呈透镜状。其中玄武岩孔洞裂隙含水岩组，各地富水性不均一，单孔日涌水量 8.38 ~ 727.00 m^3，水量中等；沉凝灰岩裂隙含水岩组主要分布于岛的东南部，厚约 40 m，单孔日涌水量 250 m^3，水量中等；火山角砾岩裂隙含水岩组主要分布于大岭—青盖岭一带，单孔日涌水量大于 100 m^3，水量中等；松散岩类孔隙承压含水岩组有两个含水层，单孔日涌水量 137 ~ 568 m^3。部分钻孔地下淡水含偏硅酸及其他微量元素，构成矿泉水。

地貌类型按成因划分有火山地貌、海蚀地貌、海积地貌、重力地貌、生物海岸地貌和人工地貌等。

该岛火山地貌有火山丘陵和火山口两类。火山丘陵由橄榄玄武岩和玄武质火山碎屑岩组成，表面已风化形成 0.4 ~ 0.7 m 的红土层；火山口据推测有 2 个，即南湾火山口和横路山火山口。海蚀地貌主要在岛的东南部、南部和西南部沿岸，有海蚀崖、海蚀平台、海蚀岩滩、海蚀残丘以及海蚀洞、海蚀蘑菇、海蚀凹穴、海蚀沟槽、海蚀桥等。海积地貌在岛北部，有古海滩、沙堤等。重力地貌在沿岸海蚀崖下，有倒石堆和小型滑坡等。生物海岸地貌在涠洲岛南部水下 2 ~ 4 m 深处，有珊瑚礁坪等。人工地貌主要有海港码头和水库等。

（4）植被分布

涠洲岛植被的植物区系以热带性成分占优势，其中又以泛热带、热带亚洲（印度—马来西来）和旧世界热带分布的属居多，与广西其他近岸岛屿和沿海地区、海南省以及越南等相邻地区统称为北部湾植物区。

由于岛上原生森林植被退化已久，无天然林分布，次生自然植被中，肉质、多刺的仙人掌特别发达，遍及全岛，因而植被的分布序列相对简单，即从珊瑚沙滩上的鬣刺、厚藤 - 仙人掌群落，过渡到陆域上的半常绿（或落叶）灌丛或台湾相思、木麻黄、仙人掌人工林（图 6.153）。

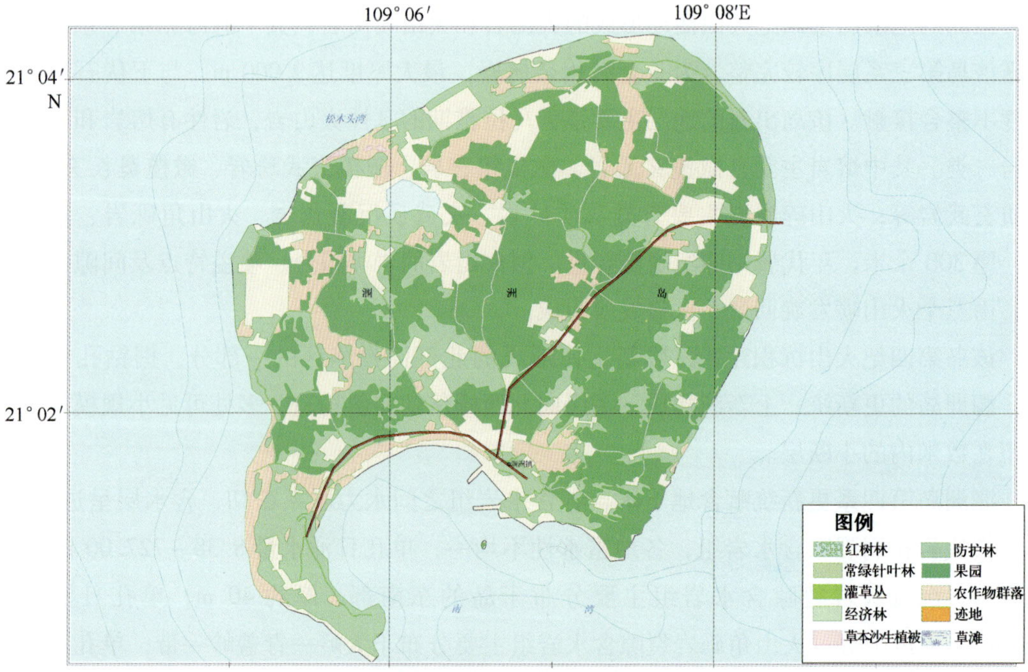

图 6.153　涠洲岛植被类型分布图

半常绿（或落叶）灌丛仅有银合欢 1 个群系和 1 个群落。银合欢为外来物种，20 世纪 60 年代开始引种，由于与当地的自然环境相适应，生长、发展很快，虽经数代反复利用，仍不断再生繁衍形成现在密集的灌丛，高 1 ~ 4 m，覆盖度 95% 以上，其间还长混有仙人掌、刺葵和少量的乔木幼树，是当地一种优良的人工灌丛，干枝可做薪柴，树叶可做绿肥或牲畜饲料，用途广泛，尤其在牧草资源不足的岛屿上发展银合欢灌丛显得十分重要。

台湾相思林主要见于台地上，所在分布地原为仙人掌、刺葵为主的刺灌丛。70 年代全垦撒播台湾相思种子发展成林，现林龄 20 a 左右，接近成熟期，树高 9 ~ 12 m，多数在茎高 1 m 左右处分成 2 ~ 3 杈，干形弯曲，郁闭度 0.6 ~ 0.8 之间。林下灌木一般茂盛、以银合欢、仙人掌、刺葵为主，其他常见的还有五色梅、磨盘草和长穗虎尾草等。

此外，栽培植物，果树有三华李、香蕉等，农作物有水稻、甘蔗、玉米、花生、红薯及剑麻等。

（5）土地利用

从土地利用的现状出发，依据土地用途、利用方式和地域分布规律，将该岛土地利用类型分 7 个三级级类（表 6.83）。

表 6.83　涠洲岛土地利用现状分类体系

三级类型	四级类型	含义	面积（km^2）
耕地	水田	指有水源保证和灌溉设施，在一般年景能正常灌溉，种植旱生农作物的耕地。包括种植蔬菜等的非工厂化的大棚用地。	2.609 4
	旱地	指无灌溉设施，主要靠天然降水种植旱生农作物的耕地。包括没有灌溉设施，仅靠引洪淤灌的耕地。	10.490 6
林地	有林地	指树木郁闭度不小于 0.2 的乔木林地，包括红树林地和竹林地。	7.461 1
工矿仓储用地	工矿仓储用地	指主要用于工业生产、物资存放场所的土地。	0.666 2
住宅用地	农村宅基地	指农村用于生活居住的宅基地。	2.424 5
交通运输用地	公路用地	指用于国道、省道、县道和乡道的用地。包括设计内的路堤、路堑、道沟、桥梁、汽车停靠站、林木及直接为其服务的附属用地。	0.446 5
	港口码头用地	指用于人工修建的客运、货运、捕捞及工作船舶停靠的场所及其附属建筑物的用地，不包括常水位以下部分。	0.217 0
水域及水利设施用地	水工建筑用地	指人工修建的闸、坝、堤路林、水电厂房、扬水站等常水位岸线以上的建筑物用地。	0.012 5
	水库	—	0.296 7
其他土地	沙地	指表层为沙覆盖、基本无植被的土地。不包括滩涂中的沙地。	0.091 1

6.47.3　主要地质灾害

涠洲岛地质灾害的主要灾种有崩塌和海岸侵蚀两种（表 6.84），其中崩塌点约 26 处[137]。

表 6.84 涠洲岛地质灾害统计表

编号	纬度（N）	经度（E）	灾害类型	灾害等级	备注
WZ01	21°1′19.62″	109°6′52.28″	滑坡	小型	山体下滑，落石
WZ02	21°1′42.63″	109°6′33.97″	滑坡	小型	山体崩塌
WZ03	21°1′49.02″	109°6′21.28″	滑坡	小型	海蚀崖、倒石堆
WZ04	21°1′48.87″	109°6′17.46″	滑坡	小型	海蚀崖、倒石堆
WZ05	21°1′49.95″	109°6′15.35″	滑坡	小型	海蚀崖、倒石堆
WZ06	21°1′44.55″	109°5′59.56″	滑坡	小型	崩塌、剥蚀
WZ07	21°1′46.19″	109°5′59.93″	滑坡	小型	崩落
WZ08	21°0′51.23″	109°5′54.99″	滑坡	小型	山体崩塌
WZ09	21°0′50.70″	109°5′56.11″	滑坡	小型	山体滑塌
WZ10	21°0′47.73″	109°5′58.40″	滑坡	小型	山体崩塌
WZ11	21°0′47.09″	109°5′58.81″	滑坡	小型	山体易崩塌地段
WZ12	21°0′45.91″	109°5′58.74″	滑坡	小型	山体易崩塌地段
WZ13	21°0′45.50″	109°5′58.05″	滑坡	小型	山体易崩塌地段
WZ14	21°0′41.61″	109°5′58.11″	滑坡	小型	滑塌
WZ15	21°0′41.10″	109°5′58.07″	滑坡	小型	山体崩塌
WZ16	21°0′37.56″	109°5′54.07″	滑坡	小型	滑塌
WZ17	21°1′20.23″	109°6′53.90″	海岸侵蚀	小型	
WZ18	21°1′21.49″	109°6′44.58″	海岸侵蚀	小型	海岸侵蚀
WZ19	21°0′52.21″	109°5′18.75″	海岸侵蚀	小型	
WZ20	21°1′42.28″	109°7′47.30″	海岸侵蚀	小型	
WZ21	21°1′45.98″	109°7′49.28″	海滩侵蚀	小型	海滩侵蚀
WZ22	21°1′49.68″	109°7′52.14″	海岸侵蚀	小型	
WZ23	21°1′51.07″	109°7′52.86″	海岸侵蚀	小型	
WZ24	21°1′51.69″	109°7′52.93″	海岸侵蚀	小型	
WZ25	21°1′54.50″	109°7′54.35″	海岸侵蚀	小型	
WZ26	21°2′31.03″	109°8′13.31″	海岸侵蚀	小型	侵蚀陡坎
WZ27	21°2′32.61″	109°8′14.01″	海岸侵蚀	小型	侵蚀陡坎
WZ28	21°2′34.06″	109°8′14.62″	海岸侵蚀	小型	侵蚀陡坎
WZ29	21°2′36.65″	109°8′16.38″	海岸侵蚀	小型	岩滩侵蚀
WZ30	21°3′04.51″	109°8′21.09″	海岸侵蚀	小型	人工挖沙
WZ31	21°3′08.30″	109°8′21.65″	海岸侵蚀	小型	人工挖沙
WZ32	21°3′11.42″	109°8′22.06″	海岸侵蚀	小型	人工挖沙
WZ33	21°1′41.92″	109°6′44.00″	海水入侵	小型	
WZ34	21°1′58.29″	109°6′4.01″	海水入侵	小型	

（1）海岸侵蚀

主要集中在北岸公山背—北港、东岸横岭—石盘河到南岸海军码头岸段、西岸滴水到大岭岸段，具体表现为海蚀平台、海蚀崖、海蚀拱桥、海蚀穴、海蚀天窗、侵蚀陡坎等地貌类型。根据本次调查情况统计，遭到海岸侵蚀的岸段约占海岛岸线总长度的15%，其中约 80% 的侵蚀发生在砂质海岸。

图 6.154　海蚀平台

a. 涠洲岛北部公山背岸段海蚀平台；b. 涠洲岛南部鳄鱼山公园内海蚀平台；c. 涠洲岛东部石盘河东南海蚀平台

海蚀平台，又称波切台，是基岩海岸在海浪长期侵蚀作用下，海蚀穴崩塌、海蚀崖不断后退而形成的略向海倾斜的平台。通常位于潮间带的中上部，退潮期间出露，涨潮期淹没，沿海岸呈狭长条带状分布，长数十米至数千米，宽数米到数百米不等。涠洲岛海蚀平台发育广泛，如在涠洲岛高岭—大岭—石螺背、蕉坑—滑石嘴—南湾、猪仔岭周围、湾仔—石盘滩一带沿岸（图 6.154）。沿海蚀崖呈狭长的条带状分布，宽度一般为 20 ~ 80 m，最宽达 200 ~ 300 m，其中以湾仔和滴水崖一带的海蚀平台最宽。

海岸受海浪的长期侵蚀与海水溶蚀作用，沿地质结构薄弱处发生崩塌所形成的陡崖，称为海蚀崖，多见于基岩岬角或海岛的迎风浪一侧，其形成原因系海浪长期侵蚀、冲刷和重力共同作用的结果。海蚀崖在涠洲岛十分发育（图 6.155），位于岛东南部石盘滩—海军码头，西南部南湾西岸—蕉坑，西部下石螺—大岭—高岭等沿岸和猪仔岭四周等沿岸。崖壁坡度为 80° ~ 90°，高一般为 20 ~ 30 m。而南湾西岸、猪仔岭东岸和南岸、大岭至高岭崖壁高达 40 ~ 50 m，陡峭险要，极为壮观。在海浪侵蚀和重力的作用下，海蚀崖仍在不断后退之中。

图 6.155　涠洲岛海蚀崖

在海蚀崖坡脚处由海蚀作用形成的深度小于宽度的洞穴称为海蚀龛，又称浪蚀龛；在海蚀崖坡脚处由海蚀作用形成的深度大于宽度的洞穴称为海蚀穴，又称海蚀洞；海蚀龛可视为海蚀穴形成的初级阶段。据不完全统计，涠洲岛发育有海蚀洞 35 个，其宽窄、大小、高低和深浅不等，形态各异，其中涠洲岛滑石嘴附近的贼佬洞最深，深度达 60 m。位于涠洲岛猪仔岭北面的龟洞（图 6.156a），洞高 3.45 m，洞深 21.5 m，洞口宽 20.8 m；该海蚀洞外形似一只匍匐在沙滩上的海龟，故称龟洞，其东侧还有 1 个小型洞口进出，站在洞中可远眺猪仔岭。

在涠洲岛高岭脚西侧海蚀崖脚下形成有多个海蚀洞排列，其中有两个相近排列而形似牛鼻，故称牛鼻洞（图 6.156b）；该牛鼻洞东洞高 4.2 m，洞深 13.9 m，洞口宽 13.8 m；西洞高 3.15 m，洞口宽 26.0 m，洞深 8.8 m。

图 6.156　涠洲岛海蚀洞

海蚀拱桥主要见于涠洲岛鳄鱼山公园（滑石嘴附近），形似拱桥，又称海穹（图 6.157）。海蚀拱桥是海蚀阶地在海浪的冲刷、淘蚀作用下，由海蚀洞逐步扩大加深，洞顶内部岩石崩塌后残留形成的。

图 6.157　海蚀穹

海蚀窗主要见于涠洲岛鳄鱼山公园（滑石嘴附近），是海蚀作用使海蚀阶地地面直接被海水穿通的而形成的一种接近竖直的洞穴。海蚀洞形成以后，波浪继续掏蚀、上冲，并压缩洞中空气，使洞顶裂隙扩张，最后击穿洞顶，形成与海蚀崖上部地面沟通的天窗亦称为海蚀窗（图 6.158）。

图 6.158　海蚀窗

侵蚀陡坎发育在公山背附近的砂质海岸，是长期受波浪和海流侵蚀作用而形成的。陡坎坡度 30°~50°，高度 50~70 cm，长度约 120 m，平行于海岸线（图 6.159）。

图 6.159　侵蚀陡坎

(2) 崩塌

涠洲岛发现的崩塌均属于小型崩塌，大多发生在现代海蚀崖上，少数发生在古海蚀崖上，如涠洲岛南湾古海蚀崖上，在海蚀崖下形成巨型落石或倒石堆。伴随海岸侵蚀发生，在西岸石螺口海滩、南岸南万街—鳄鱼山公园、东南湾仔等基岩岸段有广泛分布，特别是在石螺口海岸（图 6.160）和鳄鱼山公园（图 6.161）内，发现有大片的落石堆积，体积均不大于1 000 m^3。著名旅游景点滴水丹屏内的巨型侧面“人头像”也已在近两年内崩塌（图 6.162）。

图 6.160　石螺口海岸落石

图 6.161　鳄鱼山公园崩塌落石

图 6.162　滴水丹屏巨型“人头像”崩塌

(3) 海水入侵

岛上降雨量偏少，年降水量为 1 385.5 mm，约为北海陆地的 75%，降雨分布不均，冬、春季降雨少，是主要干旱季节，岛内无境外水注入。涠洲岛目前已被批准为国家级地质公园，属北海的主要旅游景点之一，旅游业得到了较大的发展，每年上岛旅游人数大幅增加，岛上用水大幅增加。据调访资料显示，涠洲岛为了解决岛上生活、生产及军防用水问题，自 1962 年之后先后在岛上打了多眼开采井。其中岛上的几个用水大户涠洲中学、南海石油公司和驻岛部队都有自己独立的供水井，开采地下水。由于开采井布置不合理，过于集中及开采量过大，已经引起局部明显的海水入侵。李国敏等于1992年指出，岛上某处供水井在连续抽水2 h之后，氯离子浓度升在388 mg/L左右。[138]

6.48 斜阳岛

6.48.1 概况

斜阳岛，又名小蓬莱、蛇羊、蛇洋。岛中心地理坐标为北纬20°54′40″、东经109°12′36″。该岛位于北部湾北部，北海市所辖涠洲镇东南8 km处。古名称“小蓬莱”，是以涠洲岛称“大蓬莱”相对而言之。因岛缘山岭形如走蛇和蹲羊，原称“蛇羊”“蛇洋”，后取谐音而有今称“斜阳”。

岛形如盾状、南北长约2 km，东西宽0.1～1.3 km，岛屿陆域面积1.83 km^2，岸线长5.981 km，均为基岩岸线。地势呈北部和西部高，向南东逐渐降低，中南部为低洼地（即干涸火山口湖），最高点位于羊尾岭为140.4 m，其四周沿岸为30～80 m高的陡崖。

6.48.2 自然环境概述

（1）地貌

地貌类型按成因划分有火山地貌、海蚀地貌两大类。

火山地貌有火山丘陵和火山口。主要由橄榄玄武岩、玄武质火山碎屑岩构成。火山口位于斜阳村附近，火山口特征较明显；海蚀地貌相当典型，主要有高耸峭立的海蚀崖，分布于岛的四周，有的高超过100 m，海蚀洞、海蚀柱、海蚀凹穴、海蚀沟槽等也随处可见。

（2）土地利用

斜阳岛总面积为1.826 7 km^2；其中，旱地面积0.273 7 km^2，种植花生、高粱、玉米、木薯、红薯等；有林地面积1.511 7 km^2，灌木林地0.013 9 km^2，主要为人工引种的木麻黄林、台湾相思林和半常绿（或落叶）灌丛；农村宅基地面积0.027 4 km^2，包括小学、供销社、水产站、粮站和民用建筑。斜阳岛无水库，淡水资源非常缺乏，岛上现有水井4口，蓄水池1个，降雨量较充沛的季节，水源较丰富；旱季则勉强自给（表6.85）。

表6.85 斜阳岛土地利用现状分类体系

三级类型	四级类型	含义	面积（km^2）
耕地	旱地	指无灌溉设施，主要靠天然降水种植旱生农作物的耕地。包括没有灌溉设施，仅靠引洪淤灌的耕地。	0.273 7

续表

三级类型	四级类型	含义	面积（km^2）
林地	有林地	指树木郁闭度不小于 0.2 的乔木林地，包括红树林地和竹林地。	1.511 7
	灌木林地	指灌木覆盖度不小于 40% 的林地。	0.013 9
住宅用地	农村宅基地	指农村用于生活居住的宅基地。	0.027 4

6.48.3　主要地质灾害

斜阳岛，与涠洲岛相同，处于开阔的北部湾外海，是典型的以波浪作用为主的海岸，波浪和风暴浪的侵蚀作用强，岸线与岸滩侵蚀明显，导致岸线逐渐后退，海蚀平台不断扩展。因此，该岛的地质灾害以海岸侵蚀为主，在整个岛屿岸线均有发育，仅在局部区域发现落石堆积（表 6.86）。

表 6.86　斜阳岛地质灾害统计表

编号	纬度（N）	经度（E）	特征描述	灾害等级	备注
XY01	20°55′1.28″	109°12′12.84″	海岸侵蚀	小型	海岸侵蚀使得码头被破坏
XY02	20°55′0.75″	109°12′11.52″	海岸侵蚀	小型	海岸侵蚀
XY04	20°54′43.00″	109°12′9.18″	海岸侵蚀	小型	海蚀洞穴、海蚀平台
XY05	20°54′29.37″	109°12′14.28″	海岸侵蚀	小型	海岸侵蚀落石，海蚀洞，断层
XY06	20°54′15.63″	109°12′22.65″	海岸侵蚀	小型	裂隙，海蚀平台
XY07	20°54′10.78″	109°12′34.36″	海岸侵蚀	小型	角度不整合，海蚀平台
XY08	20°54′7.01″	109°12′40.99″	海岸侵蚀	小型	海蚀平台
XY09	20°54′17.07″	109°12′55.66″	海岸侵蚀	小型	本地人称该处为铁链角。不整合面，海蚀洞，海蚀穹
XY010	20°54′20.70″	109°12′59.48″	海岸侵蚀	小型	海蚀洞
XY011	20°54′25.88″	109°13′3.85″	海岸侵蚀	小型	海蚀巷
XY012	20°54′32.20″	109°13′5.67″	海岸侵蚀	小型	海岸侵蚀
XY013	20°54′36.53″	109°13′5.88″	海岸侵蚀	小型	海蚀洞
XY016	20°54′51.74″	109°12′58.09″	海岸侵蚀	小型	海蚀洞穴
XY017	20°54′56.78″	109°12′51.12″	海岸侵蚀	小型	裂隙，海蚀洞
XY015	20°54′58.30″	109°12′47.81″	海岸侵蚀	小型	危险海蚀崖，裂隙，海蚀洞
XY018	20°55′0.40″	109°12′42.80″	海岸侵蚀	小型	海蚀穹
XY019	20°55′3.41″	109°12′35.81″	海岸侵蚀	小型	当地人称此地为三条石。悬石，海岸侵蚀
XY020	20°55′8.90″	109°12′24.50″	海岸侵蚀	小型	海蚀岬湾
XY021	20°55′10.16″	109°12′21.86″	海岸侵蚀	小型	海蚀洞
XY022	20°54′59.93″	109°12′13.73″	海岸侵蚀	小型	海蚀天窗
XY025	20°54′17.25″	109°12′51.26″	海岸侵蚀	小型	海蚀平台

（1）海岸侵蚀

海岸侵蚀在斜阳岛周边的各个岸段均有发生，海蚀崖、海蚀穴、海蚀平台、海蚀柱普遍发育（图6.163、图6.164）所示。

图6.163　斜阳岛西北岸海蚀平台

图6.164　斜阳岛南岸海蚀洞群

(2) 崩塌

斜阳岛崩塌现象多发生在海岸，伴随海岸侵蚀发育，规模不大，在本次调查中发现4处（表6.87）。

表6.87　斜阳岛崩塌调查点统计表

编号	纬度（N）	经度（E）	特征描述	灾害等级	备注
XY01	20°54′57.45″	109°12′9.12″	滑坡	小型	边坡落石
XY02	20°54′29.37″	109°12′14.28″	滑坡	小型	成堆落石堆积
XY03	20°55′3.41″	109°12′35.81″	滑坡	小型	落石
XY04	20°55′0.74″	109°12′15.34″	滑坡	小型	落石

图 6. 165 崩塌落石

第 7 章 热带海岛地质灾害

热带气候带海岛即海南省所辖海岛。可分为三个亚区：①北热带岛屿亚区——包括19°N 以北海南岛北部和中部的全部岛屿；②中热带岛屿亚区——包括 19°N 以南海南岛南部沿岸岛屿和西沙群岛、中沙群岛及东沙群岛的全部岛屿；③南热带岛屿亚区——包括南沙群岛的所有岛屿。此次海岛地质灾害调查只涉及海南岛周边的 5 个海岛。

7.1 海甸岛

7.1.1 概况

海甸岛是海口市最大的岛屿，位于海口市北部的南渡江入海口，是一个典型的三角洲岛屿（图 7.1）。海甸岛面积约 14 km^2，呈东西略宽的不规则卵形，岛上地势平坦，水系密布，湖泊和沟渠众多。海甸岛同紧邻的新埠岛一起，形成南渡江三角洲的中心，而南渡江在这里被分成三大股水道，从这两个岛屿两边和两岛之间分别注入琼州海峡。岛上软土层主要是淤泥质黏土及淤泥，大部分地区软土层厚度在 1 ~ 5 m 之间，局部地段厚度大于 10 m。软土层具有埋藏浅、不均匀含有砂性土的特点。

图 7.1 海甸岛遥感影像图

7.1.2　自然环境概述

（1）气象条件

海口市海甸岛地处低纬度热带北缘，属于热带海洋性季风气候，受大陆和海洋性气候的双重影响。春季温暖少雨多旱，夏季高温多雨多台风暴雨，秋季凉爽舒适时有阴雨，冬季干旱时有冷气流侵袭带有阵寒。全年日照时间长，辐射能量大，年平均日照时数 2 000 h 以上，太阳辐射量可达 460.24 ~ 502.08 kJ。年平均气温 23.8℃，最高平均气温 28.6℃，最低平均气温 17.7℃，极端气温最高 38.7℃，最低 4.9℃。4—10 月气温始终保持在较高水平，1 月气温较低。

海甸岛年平均降水量 1 664 mm，平均日降雨量在 0.1 mm 以上雨日 150 d 以上，雨量集中在夏季，多以午后的热雷雨为主，偶尔有台风靠近或登陆时带来暴雨天气。年平均蒸发量 1 834 mm，平均相对湿度 85%。

海甸岛常年以东南风和东北风为主，初夏和盛夏季节多刮南风和西南风，年平均风速 3.4 m/s。每年 4—6 月多为东南风，风力多为 4 级以下；冬季多为 5 ~ 6 级东北风。台风袭击时多为东北大风，常有 8 级以上大风出现，也曾出现 12 级以上飓风，一般延续 2 ~ 3 d。

（2）海洋水文

海甸岛处于热带季风北缘，据海口气象台 1951—1980 年 30 a 统计资料分析，风向和风速具有显著的季节性变化：夏季吹 S—SE 风，风速较小；冬季盛吹 NNE—ENE 风，风速较大；从全年风向频率、平均风速与最大风速来看，NE 是优势风，其次是 ENE 和 SSE 风，强风向为 ENE、SE、N 向，与常风向一致。受风的季节性影响，本区波浪以风浪为主，显著特征是周期短，平均周期在 4s 以内，NE 向波浪为优势波浪。该区波浪的另一特征是具有显著的季节性变化：5—8 月以偏南浪为主，9 月至翌年 4 月以东北浪为主，其中以 11 月至翌年 2 月最盛。再次，该区具有相对较大的波能，南渡江三角洲地区虽然波高值不大，但由于近岸坡度较陡，入射波可传播到近岸线处才破碎，故波能集中于岸线附近，从而对地貌形态发育与演变具有较强的驱动作用。

南渡江三角洲北岸海区的波浪主要以风浪为主，近岸平均波高 0.5 m，由于近岸坡度较陡，波浪基本到岸边才破碎，波能集中于近岸；起主要作用的 NE 向波浪频率较高，因此，南渡江三角洲近岸波浪力较大，一年中有 279 d 使水深 5 m 以浅的海底泥沙产生推移，配合盛行常向波浪（ENE 向）的方向，朝向 ENE 向的岸线侵蚀最严重。强波浪作用控制的河流下泄及东部废弃侵蚀的泥沙在沿岸形成沙坝、堡岛及其他地貌。沙坝及堡岛等地貌形状、大小与变化规律均呈现与波动力作用方式趋于一致。

海甸岛所处海口湾潮汐为不正规日潮，平均潮位为 1.1 m，台风暴潮最大潮位达 2.41 m。潮流受琼州海峡往复潮流控制，涨潮时潮流向东北流，历时 15 h，落潮时潮流向西南流，历时 8 h。潮流流速为 1.5 ~2.0 kn，但港湾潮流通时受季风的风生流影响，会使流向改变。受到琼州海峡两端不同类型潮波的影响，不同潮型时的潮流特性是各不相同的，其中小潮时以半日潮流为主，而大、中潮时为全日潮流。各站潮流转流时间各不相同，但共同特点都是出现在中潮位附近，故潮波传播的类型为前进波。各垂线水流运动方向在中潮位以上是向东流动，中潮位以下是向西流动，具有涨潮西向流、涨潮东向流、落潮西向流、落潮东向流的变化特点。这种潮流变化与潮位过程相比，涨潮时段的水流是以西流为主，落潮时段的水流是以东流为主。

(3) 湿地分布

海甸岛湿地总面积 1.959 756 km^2，其中养殖池塘面积最大 1.449 411 km^2，占湿地总面积的 73.96%，主要分布在岛西部和东北部以及中西部有零星分布；河流面积0.266 696 km^2，占 13.61%；湖泊面积 0.116 927 km^2，占 5.97%；沟渠面积 0.042 571 km^2，占 2.17%；砂质海岸面积 0.084 151 km^2，占 4.29%，主要分布在岛东北部（表 7.1）。

表 7.1　海甸岛湿地统计表

湿地类型	养殖池塘	沟渠	河流	湖泊	砂质海岸	合计
面积（km^2）	1.449 411	0.042 571	0.266 696	0.116 927	0.084 151	1.959 756
百分比（%）	73.96	2.17	13.61	5.97	4.29	100.00

(4) 植被分布

海甸岛植被总面积 3.919 143 km^2，其中防护林面积最大为 1.394 079 km^2，占植被总面积的 35.57%，主要分布在海甸岛东部、北部沿岸；草丛面积 1.022 827 km^2，占 26.10%，主要分布在中部以北的地区；经济林面积 1.017 269 km^2，占 25.96%，主要分布在中部以南的地区；人工草地面积 0.484 969 km^2，占 12.37%，主要是岛中心的公园绿化用地中（表 7.2）。

表 7.2　海甸岛植被统计表

植被类型	人工草地	经济林	草丛	防护林	合计
面积（km^2）	0.484 969	1.017 269	1.022 827	1.394 079	3.919 143
百分比（%）	12.37	25.96	26.10	35.57	100.00

(5) 土地利用

海甸岛土地利用总面积 13.209 983 km^2，其中城镇住宅用地面积最大为 4.020 052 km^2，占土地利用总面积的 30.43%，主要分布在海甸岛南部和中部；裸地面积 2.039 953 km^2，占 15.44%，主要分布在岛东北和中北部地区；有林地面积 1.394 079 km^2，占 10.55%，主要分布在岛中东部和北部，以防护林为主；科教用地面积 1.141 519 km^2，占 8.64%，主要分布在岛中部；其他林地面积 1.017 269 km^2，占 7.7%；养殖池塘面积 1.449 411 km^2，占 10.97%，主要分布在岛西部和西南；其他草地面积 1.077 377 km^2，占 8.16%，主要分布在岛中北部；河流面积 0.266 696 km^2，占 2.02%，河流从岛东南流入，经由岛中部最后由西岸流出；街巷用地面积 0.523 776 km^2，占 3.97%；湖泊面积 0.116 927 km^2，占 0.89%；沟渠面积0.042 571 km^2，占 0.32%；沙地面积 0.084 151 km^2，占 0.64%；内陆滩涂面积0.011 522 km^2，占 0.09%；港口码头用地面积 0.024 68 km^2，占 0.19%，主要位于岛西南岸（表 7.3）。

表 7.3　海甸岛土地利用统计表

土地利用类型	其他林地	其他草地	养殖池塘	内陆滩涂	城镇住宅用地	有林地	沙地	沟渠
面积（km^2）	1.017 269	1.077 377	1.449 411	0.011 522	4.020 052	1.394 079	0.084 151	0.042 571
百分比（%）	7.70	8.16	10.97	0.09	30.43	10.55	0.64	0.32
土地利用类型	河流	港口码头用地	湖泊	科教用地	街巷用地	裸地	合计	
面积（km^2）	0.266 696	0.024 68	0.116 927	1.141 519	0.523 776	2.039 953	13.209 983	
百分比（%）	2.02	0.19	0.89	8.64	3.97	15.44	100.00	

7.1.3　主要地质灾害

自从南渡江中、下游的松涛水库和龙塘滚水坝等工程相继建造以来，南渡江的输沙量从 1959 年前的 $68 \times 10^4\ m^3/a$ 剧减到现在的 $30 \times 10^4\ m^3/a$，泥沙来源不足，造成海甸岛北部岸滩受到强烈的冲刷侵蚀后退。

海甸岛南面为南渡江的分汊河道——海甸溪，东南侧为南渡江分汊河道——白沙河，河口海岸多为人工修筑的直立路堤或者海堤，潮间带不发育。在海甸岛东北部白沙河入海处，由于岬角地区较为强劲的波浪、河流和潮流作用，海岸侵蚀比较明显（表 7.4），大量的岸边建筑物被摧毁，形成以建筑垃圾为主的人工海岸地貌。白沙门岬角向西为东西走向的海岸，河口海域开阔，自白沙河入海的泥沙在沿岸流的作用下向西搬运，部分沉积在白沙门海水浴场附近（图 7.2），沿岸形成了河口沙嘴、沙滩、沿岸沙堤及潟湖等堆积地貌。自白沙门海水浴场向西至海甸岛西北部美丽沙一带，由于房地产开发等，近年来围填海现象十分突出，岸线总体处于堆积状态。

表 7.4　海甸岛地质灾害统计表

编号	纬度（N）	经度（E）	灾害类型	灾害等级	备注
HD01	20°04′46.12″	110°20′19.81″	海岸侵蚀	小型	人工填海
HD02	20°04′51.70″	110°20′03.12″	海岸侵蚀	小型	人工填海
HD03	20°04′28.95″	110°19′20.56″	海岸侵蚀	小型	人工填海

续表

编号	纬度（N）	经度（E）	灾害类型	灾害等级	备注
HD04	20°04′16.98″	110°18′39.22″	海岸侵蚀	小型	人工填海
HD05	20°04′21.35″	110°18′32.76″	海岸侵蚀	小型	人工填海
HD06	20°04′51.71″	110°20′07.42″	海岸侵蚀	小型	
HD07	20°04′43.07″	110°19′54.54″	海岸侵蚀	小型	

图 7.2　东北部白沙门沙滩

综上所述，通过海甸岛地质灾害普查结果可知，海甸岛岸线部分为人工岸线，海岛整体处于稳定状态，但是受南渡江输沙量减少和海甸岛北部水动力条件的共同影响，海甸岛北部部分岸段海岸侵蚀现象较为严重（图 7.3），对岸边建筑物的安全造成了较大的影响。

图 7.3　海甸岛北部岸滩冲蚀

7.2 大铲礁

7.2.1 概况

大铲礁又名磷枪石岛，位于海南省儋州市西北部海上，距陆地约 6 km，礁盘面积约 0.339 662 km²，为珊瑚礁（图 7.4）。大铲礁与周边海域被列为海南磷枪石岛珊瑚礁地方级自然保护区，其地理范围为：北纬 19°40′00″—19°41′29″、东经 109°04′50″—109°06′31″，大铲礁本身是由珊瑚、贝壳砂砾及各类珊瑚、贝壳、海滩崖、次生珊瑚礁砾组成的珊瑚岛，属珊瑚礁分布区的北缘，是研究北部湾珊瑚礁、南海珊瑚礁区域分布和珊瑚礁发育史及其生物构成与变迁的重要基地。大铲礁岸线总长 13. 100 km，全部为砂质岸线。

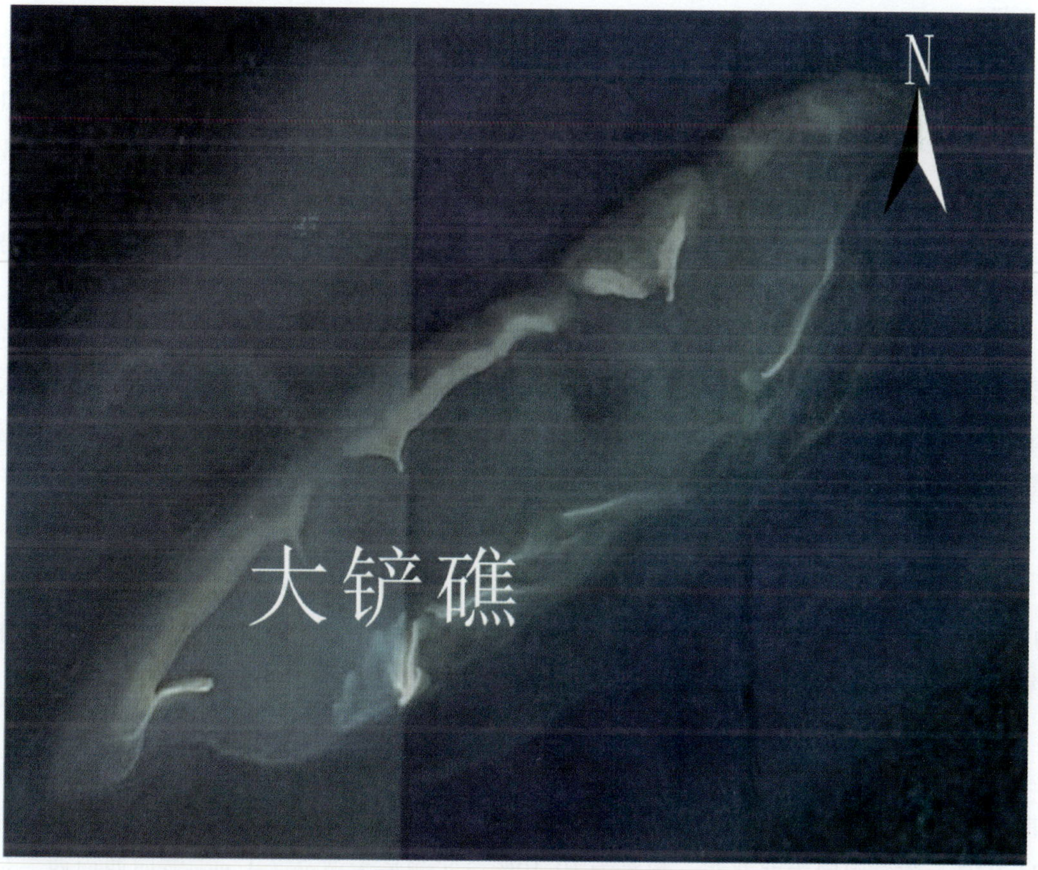

图 7.4　大铲礁遥感影像图

海南岛西北部大铲礁等珊瑚礁处于珊瑚生长的北界，它们对外部应力变化如人类活动引起的环境变化比较敏感，潮间带及浅水区珊瑚的开采可能使珊瑚礁坪成为生态荒漠，并引发珊瑚沙岛、周边海岛及海岸带侵蚀加剧等生态环境问题。

7.2.2 自然环境概述

(1) 气象

大铲礁属热带湿润季风气候，夏无酷暑，冬无严寒，阳光充足，雨量充沛。多年平均气温24.7℃，极端最高气温38.5℃，极端最低气温7.3℃，月平均最高气温29.3℃，月平均最低气温18.9℃。

大铲礁年降水量为1 257 mm，该区受季风影响，雨季、旱季分明，5—10月为雨季，11月至翌年4月为旱季。降水量以7月最多，8月次之，12月最少。年平均降水量1 257.4 mm，年最大降水量1 434.9 mm（1978年），年最小降水量739.00 mm（1979年），月最大降水量355.6 mm（1977年7月），日最大降水量184.3 mm（1978年7月28日）。

大铲礁年常见风为东北风，频率占20%；其次是北东风，占16%；北北东风，占14%，偏西风（北北西—南南风），占27%。6级及6级以上大风年均约2.8次，受台风影响较少，海口港的船常到洋浦港避台风。冬半年多ENE和NE风，夏半年多SW及SSW风，常风向ENE，次常风向NE，频率分别为22.3%、18.1%。强风向SW，实测最大风速达32.3 m/s。本地区受热带气旋的影响，年平均影响3~4次，据实测资料分析，热带气旋是洋浦大风和暴雨的主要因素。

洋浦地区雾日多出现于12月至翌年4月，尤以3月为多。水平能见度小于1 000 m的雾日，多年平均为16 d，最多21 d（1976年），最少9 d（1980年），持续时间一般为2 h，最长可达7 h。本地区湿度较大，平均相对湿度为82%，最小相对湿度为26%。本区为雷暴多发区，年平均雷暴日为114 d。

(2) 海洋水文

大铲礁附近潮汐属正规日潮型，最大潮差3 m，平均潮差1.82 m，平均涨潮历时12 h 12 min，平均落潮历时9 h 36 min，涨潮时流速为1.8kn，落潮时流速为2kn。潮流为往复流。

据1976年观测，在港湾外，$H_{1/16}$大波的年最大波高为2.4 m，最大平均周期为5.5s，主波向为西南—北。在洋浦村现建码头前沿处$H_{1/10}$大波的最大波高为0.5 m，最大平均周期为2.6s，主波向为南西。据实测资料统计，该海域常浪向为北东向，出现频率为11.24%，次常浪向为北北东，频率为10.10%。实测最大波高7.1 m，波向西南西，是2005年第18号台风“达维”影响所致。年平均波高为0.34 m。以风浪为主，大约占80%（夏季多达90%，冬春季占70%~80%），风涌混合浪占20%左右。

(3) 湿地分布

大铲礁湿地基本都为珊瑚礁（图 7.5），面积为 4.073 110 km^2。

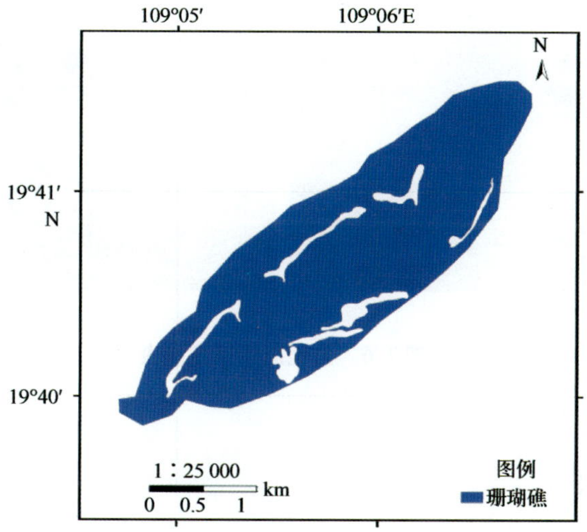

图 7.5　大铲礁湿地分布图

(4) 土地利用

大铲礁土地利用总面积 4.412 771 km^2（表 7.5），其中沿海滩涂 4.073 110 km^2，占土地利用面积的 92.30%；沙地 0.339 662 km^2，占 7.70%。

表 7.5　大铲礁土地利用统计表

土地利用类型	沙地	沿海滩涂	合计
面积（km^2）	0.339 662	4.073 110	4.412 771
百分比（%）	7.70	92.30	100.00

7.2.3　主要地质灾害

根据调查，大铲礁基本处于自然演化的原始阶段，人类活动较少，岛上仅建有 3 个导航用灯塔，除西侧礁体面临外海稍有冲蚀外，基本不存在地质灾害现象。但是随着经济的发展和海产品价格的提升，不断有渔民登岛采挖沙虫、贝类等海产品（图 7.6），并伴有极少量的珊瑚开采现象，对大铲礁的生态系统产生一定的影响。因此，以大铲礁为代表的海南岛西北部珊瑚礁生态系统的保护还有待加强。

图 7.6 当地渔民采挖沙虫

7.3 东屿岛

7.3.1 概况

东屿岛位于万泉河入海口处，是万泉河入海口三座岛屿中最大的一个岛，为博鳌亚洲论坛会址所在地，属江心洲漫滩及海成一级阶地，近圆形，总体地形为中心高四周低，岛上标高为 1.0～3.5 m，地势平缓（图 7.7）。

图 7.7 东屿岛遥感影像图

东屿岛为万泉河泥沙堆积所形成的冲积岛，其周边沉积环境总体上表现为拦门沙（玉带滩）包围的、具有狭窄口门的河口潟湖。作为博鳌水城的主岛，东屿岛已被开发成博鳌亚洲会议论坛会址和高尔夫球场，环岛以人工海岸为主（图 7.8），潮间带不发育，只在个别地段发育小面积的沙滩（图 7.9），地质灾害较少。

图 7.8　东屿岛人工岸线

图 7.9　心滩发育

东屿岛岸线总长6.326 km，其中人工岸线6.269 km，占岸线总面积的99.10%，主要包括沿岸的路和堤坝；砂质岸线0.057 km，占0.90%。

7.3.2 自然环境概述

(1) 海洋水文

本海区的波形为以涌浪为主的风浪和涌浪混合型，出现频率64.5%；其次为风浪，占21.3%；纯粹的涌浪只占0.5%。从波级来看，本地区的波级以3级为主，出现频率达到81.6%；其次是4级，占9.6%；然后是0～2级，占8.3%；5级以上仅占0.5%。从波向来看，常浪向为E向，次常浪向为ESE、E、ESE、SE、SSE向浪，占到总频率的95.78%。

本海区水下地形复杂，外海潮流传入本区域，涨、落潮潮流受水下岸坡和琼东沿岸地形的影响，潮流流向变化复杂。琼东海区岸线基本呈NE—SW走向，涨潮流流向大致在S—W向，落潮流则大致朝N—E向；潮流基本上呈顺时针转向的旋转流性质，但近岸区域涨潮流受岸线影响，浅水作用明显，潮流玫瑰图椭圆长轴方向基本与岸线走向相同，涨潮流受压迫，亦呈一定的往复流性质。

另外，本海区处于由不正规半日潮混合潮型向不正规全日潮的过渡区域，半日潮型叠加，表现为大潮日一天内一次高潮一次低潮，涨潮历时明显长于落潮历时，涨潮流速亦明显小于落潮流速。最大落潮流速一般发生在高潮后2 h左右，最大涨潮流速一般发生在涨潮时中潮位期间，最小潮流流速发生在高、低潮时，但最大流速数值一般不大，最大可能流速（落潮）约为0.6 m/s。

外海的余流与季风有关。冬季偏北风盛行时期，余流基本呈向南方向，余流流速在1～14 cm/s之间。

(2) 地质概况

东屿岛位于琼海市东南博鳌镇，在地质构造上属于长坡岩体，附近有北东向文塘断层，北东向凰龙断层和北东向东尾断层，区内无深厚断裂和断层。东屿岛岛体由万泉河泥沙堆积而成。

(3) 湿地分布

东屿岛湿地总面积0.150 988 km^2（表7.6），其中养殖池塘0.110 204 km^2，占72.99%，主要分布在岛中部；砂质海岸0.040 784 km^2，占27.01%，主要分布在岛东北和西南部分。

表 7.6 东屿岛湿地统计表

湿地类型	养殖池塘	砂质海岸	合计
面积（km^2）	0.110 204	0.040 784	0.150 988
百分比（%）	72.99	27.01	100.00

（4）植被分布

东屿岛植被总面积为 1.482 205 km^2（表 7.7），其中草本栽培植被面积最大为 0.760 414 km^2，占植被总面积的 51.30%，主要为东屿岛内高尔夫球场的草坪；防护林面积 0.290 747 km^2，占 19.62%，主要分布于岛南部和东南部；常绿阔叶林 0.187 590 km^2，占 12.66%，主要分布于岛中部和东北部；草丛 0.182 454 km^2，占 12.31%，主要分布于岛中部和东南部；稀树草丛 0.047 593 km^2，占 3.21%，分布于岛东北角；农作物群落面积最小为 0.013 407 km^2，占 0.90%，主要分布于岛中部和东北部。

表 7.7 东屿岛植被统计表

植被类型	农作物群落	常绿阔叶林	稀树草丛	草丛	草本栽培植被	防护林	合计
面积（km^2）	0.013 407	0.187 590	0.047 593	0.182 454	0.760 414	0.290 747	1.482 205
百分比（%）	0.90	12.66	3.21	12.31	51.30	19.62	100.00

（5）土地利用

东屿岛土地利用总面积 1.838 533 km^2（表 7.8），其中其他草地 0.990 461 km^2，占土地利用面积的 53.87%，主要为岛内高尔夫球场的草坪；有林地 0.385 751 km^2，占 20.98%，主要为岛东南部、南部和中部的防护林；其他商服用地 0.104 146 km^2，占 5.66%；养殖池塘 0.110 204 km^2，占 5.99%；其他林地 0.092 586 km^2，占 5.04%；住宿餐饮用地面积为 0.069 822 km^2，占 3.80%；沿海滩涂 0.040 784 km^2，占 2.22%；沙地 0.025 858 km^2，占 1.41%；旱地 0.013 407 km^2，占 0.73%；港口码头用地面积最小为 0.005 514 km^2，占 0.30%。

表 7.8 东屿岛土地利用统计表

土地利用类型	住宿餐饮用地	其他商服用地	其他林地	其他草地	养殖池塘	旱地
面积（km^2）	0.069 822	0.104 146	0.092 586	0.990 461	0.110 204	0.013 407
百分比（%）	3.80	5.66	5.04	53.87	5.99	0.73
土地利用类型	有林地	沙地	沿海滩涂	港口码头用地	合计	
面积（km^2）	0.385 751	0.025 858	0.040 784	0.005 514	1.838 533	
百分比（%）	20.98	1.41	2.22	0.30	100.00	

7.3.3 主要地质灾害

东屿岛地质灾害主要表现为海岸侵蚀和河道淤塞（表7.9）。

表7.9 东屿岛地质灾害统计表

编号	纬度（N）	经度（E）	灾害类型	灾害等级	备注
DY01	19°09′02.84″	110°34′22.01″	海岸侵蚀	小型	疑似塌岸
DY02	19°08′56.38″	110°34′27.32″	海岸侵蚀	小型	沙滩侵蚀
DY03	19°08′58.42″	110°34′28.61″	海岸侵蚀	小型	沙滩侵蚀
DY04	19°08′58.26″	110°34′28.29″	海岸侵蚀	小型	侵蚀陡坎
DY05	19°08′59.16″	110°34′31.11″	海岸侵蚀	小型	侵蚀陡坎
DY06	19°08′59.39″	110°34′31.40″	海岸侵蚀	小型	侵蚀陡坎
DY07	19°08′58.88″	110°34′29.46″	海岸侵蚀	小型	塌岸
DY08	19°08′56.77″	110°34′27.35″	港湾淤积	小型	废弃河口
DY09	19°08′06.79″	110°33′50.39″	港湾淤积	小型	河道堵塞
DY10	19°08′06.66″	110°33′42.19″	港湾淤积	小型	河道堵塞

（1）沙滩侵蚀

东屿岛处于万泉河河口，外侧有玉带滩阻拦，水动力条件较弱，加上人工修筑岸线，岸滩常表现为狭窄的沙滩和砂质草滩，万泉河分汊河道逐渐淤积，岸线基本处于稳定状态。根据调查资料可知，东屿岛北部万泉河分汊河道被人工阻断，泥沙供应断绝，致使分汊河道河口处的75 m长的小沙滩出现侵蚀后退现象，造成沙滩植被根系出露（图7.10）。沙滩北侧为人工抛石和混凝土护岸，水下为条石护脚，长约30 m的抛石护岸处沙滩已冲蚀殆尽，而混凝土人工海岸部分岸段则发生小规模塌岸的现象（图7.11）。

图7.10 沙滩侵蚀造成植物根系出露

图 7.11　人工护岸塌岸

(2) 河道淤塞

东屿岛周围水动力条件较弱，潮流波浪影响较小，因此东屿岛南侧万泉河河道淤积严重，河道中心滩发育，部分小型分汊河道河床抬高导致断流，岸边生长红树等乔本植被（图 7.12），进一步加大了河道的淤积速度。

图 7.12　河道淤积

7.4　大洲岛

7.4.1　概况

大洲岛位于万宁市东澳镇的东南 4.3 km 的海上，是海南沿海最大的岛屿，位于北纬

18°39′19″—18°41′26″、东经 110°01′26″—111°29′40″，曾名“独洲岛”，因其是金丝燕在我国唯一常年栖息的岛屿，故又称“燕窝岛”。大洲岛形似葫芦状，呈西北—东南方向倾斜，由独立的南、北两部分组成，大洲岛南北各有一山，南山又叫大岭，面积 2.801 224 km^2，主岸海拔 290 m，岸线长 7.444 km，中心地理坐标为北纬 18°39′56″、东经 110°29′01″；北山为小岭，面积约 1.229 997 km^2，最高处海拔 156 m，岸线长 5.423 km，中心地理坐标为北纬 18°40′57″、东经 110°28′34″。两岛之间由一条长约 400 m、宽数十米的连岛沙坝相连；退潮时，沙坝露出水面，涉水可过。沙坝东面为天然的海水浴场，西面可停靠各种渔船（图 7.13）。

图 7.13　大洲岛遥感影像图

大洲岛隶属海南省万宁市管辖，属无居民岛，但是在捕鱼季节会有大批渔民在小岭山脚搭建简易房暂住。岛上有水井两眼，水质尚好，可饮用。为了保护大洲岛的珍稀物种——金丝燕，1983 年万宁县建立了县级自然保护区。1989 年，经过全面论证，国家海洋局提出建立海岛海域生态系统自然保护区，于 1990 年 9 月 30 日经国务院批准，正式确定为国家级海洋自然保护区，这个保护区是海南省第二个国家级海洋自然保护区。大洲岛上的两个领海基点：一个位于大洲岛大岭的东南端，公布的地理坐标为北纬 18°39.7′、东经 110°29.6′；另一个位于大洲岛大岭的东南部岬角，公布的地理坐标为北纬 18°39.4′、东经 110°29.1′。

大洲岛岸线总长 12.867 km，其中基岩岸线 12.230 km，占 95.05%，除南、北两部分的连接处有部分砂质岸线外，海岛其他部分岸线均为基岩岸线；砂质岸线为 0.638 km，占 4.95%，砂质岸线主要分布在大洲岛南、北两部分的连接处。海岛离岸较远，除岛间岬湾区外，海蚀作用明显，海蚀崖发育，岸线经年有缓慢后退的趋势。

7.4.2　自然环境概述

(1) 地质地貌

大洲岛为基岩岛，主要由燕山早期（侏罗纪）的侵入花岗岩构成，后经中、新生代构造运动和外力地质作用改造成为现今的海岛形态，局部有花岗闪长斑岩脉和闪长玢岩脉出露（图 7.14）。海岛表层发育红色砖红壤。大洲岛大岭高大，海拔 290 m，为侵蚀剥蚀高丘陵；地面切割深度 50 ~ 80 m，坡度 30° ~ 35°，沟谷多呈“V”形。由于花岗岩垂直节理发育，常出现陡崖，独石兀立。大洲岛小岭较小，海拔 156 m，为侵蚀剥蚀低丘陵；地面切割深度 20 ~ 40 m，坡度一般 20° ~ 25°；常见陡崖和独立石。大岭和小岭沿岸多为海蚀崖岸，悬崖峭壁上发育洞穴、柱状节理或裂隙，为金丝燕提供了良好的栖息场所。南北两岛之间发育洁白的沙滩，并通过一条长约三四百米、宽数十米的连岛沙坝相连（图 7.15）。

图 7.14　大洲岛全貌

图 7.15　大岭与小岭间的连岛沙坝

大洲岛具有特殊的海底地貌，其周围海域水深达 100 m，变化极大，10 m 等深线离岛不到 200 m，大岭东南侧 30 m 等深线距岛不到 200 m，有着与近海不同的海洋生态特征，适宜不同水深的海洋生物生存和栖息，海水清澈，能见度极高，生长有多姿多彩的海底珊瑚。

(2) 湿地分布

大洲岛湿地总面积 0.411 693 km^2（表 7.10），湿地类型以岩石性海岸为主，面积为 0.388 427 km^2，占 94.35%，主要分布在除岛南北部分连接处以外的岛沿岸区域；砂质海岸面积 0.023 266 km^2，占 5.65%，分布在岛南、北两部分的连接处。

表 7.10　湿地类型统计表

湿地类型	岩石性海岸	砂质海岸	合计
面积（km^2）	0.388 427	0.023 266	0.411 693
百分比（%）	94.35	5.65	100.00

(3) 植被分布

大洲岛植被覆盖率较高，主要以刺灌丛为主，其面积为 3.754 193 km^2。大洲岛岛上植物种类较多，其中海南龙血树和海南苏铁为岛上的优势物种，岛上各植被群落之间相互渗透，没有明显的界限。

(4) 土地利用

大洲岛土地利用中灌木林地最多，面积为 3.754 193 km^2，占总面积的 84.50%；沙地面积最小，为 0.009 341 km²，占 0.21%，分布在小岭（大洲岛北部岛屿）的南部；裸地、沿海滩涂面积分别为 0.267 686 km² 和 0.411 693 km²，分别占 6.02% 和 9.27%，主要分布在岛的沿岸地区（表 7.11）。

表 7.11　大洲岛土地利用统计表

土地利用类型	沙地	沿海滩涂	灌木林地	裸地	合计
面积（km^2）	0.009 341	0.411 693	3.754 193	0.267 686	4.442 914
百分比（%）	0.21	9.27	84.50	6.02	100.00

7.4.3　主要地质灾害

大洲岛为基岩岛，底层由燕山早期（侏罗纪）的侵入花岗岩构成，后经中、新生代构造运动和外力地质作用改造成现今的海岛形态。海岛离岸较远，除岛间岬湾外，海蚀作用明显，海蚀崖发育，岸线经年有缓慢后退趋势。经调查，大洲岛上主要地质灾害有海岸侵蚀、崩塌、海水入侵等（表 7.12）。

表 7.12　大洲岛地质灾害统计表

野外编号	纬度（N）	经度（E）	灾害类型	灾害等级	备注
DZ01	18°39′19.63″	110°28′08.92″	滑坡	小型	陡崖落石
DZ02	18°39′16.18″	110°28′36.18″	滑坡	小型	倒石堆
DZ03	18°39′15.53″	110°28′49.49″	滑坡	小型	陡崖落石
DZ04	18°39′22.23″	110°29′10.38″	滑坡	小型	陡崖落石
DZ05	18°39′26.78″	110°29′15.17″	滑坡	小型	陡崖落石
DZ06	18°39′45.14″	110°29′34.35″	滑坡	小型	陡崖落石
DZ07	18°39′57.48″	110°29′40.35″	滑坡	小型	陡崖落石
DZ08	18°40′22.27″	110°29′34.32″	滑坡	小型	陡崖落石
DZ09	18°40′31.23″	110°29′16.88″	滑坡	小型	陡崖落石
DZ10	18°41′01.90″	110°28′54.29″	滑坡	小型	陡崖落石
DZ11	18°41′17.47″	110°28′41.58″	滑坡	小型	陡崖落石
DZ12	18°41′24.82″	110°28′33.27″	滑坡	小型	陡崖落石
DZ13	18°41′25.12″	110°28′17.39″	滑坡	小型	陡崖落石
DZ14	18°41′10.74″	110°28′10.71″	滑坡	小型	倒石堆
DZ15	18°41′02.81″	110°28′13.05″	滑坡	小型	倒石堆
DZ16	18°40′33.02″	110°28′20.95″	滑坡	小型	陡崖落石
DZ17	18°40′31.42″	110°28′32.65″	滑坡	小型	陡崖落石
DZ18	18°40′21.39″	110°28′44.56″	海岸侵蚀	小型	海蚀崖
DZ19	18°40′37.37″	110°28′36.77″	海水入侵	中	海水入侵
DZ20	18°40′21.92″	110°28′44.95″	海水入侵	弱	海水入侵

（1）海岸侵蚀

大洲岛海岸受波浪的长期侵蚀与溶蚀作用，沿地质结构薄弱处（如节理）发生崩塌而形成陡崖。大洲岛海蚀陡崖主要位于大洲岛大岭南端，在南端长约 3 km 和北端约 500 m 的基岩岛体上，受风浪侵蚀作用强烈（图 7.16），海蚀崖几近直立，发育众多大的构造裂隙和海蚀洞。在海浪侵蚀和重力长期作用下，海蚀崖不断处于缓慢后退之中，局部崩塌现象明显。

图 7.16　海蚀陡崖崩塌落石

（2）崩塌

大洲岛主要由花岗岩构成，属于侵蚀剥蚀丘陵海岛。由于花岗岩垂直节理发育，加上长年累月受热带气旋带来的暴雨径流冲刷作用，造成地面切割深度较大，基岩易于崩塌滚落，形成地质灾害。整个大洲岛岛体上遍布大大小小的滚石，特别是在海岸带区域，在波浪和重力的双重作用之下，海蚀陡崖处的崩塌落石尤为发育，并在局部地区形成小型倒石堆（图 7.17），倒石堆呈三角形，堆积滚石直径上小下大，宽度约 15 m，高约 10 m。

图 7.17　滚石及小型倒石堆

(3) 海水入侵

大洲岛连岛沙坝北部和南部分别有两处水源，北部为人工开挖的水井，南部为简易取水坑。根据两处的水质分析，北侧井内水的 Cl^- 浓度为 329.85 mg/L，属于中度入侵，该井靠近岸边，受海水影响显著；南侧坑中水样 Cl^- 浓度为 129.48 mg/L，海水入侵较弱，因该处水源靠近山坡，且离岸较远。总体来看，由于连岛沙坝面积较小，且以砂质为主，因此海水易于渗入影响地下水质，导致该岛地下淡水资源匮乏，因此当地不定期居住的渔民用水主要来自陆地。

7.5　西瑁洲岛、牛王岛

7.5.1　概况

西瑁洲岛又称西岛、玳瑁岛，位于三亚市三亚湾内，形似三角形，其东距三亚港约 12.96 km，北距马岭山脚约 5.56 km，为三亚地区重要的海上屏障，其地理位置为北纬 18°14′00″、东经 109°22′11″。西瑁洲岛整体呈南北走向，形如玳瑁，北部尖圆，南部粗大。南北长约 1.350 km，东西宽约 0.900 km，陆域总面积 1.935 506 km^2，是海南第二大岛，离海南岛本岛岸线最近约 6 km（图 7.18）。

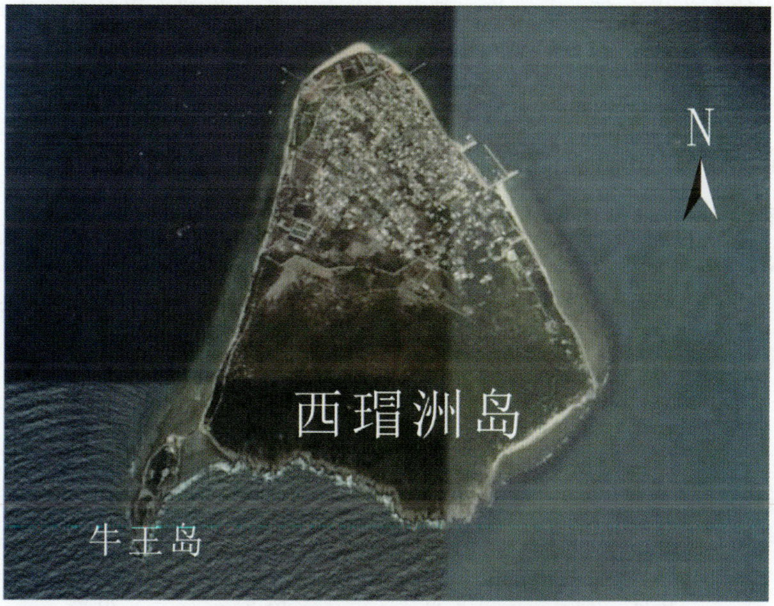

图 7.18　西瑁洲岛、牛王岛遥感影像图

地形地貌大致分为南、中、北三部分，南高北低。西瑁洲岛南部为小丘陵，制高点西瑁山（122.3 m）顶部较平坦，建有灯桩，东西两端各有一小高地相烘托。这些高地表层

为黄色砂质土，厚1 m以上，底部都为岩石构成。丘陵上生长矮小灌木和杂草，有少量高2 m以上的乔木，有野生猕猴几十只，以食虾蟹为生；有省级保护动物金丝燕，盛产海岛珍品——燕窝。岛北部为平坦沙地，占全岛面积70%以上，近海岸为成片的仙人掌、野菠萝和小灌木。全岛水源丰富，共有水井50余眼，平地下挖0.5～1.5 m即可取得淡水。牛王岛位于西瑁洲岛西南部，为基岩岛，与西瑁洲岛通过连岛堤相通。

西瑁洲岛岸线总长5.864 km，其中砂质岸线最长为3.190 km，占54.40%，主要分布在岛东西两侧；基岩岸线1.554 km，占总岸线的26.50%，主要分布在西瑁洲岛南部；人工岸线1.120 km，占19.10%，主要为码头、港口等，分布在岛东海岸中部和岛北边的部分岸段。

西瑁洲岛南部潮间带为岩滩，海蚀崖和海蚀沟地貌发育；西、北和东北部发育砂质海滩，特别是其北部沙滩最为发育，通常其高、中滩为沙滩，低滩下部出露珊瑚礁坪，北部顺海岛走向延伸形成沿岸沙嘴；海岛东南部中、高为砂砾滩或砾滩，局部出露海滩岩，低滩为珊瑚礁坪。牛王岛位于西瑁洲岛西南侧海上，整体为基岩海岛。

7.5.2 自然环境概述

（1）地质地貌

西瑁洲岛主要物质组成为：花岗岩、海滩岩—砾化燥红土、燥红土和珊瑚砂土。西瑁洲岛的地形地貌大致分为南、中、北三部分，南高北低。北部为平沙地，由珊瑚、贝壳、砂粒组成，地势低平；中部为草林坡地，为渔村所在地；南部为突兀峻峭的丘陵，由花岗岩构成。

（2）湿地分布

西瑁洲岛湿地总面积0.530 301 km^2（表7.13），其中珊瑚礁面积最大，为0.365 505 km^2，占总面积的68.92%，主要分布在岛北部和东西两侧；砂质岸线面积次之为0.111 099 km^2，占20.95%，分布在珊瑚礁内侧的岛东西两侧；岩石性海岸0.049 793 km^2，占9.39%，主要分布在岛南侧；养殖池塘最少，面积为0.003 904 km^2，占0.74%，分布于岛东侧中部位置。

表7.13 西瑁洲岛湿地类型统计表

湿地类型	养殖池塘	岩石性海岸	珊瑚礁	砂质海岸	合计
面积（km^2）	0.003 904	0.049 793	0.365 505	0.111 099	0.530 301
百分比（%）	0.74	9.39	68.92	20.95	100.00

（3）植被分布

西瑁洲岛植被总面积为1.466 987 km^2（表7.14），其中刺灌丛面积最大为0.859 602 km^2，占植被总面积的58.60%，主要分布在西瑁洲岛南部的山地地区；常绿阔叶林面积次之，为0.359 536 km^2，占24.51%，主要分布在岛中部和东部；草本栽培植被0.110 141 km^2，占7.51%；防护林0.066 959 km^2，占4.56%，主要分布在岛西部沿岸；果园0.038 152 km^2，占2.60%；稀树草丛0.032 597 km^2，占2.22%。西瑁洲岛植物种类多为台湾相思树、小叶桉及少量麻黄、椰树等乔木，以及相思豆、三角梅、草海桐、仙人掌等灌木林。

表7.14　西瑁洲岛植被统计表

植被类型	刺灌丛	常绿阔叶林	果园	稀树草丛	草本栽培植被	防护林	合计
面积（km^2）	0.859 602	0.359 536	0.038 152	0.032 597	0.110 141	0.066 959	1.466 987
百分比（%）	58.60	24.51	2.60	2.22	7.51	4.56	100.00

（4）土地利用

西瑁洲岛土地利用总面积2.451 391 km^2（表7.15），其中灌木林地面积最大为0.859 602 km^2，占35.07%，主要分布在西瑁洲岛南部的山地地区；沿海滩涂面积为0.526 397 km^2，占21.47%；有林地面积为0.426 495 km^2，占17.40%，主要分布在岛西岸、岛东南部和岛中部部分地区；农村宅基地面积为0.291 413 km^2，占11.89%，主要分布在岛中部和岛东岸以北的地区；其他草地面积为0.142 738 km^2，占5.82%；裸地面积为0.059 327 km^2，占2.42%；农村道路面积为0.051 711 km^2，占2.11%；其他园地面积为0.038 152 km^2，占1.56%，主要为椰树林；其他商服用地面积为0.028 800 km^2，占1.17%；空闲地面积为0.013 981 km^2，占0.57%；街巷用地面积为0.008 66 km^2，占0.35%；养殖池塘面积为0.003 904 km^2，占0.16%；风景名胜设施用地面积为0.000 211 km^2，占0.01%。

表7.15　土地利用统计表

土地类型	其他商服用地	其他园地	其他草地	养殖池塘	农村宅基地	农村道路	有林地
面积（km^2）	0.028 800	0.038 152	0.142 738	0.003 904	0.291 413	0.051 711	0.426 495
百分比（%）	1.17	1.56	5.82	0.16	11.89	2.11	17.40
土地类型	沿海滩涂	灌木林地	空闲地	街巷用地	裸地	风景名胜设施用地	合计
面积（km^2）	0.526 397	0.859 602	0.013 981	0.008 66	0.059 327	0.000 211	2.451 391
百分比（%）	21.47	35.07	0.57	0.35	2.42	0.01	100.00

7.5.3　主要地质灾害

根据调查结果可知，由于地质地貌和水动力条件的不同，西瑁洲岛存在海岸侵蚀、崩塌和海水入侵等3种地质灾害现象（表7.16、表7.17），均属小型地质灾害：其中海滩侵蚀主要发育在海岛东南部、西南部和北部局部岸段；陡崖落石主要发育在西瑁洲岛南端和东南侧岬角处；早期无节制的地下水开采造成目前西瑁洲岛海水入侵现象比较严重，对当地的旅游产业和居民生活用水均造成了比较严重的影响。而牛王岛主要发育小型崩塌落石地质灾害：牛王岛受构造节理发育和三亚湾南向优势浪冲蚀的共同作用，海岛崩塌落石十分发育，形成多个崩塌落石危险区域，对当地的旅游安全产生较大的影响。

表 7.16　西瑁洲岛地质灾害统计表

野外编号	纬度（N）	经度（E）	灾害类型	灾害等级	备注
XMZ01	18°13′52.32″	109°22′39.55″	滑坡	小型	落石
XMZ02	18°13′50.46″	109°22′36.67″	滑坡	小型	
XMZ03	18°13′53.66″	109°22′38.92″	滑坡	小型	
XMZ04	18°14′40.51″	109°21′59.93″	海岸侵蚀	小型	
XMZ05	18°14′42.61″	109°22′10.07″	海岸侵蚀	小型	
XMZ06	18°14′41.73″	109°22′11.58″	海岸侵蚀	小型	
XMZ07	18°13′49.47″	109°22′36.29″	海岸侵蚀	小型	
XMZ08	18°14′10.38″	109°21′55.40″	海岸侵蚀	小型	沙滩侵蚀
XMZ09	18°14′12.62″	109°22′20.94″	海水入侵	中	
XMZ10	18°14′17.98″	109°22′23.30″	海水入侵	强	
XMZ11	18°14′31.37″	109°22′17.80″	海水入侵	中	
XMZ12	18°14′36.28″	109°22′14.41″	海水入侵	弱	

表 7.17　牛王岛地质灾害统计表

野外编号	纬度（N）	经度（E）	灾害类型	灾害等级	备注
NWD01	18°13′42.66″	109°21′42.43″	滑坡	小型	崩塌落石
NWD02	18°13′38.70″	109°21′42.31″	滑坡	小型	崩塌落石
NWD03	18°13′37.17″	109°21′41.86″	滑坡	小型	崩塌落石
NWD04	18°13′36.50″	109°21′41.58″	滑坡	小型	崩塌落石
NWD05	18°13′34.50″	109°21′42.63″	滑坡	小型	倒石堆
NWD06	18°13′38.82″	109°21′44.55″	滑坡	小型	崩塌落石
NWD07	18°13′38.18″	109°21′43.98″	滑坡	小型	崩塌落石
NWD08	18°13′42.34″	109°21′45.84″	滑坡	小型	崩塌落石

(1) 海岸侵蚀

西瑁洲岛海岸侵蚀主要发生在海岛的东南部岬角两侧，岬角岸段以基岩岸为主，两侧分别有长约 300 m 的珊瑚砾石滩，海滩上部以珊瑚砾石滩为主，坡度较大，下部出现海滩岩及珊瑚礁坪，上覆藻甸堆积物。该岸段海滩侵蚀作用较强，特别是在岬角北侧岸线附近形成高差约 1 m 的侵蚀陡坎（图 7.19）。

图 7.19　侵蚀陡坎

西瑁洲岛西南—西侧海岸，即自潜水码头至牛王岛连岛堤岸段海滩侵蚀作用亦较为强烈，岸滩上部沙滩较窄，下部海滩岩大面积出露（图 7.20）。

图 7.20　岩滩

西瑁洲岛北部砂质海岸发育，随着西瑁洲岛旅游业的发展，海岛北部海滩已被开辟为海滨浴场及观光旅游区，修建有旅游码头等。受海平面上升及人工建筑的影响，沙滩遭受轻微冲蚀，礁石及海滩岩出露（图 7.21），局部岸段沙滩可见长度 51.5 m，最大高差约 40 cm的侵蚀陡坎（图 7.22）。此外，由于历史原因，岛上林木一度被砍伐殆尽，连年的烧山种植和无度采挖珊瑚礁，导致生态环境日趋恶化，部分岸滩严重蚀退，年均多达2 m。

图 7.21　人工建筑造成的海滩侵蚀

图 7.22　北部侵蚀陡坎

(2) 崩塌

多表现为陡崖落石，主要发育在西瑁洲岛南部和牛王岛。西瑁洲岛和牛王岛所在海域为三亚湾，其优势浪为南向浪，强浪向是南南西向，次强浪向是南西向，受南向优势浪的常年冲刷，导致西瑁洲岛海岛南部 1.14 km 的海岸线，海蚀崖及海蚀沟等地形地貌十分发育（图 7.23）；同时，西瑁洲岛东南部岬角由于凸出海中，海蚀陡崖十分发育，形成长度约 160 m 的陡崖落石危险区域；此外，该处早期采石场虽已废弃，但是由于采石形成的陡崖落石也对当地造成较大的安全隐患（图 7.24）。

图 7.23　西瑁洲南端海蚀崖

图 7.24　废弃采石场形成的陡崖

崩塌落石等地质灾害在牛王岛更为发育，特别是在其南端长约 450 m 的岸线，陡崖落石、倒石堆随处可见。牛王岛岛体基岩节理发育，部分地区陡崖几近直立，岩石易于崩塌形成直径小至数十厘米，大者可达数米的落石。调查发现，在牛王岛东西两侧各存在一个长约 25 m，高约 10 m 的崩塌危险区域（图 7.25），严重威胁当地的旅游安全。

图 7.25　海边落石

(3) 海水入侵

根据调访资料，西瑁洲岛 1999 年旅游开发前，当地居民和开发用水为岛屿井水，且水质较好，地下埋深在 1.5 m 左右；2002 年后，随着地下水开采量的增加，地下水已明显"变咸"，无法饮用但可洗衣等；现在大部分井水甚至不可洗衣，只能作为冲刷用水（图 7.26）。

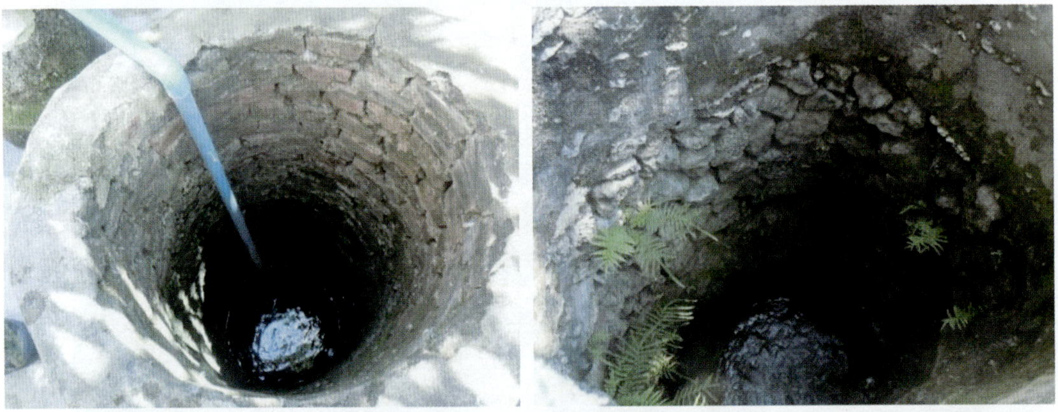

图 7.26　西瑁洲岛地下水情况

通过实地采样调查西瑁洲岛东南部的 4 个井位发现，地下水埋深较 1999 年下降了近 1.5 m，并且水质较差，Cl^- 浓度有 3 个井超过 250 mg/L 的陆地海水入侵的标准，有一个井虽离岸较远，但也达到了 185.54 mg/L（表 7.18）。可以看出，西瑁洲岛随着开发活动的不断加剧，海水入侵的范围和距离不断加大。鉴于海水入侵现象已较为严重，西瑁洲岛目前已禁止开采地下水。

表 7.18　西瑁洲岛监测井海水入侵统计特征

野外编号	纬度（N）	经度（E）	埋深（m）	pH 值	Cl^-（mg/L）	入侵强度
XMD25	18°14′36.282 66″	109°22′14.419 74″	3.9	7.42	185.5	弱
XMD21	18°14′12.620 94″	109°22′20.947 26″	1.8	7.06	611.51	中
XMD22	18°14′17.980 01″	109°22′23.305 43″	3.0	7.09	1 593.43	强
XMD24	18°14′31.372 67″	109°22′17.807 44″	3.9	7.08	714.29	中

第 8 章　海岛主要地质灾害成因机制

选取对海岛生态环境和岛民生产生活危害比较严重的滑坡、海岸侵蚀、海水入侵、咸潮入侵、滨海湿地退化等主要地质灾害，进行成因机制分析。

8.1　滑坡

如第 4 章所述，海岛滑坡灾害多发生在基岩岛上，总体规模都相对较小，属于滑坡体积小于 $10\times10^4\ m^3$ 的小型滑坡。这一是因为我国海岛地形地貌以低山丘陵为多，平均海拔不超过 500 m，不具备发育大型滑坡的地形地貌条件；二是基岩岛的岩性普遍较好。海岛滑坡往往是自然因素和人为活动共同作用的结果。不同海岛不同滑坡体，其成因和触发机制也各不相同。

8.1.1　岛陆滑坡影响因素

地形地貌。地形起伏是滑坡灾害发生的必备前提，较大的坡度有助于岩土体滑动和散落。我国基岩海岛的地形地貌以低山丘陵为主，上部斜坡坡度为 25°～35°，局部坡度达 40°～60°，高差 10～50 m，斜坡坡度控制着岩土体产生滑塌的临空条件，为滑坡发生提供地形地貌基础。因此，海岛上各种剥蚀斜坡地带、丘间谷地、黄土台地前缘斜坡等都是滑塌灾害风险高值的区域。

地质构造。当岩层层面的倾向和斜坡的坡面倾斜一致时，并且有软岩夹在硬质岩层中间，岩土体易发生顺坡、顺层滑塌；当岩体的岩石整体节理发育，且与岩土体坡度一致时，破碎岩土体也易沿节理发生顺坡崩塌或滑坡。

地层岩性。斜坡岩土体的地层岩性，是滑塌的物质组成。海岛上黄土、红土、泥质页岩、风化的板岩、松散的第四系堆积物和人工堆积物，岩性软弱，在构造作用、水、风化作用影响下，其自身强度逐步降低，在重力作用下，引发滑塌。以福建平潭岛东北部低山丘陵和台地广泛分布的中酸性英安质凝灰岩类残坡积黏土、黏性土为例，在干燥气候条件下，土体呈硬塑状态，土体的内摩擦角、内聚力较大，不易产生斜坡土体的变形破坏。但是该类残坡积土在饱和状态下，土体呈软塑—流塑状，其内摩擦角和内聚力大幅度降低，土体的自重增加，在 25°～35°的斜坡上将产生下滑力，使斜坡土体产生变形破坏。

水的作用。一方面是大气降水，尤其是暴雨；另一方面是海浪与风暴潮形成的水流对岩土体渗透、浸泡、冲刷，起润滑作用，破坏其原有结构，使岩土体软化、黄土湿陷，岩土体的抗剪强度随之降低，或掏蚀坡脚，引发滑坡灾害。海南、广东、福建、浙江和广西等省区的海岛在台风或热带风暴携带的暴雨和巨浪的作用下，易发生崩塌和滑坡灾害。

边坡开挖。经济建设中，在海岛丘陵台地的山坡地带修建公路、建设厂房或民居，开挖边坡，使斜坡下部失去支撑力，造成岩土体位移滑动，这是主要的人为因素。

人为加载。在斜坡上兴建工厂、住宅及人工堆渣、填土等，给斜坡增加荷载，失去平衡，诱发滑坡发生。

缺乏治理。有危险的斜坡没有治理，任其发展。或者治理不当，如有些危险斜坡采用简单的石砌重力式挡土墙来进行支护，当岩土体在水的作用下失稳时，这些重力式挡土墙不仅不挡土，反而加速土体滑动，对斜坡稳定起了相反的作用。

8.1.2　典型滑坡成因机制

选取调查时发现的几个典型滑坡，对其成因机制进行具体分析。

（1）山东大钦岛山体坡积物滑坡

大钦岛是上元古界蓬莱群辅子夼组地层形成的基岩岛，有些区域表层因风化或人类活动而松散，遇水存在滑塌风险。2009 年 7 月 17 日，大钦岛遭遇百年一遇的大雨，大钦岛边防派出所后侧出现 10 处轻微滑坡；2009 年 10 月，对山坡进行加固，砌 1 m 厚护坡 20 m 以上；2010 年 7 月 20 日至 9 月中旬，由于受连日大雨冲刷，派出所墙外坡度约 30°、长约 50 m、宽约 30 m 的山体整体滑坡，7 月 26 日至 8 月 10 日，派出所营房东北角墙外石头砌的护坡逐步被推倒（图 8.1），东北角墙体、东面墙体、北面墙体约 50 m 陆续倒塌，大约 500 m^3 泥石流入院内。

图 8.1　山东大钦岛 2010 年 8 月 12 日发生滑坡导致边防派出所院墙倒塌

该滑坡的发生既是“天灾”，又因人而起。该坡体是为 20 世纪 60 年代驻岛部队开挖山洞时，挖出的碎石、泥土堆积而成。坡体物质松软，易流失。在 2006 年被当地居民开辟为海带晒场，其地表为大小不一的碎石，无植被保护。该斜坡基岩为青色板岩，遇水后表层十分光滑，上覆土层易滑落。当大雨来临时，雨水冲刷严重，易导致山体滑坡和泥石流现象。2009 年以前大钦岛很少出现大暴雨，坡体未曾滑动。2009 年 7 月 17 日，大钦岛遭遇了百年一遇的大暴雨，持续降水一天一夜，引发斜坡失稳发生滑移。2010 年 7 月至 9 月间，大钦岛持续遭遇大暴雨，这 3 个月的降雨量是 2009 年同期的 2 倍，造成斜坡进一步失稳（图 8.2）。

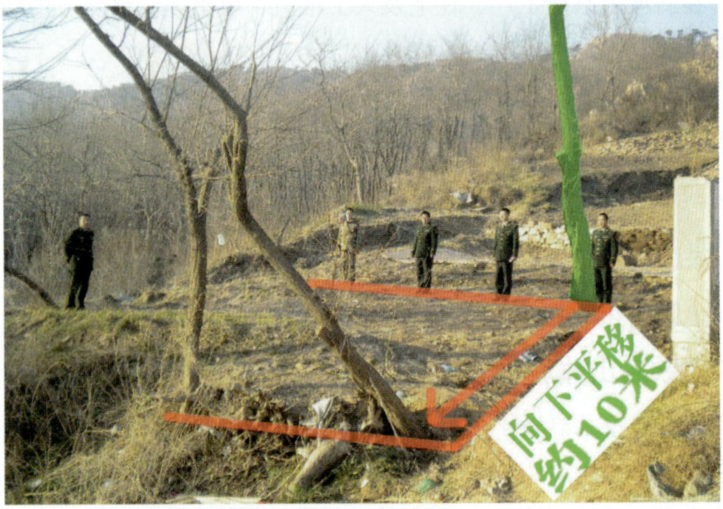

图 8.2　山东大钦岛边防站后山体下滑示意图

（滑坡后山体下滑 **10** m 左右，图中绿色标示的树为滑坡前树所在位置，滑坡后向下平移 **10** m。）

（2）山东大钦岛黄土崖滑塌

辽宁和山东北部海岛普遍在第四纪中更新世、晚更新世及全新世早期发育黄土堆积，超覆在海岛丘陵之上，呈现出类似黄土高原的源、梁、峁地貌。黄土结构疏松、多孔、垂直节理发育，具有湿陷性和软化性，遇水易崩解。山东烟台大钦岛上某些黄土崖旁修建有房屋（图 8.3），屋后距离黄土崖小于 1 m，黄土崖近于直立，高度在 15 ~ 30 m 间。2010

图 8.3　山东大钦岛黄土崖旁的居民房

年 7—9 月间，该岛遭遇长时间持续暴雨时，黄土土体湿陷，坡体在自重作用下向临空方向蠕动，随着雨水入渗，坡体内部土层湿陷、土体强度迅速降低，最终因抗剪强度小于剪切应力而发生变形，其后缘处于拉应力状态。当拉应力超过后缘坡体的抗拉强度时，便产生拉裂，坡面表现为拉张裂缝，为地表水的进一步渗入提供了条件，导致蠕动变形加剧，拉裂向下逐渐加深，陡崖坡脚处土层浸水饱和，软化强度降低到一定程度，黄土崖发生崩解，土体冲入居民房中。

（3）福建湄洲岛红土崖滑塌

红土崖滑塌主要发生在福建省所普查的海岛。红土崖为福建沿海广泛分布的花岗岩及火山岩风化后的残积层（Q^{el}）。物质组成以黏土、砾质黏土、砂质黏土、粉质黏土为主，厚度不一，从几米到几十米。其工程地质性质为高压缩性黏土，具有孔隙度大、饱和度高、节理裂隙发育等特点，土体结构松散，透水性较好。当降雨大量入渗后，土体抗剪强度显著降低，地下水侧向径流，产生静水压力和动水压力，增加下滑力；加之福建海岛台风多，降雨强度大，又长期经受海浪及潮流的侵蚀，节理裂隙间的黏聚力减弱，造成土块在海浪冲击及重力作用下发生崩塌，土崖因崩解而后退，滑塌土块在崖前堆积。

湄洲岛东岸和西岸海蚀红土崖滑塌（图 8.4）的最直接诱发因素是“南玛都”台风（2011 年 8 月 30 日）过境时的强降雨。该陡崖高 15 ~ 27 m，近乎直立，顶部有草本植物覆盖，局部有小型灌木。当台风暴雨来袭时，雨水一部分入渗到土层中，一部分冲蚀表土，红土崖体上部强度逐渐降低，造成小规模滑塌，滑塌土块直接堆在崖下。

图 8.4　2011 年 8 月“南玛都”台风过程造成福建湄洲岛红土陡崖滑坡

(4) 基岩海岛海蚀岩体崩塌

我国基岩海岛的基岩形成于不同时代，抗风化能力也各有不同，其所受的风化条件也千差万别。但不管岩石坚硬与否，在经过多期构造运动及风化、侵蚀等长期作用下，风化破碎、节理裂隙扩张等是其由形成到消亡的自然规律，永不改变。因此，岩体崩塌在基岩海岛随处可见，其既形成各种海蚀景观，又可能因岩块崩落而威胁游人安全（图 8.5）。

图 8.5　福建湄洲岛海蚀岩体崩塌

另外，海蚀与岩体崩塌二者多相伴而生，海岸侵蚀是滑坡与崩塌发生的诱因，先有地质体在差异侵蚀作用下，整体结构破碎，进而在重力或者其他作用力下崩落下坠（图 8.6）。

图 8.6　烟台大黑山岛龙爪山景区海蚀与崩塌碎石

(5) 人工开挖陡坡失稳

在基岩海岛采石是海岛开发利用最为普遍的一种开发方式，而这种方式也最为简单粗暴，其造成的地质灾害或隐患也最为普遍和严重。以烟台北长岛山后村采石场（图 8.7、图 8.8）为例。自 2011 年 4 月第一次现场调查直至 2013 年 9 月间，采石一直持续。该处山体为厚层石英岩和薄层千枚岩互层，并且岩层倾向与山体一致。山体高 70 ~ 110 m，坡度 40° ~ 70°，采石场长近 300 m，紧挨即将建设的环岛公路，距离砾石岸线的高潮线不足 50 m。采用挖掘机在坡底直接挖掘，逐步掏空底部坡脚岩体，使上部厚层石英岩岩体失去底部支撑，厚层石英岩逐渐沿中间的千枚岩夹层滑下来。并且，不断在底部掘进，上部不断滑塌下来，山体表层岩体破碎严重，坡顶上部出现张裂缝，裂缝不断扩大，以至于为风电建设修建的公路出现裂纹，路旁的护壁也开裂。当遭遇强降雨时，能引发大规模的山体滑动，如不加制止，整个开裂坡体都可能滑下来。

图 8.7　山东北长山岛山后村采石场形成的陡崖

a. 底部开采顺层岩体；b. 山体中部形成的张裂隙

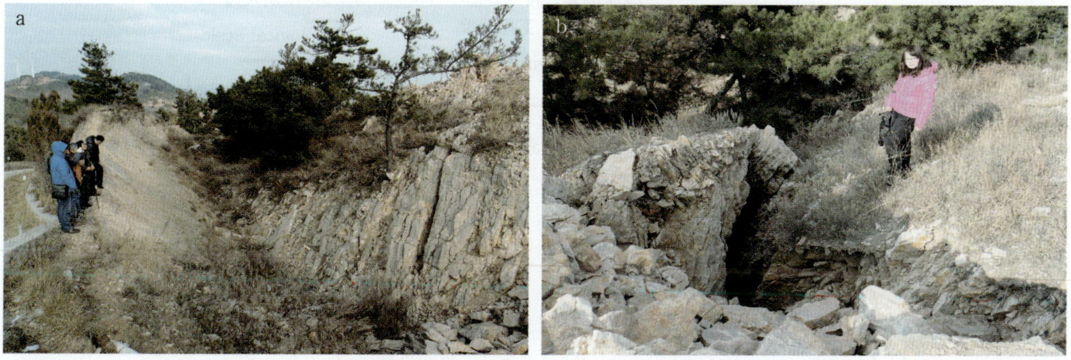

图 8.8　烟台山后村采石场坡顶破碎照片

a. 坡顶岩体张裂形成的 V 形沟；b. 岩体破碎形成张裂隙

在海岛地质灾害调查中，还发现因修路和在坡脚旁盖房子造成的斜坡失稳，相比采石造成的失稳，这些斜坡危害比较小，如果防护措施到位，可降低滑坡风险。但也需加强监测，尤其是在强降雨时。

8.2 海岸侵蚀

8.2.1 影响海岸侵蚀的因素

海岸侵蚀是指在自然力（包括风、浪、流、潮）的作用下，海洋泥沙支出大于输入，沉积物净损失的过程，即海水动力的冲击造成海岸线的后退和海滩的下蚀。由于海岸侵蚀使土地丧失、海岸构筑物破坏、海滨浴场退化、海滩生态环境恶化、海岸防护压力增大，侵蚀下来的泥沙又搬运到港湾淤积而使航道受损，从而成为一种严重的环境地质灾害，必须引起高度重视，加强海岸线管理，并采取有效措施防止海岸侵蚀。

影响海岸侵蚀的因素是多种多样的，可归结为自然和人为两大因素。在全球变化背景下，影响因素更显得错综复杂。澳大利亚 E. 布鲁恩特曾提出 7 项因素：风暴作用增强、构造沉降、海平面上升、陆架沉积物向岸运移量减少、海滩沉积不断沿岸漏损、全球气压带位移、人为干扰。但他认为，没有一种解释是全球适用的，因为这些因素会有区域性变化。美国 P. 布容列出了 6 项侵蚀因素，其中自然因素有海平面上升、地面沉降和潮汐港湾口等 3 项，人为诱发因素有入海航道疏浚、海岸垂向人工建筑和开采砂石等 3 项[139]。他研究了 40 个国家的海岸侵蚀实例，指出海平面上升是各国海岸侵蚀的共同因素。我国学者李凤林（1998）将海岸侵蚀因素综合分为地动因素、气动因素、水动因素和人为因素[140]。欧盟的 EUROSION 研究计划对影响海岸侵蚀的各种自然因素和人为因素的时间、空间影响尺度进行了总结（图 8.9、图 8.10）。

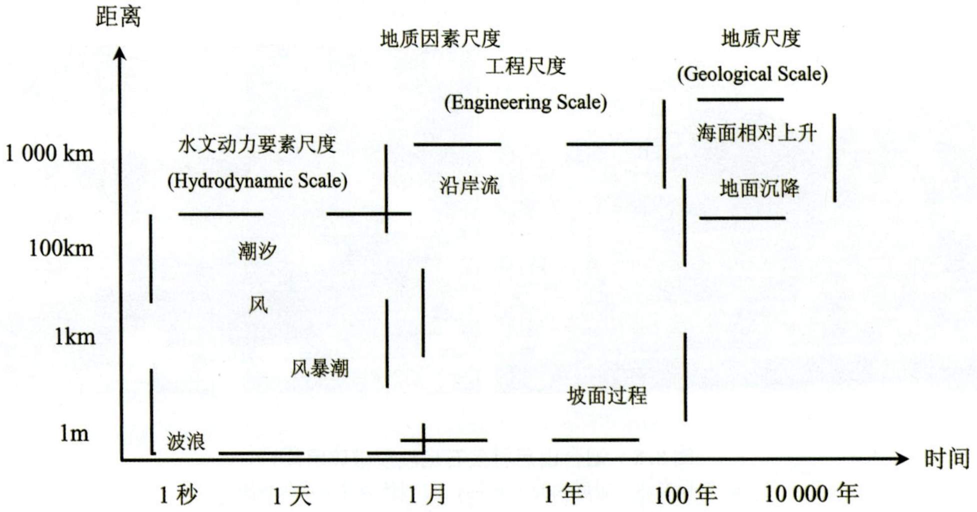

图 8.9　各种自然因素导致的海岸侵蚀时空尺度图式[141]

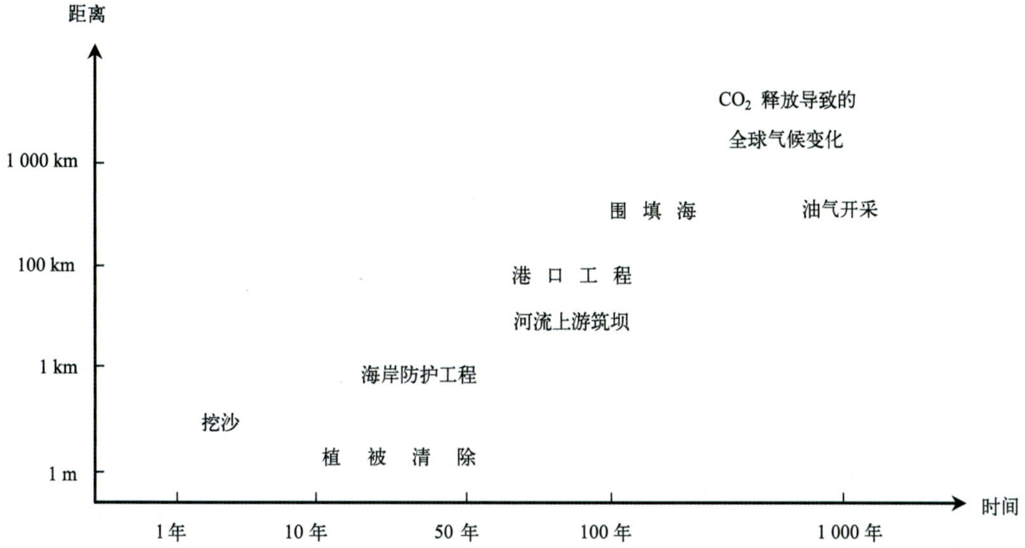

图 8.10　各种人为因素导致的海岸侵蚀时空尺度图式[141]

8.2.2　海岛海岸侵蚀作用机制

对我国而言，海岛的海岸侵蚀，既有自然因素，也有人为活动因素；同时各岛又因岛屿类型、所处气候带和人为活动等差异，海岸侵蚀的原因和强度也各不相同。近年来的海平面上升、风暴潮频发是海岛海岸侵蚀加剧的重要原因，同时人为活动的影响越来越显著，并逐渐成为主要因素。这与夏东兴等提出的，海面上升亦将显示愈来愈重要的作用，人为作用为主，可以称得上是与“三分天灾，七分人祸”的观点相吻合[142]。

(1) 风暴潮产生的高潮位和强力风浪是海岛海岸侵蚀的首要作用力

波浪与潮汐产生的水流为海岸泥沙运动和海岸侵蚀的原动力。波浪垂直海岸入射，并在碎波带产生回流（return flow），再加重力作用使海岸泥沙向外海移动。波浪尖锐度较大或前滩坡度较陡则回流流速随之增加，容易使海滩侵蚀。反之，如波浪尖锐度小且底质孔隙大或坡度较缓，则回流流速较溯升速度慢，海滩较容易堆积。

波浪对海岸作用的大小取决于波浪的能量 E，其大小与波高的二次方、波长的一次方成正比，因此，波浪愈大，尤其是波高愈大，波能就愈大，其对海岸的侵蚀作用也愈强。波浪对海岸的侵蚀，首先是波浪水体给予海岸直接打击，即冲蚀作用。当波浪以巨大的能量冲击海岸时，水体本身的压力和被其压缩的空气，对海岸产生强烈的破坏。波浪的冲蚀作用对于软性岩类尤其严重。当波浪水体夹带岩块或砾石时，磨蚀作用产生的侵蚀力更大。与风暴潮相伴的强浪作用加强了侵蚀和沿岸输沙搬运，从而加大了海岸受波浪侵蚀的频率和强度。

风暴潮对软质海崖的侵蚀作用具有突发性，其危害极为严重。风暴潮期间，增水高，波浪大、动力强。暴风浪具有极其陡峭的波陡且增水高，当它抵达海岸时，巨大的水体源源不断地涌上滩面，冲击崖岸，掏蚀海崖造成海崖的崩塌后退。

我国基岩海岛遭受台风侵袭的次数较多。在我国各海岛县的海岛县志中就有历史时期和现代风暴潮引起海塘被冲毁，海岸受侵蚀的记录。如 1920 年 7 月 17 日傍晚，东南大风，海潮骤涨，崇明岛南丰沙决堤 15 处[143]；1947 年 7 月 3 日夜，台风、高潮袭击，南丰乡圩堤被冲损 8 处，一片汪洋；1981 年 8 月 31 日，风潮大作，堡镇水位站潮位达 5.67 m，超历史最高纪录，洪潮冲溃小圩多处，淹没农田 7 575 亩[10]；北宋元祐八年（1093 年），海风驾潮越塘坝，田地稼禾受损；民国 38 年，7 月 24 日，大风潮，岱山大部海塘海潮过顶，秀山七村凉帽山海塘冲塌缺口，海水倒灌[144]；正德七年（1512 年）七月，海飓风大作，定海岛海溢陆地数十里；1987 年 7 月 27 日，7 号台风过境定海，最大风速 25 m/s，坏海塘 12 条、碶门 3 座、损民房 75 间，受灾农田 6 700 亩[145]；1974 年 8 月 18 日至 23 日，受“13 号”强台风影响，风大浪高，冲溃海塘、码头达 1 125 m，成灾水稻 69 亩；1985 年 10 月 1 日至 5 日，受“19 号”强台风袭击，风力 12 级，伴有大雨，损坏海塘、防浪堤 199 m，桩头 1 924 根，坍塌房屋、仓库 13 间，受灾菜地 110 亩，死亡 3 人[125]；1952 年 7 月 18 日至 22 日，受“7 号”台风影响，风力 7~8 级，降雨量 225 mm，又值大海潮，玉环岛 11 处堤坝决口，受灾田地 9.91 万亩，成灾 0.91 万亩；1986 年 9 月 19 日，受“17 号”台风影响，风力 10~12 级，过程雨量 97 mm，潮位 230 cm，浪高 3~4 m，堤坝决口 21 处[126]；1969 年 7 月 28 日，太平洋“第 3 号”台风在南澳县登陆，10 级以上强台风持续 4 h 之久，海堤缺口 8 处 2 340 m，倒塌及损坏民房 359 间；1985 年 6 月 24 日，风力每秒 25 m，特大暴雨，冲垮海堤 510 m，2 500 亩水稻受浸，渔船损失 58 艘，倒房 31 间，损坏 54 间[128]。

Krieble 等通过长期对 Delaware 附近海岸剖面观察与测量，提出了如下经验公式对风暴潮造成的岸线后退进行估计[146,147]：

$$I = HS\left(\frac{t_d}{12}\right)^{0.3} \qquad (8-1)$$

其中：I 为风暴潮引起的海岸后退量（ft）；H 为近岸波高（ft）；S 为风暴潮增水（ft）；t_d为风暴潮持续时间（h）。

以秦皇岛为例进行计算。1960—1980 年，秦皇岛地区出现风暴潮灾害 3 次，即 1964 年 8 月 13 日、1972 年 7 月 21 日和 1972 年 7 月 26 日，增水分别为1.0 m、1.74 m 和1.5 m。设定近岸波高均为 1.25 m，持续时间均为 8 h，根据式（8-1），则上述风暴潮灾害造成的岸线后退量值分别为 3.6 m、6.3 m 和 5.4 m，共计后退了15.3 m，数量相当可观[70]。

因风暴潮对海岛作用远大于邻近大陆海岸带地区，且持续时间更长，因此，风暴潮（南方的台风或热带气旋）对海岛岸线的侵蚀更为严重。

(2) 海平面上升将加剧海岛海岸侵蚀

自从 Arrhenius 于 1896 年提出“温室效应”以来，这一观点愈来愈受到人们的重视，几乎成为现代环境问题的核心[148]。大多数认为，由于 CO_2 等气体排放所产生的温室效应引起气温上升，导致极地冰川消融，全球海面上升。在过去近百年中全球海面上升了 10 ~ 20 cm，这种趋势在 21 世纪将有所加速，许多沿海国家沿海城市地区正面临海面上升的威胁[149]。

据国家测绘总局估计，过去几十年来，我国海平面平均上升率约为每年 1. 4 mm[150]。国家海洋局 2013 年《中国海平面公报》的计算结果表明，我国海平面变化总体呈波动上升趋势，1980 年至 2013 年，中国沿海海平面上升速率为 2. 9 mm/a。2013 年，中国沿海海平面较常年高 95 mm，较 2012 年低 27 mm，为 1980 年以来第二高位[151]。曾昭璇曾依据珠江三角洲 1959—1990 年验潮站资料计算，得出珠江三角洲海平面上升率为 2. 028 mm/a[152]。陈特固、许时耕根据珠江河口区 12 个验潮站的水位观测资料，分析近 40 年来年平均海平面的变化趋势，得出 1963 年为近 40 年来海平面最低年。1963 年以前海平面的变化呈波动下降趋势；20 世纪 50 年代末以来呈显著上升趋势，上升速度为1. 5 ~ 2. 0 mm/a[153]。从上面的计算可以看出，近百年来华南沿海海平面总体上呈上升的趋势，其速率大致为 1 ~2 mm/a。在世界上，过去 100 年的相对海平面上升率以大三角洲地区为最高，而这些区域内的冲积岛受影响最为严重。

根据 2007 年第四次政府间气候变化专门委员会（IPCC）公布的最新研究结果，假定温室气体继续按目前情况排放，全球海平面在 1993—2003 年之间的平均上升速率为 1. 8 mm/a[154]，并且随着全球气温将会继续增高，全球平均海平面将继续上升[155]。到 2030 年，全球海平面将上升 18 cm（即平均每年 4. 5 mm），至 2100 年将上升 46 cm。任美锷等认为对将来全球海平面上升量，以作短期预测较为可靠[156]（表 8. 1）。

表 8. 1 我国几大三角洲的相对海平面上升率[156]

地区	理论海平面上升率（mm/a）	地面沉降率（mm/a）	相对海平面上升率（mm/a）	海平面上升估计值（mm）
A. 1956—1985 年				
老黄河三角洲	1. 5	23	24. 5	
现代黄河三角洲	1. 5	3 ~ 4	4. 5 ~ 5. 5	
长江三角洲	1. 5	5 ~ 10	6. 5 ~ 11. 5	
珠江三角洲	1. 5	1 ~ 1. 5	2. 5 ~ 3. 0	
B. 2030 年				
老黄河三角洲	4. 5	10	14. 5	60
现代黄河三角洲	4. 5	3 ~ 4	7. 5 ~ 8. 5	30 ~ 35
长江三角洲	4. 5	3 ~ 5	7. 5 ~ 9. 5	30 ~ 40
珠江三角洲	4. 5	1 ~ 1. 5	5. 5 ~ 6. 0	20 ~ 25

Bruun（1962）研究模式指出，海岸线后退量为海面上升量除以坡度，即海面上升50 cm，则前滩坡度1/20的海滩将后退10 m；1/30的海滩将后退15 m；1/50的海滩则后退25 m[157]。以台湾岛海岸而言，水位上升将使离岸沙洲或平缓海滩淹没，波浪越过沙滩且能量增强，致灾位能增大，海岸保护设施之机能及安全性降低。

海平面上升对海岛海岸地区有两方面的影响，一方面是海平面上升会淹没海岛海岸低地，会使河堤和海堤的防御标准降级，加重洪涝、咸潮等灾害；引起海岸和河口冲淤调整，影响航道开发和土地利用；导致基面升高，增加近海临河城镇基础设计的投资；还会影响供水、排水排污、道路、建筑、环境等建设，与生产、生活、生态的关系至为密切。另一方面，海平面上升会增强海岛海岸地区的动力条件，引起海岸侵蚀后退。

海面上升增加了海岛海岸遭受侵蚀的风险，尤其在我国海岸侵蚀最严重区域内的海岛，如长江、黄河、珠江、九龙江和滦河等入海口的冲积岛和海南东部、南部的珊瑚岛。

（3）人为活动成为海岛海岸侵蚀的最强作用力

人为活动主要是指人们在海岛兴建码头、跨海大桥（坝）、围填海等海岛工程，以及滨海挖沙、炸礁和采石等开发活动。

海岛地质灾害调查时会经常看到因人为活动引发海岸侵蚀灾害的现象。如广西壮族自治区的涠洲岛、海南岛东南及南部的海岛，因珊瑚礁盗采而引发海岸侵蚀后退；福建海岛岸边养殖池排水造成的滩面冲蚀引发的海岸侵蚀；烟台大黑山岛、河北曹妃甸等码头建设，改变了海岛周边水动力环流场，使得不合理的海岸建筑物对海岸产生巨大的破坏作用，引发海岸侵蚀，甚至造成码头设施被损毁而不得不加固防护；还有海岛人类活动对红树林湿地的破坏，引发海岸侵蚀等。

对海岛海岸最直接的破坏就是海滩挖沙。随着我国经济建设的发展，建筑用沙大量增加，沿海海岛海岸带地区的采沙业随之壮大。我国的辽宁、山东、浙江、福建、广东、海南诸省的海岛上均有海岸采沙点。仅以山东不完全的统计，20世纪80年代有采沙点（场）67个，年采沙量为700×10^4 t左右（表8.2），而且采沙量有逐年增加的趋势。海南省南渡江河口采沙量呈现逐年大幅增加趋势：1983年以前采沙量为（10～30）$\times10^4$ m^3/a，1984年为34×10^4 m^3，1985—1989年为（60～80）$\times10^4$ m^3/a，1990年为100×10^4 m^3，1991—1993年为200×10^4 m^3/a；同期海岸采沙1 500 $\times10^4$ m^3[158]。这样的大量采沙，很自然的引起海岸过程逆转，由堆积变为侵蚀。

防波堤、突堤与离岸堤等海岛岸边结构物对水流及泥沙的运移特征会产生很大影响，从而导致海岸蚀淤动态的变化。这些构筑物不仅阻挡水流，还使波浪产生绕射与反射现象，导致遮蔽区的波浪变小、水流流速降低而使泥沙沉积，反射区的波浪则变大且流速增加，加速泥沙移动。沿岸流被结构物阻挡，沿岸运动的砂质沉积物沉积在结构物的上游侧，部分泥沙被沿岸结构物平行向外海方向流动的离岸流带向外海方向。如结构物较短则离岸流可能折向结构物下游方向，将漂沙带往下游，部分沿岸泥沙运动可继续流向下游侧海岸。如果堤长太长则将沿岸漂沙完全阻挡，下游无法获得沙源。因此防波堤、突堤及离岸堤下游侧侵蚀、上游侧堆积，绕射区内泥沙堆积，堤愈长此种现象愈强烈。

表 8.2　山东沿岸各地采沙量统计表

地区	海滩采沙场数（个）	年采沙量（$\times 10^4$ t/a）		资料来源
		1982 年	1983 年	
日照	5	60	60	日照市矿产公司
胶南	6	20	20	胶南县矿产公司
乳山	1	5	10	乳山化建公司
文登	5	10	15	文登物质服务公司
荣成	4	30	55	荣成沙石办公室
威海	7	30	50	威海沙石管理站
牟平	7	70	130	牟平沙石管理站
福山	9	80	100	福山化建公司
蓬莱	10	20	50	蓬莱沙石办公室
龙口	5	80	130	龙口沙石办公室
招远	1	20	50	招远沙石办公室
掖县	7	30	50	莱州矿产公司
总计	67	455	695	—

（4）入海河流来沙的减少是我国河口冲积岛海岸侵蚀的主要原因

就大部分海岸而言，河川输出的泥沙为河口区冲积岛和基岩岛海岸流的最主要来源。河川汇集大量泥沙随河水携带到河口，因水流流速及输沙能力急速降低而沉积于出海口及近岸，部分形成冲积岛，部分被潮流、沿岸流及波浪等搬运形成沿岸漂沙。如河川输沙充沛，输沙量远胜过波浪输沙，则于出海口形成河口三角洲，而于沿岸形成堆积海岸[159]。

戴仕宝等研究了近 50 年来中国主要河流（松花江、辽河、海河、黄河、淮河、长江、钱塘江、闽江、珠江）入海泥沙变化。研究结果表明，1954—2003 年，中国主要河流入海泥沙均值为 13×10^8 t/a 左右，且呈现明显的下降趋势[160]。图 8.11a 反映了每 10 年年均入海泥沙的变化情况，由图显示，1954—1973 年间是近 50 年来入海泥沙总量最大的时期，年均入海泥沙达 18×10^8 t。70 年代以后，入海泥沙呈现十分明显的下降趋势。1994—2003 年的年均入海泥沙 6.6×10^8 t，仅为 1964—1973 年的 37 %。入海泥沙减少是中国主要河流近 50 年来总的变化趋势。图 8.11b 还显示了中国主要河流入海泥沙呈阶段性变化特征，中国主要河流输沙率在过去的50年中均呈下降趋势。比较1954—1963年与1994—2003年两个阶段的10年平均值表明（表8.3），珠江下降了约3.3%；松花江与长江下降了约1/3；而辽河、黄河、淮河则分别下降了85%、77%和81%，这三条河流的输沙量水平降低了一个数量级。图8.12为1954—2003年河流降水量、径流量和入海泥沙量的均差累积曲线。由图可见，三者的变化特点各自不同，降水量、径流量均差累积曲线有一个共同的拐点（1992年）；而入海泥沙的均差累积曲线则出现了两个明显的拐点，分别对应为1968年和1984年。这样，中国河流年入海泥沙可以分为三个阶段。

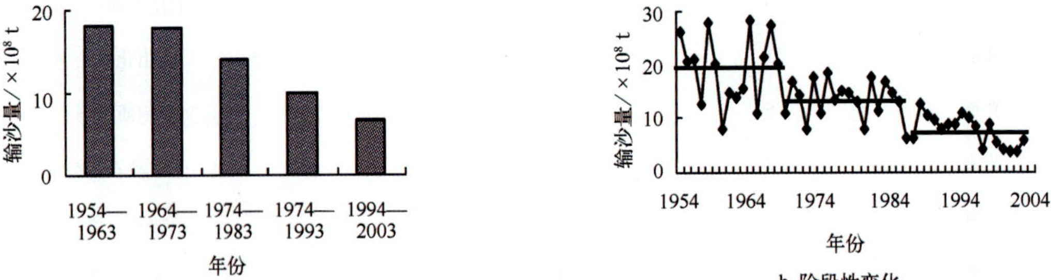

a.10年平均值的变化　　b.阶段性变化

图8.11　中国主要河流入海泥沙总量的变化趋势[160]

表8.3　不同河流入海泥沙量变化差异[160]　　单位：$\times 10^4$ t

河流	松花江	辽河	黄河	淮河	长江	珠江
V_1	761.2	3 872	118 670	2 240.5	47 870	6 719.4
V_2	483.2	573.7	27 536	422.07	30 240	6 497.1
V_2/V_1	0.634 8	0.148 2	0.232 0	0.188 1	0.631 7	0.966 9

注：V_1 表示1954—1963年平均值，V_2 表示1994—2003年平均值。

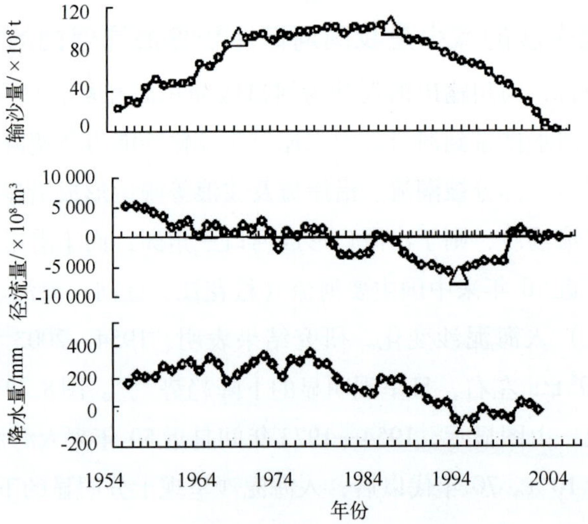

图8.12　年输沙量、径流量、降水量均差累积曲线

（三角形所示点为拐点）

河流入海泥沙的急剧减少与我国大陆海岸侵蚀特征相对应，同时也影响了河口地区的冲积岛，如河北省滦河口的月砣岛、长江口的崇明岛。这些岛屿因入海泥沙减少，海面上升造成的水动力增强，整体出现海岸侵蚀后退。

近年来河川输沙量逐渐减少，其原因为：①经济成长稳定，从早期拓荒步入稳定的生产期，平原农地均已成熟，土壤流失较少；②工程建设成长迅速，大量采取河川沙石作为水泥原料，致携带至下游的泥沙减少；③水库与拦沙坝兴建，拦截沙石，另山坡地水土保持，减少土石流失；④河川整治，减少河岸冲刷。这些因素使河口沙源大量减少，于是河川堆积作用弱于波浪侵蚀作用而发生海岸侵蚀。

当前全球气候变化加剧，极端气象异常，灾害性天气如局部强降雨、强热带风暴等频繁，全球气候变化加剧，灾害性天气常态化，海面上升趋势逐步加速，以及人为活动强度快速增长的趋势下，海岸侵蚀灾害可能正逐步扩大化。

从我国已有海岸侵蚀研究结果发现，我国海岸侵蚀中人为因素所占比重超过了 50%，且占有份额越来越大。因此，对于海岸侵蚀管理来说，必须合理调控人类活动，海岛管理必须引入流域管理，杜绝滨海挖沙采石以及不合理的海岸工程。

8.3　海水入侵

海水入侵是滨海地区地下水动力条件发生变化，即咸淡水之间的平衡状态被打破，引起海水或高矿化咸水向陆地淡水含水层运移。海水入侵地下水是咸淡水相互作用、相互制约的复杂的流体动力学过程。在自然状态下，含水层中的咸、淡水保持着某种平衡，滨海地带地下水水位自陆地向海洋方向倾斜，陆地地下水向海洋排泄，二者维持相对稳定的平衡状态。在这种情况下，滨海地带密度相对较小的地下淡水浮托在密度较大的海水或咸水之上，含水层保持较高的水头，而且二者间形成宽度不等的过渡带或临界面。在咸、淡水平衡状态下，这个过渡带或临界面基本稳定，可以阻止海水入侵。然而，这种平衡状态一旦被破坏，咸淡水临界面就要移动，以建立新的平衡。如果大量开采地下水使淡水压力降低，临界面就要向陆地方向移动，原有的平衡被破坏，含水层中淡水的储存空间被海水取代，于是就发生了海水入侵。

8.3.1　海水入侵条件

海水入侵的条件首先是水文地质条件。在滨海平原地区，颗粒较粗的第四系砂质沉积物透水能力强，地下淡水与海水之间缺乏稳定的隔水层，是海水入侵的主要通道。在基岩岛海岸地区，如果地层中发育构造裂隙或溶孔、溶洞等导水通道，当陆地地下水水位下降到海面以下时，海水就通过这些通道迅速向内陆入侵。由于气候持续干旱，河水径流量不断减少甚至断流，从而导致河流入海水量和地下水补给量减少。全球气候变暖引起的海面上升可增大潮水的上溯距离，结果也可诱发海水入侵。

人类活动对地下淡水资源的开发利用是海岛滨海地带咸、淡水平衡状态遭受破坏的重要因素。海岛自身淡水资源主要以降雨为主，水资源较为匮乏，而海岛开发使水资源供需矛盾日趋尖锐，许多海岛地区长期超量开采地下水，使地下水水位大幅度下降，形成低于海平面的地下水位负值区，海水沿含水层侵入地下淡水含水层而发生海水入侵。海水养殖和引潮晒盐等经济活动把大量海水引入岛陆也扩大了海水向地下淡水的补给范围。此外，在入海河流的上游地区修建水库、塘坝等水利设施，均可使河流入海水量普遍减少，或在河口地区大量挖沙降低河床标高等人为活动加剧了潮水上溯的距离，使河口冲积岛发生海水入侵。

8.3.2 海岛海水入侵机制

(1) 地下水资源匮乏是海水入侵的大背景

海岛咸淡水之间平衡的破坏主要表现为海岛地下淡水资源量的明显减少。在不考虑海面变化和潮汐作用影响下，海岛海水入侵的发生主要受大气降水给地下水的补给和人为地下水开发引起的地下淡水储集减少的影响。

海岛面积较小，且岛陆上少有或没有河流和淡水湖泊，海岛主要淡水资源来自大气降雨。而与邻近大陆相比，海岛降雨量普遍较低，少于邻近陆地。以山东庙岛群岛为例，庙岛群岛接受降雨比蓬莱要少 77 mm；同时蒸发量却比临近陆地高，年、季平均蒸发量都大于年、季平均降雨量。以长山岛为例，该岛平均年蒸发量与降水量之比为 3.6，其中夏季（6—8 月）最低，为 1.8；秋季（9—11 月）次之，为 4.5；春季（3—5 月）为 6.9；冬季最高为 8.3。蒸发量与降雨量的比值愈大，说明该地区失水量最大，越易发生干旱。据长岛气象台统计，1953—1983 年的 30 年间，连旱年约 10 年，一年两季以上干旱的有 20 年，一年四季连旱的有 3 年。

同时，海岛面积小，地形陡峭，坡度大，地表土层较薄，地表水不易保持，地表径流短，降雨后地表径流迅速入海，加之岛上地质构造多为破碎性的石英岩或板岩蓄水能力差，使得入渗到地下含水层中的降雨大部分沿着构造裂隙或风化裂隙，以及沉积物孔隙排泄到大海中。

因此，大气降雨量低、区域蒸发量大，以及降雨的流失，导致大气降雨给予地下水的补给量非常有限。

(2) 人为过量抽取地下水是海水入侵的直接原因

伴随着海岛经济发展，海岛淡水需求量逐年递增，人为过量采地下水，破坏了地下水与海水之间的咸淡水平衡，导致了海水入侵的发生。表 8.4 是南北长山岛典型单水井允许出水量与实际开采量的对比表。由表可知，实际开采量往往是允许开采量的 4 ~ 5 倍。另外，地下水开发程度直接反映在机井数量和单井抽采量上。南长山岛仅 1970—1981 年的 11 年间机井数量就从 12 眼增加到 54 眼，20 世纪 90 年代后，新钻机井数量得到控制，而单井抽水量则大大超出了其自身的出水能力，形成地下水资源的连年亏损，最终导致海水入侵[114]。

表 8.4　南、北长山岛典型单井出水量与开采强度对比表　　单位：m^3/h[114]

岛	井位	应净出水流量	实际开采流量
北长山岛	王沟大井	30～50	195
南长山岛	店子西井	5～20	80

因此，海岛社会经济活动中对地下水资源的过量开采是导致海水入侵的主要人为因素。随着陆地与海岛间供水管道工程和海水淡化等工程建设的实施，海岛开采地下水可能会逐步降低，有利于海岛地下水资源的恢复。海岛高位养殖和盐田等对地下水的侵染正逐渐成为海岛海水入侵最主要影响因素。

8.4　咸潮入侵

咸潮入侵是指滨海地带地下淡水水位下降后，海咸水涨、落侵入地表水，进而使地下淡水资源遭到破坏的现象。以崇明岛为例，崇明岛边滩水库建设推进速度正在加快，而其水库位置正邻近于咸潮水入侵倒灌口下游。当咸潮水入侵时，势比会影响水库的取蓄水，而长期饮用含高氯化物的水会对人体健康产生危害。咸潮入侵主要发生在河口区海岛，主要影响因素有径流、潮汐以及河口地形变化等。

径流对河口区域海岛的咸潮水入侵影响极其明显，主要表现在入侵有明显的季节变化，长江枯季（11 月至翌年 4 月），径流量小，海咸水上溯动力增强，形成崇明岛咸潮水入侵期；长江洪季（5—10 月），径流量大，长江淡水下泄动力增大，河口内受咸潮水入侵的影响很小。

潮汐潮流是咸淡水混合的"动力源"。河口外的潮汐潮流对咸潮水入侵的作用至关重要，其入侵强度随潮汐、潮流的强弱而变化。海咸水中的盐度变化与潮汐类似。一天内有"两高两低"变化，而且也有明显的"日不等"现象。

河口河槽演变也是影响咸潮水入侵的重要因子，它主要是通过改变汊道径流与潮流的分流比来影响咸潮水入侵。河势演变改变了河口地形，从而改变了水流流路和汊道的分流比。长江北支曾一度作为长江口的主槽，但随着河床的演变，自 20 世纪 50 年代北支上口河道与主槽基本垂直，进入的径流量极少，加之北支河槽呈明显的喇叭形，加大了潮汐作用，在上游径流量较小的情况下，北支有大量的咸潮水向南支倒灌。

8.5 滨海湿地退化

湿地（wetland）是地球表面的一种重要的生存环境和生态系统。它界于陆地生态系统与水生生态系统之间，并且具有独特的水文、土壤、植被与生态特征。湿地具有稳定地球环境、保护物种及提供资源等多种功能，是重要的生物基因库和生命摇篮。人们也常把森林誉为“地球之肺”，而将湿地誉为“地球之肾”。因此，湿地与森林和海洋，并称为地球三大生态系统，皆是影响地球生态平衡的重要因子，对人类的生存环境至关重要。滨海湿地是海陆相互作用较强的地带，是河流携带大量水沙入海的地带。研究表明，滨海湿地对净化环境、抵御自然灾害、稳定海岸和沿岸淤积起着重要的作用[3]。

8.5.1 影响因素

我国大部分海岛及其邻近海域全部都是滨海湿地。造成海岛湿地退化的主要因素是人为作用，人为作用的方式有湿地围垦和改造、滥采滥挖湿地资源、污染物质排放、外来物种入侵等。造成湿地退化的自然原因主要是气候变化引起的海面上升等。

(1) 湿地的开垦和改造改变海岛湿地的自然属性

海岛开垦、改变天然湿地用途和海岛房地产开发占用天然湿地直接造成了海岛天然湿地面积消减、功能下降。如东山岛有 9 种湿地类型（表 8.5），大面积的围垦工程，使大片粉砂淤泥质滩涂、砂质海岸等天然湿地退化为养殖池塘、水稻田和盐田等人工湿地。1983 年竣工的西埔湾围垦工程，围垦面积 3.26 km^2，其中 1.89 km^2已开发为 0.3 km^2种植田、0.85 km^2养殖池塘和 0.743 km^2盐田等人工湿地。

随着湿地面积的不断缩小，区域湿地的生态功能也在减退，纳洪蓄水功能削弱，生物种类减少，苇塘杂草滋生。

表 8.5 东山岛现存湿地类型面积统计

湿地类型	养殖池塘	盐田	水库	水田	河流	粉砂淤泥质海滩	砂质海滩	岩质海岸	滨岸沼泽	合计
面积（km^2）	26.01	16.83	1.55	0.83	1.33	13.60	8.23	1.84	0.61	70.84
百分比（%）	36.72	23.75	2.19	1.18	1.88	19.20	11.61	2.60	0.86	100.00

(2) 滥采滥捕导致海岛湿地生物资源过度利用

我国海岛酷渔滥捕的现象十分严重，不仅使重要的天然经济鱼类资源受到很大的破坏，而且也严重影响着这些湿地的生态平衡，威胁着其他水生物种的安全。中国许多海岛周边海域的经济鱼类年捕获量明显下降，渔捕物的种类日趋单一、种群结构低龄化、小型化。海岛湿地水禽由于过度猎捕、捡拾鸟蛋等导致种群数量大幅度下降，特别是在鸟类迁徙季节，不择手段地进行猎取，严重破坏了水禽资源。在红树林区由于围垦、砍伐（木材、薪柴）、挖泥虫破坏红树根和大米草入侵等作用遭到严重破坏。“我国近海海洋综合调查与评价（908）”显示，与 20 世纪 50 年代相比，我国红树林面积丧失 73%，由 55 万 hm^2 减至 15 万 hm^2。海岛红树林的大面积消失，使海岛红树林生态系统处于濒危状态，同时使许多生物失去栖息场所和繁殖地，也失去了防护海岛海岸的生态功能。

（3）污染加剧严重危害海岛湿地环境

污染是中国湿地面临的最严重威胁之一，湿地污染不仅使水质恶化，也对湿地的生物多样性造成严重危害。目前，许多天然湿地已成为工农业废水、生活污水的承泄区。20 世纪 80 年代以来，我国入海污染物质显著增加，水质严重污染的海域面积急剧扩大。目前，全国河流长度有 70.6% 受污染。另外，大量污水排放入海，使得近海海域水质恶化，沿海赤潮频发。沿海 11 省市、自治区、直辖市，1999 年排入海中的工业废水总量为 100.2×10^8 t，其中直接排放入海的有 36.7×10^8 t；排入海中的生活污水总量为 108.1×10^8 t，其中直接排放入海量为 39.5×10^8 t[161]。

（4）外来物种入侵加剧湿地生态恶化

外来生物入侵能够改变原有生物地理分布和自然生态系统的结构和功能，对环境及生物多样性是一个非常严重的威胁，对生态系统的稳定性以及所有物种都赖以生存的自然界的生态平衡构成威胁。入侵种往往形成广泛的生物污染，危害土著群落的生物多样性，并影响农林业生产，造成巨大经济损失。在滨海湿地外来入侵种中，被广泛报道的植物主要有薇甘菊、互花米草、空心莲子草、凤眼莲、飞机草等；水生生物主要有食人鲳、清道夫、福寿螺等。

例如，薇甘菊原产于中、南美洲，属多年生草质藤本，现广泛分布于东南亚及我国华南沿海地区。薇甘菊的营养繁殖及有性繁殖能力很强，繁殖周期快、繁殖量大、生长期长、植株覆盖密度大。薇甘菊具有强烈的趋光性，很容易向上层生长、扩展，从而覆盖其他植物或植被，致使其他植物死亡、森林生态系统退化，造成生态灾害。薇甘菊地毯式覆盖次生林、人工林、红树林，对森林生态系统造成严重破坏。在深圳湾红树林、内伶仃岛等地薇甘菊危害非常严重。如内伶仃岛 393 hm^2 的林地，薇甘菊每年造成生态经济损失为 450 万 ~1 012 万元。而互花米草自 1979 年从美国东海岸引进后，首先于 1980 年 10 月在福建沿海等地试种，之后得到大规模宣传，1982 年扩种到江苏、广东、浙江和山东等地。当初引种的目的是为保滩护岸、改良土壤、绿化海滩与改善海滩生态环境。现在这个物种已经在浙江、福建、广东、香港大面积逸生，1990 年仅福建宁德东吾洋一带的水产业一年的损失就达 1 000 万元以上。这个物种已经成为沿海地区影响当地渔业产量，威胁红树林的一个严重问题。互花米草的危害主要表现在：破坏近海生物栖息环境，影响滩涂养殖；堵塞航道，影响船只进出港；影响海水交换能力，导致水质下降，并诱发赤潮；威胁本土海岸生态系统，致使大片红树林消失。

(5) 全球气候变暖导致海面上升

全球变暖最直接的效应就是海面上升。海面上升会直接导致滨海湿地环境发生变化，并引起一系列生态环境问题。一般说来，在海岸带物质能量状况基本平衡的条件下，海面上升导致沿岸沉积物加积增长，沉积物的增高量与海面上升量相当，维持滨海湿地面积不变。当海岸带物质来源减少，海面上升速率高于沉积物堆积加高时，海水淹没低地，海岸线后退，岸坡遭受侵蚀刷深，滨海湿地不但面积减少，生态系统结构、过程均发生改变，环境不断恶化。

1999 年，Nicholls 等对在海平面上升下全球滨海湿地的损失量进行预测，到 20 世纪 80 年代，仅由于海平面上升，约有 22% 的滨海湿地会消失。如果考虑人为因素在其中的作用，到 20 世纪 80 年代全球将有 36% ~70% 的滨海湿地损失[162]。90 年代，夏东兴等对海面上升造成的黄河三角洲区域的淹没面积进行了计算，结果表明，如果海面上升 30 cm，自然岸线将后退 50 km，淹没土地约 10 000 km^2；若海面上升 100 cm，自然岸线将后退 70 km，淹没土地约 11 500 km^2。这种情况下，若无堤防作用，现代黄河三角洲将被全部淹没。若考虑风暴潮增水的影响，渤海西岸海水侵淹的最远距离超过 100 km，整个影响面积将达到 16 000 km^2[142,163]。

此外，海面上升还会引发一系列其他海岸环境变化，如风暴潮灾的增多、海岸侵蚀的加剧、咸水入侵面积扩张、生物多样性的丧失等，这些都会对滨海湿地产生严重影响，导致湿地的退化。

8.5.2 退化机制分析

以沿海潟湖湿地的退化为例。潟湖是由沿岸沙嘴、沙坝或滨外坝等围拦海湾、河口或其他浅海水域而形成的半封闭或封闭性地貌体，它一般由沙坝、潮汐汊道和纳潮盆地等几部分组成，是海岛海岸湿地的主要类型之一。由于自然演变和人为活动的影响，目前潟湖湿地面临面积锐减局面。造成海岛潟湖湿地破坏的原因主要是围垦开发、环境污染、海岸淤积和蚀退、海平面上升等因素。围垦开发的海岛近岸海域主要用于养殖业、盐田生产，环境污染主要是养殖废水、修造船舶排泄的含油污水和生活污水，其中以养殖废水最为严重。海岸侵蚀和蚀退，可导致湿地基底流失，潮间带变窄。沙坝被侵蚀后，潟湖丧失了天然屏障，必然加剧潟湖湿地的损失速度。沙坝消失，坝后湿地将消亡。例如，滦河三角洲的曹妃甸坝后湿地因海岸侵蚀和蚀退以及滦河入海泥沙的减少，坝后湿地面积不断萎缩。在渤海西岸，由于贝壳堤遭到侵蚀，堤后潟湖盐沼湿地不同程度地退化。海平面上升的速度超过湿地的垂向加积速度，湿地则会逐渐被海水淹没，导致湿地大面积消亡。潟湖湿地退化后生态环境效应可表现为生物多样性下降、生态环境恶化、储碳功能降低、湿地生态服务功能下降及典型潟湖地貌景观的消亡。

对潟湖湿地环境退化的防治对策：应注意对不合理围湾的改造；依据环境容量，控制养殖规模；规范盐业生产；清除淤积，疏通水道；控制污染；加强管理，协调潟湖湿地资源开发与可持续发展间的关系。在此基础上，加强对潟湖湿地环境的修复和重建，使沿海的湿地环境变得更好。

8.5.3　典型海岛滨海湿地的退化

（1）珊瑚礁

珊瑚礁生态系统是一种重要的海洋生态资源，对于调节和优化热带海洋环境、提高海洋生产力具有重要的作用，具有广阔的可持续利用前景；同时它也是一个脆弱的生态系统，极易受到破坏。

珊瑚礁能维持渔业资源。对许多具有商业价值的鱼类而言，珊瑚礁提供了食物来源及繁殖的场所。在马来西亚，30% 的渔货来源于珊瑚礁丛，可捕种类有海参、龙虾以及具有重要经济价值的无脊椎动物等。可以说，保存了珊瑚礁，就确保了渔业发展、渔民的就业及食物的稳定供应。

珊瑚礁能吸引观光客。愈来愈多的潜水观光客在寻找全球各地原始珊瑚礁。因此，健康的珊瑚礁是具有强烈吸引力的。观光事业目前正是一兴盛且获利良好的产业，珊瑚礁所构成的巨大吸引力更不应被破坏。只要能做好管理及监测工作，必能提供观光客所需求的服务。但发展观光的同时，也要确保珊瑚礁的永续发展。

珊瑚礁维护了生物多样性。生物多样性是地球的财富，在所有的海洋生态系中，珊瑚礁的生物多样性是最丰富的，珊瑚礁的破坏无疑就是对世界生物多样性的严重威胁。再从伦理上来考量，有许多实际的理由说明何以维护生物多样性的重要：在珊瑚礁中有许多资源可资制造药品、化学物质及食物，当珊瑚礁被破坏了，许多物种也就在被发现其作用前消失了。没有人知道我们破坏了什么，但我们若不停止破坏，珊瑚礁恶化的情况将会持续，且许多尚未被发现的价值将会损失掉。

珊瑚礁保护了我们的海岸线。珊瑚礁对于保护脆弱的海岸线免于被海浪侵蚀扮演了重要的角色。健康的珊瑚礁就好像是自然的防波堤一般，有 70% ~90% 的海浪冲击力量在遭遇珊瑚礁时会被吸收或减弱，而珊瑚礁本身会有自我修补的力量[164]。死掉的珊瑚会被海浪分解成细沙，这些细沙丰富了海滩，也取代已被海潮冲走的沙粒。

尽管珊瑚礁对于自然生态还是人类的可持续发展都有着无与伦比的重要性，但珊瑚礁被破坏、珊瑚礁生态系统不断衰退的报道和研究论文在近 20 年来不断出现，珊瑚礁面临威胁的严峻形势并没有改变。作为珊瑚礁重要分布区域的南海同样面临着这样的问题，广西涠洲岛、海南三亚、南海诸岛的珊瑚礁遭到破坏甚至衰退消亡的报道和研究论文不时见于报章期刊。

南海是热带海区中拥有最大面积的珊瑚礁的海区之一。在自然干扰如暴风、厄尔尼诺带来的珊瑚变白的现象对珊瑚礁造成破坏的同时，人类的活动目前造成了珊瑚礁生境的大面积的损失和退化[165]。采挖珊瑚礁块用于建筑材料和烧制石灰，采挖珊瑚和贝类用于观赏工艺品，在珊瑚礁区炸鱼、毒鱼、电鱼以及抛锚、践踏，珊瑚礁区经济性动、植物海产品被过度捕捞造成的生态系统失衡，来自陆地和港口活动造成的污染物的侵害，以及陆地水土流失和海底拖网导致的海水悬浮沉积物增加对珊瑚生长的干扰等，造成了南海沿岸珊瑚礁发生了严重破坏和明显的退化。南海周边国家的珊瑚礁退化程度也很严重，其中马来西亚和菲律宾西北部的珊瑚礁有10%～30%的退化，泰国和印度尼西亚有40%～60%的珊瑚礁出现退化，我国海南的珊瑚礁的退化率高达95%[166]，南海地区超过80%的珊瑚礁受到威胁[167,168]。

①自然灾害　自然灾害比如暴风雨和厄尔尼诺现象会造成珊瑚礁生境的损失和退化[165]。珊瑚礁对生境的要求比较苛刻，对温度的容忍范围比较窄。由于造礁珊瑚最宜在年平均水温25～28℃的海域内生长，海水温度持续几个星期在正常范围上下摆动几个摄氏度，珊瑚就会发生白化，时间进一步延长珊瑚就会死亡[169]。1998年的厄尔尼诺事件期间南海大部分海区的温度比正常年份最高温度上升2～3℃，使该海区出现了大范围的珊瑚的白化现象，造成大量造礁珊瑚的死亡，珊瑚的死亡率达到70%～90%[170]。另外台风掀起的巨浪也会造成珊瑚的损伤，大浪会折断珊瑚的躯干和肢体，或将生长珊瑚的砾石翻动，使珊瑚体被碾碎或反扣砾下，或被碎屑物覆盖而死亡[171]。

②过度捕捞及破坏性捕鱼方式　许多国家海岸带人口的快速增长给珊瑚礁资源造成越来越大的压力，特别是在食物方面。许多海岸社区的人们很贫困，他们没有能力到远洋和公海进行捕鱼，只能在社区附近的珊瑚礁海区捕鱼和收集海洋生物。过度捕鱼及破坏性捕鱼方式如炸鱼和毒鱼造成了南海地区珊瑚礁的严重退化。随着开发程度的增加，渔业资源逐渐枯竭，一些渔民就选择破坏性的捕鱼方式去捕鱼。在南海地区炸鱼和毒鱼被广泛采用，南海的50%～60%的珊瑚礁受到破坏性捕鱼方式的威胁[168]。在边远的沿海地区，炸鱼是最主要的威胁。炸药能轻易地制成，只需扔出5 m的距离，渔民就能收获到炸死和炸晕的鱼类。炸鱼对珊瑚礁的破坏是毁灭性的。一个啤酒瓶大小的炸药就能摧毁5 m^2的珊瑚礁。一般情况下，被炸毁的珊瑚礁的死亡率为50%～80%。在有旅游潜力的珊瑚礁地区保守估计的经济损失为每平方千米60 800美元[172]。毒鱼一般是利用氰化物，目标是经济价值较高的鱼类。渔民把氰化物喷入珊瑚礁的裂缝，这些空隙处是鱼类的避难处。毒药的影响是多方面的，氰化物会毒晕成鱼，杀死大量的鱼卵和幼鱼；另一方面，珊瑚礁也会因此而白化。因为高额的利润驱使，毒鱼活动还将继续[167]。

③开采珊瑚礁生产石灰作建筑材料　由于活珊瑚含有的杂质较少，南海地区的居民开采珊瑚用于生产石灰有着悠久的历史。在南海沿岸国家的一些沿海的村庄仍然沿用至今。一些生产水泥的工厂利用珊瑚礁作为石灰石的原料，珊瑚礁还被利用来修建养殖塘。这不仅破坏了生物栖息地、珊瑚景观的美学价值和渔业生产，还会加剧海岸侵蚀。珊瑚生长缓

慢，开采破坏后要恢复至原有的状态至少要用几十年、上百年甚至更长的时间[171]。

④污染和沉积作用　泥沙和污染物质的大量输入导致海水浑浊，它们滞留珊瑚，会导致珊瑚虫窒息死亡，或降低其生长速度和着生能力，或使海水营养化滋生大量有害藻类，和珊瑚争夺生存空间，从而抑制珊瑚的生长繁殖，使珊瑚退化。所以珊瑚虫对泥沙和污染物非常敏感。海岸的发展对南海地区的环境造成了越来越大的威胁。比如，陆地的开垦、树木的砍伐、挖掘、砂石采矿等，这些活动会造成内陆土壤和营养物质的流失，造成珊瑚礁海区的沉积物增多。许多海岸社区和城市没有完备的污水处理系统，导致了含有高浓度营养物质的污水直接排入珊瑚礁海区，造成了珊瑚礁种群结构的改变。南海沿岸国家每年生活废水产生的 BOD 大约为 6 600 000 t，其中只有 11% 的生活废水经过污水处理，每年工业废水产生的 BOD 超过 450 000 t，每年使用的化肥超过 10 000 000 t，每年产生的固体废弃物为 78 804 000 t[166]。这些污染物远远超出沿岸海区的自净能力，造成许多珊瑚礁的活珊瑚覆盖率减少，鱼类个体减小，珊瑚礁生态功能丧失或退化。总体来讲，越靠近人口密集地区的珊瑚礁资源退化越严重[167]。

⑤海岸旅游　许多南海沿岸国家都在大力发展海岸旅游。该海区珊瑚礁丰富的生物多样性以及廉价的旅游费用，吸引了世界各地大量的游客。和海岸旅游相关的活动如出售手工艺品、餐饮业、旅馆业等给沿岸国家和当地居民带来了可观的经济收入。珊瑚礁在海岸旅游中占有重要的地位，以马来半岛为例，其东海岸珊瑚礁的生物多样性比西海岸高[169]，东海岸的活珊瑚礁的覆盖率达 55% ~70%，因此每年东海岸的游客远远大于西海岸。该区域主要的珊瑚礁旅游点包括菲律宾的 El Nido 和 Pulau、泰国的 Mu Koh Chang、越南的 Nha Trang、马来西亚的 Layang－Layang、中国的三亚。这些地区的旅游在过去 20 年间迅速发展，但大部分的旅游点都超过了景点的生态承载力。旅游业的发展在修建旅游设施和实施旅游的两个阶段都对珊瑚礁造成影响。在早期的修建旅游设施阶段，危害包括平整土地，开采珊瑚作为建筑材料，挖掘供游艇航行的航道等。在旅游点开始营运以后，危害包括直接排放没有经过处理的废水，船舶在停泊点抛锚时对珊瑚礁的破坏，潜水旅游者对珊瑚礁的践踏以及旅游者对珊瑚礁的破坏和拾遗[167]。

⑥观赏鱼类的贸易　由于珊瑚和海洋热带鱼类具有很高的观赏价值，所以一直以来南海周边的国家都向日本、美国和欧洲等地出口珊瑚和海洋观赏鱼。虽然很多国家都颁布了禁止开采珊瑚的法令，但由于高额的利润驱使，在近期还很难有效地禁止这种贸易。这对南海的珊瑚资源造成了严重的破坏[167]。

⑦水产养殖　海水人工养殖珊瑚、鱼类和贝类在南海地区越来越普遍，特别是人工养殖龙虾等。龙虾的幼苗从珊瑚礁海区采集，然后喂养在人工养殖塘中。珊瑚礁海区的底栖的无脊椎动物如海星和软体动物作为饵料而被大量捕捞。这种过度的捕捞“饵料”，不仅破坏了珊瑚礁区域的种群结构，也会降低养殖业自身长期的经济利益[167]。

(2) 红树林

红树林是生长在热带、亚热带低能海岸潮间带，受周期性潮水浸淹的常绿灌木、乔木组成的木本植物群落[173]。红树林常生长在港湾、潮汐水道、河口地区的淤泥质滩涂上，是介于陆地和海洋生态系统间复杂的自然综合体，是地球上生物多样性最丰富、生产力最高、最具价值的生态系统之一，在全球生态平衡中起着不可替代的重要作用[174]。

红树林湿地在防浪护岸、促淤造陆、保护海岸地貌沉积环境、维持近岸海域水质、净化环境、支撑重要河口的食物链、为海洋动物和鸟类提供重要的保育栖息环境和饵料等多方面具有重要意义[175]。红树林沼泽的土壤多为浅海沉积、潮汐及河流搬运的堆积物在红树林生长作用下逐渐发育形成的盐渍沼泽土，十分肥沃，是很多生物的理想家园。红树林还能固定二氧化碳释放氧气，在降低大气中温室气体浓度、减缓全球气候变暖中，起着十分重要的作用，是具有高碳汇能力的碳库。红树林素有“海岸卫士”之称，通过消浪、缓流、促淤、固土等功能在海岸形成第一道天然屏障，尤其在防御台风、海啸等极端天气灾害方面作用巨大。有数据显示，红树林带宽度 100 m，高度 4 ~ 6 m，消浪效果可达 80% 以上[176]。

20 世纪 50 年代初期，我国东南沿海一带曾分布有大量生长繁茂的红树林植被，全国红树林面积约为 42 000 hm^2，其中海南 9 992 hm^2，广东 21 289 hm^2，广西 10 000 hm^2，福建 720 hm^2。随着人口的增长和经济的发展，加上盲目围垦等政策上的失误，致使红树林资源遭受了极为严重的破坏。至 90 年代的 40 多年里全国红树林面积减少了 66%，其中海南减少了 52%，广东减少了 83%，广西减少了 43%，福建减少了 50%[177]。而近 50 年的土地利用和社会发展方面对红树林生态改变影响深远。生境受到污染和频繁干扰，土地（产业）转型和城市化，一方面使原有红树林群落退化和面积碎化，还使乔木群落的内部种受威胁，表现出外缘种逐渐占优势和林相矮化等趋同性变化。另一方面，产业（土地利用）和社会发展加速了红树林生境的损失。在早期农业发展阶段，农渔业对红树林生境影响主要是围海、毁林营造盐田和农田等的半自然化改变；在农业商品化时期，形成毁林挖塘养鱼虾的人工生态系统；到城市化快速发展阶段，却是将红树林生境彻底改变乃至永久损毁。这也正是沿海城市扩张没有顾及到生态绿地所造成的不可逆转的结果[178]。

以海南岛东寨港、三亚河和青梅港红树林自然保护区为例。20 世纪 80 年代以前，东寨港在“围海造（椰）林”、改红树林为水稻田或鱼虾塘的过程中，红树林面积损失了 1/3。90 年代后还继续存在着一边是保护区在扩种红树林，另一边是当地农户在私自毁林挖塘的现象。红树林生境近 10 年来以年平均 2.56% 的流失速率减少，与 1998 年面积相比又减少了 25.6%，致使 50 年内红树林总面积减少 50% 以上。这种局面应以改变种养方式（红树林养殖）和“退塘还（红树）林”等对策加以控制和扭转[178]。经过农业时期和城市化过程，三亚河、红沙、铁炉港等地的红树林生境永久消失九成多。三亚河红树林面积流失、溯河分布距离（离河口距离）减少，以及红树林种类和群落的变化，除与城建占用林地相关外，还与上游农业开发不当导致水土流失、河道淤积或加上三亚河的城建渠化和修建堤坝等影响潮水上溯涌入的水量而改变了红树林适生地盐度等有关。现仅存于三亚河岸带的红树林大部分呈小斑块间断分布，水系环境的变化也将不利于红树林的持续繁衍。因此，在三亚城市建设中，应重视和保证城市河道水系高程、流量控制与红树林和湿地公园保育相协调。白鹭公园段的原有红树、红海榄群落消失可能与建园水系改变有关，而现存的白鹭公园海榄雌林和在建红树林公园等红树林地的水环境退化有待改善。青梅港的红树林总面积近 10 年来虽保持平衡，但由于长期受砍伐等人为干扰，原有单优的正红树群落、榄李群落和角果木群落面积严重萎缩，林相退化，其中杯萼海桑、正红树、瓶花木等种群也逐渐稀少。现以榄李和角果木群落等多种优势种混合矮灌状群落为主，而且稀疏的、矮化的残迹林地高达 35%。2009 年青梅港仍出现因工程施工而砍埋部分红树林等严重问题。建议该区在红树林的保护和发展管理方面需加强之外，还应考虑从河道、河口地貌的改变对红树林湿地水环境的影响入手，重点开展保护和恢复红树、杯萼海桑、瓶花木等群落的定位实验研究，使之在世界红树林研究和保护中占有重要席位[178]。

在全球尺度上，养殖、围垦等人类活动是红树林的最大威胁；在所有气候变化后果中，相对海平面上升是对（尤其是未来）红树林最大的威胁。

由于红树林邻近海水而生的习性，日常的涨潮甚至偶尔随台风而来的风暴潮，并不能将其摧毁。红树林对海平面上升的响应一方面是向陆地迁移，另一方面红树林通过捕沙促淤形成特有的生物地貌潮滩，如果潮滩沉积速率大于或等于海平面上升速率，红树林生长带将保持稳定甚至向海洋推进。依目前我国海平面上升的预测，大部分红树林潮滩淤积速率接近或大于 2030 年前的海平面上升速率，红树林潮滩可以通过滩面淤积跟上甚至超越海平面上升，红树林面积基本上能保持稳定。这种平衡局面将随着 2030 年后的海平面上升速率进一步加大而打破。2030 年后，部分红树林潮滩的滩面淤积将落后于海平面上升，从而对我国红树林造成严重影响，尤其在泥沙来源较少、红树林潮滩淤积速率较低的岸段。此外，我国海岸大部分都建有防风浪和围垦的海堤，会限制红树林向陆地方向的迁移，有可能导致局部地方红树林消失使海堤直接面对暴风浪侵蚀[179]。

随着气候变化，极端天气现象出现频率提高，对红树林也会带来重要影响，如 2008 年初南方的低温寒冻。2008 年 1 月至 2 月间，50 年一遇的低温袭击我国华南地区，寒流来势凶猛，持续时间长，直接导致广东沿海红树林遭受严重损失[180]。据调查，淇澳岛红树林受寒害较严重的面积逾 200 hm^2，占整个红树林恢复面积的 30%，经济损失估计 1 200 万元以上；种植的红树、半红树植物受灾面积 160.8 hm^2，其中红树植物 154.2 hm^2；受害比较严重的红树林造林树种多为引进种，主要为海桑类，无论是幼苗还是已郁闭成林的大树、海桑全部被冻死；秋茄、桐花、老鼠簕等本地种未受寒害影响；西堤、红树林苗圃以及引种园的红树林受害最严重，引种园中红海榄、尖瓣海莲、杨叶肖槿等 14 种红树与半红树植物受害，受害面积 2.9 hm^2[181]。半红树植物中杨叶肖槿受害最为严重，水黄皮、海芒果和银叶树具有较强的抗寒能力[181,182]。大面积海桑林死亡后，互花米草和老鼠簕占据原来的空间，造成互花米草再次入侵和林地低矮灌木化[180]。

破坏红树林资源的人为因素多种多样，归纳起来主要有盲目围垦、乱砍滥伐及相关的生产活动。50 年代末至 70 年代中期，我国沿海掀起了向海要地、围海造田活动，毁掉了大量红树林。福建漳江口 200 hm^2 红树林因围海造田被毁掉了 70%[177]。广西钦州市大榄坪 700 hm^2 红树林、防城县的 1 500 hm^2 红树林也都在这场围垦运动中消失了，更多的例子不胜枚举。随着海水养殖业的兴起，遍及沿海各地的围塘热再度给红树林资源带来灾难。乱砍滥伐对红树林的破坏程度仅次于围垦，它不仅使林分面积减少，更使林分退化、质量下降。修筑海堤、烧材等生产和生活活动使大片的红树林被毁。修筑海堤是破坏红树林的重要原因。沿海地区每年都受台风袭击，修筑和维护海堤成了一种必需的和经常性的生产活动。不少地方群众在修筑或加固海堤时喜欢就地取材，构筑“石 + 土 + 红树植物”的低造价海堤，通常是内滩的红树植物如木榄等被砍得最多，桐花树也是一种很不错的筑堤材料。据调查，每筑 100 m 长的海堤需砍伐 0. 38 hm^2 的桐花树林。而修筑和加固海堤所需的泥土也往往从红树林潮滩上就近挖取。所以，修筑这种海堤对红树林的破坏是极大的。红树林也曾经是沿海群众薪材和绿肥的重要来源之一。桐化树因萌生能力强，通常被当做薪材砍伐；而白骨壤则因含氮量高常被砍作绿肥。青蟹喜食贝类和藤壶，在向海的红树林茎枝上固着有大量的藤壶、牡蛎和黑荞麦蛤。近年来在青蟹养殖中，群众喜欢将有固着生物的林子砍伐，投入蟹塘喂青蟹，喂完青蟹后捞起树枝晒干作薪材。此外，其他的一些生产活动也会破坏红树林，如放牧等。红树植物叶片中含有的单宁酸有助于牛羊的消化，海边群众通常把牛群放养于退潮后的红树林中觅食。牛群专啃食红树植物的幼枝嫩叶，致使林子稀疏矮化，生长困难。红树林中有不少价格昂贵的贝类、蟹类和软体动物，每当退潮时，便有大量群众进入林区进行挖掘，频繁的挖掘活动挖断了林木根系，砍断植株，踩死幼树，破坏相当严重。此外，城市发展、修筑公路及大型工业项目与红树林争地，工业污染危害等都会引起红树林的衰退和消失。

近年来互花米草的入侵导致红树林退化的现象引起了人们的关注。互花米草隶属于禾本科米草，属多年生草本植物，原产于美洲大西洋东岸和墨西哥海湾并为优势植被。为保滩促淤，我国于 1979 年从美国引进，由于我国沿海适宜的生长条件，现已形成了规模较大的互花米草盐沼。互花米草可通过人为推广引种及潮流等自然力量广为扩散传播，虽有保滩护岸、促淤造陆、改良土壤、绿化海滩等功能，但互花米草在我国沿海的快速蔓延影响着潮滩的生物多样性，造成河口航道淤积并影响滩涂养殖[183]。

珠海淇澳岛红树林湿地因互花米草导致的衰退就很严重[180]。1982 年，珠海某水产公司引进互花米草，目的是为澳门赛马场的赛马提供饲料，但是马不喜欢吃。无人打理的互花米草疯了一样地蔓延，阻碍了珠海乡土红树植物的繁殖与生长[184]。互花米草曾遍布于淇澳岛的海边泥滩、河流边沿以及基围鱼塘内，1999 年底仅在淇澳岛大围湾就达

66.7 hm^2[185]。大围湾的互花米草群落占据面积大，繁殖速度快，侵占能力强，稳定性高，被铲除 3 个月后即可恢复原有状态，严重威胁红树林的扩展和生存空间。林缘外围的大片滩涂（约 60%）被密集的互花米草占据，使以秋茄和桐花树等为主体的原生红树的繁殖体难以在其中定居生长，天然红树林面临严重威胁[186]。互花米草在淇澳岛造成入侵是在对光资源的争夺中，乡土植物由于生长缓慢缺乏竞争力所致[187]。

福建紫泥岛互花米草对红树林湿地的危害导致其退化状况也很严重。紫泥岛互花米草主要分布在海岛的南部沿岸。其中西梁村附近河道有沿岸 1.5 km，宽度 500 m 的成片区域；在锦田村沿岸有向河道深入 100 m，沿河 0.9 km 的互花米草集中区；世甲村沿岸有宽度 10 ~ 80 m，长度 4.5 km 的区域；簸箕湖的养殖区也遭到互花米草的入侵，使 1 km^2的养殖用海被破坏；沙头农场和歧西分别有 2 km^2和 0.5 km^2的岸线被互花米草侵占，沿岸的红树林生存空间遭到严重挤占。在整个紫泥岛，沿岛四周几乎被互花米草入侵，入侵岸线比例高达 85%，所有河道都有互花米草的存在，河道宽度大大缩减，岸线生物生存空间都被消耗。

第9章 海岛地质灾害防灾减灾对策与建议

海岛作为国土至关重要的组成部分，无论在国防还是在资源的支撑上都具有十分重要的意义。重视海岛的保护和开发利用，切实组织和实施海岛地质灾害的防灾减灾工作，也是保障海岛重要作用的发挥，体现其重要地位的重要方面。

要有效地实现海岛地质灾害的防治，就需要建立一套完整的防灾减灾与应急处理的组织体系。这套体系应该包括法律制度体系、行政管理体系、防灾规划体系、预报预警体系、应急处置体系、救助支援体系等的建设或构建。整个体系的建立需要国家海洋局会同相关部门，从国家层面—省市—县镇等不同层面上协调不同职能单位共同来完成。

9.1 法律制度体系

由于防灾减灾体系的建立需要政策的持续性和财政预算的保障，中央政府应从认识到防灾减灾的重要性入手，首先通过立法确保防灾减灾对策的实施。同时，政府还应通过对防灾减灾实施过程中出现的新问题进行重新认识，在不断总结经验和教训的基础上，对原有的法律制度中不能有效实施的防灾减灾的法律条文和内容进行必要的修改，并根据防灾减灾对策实施过程中的需要，及时地制定新的法律和法规，以确保防灾减灾事业的进行。

9.1.1 我国现行有关灾害法律体系

自20世纪80年代始，我国已经开始了自然灾害的立法应对。中国将灾害管理规范化、制度化作为重要手段在灾害应对的每个环节都有重要作用。在依法治国方略的指导下，中国政府颁布和实施了一系列减灾法律法规，把减灾工作纳入了法制化轨道。中国自然灾害法律制度体系经过30年的建设，已经基本建立完成了7种自然灾害的法律、法规制度，明确规定了各部门单位的灾前预防、灾中救援、灾后重建的责任义务职责；预案建设完成了国家总体应急预案、部门应急预案和行业应急预案的整体预案体系，而且还在不断完善过程中；灾害标准的建设工作开展顺利，各部门和行业已经进入到业务工作标准化阶段，一大批有关灾害的国家和行业标准研究与制定工作正在进行中。

据不完全统计，迄今为止中国颁布的有关自然灾害的国家级法律、法规、预案共37部，其中法律共14部，法规16部，预案7部[188]。地方、部门、行业颁布的预案、规定、办法、条例等更多，中国在自然灾害法律、法规、预案等灾害管理制度的建立上，取得了非凡成就。我国政府已经颁布与自然灾害直接相关的法律有《防震减灾法》《防洪法》《气象法》等；法规有《地质灾害防治条例》《抗旱条例》等；国家应急预案体系中与自然灾害直接相关的有《国家突发公共事件总体应急预案》《国家防汛抗旱应急预案》等总体预案，《国家自然灾害救助应急预案》《国家防汛抗旱应急预案》《国家地震应急预案》《国家突发地质灾害应急预案》《国家处置重、特大森林火灾应急预案》等专项应急预案。在 2006 年计划发布的部门预案有《农业重大自然灾害突发事件应急预案》《草原火灾应急预案》等 57 件，涉及了农业、林业、建筑行业、铁路、海洋、生物灾害、气象灾害等多个部门的应急预案规划，其中与自然灾害直接相关的部门应急预案 15 项，目前已经发布 15 件；国家标准委以及各部门、行业均颁布了一系列与灾害相关的标准，如《气象干旱等级》《沙尘暴天气监测规范》《地面气象观测规范》等[189—191]。

9.1.2 存在的问题和改进

我国灾害法律法规建设虽然取得了巨大成就，但从法律法规文件的制定颁布整体来看，表现出部门分割、协调不足，以及减灾立法不完备，尚未形成从内容到形式与中国国情相符合的科学的法律体系。每有重大灾害，在后期就会出现一系列与此灾害相关的法律法规文件，没有足够发挥法律法规文件在灾害预防方面的作用。如国家层面专门性地震政策法规共计 100 多份，其中专门为应对 2008 年汶川地震而出台的政策法规约占总量的 2 /3[192]。这些年来众多学者对有关自然灾害法律法规文件进行了研究，尤其是 2008 年初南方雨雪冰冻灾害和同年 5 月汶川大地震之后，针对有关自然灾害类突发事件的恢复重建政策体系的方方面面的研究。汶川地震之后全国各行业陷入了对减灾法制建设的思考，如果我们平时有计划的对法律、法规、标准文件进行更新，我们将有更多机会减少灾害带给我们的损失[188]。

据统计，自从 20 世纪 80 年代的 30 多年来，平均每年颁布 22.1 项法律法规文件，其中主要集中在气象、地震上面，占每年颁布的法律法规文件总数的 46.1%，而海洋灾害与森林草原火灾之和仅占 8%，因此，从 30 多年来每年平均颁布的自然灾害法律法规文件数量看，应优先考虑增补海洋灾害和森林草原火灾相关减灾文件[188]。

总体上说，21 世纪初颁布的自然灾害类法律法规文件数量较多，这与各类自然灾害发生频率不断上升，同时国家加强对自然灾害类政策性文件体系的建设等原因密不可分。值得说明的是，在 2008 年汶川地震灾后，关于地震的法律法规文件数目激增，7 个月内增加了 94 条，占 21 世纪初关于地震的法律法规文件数量的 82.46%。这进一步说明，减灾法制建设应有规划的进行增补，同时要有预见性，尽量减少“亡羊补牢”的“事后诸葛亮”做法。因此在灾害管理法制建设方面仍有大量工作等待我们去完成[188]。

根据更新需求有规划的出台法律法规文件将保证灾害管理的有效性、及时性。因而，中国在形成完善的灾害管理法律体系的同时，应及时修正不适应现实需求的灾害法律文件，或根据现实需要及时调整新的法律法规文件。文件应随着时代发展和技术进步，以及人们的思想意识提高而发展。以免因法律法规更新不及时，或灾害法律效力不够等原因，导致灾害带来重大损失和人员伤亡的事件。中国针对单一灾害管理的法律、法规、预案较多，但作为综合灾害基本法仍然缺失，造成灾害管理工作没有法律的强制保障。有专家指出，“一事一法”的灾害立法模式已无法适应复合型灾害和新型灾害的应对[193]。一方面，一旦出现新的灾种，其应对工作将面临无法可依的局面；另一方面，过度强调部门应对、专业分工与灾害管理的统一领导、综合协调原则背道而驰，在应对复合型巨灾时尤其如此。如截至“2008 年南方雪灾”时，虽然全国到地方已制定了近 200 万件应急预案，但却没有雪灾的预案，凸显了复杂巨灾多部门协同配合，制定综合性强的法律法规文件[193]的重要性。

目前中国灾害法律法规上的问题是灾前预防，限制的法律较多，但灾后责任方面的法律较少；灾后恢复过程中一些必要的法律保障，如类似日本的 1947 年颁布的《灾害救助法》、1966 年《地震保险法》等有关灾后救助补偿、恢复重建的灾害保险法律，在中国仍然缺乏，应该尽快出台，使中国灾害管理法律体系更加健全[188]。

21 世纪初的 10 年中，国家级法律法规文件中，新出台的多为预案类文件。预案类文件整体颁布时间比较晚，是因 2003 年“SARS”之后，从 2006 年开始国家和各部门集中出台各级各类大量的预案文件。预计在今后的一段时间里，各项有关灾害的预案还将迅速出台，作为法律法规文件的一部分，更加完善减灾应急法律法规文件。应急预案是应对自然灾害的行政指导文件和操作指南，《防洪法》《防震减灾法》《突发事件应对法》等法律法规都将应急预案作为应对自然灾害的一项基本制度。因此对不能及时出台的灾害法律，可由相关预案规定对法律法规的缺位进行补充[188]。

还需要特别说明的是，我国灾害事前和事后管理也都缺乏综合性制度安排，比如增强社会风险意识和自救互救能力为目的的应急宣传、教育和演练机制和用于恢复受害者基本生活水平的灾害保险，尤其是巨灾保险机制，都十分薄弱，亟待通过立法推动其建立。因此，就如中国社科院法学研究所莫纪宏研究员所指出的：我们需要制定一部基础性、综合性的灾害应对法，用于整合各种应急管理资源，从而建立起基本法与单行法有机结合的灾害法制体系。这也是美国、日本等发达国家应对灾害的最核心经验[194]。

1961 年日本通过了防御和减轻自然灾害的综合性、基本性法律——《灾害对策基本法》。通过这部法律，日本实现了灾害预防管理应对的责任确定化，明确了中央政府、各级地方政府、社会团体和全体国民的权限和职责，建立了快速、有效、有力的灾害应对体系的基础。日本这种制定灾害基本法的模式已为很多国家所采用。我国在 2010 年编制《国家综合防灾减灾“十二五”规划》时也曾对防灾减灾基本法立法加以关注[194]。

9.1.3 我国海岛法律建设

对于海岛地质灾害而言，迄今为止，还没有一部专门的法律法规和制度出现。如前文所提到的，在目前国家颁布的有关灾害的法律法规中，海洋方面的就很少。但值得欣慰的是，有关海岛的专门法律法规的制定和实施已经开始。“十一五”期间，我国海岛保护法制建设是卓有成效的。5 年里，海岛保护法律制度建设工作在全国人大、国家有关部门和沿海省市的大力配合和支持下，从无到有、从弱渐强。特别是 2010 年 3 月《中华人民共和国海岛保护法》（简称《海岛保护法》）的颁布实施，更是改变了长期以来我国海岛保护管理缺乏国家层面立法保障的局面，将海岛保护管理工作纳入了法制化的轨道。

《海岛保护法》的颁布，填补了我国海洋法规体系中岛屿法律的空白，在当前国际海洋划界“寸海必争，每岛必夺”的情势下十分必要，对提升海岛法律规定的效力层次，对于维护国家的海洋权益和领海安全，保护海岛资源、维护海岛生态系统均有重要意义。概括起来有以下几点：第一，维护海岛主权。《海岛保护法》适用于中华人民共和国所有所属岛屿，是一部基于《中华人民共和国政府关于领海的声明》《中华人民共和国领海及毗连区法》等确定了中国的海洋与岛屿主权既定法律地位后的一部保护海岛生态的行政法，结束了中国对岛屿的保护、开发使用、相关管理无法律规范的历史，有利于宣示主权和维护海洋权益，具有重要的战略意义。第二，明确无居民海岛的法律地位。中国海岛中，大部分属于无居民海岛，长期以来，一些单位和个人将无居民海岛等同为无主地，随意占据、使用、买卖和出让。《海岛保护法》明确指出，“无居民海岛属于国家所有，国务院代表国家行使无居民海岛所有权”。“未经批准利用的无居民海岛，应当维持现状；禁止采石、挖海砂、采伐林木以及进行生产、建设、旅游等活动。”为无居民岛的主权和管理明确了法律依据，中国成千上万的海岛，从此有了“守护神”。第三，海岛管理法制化。《海岛保护法》确立了五种管理制度，分别为：海岛规划制度、海岛生态保护制度、无居民海岛国家所有权及有偿使用制度、特殊用途海岛设定的特别保护制度、海岛保护监督检查制度。规范了海岛的开发、利用秩序，保护了海岛的生态环境，维护了国家的海洋权益。第四，凸显海岛的生态保护。《海岛保护法》总则说明其立法宗旨：“保护海岛及其周边海域生态系统，合理开发利用自然资源，维护国家海洋权益，促进经济社会可持续发展”，同时明确“国家对海岛实行科学规划、保护优先、合理开发、永续利用的原则”，并且要求国务院和各级政府“应当采取措施，保护海岛的自然资源、自然景观以及历史、人文遗迹”。严格限制在有居民海岛沙滩建造建筑物或者设施、在海岛沙滩采挖海砂、进行填海、围海等改变海岛海岸线的行为；禁止改变自然保护区内的海岸线，禁止采挖、破坏珊瑚和珊瑚礁，禁止砍伐岛屿周边的红树林等。第五，对特殊用途的海岛实行特别保护。《海岛保护法》规定：“国家对领海基点所在海岛、国防用途海岛、海洋自然保护区内的海岛等具有特殊用途或者特殊保护价值的海岛，实行特别保护。”国家依法保护设置在海岛的助航导航、测量、气象观测、海洋监测和地震监测等公益设施，禁止损毁或者擅自移动，妨碍其正常使用。禁止破坏、危害设置在海岛的军事设施的行为，禁止将国防用途无居民海岛用于与国防无关的目的，禁止破坏国防用途无居民海岛的自然地形、地貌和有居民海岛国防用途区域及其周边的地形、地貌。使海岛真正成为驻守国门、御敌入侵的海防前哨，对增强国防具有重要意义。

在扎实做好海岛保护立法工作的同时，国家海洋局积极开展了法律配套制度的研究与制定工作，出台了《无居民海岛使用金征收使用管理办法》《海岛名称管理办法》《省级海岛保护规划编制管理办法》等 20 多部海岛管理法规政策。沿海地方海岛法制建设也取得了突破性进展。2007 年，浙江省人民政府印发《关于进一步加强无居民海岛管理工作的通知》，2008 年，山东省人大常委会通过了《青岛市无居民海岛管理条例》、宁波市人民政府印发了《关于进一步加强无居民海岛管理工作的实施意见》。到目前为止，我国已基本形成了以《海岛保护法》为统领，内容涵盖无居民海岛申请审批、使用权登记、有偿使用、执法监察、海岛名称管理等方面的较为完整的海岛保护管理法律体系。

虽然没有海岛地质灾害的相关专门法，但海岛的地质灾害可以纳入国家针对国土地质灾害的防灾减灾体系中来统一应对。但应考虑到海岛自身的特殊性，在防灾减灾法律体系的整体构建下，对海岛灾害的防治做进一步的规定，使其具有切实可行的实效性。

9.2 行政管理体系

9.2.1 现状

我国现行的灾害管理体制是按灾种（如台风、暴雨、洪水、干旱、泥石流、滑坡、地震、农林生物灾害等）划分的，分别由气象、水利、国土资源、地震、农业、林业、海洋、消防、环境、卫生防疫、民政等部门分别承担，形成了单灾种、分部门、分地区的防灾抗灾的管理体制。每一个灾种或几个相关灾种分别由一个或几个相关的部门负责；根据灾害的发生地点在地域上实行属地管理；并且根据灾害的监测、预报、防御、抗灾、救灾、援建等各个环节，按照各单位部门的职能实行分阶段管理。这种模式有利于发挥各单位部门、各专业救灾队伍的作用，在一般的灾害事故管理中体现出较高的效率[195]。

就目前所出台的有关法律来看，这种情形还未有改变。在已颁布的有关法规中，仅《国家自然灾害救助应急预案》形成了自上而下的全国性体制。预案规定：国家减灾委员会为国家自然灾害救助应急综合协调机构，负责组织、领导全国的自然灾害救助工作，协调开展特别重大和重大自然灾害救助活动。国家减灾委成员单位按照各自职责做好全国的自然灾害救助相关工作。国家减灾委办公室负责与相关部门、地方沟通联络，组织开展灾情会商评估、灾害救助等工作，协调落实相关支持措施。国家减灾委员会设立专家委员会，对国家减灾救灾工作重大决策和重要规划提供政策咨询和建议，为国家重大自然灾害的灾情评估、应急救助和灾后救助提出咨询意见[196]。

国家减灾委员会是国务院领导下的部际议事协调机构，其主要任务是：研究制定国家减灾工作的方针、政策和规划，协调开展重大减灾活动，指导地方开展减灾工作，推进减灾国际交流与合作。国家减灾委员会的前身，是中国政府响应联合国倡议于 1989 年 4 月成立的中国国际减灾十年委员会，2000 年 10 月更名为中国国际减灾委员会，2005 年 4 月更名为国家减灾委员会，其成员由国务院有关部委局、军队、科研部门和非政府组织等 34 个单位组成。国家减灾委员会主任由国务院领导担任，办公室设在民政部，由国家减灾中心具体实施。

中华人民共和国民政部国家减灾中心于 2002 年 4 月成立，2009 年 2 月加挂“民政部卫星减灾应用中心”牌子。减灾中心的主要职责是承担国家减灾委员会专家委员会和全国减灾救灾标准化技术委员会秘书处的日常工作，承担重大减灾项目的规划、论证和组织实施工作；承担“国家自然灾害数据库”和“全国灾情管理信息系统”的建设、维护与管理，负责灾情的收集、整理、分析等工作；负责自然灾害风险评估和灾情预警，承担自然灾害灾情评估及开展重大自然灾害现场调查工作；负责灾害遥感监测、评估和产品服务工作；承担国内外多星资源调度、各级各类遥感数据获取与重大自然灾害遥感应急协调工作；承担“国际减灾宪章”（CHARTER 机制）工作；承担环境减灾星座的建设、运行与维护，负责卫星业务运行系统的基础设施保障与建设工作；承担灾害现场、信息传输和救灾应急通信技术保障工作，开展减灾救灾装备的研发、应用和推广工作，承担中心业务网站和国家减灾网站的开发、维护和管理；参与有关减灾救灾方针、政策、法律法规、发展规划、自然灾害应对战略和社会响应政策研究；承担 UN－SPIDER 北京办公室和国际干旱减灾中心的日常工作，参与减灾救灾国际交流与合作；承担减灾社会宣传和培训工作，负责《中国减灾》杂志采编和发行工作[197]。减灾中心的职能和目标是围绕国家综合减灾事业发展需求，认真履行减灾救灾的技术服务、信息交流、应用研究和宣传培训等职能，为政府减灾救灾工作提供政策咨询、技术支持、信息服务和辅助决策意见。努力将中心建设成为我国减灾救灾工作的信息交流中心、技术服务中心和紧急救援辅助决策中心，发展为减灾领域国内外合作交流的窗口，展示减灾工作的宣传窗口。

在《国家地震应急预案》中规定，国家抗震救灾指挥机构由国务院抗震救灾指挥部负责统一领导、指挥和协调全国抗震救灾工作。地震局承担国务院抗震救灾指挥部日常工作。必要时，成立国务院抗震救灾总指挥部，负责统一领导、指挥和协调全国抗震救灾工作；在地震灾区成立现场指挥机构，在国务院抗震救灾指挥机构的领导下开展工作。地方抗震救灾指挥机构由县级以上地方人民政府抗震救灾指挥部负责统一领导、指挥和协调本行政区域的抗震救灾工作。地方有关部门和单位、解放军、武警部队和民兵组织等，按照职责分工，各负其责，密切配合，共同做好抗震救灾工作。

在一些地方性法规条例中也有一些相应的规定，如《浙江省地质灾害防治条例》规定，县级以上人民政府应当加强对地质灾害防治工作的领导，将地质灾害防治工作纳入国民经济和社会发展规划，建立健全防治工作责任制，加强防治专业队伍建设，组织并督促有关部门和下级人民政府做好地质灾害防治工作。县级以上人民政府应当将地质灾害的防治规划、预防、应急等经费和因自然因素造成的地质灾害治理经费纳入同级财政预算。省人民政府和地质灾害易发区的市、县人民政府应当设立地质灾害防治专项资金，专项用于地质灾害防治工作。乡（镇）人民政府、街道办事处应当按照相应职责做好本辖区内地质灾害防治工作。县级以上人民政府国土资源主管部门负责本行政区域内地质灾害防治的组织、协调、指导、监督以及地质灾害治理工程的质量管理工作。县级以上人民政府发展和改革、财政、建设、规划、交通运输、水利、林业、人民防空、气象、民政、公安、旅游、教育等部门，按照各自职责负责相关的地质灾害防治工作。公民、法人和其他组织应当依照有关法律、法规的规定，履行地质灾害防治的相关义务，共同做好地质灾害防治工作。各级人民政府和有关部门应当组织开展地质灾害防治知识的宣传教育，普及地质灾害防治的科学知识，增强公众的地质灾害防治意识和自救、互救能力。学校应当加强对教职工和学生的地质灾害预防和救助知识的教育，培养教职工和学生的安全意识和自救、互救能力。新闻媒体应当开展地质灾害防治公益性宣传，加强对地质灾害防治违法行为的舆论监督。

但现行的灾害管理体制是在计划经济条件下建立的，缺乏灾害管理的整体性和系统性，已不适应社会发展和减灾形势发展的需要，更不利于以社会单元作为一个综合承灾体进行综合减灾规划的制定和作用的发挥。现行的灾害管理体制存在以下问题：①减灾管理工作零乱、程序不规范，不具备系统性。分灾种管理体制难以覆盖到灾害监测、预报、防御、抗灾、紧急救援、灾后处理等环节的全过程，灾害管理职能上，一方面交叉、重复，另一方面又存在许多空白点，没有具体部门来管。②政出多门，令不一致，不利于统一指挥和协调。由于缺乏综合协调，具体减灾行动中会出现“多头管理，令不一致”的情况，使得政府减灾措施得不到有效的贯彻执行，难以产生整体效益。③重复建设，减灾资源配置不合理，难以实现资源配置最优化和灾害损失的最少化。④组织机构、预警系统、决策系统、备灾系统等落后于综合减灾的需要。⑤减灾的投入与产出不相对应，没达到预期的效果[195]。

总之，我国现有的防灾减灾体系是在经济不发达、技术起点低的困难条件下形成的。与发达国家相比，对自然灾害的综合管理水平有较大差距，灾害管理法制尚不健全，尚缺乏防灾减灾的总体规划，灾害管理体系与制度建设以及协调运行机制均有必要加强。

9.2.2 国外经验

我国减灾工作虽然已经开展了十几年，就全国而言，综合减灾还处于起步阶段，而国外的综合减灾已经开展了几十年，有相当成熟的经验和做法。许多国家都设立了综合减灾管理机构，建立了较完善的综合减灾管理体系，有一套高效的综合减灾管理机制，值得我们参考借鉴。

在美国，根据《灾害救助法》，美国总统办公厅于 1979 年设立了联邦紧急事务管理局，负责应对处理各种重大自然灾害和灾害事故。联邦政府还设立了一个综合减灾协调联络机构——重大灾害反应小组，它是由联邦政府各机构的代表组成的一个国家级的协调小组，它有权对联邦政府各有关机构的职权、资源、能力和技术专长等方面进行集中协调，小组成员能够直接与各自机构的领导者（决策者）联系，决定本机构或部门辖内的事务，协同联邦政府和其他机构共同防御突发性自然灾害[195]。

在日本，根据《灾害对策基本法》和《灾害救助法》，中央防灾会议是日本防灾救灾工作的决策和领导部门，主席由首相担任，其成员为内阁中主要部门的长官，日常事务由国土厅负责；主要职能是制订和推进实施防灾基本计划与非常灾害紧急措施，审议防灾重要问题等。日本灾害实行分等级管理，将灾害分为一般灾害和非常灾害两类。一般灾害属地方管理范围；非常灾害属国家管理。由于地震灾害的特殊性，国家还另外单独制定了地震灾害行政管理办法。日本已形成完整的以防灾中心为核心的防灾系统。按日本行政系统设置，从中央、地方到基层，即从首相府到村均依法设立中央防灾会议（国家级）、都道府县防灾会议（省部级）、市町村防灾会议（基层）。各级防灾会议的性质、组成、职责均按“大震法”的规定设置，并且在灾害发生后，作为应急反应机构，各级政府自动转换为本行政部门的灾害对策总部。此外，英国、法国、澳大利亚、加拿大、韩国等国家也均有类似的综合减灾法律来保证其组织机构和运行机制[195]。

综合起来，美国、日本的灾害管理模式的特点如下[198]：①一元化领导，有一个权威机构负责防灾救灾的组织和协调指挥；②权力与资金的相对集中，权威机构被赋予广泛的权力和具有可靠的资金保障；③实行灾害的分级管理，各国均根据灾害的种类、规模、发生可能性、社会影响程度等把灾害划分等级，并以此限定哪一级别的指挥体系来实施抗灾救灾；④重视灾害的预防，尤其是日本开展全民防灾教育，并开辟特别的部门对灾害进行规划研究；⑤灾害防抗救过程协调一体化，设立协调员将各有关部门之间的工作进行协调；⑥建立指挥中心，建立了一个拥有先进的通信设备，丰富的基础数据的防灾救灾中心，并在中心设有关部门的席位；⑦专家参谋，具有经验丰富、充满活力的专家参谋群体。

9.2.3　构建我国综合减灾管理体制

结合国外综合减灾的先进管理模式，构建我国综合减灾管理体制。其目的就是要加强部门间的协作，通过综合减灾机制的作用，统一调配、整合分散于各部门、各单位的技术、人力、物资、装备等减灾资源，形成工作合力，实现减灾投入的最小化和减灾效果的最佳化。针对我国综合减灾管理体制方面存在的问题，提出以下建议[195]。

①进一步加强综合减灾的组织领导，健全各级综合减灾组织机构，建立统一、高效的综合减灾指挥管理系统。要以减灾委员会为龙头，建立覆盖全国的综合减灾网络框架，形

成政府综合减灾机构、专业减灾部门、社会团体以及人民群众相互配合的协调机制、运行体系和应急救援指挥体系。

②增强灾害管理的协调机制，推动灾害管理体制的完善。在综合减灾的日常工作当中，与单灾种管理机构合作得如何，直接关系到综合减灾工作的成效。因此，要按照政府负责，部门指导协调，各方联合行动的要求，打破部门分割的界限，建立和完善多层次、多方位的联防工作机制，加强党政机关部门之间、政府部门之间、政府各层级之间、政府与社会之间、各辖区之间的合作，建立和完善气象、国土资源、水利、农业、林业、地震等有关灾害主管部门之间灾害信息的沟通、会商、通报制度，实现资源整合与共享，密切配合，协同应对，逐步形成“政府统一领导、部门分工协作、社会共同参与”的综合减灾工作联动机制。

③整合减灾信息资源，形成合力，大力实施综合减灾。灾害信息是开展防灾减灾工作，为党政领导及有关部门开展决策服务的基础。因受分灾种管理的体制性限制，这些资料分别由气象、水利、国土资源、林业、民政、农业等部门掌握，成为信息孤岛，信息交流不畅，缺乏共享机制，提供决策服务材料单一。因此，要通过合理整合资源，建立信息交换机制，逐步实现减灾信息共享，为开展自然灾害综合会商、决策服务、灾害研究等提供信息基础保障。要加强灾害管理方式由部门、区域、环节、学科相分离的封闭式的单项管理向综合、系统、协调式的管理方向发展，建立跨地域、跨部门的灾害信息管理系统和科学的决策系统，大力实施综合减灾。

④加强灾害链的科学研究，提高综合防御自然灾害的能力。气象、地质、森林火灾、农林生物等自然灾害之间相互联系、相互影响和相互渗透，往往引发次生、衍生灾害，甚至几个灾害事件同时发生，危害大，群发性、连锁反应强。因此要加强多学科、跨部门等领域的合作，对灾害发生机理、成因、连锁反应、群发规律和综合防御对策等方面进行科学研究，制定应对灾害的防御方案，提高综合防御灾害的能力。

9.3 防灾规划体系

防灾规划的基本方针就是为建立一个充分完善的灾害预防体系，迅速且周到的灾害应急对策体系，妥当又快速的灾后重建、灾后修复体系而做的一个总体规划。防灾规划体系包括基本规划、地区防灾规划和防灾业务规划。

9.3.1 基本规划

基本规划包括灾害预防规划、灾害应急规划、灾后复兴重建规划。

(1) 灾害预防规划

在灾害预防方面，将从基础设施的强化、灾害急救等方面所需的应急设施和体制的建立、防灾训练和防灾知识的普及、灾害发生机理研究、预测预防等基础研究等方面进行综合规划和建设。

灾害预防方面主要包括：

①不断强化主要交通、通信机能、国土保全事业以及城市开发事业中防灾性能的形成，以及各种构造设施、生命线工程安全性的确保等；

②事故灾害的预防方面，充实各种安全对策；

③灾害发生时的灾害应急对策以及其后能迅速圆满地实施灾后修复、复兴所需的各种设施、设备资料等，食物和饮用水等的储备，防灾训练的实施等；

④为了促进国民的防灾活动，有关防灾思想、防灾知识的普及，防灾训练的实施以及与此有关的自主防灾组织等的建立和强化、志愿者活动环境的创立、企事业防灾的促进等；

⑤推进各种灾害预测研究，包括工程学、社会学等与防灾有关学科的研究。同时加强各种灾害基础数据的观测研究。

（2）灾害应急规划

在灾害应急对策方面，将就灾害发生时的灾害警报的传达、灾情的迅速把握和输送、高效率应急体制的确立、次生灾害的防止、灾民的救助和紧急抢救、避难场所的开设和运营以及生活保障的确立等方面所做的详细规划。

具体包括：

①有关灾害发生预兆的把握、及时警报的传达、居民的避难引导以及防患于未然的各种活动；

②大规模事故发生时迅速的情报联络：灾害已发生后灾情的尽早把握、与灾害有关的情报的迅速搜集和传达以及因此所需要的通信手段的确保；

③确立灾害应急对策的活动体制以及各机关间相互连携的各种援助体制；

④次生灾害的防止、消防灭火等活动，对受灾人员的迅速及时的医疗救助和急救以及急救所需要的交通管制等；

⑤灾民的避难引导和指挥以及避难场所的运营、临时住宅的提供等；

⑥灾民们生活所需的食物、饮用水等生活必需品的调剂和供应等；

⑦灾民们健康状况的把握以及所需的救护所的开设、临时厕所的设置和生活垃圾的处理等；

⑧违法犯罪活动的防止和社会秩序的维持以及物价的安定和物资的安全供给等政策的实施；

⑨确保灾民生活的生命线工程、交通设施设备等的应急修复等；

⑩灾害谣言流传的防止等以确保社会的安定，次生灾害等危险性的确认以及指导居民避难和应急对策的实施等，志愿者、捐款和救济金以及从海外来的支援等的受理等。

(3) 灾后重建和复兴规划

在灾后重建、复兴方面，将就灾区的重建、复兴等基本方针的及早决定、被损设施的迅速修复、灾害垃圾的处理、灾后重建资金的确保、灾区中小企业的复兴等制定灾后修复规划。

具体包括：

①灾区重建、复兴规划的及早决定以及修复事业计划的推进等；

②受灾设施的迅速修复；

③再次受灾防止的新型都市环境的建立；

④灾害垃圾（如地震废墟）等的迅速处理；

⑤对灾民的援助金、住宅、雇用等的确保以及灾后生活重建的支持等。

以上这些内容，将通过中央防灾会议制定的防灾基本规划、地方政府制定的地区防灾规划和指定行政机关制定的防灾业务规划，由国家、公共机关、地方公共团体以及个人相互协助，推进灾害基本事项的实施。

9.3.2 中国的防灾减灾规划

据悉，1993 年国务院批复的北京城市总体规划是国内大中城市中首次引入城市防灾概念的总体规划，对于城市防灾有许多条款，但现在看来虽内容针对性不强也欠深度，但作为一种开端是应倡导的。迄今为止，几乎所有大中城市新近颁布的总体规划中都涉及防灾内容，缺点是尚应规定深度。

1998 年，中国国际减灾十年委员会制定了《中华人民共和国减灾规划（1998—2010年）》，于 1998 年 4 月 29 日经国务院批准。该规划指出要明确中国减灾工作的指导方针、主要目标、任务和措施，调动一切积极因素，合理配置资源，最大限度地减轻灾害造成的损失。为此提出，中国需要制定国家中长期减灾规划。

(1) 减灾工作的指导方针

为国民经济和社会发展服务。经济的持续稳定发展和社会进步是深化减灾工作的基础，减灾工作的不断加强又为经济的发展和社会的进步提供有力保障。要特别重视处理好减灾与经济建设的关系，坚持减灾工作与经济建设一起抓的原则。

坚持以防为主，防、抗、救相结合。要进一步增强全民的减灾意识，在生产生活设施建设中，都要考虑到减灾，要运用多种手段和措施，大力开展减灾建设，发挥各种减灾工程的整体效益，积极推进综合减灾工作。

把握全局，突出重点。要解决好减灾工作中关系全局的重大问题，集中有限资源，加强重点减灾工程建设和重点地区的综合减灾工作，着重减轻对全局或区域发展影响较大的自然灾害，同时探索减轻其他自然灾害的有效途径。

充分发挥科学技术和教育在减灾中的作用。加强减灾基础和应用科学研究，加快现有科研成果转化为实际减灾能力的进程，促进综合减灾能力的提高。减灾教育要将普及教育和专业教育相结合，面向社会，提高全民的减灾知识水平。

调动一切积极因素。必须发挥中央、地方和各行各业的积极性，在政府统一组织和部署下，有关部门密切配合，企业和社会各界广泛参与，共同做好减灾工作。

加强减灾国际交流与合作。要积极开展多渠道、多层次的减灾国际交流与合作，不断改进和完善我国的减灾工作，提高我国在国际减灾领域的地位。

（2）减灾工作的主要目标

减灾工作的主要目标是：通过建设一批对国民经济和社会发展具有全局性、关键性作用的减灾工程，广泛应用减灾科技成果，提高全民减灾意识和知识水平，建立比较完善的减灾工作运行机制，减轻各种灾害对我国经济和社会发展的影响，使灾害造成的直接经济损失率显著下降，人员伤亡明显减少。

农业和农村减灾。贯彻把加强农业放在发展国民经济首位的指导方针，形成较为完善的农业减灾体系。基本解决长江、黄河水患，其他主要江河水患得到有效控制，北方部分地区严重缺水的矛盾得到缓解，基本控制水土流失、荒漠化、土壤次生盐渍化和草场退化的加速趋势，减轻海洋灾害对农业的影响。农业的灾害设防达到抗御中等自然灾害的水平，减灾科技成果得到广泛应用，村镇建设及乡镇企业的抗灾能力也达到相应水平。通过农业综合减灾工程建设，提高农业和农村的综合减灾能力，使农业生产的自然灾害损失率大幅度降低，农村人员因灾伤亡人数明显减少。

工业和城市减灾。基本完成全国县级以上城镇的综合减灾规划；城市及其建（构）筑物和工程设施达到规定的抗灾设防标准；各种威胁工业生产发展和城市安全的灾害得到有效治理或控制；重要城镇、工业基地、生命线工程和骨干企业具备抗御较大灾害的能力，主要城市的基础设施和各类生命线工程达到遇中小灾基本不受影响，遇大灾能够短期恢复。

区域减灾。初步形成较为完善的区域减灾工程体系，实现区域减灾工程与区域经济建设的同步发展；重点区域的灾害损失率明显减少；高风险区综合减灾规划得到实施，资源的开发基本实现规范化管理；人为次生灾害得到有效控制；减灾示范区的成功经验在同类地区得到较大范围推广；综合减灾能力明显提高。

社会减灾。基本形成全国减灾法律法规体系；多种形式的减灾教育全面普及，全民减灾意识明显提高，减灾科技和教育队伍基本满足各种层次的需要；灾情监测和灾害信息系统得到进一步完善，备灾和灾害救援能力得到加强，保险成为灾害经济补偿的重要手段，减灾科技成果得到广泛应用，政府减灾能力显著提高，初步形成国家和地方现代化的减灾管理体系，使我国的减灾非工程建设接近和逐步达到世界先进水平。

减灾国际交流与合作。广泛参与减灾国际行动，实现双边、多边国际交流与合作的经常化，为推动国际减灾活动的持续发展做出贡献。

（3）减灾工作的主要任务和措施

减灾工作的主要任务是：按照国民经济和社会发展总任务、总方针，围绕国民经济和社会发展总体规划，加速减灾的工程和非工程建设，完善减灾运行机制，提高我国减灾工作整体水平，推进减灾事业的全面发展。

为完成减灾工作的主要任务，需要采取的措施是：

①进一步确立减灾在保障国民经济和社会可持续发展中的基础地位。各级政府必须高度重视减灾工作，将其纳入国民经济和社会发展规划，结合本地实际，制定减灾规划和灾害应急预案，并采取切实有效的措施，积极推进减灾工作。

②明确减灾工作的重点。要把大中城市，对国民经济和社会发展具有全局性、关键性作用的骨干工程，以及影响全国或较大区域的灾害作为减灾工作的重点，集中力量，减少灾害损失，减轻灾害对国民经济的影响。

③逐步完善国家减灾管理机制。国务院部际减灾协调机构要提高减灾综合协调能力，国务院各职能部门要各负其责、密切配合、搞好协作，切实做好减灾工作。明确中央与地方的责任，实行灾害分级管理，逐步形成完善的减灾管理体制。

④充分利用现代科学技术，提高国家综合减灾能力。特别要加强对重大灾害的监测和预警，提高灾害信息采集和快速处理水平，做好灾害评估工作，建立减灾信息的共享机制；完善抗灾救灾物资储备制度，进一步加强综合减灾研究，提高抵御灾害的应急能力。

⑤加强减灾法制建设。积极开展减灾立法的研究工作，健全和完善减灾法律法规体系，使减灾工作进一步规范化和制度化。

⑥拓宽资金来源渠道，增加减灾投入。各级政府的减灾投入要与国民经济和社会发展相协调，并随着国力的不断增强而相应增加；企业要加强灾害防范并积极参与当地减灾建设；充分发挥保险对灾害损失的补偿作用；发扬“一方有难，八方支援”的优良传统，加强民间的互助互济，建立社会化的灾害救援和救助机制。

伴随着《地质灾害防治条例》于2003年11月19日经国务院通过，自2004年3月1日起施行，各省市从地质灾害入手开始纷纷制定本地区的地质灾害防治条例。2011年11月26日国务院办公厅发出了关于印发国家综合防灾减灾规划（2011—2015年）的通知，发布了我国第一个《国家综合防灾减灾规划》。通知指出，编制和实施该《规划》，是贯彻落实党中央、国务院关于加强防灾减灾工作决策部署的重要举措，是推进综合防灾减灾事业发展、构建综合防灾减灾体系、全面增强综合防灾减灾能力的迫切需要，对切实维护人民群众生命财产安全、保障经济社会全面协调可持续发展具有重要意义。各地区、各有关部门要认真组织好《规划》实施工作，加强组织领导，完善工作机制，加大资金投入，确保《规划》目标的顺利实现。要求各省（区、市）人民政府要将本规划内容纳入地方经济社会发展规划，结合实际制定本地区综合防灾减灾规划，逐级落实工作目标和任务。

对《规划》中涉及的建设项目，要认真做好前期工作，合理确定建设规模和投资，并按程序报批后实施。各有关部门要根据职能分工，加强对《规划》的指导、支持和协调，共同落实《规划》任务。国家减灾委员会要强化对《规划》实施情况的跟踪分析，中期进展评估和总体实施情况要向国务院报告。

2013 年《国家综合防灾减灾规划》正式发布两周年的时候。专家们在香山科学会议上，以气象灾害风险管理为主题，对我国的防灾减灾建设进行了研讨。北京师范大学常务副校长、国家减灾委专家委员会副主任史培军在会后接受《中国科学报》记者采访时直言不讳地说："覆盖全社会的统一的国家防灾减灾体系目前仍是有规划、没预算，《国家综合防灾减灾规划》仍然飘在空中，没能落地。"我国目前的灾害应对体系包括安全设防、救灾救济、应急管理与风险转移。不过，这四方面是割裂的。因此，建立一个统筹规划、覆盖全社会的综合防灾减灾体系成为《国家综合防灾减灾规划》的目标。然而，这个体系仍停留在理念和规划阶段。同样只停留在规划阶段而没有行动的，还有 2012 年发布的《国家防灾减灾科技发展"十二五"专项规划》。史培军表示，规划发布后，科技部门、财政部门并没有着手国家综合防灾减灾科技体系的建设。

尽管没有形成覆盖全国的综合防灾减灾体系，国家减灾委已经在一些灾害的应对中实现了综合防灾减灾的思想，而科技在其中的作用也逐渐凸显。目前我国在灾害的基础研究方面有了明显改善，关于灾害的基础研究为设防提供了科学依据。汶川地震、南方冰冻灾害、舟曲地震、芦山地震等重大灾害发生后，我国在重大灾害的恢复重建中已经考虑了综合防灾减灾，科学技术在其中也开始崭露头角。由于我国综合防灾减灾体系尚处于规划阶段，整个产业体系没有建立起来，科技体系也被迫搁置。我们对灾害的认识尚不能为备灾、应急、恢复重建提供科技支撑，科技进步还不能应对气候变化带来的风险。对气候变化的科技认识不足、研究跟不上，研究成果不能支撑政府应对气候变化的决策，也导致我国在国际气候谈判中缺乏足够的科学依据。中国科学院院士、中国气象学会理事长秦大河也表示，我国对气候变化的很多研究还没有涉及细化层面，应进一步加强灾害风险研究和评估，提高适应气候变化的能力。我国科技界应瞄准气候变化与防灾减灾前沿，全方位提升我国应对气候变化与气象灾害的科技支撑能力。

9.4　预报预警体系

9.4.1　海岛地质灾害专项调查

摸清海岛地质灾害类型和发育现状是海岛地质灾害预警预报体系构建的基础。

到 2004 年，我国大陆已经完成了各省市自治区的1∶50万环境地质调查，编制了各省的系列图件——1∶50万环境地质图、1∶50万地质灾害分布图、1∶50万地质灾害发育强度分区评价图、1∶50万地质灾害危险程度分区预测图和1∶50万环境水文地质评价预测图（部分图件比例尺有变化）。这些成果资料是开展环境地质研究、地质灾害防治、地质环境保护的基础资料，也是各级政府部门宏观决策的重要依据；部分地市开展了以地质灾害为主要内容的环境地质调查（1∶10万或1∶20万）。这些调查成果中，包含了海南岛、崇明岛、东海岛等面积大约200 km^2以上的岛屿；另外，在国家908专项中，在个别海岛实施了海岸侵蚀、海水入侵和滨海湿地退化等地质灾害的调查。到目前为止，还没有开展过海岛地质灾害的专项调查。已有的区域地质、水文地质和工程地质调查也要追溯到20世纪80年代或90年代初。绝大部分已经无法满足现在海岛发展规划的需要了。

另外，我国上次海岛综合调查，即20世纪80—90年代开展的“全国海岛资源综合调查”，是以查清500 m^2以上海岛的数量、位置、面积、自然环境和自然资源为重点，几乎没有包含海岛地质灾害的相关内容。因此，在全国范围内全面开展以海岛为单元的地质灾害调查评价工作，重点提高海岛地质灾害和环境地质调查工作程度，查清我国海岛地质灾害类型、分布位置和范围，全面更新我国海岛地质构造、工程地质、水文地质、环境地质和地质灾害的数据；尤其关注有居民海岛、具有重要军民设施海岛的地质灾害危险性的评价工作。调查评价结果要及时提交当地县以上人民政府，作为海岛灾害防治工作的基础依据。

9.4.2 监测预报预警体系建设

（1）系统建设

各级人民政府要加快建立以预防为主的地质灾害监测、预报、预警体系建设，开展地质灾害调查，编制地质灾害防治规划，建设地质灾害群测群防网络和专业监测网络，形成覆盖全国的地质灾害监测网络。国务院国土资源、水利、气象、地震部门要密切合作，逐步建成与全国防汛监测网络、气象监测网络、地震监测网络互联，连接国务院有关部门、省（区、市）、市（地、州）、县（市）的地质灾害信息系统，及时传送地质灾害险情灾情、汛情和气象信息。

（2）信息收集与分析

负责地质灾害监测的单位，要广泛收集整理与突发地质灾害预防预警有关的数据资料和相关信息，进行地质灾害中、短期趋势预测，建立地质灾害监测、预报、预警等资料数据库，实现各部门间的共享。

9.4.3 预防预警行动

（1）编制年度地质灾害防治方案

县级以上地方人民政府国土资源主管部门会同本级地质灾害应急防治指挥部成员单

位，依据地质灾害防治规划，每年年初拟订本年度的地质灾害防治方案。年度地质灾害防治方案要标明辖区内主要灾害点的分布，说明主要灾害点的威胁对象和范围，明确重点防范期，制订具体有效的地质灾害防治措施，确定地质灾害的监测、预防责任人。

（2）地质灾害险情巡查

地方各级人民政府国土资源主管部门要充分发挥地质灾害群测群防和专业监测网络的作用，进行定期和不定期的检查，加强对地质灾害重点地区的监测和防范，发现险情时，要及时向当地人民政府和上一级国土资源主管部门报告。对出现地质灾害前兆、可能造成人员伤亡或者重大财产损失的区域和地段，县级人民政府应当及时划定为地质灾害危险区，予以公告，并在地质灾害危险区的边界设置明显警示标志。在地质灾害危险区内，禁止爆破、削坡、进行工程建设以及从事其他可能引发地质灾害的活动。当地县级人民政府要及时划定灾害危险区，设置危险区警示标志，确定预警信号和撤离路线。根据险情变化及时提出应急对策，组织群众转移避让或采取排险防治措施，情况危急时，应强制组织避灾疏散。

在地质灾害易发区内进行工程建设应当在可行性研究阶段进行地质灾害危险性评估，并将评估结果作为可行性研究报告的组成部分；对经评估认为可能引发地质灾害或者可能遭受地质灾害危害的建设工程，应当配套建设地质灾害治理工程。

（3）“防灾明白卡”发放

为提高群众的防灾意识和能力，地方各级人民政府要根据当地已查出的地质灾害危险点、隐患点，将群测群防工作落实到具体单位，落实到乡（镇）长和村委会主任以及受灾害隐患点威胁的村民，要将涉及地质灾害防治内容的“防灾明白卡”发到村民手中。

（4）建立地质灾害预报预警制度

地方各级人民政府国土资源主管部门和气象主管机构要加强合作，联合开展地质灾害气象预报预警工作，并将预报预警结果及时报告本级人民政府，同时通过媒体向社会发布。当发出某个区域有可能发生地质灾害的预警预报后，当地人民政府要依照群测群防责任制的规定，立即将有关信息通知到地质灾害危险点的防灾责任人、监测人和该区域内的群众；各单位和当地群众要对照“防灾明白卡”的要求，做好防灾的各项准备工作。

9.4.4　重庆经验——永川模式

重庆是我国中西部唯一的直辖市，是国家统筹城乡综合配套改革试验区和规划的五大中心城市之一。全市幅员 $8.24\times10^4\ km^2$，集大城市、大农村、大库区、大山区和民族地区于一体，二元经济结构特征突出，各种自然的和社会的、传统的和非传统的、现成的和潜在的危机风险交织并存。为强化应急管理工作和应急体系建设，近年来，重庆市大力加强预防控制、预案管理、应急处置、应急保障“四大能力”建设，尤其是在预警信息发布系统建设上，探索建立了“永川模式”并在全市推行，为提升全市突发事件预警信息发布能力特别是自然灾害预警预防工作奠定了坚实基础[199]。

（1）科学规划平台建设内容

2009年，市政府按照《“十一五”期间国家突发事件应急体系建设规划》的要求，依托市、区县气象部门气象业务系统和气象信息发布网络，启动重庆市突发事件预警信息发布系统建设。在建设实践中，针对灾害监测信息分散、协同研判机制不完善、风险评估能力不足、预警信息覆盖范围不够全面、群众防灾意识不强等问题，市政府应急办、市气象局按照“综合防灾减灾和资源集约共享”的思路，共同在永川区试点建设与自然灾害预警预防工作结合更加紧密的突发事件预警信息发布平台（永川自然灾害应急联动预警体系），在定位上把它确定为政府综合应急应战指挥平台的突发事件预警信息发布子平台和自然灾害的预警应急联动专业子平台，在内容上按照“一个体系、两个网络、五个平台”的思路建设。

①健全一个体系，强化部门预警预防联动。针对自然灾害监测部门各自为阵、监测设备落后、布点密度不够、资料共享程度不高等问题，整合了自然灾害监测力量，建立由应急办统筹协调管理，气象局牵头组织实施，形成了由农业、国土、水利、林业等部门和单位、相关镇街、灾害隐患区的重点村（社区）、农业龙头企业、农业专业协会、农业专业大户、灾害敏感单位组成的自然灾害预警预防工作组织体系，设立“自然灾害预警预防办公室（突发事件预警信息发布中心）”，制定了涵盖信息汇交共享、协同分析研判、预警发布接收、联动响应处置、灾情速报汇总等环节的制度、机制、标准和流程，明确各自职能职责，实现统一组织，分工协作，各司其职的预警预防联动机制。

②构建两个网络，实现预警信息渠道畅通。两个网络，即自然灾害监测网和预警信息发布网，将暴雨监测站和新一代天气雷达站、农业及生物灾害监测点、地质灾害监测点、水库水文监测点、林业灾害监测点、镇街灾情速报点的监测信息，以自动传输、桌面系统、手持终端、电话语音等方式，汇交于“自然灾害监测平台”，建立与各涉灾部门、镇街实时共享的自然灾害监测网络。充分利用政府、部门和社会资源，完善和建立了移动预警终端、多媒体信息电话、电子显示屏、手机短信、专用预警终端、网站、传真、报纸、电视、电台、IVR、农村大喇叭等手段的全覆盖、多渠道发布预警信息，拓展了预警信息发布网络。

③建立五个平台，实现研判预警发布高效。五个平台，即灾害监测平台、协同研判平台、预警信息发布平台、联动响应平台和灾情速报平台。通过调查重大危险源和各地历史灾情，绘制不同自然灾害的重点防御分布图，通过设定致灾阈值，初步实现实时监测报警信息快速发布到指定区域和指定人群，构建了多种灾害监测平台。通过搭建应急办、农业、国土、水利、林业、气象等部门之间的可视会商系统，组建专家队伍，制定会商制度，建立了多专业的自然灾害风险早研判平台。构建了上下左右互联互通的突发事件预警

信息发布及指挥平台，能通过移动预警终端或多媒体信息电话、电子显示屏、手机短信、专用预警终端、公共气象服务网站、电视台和广播电台、交互式语音电话、大喇叭等及时便捷地发布预警信息。通过预警信息实时共享、应急响应指令直接发布、实时监控和报警，处置情况反馈等功能构建了多部门联动响应平台。针对不同类别的灾害，建立灾前、灾中、灾后不同阶段的灾情调查及时收集和报送制度，实现灾情自动快速汇总，形成多类别、多阶段的灾情速报汇总平台。

(2) 永川试点彰显预警成效

在永川区的试点表明，按此思路建设的突发事件预警信息发布平台，进一步提高了突发事件预警信息的发布成效和自然灾害预警预防的信息化和组织化程度，初步实现了灾害早发现、部门广联动、预警广覆盖、群众广参与的“一早三广”作用。如 2011 年 3 月 17 日的碘盐抢购突发事件中，政府通过预警平台及时发布辟谣信息，迅速有效地稳定了局面。2012 年 7 月 21 日至 22 日，永川区 16 个镇街遭遇 100 mm 以上大暴雨袭击，从 20 日至 24 日，区政府及气象局、水务局、国土房管局、安监局、煤管局等涉灾部门以及 23 个镇、街道办事处向 6 000 余名防灾应急处置人员通过 12 类预警发布渠道及时发布监测预警信息和应急处置指令 22 次、农村大喇叭广播 7 次，形成了政府、部门、群众联动防灾的局面，信息覆盖全区广大群众，及时帮助灾害威胁最大地区群众撤离，安全转移安置 258 人，避免了重大人员伤亡，将灾害损失降低到最低限度。2011 年 4 月中旬，发布了持续低温连阴雨的消息，此时正值永川区黄瓜山万亩黄花梨和西瓜授粉的前期，广大梨农和瓜农获知连阴雨消息后，迅速开展了大规模的人工突击授粉工作，由此增加了上亿元的直接经济效益。

2011 年 3 月 26 日，在全市应急管理工作会议上，刘学普副市长认为永川应急联动预警体系“鲜活、实用、有科技含量”，要求“就按永川的做法，一个模式建到底”。2011 年 9 月，中国气象局矫梅燕副局长调研后认为，永川模式形成了“政府组织、部门联合、集约共享、科技支撑、注重实效”的预警信息发布系统建设的先进经验。

(3) “永川模式”全市推广建设

作为一种成功的范例，近年重庆市在加大推广“永川模式”。“永川模式”是重庆市在自然灾害防灾减灾工作中，从实际出发，摸索总结出一套适合本地特点，政府主导、部门联动、社会参与的模式，是政府以人为本、执政为民的具体实践。重庆永川区是一个自然灾害多发的地区。为超前防范自然灾害风险，有效提高防灾应急能力，永川区政府创新理念，成立了永川区自然灾害预警预防办公室（突发事件预警信息发布中心），构建了由区应急办统筹协调管理，区气象局牵头组织实施，包括农、林、水、国土等在内的 20 个区级部门和各镇街组成的全区自然灾害预警预防工作体系，投入 4 500 万元完善网络、平台建设，明确各部门、各镇街工作职责，制定了涵盖信息汇交共享、协同分析研判、预警发布应用、联动响应处置、灾情速报汇总等环节的制度、机制、标准和流程，自然灾害应急联动预警工作体系建设取得突破。

“永川模式”实现了气象工作理念的三大转变：由“单一的气象预警预报”向“综合防灾减灾”转变；由灾害的“被动型应付”向“主动型防范”转变；由“事后应急救援、恢复重建”向“事前监测预警管理”转变。永川自然灾害应急联动预警体系实现了三大创新：一是理念创新，实现了从单一的气象预报服务到综合的自然灾害应急联动，从被动救灾到主动防范，从事后救灾到事前预警等三个转变；二是制度创新，有效整合了各方面独立的资源；三是技术创新，把地理信息、GPS、GPRS、RS 等现代技术充分运用到体系中来。

市政府对“永川模式”突发事件预警信息发布系统建设给予了充分肯定并要求在全市推广。2010 年和 2011 年在全市应急管理工作会议上，市政府把突发事件预警信息发布平台建设作为应急管理工作的重要内容予以安排部署，先后下发了《关于按照永川模式进一步加强区县（自治县）突发事件预警信息发布平台建设的通知》《关于进一步加强气象灾害监测预警与信息发布工作的意见》等六个文件，要求全市所有区县（自治县）必须在 2012 年 12 月底前按照永川模式建成预警信息发布平台，市级平台要在已建平台基础上进一步优化和深化。

为全面落实建设目标，市政府把预警体系建设纳入对区县（自治县）、市级部门的应急管理工作目标考核，成立了四个专项督查组对全市各区县预警体系建设情况进行三轮专项督查，市气象局进一步优化技术方案，市级 22 个涉灾部门参与建设，各区县政府明确分管领导负责具体落实，其国土、水务、林业、民政等涉灾部门以及乡镇人民政府明确专兼职人员，负责协同会商、联动响应和信息传递、报送等工作。

重庆市全面启动永川模式突发事件预警信息发布平台建设以来，全市快速推进，截至 2012 年 9 月底，39 个区县中已有 24 个区县按照永川模式建成或开工建设突发事件预警信息发布平台，其余 15 个区县政府也批准建设方案，总计投资近 1.7 亿元，预警终端延伸到农业基地、种养大户和灾害敏感单位，初步完成了涉灾部门之间网络系统的互联互通和视频会商系统，自然灾害共享数据库、预警平台资源共享得到不断优化，自然灾害监测网络、预警信息发布网络、预警联动的支撑平台已初具规模。

（4）长效机制促平台有效运行

2012 年汛期期间，永川、合川、江津、万州、黔江、彭水等已经建成平台的区县在应对多次森林大火和暴雨洪涝灾害过程中，平台发挥了重要作用，政府各部门间对灾害风险研判更准、预警信息发布覆盖范围更大，社会参与程度更高，防灾减灾成效十分显著。为建立预警平台管理运行的长效机制，市政府要求各区县建立相应的机构，配备必要的工作人员，截至 2012 年 9 月底，已有 17 个区县成立了自然灾害预警预防管理办公室（突发事件预警信息发布中心），落实事业编制 90 人，已建成 563 个乡村防灾应急工作站，全市纳入预警平台管理的基层防灾应急处置人员、灾害敏感单位负责人、安全管理人员人数达到10 万人。下一步，将继续完善预警信息发布平台的各项管理制度和业务流程，强化突发事件预警信息发布和自然灾害预警应急联动管理考核，确保工作的制度化和业务化。

面对气象灾害频发、群众对防灾减灾越来越高的要求，重庆市将进一步深入贯彻落实中央有关精神，不断推进观念创新、思路创新、方法创新，使重庆应急管理工作更加科学合理，防灾减灾工作再上新台阶。

9.5　应急处置体系

从目前来看，《国家气象应急预案》中有关应急处置的设定和实施是比较完备的，而地质灾害的应急处置等预案中还达不到这样的程度，今后有关地质灾害的应急处置也可以借鉴参照气象灾害来处理。下面就以《国家气象应急预案》的应急处置为依据说明地质灾害应急处置体系的内容。

（1）信息报告

有关部门按职责收集和提供地质灾害发生、发展、损失以及防御等情况，及时向当地人民政府或相应的应急指挥机构报告。各地区、各部门要按照有关规定逐级向上级报告，特别重大、重大突发事件信息，要向国务院报告。

（2）响应启动

按灾害程度和范围，及其引发的次生、衍生灾害类别，有关部门按照其职责和预案启动响应。当同时发生两种以上地质灾害且分别发布不同预警级别时，按照最高预警级别灾种启动应急响应。当同时发生两种以上灾害且均没有达到预警标准，但可能或已经造成损失和影响时，根据不同程度的损失和影响在综合评估基础上启动相应级别应急响应。

（3）分部门响应

当地质灾害造成群体性人员伤亡或可能导致突发公共卫生事件时，卫生部门启动《国家突发公共事件医疗卫生救援应急预案》和《全国自然灾害卫生应急预案》。当地质灾害发生时，国土资源部门启动《国家突发地质灾害应急预案》。当地质灾害造成重大环境事件时，环境保护部门启动《国家突发环境事件应急预案》。当地质灾害造成海上船舶险情及船舶溢油污染时，交通运输部门启动《国家海上搜救应急预案》和《中国海上船舶溢油应急计划》。当地质灾害引发水旱灾害时，防汛抗旱部门启动《国家防汛抗旱应急预案》。当地质灾害引发城市洪涝时，水利、住房城乡建设部门启动相关应急预案。当地质灾害造成涉及农业生产事件时，农业部门启动《农业重大自然灾害突发事件应急预案》或《渔业船舶水上安全突发事件应急预案》。当地质灾害引发森林草原火灾时，林业、农业部门启动《国家处置重、特大森林火灾应急预案》和《草原火灾应急预案》。当发生沙尘暴灾害时，林业部门启动《重大沙尘暴灾害应急预案》。当地质灾害引发海洋灾害时，海洋部门启动《风暴潮、海浪、海啸和海冰灾害应急预案》。当气象灾害引发生产安全事故时，安全监管部门启动相关生产安全事故应急预案。当地质灾害造成煤电油气运保障工作出现重大突发问题时，国家发展改革委启动煤电油气运保障工作部际协调机制。当地质灾害造成重要工业品保障出现重大突发问题时，工业和信息化部启动相关应急预案。当地质灾害造成严重损失，需进行紧急生活救助时，民政部门启动《国家自然灾害救助应急预案》[200]。

发展改革、公安、民政、工业和信息化、财政、交通运输、铁道、水利、商务、电力监管等有关部门按照相关预案，做好地质灾害应急防御和保障工作。新闻宣传、外交、教育、科技、住房城乡建设、广电、旅游、法制、保险监管等部门做好相关行业领域协调、配合工作。解放军、武警部队、公安消防部队以及民兵预备役、地方群众抢险队伍等，要协助地方人民政府做好抢险救援工作[200]。

有关部门进入应急响应状态，加强灾害监测、组织专题会商，根据灾害发生发展情况随时更新预报预警并及时通报相关部门和单位，依据各地区、各部门的需求，提供专门信息应急保障服务[200]。

国务院应急办要认真履行职责，切实做好值守应急、信息汇总、分析研判、综合协调等各项工作，发挥运转枢纽作用[200]。

（4）分灾种响应

当启动应急响应后，各有关部门和单位要加强值班，密切监视灾情，针对不同灾害种类及其影响程度，采取应急响应措施和行动。新闻媒体按要求随时播报灾害预警信息及应急处置相关措施。

（5）现场处置

地质灾害现场应急处置由灾害发生地人民政府或相应应急指挥机构统一组织，各部门依职责参与应急处置工作。包括组织营救、伤员救治、疏散撤离和妥善安置受到威胁的人员，及时上报灾情和人员伤亡情况，分配救援任务，协调各级各类救援队伍的行动，查明并及时组织力量消除次生、衍生灾害，组织公共设施的抢修和援助物资的接收与分配。

（6）社会力量动员与参与

地质灾害事发地的各级人民政府或应急指挥机构可根据灾害事件的性质、危害程度和范围，广泛调动社会力量积极参与灾害突发事件的处置，紧急情况下可依法征用、调用车辆、物资、人员等。

灾害事件发生后，灾区的各级人民政府或相应应急指挥机构组织各方面力量抢救人员，组织基层单位和人员开展自救和互救；邻近的省（区、市）、市（地、州、盟）人民政府根据灾情组织和动员社会力量，对灾区提供救助。

鼓励自然人、法人或者其他组织（包括国际组织）按照《中华人民共和国公益事业捐赠法》等有关法律法规的规定进行捐赠和援助。审计监察部门对捐赠资金与物资的使用情况进行审计和监督。

（7）信息公布

地质灾害的信息公布应当及时、准确、客观、全面，灾情公布由有关部门按规定办理。

信息公布形式主要包括权威发布、提供新闻稿、组织报道、接受记者采访、举行新闻发布会等。

信息公布内容主要包括气象灾害种类及其次生、衍生灾害的监测和预警，因灾伤亡人员、经济损失、救援情况等。

（8）应急终止或解除

地质灾害得到有效处置后，经评估，短期内灾害影响不再扩大或已减轻，主管部门发布灾害预警降低或解除信息，启动应急响应的机构或部门降低应急响应级别或终止响应。国家应急指挥机制终止响应须经国务院同意。

9.6　救助支援体系

依据《自然灾害救助条例》和《国家自然灾害救助应急预案》，救助支援体系分 3 个方面：救助准备、应急救助、灾后救助。

（1）救助准备

县级以上地方人民政府及有关部门应当根据有关法律、法规、规章、上级人民政府及其有关部门的应急预案以及本行政区域的自然灾害风险调查情况，制定相应的自然灾害救助应急预案。

自然灾害救助应急预案应当包括下列内容：

①自然灾害救助应急组织指挥体系及其职责；

②自然灾害救助应急队伍；

③自然灾害救助应急资金、物资、设备；

④自然灾害的预警预报和灾情信息的报告、处理；

⑤自然灾害救助应急响应的等级和相应措施；

⑥灾后应急救助和居民住房恢复重建措施。

县级以上人民政府应当建立健全自然灾害救助应急指挥技术支撑系统，并为自然灾害救助工作提供必要的交通、通信等装备。

国家建立自然灾害救助物资储备制度，由国务院民政部门分别会同国务院财政部门、发展改革部门制定全国自然灾害救助物资储备规划和储备库规划，并组织实施。设区的市级以上人民政府和自然灾害多发、易发地区的县级人民政府应当根据自然灾害特点、居民人口数量和分布等情况，按照布局合理、规模适度的原则，设立自然灾害救助物资储备库。

县级以上地方人民政府应当根据当地居民人口数量和分布等情况，利用公园、广场、体育场馆等公共设施，统筹规划设立应急避难场所，并设置明显标志。启动自然灾害预警响应或者应急响应，需要告知居民前往应急避难场所的，县级以上地方人民政府或者人民政府的自然灾害救助应急综合协调机构应当通过广播、电视、手机短信、电子显示屏、互联网等方式，及时公告应急避难场所的具体地址和到达路径。

县级以上地方人民政府应当加强自然灾害救助人员的队伍建设和业务培训，村民委员会、居民委员会和企业事业单位应当设立专职或者兼职的自然灾害信息员。

（2）应急救助

相关部门发布自然灾害预警预报信息，出现可能威胁人民生命财产安全、影响基本生活，需要提前采取应对措施的情况。国家减灾委办公室根据有关部门发布的灾害预警信息，决定启动救灾预警响应。

预警响应启动后，国家减灾委办公室立即启动工作机制，组织协调预警响应工作。视情采取以下一项或多项措施：

①及时向国家减灾委领导、国家减灾委成员单位报告并向社会发布预警响应启动情况；向相关省份发出灾害预警响应信息，提出灾害救助工作要求。

②加强值班，根据有关部门发布的灾害监测预警信息分析评估灾害可能造成的损失。

③通知有关中央救灾物资储备库做好救灾物资准备工作，启动与交通运输、铁路、民航等部门应急联动机制，做好救灾物资调运准备，紧急情况下提前调拨。

④派出预警响应工作组，实地了解灾害风险情况，检查各项救灾准备及应对工作情况。

⑤及时向国务院报告预警响应工作情况。

⑥做好启动救灾应急响应的各项准备工作。

县级以上人民政府或者人民政府的自然灾害救助应急综合协调机构应当根据自然灾害预警预报启动预警响应，采取下列一项或者多项措施：

①向社会发布规避自然灾害风险的警告，宣传避险常识和技能，提示公众做好自救互救准备；

②开放应急避难场所，疏散、转移易受自然灾害危害的人员和财产，情况紧急时，实行有组织的避险转移；

③加强对易受自然灾害危害的乡村、社区以及公共场所的安全保障；

④责成民政等部门做好基本生活救助的准备。

自然灾害发生并达到自然灾害救助应急预案启动条件的，县级以上人民政府或者人民政府的自然灾害救助应急综合协调机构应当及时启动自然灾害救助应急响应，采取下列一项或者多项措施：

①立即向社会发布政府应对措施和公众防范措施；

②紧急转移安置受灾人员；

③紧急调拨、运输自然灾害救助应急资金和物资，及时向受灾人员提供食品、饮用水、衣被、取暖、临时住所、医疗防疫等应急救助，保障受灾人员基本生活；

④抚慰受灾人员，处理遇难人员善后事宜；

⑤组织受灾人员开展自救互救；

⑥分析评估灾情趋势和灾区需求，采取相应的自然灾害救助措施；

⑦组织自然灾害救助捐赠活动。

对应急救助物资，各交通运输主管部门应当组织优先运输。

在自然灾害救助应急期间，县级以上地方人民政府或者人民政府的自然灾害救助应急综合协调机构，可以在本行政区域内紧急征用物资、设备、交通运输工具和场地，自然灾害救助应急工作结束后应当及时归还，并按照国家有关规定给予补偿。

自然灾害造成人员伤亡或者较大财产损失的，受灾地区县级人民政府民政部门应当立即向本级人民政府和上一级人民政府民政部门报告。

自然灾害造成特别重大或者重大人员伤亡、财产损失的，受灾地区县级人民政府民政部门应当按照有关法律、行政法规和国务院应急预案规定的程序及时报告，必要时可以直接报告国务院。

灾情稳定前，受灾地区人民政府民政部门应当每日逐级上报自然灾害造成的人员伤亡、财产损失和自然灾害救助工作动态等情况，并及时向社会发布。

灾情稳定后，受灾地区县级以上人民政府或者人民政府的自然灾害救助应急综合协调机构应当评估、核定并发布自然灾害损失情况。

（3）灾后救助

受灾地区人民政府应当在确保安全的前提下，采取就地安置与异地安置、政府安置与自行安置相结合的方式，对受灾人员进行过渡性安置。就地安置应当选择在交通便利、便于恢复生产和生活的地点，并避开可能发生次生自然灾害的区域，尽量不占用或者少占用耕地。受灾地区人民政府应当鼓励并组织受灾群众自救互救，恢复重建。

自然灾害危险消除后，受灾地区人民政府应当统筹研究制定居民住房恢复重建规划和优惠政策，组织重建或者修缮因灾损毁的居民住房，对恢复重建确有困难的家庭予以重点帮扶。

居民住房恢复重建应当因地制宜、经济实用，确保房屋建设质量符合防灾减灾要求。受灾地区人民政府民政等部门应当向经审核确认的居民住房恢复重建补助对象发放补助资金和物资，住房城乡建设等部门应当为受灾人员重建或者修缮因灾损毁的居民住房提供必要的技术支持。居民住房恢复重建补助对象由受灾人员本人申请或者由村民小组、居民小组提名。经村民委员会、居民委员会民主评议，符合救助条件的，在自然村、社区范围内公示；无异议或者经村民委员会、居民委员会民主评议异议不成立的，由村民委员会、居民委员会将评议意见和有关材料提交乡镇人民政府、街道办事处审核，报县级人民政府民政等部门审批。

自然灾害发生后的当年冬季、次年春季，受灾地区人民政府应当为生活困难的受灾人员提供基本生活救助。受灾地区县级人民政府民政部门应当在每年 10 月底前统计、评估本行政区域受灾人员当年冬季、次年春季的基本生活困难和需求，核实救助对象，编制工作台账，制定救助工作方案，经本级人民政府批准后组织实施，并报上一级人民政府民政部门备案。

参 考 文 献

[1] Organization for Economic Cooperation and Development (OECD). OECD Environmental Indicators: Development Measurement and Use. http: //www. Oecd. Org / Dataoecd/7/47/24993546. pdf. [2004 -05 -20].

[2] 潘懋，李铁锋. 灾害地质学. 北京：北京大学出版社，2002.

[3] 刘锡清. 中国海洋环境地质学. 北京：海洋出版社，2006.

[4] J Hill, P Hostert, G Tsiourlis, et al. Monitoring 20 years of increased grazing impact on the Greek island of Crete with earth observation satellites. Journal of Arid Environments, 1998, 39 (2): 165 -178.

[5] 国土资源地质环境司. 中国地质灾害与防治. 北京：地质出版社，2003.

[6] 王劲峰. 中国自然灾害区划：灾害区划，影响评价，减灾对策. 北京：中国科学技术出版社，1995.

[7] T Ramjeawon, R Beedassy. Evaluation of the EIA system on the Island of Mauritius and development of an environmental monitoring plan framework. Environmental Impact Assessment Review, 2004, 24 (5): 537 -549.

[8] K L Smith Jr, R J Baldwin, R S Kaufmann, et al. Ecosystem studies at Deception Island, Antarctica: an overview. Deep Sea Research Part II: Topical Studies in Oceanography, 2003, 50 (10): 1 595 -1 609.

[9]《中国古代海岛文献地图史料汇编》编委会. 中国古代海岛文献地图史料汇编. 北京：线装书局，2013.

[10] 上海市崇明县县志编纂委员会. 崇明县志. 上海：上海人民出版社，1989.

[11] 何汝宾. 舟山志：浙江省. 台北：成文出版社，1983.

[12] 宋廷模. 平潭厅乡土志略. 清光绪三十二年铅印本.

[13] 平潭县地方志编纂委员会. 平潭县志. 北京：方志出版社，2000.

[14] 薛起凤. 鹭江志. 厦门：鹭江出版社，1998.

[15] 金门县政府. 金门县志. 泉州：金门县政府，2009.

[16] 唐胄. 琼台志. 上海：上海古籍书店，1964.

[17] 琼台府志. 明朝.

[18] 郭坤一，于军，方正，等. 长江三角洲地区上海市地下水资源与地质灾害调查评价//

海岸带地质环境与城市发展论文集. 上海：上海市地质调查研究院，2003：285－294.
[19] 中国地调局. 福建沿海地区 1:25 万生态环境地质调查成果报告. 福建省地质调查研究院，2003.
[20] 中国人民解放军海军司令部航海保证部. 中国海洋岛屿简介（上、下册）. 1980.
[21] 赵奎寰. 长山岛自然环境与资源. 北京：海洋出版社，1989.
[22] 许德伟，杨燕明，陈本清. 福建省海岛海岸带高分辨率遥感调查实践. 北京：海洋出版社，2011.
[23] 樊斌，叶允钧. 遥感在福建海岛资源调查中的应用. 福建地质，1999，18（3）：141－148.
[24] 恽才兴，胡嘉敏. 海岛遥感. 遥感技术与应用，1991，6（3）：54－58.
[25] 肖佳媚，杨圣云. PSR 模型在海岛生态系统评价中的应用. 厦门大学学报：自然科学版，2007，46（A01）：191－196.
[26] 陈彬，俞炜炜. 海岛生态综合评价方法探讨. 台湾海峡，2006，25（4）：566－571.
[27] 任海，李萍，周厚诚，等. 海岛退化生态系统的恢复. 生态科学，2001，20（1，2）：60－64.
[28] Bin Zhao，Urs Kreuter，Bo Li，et al. An ecosystem service value assessment of land－use change on Chongming Island，China. Land Use Policy，2004，21（2）：139－148.
[29] Liangmin Huang，Yehui Tan，Xingyu Song，et al. The status of the ecological environment and a proposed protection strategy in Sanya Bay，Hainan Island，China. Marine Pollution Bulletin，2003，47（1）：180－186.
[30] 陈小勇，焦静，童鑫. 一个通用岛屿生物地理学模型. 中国科学：生命科学，2011，41（12）：1 196－1 202.
[31] 李植斌. 浙江省海岛区资源特征与开发研究——以舟山群岛为例. 自然资源学报，1997，12（2）：139－145.
[32] 李占海，柯贤坤，周旅复，等. 海滩旅游资源质量评比体系. 自然资源学报，2000，15（3）：229－235.
[33] 陈可馨，陈家刚. 我国海岛资源的持续利用. 天津师范大学学报：自然科学版，2002，22（1）：60－63.
[34] 李宜革. 旅游海岛水资源承载力模型及应用研究. 长沙：湖南大学，2003.
[35] 卢昆. 山东省海岛旅游开发研究. 青岛：青岛大学，2004.
[36] 吴宇华. 北海市银滩国家旅游度假区西区的环境问题. 自然资源学报，1998，13（3）：256－260.
[37] 张灵杰. 玉环大鹿岛旅游环境容量研究. 东海海洋，2000，18（4）：57－61.
[38] 孔海燕. 发展旅游对海岛环境的影响及应对策略研究. 四川环境，2005，24（3）：

22 – 24.
[39] 白洁. 发展海岛旅游业的制约因素及对策. 生态科学, 2002, 21 (2): 179 – 181.
[40] 凌申. 海岛旅游村镇建设刍议——以刘公岛为例. 小城镇建设, 2004, (3): 78 – 79.
[41] 陈丹红. 关于我国海岛科学开发利用的政策思考. 武汉: 武汉大学, 2005.
[42] 殷跃平. 国土资源大调查水工环地质成果回顾与今后工作设想. 中国地质调查局水文地质环境地质部, 2004: 4 – 11.
[43] 侯春堂, 冯翠娥, 王轶, 等. 全国 1:50 万环境地质调查信息系统开发初探. 地质通报, 2003, 22 (7): 540 – 544.
[44] 黄树鹏, 陆巍峰, 吴捷, 等. 广东省湛江市区地质灾害调查与区划报告. 2004.
[45] 叶银灿. 海洋灾害地质学发展的历史回顾及前景展望. 海洋学研究, 2012, 29 (4): 1 – 7.
[46] 冯志强, 冯文科, 薛万俊, 等. 南海北部地质灾害及海底工程地质条件评价. 南京: 河海大学出版社, 1996.
[47] 高小惠. 辽东湾浅海油气资源开发区灾害地质环境特征及风险评价. 国家海洋局第一海洋研究所, 2010.
[48] 金尚柱, 马宏, 窦振兴. 辽河油田浅海油气区海洋环境. 大连: 大连海事大学出版社, 1996.
[49] 林振宏, 杨作升. 海岸河口区重力再沉积和底坡的不稳定性. 北京: 海洋出版社, 1990.
[50] 李凡, 张秀荣, 唐宝珏. 黄海埋藏古河道及灾害地质图集. 济南: 济南出版社, 1998.
[51] 詹文欢. 华南沿海地质灾害. 北京: 科学出版社, 1996.
[52] 谢先德, 朱照宇, 覃慕陶, 等. 广东沿海地质环境与地质灾害. 广州: 广东科技出版社, 2003.
[53] 叶银灿, 陈锡土, 宋连清, 等. 浙江北部岛屿海域土体稳定性研究. 1996, 14 (1): 1 – 18.
[54] 许东禹, 刘锡清, 张训华, 等. 中国近海地质. 北京: 地质出版社, 1997.
[55] 李培英, 李萍, 刘乐军. 我国海洋灾害地质评价的基本概念, 方法及进展. 海洋学报, 2003, 25 (1): 122 – 134.
[56] 杜军, 李培英, 刘乐军, 等. 东海油气资源区海底稳定性评价研究. 海洋科学进展, 2004, 22 (4): 480 – 485.
[57] 国家海洋局第一海洋研究所. 黄、东海灾害地质图编及灾害地质环境评价研究. 2011.
[58] 郭炳火, 黄振宗, 李培英, 等. 中国近海及邻近海域海洋环境. 北京: 海洋出版

社, 2004.

[59] 李培英, 刘乐军, 傅命佐, 等. 中国海岸带灾害地质特征及评价. 北京: 海洋出版社, 2007.

[60] 国家海洋局. 2009 年中国海洋灾害公报. http: //www. soa. gov. cn/zwgk/hygb/zghyzhgb/201211/t20121105_ 5541. html. [2010 -03 -05].

[61] 孙叶, 李效东, 郭子光, 等. 海南岛地质灾害类型及区域地壳稳定性评价的问题. 中国地质灾害与防治学报, 1990, 1 (2): 93 -97.

[62] 羊天柱, 应仁方. 浙江海岛风暴潮研究. 海洋预报, 1997, 14 (2): 28 -43.

[63] 詹文欢. 海陵岛及邻区地质环境与灾害初步探讨. 华南地震, 1998, 18 (3): 58 -63.

[64] 詹文欢, 张乔民. 南澎列岛及邻近海域地质地貌与灾害地质分析. 热带海洋学报, 2002, 21 (1): 11 -17.

[65] 林明太, 孙虎, 郭斌, 等. 基于 RS 与 GIS 的妈祖圣地湄洲岛景观格局优化. 福建农林大学学报: 自然科学版, 2010, 39 (6): 639 -645.

[66] 陈金华, 秦耀辰, 何巧华. 自然灾害对海岛旅游安全的影响研究——以平潭岛为例. 未来与发展, 2007, 8: 62 -65.

[67] 施文永. 福建东山岛地下水资源管理与保护对策. 水利技术监督, 2004, 5: 30 -33.

[68] 林泗彬. 东山岛岱南村地下水污染调查. 化学工程与装备, 2007, 3: 48 -49.

[69] 王元领, 陈坚, 余兴光. 福建东山岛东部滨海沙滩侵蚀状况与成因初探. 海洋开发与管理, 2010, 27 (B11): 72 -76.

[70] 陈吉余. 中国海岸侵蚀概要. 北京: 海洋出版社, 2010.

[71] 杨克红, 赵建如, 金路, 等. 海南岛海岸带主要地质灾害类型分析. 海洋地质动态, 2010, 26 (6): 1 -6.

[72] 覃仁. 北海市涠洲岛火山地质公园危岩分布与防治措施. 技术与市场, 2010, (8): 123 -124.

[73] Zhang jie, Wangxiao - long. A nonlinear model for assessing mutiple probabilisic risks a case study in south five - island of Changdao National Nature Reserve in China. Journal of Evironmental Management, 2007, 85 (4): 1 101 -1 108.

[74] 杜军, 李培英. 海岛地质灾害风险评价指标体系初建. 海洋开发与管理, 2010, 27 (B11): 80 -82.

[75] 于淼, 余文公, 谭勇华, 等. 有居民海岛台风灾害评估指标体系研究. 中国海洋大学学报: 自然科学版, 2011, 41 (11): 103 -108.

[76] 辛红梅, 张杰, 王常颖, 等. 一种基于景观格局的卫星遥感海岛自然灾害风险评价方法. 海洋学报, 2012, 34 (1): 90 -94.

[77] 杨文鹤. 中国海岛. 北京：海洋出版社，2000.
[78] 曲彬. 关于海岛资源综合利用的规范分析. 成都：成都理工大学，2013.
[79] 海岛立法起草组. 海岛立法必要性和可行性研究. 2004.
[80] 新华每日电讯 7 版. 我对南沙渔业资源开展新一轮调查. http：//news. xinhuanet. com/mrdx/2013 -03/18/c_ 132241557. htm. [2013 -03 -18].
[81] xiaolaoban888. 滨海湿地. http：//www. baike. com/wiki/% E6% BB% A8% E6% B5% B7% E6% B9% BF% E5% 9C% B0. [2010 -03 -05].
[82] 何起祥. 中国海沉积矿物学研究的重大进展. 海洋地质与第四纪地质，2012，32 (1)：26.
[83] 郭院，吴莉婧，谢新英. 中国海岛自然保护区法律制度初探. 中国海洋大学学报：社会科学版，2005，(3)：14 -18.
[84]《全国海岛资源综合调查报告》编写组. 全国海岛资源综合调查报告. 北京：海洋出版社，1996.
[85] 马丽卿. 我国无人岛屿开发原则及路径选择——以居民迁移岛为例. 海岸工程，2010，(1)：67 -74.
[86]《中国海岸带地质》编写组. 中国海岸带和海涂资源综合调查专业报告集//中国海岸带地质. 北京：海洋出版社，1993.
[87] 姜秉国，韩立民. 科学开发海岛资源拓展蓝色经济发展空间. 中国海洋大学学报：社会科学版，2012，(6)：28 -31.
[88] 冀渺一. 海岛环境资源的利用与保留. 青岛：中国海洋大学，2006.
[89] 孙元敏，陈彬，俞炜炜，等. 海岛资源开发活动的生态环境影响及保护对策研究[J]. 海洋开发与管理，2010，27 (6)：85 -89.
[90] 韩渊丰. 中国区域地理. 广州：广东高等教育出版社，2000.
[91] 李悦铮，李鹏升，黄丹. 海岛旅游资源评价体系构建研究. 资源科学，2013，35 (2)：304 -311.
[92] 海岛立法起草组. 海岛资源环境特殊区域立法研究. 2005.
[93] 阮国岭，冯厚军. 国内外海水淡化技术的进展. 中国给水排水，2008，24 (20)：86 -90.
[94] 范南屏，李军，许建国，等. 海岛非传统水资源的开发利用. 浙江建筑，2007，24 (4)：56 -58.
[95] 海岛立法起草组. 海岛保护与利用案例分析. 2004.
[96] 国家海洋技术中心. 国内外海岛保护与利用政策对比研究. 2012.
[97] 长海县统计局. 2005 年长海县国民经济和社会发展统计公报. http：//www. changhai. dl. gov. cn/info//info/165217_ 183885. vm. [2006 -03 -15].

[98] 县政府办公室. 2005 年长岛县国民经济主要统计数据. http://www. changdao. gov. cn/cn/content/xxgk/index_show. jsp? sid = 0000 - 05 - 2005 - 100101&dept_code = CDX&columncode = CDXXXGKMLZXTJ. [2008 - 11 - 07].
[99] 上海崇明政府网. 2005 年崇明县国民经济和社会发展统计公报. http://www. cmx. gov. cn/HTML/DefaultSite/shcm_xxgk_tjxrdsybg_xzftjbg/2006 - 09 - 13/Detail_26140. htm. [2006 - 03 - 01].
[100] 嵊泗县统计局. 二〇〇五年嵊泗县国民经济和社会发展统计公报. http://www. shengsi. gov. cn/_shengsi/tjgb/1725. htm. [2006 - 05 - 24].
[101] "浙江岱山"政府门户网站. 2005 年岱山内外贸易和旅游业统计公报. http://www. daishan. gov. cn/art/2006/5/10/art_2173_19026. html. [2006 - 05 - 10].
[102] "浙江岱山"政府门户网站. 2005 年岱山综合统计公报. http://www. daishan. gov. cn/art/2006/5/10/art_2173_19032. html. [2006 - 05 - 10].
[103] 舟山市普陀区统计局. 舟山市普陀区 2005 年国民经济和社会发展统计公报. http://www. pttj. gov. cn/index. php? m = content&c = index&a = show&catid = 181&id = 131. [2006 - 10 - 10].
[104] 定海统计网. 统计公报. http://www. zsdhtj. gov. cn/chan - 58. html. [2012 - 04 - 12].
[105] 朱坚真, 吕金静. 我国海岛开发模式研究. 河北渔业, 2013, (12): 41 - 46.
[106] 伍鹏. 马尔代夫群岛和舟山群岛旅游开发比较研究. 渔业经济研究, 2006, (3): 19 - 24.
[107] 王广成. 县域海岛生态经济模型及其发展模式研究. 生态经济, 2007, (11): 64 - 70.
[108] 朱坚真. 海洋经济学. 北京: 高等教育出版社, 2010.
[109] 刘薇, 李悦铮. 中国海岛县旅游开发的现状和对策研究. 海洋开发与管理, 2008, 25 (4): 72 - 77.
[110] 海岛立法起草组. 全国海岛基本情况. 2006.
[111] 王治华. 滑坡遥感. 北京: 科学出版社, 2012.
[112] 张梁, 张业成, 罗元华. 地质灾害灾情评估理论与实践. 河南地质情报, 1998, 12.
[113] 珠江水利网. 饮用含氯度超标水对人体的影响. http://www. pearlwater. gov. cn/ztzl/06dsyx/xgzs/t20041222_11177. htm. [2004 - 12 - 22].
[114] 杜国云, 年硕士. 基岩海岸海水入侵特征及对策. 海洋科学, 2002, 26 (5): 55 - 59.
[115] 林惠来. 台湾海峡西岸历史年代风沙的初探. 台湾海峡, 1982, 1 (2): 74 - 81.
[116] 高伟, 李萍, 傅命佐, 等. 海南省典型海岛地质灾害特征及发展趋势. 海洋开发与管理, 2014, 31 (2): 59 - 65.
[117] A M Davis. Shallow gas: an overview. Continental Shelf Research, 1992, 12 (10):

1 077－1 079.
[118] 叶银灿，陈俊仁，潘国富，等．海底浅层气的成因，赋存特征及其对工程的危害．东海海洋，2003，21（1）：27－36.
[119] 王雅丽，王明田．浅层气探测及其海洋工程响应．中国造船，2006，46（B11）：120－125.
[120] 叶银灿．中国海洋灾害地质学．北京：海洋出版社，2012.
[121] 来向华，叶银灿．浙北近海潮汐通道地区水下滑坡分布及成因机制研究．海洋地质与第四纪地质，2000，20（2）：45－50.
[122] 来向华，叶银灿，谢钦春．浙江东部潮汐通道地区水下滑坡的类型及特征．东海海洋，2000，18（4）：1－8.
[123] 岱山县地名办公室．岱山县地名志．1990.
[124] 曹柄麟，王清穆．崇明县志译本．1983.
[125]《嵊泗县志》编纂委员会．嵊泗县志．杭州：浙江人民出版社，1989.
[126] 浙江省玉环县编史修志委员会．玉环县志．上海：汉语大词典出版社，1994.
[127] 南澳县地方志编纂委员会．南澳县志．上海：中华书局，2000.
[128] Barbara L Bedford，Eric M Preston．Developing the scientific basis for assessing cumulative effects of wetland loss and degradation on landscape functions：status，perspectives，and prospects．Environmental management，1988，12（5）：751－771.
[129] 汪爱华，张树清，何艳芬．RS 和 GIS 支持下的三江平原沼泽湿地动态变化研究．地理科学，2002，22（5）：636－640.
[130] 任海，张倩媚，彭少麟．内陆水体退化生态系统的恢复．热带地理，2003，23（1）：22－25，29.
[131] 王丽学，李学森，窦孝鹏，等．湿地保护的意义及我国湿地退化的原因与对策．中国水土保持，2003，（7）：8－9.
[132] 陈居成．平潭县旅游资源．福建地理，1994，9（1）：53－56.
[133] 杨逸畴，尹泽生．平潭岛海蚀花岗岩地貌——兼述花岗岩地貌的系列研究和创新．地质论评，2007，53（B08）：125－131.
[134] 蔡爱智．台湾海峡西岸林进屿古火山喷口群的地貌成因．台湾海峡，2002，21（4）：496－500.
[135] 韩志男，高伟，李栓虎，等．福建北部四岛主要灾害地质特征分析．海岸工程，2012，（2）：39－46.
[136] 李拴虎，刘乐军，高伟．福建东山岛地质灾害区划．海洋地质前沿，2013，29（8）：45－52.
[137] 姚子恒，高伟，高珊，等．广西北海涠洲岛海岸侵蚀特征．海岸工程，2013，32

(4): 31 -40.
[138] 李国敏, 沈照理. 涠洲岛海水入侵模拟. 水文地质工程地质, 1995, 22 (5): 1 -5.
[139] Brunn P. Worldwide Impact of Sea Level Rise on Shoreline. Houston, TX (USA): Gulf Publishing Co. , 1990.
[140] 李风林. 渤海沿岸现代海蚀研究. 天津: 天津科学技术出版社, 1996.
[141] Ign Rikz, Brgm Eads, Ifen Uab. EUCC (2004) Living with coastal erosion in Europe: sediment and space for sustainability. EUROSION Atlas Part II: Maps and statistics. Available on - line: http: //www. eurosion. org/reports - online/part2. pdf.
[142] 夏东兴, 王文海, 武桂秋, 等. 中国海岸侵蚀述要. 地理学报, 1993, 48 (5): 468 -475.
[143]《上海气象志》编纂委员会. 上海气象志. 上海: 上海社会科学院出版社, 1997.
[144]《岱山县志》编纂委员会. 岱山县志. 杭州: 浙江人民出版社, 1994.
[145] 陈训正, 马瀛. 定海县志. 宁波: 旅沪同乡会, 1924.
[146] KRIEBEL D R, PRATT D A, et a1. A shoreline risk index for northeasters. // Natural Disaster Reductio, USA, 1997.
[147] 丰爱平, 夏东兴, 谷东起, 等. 莱州湾南岸海岸侵蚀过程与原因研究. 海洋科学进展, 2006, 24 (1): 83 -90.
[148] Elisabeth Crawford, 孙海冰, 陈洪滨. Arrhenius1896 年温室效应模型的历史回顾. AMBIO - 人类环境杂志, 1997, 26 (1): 6 -11.
[149] 秦大河. 进入 21 世纪的气候变化科学——气候变化的事实, 影响与对策. 科技导报, 2004, 22 (0407): 4 -7.
[150] 刘杜娟. 相对海平面上升对中国沿海地区的可能影响. 海洋预报, 2004, 21 (2): 21 -28.
[151] 国家海洋局. 2013 年中国海平面公报. 2014.
[152] 曾昭璇, 刘南威, 胡男, 等. 珠江口海平面上升趋势与地壳运动. 热带地理, 1992, 12 (2): 99 -107.
[153] 陈特固, 许时耕. 近 40 年来珠江口海平面的变化趋势. 南海研究与开发, 1993, (2): 1 -9.
[154] IPCC WGII. summary for Policymakers, Climate Change 2007: Climate Change Impacts, Adaptation and Vulnerability. 2007.
[155] Gerald A Meehl, Warren M Washington, William D Collins, et al. How much more global warming and sea level rise. Science, 2005, 307 (5 716): 1 769 -1 772.
[156] 任美锷. 中国的相对海平面上升及对社会经济的影响. 南京大学海岸与海岛开发国家重点实验年报 (1991—1994). 南京: 南京大学出版社, 1995.

[157] Per Bruun. Sea – level rise as a cause of shore erosion. Journal of Wateruagys and Harbours Divisions, 1962, (88): 117 – 130.

[158] 罗章仁，罗宪林. 海南岛人类活动与砂质海岸侵蚀// 海平面变化与海岸侵蚀专辑. 南京大学海岸与海岛开发国家试点实验室. 1995: 205 – 212.

[159] David7438. 第八章 海岸侵蚀与防护对策. http: //www. docin. com/p – 188471661. html. [2011 – 04 – 21] .

[160] 戴仕宝，杨世伦，郜昂，等. 近年来中国主要河流入海泥沙变化. 2007 (2): 49 – 58.

[161] 吕彩霞. 中国海岸带湿地保护行动计划: China national offshore & coastal wetlands conservation action plan. 北京: 海洋出版社, 2003.

[162] Robert J Nicholls, Frank MJ Hoozemans, Marcel Marchand. Increasing flood risk and wetland losses due to global sea – level rise: regional and global analyses. Global Environmental Change, 1999, 9: S69 – S87.

[163] 夏东兴，刘振夏，王德邻，等. 渤海湾西岸海平面上升威胁的防治对策. 自然灾害学报, 1993, 2 (1): 48 – 52.

[164] 中国天气网. 珊瑚礁也撑遮阳伞. http: //www. weather. com. cn/static/html/article/20081230/21315. shtml. [2008 – 12 – 30].

[165] QUIBILAN M ARCEO H, ALIÑO P, et al. Coral bleaching in Philippine reefs: Coincident evidences with macro – scale thermal anomalies. Bulletin Marine Science, 2001, 69 (2): 579 – 593.

[166] TALAUE – MCMANUS L. Transboundary Diagnostic Analysis for the South China Sea. Bangkok: UNEP Press, 2000.

[167] 兰竹虹，陈桂珠. 南中国海地区珊瑚礁资源的破坏现状及保护对策. 生态环境, 2006, 15 (2): 430 – 434.

[168] SELIG E BURKE L, SPALDING M. Reefs at Risk in Southeast Asia. Washington DC: World Resources Institute, 2002.

[169] UNEP. Coral Reef in the South China Sea. Bangkok: UNEP Press, 2004.

[170] WILKINSON C R. Status of Coral Reefs of the World. Townsville: Australian Institute of Marine Science, 1998.

[171] 王丽荣，赵焕庭. 珊瑚礁生态系的一般特点. 生态学杂志, 2001, 20 (6): 41 – 45.

[172] CAESAR H. Economic analysis of Indonesian coral reefs. Washington DC: World Bank, 1996.

[173] 林鹏. 红树林. 北京: 海洋出版社, 1984.

[174] 林鹏，傅勤. 中国红树林环境生态及经济利用. 北京: 高等教育出版社, 1995.

[175] 王树功，黎夏，周永章，等. 珠江口淇澳岛红树林湿地变化及调控对策研究. 湿地科学，2005，3 (1)：13-20.
[176] 许艳. 红树林生态系统刍议. 防护林科技，2010，(4)：51-53.
[177] 何琴飞. 白骨壤幼苗对人为挖掘生理生态响应的模拟实验研究. 南宁：广西大学，2009.
[178] 王丽荣，李贞，蒲杨婕，等. 近50年海南岛红树林群落的变化及其与环境关系分析——以东寨港，三亚河和青梅港红树林自然保护区为例. 热带地理，2010，30 (2)：114-120.
[179] 陈小勇，林鹏. 我国红树林对全球气候变化的响应及其作用. 海洋湖沼通报，1999，(2)：11-17.
[180] 张留恩，廖宝文. 珠海市淇澳岛红树林湿地的研究进展与展望. 生态科学，2011，30 (1)：81-87.
[181] 李玫，廖宝文，管伟，等. 广东省红树林寒害的调查. 防护林科技，2009，(2)：29-31.
[182] 邱凤英. 几种半红树植物生物学特性，耐盐，耐水淹及造林试验研究. 长沙：中南林业科技大学林学院，2009.
[183] 李加林，杨晓平，童亿勤，等. 互花米草入侵对潮滩生态系统服务功能的影响及其管理. 海洋通报，2005，24 (5)：33-38.
[184] 陈实，王丹青. 珠海淇澳自然保护区3 000亩红树林遇寒灾成片枯死. http：//news.xinhuanet.com/environment/2008-05/05/content_8107641_1.htm，[2010-03-23].
[185] 陈玉军，谢德兴. 珠海市淇澳岛红树林引种扩种问题的探讨. 广东林业科技，2002，18 (2)：31-36.
[186] 郑松发，戴光瑞. 珠海市淇澳岛红树林湿地合理保护与开发利用. 广东林业科技，1999，15 (4)：36-41.
[187] 管伟，廖宝文，邱凤英，等. 利用无瓣海桑控制入侵种互花米草的初步研究. 林业科学研究，2009，22 (4)：603-607.
[188] 张鹏，李宁，范碧航，等. 近30年中国灾害法律法规文件颁布数量与时间演变研究. 灾害学，2011，26 (3)：109-114.
[189] 气象局网站. 《沙尘暴天气监测规范》等八项气象标准纳入国标. http：//www.gov.cn/gzdt/2006-12/06/content_462503.htm. [2006-12-06].
[190] 科技日报. 我国将在三到五年内建成气象标准体系. http：//scitech.people.com.cn/GB/9413281.html. [2009-06-04].
[191] 李宁，周扬，张鹏，等. 中国自然灾害应急法律体系的数量差异分析. 自然灾害学报，2012，21 (4)：1-7.

[192] 李程伟，张永理. 自然灾害类突发事件恢复重建政策体系研究. 北京：中国社会出版社，2009.

[193] 张海波. 高风险社会中的自然灾害管理——以“2008 年南方雪灾”为例. 北京行政学院学报，2010，(3)：38 -42.

[194] 21 世纪经济报道. 中国灾害法律亟待修旧立新. http：//finance. ifeng. com/roll/20110318/3693695. shtml. [2011 -03 -18].

[195] 周国强，董保华. 我国综合减灾组织管理体系和运行机制探讨. 防灾科技学院学报，2009，11 (2)：86 -89.

[196] 国务院公报. 国家自然灾害救助应急预案. http：//www. gov. cn/gongbao/content/2011/content_1992570. htm. [2011 -10 -16].

[197] 中华人民共和国民政部. 国家减灾中心. http：//www. mca. gov. cn/article/zwgk/jg-gl/jgzn/201112/20111200242261. shtml. [2007 -12 -18].

[198] 翟永梅，韩新. 国内外大城市防灾减灾管理模式的比较研究. 灾害学，2002，17 (1)：62 -69.

[199] 中国气象报社. 建立应急联动预警体系 提升防灾减灾综合能力. http：//www. cma. gov. cn/2011zwxx/2011zyjgl/2011zyjgldt/201301/t20130124_203943. html. [2013 -01 -24].

[200] 中国天气网. 国家气象灾害应急预案. http：//www. weather. com. cn/science/qxfg/05/509819_4. shtml. [2010 -05 -26].

典型海岛地质灾害影像图版

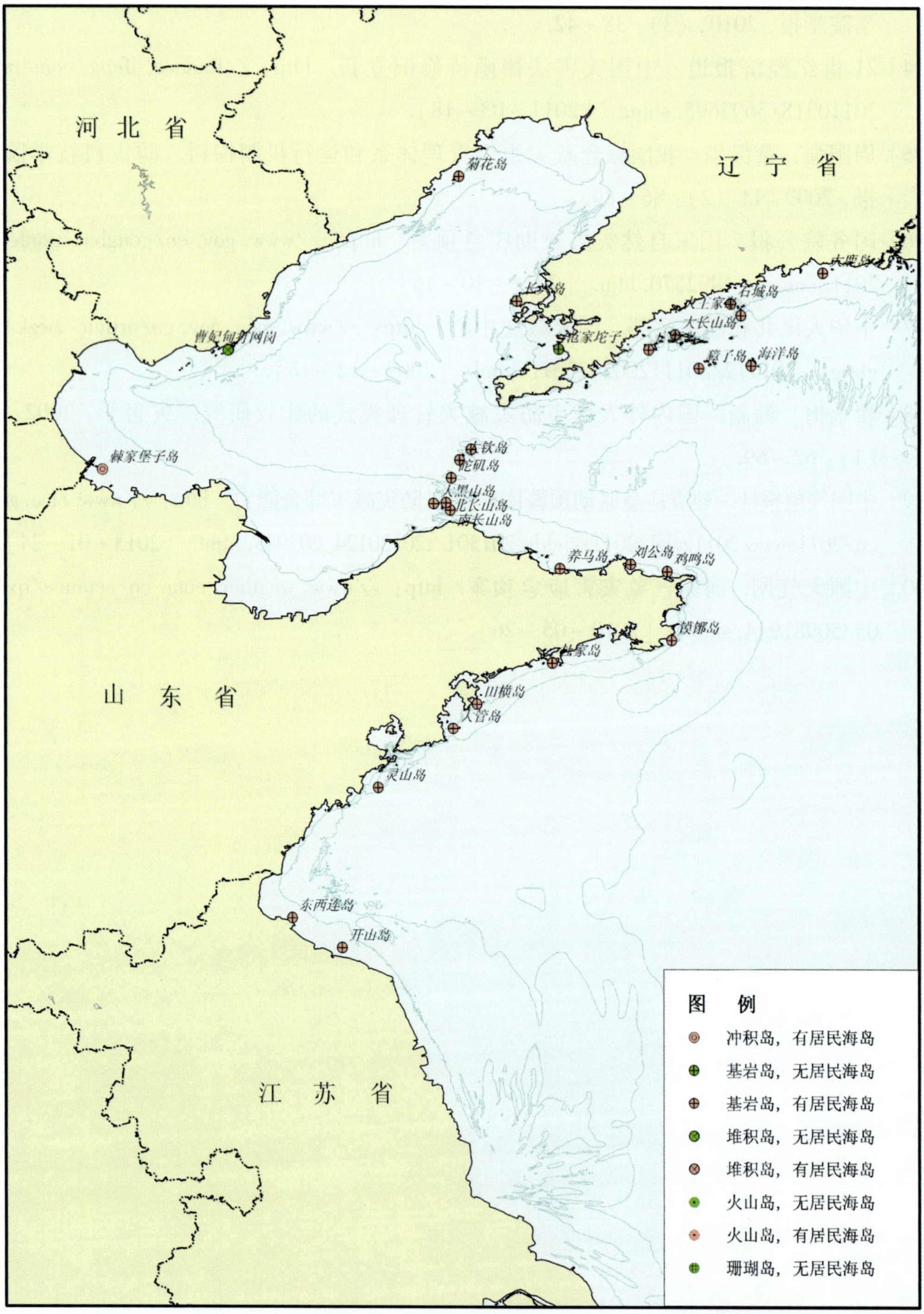

图版1　我国典型海岛地质灾害监测与预警示范研究（渤、黄海海岛分布图）

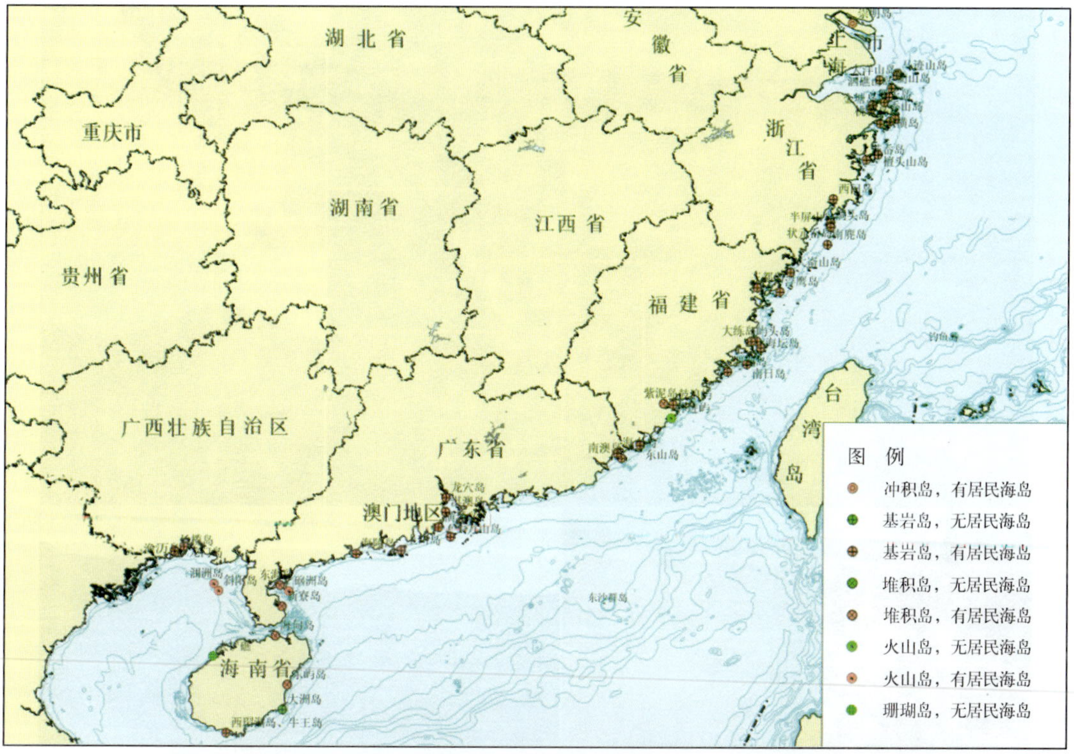

图版 2　我国典型海岛地质灾害监测与预警示范研究（东、南海海岛分布图）

图版 3　辽宁省丹东市大鹿岛地质灾害概况图

图版 4　辽宁省大连市石城岛地质灾害概况图

图版 5　辽宁省大连市大王家岛地质灾害概况图

图版 6　辽宁省大连市大长山岛地质灾害概况图

图版 7　辽宁省大连市广鹿岛地质灾害概况图

图版 8　辽宁省大连市长兴岛地质灾害概况图

图版 9　辽宁省葫芦岛市菊花岛地质灾害概况图

图版 10　辽宁省大连市范家坨子地质灾害概况图

图版 11　山东省烟台市大钦岛地质灾害概况图

图版 12　山东省烟台市砣矶岛地质灾害概况图

图版 13　山东省烟台市北长山岛地质灾害概况图

图版 14　山东省烟台市南长山岛地质灾害概况图

图版 15　山东省烟台市大黑山岛地质灾害概况图

图版 16　山东省烟台市养马岛地质灾害概况图

图版 17　山东省威海市鸡鸣岛地质灾害概况图

图版 18　山东省青岛市田横岛地质灾害概况图

图版 19　山东省青岛市灵山岛地质灾害概况图

图版 20　江苏省连云港市东西连岛地质灾害概况图

图版 21　上海市崇明岛地质灾害概况图

图版 22　浙江省舟山市衢山岛地质灾害概况图

图版 23　浙江省舟山市大洋山岛地质灾害概况图

图版 24　浙江省宁波市花岙山岛地质灾害概况图

图版 25　浙江省温州市西门岛地质灾害概况图

图版 26　福建省宁德市大嵛山岛地质灾害概况图

图版 27　福建省宁德市三都岛地质灾害概况图

图版 28　福建省宁德市浮鹰岛地质灾害概况图

图版 29　福建省福州市粗芦岛地质灾害概况图

图版 30　福建省福州市琅岐岛地质灾害概况图

图版 31　福建省福州市海坛岛地质灾害概况图

图版 32 福建省莆田市南日岛地质灾害概况图

图版 33 福建省莆田市湄洲岛地质灾害概况图

图版 34　福建省漳州市林进屿地质灾害概况图

图版 35　福建省漳州市紫泥岛地质灾害概况图

图版 36　福建省漳州市东山岛地质灾害概况图

图版 37　广东省汕头市南澳岛地质灾害概况图

图版 38　广东省珠海市横琴岛地质灾害概况图

图版 39　广东省江门市上川岛地质灾害概况图

图版 40　广东省阳江市海陵岛地质灾害概况图

图版 41　广东省湛江市东海岛地质灾害概况图

图版 42　广东省湛江市硇洲岛地质灾害概况图

图版 **43**　广西壮族自治区北海市斜阳岛地质灾害概况图

图版 **44**　广西壮族自治区北海市涠洲岛地质灾害概况图

图版 45　广西壮族自治区防城港市渔沥岛地质灾害概况图

图版 46　广西壮族自治区钦州市龙门岛地质灾害概况图

图版 47　海南省万宁市大洲岛地质灾害概况图

图版 48　海南省琼海市东屿岛地质灾害概况图

图版 49　海南省三亚市西瑁洲、牛王岛地质灾害概况图

图版 50　广西壮族自治区北海市涠洲岛风光

图版 51　海南省三亚市西瑁洲岛风光（1）

图版 52　海南省三亚市西瑁洲岛风光（2）

图版 53　海南省万宁市大洲岛风光

图版 54　海南省儋州市大铲礁风光